U0381537

『十二五』國家重點圖書出版規劃項目
二〇一一—二〇二〇年國家古籍整理出版規劃項目
國家古籍整理出版專項經費資助項目

中國古農書集粹

王思明——主編

鳳凰出版社

圖書在版編目（CIP）數據

欽定康濟錄、救荒本草、野菜譜、野菜博錄 / (清)陸曾禹等撰. -- 南京 : 鳳凰出版社, 2024.5
（中國古農書集粹 / 王思明主編）
ISBN 978-7-5506-4060-3

Ⅰ. ①欽… Ⅱ. ①陸… Ⅲ. ①農學－中國－古代 Ⅳ. ①S-092.2

中國國家版本館CIP數據核字(2024)第042417號

書　　名	欽定康濟錄 等
著　　者	(清)陸曾禹 等
主　　編	王思明
責任編輯	王　劍
裝幀設計	姜　嵩
責任監製	程明嬌
出版發行	鳳凰出版社(原江蘇古籍出版社) 發行部電話025-83223462
出版社地址	江蘇省南京市中央路165號,郵編:210009
印　　刷	常州市金壇古籍印刷廠有限公司 江蘇省金壇市晨風路186號,郵編:213200
開　　本	889毫米×1194毫米　1/16
印　　張	29.75
版　　次	2024年5月第1版
印　　次	2024年5月第1次印刷
標準書號	ISBN 978-7-5506-4060-3
定　　價	300.00圓

(本書凡印裝錯誤可向承印廠調换,電話:0519-82338389)

《中國古農書集粹》編委會

主　編

王思明

副主編

惠富平　熊帝兵

編　委

沈志忠　盧　勇　丁曉蕾　夏如兵　陳少華　何紅中

劉馨秋　李昕升　劉啓振　朱鎖玲　何彦超

序

中國是世界農業的重要起源地之一，農耕文化有着上萬年的歷史，在農業方面的發明創造舉世矚目。中國幾千年的傳統文明本質上就是農業文明。農業是國民經濟中不可替代的重要的物質生産部門，在傳統社會中一直是支柱産業。農業的自然再生産與經濟再生産曾奠定了中華文明的物質基礎。在漫長的歷史進程中，中華農業文明孕育出南方水田農業文化與北方旱作農業文化、漢民族與其他少數民族農業文化等不同的發展模式。無論是哪種模式，都是人與環境協調發展的路徑選擇。中國之所以能够在十九世紀以前的一兩千年中，長期保持着世界領先的地位，就在於中國農民能够根據不斷變化的人口狀況以及自然、經濟環境作出正確的判斷和明智的選擇。

中國農業文化遺産十分豐富，包括思想、技術、生産方式以及農業遺存等。在傳統農業生産過程中，形成了以尊重自然、順應自然，天、地、人『三才』協調發展的農學指導思想；形成了以種植業爲主，種植業和養殖業相互依存、相互促進的多樣化經營格局；凸顯了『寧可少好，不可多惡』的農業經營策略和精耕細作的技術特點；藴含了『地可使肥，又可使棘』『地力常新壯』的辯證土壤耕作理論；總結了輪作復種、間作套種和多熟種植的技術經驗；形成了北方旱地保墒栽培與南方合理管水用水相結合的農業生産模式。與世界其他國家或民族的傳統農業以及現代農學相比，中國傳統農業自身的特色明顯，既有成熟的農學理論，又有獨特的技術體系。

世代相傳的農業生產智慧與技術精華，經過一代又一代農學家的總結提高，涌現了數量龐大、種類繁多的農書。《中國農業古籍目錄》收錄存目農書十七大類，二千零八十四種。閔宗殿等學者在此基礎上又根據江蘇、浙江、安徽、江西、福建、四川、臺灣、上海等省市的地方志，整理出明清時期二百三十六種『新書目』。[一]隨着時間的推移和學者的進一步深入研究，還將會有不少沉睡在古籍中的農書被不斷地揭示出來。作爲中華農業文明的重要載體，這些古農書總結了不同歷史時期中國農業經營理念和傳統農業科技的精華，是人類寶貴的文化財富。

中國古代農書豐富多彩、源遠流長，反映了中國農業科學技術的起源、發展、演變與轉型的歷史進程與發展規律，折射出中華農業文明發展的曲折而漫長的發展歷程。這些農書中包含了豐富的農業實用技術、農業經濟智慧、農村社會發展思想等，覆蓋了農、林、牧、漁、副等諸多方面，廣泛涉及傳統社會中農業生產、農村社會、農民生活等主要領域，還記述了許許多多關於生物學、土壤學、氣候學、地理學、水利工程等自然科學原理。存世豐富的中國古農書，不僅指導了我國古代農業生產與農村社會的發展，也包含了許多當今經濟社會發展中所迫切需要解決的問題——生態保護、可持續發展、農村建設、鄉村振興等思想和理念。

作爲中國傳統農業智慧的結晶，中國古農書通過各種途徑傳播到世界各地，對世界農業文明產生了深遠影響，例如《齊民要術》在唐代已傳入日本。被譽爲『宋本中之冠』的北宋天聖年間崇文院本《齊民要術》被日本視爲『國寶』，珍藏在京都博物館。而以《齊民要術》爲对象的研究被稱爲日本『賈學』。江户時代的宮崎安貞曾依照《農政全書》的體系、格局，撰寫了適合日本國情的《農業全書》十

[一] 閔宗殿《明清農書待訪錄》，《中國科技史料》二〇〇三年第四期。

卷，成爲日本近世時期最有代表性、最系統、水準最高的農書，被稱爲『人世間一日不可或缺之書』。據不完全統計，受《農政全書》或《農業全書》影響的日本農書達四十六部之多。[一]中國古農書直接或間接地推動了當時整個日本農業技術的發展，提升了農業生產力。

朝鮮在新羅時期就可能已經引進了《齊民要術》。[二]高麗宣宗八年（一〇九一）李資義出使中國，宋哲宗（一〇八六—一一〇〇）要求他在高麗覆刊的書籍目録裏有《氾勝之書》。高麗後期的一三四九年與一三七二年，曾兩次刊印《元朝正本農桑輯要》。朝鮮太宗年間（一三六七—一四二二），學者從《農桑輯要》中抄録養蠶部分，譯成《養蠶經驗撮要》，摘取《農桑輯要》中穀和麻的部分譯成吏讀，並以此爲底本刊印了《農書輯要》。朝鮮的《閒情録》以《陶朱公致富奇書》爲基礎出版，《農政會要》則主要引自《授時通考》。《農家集成》《農事直説》以及姜希孟的《四時纂要》主要根據王禎《農書》等多部中國古農書編成。據不完全統計，目前韓國各文教單位收藏中國農業古籍四十種，[三]包括《齊民要術》《農政全書》《授時通考》《御製耕織圖》《江南催耕課稻編》《廣群芳譜》《農桑輯要》等。

中國古農書還通過絲綢之路傳播至歐洲各國。《農政全書》至遲在十八世紀傳入歐洲，一七三五年法國杜赫德（Jean-Baptiste Du Halde）主編的《中華帝國及華屬韃靼全志》卷二摘譯了《農政全書》卷三十一至卷三十九的《蠶桑》部分。至遲在十九世紀末，《齊民要術》已傳到歐洲。達爾文的《物種起源》和《動物和植物在家養下的變異》援引《中國紀要》中的有關事例佐證其進化論，達爾文在談到人

[一]韓興勇《〈農政全書〉在近世日本的影響和傳播——中日農書的比較研究》，《農業考古》二〇〇三年第一期。

[二]［韓］崔德卿《韓國的農書與農業技術——以朝鮮時代的農書和農法爲中心》，《中國農史》二〇〇一年第四期。

[三]王華夫《韓國收藏中國農業古籍概況》，《農業考古》二〇一〇年第一期。

工選擇時説：『如果以爲這種原理是近代的發現，就未免與事實相差太遠。……在一部古代的中國百科全書中，已有關於選擇原理的明確記述。』[一]而《中國紀要》中有關家畜人工選擇的内容主要來自《齊民要術》。[二]中國古農書間接地爲生物進化論提供了科學依據。英國著名學者李約瑟（Joseph Needham）編著的《中國科學技術史》第六卷『生物學與農學』分册以《齊民要術》爲重要材料，説它『即使在世界範圍内也是卓越的、傑出的、系統完整的農業科學理論與實踐的巨著』。[三]

世界上許多國家都收藏有中國古農書，如大英博物館、巴黎國家圖書館、柏林圖書館、聖彼得堡（列寧格勒）圖書館、美國國會圖書館、哈佛大學燕京圖書館、日本内閣文庫、東洋文庫等，大多珍藏有《齊民要術》《茶經》《農桑輯要》《農書》《農政全書》《授時通考》《花鏡》《植物名實圖考》等早期刻本。不少中國著名古農書還被翻譯成外文出版，如《齊民要術》有日文譯本（缺第十章），《天工開物》與《茶經》有英、日譯本，《農政全書》《授時通考》《群芳譜》的個别章節已被譯成英、法、俄等文字，《元亨療馬集》有德、法文節譯本。法蘭西學院的斯坦尼斯拉斯·儒蓮（一七九九—一八七三）翻譯的法文版《蠶桑輯要》廣爲流行，並被譯成英、德、意、俄等多種文字。顯然，中國古農書已經是全世界人民的共同財富，也是世界了解中國的重要媒介之一。

近代以來，有不少學者在古農書的搜求與整理出版方面做了大量工作。晚清務農會於光緒二十三年（一八九七）鉛印《農學叢刻》，但是收書的規模不大，僅刊古農書二十三種。一九二〇年，金陵大學在

[一]［英］達爾文《物種起源》，謝蕴貞譯。科學出版社，一九七二年，第二十四—二十五頁。

[二]《中國紀要》即十八世紀在歐洲廣爲流行的全面介紹中國的法文著作《北京耶穌會士關於中國人歷史、科學、技術、風俗、習慣等紀要》。一七八〇年出版的第五卷介紹了《齊民要術》，一七八六年出版的第十一卷介紹了《齊民要術》中的養羊技術。

[三]轉引自繆啓愉《試論傳統農業與農業現代化》，《傳統文化與現代化》一九九三年第一期。

全國率先建立了農業歷史文獻的專門研究機構，在萬國鼎先生的引領下，開始了系統收集和整理中國古代農業歷史文獻的研究工作，着手編纂《先農集成》，從浩如煙海的農業古籍文獻資料中，搜集整理了三千七百多萬字的農史資料，後被分類輯成《中國農史資料》四百五十六册，是巨大的開創性工作。

民國期間，影印興起之初，《齊民要術》、王禎《農書》、《農政全書》等代表性古農學著作均有石印本或影印本。一九四九年以後，爲了保存農書珍籍，曾影印了一批國内孤本或海外回流的古農書珍本，如中華書局上海編輯所分别在《中國古代科技圖録叢編》和《中國古代版畫叢刊》的總名下，影印了《天工開物》（崇禎十年本）、《便民圖纂》（萬曆本）、《救荒本草》（嘉靖四年本）、《授衣廣訓》（嘉慶原刻本）等。上海圖書館影印了元刻大字本《農桑輯要》（孤本）。一九八二年至一九八三年，農業出版社以《中國農學珍本叢書》之名，先後影印了《全芳備祖》（日藏宋刻本），《金薯傳習録、種薯譜合刊》（前者刊本僅存福建圖書館，後者朝鮮徐有榘以漢文編寫，内存徐光啓《甘薯疏》全文），以及《新刻注釋馬牛駝經大全集》（孤本）等。

古農書的輯佚、校勘、注釋等整理成果顯著。萬國鼎、石聲漢先生都曾對《四民月令》《氾勝之書》等進行了輯佚、整理與深入研究。到二十世紀末，具有代表性的古農書基本得到了整理，如夏緯瑛的《管子地員篇校釋》和《呂氏春秋上農等四篇校釋》，石聲漢的《齊民要術今釋》《農桑輯要校注》《農政全書校注》等，繆啓愉的《齊民要術校釋》和《四時纂要》，王毓瑚的《農桑衣食撮要》，馬宗申的《授時通考校注》等。特别是農業出版社自二十世紀五十年代一直持續到八十年代末的《中國農書叢刊》，先後出版古農書整理著作五十餘部，涉及範圍廣泛，既包括綜合性農書，也收録不少畜牧、蠶桑、水利等專業性農書。此外，中華書局、上海古籍出版社等也有相應的古農書整理著作出版。

一些有識之士還致力於古農書的編目工作。一九二四年，金陵大學毛邕、萬國鼎編著了最早的農書簡目《中國農書目錄彙編》，存佚兼收，薈萃七十餘種古農書。但因受時代和技術手段的限制，規模較小。一九四九年以後，古農書的編目、典藏等得以系統進行。一九五七年，王毓瑚的《中國農學書錄》出版（一九六四年增訂），含英咀華，精心考辨，共收農書五百多種。一九五九年，北京圖書館據全國二十五個圖書館的古農書書目彙編成《中國古農書聯合目錄》，收錄古農書及相關整理研究著作六百餘種。一九九〇年，中國農業歷史學會和中國農業博物館據各農史單位和各大圖書館所藏農書彙編成《農業古籍聯合目錄》，收書較此前更加豐富。二〇〇三年，張芳、王思明的《中國農業古籍目錄》收錄了古農書存目二千零八十四種。經過幾代人的艱辛努力，中國古農書的規模已基本摸清。上述基礎性工作爲古農書的搜求、彙集、出版奠定了堅實的基礎。

目前，以各種形式出版的中國古農書的數量和種類已經不少，具有代表性的重要農書還被反復出版。但是，仍有不少農書尚存於各館藏單位，一些孤本、珍本急待搶救出版。部分大型叢書已經注意到古農書的彙集與影印，《續修四庫全書》「子部農家類」收錄農書六十七部，《中國科學技術典籍通匯》「農學卷」影印農書四十三種。相對於存量巨大的古代農書而言，上述影印規模還十分有限。可喜的是，在鳳凰出版社和中華農業文明研究院的共同努力下，《中國古農書集粹》被列入《二〇一一—二〇二〇年國家古籍整理出版規劃》。本《集粹》是一個涉及目錄、版本、館藏、出版的系統工程，工作於二〇一二年啓動，經過近八年的醞釀與準備，影印出版在即。《集粹》原計劃收錄農書一百七十七部，後根據時代的變化以及各農書的自身價值情況，幾易其稿，最終決定收錄代表性農書一百五十二部。

《中國古農書集粹》填補了目前中國農業文獻集成方面的空白。本《集粹》所收錄的農書，歷史跨度時間長，從先秦早期的《夏小正》一直至清代末期的《撫郡農産考略》，既展現了中國古農書的萌芽、形成、發展、成熟、定型與轉型的完整過程，也反映了中華農業文明的發展進程。明清時期是中國傳統農業發展的巔峰，它繼承了中國傳統農業中許多好的東西並將其發展到極致，而這一階段的農書恰是本《集粹》收録的重點。本《集粹》還具有專業性强的特點。古農書屬大宗科技文獻，而非傳統意義的歷史文獻，本《集粹》更側重於與古代農業密切相關的技術史料的收録。本《集粹》所收農書覆蓋面廣，涵蓋了綜合性農書、時令占候、農田水利、農具、土壤耕作、大田作物、園藝作物、竹木茶、植物保護、畜牧獸醫、蠶桑、水産、食品加工、物産、農政農經、救荒賑災等諸多領域。收書規模也爲目前中國農業古籍集成之最。

《中國古農書集粹》彙集了中國古代農業科技精華，是研究中國古代農業科技的重要資料。同時，中國古農書也廣泛記載了豐富的鄉村社會狀況、多彩的民間習俗、真實的物質與文化生活，反映了中國古代農民的宗教信仰與道德觀念，體現了科技語境下的鄉村景觀。不僅是科學技術史研究不可或缺的第一手資料，還是研究傳統鄉村社會的重要依據，對歷史學、社會學、人類學、哲學、經濟學、政治學及其他社會科學都具有重要參考價值。古農書是傳統文化的重要載體，是繼承和發揚優秀農業文化遺産的主要文獻依憑，對我們認識和理解中國農業、農村、農民的發展歷程，乃至整個社會經濟與文化的歷史脉絡都具有十分重要的意義。本《集粹》不僅可以加深我們對中國農業文化、本質和規律的認識，還可以鑒古知今，把握國情，爲今天的經濟與社會發展政策的制定提供歷史智慧。

本《集粹》的出版，可以加强對中國古農書的利用與研究，加深對農業與農村現代化歷史進程的必然性和艱巨性的認識。祖先們千百年耕種這片土地所積累起來的知識和經驗，對於如今人們利用這片土地仍具有指導和借鑒作用，對今天我國農業與農村存在問題的解決也不無裨益。現代農學雖然提供了一些『普適』的原理，但這些原理要發揮作用，仍要與這個地區特殊的自然環境相適應。而且現代農學原理並不否定傳統知識和經驗的作用，也不能完全代替它們。中國這片土地孕育了有中國特色的傳統農業，積累了有自己特色的知識和經驗，有利於建立有中國特色的現代農業科技體系。人類文明是世界各個民族共同創造的，人類文明未來的發展當然要繼承各個民族已經創造的成果。中國傳統的農業知識必將對人類未來農業乃至社會的發展作出貢獻。

王思明

二〇一九年二月

目録

欽定康濟録

（清）陸曾禹 原著
倪國璉 編録

《欽定康濟錄》(又名康濟錄),(清)陸曾禹原著,(清)倪國璉編錄。陸曾禹,仁和(今浙江杭州)人,監生,生平事迹不詳。倪國璉(?—一七四三),字子珍、紫珍、西昆,號穗疇,錢塘(今浙江杭州)人,雍正八年(一七三〇)進士,授翰林院編修,官至吏科給事中。工書畫,善彈琴,著有《春及堂詩集》。

陸曾禹曾撰《救饑譜》一書,後來其同鄉倪國璉摘取其中的精要部分,錄爲四卷,於乾隆四年(一七三九)奏呈,高宗嘉獎其有裨於實用,乃命將此書進行詳加校對,略爲删潤,賜名《康濟錄》,刊刻頒佈。因乾隆賜名,故於書名前冠以『欽定』,後世也常將其簡稱爲《康濟錄》。該書分爲《前代救援之典》《先事之政》《臨事之政》《事後之政》等四卷,後兩卷各分上下,故《四庫全書總目》將其題作六卷。

卷一共輯錄史料八十條,所錄的內容,上起唐虞,下及元、明,按照朝代先後編次,並附以案語。卷二爲分别爲:教農桑以免凍餒,講水利以備旱澇,建社倉以便賑貸,嚴保甲以革奸玩,奏截留以資急用,稽常平以杜侵欺等六項,各項之下輯錄相關內容十一條或十二條,重在總結災荒的預防經驗。卷三提出了二十條救荒措施,涉及賑災管理、災情上報、穩定社會、安撫民生、以工代賑、恢復生産等諸多方面,每條之下輯錄史料九至十三條不等。卷四論述了六項災後恢復重建措施,並摘錄《歷朝田制》《養種法》《明季倉糧考》《救荒全法》等十七種救荒文獻作爲附錄;另附《賑粥須知》《捕蝗必覽》《社倉條約》三篇。

該書是繼南宋董煟之後,在救荒思想與賑災措施方面的集大成之作,影響頗大。乾隆以後論及荒政者多引用其中內容,曾被多次刊印傳播,代表性的版本有乾隆五年(一七四〇)武英殿刻本,《四庫全書》本,道光二十八年(一八四八)瓶花書屋刻本,同治三年(一八六四)浙江撫署刻本,同治八年(一八六九)湖北崇文書局刻本等。其在日本也曾被多次刊印。今據南京大學藏清乾隆五年武英殿刻本影印。

(熊帝兵)

欽定康濟錄

乾隆五年閏六月十四日奉

旨開列經理諸臣銜名

監理

和碩和親王臣弘晝

總閱

經筵講官太保議政大臣保和殿大學士總理兵部事務世襲三等伯臣鄂爾泰

經筵日講起居注官太保保和殿大學士兼管吏部尚書翰林院掌院學士事世襲三等伯臣張廷玉

經筵講官太子太保東閣大學士兼禮部尚書臣徐本

南書房校對

吏部右侍郎世襲一等輕車都尉臣蔣溥

經筵講官戶部右侍郎臣梁詩正

內閣學士兼禮部侍郎臣汪由敦

日講官起居注詹事府詹事臣鄂容安

日講官起居注翰林院侍讀學士世襲三等伯臣張若靄

日講官起居注翰林院侍讀臣彭啟豐

日講官起居注翰林院侍講臣介福

翰林院修撰臣金德瑛

翰林院編修臣秦蕙田

翰林院修撰臣莊有恭

武英殿校對

經筵講官刑部右侍郎臣張照

工部右侍郎臣許希孔

原任刑部左侍郎臣厲宗萬

日講官起居注詹事府詹事兼翰林院侍讀學士臣陳浩

日講官起居注詹事府少詹事兼翰林院侍講學士臣呂熾

日講官起居注詹事府少詹事兼翰林院侍講學士臣周學健

署日講官起居注右春坊右中允兼翰林院編修臣朱良裘

翰林院編修臣田志勤

翰林院編修臣董邦達

翰林院檢討臣唐進賢

翰林院編修臣李清芳

翰林院檢討臣郭肇鐄

校刊

拔貢生臣費應泰

拔貢生臣盧明楷

拔貢生臣薛世枏

拔貢生臣廖名揚

拔貢生臣徐顯烈

拔貢生臣王積光

優貢生臣王男

恩貢生臣曾尚渭

拔貢生臣李長發

拔貢生臣程元林

監造

內務府南苑郎中兼佐領加六級紀錄八次臣雅爾岱

內務府錢糧衙門郎中兼佐領加五級紀錄六次臣永保

內務府廣儲司員外郎加二級臣雙玉

內務府慶豐司員外郎加一級紀錄二次臣西寧

內務府廣儲司司庫加二級臣胡三格

監造臣恩克

監造加一級臣永忠

庫掌臣于保柱

庫掌臣鄭桑格

庫掌臣姚文彬

吏科給事中臣倪國璉謹

奏爲進

呈書籍事仰惟我

皇上軫念民瘼仁恩周浹遇各省偶有歉收隨卽多方補

救蠲賑備施不惜

宵旰之勤勞以謀斯民之安飽然猶

聖不自聖安益求安旱澇未形疇咨早切視民如傷之懷

有加無已建極錫福之道曲成不遺凡屬内外大小

臣工孰不思罄竭愚忱以仰佐

聖治於萬一者臣忝居言職輪該進書因見同鄉已故錢

塘縣監生臣陸曾禹所集救饑譜一書未經刊刻其

書每條前列經史後加論說與今所進經史之體無

異是以不揣愚昧錄其大要共爲四卷恭呈

睿覽雖書中所列條目總不出

聖政之範圍然其編輯詳明似尚有可取者伏惟

聖慈垂鑒俯採芻蕘之一得宥其草野之蠢愚臣曷勝惶

悚待

命之至謹

奏乾隆四年十月二十日奉

上諭吏科給事中倪國璉奏進救饑譜四卷猶有鄭俠繪

圖入告之遺意甚屬可嘉著南書房翰林詳加校對畧

爲刪潤命名曰康濟錄交與武英殿刊刻頒發倪國璉

著賞賜表裏各二疋以示獎予欽此

欽定康濟錄總目

第一卷

前代救援之典

第二卷

先事之政 目六

第三卷

臨事之政 目二十

第四卷

事後之政 目六

附錄

欽定康濟錄卷之一

前代救援之典

總敘 聖賢之治天下。豈不欲斯民含哺鼓腹。日遊于太和之世哉。無如水旱之災。堯湯不免。使無良策以處之。致民有饑餒之憂。流離之患。如保之懷。肯恝然乎。於是以不忍人之心。行不忍人之政。荒政從之而出矣。是政也。非譜而何。夫古有治譜。欲其前後相師。以修其政令。何獨至于救饑而不以前人爲譜哉。爰集聖賢之言行。已昭救濟之謀猷者。或總列於前。或分陳於後。果能倣而行之。惠我元元。如登大有。是譜也。不猶有脚之陽春。力可回天者耶。常目在焉。蒼生幸矣。

唐 堯之爲君也。存心於天下。加志於窮民。一民饑。曰我饑之也。一民寒。曰我寒之也。一民有罪。曰我陷之也。百姓戴之如日月。親之如父母。

謹案 三稱我字。是聖人以全副精神注之。一肩任來之意。四海雖大。若以我之爲君。有一民爲饑寒所困。而陷於法網者。非我之教養有虧歟。故朝乾夕惕。澤潤生民。舉天地間。盡在春風和氣中也。

虞 舜彈五絃之琴。歌曰。南風之薰兮。可以解吾民之慍兮。南風之時兮。可以阜吾民之財兮。

謹案 大舜認定民是吾之民。慍必爲之解。財必爲之阜。方遂其惠養元元之意。肯令凶年饑歲。流離失所。而不急爲軫恤哉。

商 湯因旱禱於桑林。以六事自責曰。政不節歟。民失職歟。宮室崇歟。婦謁盛歟。苞苴行歟。讒夫昌歟。何以不雨而至斯極也。言未已。大雨方數千里。

謹案 湯在位三十祀。而遇大旱之年。共有七。民無菜色者。要非無備而能然也。禱之尚如是之切。上蒼有不爲之感動哉。是六事之責不可少。而九年之蓄尤不可缺也。

周 武王立重泉之戍。令曰。民有百鼓之粟者不行。民舉所最粟以避重泉之戍。而國穀二十倍。最聚也。

謹案 穀不積。不足以救饑。令不嚴。不足以懼民。嚴令積穀。聖王權變之道也。即豫備不虞之典也。尚父不云乎。敬勝怠者吉。怠勝敬者凶。安不忘危。敬勝之事也。故雖禾黍油油。必令倉箱盈足。誠以豐年多蓄。則饑饉可無虞耳。

周公曰嗚呼。君子所其無逸。先知稼穡之艱難。乃逸。則知小人之依。

註云魚無水則死。木無土則枯。民非稼穡則無以生也。四民之事莫勞於稼穡。生民之功莫盛於稼穡。周公發無逸之訓以戒成王。懼其知逸而不知無逸也。豈獨成王之所當知哉。實千萬世人主之準則也。

孔子自魯適齊。時齊旱饑。景公問曰。如之何。對曰。凶年力役不興。馳道不修。祈以玉帛。祀以下牲。此賢君自貶以救民之禮也。

謹案 時當饑饉。若不節一人之用度。救萬姓之流離。天命民嵒之際。豈不大可畏耶。故夫子以此告之。使景公急以救民爲事也。

易經益卦彖曰。益損上益下。民說无疆。自上下下。其道大光。

大全云。恩由上究。非僅一切轉移之術。始爲益之名者也。要在制民常產之外。若山林川澤之利。損以與民。貨稅田租之類。量加蠲免。如是益下。而民有不欣欣然盡發愛戴之心者歟。

書經帝曰。棄黎民阻饑。汝后稷播時百穀。

謹案 舜之民曷嘗阻於饑哉。然舜以黎民非百穀不能生其身。非后稷莫能教其耕。故必諄諄戒勉。益見聖主賢臣安不忘危。豫備不虞之意耳。

詩經大雅。倬彼雲漢。昭回于天。王曰於乎。何辜今之人。天降喪亂。饑饉薦臻。靡神不舉。靡愛斯牲。圭璧既卒。寧莫我聽。又曰。靡人不周。無不能止。

宋 董煟曰。靡神不舉。靡愛斯牲。說謂慰安人心。然山川禱祀。從古有之。亦見古人憂畏之切。至七章言靡人不周。無不能止。非當時有實惠及于民。安能如是。

春秋魯僖公二年冬十月不雨。◎三年春王正月不雨。夏四月不雨。◎僖公憂閔。元服避舍。躬節儉。紬女謁。輟樂休工。釋更徭之逋。罷軍寇之誅。去苛刻慘毒之政所蠲浮令四十五事。放讒佞郭都之等十三人。誅領人之吏受貨賂趙倪等九人。率羣臣禱于山川。天即爲之大雨。

謹案 天以水旱困人。正欲長民者之惠愛蒼生耳。苟能遇災而懼。恤民之瘼。更新善政。天將消其災而錫之福

矣從古天人相感之理如響應聲夫豈獨僖公一事哉

禮記王制云國無九年之蓄曰不足無六年之蓄曰急無三年之蓄曰國非其國也三年耕必有一年之食九年耕必有三年之食以三十年之通制國用雖有凶旱水溢民無菜色然後天子食日舉以樂

謹案無三年之蓄尚非其國後之各省其所蓄不知有幾隋唐行之而有效紫陽施之而見功者社倉也庶幾乎其得之歟夫粟既積之於京師復徧之於天下倉箱足而積貯豐小民將擊壤而歌矣聖人所以能樂民之

樂也

周禮大司徒以荒政十二聚萬民一曰散財（貸種食也）二曰薄征（輕賦稅也）三曰緩刑（省刑罰也）四曰弛力（息繇役也）五曰舍禁（山澤無禁也）六曰去幾（去關防之幾察使百貨流通）七曰眚禮（殺吉禮也）八曰殺哀（節凶禮也）九曰蕃樂（謂閉藏樂器而不作）十曰多昏（多昏配則男女得以相保）十一曰索鬼神（求廢祀而修之也）十二曰除盜賊（安良民也）大司徒以保息六養萬民一曰慈幼二曰養老三曰振窮四曰恤貧五曰寬疾六曰安富

謹案語云三代而上有荒歲而無荒民其所以無荒民者必上之人有以豫備故也即富者尚欲安之況老幼貧窮疾病之類有不在其懷保之中耶嗟夫政之不可偏廢如人身之脈絡不可一經不治致令其受病也世之爲政者果能視此而無愧焉康阜之休旁敷四海矣

穀梁傳一穀不升謂之嗛二穀不升謂之饑三穀不升謂之饉四穀不升謂之荒五穀不升謂之大祲大祲之禮君食不兼味臺榭不塗弛侯廷道不除百官布而不制鬼神禱而不祀（嗛同歉不滿之意也）

明 邱濬曰君食不兼味以下即周禮膳夫所謂大荒則

不舉者也譬如父母焉其子不哺而已乃日餘膏粱于心安乎

齊 糴賤桓公恐五穀之歸於諸侯欲爲百姓藏之問於管子管子曰今者夷吾過市有新成囷京者二家君請式璧而聘之桓公從之民爭爲囷京以藏穀

謹案桓公之慮固深管子之智更美倘不賞一二人以風衆人其誰我從此所謂藏富于民而君不致獨貧者也曷嘗盡斂于太倉之內哉夫國無三年之蓄者國非其國然則交相致益而後富强可甲于天下

周 惠王十七年十二月，衛文公立。公大布之衣，大帛之冠，務材訓農，通商惠工，敬教勸學，授方任能。元年革車三十乘，季年乃三百乘。

謹案 治國不可以縱欲，守位貴從乎民好。膺民社者，治本是圖，躬行節儉，則恩膏沛于萬姓，菽粟足于倉箱矣。懿公好鶴，而文公能勤民布政，不數年間，國以富厚，民用和輯。人主好惡之間，不可不慎也如此。

周 敬王四十年夏五月，熒惑守心。心，宿名。心，宋之分野也。景公憂之。司星子韋曰：可移于相。公曰：相，吾之股肱。曰：可移于民。公曰：君者待民。曰：可移于歲。公曰：歲饑民困，吾誰爲君。子韋曰：天高聽卑，君有君人之言三，熒惑宜有動。於是候之，果徙三度。

謹案 觀景公之言，蓋不專爲一身而憂之矣。相是股肱，民爲邦本，此數語何嘗有意格天，而天則爲之格矣。可見天人感應之理，原在乎呼吸間。子韋知其理而候之，果徙三度。仁哉景公！智哉子韋也。

魏 文侯時，租賦增倍于常，或有賀者。文侯曰：今戶口不加，而租賦歲倍，此由課多也。譬如治焉，令大則薄，令小則厚，

治人亦如之。夫貪其賦稅，不愛民人，是虞人反裘而負薪也，徒惜其毛，不知皮盡而毛安所附，是兩匱之勢也。

謹案 理勢明則言辭達。文侯之論增賦，不事支流旁幹，直能探本窮源。賀者應慚，僞者宜懼。君子知此，民困必蘇，非社稷之福哉。

李悝爲魏文侯作平糴法，曰：糴甚貴則傷民，甚賤則傷農。若民傷則離散，農傷則國貧。故甚貴與甚賤，其傷一也。善爲國者，使民無傷而農益勸。故大熟則上糴三而舍一，中熟糴二，下熟糴一，使民適足，價平而止。小饑則發小熟之斂，中饑則發中熟之斂，大饑則發大熟之斂，以糶于民。故雖遇水旱饑饉，糴不貴而民不散。行之魏國，日益富强。

謹案 收糴于豐熟之時，出糶于荒歉之日，務必平價而止，民農皆不令傷，非法之出于萬全耶。有何水旱之足慮。嘉謀若此，食祿何慚。在位者鑒此類推，廣其仁術，不負敦本愛民之君子矣。

漢 文帝二月詔曰：方春時和，草木羣生之物皆有以自樂，而吾百姓鰥寡孤獨困窮之人，或阽于危亡，而莫之省憂。爲民父母，將何如其議所以賑貸之。

謹案文帝以草木羣生之樂其樂因念吾民窮困之顛連廣其仁術賑貸並行是陽春之所不及者文帝得而及之矣否則枯木有時暢茂窮簷赤子樂歲終身苦是草木之弗若不亦深可歎乎撫黎元者能觸景念民勿忘先王對時育物之懷則太和元氣長流行于宇宙中矣

文帝癸酉十二年晁錯上言曰夫人情一日不再食則饑終歲不製衣則寒夫腹饑不得食膚寒不得衣雖慈父不能保其子君安能以有其民哉是故明君貴五穀而賤金

玉方今之務莫若使民務農而已欲民務農在于貴粟貴粟之道在于使民以粟爲賞罰今募天下之人入粟于邊以受爵免罪不過三歲塞下之粟必多矣帝從之令民入粟于邊拜爵各以多少級數爲差

謹案自古以民饑而擾天下者不一而足未聞無珠玉而擾其國者也錯勸其君賤珠玉寶五穀足國之本務其在是乎所以稱智囊也

景帝後元二年夏四月詔曰雕文刻鏤傷農事者也錦繡纂組害女工者也農事傷則饑之本女工害則寒之原也夫饑寒並至而能亡爲非者寡矣今歲或不登民食頗寡其咎安在或詐僞爲吏吏以貨賂爲市漁奪百姓侵牟萬民其令二千石各修其職事有官職耗亂者丞相以聞請其罪

謹案此詔專重農桑委其責于太守致治之方莫若此矣況又令丞相不時奏聞此大法小廉民安物阜周之成康漢之文景皆以賢君稱也

武帝時董仲舒對策曰郡守縣令民之師帥所以承流而宣化也師帥不賢則主德不宣恩澤不流是以陰陽錯繆

氛氣充塞羣生寡遂黎民未濟也

謹案仲舒以承流宣化責成郡守縣令此眞握要之言大吏貴而不切散官踈而無權惟府縣官有守土之專政令聲教易與相通末俗頹風力能振作劉向素稱董仲舒有王佐之才者以其論事切中機要而立意本于正大也

武帝征和四年四月以趙過爲搜粟都尉過教民爲代田一畝三甽（甽者田中之溝也廣一尺深一尺）歲代處（代易也歲易其處）故曰代田每耨輒附根根深耐風與旱其耕耘田器皆有便巧用力

少而得穀多。民皆便之。

謹案 詩云誕后稷之穡。有相之道。從古教稼任地。各有便宜。以盡輔相裁成之責。武帝爲民治農事。必使良才賢牧講求于隴畝之間。以人工代天巧。神明變化。總期便民而不敢逸于圖治。休哉盛業。其漢治之隆歟。

光武帝建武二十五年冬十月。監軍謁者宋均見蠻方飢餒困厄。均與諸將議曰。夫忠臣出境。有可以安國家者。專之可也。乃矯制告諭羣蠻而降之。蠻地遂平。均未至。先自劾矯制之罪。上嘉其功。迎賜以金帛。

謹案 天災可畏。飢徧蠻方。設或再加困鬬。血刃者固多。僵仆者要亦不少。豈好生之心哉。監軍矯制而諭之降。既得上國之體。且服小醜之心。以仁布德。以智全仁。宜乎上之獎賞矣。後之銜命閫外者。其將以此爲法乎。

明帝永平三年。大起北宮。時天大旱。尚書僕射鍾離意謁闕免冠上疏曰。昔成湯遭旱。以六事自責。切見北宮大作。民失農時。自古非苦宮室小狹。但患民不安寧。宜且罷止。以應天心。上卽時罷之。遂應時澍雨。

謹案 蒼蒼者天耶。孰謂理居元渺。一時無以格之哉。當時勞民傷財。人心不安。而天意示警。僕射免冠切諫。上卽罷役。時雨降而禾稼生。可見風雨之調和。原在人心之喜豫。蓋心和而氣和。氣和而陰陽交泰矣。王政本符乎情理。天心總寄于民心。信哉。

和帝永元五年。遣使分行三十餘郡。凡貧民之不能自食者。悉開倉賑給。

謹案 和帝年十四五。能恤貧民。能除竇憲。亦云賢矣。第天性聰明。不如聖學日躋深邃。孰謂師保翼助之功。迂闊而不可近哉。

安帝時。皇太后鄧氏每聞民飢。或達旦不寐。躬自減徹。以救災危。故雖有水旱交侵。宇內復寧。歲仍豐稔。是勤政之效也。

謹案 民不賴君。何能活于凶歲。君不得民。何以享其太平。此君民一體之意也。假如手足有病。而心腹獨能舒泰乎。皇太后達旦不寐。以救饑民。世稱賢后。良有以也。

桓帝永壽三年春。或上言民之貧困。以貨雜錢薄。宜改鑄大錢。事下四府羣僚及太學能言之士議之。太學生劉陶上議曰。當今之憂。不在于貨。在乎民飢。竊見比年以來。良苗盡于蝗螟之口。杼軸空于公私之求。民所患者。豈謂錢貨之厚薄。銖兩之輕重哉。就使當今沙礫化爲南金。瓦石化爲和玉。使百姓渴無所飲。飢無所食。雖羲皇之純德。唐虞之文明。猶不能以保蕭墻之內也。蓋民可百年無貨。不可一朝有飢。故食爲至急也。

謹案古之帝王。每求直言。時開言路。民情得以上達。使閭閻疾苦。無時不昭揭于九重。是以政令所布。深愜民懷。惠澤所流。且周百世。而嘉謀嘉猷。并藉以垂光於千載耳。

吳孫權赤烏三年民饑。詔遣使開倉廩賑貧者。

謹案國之賴民。猶魚之藉水。魚無水則不生。國無民。則難與治。三國之主。强半稱雄。肯置其蒼生于溝壑哉。但遣使之中。又貴擇人。必得公平廉幹。精明寬厚之臣。而後可。蓋百萬生民之命。懸于一人之手。豈云細事。細閱其史。一無所貶。亦曰知人。

北魏高宗和平四年十月。以定相二州隕霜殺稼。免民田租。◎承明元年八月。以長安二蠶多死。免民賦之半。

謹案稼與蠶。小民養生之本也。苟於此而無所得。衣食已虧。催科再急。不迫人于盜藪也鮮矣。今魏不特因霜害稼而免其田租。且緣蠶息無收。而蠲其半賦。恩何溥也。仁哉斯制矣。

高祖太和二十年。以久旱。自癸未不食。至於乙酉。羣臣皆詣中書省請見。高祖在崇虛樓。遣舍人辭焉。且問來故。豫州刺史王肅對曰。今四郊雨已沾洽。獨京城微少。庶民未乏一餐。而陛下輟膳三日。臣下惶惶。無復情地。高祖使舍人應之曰。朕不食數日。猶無所感。比來中外貴賤。皆言四郊有雨。朕疑其欲相寬免。未必有實。方將遣使視之。果如其言。卽當進膳。如其不然。朕何以生爲。當以身爲萬民塞咎耳。是夕大雨。

謹案君心卽是天心。君能以萬民爲心。天未有不以一人爲念者也。民未饑而君已饑。天肯負愛民之君乎。此魏高祖輟膳三日。而時雨降。可見感通之理。原在君心。君之愛民。正所以愛身。天之愛君。原欲其愛民。天也。君也。民也。分之則有三。合之則一體。理本相通。道無二致。敬天勤民者。所當三復斯旨。

城陽王鸞爲并州刺史。先是州界夏霜。禾稼不熟。民庶逃散安業者少。嶶輒開倉賑之。文武共諫止。嶶曰。昔汲長孺郡守爾。尚輒開倉賑救民災。況我皇家親近受委大藩。豈可拘法而不救民困也。先給後表。孝明嘉之。加安北將軍。

謹案 皮之不存。毛將安附。備位大藩而不知爲朝廷旬宣布化。子惠黎元。忝厥職也甚矣。觀安北將軍之明斷。先給後表。一轉移間。深合古名臣愛護百姓之至意。後之君子可勿鑒諸。

宋 文帝元嘉十二年。吳郡大水。錢唐升米三百。以揚州治中從事史沈演之兼散騎常侍。巡行拯恤。許以便宜從事。

演之開倉廩賑飢民。凡有生子者。口賜米一斗。刑獄有疑枉者。悉判遣之。百姓蒙賴。

謹案 美哉元嘉之政。可見稱于天下後世者。蓋由飢饉之年。令臣便宜從事。無一人之不被其澤也。民當枵腹離散之際。誰不思邀惠于朝廷。以生其骨月。倘巡行拯恤者惠此而失彼。有始而無終。民受虛名。仍無實濟。何煩此使爲哉。演之得便宜之權。免掣肘之患。小者不遺于黃口。壯者可釋于囹圄。尚有淚如淫雨。並垂于空釜鶉衣之上歟。古云。上有便宜之令。下無專擅之臣。信哉此言也。

唐 元宗開元十五年八月。制曰。河北州縣水災尤甚。言念蒸民。何以自給。朕當宁興思。有勞旰昃。在予之責。用軫于懷。宜令所司量支東都租米二十萬石賑給。◎二十二年十一月。敕曰。百姓屢空。朕孰與足。言念于此。良所疚懷。又聞京畿及關輔有損田百姓等。屬頻年不稔。久乏糧儲。雖今歲薄收。未免辛苦。宜從蠲省。勿用虛弊。至如州縣不急之務。差科徭役。并積久欠負等。一切並停。其今年租八等已下。特宜放免。地稅受田一頃已下者。亦宜放免。

謹案 開元之政。大有可觀。即此二詔。憂勤寬大之意。露于言表。此時也。宮廷肅穆。輔理承化者多稱賢佐。是以有災即得上聞。遇荒即行補救。委曲詳盡。有實惠而無虛名。總之賤貨尊賢。去蔽去客。四者古昔聖賢所爲翼翼小心守之而勿失者也。豈獨爲荒政云爾哉。實萬世致治之常道也。

郭子儀因河中軍士常苦乏食。乃自耕荒田百畝。將校以是爲差。於是士卒皆不勸而耕。是歲河中野無曠土。軍有餘糧。

謹案羊祜鎮襄陽。墾田八百餘頃。祜之始至也。軍無隔日之糧。及至季年。有十年之積。汾陽之在河中。身體而力行之。上不致吾君憂國帑之無輸。下不苦吾民有助餉之拮据。一事舉而愛及于君民。非賢將而能若是乎。

德宗賑給種子。詔春陽布和。萬物暢茂。實兆庶樂生之日。農夫致力之時。今茲吾人。則異於是。迫以荒饉。愁怨無憀。有離去井疆。業于庸保。有乞丐途路。困于死亡。鄉閭依然。烟火斷絶。種餉既乏。農耕不興。若東作愆期。西成何望。爲人父母。得不省憂。雖國計猶虛。公儲未贍。濟人之急。寧俟

盈豐。蓄其有無。庶拯艱厄。京兆府百姓。並宜賜種子二萬石。同華州各賜三千石。陝虢兩州賜四千石。委州長吏。即與度支計會。請受差公清仁恤之吏。與縣令親至村閭。隨便給付。仍加勸課。勿失農時。應諸倉所有遠年粟麥。宜令節度更分二萬石。京兆尹即差官逐便搬載。賑賜貧人。先盡鰥寡孤惸。目下不濟者。務令均給。全活流庸。

謹案制云。東作愆時。西成何望。知此而有不錫之以種乎。於是流離者。可以歸鄉。徬徨者。可以止懼。窮民而無告者。可以生全。雖曰衰草荒田。不日而見青禾之盈目矣。

德宗時。諸州大水。陸贄請賑。帝曰。淮西欠賦。不宜賑。贄曰。寧人負我。無我負人。

謹案陸贄精白一心。忠誠愛國。凡所敷陳。總以布達君上鴻恩。體恤閭閻窮困爲主。所爲行益道以事君者也。故稱千古名臣之最。

憲宗元和間。南方旱飢。遣使賑恤。將行。憲宗戒之曰。朕宮中用帛一疋。皆計其數。惟賑恤百姓。則不計所費。卿輩當體此意。

謹案憲宗儉于宮中。而厚于百姓。且欲令羣臣悉體此意。仁哉聖心。抑何自奉廉而施恩溥也。從古奢靡之主。恩賞雖濫。而于百姓無關。由其內蔽于欲。而於兆庶。始屯其膏耳。是故致治之道。先以淸靜根本之地爲主。

文宗開成四年七月。丙午。滄景節度使劉約奏請義倉粟。賑遭水百姓。詔曰。本置義倉。只防水旱。先給後奏。敕有明文。劉約所奏。已爲遲晚。宜速賑恤。

謹案文宗實乃勵精求治之主。所以聞百姓之災傷。咎節度之不能先給耳。後之良有司。蓋深明乎救災拯患

之不可少緩所以干擅發廩之愆不避同事之譏一切爲己利身之想毫忽不介于心一朝出粟億兆得生其慈仁智勇詎不足以昭示後人也耶

【後周】太祖廣順三年春正月或言營田有肥磽者不若鬻之可得錢數十萬緡以資國用周太祖曰利在民猶在國也朕用此錢何爲於是罷戶部營田務除租牛課

【謹案】惠在一時名垂千載于周太祖見之矣彼時若鬻田與民斂錢在國國亦未必因是而强而已非損上益下之誼是故牧民者貴知立國之本圖而不必斤斤焉講求于功利則善矣

世宗顯德五年遣使均定境內田租世宗留心農事常刻木爲農夫田器蠶婦等置之殿廷欲均田面租稅先以元貞均田圖賜諸道至是詔散騎常侍艾穎等三十四人分行諸州均定田租

【謹案】世宗非五代之聖主耶明達不下于唐太宗愛養仿佛乎漢文帝殿廷刻木而重農桑諸道頒圖而均田賦在上者知儲蓄之當先得安不忘危之要道在下者明耕耘之宜急有未雨綢繆之至計非仁政歟

顯德六年淮南饑世宗令以米貸之或曰民貧恐不能償世宗曰民猶子也安有子倒懸而父母不爲解者安在其必償也

【謹案】世宗以仁愛之心發而爲矜民之語大哉王言被之當時而恩意浹于人心垂之簡冊而仁政昭于後世君民一體之理深切而著明矣願致治者之日鑒在茲也

【宋】太祖乾德元年四月詔諸州長吏視民田之旱甚者蠲其租不俟報

【宋】董熠曰民之災傷至易曉也今州縣或遇水旱兩次差官檢覆使生民先被騷擾之苦然後量減租數幾不償所費矣宜以乾德之詔爲法

真宗咸平二年春閏三月求直言轉運副使朱台符上言略曰陛下踐祚以來彗星一見時雨再愆彗星見者兵之象也時雨愆者澤未流也宜重農以積粟簡卒以省費專將帥之任以安邊愼守令之選以惠民捨此數事雖有智者不能爲計矣

【謹案】治天下者果能以朱台符之言而力行之立見清

寧。太平可奏。故爲政而得其要者。若烟微而火熾。水漁而水通。無往而不得民安物阜之盛也。

張詠知益州。以蜀地素狹。游手者衆。事寧之後。生齒日繁。稍遇水旱。民必艱食。時斗粟値錢三十六。乃按諸邑田稅。如其價。歲折米六萬斛。至春。籍城中細民。計口給券。俾如原價糴之。奏爲永制。其後七十餘年。雖有災饉。米甚貴。而民無飯色。

謹案 收穀粟。代銀錢。至春仍依原價糴與窮民。此權宜通變之至計也。要其心無刻不以蒼生爲念。故能隨時

處置。各適乎事勢之當然。而民舉受其實惠耳。自詠守蜀。而朝廷無西顧憂。誠哉是言矣。

祥符六年秋七月。知濱州呂夷簡請免稅河北農器。帝曰。務穡勸農。古之道也。豈獨河北哉。詔諸路並除之。

發明 云。治國之道。莫大于革弊政而恤民瘼。眞宗禁內臣干預公事。除農器稅。皆治國之善政也。

仁宗天聖七年六月。河北大水。壞澶州浮橋。七月。命三司刑部郎中鍾離瑾。爲河北安撫使。仍詔瑾所至發官廩。以賑貧乏。其被溺之家。見存三口者。給錢二千。不及者半之。溺死而不能收斂者。官爲瘞埋。其經水倉庫營壁。亟修完之。卑下者徙高阜處。水損官物。先爲給遺。防監亡失官馬者。吏不加罪。止令根究。所部官吏貪暴不能存恤者。奏劾之。見繫獄囚委長吏從輕決遣。其備邊事機。民間疾苦。悉具經畫以聞。

宋 董煟曰。祖宗救災。非特旱傷禱祈。蠲減而已。有水旱卒然而至。漂蕩民廬。浸濕官廩。其賑恤經營之方。尤爲詳悉。眞可端拜爲矜式也。

仁宗慶曆元年十一月。以京師穀價踊貴。發廩一百萬石。

減價出糶以濟民。

謹案 減價出糶。其法最善。在官無損。在民有益。但所發不多。如以杯水救車薪之火。又何益哉。今以百萬石濟之。不重米而重民。知米由民出。得反本還原之道。窮民得食歡呼。有不格上蒼而召和氣致豐年哉。

仁宗每見天下有奏災傷州郡。必加存恤。嘉祐中。河北蝗澇。時霸州汶水縣不依編敕告示災傷。百姓狀訴及本州。不以時差官檢視轉運。以爲言。上曰。朝廷之政。寄於郡縣。郡縣之政。寄於守令。守宰之官。最爲親民。民無災傷。尚當

存恤。況有災傷而不爲受理。豈有心於恤民乎。自判官知縣司戸主簿。罰銅各有差等。上謂左右曰。所以必行罰者。欲使天下官吏知朝廷恤民之意。

謹案昔人云。諒輔爲五官掾。大旱禱雨不獲。積薪自焚。火發而雨大至。戴封在西華亦然。古之良吏爲民心切。竟至於此。今霸州諸吏蠹國病民。惟銅是罰。當時朝廷雖寬其責。千載而下。議者孰肯恕其草菅民命之愆乎。

文彥博在成都。米價騰貴。因就各城門相近之寺院。共十八處。減價糶米。仍不限其數。張榜通衢。翌日米價遂減。

謹案饑年富家藏米待價。故爾踴貴。今官米減價出糶。自不得不爭先出米而賤賣。然非循環糴糶。彼知官米有限。仍弗賤也。

吳遵路既俵米與民。又令採芻薪。出官錢收買。向常平倉糴米歸養老稚。計買柴共二十二萬束。比至嚴冬雨雪。市無柴薪。即依原價。令其買去。發賣官不傷財。民再獲利。

謹案出官錢。收柴草。既不令彼苦于難賣。寒冬仍令販去。又得趁錢。一小事而令民兩番獲利。非救荒之奇策而何。

齊州饑。河北流民。道齊境不絕。晁補之請粟于朝。得萬斛。爲流者給舍次。具器用。人既集。則日給麋粥藥物。躬臨治之。凡活數千人。擇高原以葬無主者。男女異墟。使者頗妬其功。欲有以撓之。既至境。按事。乃更歎服。

明陳龍正曰。男女異墟。禮行于亡魂矣。心之精微至此。此使者見而感服。蓋仁政之動人。有以化其偏私而發其天良也。

蘇耆。陝西轉運司。景祐中。洛陽大旱。穀貴。百姓飢殍。東京轉運司亦無以爲賑。洛陽留守移書求耆粟二十萬斛。遂移文陝府。如數與之。仍奏于朝。時同職謂耆曰。陝西沿邊之地。屯軍甚多。若有餘。止可移之以實邊郡。奈何移之別路。耆曰。天災流行。春秋有恤鄰之義。生民皆繫于君。無內外之別。奈何知其垂亡而不以奇羸賑恤耶。苟有饋運者。當自謀。必不以此相累。朝廷甚嘉之。

謹案民之竟日而不可無者。食也。至數日則死矣。手握生民之權。坐視而不救。仁者當如是乎。蘇耆深明春秋之義。寧甘自罪。不累同僚。識力擔當。獨超千古。豈庸愚之有司所可及哉。

許元知丹陽縣，縣有練湖，決水一寸，爲漕渠一尺，故法盜決湖者罪比殺人。會歲大旱，元請借湖水溉田，不待報，決之。州守遣吏按問，元曰：便民，罪令可也。溉民田萬餘頃，歲乃大豐。

謹案：民可救而恩未逮，心雖切而事不奮，雖有仁心而不繼以仁政，終未有以溥朝廷之德澤也。許尹決水溉田，寧甘自罪，有猷有爲，非良牧而何。

神宗熙寧七年夏四月，大旱，帝語翰林承旨韓維曰：天久不雨，朕日夜焦勞，奈何？維對曰：陛下憂閔旱災，損膳避殿，

此乃舉行故事，恐不足以應天變，當痛自責己，廣求直言。因上疏極言青苗及開邊之弊。會鄭俠繪所見爲圖上之於帝，閲後竟夕不寢，遂慨然行之。詔出，人情大悅，是日果大雨，遠近沾洽。

謹案：昔范鎮云：水旱之作，由民生不足，憂愁無聊之歎，上薄天地之和耳。故新法一罷，民心悅而天道應，時雨立沛。凡君臨天下者，可不以民情而感通天意耶。

吳越大旱，時趙抃知越州，當民之未飢，爲書問屬縣災所被者有幾鄉，當廩於官者有幾何，溝防興築可僦民使治之者有幾所，庫錢倉米可發者有幾許，富家可募出粟者有幾姓，僧道士所食之羨餘書於籍者其幾有存，使各書以對，而謹其備。時得粟四萬八千餘石，自十月朔人日給粟一升，幼小者半之。憂其相蹂也，使男女異日受粟，人受兩日之糧。憂其流亡也，城市鄉村立給粟之所共五十七處，使各以便而受之。告富人無得閉糶，又出官米平價而糶，糶所共一十八舖，使糴者便於受粟。給工食，大修城池。病者醫，死者埋，收棄兒，廩窮人，至五月而止。事有未便者，公一以自任，不以累其屬。有上請者，或便宜輒行，事無巨

細，必躬親之，民賴以生。

舊評云：其施雖在於越中，其仁足以示天下；其事雖行於一時，其法足以傳後世。災沴之行，治世不能使之無，而能爲之備。民病而後圖之，與夫先事而爲之計者，則有間矣；不習而有爲，與夫素得之者，則有間矣。故采於越，得所施行，樂爲之識。

徐寧孫賑濟饑人，其策有三：第一策，本州縣當職官盡實抄劄，果係孤老殘疾并貧乏不能自食者，大人小兒籍定姓名數目，將義倉米逐鄉逐鎮逐坊逐巷分散賑濟，處處

請鄉官或士人各三人。如無上戶士人處。則請耆老忠厚者。置冊收支。給散闕子。每五日一次併而給之。大人日給一升。小兒減半。凡州縣市鎮鄉村。並令同日同時支散。以革重疊冒請之弊。乞丐等人亦同日同時。別作一處支米。不得滚入饑民賑給。第二策。糶賣米麥本濟窮民。奈有在市牙儈與有力滑徒。令匪人假爲窮民。裝飾冒糴。冒支。且又串同斛手。單賣與奸詭相知之輩。不及村落無食之民。即有糴得窮民。已是將畢之際。强半粞穀糠粃。弊實無窮。遂令本州縣立賞錢一百貫。令人舉首。務要及於鄉民。無

許冒濫。其第三策。賑濟當支散日。用五色旗。分爲五處。每處分差指使二員。吏二名。抄劄饑民。每一名給與牌子。并小色旗。候支散及數。前來賑濟。散了一旗。再散一旗。不許亂赴請所。蓋事貴循序。不得併在一處。挨擠喧鬧。

謹案　此三策皆救荒之要。則缺一不可。不然饑民不得實惠者有之。滑吏奸民而倍得者有之。因賑給而擠踏至死者有之。熟此則人事既多克全。何患天災之忽降也。

元祐初。河東京東淮南災傷。監察御史上官均言。賑恤有五術。一曰施與得實。二曰移粟就民。三曰隨厚薄施散。四曰擇用官吏。五曰告諭免納夏秋二稅。上嘉納之。

謹案　五事得行。民在堯湯之世矣。雖災而不受災之害。非蒼生之幸歟。不知蒼生之幸。即國家之福。不可二視。

蘇軾知杭州。時值大旱。饑疫并作。軾請於朝。蠲本路上供米三分之一。故米不翔貴。復得度僧牒百張。易米以救饑者。明年方春。即減價糶常平米。民遂免大旱之苦。

謹案　蘇軾之有益於杭也最稱久遠。築堤引水。利濟民田。至今猶多賴之。蓋不獨救荒一事之請蠲減糶也。從

古名賢。入則虔共爾位。曲體君心。出則利濟蒼生。爲國霖雨。固非僅恃文辭末技。鋪張揚厲。以干名譽已耳。繼軾而爲刺史者。其無務爲文章。以與軾相較優劣。然後可。

吳中大水。詔出米百萬斛。緡錢二十萬。賑救。諫官謂訴災者爲妄。乞加驗考。給事中范祖禹封還其章。云國家根本仰給東南。今一方赤子。呼天赴愬。開口待哺。以脫朝夕之急。奏災雖少過實。正當略而不問。若稍施懲譴。恐後無敢言者矣。

謹案知明處當然。後可以論國家大體。祖禹賢臣也。洞悉民情。因申說奏災之不可罪。言簡而理勢盡該。正足以濟其封還奏章之力。

高宗紹興中。詔拯濟原爲貧民。近世拯濟止及城郭市井之內。而鄉村之遠者未嘗及之。須令措置州下縣縣下鄉。雖幽僻去處。亦分委官屬。必躬必親。

明陳龍正曰。守令之賑城市遺鄉村。豈非身在城市。據所見忘所不見耶。夫窮民惟鄉村最多。以彼蠢愚無知。或生平畏見官長。忍餓不敢出。或事歸里正保長。任意欺瞞。或保正胥吏勒索使費。強匿戶口種種情弊。百出不窮。此處正宜盡心查察。可聽其遺漏。而一任窮民之無告哉。

孝宗淳熙九年七月。以江西常平義倉及樁管米四十萬石付諸司預備賑糶。出南庫錢三十萬緡付浙東提舉朱熹以備賑糶。詔發所儲和糴米百四十萬石補淳熙八年賑濟之數。於沿江屯駐諸州樁管。九月以錢引十萬緡賜瀘州備賑糶。◎十一年六月。詔諸州歲買稻種備農之闕。

謹案小民得分毫之惠。感激已殷。況在饑年。其欣幸也莫可言狀。又況賑糶賑濟。行之不倦。更日有所得哉。故南渡之賢君當推孝宗爲第一。

浙東大饑。命朱子提舉常平茶鹽。旣拜命。卽移書他郡。廣募米商。蠲其稅。及至客舟已輻輳矣。日與僚屬鈎訪民隱。至廢寢食。分畫已定。案行所部。窮山長谷。靡所不到。拊問存恤。所活不可勝計。每出皆乘單車。屏徒從。一身所需皆自賚。以行毫不及州縣。以故所歷雖廣而人不知。郡縣官吏憚其風釆。倉惶驚懼。常若使者壓其境。由是所部肅然。◎朱子又嘗言於上曰。臣曾摹得蘇軾與林希書。謂熙寧中荒政之弊。費多而無益。以救遲故也。其言深切。可爲後來之鑒。

謹案愛民之政。身不力行。知之無益。行之不早。救之無益。所以朱子一聞上命。卽刻力行。招商訪困。不辭獨歷深山。以生餓殍。使州縣聞之。無不惶懼奉行。是一人之所活有限。而諸吏之救人無窮矣。非賢者而能之乎。朱子文章不可及。其政事乃如此。此其忠君愛民之心。曷常有須臾之間哉。

楊仲元調宛邱簿。民訴旱。守拒之。曰邑未嘗旱。此狡吏導

民而然仲元入白曰野無青草公曰宴黃堂宜不能知但一出郊可見矣狡吏非他實仲元也竟得免稅

謹案愛民之人當此一邑流離之日恨不能奮身以救故見親民之官惟以宴飲爲樂而不計及民瘼一腔慈惠之心不得不激爲直戇之語矣凡諸守令所當廣厥聰明不蔽于近始可與言爲政之道

元世祖至元二十年詔停燕南河北山東租賦

發明云世祖因御史臺臣之言詔停燕南等路租賦一舉而聽言恤民之事皆在其中是亦可謂惠愛乎斯世

斯民者矣

至元二十二年江西行省以歲課羨鈔四十七萬貫來獻太子怒曰朝廷但令汝等安百姓百姓安錢糧何患不足百姓不安錢糧雖多能自奉乎盡却之

謹案帝王家能有一人以百姓爲念者則四海盡受其福矣况太子哉羨餘之獻皆民脂民膏加派苛征而來者也聚斂之臣聞此言也亦可以知所警矣

至元二十七年十月丁丑尚書省臣言江陰寧國等路大水民流移者四十五萬八千四百七十八戶帝曰此亦何待上聞當速賑之凡出粟五十八萬二千八百八十九石

謹案急于救民者有不待再計而決也使稍有所吝或令檢踏或令移民必有無限躊躇之事矣總之惟明惟斷乃能推實惠以子民

成宗大德七年詔比歲不登賑飢乏蠲差稅貸積逋近聞百姓困乏者尚衆令內郡曾經賑濟人戶其大德七年差發稅糧盡行蠲免飢民流移他所多方存恤從便居住如貧乏不能自給者量與賑給口糧被灾處所有好義之家能出己財周給貧乏之者具實以聞量加旌用

謹案不登之歲蠲賑之外窮黎賴富室以得生富民因濟困以榮身亦荒政權宜之一法也

大德十一年江浙飢中書省臣言杭州一郡歲以造酒糜米二十八萬石禁之便

謹案以必需之物置之可省之途者以米作酒是也無酒人不害無米人不生禁之便

武宗至大二年詔被灾曾經賑濟百姓至大二年腹裏江淮夏稅並行蠲免至大二年正月以來民間逋欠差稅課程照勘並行蠲免◎三年十月詔大都上都中都比之他

郡供給繁擾與免至大三年秋稅其餘去處今歲被災人戶曾經體復依上蠲免已徵者准下年數

謹案蠲之爲言惠民之政也然亦貴及時否則追呼早迫杼軸已空恩詔來自九重而國課已納于百室此際上有隆恩下無實惠中間吏胥有私飽其囊橐而已奉宣德意者所當實心實力剔弊釐奸爲要

順帝至正十二年春正月中書省臣言今當春首耕作之時宜委通曉農事官員分道巡視督勒守令親詣鄉都勸諭農民依時播種務要人盡其力地盡其利其有曾經水

旱盜賊等處貧民不能自備牛種者所在有司給之仍令總兵官禁止屯駐軍馬踏踐田畝以致農事廢弛從之

謹案蒼生愚賤全恃朝廷之經綸以安果如是之經理咸宜施無不當則民自享盈寧之福矣撫民者所當條列其事而行之庶無負司牧之責

明太祖吳元年六月不雨上日減膳素食羣臣請復膳上曰亢旱爲災實吾不德所致今雖得雨然苗稼焦損必多縱食奚能甘味得乎民心則得乎天心今欲弭天災但當謹于修己誠于愛民庶可答天之眷下令免今年田租

謹案太祖以蠲租爲寬民之力以民心爲天心是窮源而得本矣尚肯困民而拂天乎有明數百年開國規模最稱寬厚于此亦可得其一二

洪武初陝西旱飢漢中尤甚鄉民多聚爲盜莫能禁戢是時府倉儲糧十萬餘石知府費震即日發倉令民受粟自是攘竊之盜與隣境之民來歸者令爲保伍驗丁給之賴以全活者甚衆至秋大熟民悉以粟還倉上聞而嘉之

謹案民之爲盜多迫于無可如何耳有司已得其情自宜及早招來予以自新之路仍爲治世良民但救之貴

早遲則積惡多而不可屈國法以徇民救之貴有權有力否則適以餌盜而奸民易肆其詐譎此一等處置非精明強幹而又能保惠黎元者皆不足以語此

洪武二十六年二月上諭戶部曰朕捐內帑之資付天下耆民糴粟以儲之正欲備荒歉濟飢民也若歲荒民飢必俟奏請道途往返動經數月則民之飢死者多矣爾戶部即令天下有司自今凡遇飢歲則先發倉廩以貸民然後奏聞著爲令

謹案飢民之待食如烈火之焚身救之者刻不可緩即

以一日試之亦無不驗使必待往返而後發粟賑濟生者尚可邀恩死者焉能復活太祖命先貸後聞四字之中仁心仁政悉包羅無遺矣

成祖永樂十年敕戶部朕爲天下主所務在安民而已近者河南民飢有司不以聞而往往有言穀豐者若此欺罔獲罪于天此亦朕任匪人之過其速令河南發粟賑民凡郡縣及朝廷所遣官目擊民艱不言者悉追下獄◎十一年正月上謂通政司曰朕令來朝有司言民利病率云田穀豐稔比聞山西民乃食樹皮草根自今悉記之境內災

傷已不自言他人言者必罪

謹案守土之人往往不肯以災傷報者意欲處于賢人君子之列以爲我能愛民而天災不至殊不知匿災不達遲悞之愆正大成祖深明其事非睿哲之主乎

永樂十八年十一月皇太子過鄒縣民大飢競拾草實爲食太子見之惻然乃下馬入民舍見男女衣皆百結竈悉傾頹歎曰民隱不上聞若此乎顧中官賜之鈔時山東布政石執中來迎責之曰爲民牧而視民窮如此亦動念否乎執中言災荒處已經奏免秋糧太子曰民飢且死尚及徵稅耶汝往督郡縣速取勘飢民口數近地約三日遠地約五日悉發官粟賑之事不可緩執中請人給三斗太子曰且與六斗毋懼擅發予見皇上當自奏也至京果即奏之上曰昔范仲淹之子猶能舉麥舟濟其父之故舊况百姓皆朕之赤子哉

謹案太子之過鄒也始以民隱不上聞爲可歎繼責執中身爲民牧絕不動心爲可恨三言飢民與死爲隣猶語秋糧爲可笑心切愛民語皆循序堯舜之仁不過如此後永樂復以麥舟爲喻父子一心善人是則國祚之

永宜矣

仁宗洪熙元年四月時有至自南京者上問道路所過何似對曰民多乏食而有司徵糧如故遂召問少師蹇義所對亦然上坐西角門召大學士楊士奇等令草詔免稅糧之半併罷官買士奇對曰當令戶工二部知之上曰救民之窘當如拯溺救焚慮國用不足者多有不决之意命中官具紙筆令士奇等草詔于西角樓遣使齎行上顧士奇曰今可語二部矣左右或言地方千里其間未必盡荒無收亦宜別之庶不濫恩上曰恤民寧過厚爲天下主寧與

民寸寸計較耶。

謹案 仁宗此詔莫言蠲租。卽此一番婉轉深心。亦不易覯。令人見之感德于數百年之後。而況身逢其世乎。含宏廣大。直與天地同符。

宣宗宣德九年正月。巡撫周忱奏。內有云。臣將各府秋糧。查其數內有北軍京職俸米一百萬石。該運南京各衛上倉。聽候支給。計其船脚耗費。每石須用六斗。方得一石到倉。臣嘗奏乞將前項俸米一百萬石。于各府存收。着令北京軍職家屬就來關支。可省船脚耗米六十萬石。又免小

民搬運之勞。荷蒙聖恩准行。遂得省剩耗米六十萬石。欲于蘇松常三府所屬縣分之。各設濟農倉一所。收貯前項耗米。後遇青黃不接。車水種田之時。人民缺食者。支給賑濟。奉旨准行。小民俱有賴焉。

謹案 位鎮封疆。原非凡品。此時若不救濟蒼生。上紓君父之憂。以爲本固邦寧之計。豈不有辜屏翰撫綏之職乎。今奏減六十萬石。以惠窮黎。大臣經濟。于此始稱無愧。

世宗嘉靖八年。山西大飢。參政王尚絅上救荒八議。一曰。恐飢饉。乞遣使行部。問民疾苦。二曰。恤暴露。乞有司祭瘞。消釋厲氣。三曰。救貧民。乞支散庾積。秋成補還。四曰。停徵斂。乞截留住徵。以俟豐年。五曰。信告令。乞勸分菽粟。六曰。推糴買。乞令無閉遏。七曰。謹預備。乞申舊例。措處積貯。勿使廩庾空虛。八曰。恤流亡。乞所過州縣。加意存恤。勿使羣聚思亂。戶部覆議。行之。

謹案 嘉靖繼統之後。連歲飢荒。其所以寧輯者。諸臣匡救之力耳。王參政八議。與林僉事同在一時。誠皆一路之福星也。

嘉靖三十二年。程文德疏。水災異常。言官屢奏。持議未見歸一。臣謂今日內帑不必發。大臣不必往。夫救荒莫便于近。莫不便于拘。宜各遣行人。賫詔宣諭。令各州縣。自爲賑給。聽其便宜處置。凡官帑公廩。贖納勸借。苟可濟民。一不限制。又近日戶部申明開納事例。亦許就本地上納。卽粟麥黍菽。凡可救飢。皆得輸于倉庫。計值請劄受官。仍登計全活之數。定爲等則。以憑黜陟。卽撫按守巡賢否。亦以是稽之。制可。

謹案 時當儉歲。人肯以便宜請。則民之全活者多矣。何

也救荒貴速而惡遲文德所言凡可以救民之飢者皆得上納是收涓滴之淸流而沛恩膏于涸轍矣飢者不飢流者不流非若寒谷之回春歟

欽定康濟錄卷之二

先事之政計有六

先事論曰哲后經國立治積儲九稔謂之太平蓋雖時際豐熙歲書大有而聖德仁恩之厚勤勞天下宵旰匆遑凡夫滋茂衣食便安黎民之道至大至詳有舉無廢用是萬方乂安坐臻上理當是時也時有饑荒國無歉乏補偏救弊之術無所事諸後世耕者日少戸口日繁災傷之民救之於未饑則用物約而所及廣救之於已饑則用物博而所及微天災偶行民情遽迫非長民者早爲之所則設施

無序緩急無倫何以慰九重廑念之懷措萬姓安全之地乎用集歴代探本之治條爲先事六則敬備廟廊採擇之端賢吏仁民之法古政具在神明通變動遵乎古而仍不泥乎古自在道國愛民者之善爲潤澤也已

一教農桑以免凍餒

月令　齊管子
漢景帝　張堪
唐劉思立　五代梁乾化勅
後唐天成勅　宋太宗諭
張詠知鄂州　江翺令魯山
元至元詔　明太祖諭

月令孟春之月天子乃以元日祈穀於上帝乃擇元辰天

子親載耒耜。措之參保介之御間。帥三公九卿諸侯大夫。躬耕帝耤。天子三推。三公五推。卿諸侯九推。是月也。天氣下降。地氣上騰。天地和同。草木萌動。王命布農事。命田舍東郊。皆修封疆。審端徑術。善相邱陵阪險原隰。土地所宜。五穀所殖。以教道民。必躬親之。田事既飭。先定準直。農乃不惑。◎季春之月。天子乃薦鞠衣於先帝。命野虞毋伐桑柘。鳴鳩拂其羽。戴勝降於桑。具曲植籧筐。后妃齊戒。親東鄉躬桑。禁婦女毋觀。省婦使。以勸蠶事。蠶事既登。分繭稱絲效功。以共郊廟之服。毋有敢惰。

謹案民之大事。端在農桑。上以備宗廟之粢盛。下以致民生之蕃庶。所謂和協輯睦。財用蕃殖。悉於是乎興焉。其爲典甚鉅。而布之政令。尤不可不亟爲經綸也。自古聖王。祈穀以勤民。耕耤以敬天。宮廟之中。后妃肅理蠶桑。虔奉祭祀。如此。由是有及時勸課之令。俾草野農人。得先時整飭器具。合天道以盡人功。德至溥也。意至深也。所以敦麗淳固。民和而天錫之福。蓋恪勤乎子惠黎元之本計。無時而敢有怠心生於其間也。

齊管子曰。一農不耕。民有饑者。一女不織。民有寒者。倉廩實而知禮節。衣食足而知榮辱。

謹案從古賢臣致治之才。莫如管仲。觀其相齊。設施經緯。眞足輔相天地之宜。所以桓公之時。最稱富盛。似此雄材。宜乎專力山海之間。以充實百姓。乃今其言如是。是蓋洞明魚鹽之利。總非本富。泉貨之用。亦有窮時。莫如使兆民之衆。舉知天地自然之利。而盡力於南畝。則饑寒勿及其身。天良愈培。純厚。禮節之大。由富庶而自入範圍。榮辱所關。處豐亨而每多顧惜。國之綱維。胥立於是矣。非爲政之急務。而足民之要圖也哉。

漢景帝勸農桑詔。農。天下之本也。黃金珠玉。饑不可食。寒不可衣。以爲幣用。不識其終始。間歲或不登。意爲末者衆。農民寡也。其令郡國務勸農桑。益種樹。可得衣食物。吏發民若取庸。采黃金珠玉者。坐贓爲盜。二千石聽者與同罪。

謹案金玉雖貴。無益於人之溫飽。米粟雖賤。有關乎人之身家。以身家較珠玉。則米粟之不可不寶。審矣。故文帝之勸農桑。重在有司。景帝之勸農桑。勿貴珠玉。皆得致治之本。所以文景之世。天下豐盈。百姓皆敦崇孝弟。砥礪廉隅。治幾刑措。化洽羣生。道國之本務得也。

張堪拜漁陽太守。開稻田八千餘頃。勸民耕種。以致殷富。百姓歌曰。桑無附枝。麥穗兩岐。張君爲政。樂不可支。

〔謹案〕富民而不令致力於農田。使野多曠土。民安惰逸。有利亦非長久之策也。良有司深明乎此。則有隙地。即有良田。蓋其經營所到。無非實在爲民之妙用。勸導所感。自多歡欣鼓舞之精神。其草野謳吟之意。有動於不自知者。張太守特開八千頃之稻田。使民向往於其間。人有不富。而家有不足者哉。何處無田。何田無守。能以張公爲法。民樂何如。

〔唐〕高宗時。河南北旱。遣御史中丞崔謐等。分道賑給。侍御史劉思立上疏曰。麥秀蠶老。農事方殷。聚集參迎。妨廢不少。既緣賑給。須立簿書。本欲安存。更成煩擾。伏望且委州縣賑給。疏奏。謐等遂不行。

〔謹案〕自古未有人無衣食。而國能太平者也。故愛國必先愛民。即賑給之使。尚不敢遣。恐妨蠶麥。而肯擅用其力役哉。此唐之初世。衣食足而民心固。雖有賊臣擾國。不致喪危。得固本之道耳。治國者於蠶忙農務之時。可不深爲體恤。以裕其衣食之源耶。

〔五代〕〔梁〕太祖乾化元年二月。勅曰。今載春寒頗甚。雨澤仍愆。司天監占。以夏秋必多霖潦。宜令所在郡縣。告諭百姓。備淫雨之患。

〔謹案〕無知之小民。烏能測上天之水旱。司天監既有明占。理宜諭衆。使知所備。雖未悉當。要亦不遠。總頓後之治民者。得思患預防之道。時時敬體天心。不使一毫怠忽。斯爲上策。

〔後唐〕明宗天成二年。勅。訪聞京城坊市軍營。有殺牛賣肉者。仰府縣軍巡。嚴加糾察。如得所犯人。准條科斷。如是死牛。即令貨賣其肉。觔不得過五文。鄉村死牛。但報本村節級。然後准例納皮。天下州縣。准此處分。

〔謹案〕事能細心揆度。自能永遠遵行。如肉令賤賣。則殺牛者必寡。報官方許開剝納皮。則偷宰者必無。有犯者若再許人告首。即以此牛賞之。誠得禁宰耕牛之善法矣。

〔宋〕太宗嘗謂近臣曰。耕耘之夫。最可矜憫。春蠶既登。併功紡績。而縉布不及其身。田禾大稔。充其腹者。不過疏糲。若風雨乖候。將如之何。

謹案知稼穡之艱難者須厚恤耕耘之勞苦也否則知之亦無益今太宗慮遭凶歲旱爲籌畫得未雨綢繆之道矣然不薄其賦寬其役緩其征則俯仰無資小民不能盡力於南畝三年之蓄不可得何由成郅隆之治哉

張詠知鄂州民以茶爲業詠曰茶利厚官將榷之命拔茶植桑民以爲苦其後榷茶他縣皆失業而本地桑已成絹歲至百萬疋民以殷富

謹案實心爲民者任勞任怨在所不計如張公之方命去茶也民心豈能無怨後桑成而利溥不致失業農桑

惠人非固本之君子歟

江翺建安人爲汝州魯山令邑多苦旱乃自建安取旱稻種耐旱而繁實且可久蓄高原種之歲歲足食種法大率如種麥治地畢豫浸一宿然後打潭下子用稻草灰和水澆之每鋤草一次澆糞水一次至於三即秀矣

謹案土有高下燥濕之分父母斯民者原貴有以救之也如宋真宗因江淮兩浙旱荒命取福建占城稻而種之者避旱荒也程珦因沛縣大雨募富民之豆而布之者救水災也汜勝之云稗既堪水旱種無不熟之時何不擇其秸長而粒大者種之水旱皆可避也魯山令能立法救荒於茲數者可無愧矣

元世祖至元二十八年詔頒農桑雜令每村以五十家立一社擇高年曉農事者爲長增至百家別設長一人不及五十家者與別村合社地遠不能合者聽自立社專掌教督農民凡種田者立牌橛於田側書某社某人於上社長以時點視勸戒不率教者籍其姓名以授提點官行罰仍大書所犯於門候改過除之不改則罰其代充本社夫役社中有喪病不能耕種者合衆力助之一社災病多者兩社均助浚河渠以防旱暵地高者造水車貧不能造者官

給材木田無水者穿井井深不能得水聽種區田又每丁課種棗二十本雜種十本土性不宜者種榆柳等其數以生成爲率願多種者聽其無地及有疾者不與各社種苜蓿以防饑近水之家許鑿池養魚牧鵝鴨蒔蓮藕菱芡蒲葦以助衣食荒閒之地悉以付民

謹案農桑令當以此爲第一詳而到備而切人有怠惰者衆勵之土有不宜者別樹之民有不足者官給之極栽成輔相之道也何以後之理財者但知爲己而不知爲民識者能不爲之遐思良吏廣孚聖澤于九有耶

明太祖初渡江時。卽以康茂才爲營田使。諭之曰。比年兵擾。隄防頹圮。民廢耕作。而軍用浩繁。理財莫先於務農。故設營田司。命爾此職。巡行隄防水利之事。俾高無患乾。卑不病潦。務以時蓄洩。毋負委托。

謹案開基之聖主。自具有經國之大綱紀。隋時未嘗不大開河道。不過爲一日之遊觀。明太祖命人巡行水利。惟欲軍民之足食。乃知以農事爲重者。不可不急興水利也。二者相因爲用。猶木之附土。火之賴薪。非此不足以致盛大。而享豐盈之福也。籌國者宜以此爲法。

敎農桑總論曰。世有日月則長明。人非稼穡則勿生。故聖賢獨於耕耨之間。靡不諄諄告戒。而於法亦無不備也。憂旱之爲災。命樹之以區田。慮水之爲害。敎之以櫃田。傍山者。則曰梯田爲善。臨水者。又曰架田可耕。圃田宜於郭外。圍田利於澤間。管子有瀆田。趙過作代田。此外尚有塗田。沙田。不能盡述。敎無不備。樹無不精。使以農事爲可緩。諸君子何皆亹亹而不倦也。昔人云。漢代去古未遠。高帝立孝弟力田之科。深明乎乏九年之蓄者。適逢饑饉。不足以使民無菜色也。故其崇本抑末之志。畧不稍貶其科條。觀此。則不工不商之游惰。蠹食於農者。不當痛懲乎。讀月令管子文。立法未嘗不善。而何以時見饑寒之衆。要知雖有絕妙之良規。究不若愛民之司牧。使其不見於設施。終無實際。何益之有。故惟愼選循良。重農積粟。處處無羣居之游惰。村村盡敦本之農夫。何患乎太平之不奏也。孔子曰。民之所以生者。衣食也。上不敎民。民匱其生。饑寒切於身。而不爲非者寡矣。衣食可勿足乎。農桑可勿敎乎。

二講水利以備旱澇

魏史起　韓鄭國
漢倪寬　晉杜預
隋文帝　唐李泌白居易
五代吴越王　宋范仲淹
元虞集　明周恭
錢增

魏文侯時西門豹爲鄴令有令名至文侯曾孫襄王時與羣臣飲酒王爲羣臣祝曰令吾臣皆如西門豹之爲人臣也史起進曰魏氏之行田也以百畝鄴獨二百畝是田惡也漳水在其傍西門豹不知用是不知也知而不興是不仁也仁智豹未之盡何足法也於是以史起爲鄴令遂引

漳水溉鄴以富魏之河內民歌之曰鄴有賢令兮爲史公決漳水兮灌鄴旁終古瀉鹵兮爲稻粱

謹案水利者猶人身之血脈也血脈不行安得無病水利無資田將安溉而況有漳水在其旁乎觀稻粱之歌則知史起之責豹也宜矣

秦始皇時韓欲疲秦使無東伐乃使水工鄭國行間說秦令開涇水自中山西抵瓠口爲渠並北山東注洛三百餘里欲以溉田中作而覺秦欲殺國國曰始臣爲間爲韓延數年之命然渠成亦秦萬世之利也乃使卒就渠渠成用溉注填閼之水溉瀉鹵之地四萬餘頃收皆畝一鍾於是關中爲沃野無凶年秦以富彊名曰鄭國渠

謹案凶年之起水旱不時耳渠成則蓄洩有時民遂以富是韓之智鴆酒止渴也秦之愚塞翁失馬也顧治國者寧爲秦之愚而無爲韓之智也

漢元鼎間倪寬爲左内史奏請穿鑿六輔渠（在鄭國渠之裏今尚謂之輔渠亦曰六渠）以益溉鄭國傍高仰之田上曰農天下之本也泉流灌浸所以育五穀也令吏民勉農盡地利平繇行水勿使失時

謹案天下地勢南北不同江之南雖多山澤然通舟楫而惟溝洫爲要江之北若河南山東兩淮等地亦通運河而所重者在溝洫至于山西陝右昔時運道尚皆湮塞而況溝洫哉倪寬奏開六渠天子可之誠得蓄洩之要矣

西晉武帝咸寧四年七月螟傷稼詔問主者何以佐百姓度支尚書杜預上疏以爲今者水災東南尤劇宜勅兖豫等諸州留漢氏舊陂繕以蓄水餘皆決瀝令饑者盡得魚菜螺蜯之饒此目下日給之益也水去之後填淤之田畝

收數鍾。此又明年之益也。典收種牛。有四萬五千餘頭。不供耕駕。至有老死不穿鼻者。可分以給民。使及時耕種。穀登之後。責其稅租。此又數年以後之益也。帝從之。民賴其利。

謹案 當陽侯以三益利萬民。識鑒宏遠。螟雖傷稼。饑者有食。豈他人所能及哉。武庫之稱。可以無愧。

隋 文帝開皇十八年。以山東頻年霖雨。杞宋陳亳曹戴譙潁等諸州。遠於滄海。皆困水災。所在沉溺。帝遣使將水工。巡行川源。相視高下。發隨處近丁疏導之。困乏者。開倉賑

給。前後用穀五千餘萬石。遭水之處。租調皆免。自是頻有年矣。

謹案 水之為道。蓄洩由人則有益。旱澇任之則為災。文帝知其然。不惜所費。隨地疏通。非帝王經濟之宏模歟。朱文公政訓曰。賑濟無奇策。不如講水利。若到賑濟時。成得甚事。不意文帝已先行之矣。則其國計之富足。不當甲於歷代耶。

唐 杭州本江海之地。水泉鹽苦。居民稀少。刺史李泌始引湖水入城。鑿六井。民足於水。生齒始繁。後白居易復浚西湖。放水入運河。自河入田。灌溉千頃。始稱富足。但湖水多葑。自唐及錢氏。歲輒開治。宋則廢而不理。湖中葑積為田一十五萬餘丈。而水無幾矣。運河失湖水之利。則取給於江潮。河水渾濁。而多淤。三年一淘。為市大患。六井亦幾廢矣。宋蘇軾守杭州。浚茅山鹽橋二河。以茅山一河。專受江潮。以鹽橋一河。專受湖水。復造堰閘。以為湖水蓄泄之限。而潮亦不入市矣。且去葑田積於湖之中。為長堤。通南北之路。而行者便。無環湖之遠也。植桃李於堤上。望之如畫。杭人名之曰蘇公堤。

謹案 六井不開。居民不聚。運河無水。灌溉何從。二公之力。不在錢王之下。然非東坡之去葑田。淤塞水無容處。湖外之良田。又將沉而為湖矣。疏導之功。可不講哉。

五代 吳越王錢氏。築石堤以禦潮汐。堤外又植大木十餘行。謂之滉柱。寶元康定間。人有獻議。取滉柱可得良材數十萬。杭帥以為然。既而舊木出水。仍皆朽敗而不可用。滉柱既空。石堤為洪濤所激。歲歲摧決。蓋昔人埋柱以折其怒勢。不與水爭力。故江濤不能為患也。及杜偉長為轉運使。又有人獻議。自浙江稅場以東。移退數里。為月堤。以避

烝水。此善策也。衆水工皆以爲便。獨一老水工以爲不然。密諭其黨曰。移堤則歲歲無水患矣。若輩衣食何從而得。於是衆人從而和之。偉長不悟其計。費以鉅萬。而江堤之患。何歲無之。後亦有講月堤之利。濤害稍稀。然終不若滉柱之利爲久也。

謹案　怒潮併力而來。滉柱分殺而受水之觸。堤者。即有急而有緩。石之受攻者。亦或震而或寧。此塘之所以可久耳。奈何去其分濤之抵柱。任其冲激之狂瀾。無惑乎歲有所築。而塘終不能不壞也。一勞永逸之道。豈竟莫知之乎。嗚呼。沿江沿海。風浪滔天。塘或傾欹。絕無攔絆。

大則漲吞城邑。小則繞郭居民。悉遭漂沒。水即易退。而人難復活矣。惟望在位仁人。勿以錢王舊制費重爲嫌。則免席捲一空之害。而澤國永拜拯溺之恩矣。

宋　范仲淹爲揚州府興化令。海水爲患。田不可耕。仲淹乃築堤於通泰海三州界。長數百里。以衛民田。歲享其利。

謹案　范公之有益於興化。猶錢王之有益於杭州。皆以築堤見功。蓋海水爲患。苟不速防。不獨害於田畝。人民不將盡爲魚鼈耶。

元　仁宗時。虞集拜祭酒。講罷。因言京師恃東南海運。而實竭民力以航不測。乃進曰。京東瀕海數十里。皆萑葦之場。北極遼海。南濱青齊。海潮日至。淤爲沃壤久矣。苟用浙人之法。築堤捍水爲田。聽富民欲得官者。分授其地。而官爲之限。能以萬夫耕者。授以萬夫之田。爲萬夫長。千夫百夫亦如之。三年視其成。則以地之高下。定額於朝。而以次征之。五年有積蓄。乃命以官。就所儲給以祿。十年則佩之符印。俾得以傳子孫。則東南民兵數萬。可以近衛京師。外禦島夷。遠寬東南海運之力。内獲富民得官之用。游食之民。得有所歸。自然不至爲盜矣。說者不一。事遂寢。

舊評曰。其後脫脫言京畿近水地利。召募江南人耕種。歲可收粟麥十萬餘石。不煩海運。京師足食。元主從之。又倣此法於江淮。召募能種水田及修築圍堰之人各千人爲農師。降空名添設職事勅牒十二道。募農人百人者。授正九品。二百人者正八。三百人者從七。就令管領所募之人。所募農夫每人給鈔十錠。期年散歸。遂大稔。

明　嘉靖時。河臣周恭疏内有云。臣竊見中土之民。困於河患。實不聊生。至於運河以山東濟南東昌兖州三府州縣地方雖有汶沂洸泗等河。然與民間田地。支節脈絡。不相貫通。每年太山徂徠諸山水發。漫爲巨浸。潰決城郭。漂没廬舍。亦與河南河患相同。或不幸而值旱暵。又自來並無修繕陂塘渠堰。蓄水以待雨澤。遂至齊魯之間。一望赤地。蝗蝻四起。草穀俱盡。東西南北橫五千里。天災流行。此皆溝渠不修之故也。臣惟善救時者。在乎得其大綱。善復古者。不必拘於陳迹。所謂修溝洫者。非謂一一如古。亦惟各因水勢地勢之相因。隨其縱橫曲直。但令自高而下。自小而大。自近而遠。盈科而進。委之於海而已。

國朝陳芳生曰。平時預修水利。則蓄洩有備。而無旱潦之患。荒年爲之。則饑民得以力食。卽可免於流離。凡有父母斯民之志者。所宜急爲講求也。

明戶科錢增疏請修水利。言蘇松常鎭杭嘉湖七郡之水。以太湖爲腹。以大海爲尾閭。以三江入海爲血脈。蓋自吳淞淹塞。東江微細。獨存婁江一派。而婁江之委七十里。曰劉家河。乃婁江入海之道。東南諸水。全恃此以歸墟。不至橫溢泛濫者。則帶水靈長之利也。近日漲沙淤塞。於是東流之水。逆而向西。涓滴不入。灌溉無資。歲逢旱魃。田禾立槁。何從而救涸轍之民乎。然此猶就旱暵言耳。萬一大浸稽天。七郡洪流。傾河倒峽。震澤不能受。散漫橫潰。勢必以七郡之田廬爲壑。而城郭人民。皆不可問。東南數百萬財賦。盡委逝波。其如國計何哉。其時蘇松巡按周元泰亦言劉家河急宜開濬。俱下該撫察議。

謹案人憂旱暵之爲災。而不知橫流之更惡。淫雨無休。去路淤塞。不特泛濫滔天。民將魚鱉。卽禾苗遭久溺。安得有收成。錢公特疏請開劉家河。蓄洩有備。旱潦無虞。其利澤遠矣。況近日之江濤洶湧。堤岸難防。設有不測。

直入內河。而去水不速。七郡之田廬百姓。不大爲可憂哉。是不得不望封疆大臣。特展經營。急爲開濬。豫防不測於無形耳。

講水利總論曰。凡用水而水不蓄。去水而水不流。豈特有害於農田。人民亦恐由此而喪命。此經濟名賢。以仁智自任者。未有不急急於此也。史起之責西門豹。得之矣。雖然。仁智豈易言哉。韓之誘秦。大開涇水。而富其國。可謂智乎。元之不聽虞集。惟竭民力以航不測。可謂仁乎。故治水者。當以倪寬爲最。舍此惟隋文帝之法更佳。故得頻年稱大有也。築塘而捍水患者。文正公仲淹也。決堤而去水災者。當陽侯杜預也。此皆蓄洩以時者矣。唐之鑿六井。宋之去葑田。獨非水利之善者乎。至若錢王於築堤之外。更列滉柱十餘行。破散洪濤。併力之勢。衞護江塘。經久之基。於仁智兩得矣。可恨者杭帥之愚昏。聽小人之言而去之也。明季河臣周恭所言。頗有可採。戶科錢增之請。關係非常。留心民瘼者。皆宜深究也。於此而不知所急。謂仁智克全。而經濟無歉者。恐亦未之確也。故凡水利之當去留。在郡縣者。郡縣任之。在數郡者。司道任之。有屬通省者。督撫任之。

有關隣省者。移會而分任之。必無不可爲之事矣。何憚之有。國語云。美哉禹功。明德遠矣。微禹。吾其魚乎。後人雖不敢望聖王於萬一。但旱乾水溢。不爲救治。豈父母斯民之道哉。

附穿井法◎凡開井。當用數大盆貯清水。置各處。俟夜色明朗。觀所照星。何處最大而明。其地必有甘泉。此屢試屢驗者。見農政全書。

三建社倉以便賑貸

隋長孫平　李訢　蘇渭　趙汝愚　金世宗　明王廷相
唐戴冑　宋張方平　魏掞之　朱熹　元趙天麟　鍾化民

隋文帝開皇間。長孫平請令諸州百姓。勸諭同社。共立義倉。收穫之日。各出粟麥。藏焉社司。執帳檢校。多少歲或不登。則發以賑之。

謹案以同社之輸蓄。而濟同社之急。社司執帳。官吏尚有侵吞之事乎。民安物阜。睦俗敦倫。悉由於此。故長孫

平之社倉。與李悝之平糶。皆可爲神農之高弟。后稷之功臣。

唐太宗貞觀初。戴冑議自王公以下。計墾田秋熟。各輸穀粟。所在爲義倉。歲凶以給民。太宗善之。

謹案所在爲義倉。則與社倉無異矣。且以王公而出粟。給爲庶民之所資。得損上益下。民悅無疆之道矣。社稷不有磐石之固乎。此賢主所以善之也。人能倣此。社倉之建。誰曰難之。

德宗時。尚書李訢有云。去歲京師不稔。移民就豐。旣廢營

生困而後達又於國體實有虛損若豫儲倉粟安而給之豈不愈於驅督老弱餬口千里之外哉宜勅州縣年豐糴粟積之於倉穀貴平價糶之於民數年之中穀積而人足雖災不爲害也

謹案救民而害民者移民之政也扶老攜幼跋踄道途風雨困厄未至而亡者十已六七矣李公欲令州縣處處建倉積粟救民其深仁厚澤非淺鮮者所能及也

宋仁宗時張方平上倉廪論有云比者勅書有諭州縣使立義倉之言於茲三年天下皆無立者凡今之俗苟且因

循有位者無心有心者無位在上可行者務暇逸而從苟且在下樂行者或牽束而不得專以故民間利不克時興害不克時去彼義租社倉者齊隋唐氏既嘗爲之矣果令天下之縣各於逐鄉築爲囷廪中戶以上爲之等級課入穀粟縣掌其籍鄉吏守之遇歲之饑發以賑給協於大易裒多益寡稱物平施之義符於周官黨使相救州使相賙之法誠爲國之大事也

謹案此論倉之所以不能建可謂曲盡人情而言言中的矣仁人君子果能晰其理易其轍去其弊奮勇力行不獨濟貧且得理財正辭禁民爲非之義矣

熙寧初陳留知縣蘇涓言臣領畿邑請爲天下倡令戶分五等自二石至一斗出粟有差每社有倉各置守者耆爲輸納官爲籍記歲凶則出以賑民藏之久則又爲立法使新陳相登即詔行之既而王安石沮之遂不果行

謹案文公之前即有欲立社倉而爲天下倡者天子已可其奏奈爲荆公所沮蓋青苗法專重取利社倉法專在濟民立意不同自相水火嗟夫景星慶雲不與暴風疾雨同時可見者也

甌寧縣有洞曰回源劇賊范汝爲向曾竊據民性悍小遇饑饉羣起殺掠進士魏掞之謂民易動蓋緣艱食乃請常平米一千六百石以貸鄉民至冬而還遂置倉於邑之長灘浦自後每歲散斂如常民得以濟不復思亂草寇遂息

明陳龍正曰社倉之利一以活民一以弭盜非特弭本境之盜也且以清隣寇焉文公賑粟於崇安而擒盜於浦城魏掞之置社倉於長灘浦而回源洞之悍民以化如一邑有若干鄉區每鄉每區各立社倉誠爲至計

孝宗時趙汝愚知信州乞置社倉疏有云臣伏見州縣之

間遇水旱賑濟賑糶往往施惠止及城郭不及鄉村鄉村之人為生最苦幸而得錢近者數里遠者一二十里奔走告糴則已居後於是老幼愁歎有避荒就熟輕去鄉里之意其間强而有力者又不肯坐受其斃奪攘摽掠無所不至以陷於非辜城郭之民率不致此故臣謂城郭之患輕而易見鄉村之害重而難知臣愚欲望聖慈遠采隋唐社倉之制明詔有司逐鄉置廒每歲輸差上戶兩名以充社司主其出納不如法者治之使幸而連年豐稔在在得有儲蓄則鄉里晏然若有所恃雖遇歉歲姦宄之心無自生

也

謹案趙公此疏如親歷窮鄉目覩貧民之苦凡陷於剽掠者皆因饑寒逼迫而致之豈樂此喪身亡家之禍哉果社社建倉資生有路誠救人於法網之先矣非南渡之賢臣耶

孝宗淳熙八年浙東提舉朱熹上社倉議有云乾道四年臣熹居崇安之開耀鄉民艱食請到本府常平米六百石賑貸無不歡呼於是存之於鄉夏則聽民貸粟於倉冬則令民加息以償每石息米二斗如遇小歉即蠲其息之半大饑則盡蠲之係臣與本鄉士居官及士人數人同共掌管凡十有四年以六百石還府現儲米三千一百石以為社倉不復收息故一鄉之中雖有饑年人不缺食伏望聖慈特賜施行孝宗從其言徧下諸路倣行其法

國朝陳芳生曰社倉之制專以賑貸凡官貸民者必多侵肙民貸官者必受追呼民與民貸必出倍息惟此三害俱無雖非荒年亦可借作種食年年出納久之所積自豐矣

金世宗語戶部曰隨處時有賑濟往往近地無糧取於他

處往返既遠人愈難之何不隨處起倉年豐則多糴以備賑濟設有緩急豈不易辦乎而徒使錢充府庫將安用之

謹案金世宗不顧錢充府庫而欲以之備粟又欲隨處起倉以儲此粟大得萬物一體之懷若使賢臣敬承其旨廣推仁愛之意以錫福斯民豈非仁術之至大者哉

元世祖時趙天麟上策曰至元六年有旨每社立一義倉社長主之遇大有年聽自相勸督而增數納之饑饉不得已之時計口數之多寡而散之官司不得拘檢借貸併許納雜色如是非惟共相賑救而義風亦行

謹案堯湯有水旱之災而不爲其所困者有備故也苟社社有倉雜色可納饑以濟之小荒不致流移大荒免爲餓莩較於臨事而圖者相去不甚遠耶

明嘉靖時兵部侍郎王廷相言備荒之政莫善於義倉宜儲之里社定爲式一村之間約二三百家爲一會每月一舉第上中下三等人戶捐穀多寡各貯於倉而推有德者爲社長善處事能會計者副之若遭凶歲則計戶給散先中下者後及上戶上戶責之償中下者免之凡給貸悉聽於民第登記冊籍以備有司稽考旣無官府編類之煩亦

無奔走道途之苦

謹案侍郎之言最爲得法一村之間有二三百家者卽爲一會共建一倉隨其社之大小而命其積穀之多寡又使自爲主之非卽社倉而何有備無患閭里雍熙豈無上世鼓腹而歌之樂哉

萬曆間御史鍾化民奏內有云臣聞古有水旱之災而民無捐瘠以蓄積多而備先具也今地方一遭災荒輒仰給於內帑此一時權宜之計豈百年經久之規哉惟以本鄉所出積於本鄉以百姓所餘散於百姓則村村有儲家家有蓄緩急有賴周濟無窮矣臣令各府州縣掌印官每堡各立義倉一所不必新創房屋以滋破費卽菴堂寺觀就便設立每倉擇好義誠實之人兼有身家者共相主之此乃積於粒米狼戾之時比之勸借於田園荒蕪之後難易殊矣

謹案鍾御史令每堡各立社倉一所誠救民之良法後之有司果能世守勿失何至有饑民嘯聚之患哉

建社倉總論曰甚矣仁人之心至社倉而至廣至大也常平與義倉皆立於州縣惟社倉則各建於各鄉故凡建於

民間者皆社倉也烏得以一義字而疑之此倉之美不特救小民之困厄實可以紓大君之憂心饑寒聚集叛亂立興雖卽旋亡豈無軍餉故恤國費者此倉宜建欲免剿賊者此倉宜建善培國本者此倉宜建口食得而上下安枵腹飽而人心附較之就食別境領賑官司者遠矣何也無跋涉之費也無後期之失也無宿途之苦也他鄉外省不必驅馳父母妻兒豈猶輕棄故諸賢無不惓惓於此倉也然而得其妙者文公爲最行之久而知之詳且欲遍行天下而何以後人莫之法也豈以民間亦有不欲行者乎大

功之成不謀乎衆自古有之況聞近世之常平既不令人擅於取用民間之社倉則又廢而不建是迫人於溝壑驅民於法網矣豈不深爲可歎哉書云皇天無親惟德是輔民無常懷惟惠之懷社倉建而天有不爲之輔民有不爲之懷者乎君子勉之

四嚴保甲以革奸頑

周禮 齊管子
秦衛鞅 宋張詠
熙寧法 程伯淳
范仲達 朱熹
董煟 明張朝瑞
王守仁 周孔教

【周禮】大司徒施教法於邦國都鄙使之各以教其所治民令五家爲比使之相保五比爲閭使之相受四閭爲族使之相葬五族爲黨使之相救五黨爲州使之相賙五州爲鄉使之相賓

註云保猶任也居相親近則易爲督察也相受者居同門閭則可相容納也相賓者賢能皆備於中相與賓而興之也

【齊】管子禁藏篇云夫善牧民者非以城郭也輔之以什司之以伍伍無非其人人無非其里里無非其家故奔逃者無所匿遷徙者無所容不求而約不名而來故民無流亡之意吏無備追之憂故主政可往於民民心可繫於主

【謹案】昔施伯對魯莊公言管子天下之才也所在之國則必得志於天下今觀其所重不外於保甲法則保甲之不可不急於行也明矣

秦以衛鞅爲左庶長定變法之令鞅使民爲什伍而相收司連坐其法以五家爲保十家相連收司相糾察也一家有罪九家舉發若不糾舉則十家連坐司猶管也爲什伍之法使之相兼管也

謹案此非衛鞅保甲之法乎心雖殘忍才頗雄長欲民之守其法遵其令亦若舍此不能蘇東坡云帝秦者商君也危秦者亦商君也美哉斯言也使以是法而範羣黎悉歸仁厚焉知不能以王道而化成天下何至立法自斃而遺後世之僇哉

宋張詠守蜀季春糶廪米其價比時減三分之一以濟貧民凡十戶爲保一家犯事一保皆坐不得糴民以此少敢犯法王文康知益州獻議者改詠之法窮民無所濟復爲盜文康奏復之其賑糶法人日二升團甲給票赴場請糴始二月一日至七月終歲出米六萬石蜀人大喜爲之謠曰蜀守之良先張後王惠我赤子俾無流亡何以報之俾壽而康

謹案張公以十家而共除一人之弊此弊之所以除也法變則盜興王文康亟奏復之蜀人不但爲之喜而且爲之謠其法之有益於民而不可廢也審矣膺牧民之任者思欲共躋於昇平當以張公之所行爲善則

神宗熙寧三年十二月立保甲法其法十家爲保五十家爲大保十大保爲都保選衆所服者二人爲都保正副凡保丁聽自置弓箭習武藝於是諸州藉保甲聚民而教之

謹案至難行者保甲葢里閭紛紜民居最稱繁雜一時清理豈易稽查此事總在賢能縣宰隨時審勢逐段分清積久認真漸有就緒王安石本意亦欲寓兵於農但訓練無時妨農騷擾民又何堪此苦是以行之而無成

耳欲行保甲者當不泥乎古而仍不背古斯稱大經濟

程伯淳令留城度鄉村之遠近爲立保伍使其力役相助患難相扶孤煢殘疾者責之親黨令無失所出其途者疾病皆有所養擇其子弟之秀者聚而教之鄉民社會爲立科條旌別善惡使之有勸有恥在邑三載民愛之如父母

謹案保伍之法賢人君子之所必重者葢以舍此則無以聯絡人情而使之交相勸勉也故程夫子於鄉民社會之時特立科條使其有廉有恥患難相扶且拔其秀者而教之皆由別之清故能勵之切使非保伍爲立科

條。何從下手。

范仲達爲袁州萬載令。善行保伍法。自來言保伍法。無及之者。雖有奸細。一無所容。每有疑似無行止之人。保伍不敢著。互相傳送至縣。縣驗其無他方令傳送出境。訖任滿。無一寇盜。後張定叟知袁州。欲覓其法而不可得。偶有一縣吏畧記保甲之大槩云。縣郭四門外。置隅官四人。此最緊要。盖所以防衛而制變者也。一個隅官。須各管得十來里方可。若諸鄉。則置彈壓之類。而不復置隅官。黙寓大小相維之意。其用人子弟。必使竭力料理。非比泛泛。每以旌

賞拔擢而激勸之。

謹案 留心濟世者。無時不以善政爲念者也。若仲達行之於前。定叟訪之於後。惜乎不能盡得其妙。惟隅官之置。知其所重。要知防衛而制變者。即社長之類是也。總之獎賞之事明。則彈壓之用切。匪類不容於甲矣。

朱熹於建寧府崇安縣。因荒請米。既建社倉。乃立保甲法。其法以十家爲甲。甲推一首。五十甲。推一人通曉者爲社首。逃軍無行。不得入甲。凡得入者。又問其願與不願。惟愿者開其大小口若干。共登一簿。以便稽查。

謹案 保甲法。雖不爲社倉而建。但既建社倉。此法斷不可少。不然。司事者無人。舉報者無人。賢否無由而別。虛實何從而知。故欲富國强兵者。在所首重。而欲敦倫善俗者。亦不可少緩也。朱子學貫天人。豈漫無所據而力行哉。

從政郎董煟曰。官司平日宜豫先抄劄。五家爲甲。有死亡遷徙。當月里正申縣改正。凡知縣到任。責令用心抄劄。存縣。庶免臨期里正有賣弄之弊。

謹案 臨期抄劄。其弊無窮。古今一轍。惟保甲行而貧富瞭然矣。然得之於平日者。始爲至當。故豫爲抄劄。濟世之良模也。

明 張朝瑞行保甲法。或言往歲賑饑。皆領於里甲。今編保甲以代之。何也。曰國初之里甲。猶今時之保甲。昔相隣相近。故編爲一里。今年遠人散。每見里長領賑。輒自侵隱。甲首住居窵遠。難以周知。及至知而來。來而取。取而訟。訟而追。追而得。計所得不足以償所失。故强者怒於言。懦者怒於色。只得隱忍而去。甚有鰥寡孤獨之人。里甲曰。彼保甲報之。於我何與。保甲曰。彼里甲報之。我何與焉。互相推委。

使民死於溝壑。無可控訴者。難以數計。不若立爲晝一之法。俱歸保甲。葢凡編甲之民。萃聚一處。其呼喚易集。其貧富易知。昔熙寧。就村賑濟。張詠照保糶米。徐寧孫逐鎮分散。朱文公分都支給。皆用此法也。

謹案除奸剔弊。莫善於保甲。故留心賑救者。首當重也。葢保甲不行。則審戶不實。無論恩施之大小。悉爲奸人冒破侵欺。鰥寡孤獨。以致嗷嗷待食者。仍絶粒而塡於溝壑也。保甲顧不重哉。

王守仁巡撫江西。行十家牌法。曰。凡置十家牌。須先將各

家門面小牌挨審的實。如人丁若干。必查某丁爲某官吏。或生員。或當差役。習某技藝。作某生理。或過某房出贅。或有某殘疾。及戶籍田糧等項。俱要逐一查審的實。十家編排既定。照式造册一本。留縣以備查攷。及遇勾攝及差調等項。按册處分。更無躱閃脫漏。一縣之事。如指諸掌。

謹案十家牌一行。眞實無虛。則保甲之法。已得八九。但須註明左右隣居。及每季更換之人。方稱至當。否則遷移物故。仍然混雜而無稽。

周孔教撫蘇時曰。弭盜安民。莫良於保甲法。是法也。爲弭盜而設。是以治之之道編之也。人情莫不偷安。故其成之也難。爲賑濟而設。是以養之之道編之也。民情莫不好利。故其成之也易。今令各府州縣擇廉能佐貳一員。專董其事。大槪先將城內以治所爲中央。每保統十甲。各設保正副等人。每甲統十戶。設甲長一人。分東西南北。以東一保。東二保。東三保等爲號。南與西北亦如之。其在鄉四方保正副。又以在城保正副分方統之。假如在城東一保統東鄉一保。在城東二保統東鄉二保。餘則皆以此爲法。是保甲者舊法也。以城中之保。而分統鄉閭之保者。新設之法

也。若鄉閭保長抗令。卽添差助城中保長協力處分。凡公事可以立辦矣。

謹案保甲之法。固不可緩。若以在城保甲統在鄉保甲。未免近於穿鑿。不若文公所行之法。簡便而穩當也。

嚴保甲總論曰。保甲之法不立。城市錯雜。鄉村窵遠。在位君子。烏能知其賢否。併有餘不足之家也。惟行之有素。按籍而稽。奸宄不得容留。貧富瞭然在目。冒破者無有矣。則保甲不與社倉相爲表裏者歟。故不論賑濟賑貸賑糶。饑年皆不可少。雖平居無事之時。亦不可不以周禮爲先也。

管子行之於齊。而桓公得霸。衛鞅施之於秦。而孝公富强。蜀人之頌美張王二公。皆不離於此也。熙寧之可歎者。安石欲寓兵於農。反妨農時。致民饑饉。不足道矣。程伯淳令於留。民以此而戴之如父母。朱文公建於閩。貸以是而不致有侵欺。賢人君子。尚不能舍此而致治。後之爲政者。何皆夢夢而不知所重也。惟范仲達行之。而亦臻其妙。後張定叟欲倣之。而不得其傳。蒼生之有幸有不幸也。一至於此。世道人心。何從得古。深爲可歎。繼此則董煟與張朝瑞言之鑿鑿。悉中弊端。不可不閲也。王陽明之十家牌。不踰

此意。周孔教之撫蘇法。賴此成規。總之保甲之法行。任彼千頭萬緒。散漫難稽。我則有條有理。坦然明白。賞罰既當。風俗自敦。孟子亦言之矣。死徙無出鄉。鄉田同井。出入相友。守望相助。疾病相扶持。則百姓親睦。非此意耶。

五奏截留以資急用

唐開元詔　宋大中祥符詔
熙寧詔　王岩叟
元祐詔　韓仲通
呂頤浩　乾道詔
胡銓　元尚書省臣
明林聰

【唐】明皇開元二十五年九月。詔曰。大河南北。人戶殷繁。衣食之原。租賦尤廣。頃年水旱。厥庾尚虛。今歲屬和平。時遇豐稔。而租所入水陸運漕。緣腳錢雜。必甚傷農。務在優饒。惠彼黎庶。息其轉輸。大實倉儲。今年河南河北。應送含嘉太原等倉租米。宜折粟留納本州。

【謹案】不知者以爲上供急。知之者以民食亦不可緩也。留上供以備饑年。即趙威后對齊使云。苟無歲。何有民。苟無民。何有君之意耳。

【宋】真宗大中祥符間。詔江淮發運司。歲留上供米五千石。以備饑年賑濟。

【宋】董煟曰。祖宗之時。上供之米。猶每歲截留以備賑濟。則常平義倉。無所吝惜可知。然則祥符之詔。可不端拜而大書乎。

神宗熙寧中。浙江數郡。水旱災傷。詔撥本路上供斛斗二

十萬石賑濟

謹案昔人云民可百年無貨不可一朝有饑熙寧中雖多天災流行水旱頻仍然尚有司馬光趙抃呂公弼諸君子在豈不知國本之當重肯吝其倉庾哉九重一詔萬姓回春矣

哲宗元祐元年王岩叟言淮南旱甚本路監司殊不留意詔發運司截留上供米一十萬石比市價量減出糶與缺米人戶每戶不得過三石

謹案民情難撫最在饑年人不得食徙者徙而流者流

四境靡寧矣岩叟之罪監司不亦宜乎幸朝廷即詔截留一十萬石減價出糶活蒼生於閭里輯奸宄於草茅一言出而享太平非岩叟之類哉

元祐四年留上供斗斛三分之一爲米五十餘萬斛盡用其錢買銀絹上供了無一毫虧損縣官而命下之日所在歡呼

謹案民情千古一轍昔日歡呼於今豈異積於太倉而紅腐何若留外省以施恩愛民者所當急圖也

高宗紹興中戶部尚書韓仲通乞以上供之米所餘之數歲樁一百萬石別廩貯之以備水旱詔從之上曰所儲遇水旱誠爲有補非細事也

謹案疏可題而不題非但不爲小民作饑饉之謀亦不爲君上建太平之策矣如韓公此疏一行餓殍賴之而生盜賊由之而息不大有功於社稷哉

紹興五年湖南旱甚呂頤浩爲帥奏截撥上供米三萬石又令廣西帥漕兩司備五萬石水運至本路充賑濟全活甚衆

謹案民不得食死亡相繼即無意外之虞已損國家元

氣呂公之奏截留非有愛民憂國之實心者不能也

孝宗乾道七年饒州旱傷截留在州樁管上供米三萬石獻助米二千石本州義倉八萬餘石又撥附近縣義倉五萬石又請借會子五萬貫接續收糴米麥賑濟◎江州旱傷截留上供米六千五百餘石本州義倉米四萬四千餘石截留贛州起到一萬石賑糶本錢四萬餘貫作本收糴米斛又撥本路常平米十萬石勸誘上戶認糴米二萬八千六百餘石吉筠等州見起赴建康府米八萬餘石樁管米六萬七千餘石

明陳龍正曰。饒州得米十六萬餘石。錢五萬貫。江州得米三十三萬餘石。錢四萬貫。賑饑可謂厚矣。觀其多方措置。非能如隋文帝之多藏也。然彼有餘而不散。以促其危。此不足而樂散。以綿其祚。人主之存心。天之福禍。不其永鑒與。

乾道間。胡銓疏中有云。熙寧間。浙西災傷。而沈起張靚不先事奏聞朝廷。是不遵太宗之制也。元祐間。浙西災傷。而蘇軾先事奏乞處置。是能遵太宗之制也。今歲諸路或旱或水。方秋成之際。米已翔貴。日甚一日。來春艱食。灼然可

知。倘不先事而圖。則乙酉流離之患。臣恐不免。

謹案此疏所言。足見截留之當早。若臨期撥用。雖多無益。顧撥用於既荒之後。莫若截留於未荒之前。胡公以天下爲己任。力排和議。深折權奸。無刻不以蒼生爲念。故慮無不周。言無不切也。

元世祖至元二十五年。尚書省臣言杭蘇湖秀四州大水。請輟上供米二十萬石。審其貧者賑之。

謹案大水爲災。羣黎饑饉。在朝大僚。能據實奏請。留供賑饑。不可謂非留心國計者。然以四州億萬之民。僅恃此項。以爲救濟。較之聖君賢主。蠲賑兼行。不惜重費者。去之遠矣。

明憲宗成化二年。江淮大旱。民自相殘。命右副都御史林聰往賑之。聰奏借江南糧。及支運糧儲數十萬。給民食。與之種。

謹案江淮爲財賦之區。旱荒如此。而不早爲之計。督撫大員之愆也。截漕給種。亦一時之權宜。總之災荒未至。必先提策一段愛民仁心。整頓一番惠民經濟。同寅協恭。上以積誠召天和。下爲閭閻籌本計。斯得之矣。

奏截留總論曰。明儲巏與都御史書有云。目前救荒。簡便應急。百方以思。莫如截留漕運之米爲善。泰昌元年。御史左光斗亦請截漕救荒。可見智謀之士。所見略同。唐宋之詔。有自來矣。元明雖不能及。要亦未嘗不以此爲善也。若王岩叟之罪監司。韓仲通之得上諭。爲國爲民之心。豈淺見者所能哉。呂頤浩爲賑饑而特請。胡銓能先事而疏。題生饑人於將斃。散盜賊於無形。得煢煢不救。炎炎奈何之意矣。林聰之奏請。庶幾乎近之。聖天子以四海爲家。豈必實粟於京。而始爲其粟哉。況天庾既足。塵腐者多。枵腹之

民賴之得活何爲畏縮不題忠君愛國之臣當如是乎若夫看省分之大小奏截留之多寡不獨下救其民抑亦廣上之澤於無窮矣願牧民之君子推類以權其宜俾黎元偶處荒年而不知有饑餒之色上下和樂中外乂安豈不稱良有司之偉業歟

六稽常平以杜侵欺

漢耿壽昌 隋文帝 唐陸贄 宋韓琦 余靖 慶曆詔 司馬光 蘇軾 高宗諭 董煟 元張光大 明張朝瑞

漢宣帝五鳳四年歲豐穀石至五錢耿壽昌建言令邊郡皆築倉穀賤時增價而糴以利農穀貴時減價而糶以利民名曰常平倉民便之賜爵關內侯

謹案一倉建而民農兩利固本之法莫踰於此豈爲有司應急而成哉所以官司必不可令那用小民欲貸不必待乎奏聞利民而不利官耿侯立倉之意原是如此

隋文帝開皇間衞州置黎陽倉陝州置常平倉華州置廣通倉轉相灌注漕關東及汲晉之粟以給京師置常平監

謹案文帝之置倉亦云備矣但豐年旣實粟於倉歉歲卽宜散給於民始得建倉之益是以能藏而又能發不似守藏者惟以吝惜爲心則痌瘝視民之心時時切摯於衷矣

唐陸贄奏議有云臣聞仁君在上則海內無餓莩之人豈必耕而餉之爨而食之哉蓋以慮得其宜制得其道致人

於歉之之外。設備於災沴之前耳。魏用平糴之法。漢置常平之倉。隋氏立制。始創社倉。終於開皇。人不饑饉。除賑給百姓外。一切不得貸便支用。每遇災荒。卽以賑給。小歉則隨事借貸。大饑則錄事分頒。富不至侈。貧不至饑。農不至傷。糴不至貴。一舉而數美具。可不務乎。

謹案陸贄之意。除賑給百姓外。一切不得貸便支用。蓋積穀原以爲民。倘官長那用於平時。荒年百姓更從何處支給。況奸胥猾吏。知其可以轉移。卽生多少情弊。陸贄此奏。可謂良法。

宋韓琦論常平倉米。遇年歲不稔。合減原價出糶。但出糶之時。須令諸縣取逐鄉逐村下戶姓名。印給闗子。令收執赴倉糴米。每戶或三石或兩石。不許浮數。唯是坊郭。則每日零細糶與浮居之人。每日或一斗。或五升。則人人盡受實惠。

謹案鄉村來糴者。以數石計。城市來糴者。以升斗計。非常平不足以應之。倘被借端那去。急迫何從糴取。故上司不得視爲無礙錢糧。下屬不可因公借用。倘上下交侵。不但無顏以對耿侯。益且深有愧於韓公矣。

仁宗慶曆二年。余靖疏內有云。天下無常安之勢。無常勝之兵。無常足之民。無常豐之歲。由是古先聖王。守之有道。制之有術。倘有緩急。不可無備。景德中詔天下以逐州戶口多寡。量留上供錢。起置常平倉。付司農寺繫帳。三司不問出入。今若先爲三司所支。則天下儲蓄盡矣。伏乞特降指揮。三司先借支常平本錢處。並仰疾速撥還。今後不得更支撥。並依景德先降勅命施行。

謹案此疏說得何等明白。若先爲三司借去。蓄積盡矣。遇饑年將何救濟。余公之疏。慮之深而言之切。可爲常

平萬世不易之良規。

慶曆四年正月。詔陝西穀翔貴。其令轉運司。出常平倉粟。減價出糶。以濟貧民。

謹案減價出糶。始得常平之意。若早爲有司所那。百姓何由受惠。聖意何由宣布。此上臺之稽察當嚴。而小民之首告宜許也。

司馬光言常平之法。此乃三代良法也。向者有州縣。鈌常平糴本。雖遇豐年。無錢收糴。又有官吏怠惰。厭糴糶之煩。不肯收糴。盡入蓄積之家。又有官吏。雖欲趁時收糴。而縣

申州州再申其提點取候指揮動經累月已是失時穀價倍貴以致出糶不行堆積腐爛此乃法因人壞非法之不善也

謹案有此三害已爲常平之大蠹況又有那用之端存無一二饑年仍不賑糶四害並侵一無所惠不可向常平而生歎乎

蘇軾奏內有云臣在浙江二年親行荒政只用出糶常平米一事更不施行餘策若欲抄劄饑貧不惟所費浩大有出無收而此聲一布饑民雲集盜賊疾疫客主俱斃惟有

依條將常平斛斗出糶卽官司簡便不勞抄劄勘會給納煩費但得數萬石斛斗在市自然壓下物價境內百姓人人受賜古今之法莫良於此

謹案東坡救荒惟以平糶常平爲美後人猶議其賑有不及見有未廣則凡後之爲司牧者正宜於常平之法竭盡經營興其利剔其弊使萬姓永爲利賴荒年實有可恃斯爲至計

高宗紹興庚午高宗皇帝謂執政曰國家之常平倉以備水旱宜令有司以陳易新不得侵用若臨時貸於積穀之家徒爲文具無實效也

謹案不得侵用四字高宗已深知有司之弊矣見得水旱爲災數之難料非豫備穀粟以救濟生靈何以解一時之紛擾此詔可爲萬世法

從政郎董煟曰常平錢物不許移用不知他費不許移用至於救荒正所當用若必待報則事無及矣今遇旱傷去處州縣仰一面計度用常平錢於豐熟處循環收糴以濟饑民俟結局日以糴本撥還常平可也

謹案此一節說盡常平利弊何以近則不然便於官而

不便於民常平似爲官而設也嗚呼是所重者官所賤者民不知米由民出聚而不散鉅橋粟黎陽米是禍端也故侵那者在所當稽而現存者宜於賑糶也

元張光大有云常平者荒歉之預備無傷於農有益於民遇水旱雹蝗之變民無菜色不至流離餓殍之患良法也可以遏富豪趨利之心無抄劄戶口之煩有司視爲文具者原其所自糴本之未立耳若以御史所言將三臺追到贓罰銀兩各隨所屬撥爲常平糴本此爲反本還原仁民之良策也循環糴糶以濟饑民何患乎米有限而不能遍

及村落哉。爲政君子果能深味常平之意。則可以固邦本結民心。萬世之長策也。

謹案 昔人知常平可以固邦本結民心。謂返本還原之道。莫若以贓罰銀兩收糴之。非籌之熟而計之得者歟。奈何後之司牧。無米則聽之。有穀則用之。民之困苦。絕不經營。循吏果若是乎。查盤之不可稍怠也明矣。

明張朝瑞有云。伏覩大明會典。洪武初令天下縣分各立預備四倉。官爲糴穀收貯。以備賑濟。次災則賑糶。其費小。極災則賑濟。其費大。奈何歲久法湮。各州縣僅存城內一

倉。其餘鄉社盡無之矣。兹欲令各屬縣於東西南北適中。水陸道達。人烟輳集處。各立常平一所。本道查發贓罰。併該府縣無礙銀兩。糴穀入倉。不許逼抑科擾平民。或值中饑大饑。以便賑糶賑濟。富者不許混買。仍用張詠賑蜀連坐法。每歲本道或該府管糧官單車一巡視焉。以防官之治名而不治實者。蓋社倉之法立。以時收斂。富者不得取重息騰高價。貧民歲歲受賜霑恩。誠救荒之良策也。

謹案 從古法久弊生。貴乎經理者之搜剔盡善。備災恤患。誠無過於常平義倉。今張公所言。頗得致治之要。然後世人情利弊。尤須曲意體貼。斟酌變通。務使法立而民胥享法之利。實在有益於草野。斯稱順俗宜民之至計。

稽常平總論曰。常平倉循環糴糶出入。利民之妙法。良有司能盡心於其間。徹底爲民。勿敢自便。則蘇公美意。猶然復見於今。兹苐使各省雖有常平倉。卽遇饑年。官不得發。民不得食。以避部議之嚴。是豈知立倉之本意哉。試思隋文之倉。米粟未嘗不足。獨以閉藏不給。致敗。慶曆詔高宗諭。庶幾其可也。所以戒借用之弊者。莫如陸贄與余靖。得

賑糶之美者。首推韓琦與蘇軾。法之弊也。司馬光言之最詳。倉之廢也。張朝瑞論之最當。其他皆可爲規爲式。左傳云。備豫不虞。善之大者也。常平善人之政。稽察豫備之端。可不慎重其事哉。

欽定康濟錄卷之三上冊

臨事之政計二十

臨事論曰 古者有鄉里之委積以恤民艱。門關之委積以養老孤。縣都之委積以待凶荒。夫能食之已足矣。而必又有所積。蓋如此。所以爲仁政之周也。後世古法不修。適遇飢困。或指仰官穀以爲生命。或勸捐借以助賑施。上即垂覆載之鴻恩。下仍多凍餒之黎庶。此皆承平日久。豐穰積年。救災恤患之務。闕焉不講耳。語云。捄災貴早。賙急濟困之道。苟能斟酌於康年。自可維持於儉歲。凡長民者。誠能踵武聖賢。廓開大制。則深恩被於蒼生。厚惠流於下土。仁民之業。豈不偉歟。

一急祈禱以回天意

周禮　漢明帝
周達奚武　唐代宗
魏信陵　宋王子融蘇軾語附
宋太宗　仁宗
東坡志林　李伯時
元順帝　明太祖
梅傳

周禮 小祝掌小祭祀。順豐年。逆時雨。寧風旱。彌災兵。遠罪戾。◎司巫掌羣巫之政令。若國大旱。則帥巫而舞雩。國有大災。則帥巫而造巫恒。巫恒，巫之有常者。帥巫而造之，求所以禱禳之術也。

謹案 聖王御宇。其愛民也甚於愛身。故商之旱。成湯之禱於桑林也。以六事而自責。周之旱。宣王側身脩行。而欲消去之。其憂民之憂也若此。宜乎萬姓戴之如日月。親之如父母矣。今觀周禮。原貴祈求。凡災傷之處。倘去神京甚遠。食祿是方者。可不竭誠致敬。上體天子之心。下救小民之苦。使玉燭常調。而時聞擊壤之歌哉。

漢 明帝永平十八年四月。詔曰。自春以來。時雨不降。宿麥傷旱。秋種未下。政失厥中。憂懼而已。其理冤獄。錄輕繫。二

千石分禱五嶽四瀆。郡界有名山大川能興雲致雨者。長吏各潔齋禱請。冀蒙嘉澍。

謹案 天之水旱。固難測。人之祈禱。亦豈同哉。如遇旱災。擾龍潭。掩枯骨。禁民間不得舉火。抑陽而助陰。遇雨患。閉城市北門。蓋井。禁婦人不許入市。抑陰而助陽。然而究不若一誠是格之爲當也。漢世遣官分禱。理冤獄。出輕繫。既極其誠。復施仁政。不可爲後世之法歟。

周 達奚武爲同州刺史時。大旱。高祖勅武祀華嶽。嶽廟舊在山下。常所祈禱。武謂僚屬曰。吾備位三公。不能燮理陰

陽。遂使盛農之月。久絶甘雨。天子勞心。百姓惶懼。忝寄旣重。憂責實深。不可同於衆人。在常祀之所。必須登峯展誠。尋其靈奥。嶽旣高峻。千仞壁立。巖路險絶。人迹罕通。武年逾六十。惟將數人。攀藤援枝。然後得上。於是稽首祈請。陳百姓懇誠。晩不得還。卽於嶽上藉草而宿。夢見一白衣人。來執武手曰。辛苦甚相嘉尚。武驚覺。益用祇肅。至旦。雲霧四起。俄而澍雨。遠近沾洽。高祖聞之。賜璽書慰勞。

謹案 念民旣深。祈禱自切。奚武不避一身之險。遂格嶽神之靈。陰雲布而時雨降。民間之困釋矣。後之君子欲免災危者。可不小心翼翼。昭事上帝哉。

唐 代宗大曆四年四月雨。至於九月。京師斗米八百。官出米二萬石。分塲出糶。閉坊市北門。置土臺。臺上置立黃旗以祈晴。是日雨止。

謹案 天之以災譴示警。實未嘗殃民以快意也。將以試司牧者之處置何如耳。今幸出官米而分糶之。民困稍蘇。是霽也。窮黎欣幸感召而致之乎。抑亦閉北門置土臺而晴也。賢哲者定有以知此。

舒州令麴信陵。有仁政。嘗爲禱雨文。其畧曰。必也私欲之求。行於邑里。慘黷之政。施於黎元。令長之罪也。神得而誅之。豈可移於人而害於歲耶。焚畢雨澍。

謹案 對衾影而無慚者。始能向神明而暢達也。甚矣。仁政之美也。清白之吏。神勿福之乎。無辜之民。歲將困之乎。民無罪而令長賢。雨或稍遲。神豈無過。此司空圖之移雨神亦曰。知民之情。而不時請於天。是徒偶於位矣。何以爲神。

宋 仁宗慶曆甲申。王子融息壤記云。余以尚書郎蒞荆州。自春至夏不雨。遍走羣祀。五月壬申。與羣僚過此地。無復

隆起。而石屋簷已露。請掘取驗。雖致小沴。亦足爲快。因具畚鍤。以待來朝從事。是夕雷雨大至。遠近沾洽。卽以馨俎薦荅。◎蘇子瞻息壤詩序云。息壤旁有石。不可犯。畚鍤所及。又復如故。又頗致雷雨。歲旱屢發有驗。

謹案 雨之不可得者。緣無從而知其可。必能致雨之術也。今觀息壤王子融蘇子瞻皆云。畧不可犯。屢有所驗。犯之旣有其災。求之豈無所福。欲雨者。苟於此地展其誠敬。焉知不勝於鋤鍤之用哉。

宋 太宗太平興國五年五月癸卯朔。京師大霖雨。辛酉。命

宰相祈晴◎巳卯命宰臣禱雨◎至道二年命宰臣百官詣神祠禱雪

謹案燮理陰陽宰相之任也風雨時若百穀繁昌此皆聖天子時時默祝於上天且以此責望於公孤卿尹者也苟或愆時過甚則百僚之長自宜身任其勞齋心虔禱上爲至尊分憂下率羣臣盡職至誠所感或者邀福於上蒼以乂安海宇此亦賢臣遇災而懼之道也

仁宗慶曆七年三月辛丑帝禱雨於西太乙宮日方炎赫帝却蓋不御及還大雨沾足

謹案仁宗每遇水旱必露立仰天痛自刻責抑何仁愛斯民之至於斯也夫災荒之至半由人事闕失故惟恐懼修省克謹天戒以感召和氣則災戾消而百穀用成萬民以濟詩曰小心翼翼昭事上帝聿懷多福仁宗有焉

東坡志林云吾昔爲扶風從事歲大旱問父老境內有可禱者云太白山至靈自昔有禱無不應者近歲有太守奏封山神爲濟民侯自此禱則不驗矣莫測其故吾方思之偶取唐會要看云天寶十四年方士上言太白山金星洞有寶符靈藥遣使取之而獲詔封山爲靈應公吾然後知神之所以不悅者即告太守遣使禱之若應當奏乞復公爵且以瓶取水歸郡水未至風霧相纏旗旛飛舞彷彿若有所見遂大雨三日歲大熟吾作奏具言其狀詔封明應公吾復爲記之是歲嘉祐七年

謹案舊典不可不諳神靈不可不敬使非蘇公之觀唐會要知前人封典之誤誠心敬禱許復公爵則雨終不可得而歲能豐哉

孝宗淳熙時大旱知縣李伯時以擾龍事告太守以長繩繫虎骨縋於龍潭中遂得雨取之稍遲雷電隨至急令人取出乃止◎南州久旱里人以長繩繫虎骨投有龍處入水即數人牽掣不定俄頃雲起潭水雨亦隨降龍虎敵也雖枯骨猶能激勃如此

謹案行渺茫之祀典不若效可法之祈求虎骨非難得之物龍潭亦郡邑所常有知縣李伯時與南州里人皆以此而得雨今之求雨者獨不可以一試乎但恐不有誠心仍無實效此又在人之自勵矣

元順帝至正二年御史王思誠上奏謂京畿去年秋不雨

冬無雪。方春首月蝗生。河水溢。宜雪冤獄。勑有司行禱百神。陳牲幣。祭河伯。塞决口。被災之家厚加賑恤。庶幾可以召陰陽之和。消水旱之變。此應天以實不以文也。

謹案人君馭育萬物。敬畏天神。豈徒以虛文求降鑒哉。歷稽古史。宋景公以善言退星。漢文帝勑有司祭而不祈。勿媚神以求助。唐懿宗詔京兆用香水蒲蕭於坊市以召雨。羅隱請遵十六聖之教訓。可致豐稔。誠以君上有愛民之隱。則必實踐其仁厚之言。急行其補救之政。然後誠信昭於上。恩澤及於下。推德意以導揚和氣。雖

多災沴。有潛消而默化矣。願司牧者之敬慎乎平時。警惕於臨事也。

明太祖洪武三年。夏久不雨。上憂之。乃擇日躬自祈禱。至日四鼓。上素服草履。徒步出詣山川壇。設藁席露坐。晝暴於日。頃刻弗移。夜卧於地。衣不解帶。皇太子捧榼進農家之食。雜麻麥菽粟。凡三日。既而大雨。四郊霑足。

謹案天者羣物之祖。帝王則萬民之大父母也。饑饉之歲。億兆嗷嗷於下。司牧者憂勞於上。惟恐弗克積誠感召天和。為民請命於蒼昊。矧敢燕閒深宮。置民傷於度外哉。太祖洞悉其理。虔心步禱。幾不自愛其髮膚。是以君心端而天心亦順。甘澍滂沱。歲稱大有。豈不美歟。

明季戊申。河南大旱。知登封令梅傳見麥俱枯槁。因思蕎麥可種。勸民備種而待之。祈禱畢。信步行數里。遇一隱士揖曰。令君勤苦。然雨關天行。非旦夕之可得也。梅曰。蕎麥倘可種乎。其人歎息曰。可惜一片仁心。向樹下一指曰。公欲活民。非此不可。視之則萊也。梅遂令民廣收萊子。與蕎麥並種。未幾又霪雨不止。蕎無一生者。惟萊則勃然透發矣。且逾常年數倍。民賴以不死。

謹案苟以難必之事教民。不若以得飽之道率衆。令君意在活民。誠心祈禱。雖不能必雨暘之協應。亦可得隱士之指迷。噫。此隱士者。烏知非神人之化身。不然。何以知蕎之不生。而萊之必茂也。乃知一誠所感。萬類俱通。怨天尤人者。徒增罪戾耳。此亦救雨災之一法。留心民瘼者不可不知也。

急祈禱總論曰。至治馨香。何事於禱。不知旱潦無常。非神莫祐。禱亦不可少也。况當萬民窘廹。四境徬徨之際哉。使弗夙夜祇肅。以上格天心。不但不能救將來之饑饉。且不

能慰悵望之民情矣。此周禮小祝。必有掌祭祀者在也。爲人君者因祈禱而念民艱。釋寃獄。廣平糴。或格神於夢寐。或得雨於躬祈。懷保之仁。不於此而見歟。嶽神降鑒。大臣之敬也。邑令則作文章而自責。投虎骨以擾龍。誠意所通。雨無不得。菜之可以活民。不遇隱士之指點。何由而知。可見有牧民之責者。無時不當積誠以致感通。如不可得。則如蘇子瞻之迎神受惠。王子融之息壤求恩。皆可法也。安可食天祿而不顧歲時之豐歉哉。詩云。天降喪亂。饑饉薦臻。靡神不舉。靡愛斯牲。圭璧既卒。寧莫我聽。惟圭璧既卒。

而後可以冀上天之降鑒。將荒之際。要務尚有過於祈禱者哉。

二求才能以捍災傷

漢武帝 秦王堅
南齊武帝 唐太宗
杜黃裳 宋司馬光
孝宗 理宗
元武宗 張光大
明林希元 鍾化民

【漢】武帝元朔元年冬。詔曰。十室之邑。必有忠信。三人並行。厥有我師。今或至闔郡而不薦一人。是化不下究。而積行之君子壅於上聞也。二千石官長紀綱人倫。將何以佐朕燭幽隱。惠元元。厲蒸庶。崇鄉黨之訓哉。且進賢受上賞。蔽賢蒙顯戮。古之道也。其與中二千石禮官博士議不舉者罪。

【謹案】武帝之詔。雖不專爲荒政而言。然而令人舉賢之法。莫妙於此。如趙簡子得尹鐸而萬姓感懷。陳寵用王渙而百事盡理。況饑年民命在於旦夕。若不以賞罰勵薦舉。烏知不有徘徊岐路。觀望而後時者哉。

【東晉】【秦】甘露五年十月。秦王堅命牧伯守宰各舉孝悌廉直文學政事。察其所舉。得人者賞之。非其人者罪之。由是人人莫敢妄舉。而請托不行。內外之官。率皆稱職。田疇修辟。倉庫多實。盜賊屏息。

謹案用人得而萬事理。非秦王之謂乎。令舉之不得其法。賞罰混淆。蒙蔽者多。田疇能闢歟。倉庫能充歟。盜賊能息歟。甚矣。賢良之不可不急。而賞罰之不可不明也。

南齊武帝永明三年。詔守宰親民之要。刺史案部所先。宜嚴課農桑。相土揆時。必窮地利。若耕蠶殊衆。足厲浮惰者。所在卽便立奏。其違方矯務。佚事妨農。亦以名聞。將明賞罰以勸勤怠。較覈殿最。以申黜陟。

謹案佚事妨農國之大蠹也。設逢水旱。小民衣食全無。必至凍餒流離。轉於溝壑。此詔既厲司牧於未荒。豈肯

因循於歉歲。可謂勸之切而責之當者矣。

唐太宗貞觀初。上令封德彝舉賢。久之無所舉。上詰之。對曰。非不盡心。但今未有奇才耳。上曰。君子用人如器。各取所長。古之致治者。豈借才異代乎。正患已之不能知。安可誣一世之人。德彝慚而退。

謹案一人之聰明有限。天下之才智無窮。可弗令人悉舉乎。故有一代之聖君。必有一代之賢臣。何嘗借才於異代。蔽賢小人。惟知自用。被太宗一言道破。此其所以抱慚而退耳。

憲宗元和間。上與宰相論自古帝王。或勤勞庶政。或端拱無爲。互有得失。何爲而可。杜黃裳對曰。王者上承天地宗廟。下撫百姓四夷。夙夜憂勤。故不可自暇自逸。然上下有分。紀綱有序。苟慎選天下賢才而委任之。有功則賞。有罪則刑。誰不盡力。明主勞於求賢。而逸於得人。此虞舜所以能無爲而治者也。

謹案天下事。獨任則勞。分任則逸。理固然也。然不得賢才而委之。則親民之官。不以實心行實政。而救災恤患之無方。督撫大員。不能洞達國體。宣布德意於羣黎。俾

知崇節儉。致阜成之有道。所以治國之謨。必以慎選爲要。杜公之對。眞宰相之論也。

宋神宗熙寧二年。遣使賑濟河北流民。司馬光言京師之米有限。河北之流民無窮。莫若擇公正之人爲監司。使察災傷州縣守宰不勝任者。易之。各使賑濟本州縣之民。則饑民有可生之路。豈得有流移。

謹案宋之司馬君實。其爲政也。雖婦人小子。無不愛之戴之。然其救荒也。亦以舉賢良。去不職爲言。後之活饑莩者。何可不以得人爲首務。大生機於歉歲。而免流移

之顛沛哉。

孝宗時臣僚言諸路旱傷乞以展放展閣責之轉運司糴給借貸責之常平司覺察妄濫責之提刑司體量措置責之安撫司上諭宰執曰轉運只言檢放一事恐他日賑濟之類必不肯任事虞允文奏曰轉運司管一路財賦謂之省計凡州郡有餘不足通融相補正其責也

謹案君臣之間皆以饑民爲急其用人也互相斟酌惟恐稍有不當以貽民患悉令各盡厥職事有專司非蒼生之幸歟

理宗嘉熙三年臨安饑民相攜溺死命故守臣趙與權仍知臨安府事與權奉詔急榜諭各全性命佇沐聖恩都人遂相戒勿死與權上則祈哀公朝下則推誠勸分甘雨隨至米商大集即流移者亦有以濟之

謹案理宗之命故守臣仍知臨安府事民遂相戒勿死良吏之有益民生也如此凡當歉歲得此良模借寇之風忽焉再覩何患雨之不降民之不救哉

元武宗至大二年詔即位以來恒以拯災恤民爲務而恩澤猶未溥博流離猶未安集豈有司奉行弗至歟今特命中書省選內外官僚專以撫治爲事簡汰冗員撙節浮費一新政理以稱朕懷

謹案因恩澤未溥而以遴選宜嚴計之得矣但在司牧亦不可不以下士爲懷昔子奇年十六而令於阿非賴白首者悉與之謀其能大治歟

張光大有云擇人委任爲第一要事若委任得人自然無弊君子作事謀始賑濟之方尤爲當愼若一槩委用富豪之家則富而好義者少爲富不仁者多其害有甚於吏胥無藉之輩今後莫若選擇鄉里有德望誠信謹厚好義之

人或賢良縉紳素行忠厚廉介之士不拘富豪但爲衆所敬而悅服者許令鄉民推舉使之掌管庶幾儲積不虛凶年饑歲得以濟民也

謹案元之張君猶夫宋之董氏也留心荒政眞誠愷切故所論悉皆出於肺腑事事可法嗚呼人生天地間旣不能致君澤民再不能立說濟世食粟而已不亦大有愧於寸陰是惜之論哉

明僉事林希元疏內有云救荒無善政使得人猶有不濟況不得人乎臣愚欲令撫按監司精擇府縣官之廉能者

使主賑濟。正印官如不堪用。可别擇廉能佐貳。或無災州縣。廉能正印官用之。葢荒事處變。難以常拘也。至於分賑官員。可令主賑官擇之。事完。官則上之吏部。府縣學職等官。視此黜陟。舉人監生等人員。視此爲除授。民則上之撫按。别其賞罰。如此則人人有所激勸。而荒政之行。或庶幾乎。

謹案 僉事之救荒。可謂無微不入矣。首重得人。而以賞罰勸人。敢不以勤敏自勵。怠惰爲戒哉。此即求賢於賞罰之中。使饑民得活於拯溺扶危之道耳。

御史鍾化民救荒。諭所屬曰。司廠不可用在官人。各地方保甲里耆。公舉富而好禮者。州縣官以鄉賓禮往請。破格優禮。諭以實心任事。廠內利弊。陳請即行。月給官俸。能使一廠饑民得所。旌以彩幣匾額。倍之者給以冠帶。或爲骨肉贖罪。或欲子弟採芹。任其所欲。富室捐賑。視其多寡。與司廠者同賞格。旣諭之後。又巡歷各方。用拾遺法。得實心任事。多方全活災民。賢之尤者。即刻破格薦揚。貪暴縱恣。以致餓殍枕籍。不肖之尤者。即時馳叅。以故羣吏實心任事。饑民多所全活。

拾遺法。預令饑民進見時。人具一紙。勿書姓名。開所當興當革。及官吏豪猾。有無侵刻横行。散布於地。即與興革處分。然必擇其僉同者。而後察之也。

謹案 破格優禮。陳請即行。鍾公存此八字於心。何患人之不爲我用。人亦誰不欲見用於公。此所以縣縣得人。而廠廠有濟也。况有拾遺之妙法乎。

求才能總論曰。天下事未有不得人而能理者也。况歉歲哉。事起急迫。人非素練。老幼悲啼。婦女雜亂。厲之以嚴。則餓體難加扑責。待之以寬。則散漫莫肯循規。加之吏胥作弊。致使餓莩盈途。故不得人。其何以濟。此歷代聖君賢相。

無不以得人爲要也。如漢武之詔。謂進賢受上賞。蔽賢蒙顯戮。唐太宗之罪封德彝。謂用人當取所長。必不借才異代。雖不爲救荒而言。而自得求才任事之要道。南齊之詔。至大之制。切中情弊。其次如苻堅之責重有司。孝宗之與羣僚斟酌。高宗之復用與權。皆用人救荒之良法。僉事之用廉能。任其擇取。御史之用廠首。陳請得行。人有不樂爲其所用歟。昔王梅溪守泉州。會邑宰。勉以詩云。九重天子愛民深。令尹宜懷惻隱心。今日黃堂一杯酒。使君端爲庶民斟。使爲太守者。皆若梅溪之存心。又何患乎令之不善也總之在君相當郡縣是求在郡縣宜鄉者是選遞相慎擇必得其人任之以事自無不濟書云建官惟賢位事惟能時當歉歲可弗以擇賢任能爲首務哉

三命條陳以開言路

虞舜 夏禹
周西伯 周公
漢文帝 唐太宗
宋眞宗 神宗
明于謙 周忱
劉大夏 世宗詔

【虞】帝廣開視聽求賢自輔置進善旌立敢諫鼓設誹謗木以訪不逮於總章（即明堂堯曰衢室舜曰總章）

【謹案】聖人之治天下肯使一民不被其澤哉但貴賤相懸朝野相隔雖有善言何由得達此虞帝之聖不自聖而廣開言路也後世歲逢饑饉不得良謨將何以補天地之不足故身雖聖矣亦當法虞帝之視聽以善言爲重寶

【夏】禹懸器以招言者曰教寡人以道者擊鼓告事者鐸訟獄者鞀諭以義者鐘有憂欲鳴者磬每一饋十起一沐三握髮以勞民（鞀音陶有柄搖鼓）

【謹案】大禹之治水智超千古功在萬年猶欲以言自益況乎後世帝王不及禹者多矣可挾貴自矜而不以善言爲急哉書云德日新萬邦惟懷志自滿九族乃離急下求言之詔時聞規諫之條有不日新其德歟

周西伯即位。篤仁。敬老慈少。禮下賢者。日中不暇食以待士。士以此多歸之。

謹案世知文王之德廣被四海。而不知其所以無遠勿屆者。未有不由樂聞善言而得也。故曰不暇食以求言。否則何西伯之不憚煩而時與多士相接哉。周家八百之基。開之者西伯。總在見善不怠去邪勿疑而已矣。

魯公伯禽。周公之長子也。成王少。周公留相之。使其子就封於魯。周公戒伯禽曰。我文王之子。武王之弟。今王之叔父。吾於天下亦不賤矣。然我亦一沐三握髮。一飯三吐哺。

起以待士。猶恐失天下之賢人。子之魯。愼無以國驕人。

謹案孔子之所讃美者。周公之才也。要知天下無有過於周公之才者矣。尙且握髮吐哺以待士。周公豈不知身之貴哉。蓋以作相之道。貴乎尊賢而得士。不可不以言爲重耳。併以之訓其子。則凡驕矜自恃。拒人於千里之外者。視此豈不有天壤之隔耶。

漢文帝時。每朝郎從官上書疏。未嘗不止輦受其言。言不可用置之。言可用則採之。未嘗不稱善。◎又除誹謗妖言法。詔曰。古之治天下。朝有進善之旌。（如有進善者。立於旌下言之。）誹謗之木。（慮政有缺失。使言事者書之於木。）所以通治道而來諫者也。今法有誹謗妖言之罪。是使衆臣不敢盡情。而上無由聞過失也。將何以示遠方之賢良。其除之。

謹案文帝之求直言。不啻如饑者之欲食。渴者之欲飲。故無不稱其善者。誘之使言也。除誹謗妖言法者。慮其懼禍而不告也。朝乾夕惕。民瘼是恤。不待鄒忌之諷諫而能然也。此文景之時。號稱熙皞盛世。可以彷彿唐虞耳。

唐太宗貞觀三年。夏六月。以旱求直言。中郎將常何。武人

不學。家客馬周代陳便宜二十餘條。上怪其能。以問何。對曰此非臣所能。家客馬周爲臣具草耳。上即召之。未至。遣使督促者數輩。及謁見與語甚悦。令直門下省。尋除監察御史。奉使稱旨。上以常何爲知人。賜絹三百匹。

謹案以太宗之聰明英武。一遇饑年。直言是急。救我元元。故見馬周條陳之言。即令人召之。不特召之。而且使人促之。不特促之。而且官之。無非爲萬民起見。故天下無不救之饑寒。發明云。太宗之用人如此。天下烏有遺才。治道烏有不進者哉。信矣夫。

宋真宗咸平二年。閏三月丁亥。以久不雨。諭宰相曰。凡政有闕失。宜相規以道。毋惜直言。庚寅。罷有司營繕之不急者。詔中外臣。直言極諫。壬辰。雨。

謹案言路通而苛政除。猶夫茅塞去而蹊徑豁。人情快於下。天道有勿和於上哉。真宗之諭宰相。首欲闕失相規。詔諭羣僚。又望極言敢諫。猶恐已之不德。降咎於民。急於改過。惟善是圖。上蒼有不爲之感動哉。此時雨之所以立降也。

神宗熙寧七年。京師久旱。下詔求直言。畧曰。朕之聽納。有

不得於理歟。獄訟非其情歟。賦斂失其節歟。忠謀讜言。鬱於上聞。而阿諛壅蔽。以成其私者衆歟。詔出。人情大悅。是日。即雨。

謹案是雨也。非詔出而即雨也。因人情之大悅。和氣相感而雨者也。人情豈徒悅哉。蓋因直言。即罷新法二十八事。民免征求。死於法網而雨者也。乃知鄭俠之繪圖。韓維之力諫。實有同天之力。仁宗因亢旱而求直言。英宗緣雨災而望敢諫。從未有若兩君言之切而驗之速者也。誰謂天道之元遠哉。

明宣德間。山西河南荒。上命于謙巡撫二省。公到任。即立木牌於院門。一書求通民情。一書願聞利弊。二省里老。皆遠來迎公。公曰。吾欲首行平糶之法。汝衆里老。可將吾言勸諭富豪之家。將所積米穀。扣起本家食用之外。餘者皆要糶與饑民。若仗義者。每石肯減價二錢。減至一百石以上者。免其數年差役。一二千以上者。奏請建坊旌表。有不願減者勿強。若有姦民擅富要利。坐視饑民。不與平糶者。里老從實具呈。重罰不恕。凡有借欠私債。一槩年豐還納。若有遺棄子女。里老可即報與州縣。着官設法收養。候歲

熟。訪其父母而還之。如里內有賢良之民。能收養四五口者。官犒以羊酒。給其匾額。十口以上者。加綵緞。免其終身差役。二十口以上者。冠帶榮身。一時富民樂捐。而尚義者甚衆。

謹案公之謀猷。能匡輔社稷之艱危。豈不克自出救荒之仁術。然猶以民情利弊爲急。榜示於門。求通言路。蓋以撫綏之責。關係匪輕。拯災之方。便民爲上。苟非虛衷下問。實心採訪。縱有愛民之意。難施利濟之謀。是以諮詢周廣。惟恐百姓不爲上告。民情不得上申。言路開而

州牧縣令。罔敢遏抑寃滯。由其上之明聰。已無遠不居也。蠹胥姦役莫敢擾累閭里。緣其上之察訪。已無微不燭也。豪猾紳士弗敢閉糴昂價侵牟鄉邑。懼受欺受侮者之直訴劣跡難逃國憲也。然此尚未可恃為無弊。必平心以審之。明決以行之。其庶幾有利而無害歟。

正統時。周文襄公巡撫江南。蘇州逋稅七百九十萬石。公閱牒大異。詢父老。皆言吳中豪富有力者不出耗。并賦之貧民。貧民不能支。盡流徙。公創為平米。官田民田并加耗。蘇稅額二百九十餘萬石。公與知府況鍾。曲算疏減八十

餘萬石。

（明）何良俊曰。周文襄巡撫江南一十八年。常操一小舟。沿村逐落。隨處詢訪。遇一村樸老農。則攜之與俱。臥於榻中。下咨以地方之事。民情土俗。無不周知。故定為論糧加耗之制。以金花銀粗細布輕賫等項。裨補重額之田。斟酌損益。盡善盡美。顧文僖謂循之則治。紊之則擾。非虛語也。

弘治間。命戶部劉大夏出理邊餉。或曰。北邊糧草半屬中貴子弟經營。公素不與此輩合。恐不免剛以取禍。大夏曰。處事以理。不以勢。俟至彼圖之。後既至。召邊上父老。日夕講究。遂得其領要。公有餘積。家有餘財。

舊評曰。忠宣之法誠善。然使不召邊上父老。日夕講究。如何得知。能如此虛心訪問。實心從善。何官不治。何事不濟。書曰。木從繩則正。后從諫則聖。人臣果知納約自牖之理。兼以實心愛民。則民情何時不可上聞。九重何時不悉民隱耶。

世宗嘉靖七年九月。川陝湖廣山西荒。諭都察院。令內外官員條奏救荒良策及凡不便者。

（謹案）事不盡晰於典章。言不盡在於卿貳。故必令內外官員奏其良策。蓋合天下之廣。兆民之眾。平時經理。常恐有未協民心。不便民俗之事。況於饑荒之歲。尤須斟酌盡善。康濟黎元。況內外官員具有牧民之責。然則有一嘉謀嘉猷者。可不亟為入告。以順承此德意也哉。

命條陳總論曰。舜之孝。禹之功。西伯之德。皆臻人世之極。皇皇焉猶恐士民不以善言告。日中不暇食。求賢以自輔。後之致治者。可弗廣開言路歟。君臣一體。理豈有殊。周公之輔成王。一沐三握髮。一飯三吐哺。猶恐失天下之賢人。

故致君澤民者。亦無不以言路爲先也。況逢凶歲。饑饉頻仍。衣食難充者衆。民困不知。救援無術。何以稱佐君上。燭幽隱。子元元之意哉。此漢文帝之止輦受言。庶幾無愧。唐太宗之立用馬周。彷彿聖王。其他如宋之二君明之嘉靖。亦不愧凶年之修省。于忠肅公之巡撫兩省。一到卽求通言路。上達民情。惟以平糶爲先。育嬰爲重。上行之旣力。下奉之必誠。旣活饑寒之衆。復全襁褓之嬰。仁哉忠肅救荒之政也。周文襄大驚逋欠。若不隨地與農民辨論。烏得周知。劉大夏出理邊疆。使不日夕與父老圖謀。何由得法。且

草茅之中。屠狗之間。未必無人。言可忽乎。書云。能自得師者王。謂人莫若已者亡。好問則裕。自用則小。君子可不卑以自牧。合天下之智以爲智哉。

四先審戶以防冒恩

宋蘇次叅　李珏
鄭雍　余童
俞宗亨　董煟
袁燮　明林希元
鍾化民　陳霽岩
周孔教　陳龍正

【宋】蘇次叅澧州賑濟。患抄劄不公。給印冊一本。用紙半幅。令各自書某家口數若干。大人若干。小兒若干。合請米若干。實貼於各人門首壁上。如有虛僞。許人告首。甘伏斷罪。以便委官查點。又患請米者冗。分定幾人爲一隊。逐隊俱用旗引。如卯時一刻引第一隊領米。二刻引第二隊。以至

辰巳時。皆用此法。則自無冗雜。且老幼婦女。悉得均糴矣。

◎又任澧陽司戶日。權安鄉縣。正值大澇。始至。令典押。將縣圖逐鄉抹出。全澇者用綠。半澇者用青。無水之鄉用黃。不以示人。又令鄉司抹來叅合。方請鄉耆逐鄉爲圖。復以青綠黃色。別其村分。出圖叅驗。故不檢澇而可知分數。催科賑濟。亦視此爲先後。其法甚簡要也。

【謹案】宋蘇君兩番賑濟。前法固佳。安鄉之澇。令典押抹出。或言在城之人。焉知在鄉之事。豈能無弊。殊不知水澇乃人所共睹共聞。倘出人不意。親歷數鄉而驗之。不

但典押不敢妄抹，即鄉司鄉耆皆知自警矣。非善法而何。

李珏守毘陵時，適遇民饑，將災傷都分作四等抄劄。仁字係有產稅物業之家，義字係中下戶，雖有產稅，災傷實無所收之家，禮字係五等下戶及佃人之田，并薄有藝業，而饑荒難於求趂之人，智字係孤寡貧弱，疾廢乞丐之人。除仁字不係賑救，義字賑糶，禮字半濟半糶，智字全濟。並給票計口，如常法。惟濟米預掛榜文，十日一次，委官散給。民至於今稱之。◎丁卯鄱陽旱暵，又將義倉米每日就城中

多置場所，減價出糶，先救城內外之民，却以此錢准價計口，逐月一頓支給，以濟村落之民。非惟深山窮谷皆沾實惠，且免偷竊抖和之弊。一物兩用，其利甚普。

謹案　李公之守毘陵，戶分四等，別之最清。其賑鄱陽，先城後鄉，以錢代米，免插和路費之苦，循循有序，處處至當，如陳平之宰肉。以之而治天下，何不均之有。

吳中大饑，方議賑恤，以民習欺誕，敕本部料檢，家至戶到。左諫議大夫鄭雍言：此令一布，吏專料民而不救災，民皆死於饑。今富有四海，奈何謹圭撮之濫，而輕比屋之死乎。上悟，追止之。

謹案　搜檢戶口，在官長則不可不嚴，在天子萬不可過謹。何也？官長不嚴，則濫冒者決多；天子過謹，則搜檢者必刻，而況久羈時日乎。諫議之言，誠懷保赤子之道也。天子悟而追止之，君明而臣良，吳人生矣。

余童蘄州賑濟，盡括戶口之數，第爲三等。孤獨不能自存者，專賑濟；下戶乏食者，賑糶；有田無力耕者，賑貸。闔境五邑，以鄉村遠近均聚置場，每場以一總首主出納，十場以一官吏專伺察。

謹案　戶列三等，賑各不同，已得其要。而且遠近置場，多分給所，各有所主，令官察之，弊不能生，惠可遍及，宜其見美於千秋。

江東運判俞宗亨賑濟，踏殺婦人一百六十二人，乞待罪。舊評曰：是未明分場分隊，用旗引之法。不知徐寧孫蘇次參皆有成式，儘可通變而行。大抵百人已上，便慮冗雜，此皆平日無紀律者，況饑羸之軀，易蹂踐乎。

從政郎董煟曰：勘災抄劄之時，里正乞覓，强梁者得之，善弱者不得也；附近者得之，遠僻者不得也；吏胥里正之所

厚者得之。鰥寡孤獨。疾病而無告者。未必得也。帳成已是深冬。官司疑之。又令覆實。使饑者自備裹糧。數赴縣集。空手而歸。困踣於風霜凛冽之時。甚非古人視民如傷之意。凡縣令宜每鄉委請一上戶平時信義爲鄉里推服官員一人爲提督賑濟官。令其逐都擇一二有聲譽行止公幹之人爲監視。每月送米麥點心錢。分團抄劄。不許邀阻乞覓。有則申縣斷治。其發米賑糶亦如之。若此。庶乎其弊少革耳。

謹案董君此語在數百年之前。而勘賑弊端。歷歷如繪。

可見人情千古一轍。惟在爲政者善於審戶發糧。否則徒飽奸人之腹耳。

袁燮爲江陰尉。浙西大饑。常平使者羅點屬任賑恤。燮命每保畫一圖。田疇山水道路悉載之。以居民分布其間。凡名數治業悉書之。合都爲鄉。合鄉爲縣。征發追胥。披圖可立決。以此爲荒政首。

謹案披覽輿圖。瞭如指掌。司牧者留心於閒暇之時。則臨事自有定見。若災荒既告。方事丹青。如嗷嗷待哺者何。與索我於枯魚之肆者。殆不遠也。

明僉事林希元疏云。臣愚欲分民爲六等。富民之等三。極富。次富。稍富。貧民之等三。極貧。次貧。稍貧。稍富不勸分。稍貧不賑濟。極富次富使自檢其鄉之次貧稍貧而貸之。種非特欲借其銀種也。欲於勸分之中而寓審戶之法。何者。蓋使極富次富之民出銀以貸諸貧。彼必度其能償者方借。而不借者。卽極貧不用耳目。而民爲吾耳目。不費吾心而民爲吾盡心。法之簡要。似莫有過於此者。若流移之民。則與鰥寡孤獨等。皆謂之極貧。可也。

謹案審戶不清。奸人得之。已可恨。貧戶失之。更可憐。林

公此法使鄉里自別上中下三等而貸之。其源清矣。其流豈濁哉。但極富者當貸幾戶。次富者當貸幾人。不可不細加斟酌。亦安富之一道也。

御史鍾化民督理荒政。有云。垂亡之人。旣因粥廠而得生矣。稍自顧惜。不就廠者。散銀賙之。令各府州縣正印官遍歷鄉村。喚集里保。公同查審。胥棍作奸。許人舉首。得實者重賞。如虛反坐。給與印信小票。上書極貧某人給銀五錢。次貧某人給銀三錢。鰥寡孤獨。更加優恤。分東南西北。先期出示分給。以免奔走守候。敢有以宿逋奪去者。以劫賊

同論其銀又當不時掣封秤驗如有低潮短少視輕重處分。

謹案御史公審戸之意一在正印官遍歴鄉村二在公同查審三在許人首告兼而行之不可缺一必須上臺實有愛民之心有司方不敢怠至分東西南北先期出示者尤美政也。

萬暦巳巳陳霽岩知開州時大水無蠲而有賑府下有司議宕倡議極貧民賑穀一石次貧民賑五斗務必令民共沾實惠放賑時編號執旗魚貫而入雖萬人無敢譁者公

自坐倉門外小棚下執筆點名視其容貌衣服於極貧者暗記之庚午春上司行文再賑貧者書吏稟公出示另報公曰不必第出前之點名冊查看暗記極貧者逕開其人喚領賑米鄉民咸以為神葢前領賑之時不暇粧點盡得真態故也。

謹案有司官皆如是之惠愛法紀精嚴何患貧民之不沾實惠要之真誠必能窮虛偽亦惟始終存心為民時時撿點則民情洞鑒而措置無一事之不得其宜矣。

中丞周孔敎撫蘇時有云救荒者凡以為貧戸下戸也官司非不欲一一清審之奈寄之人則難公任之巳則難遍昔人謂救荒無奇策正以貧戸之難審也所以然者亦不豫故耳合令被災之府州縣豫乘秋月以主賑官督在城保長以在城保長催在鄉保長以保長催甲長以甲長報花戸每甲分為不貧次貧極貧三等除不貧外將次貧極貧各口數大小若干貼其門首壁上再令每保開一土紙手本送至賑濟官不許指稱造冊科歛貧民待鄉黨日久論定委官乘便覆查此卽宋時蘇次參澧州賑濟之法但彼臨時為之不若先時查審貧富明白民志定矣尤為無弊。

謹案先時查審明白較臨期抄劄貧富迥不相同非親歴其境者不能知其妙也撫君之法不但著美一時且可傳於後世。

陳龍正曰賑饑之法往往吏緣為姦皆由戸之不能審也貧者未必報報者未必給其報而給者又未必貧請就里中推一二大姓任以賑事有司不時單車臨視稍立賞罰科條以勸戒之葢大姓給散其利有九習知貧戸多寡不至漏冒一也給散近在里中得免奔走與留滯之苦二也

披籍而得姓名穀米之數易於查勘三也以隣里之譄不至僞雜損耗四也貧戶數服大姓即有缺漏易於自鳴五也食廩各於其鄉不至群聚喧雜穢惡薰蒸而成疫癘六也大姓熟識近隣不至攫奪七也分縣官之勞八也吏不能爲奸九也一云黃懋中所言

謹案凡論荒政事貴可行語貴通達勿支勿漏斯得之矣若此九種意周而語切非目覩饑年之弊實叢興者不能有此妙論也譬如寶鏡當前絲毫悉燭纖塵無有不見者也此雖放賑之法而審戶已寓其中不審之審也可不熟此而爲濟世之策歟

先審戶總論曰時當歉歲不以生民爲重而恒以穀粟是惜者固非要道然用之而不得其法徒資奸詭莫救哀鴻在朝廷既有所費在窮民不得生全主其事者寧無溺職之罪耶況有冒支之弊必多不給之人有一姓而得數姓之糧者有幾人而不得一口之食者其害可勝道哉故惟天子不當謹圭撮之濫而輕比屋之死鄭雍所言可風千古若主賑之官烏可不預爲檢點此蘇次叅命取一家人口盡貼壁上陳霽岩自將點過窮民暗記冊中立法善而用意深尚何冒破之足慮李珏之人分四等余童之戶別三般居上者既能精其妙算在下者焉敢肆其侵欺袁燮之畫未嘗不美但當預計於平時不能濟變於歉歲懋中所言委托大戶其利有九的確不易倉卒可行與之無窮董煟言之最盡法之簡要希元思之最精鍾御史必令正印官親歷窮鄉公同檢視周巡撫又使府州縣豫先抄劄不混稽查由此觀之良法已備於前矣善政何疎於後也乃知不稽舊典任意設施者不但不能比美先賢且恐踐俞通判之故轍矣惟保甲之法嚴而審戶自清審戶清而奸詭息然而尤當籌之於豫也詩云迨天之未陰雨徹彼桑土綢繆牖戶今此下民莫敢侮予人能得詩人之意致力於閑暇之時又何必徬徨於放賑之際哉

五借國帑以廣糴糶

春秋臧孫辰　唐開元詔
興元詔　宋吳遵路
王　柜　元張養浩
至元令　明康榮
成化准奏　林希元
周孔教　屠　隆

春秋莊公二十八年魯饑臧文仲言於莊公曰夫爲四鄰之援結諸侯之信重之以昏姻申之以盟誓固國之艱急是爲鑄名器藏寶財固民之殄病是待今國病矣君盍以名器請糴於齊於是以鬯圭玉磬如齊告糴曰不腆先君之敝器敢告滯積以救敝邑

謹案官之糴糶春秋時賢大夫已行之矣何以後之爲臣者竟不恤民之困於高價糴於熟所糴於荒境哉分釐之惠及小民讚誦之聲盈道路易者不爲難者可知雖曰愛民其誰我信

唐元宗開元十二年八月詔曰蒲同等州自春偏旱慮至來歲貧下少糧宜令太原倉出十五萬石米付蒲州永豐倉出十五萬石米付同州減時價十錢糶與百姓

謹案糴莫貴於早糶莫貴於時以八月而計來年計之得矣且以十五萬石賑糶於一州每升減價十文非美政乎但唐時出糶之際其法不傳使不知張公詠守蜀平糶之法恐其利必盡歸富戶其害實在窮民深可歎耳何也窮民待哺之日時雖多所糴之米粟有限一則官不許其多糴二則彼亦無錢多糴奸人窺破其微賄囑官吏串通斛手在水次日買數十石而去（此米未曾發入公所早已暗貨與人故此無從查考簿上仍塡零賣之期）不踰月而官米已畢矣奈此地米價稍減之名忽又遍傳商販商販聞之懼虧本而不來官長察之歎倉空而無繼米有不驟貴之理乎奸人於是賣其所糴之米不數旬而獲利無算寧勿令人

切齒是窮民之食賤米不過數旬窮人之食貴米必需幾月食賤米者十不過二三食貴米者十必八九惠之者非卽所以害之耶故賑糶當兼行張公保甲之法此法一行旣無冒濫亦不失恩宋之去唐不遠烏知張公所行之法非卽蒲同等州所行之法哉賑糴者尚其察之

德宗興元元年十月乙亥詔曰頃戎役繁興兩河尤劇農桑俱廢井邑爲墟丁壯服其干戈疲羸委於溝壑江淮之間連歲豐稔迫於供賦頗亦傷農收其有餘濟彼不足宜

令度支於淮南浙江東西道。增價和糴米三五十萬石。差官搬運於諸道。減價出糶。貴從權便。以利於人。宜卽遣使。分道宣慰。勞勉將士。存問鄉閭。有可以救歲凶災。除人疾苦。各與長吏商量奏聞。

謹案是時陸宣公言於上曰。人君知過非難。改過爲難。言善非難。行善爲難。詔內命官和糴。不厭多方。疾苦可除。悉求具奏。意眞詞切。感動軍民。此車駕之所以得返長安耳。忠臣之言有益於人國也如是夫。

宋吳遵路知通州時。淮甸災傷。民多流轉。惟遵路勸誘富

豪之家。得錢萬貫。遣牙吏二十六次。和賃海船。往蘇秀收糴米豆。歸本處。依元價出糶。使通州裁傷之地。常與蘇秀米價不殊。當時范仲淹乞宣付史館。

謹案官米若不循環糴糶。奸商乘其旣盡而鬻之。價愈高而民愈困矣。以萬貫錢轉運至二十六次。價焉有不平之理。故遵路之勸富民者。是救一時之災也。仲淹之命付史館者。欲垂萬世之則也。留心民瘼者。尚其知所取法哉。

孝宗乾道七年。饒州旱傷。措畫賑濟。知州王秬劄子。借會子五萬貫。接續販糴米麥之類以賑糶。得旨。依江州旱傷。益措置本州義倉米四萬四千餘石。又截留上供米六千五百餘石。作本收糴米斛。

謹案借錢糴糶。官不傷而民有益。最善而易行。何皆逡巡不果。如知州王君。借會子錢五萬貫。接續販糴。朝廷益之以米。又得數萬石作本收糴。此州尚慮缺食乎。事畢而本在。民得不死。非賢者之妙算。而能之乎。

元文宗時。以張養浩爲西臺御史中丞。時關中大旱。民相食。旣聞命。卽散家之所有。以與鄉里貧乏。登車就道。遇餓

者賑之。死者瘞之。經華山禱雨嶽祠。泣拜不能起。天忽陰翳。一雨三日。及到官。復禱於社壇。大雨如注。水三尺乃止。禾黍自生。秦民大喜。時米價騰踊。鈔塞不可得米。養浩以倒換之艱。乃檢庫中未燬緡鈔。得一千八十五萬五千餘緡。悉印其背。又刻十貫五貫爲券。給貧民。命米商視印出糶。詣庫驗數以易鈔。又率富民出粟。爲奏補官。四月未嘗家居。止宿公署。夜禱於天。晝出賑饑。無少怠。每一念至。卽撫膺慟哭。

謹案人苦無實心愛民耳。此天之所以不能格也。若張

公所行。惟知有民。不知有已。何禱不誠。何民不救。視民如傷之念。形之慟哭。是所忠者君。所愛者民。不愧忠君愛民之君子矣。

順帝至元三年十二月。大都南城等處。設米鋪二十。每鋪日糶米五十石。以濟貧民。俟秋成乃罷。◎六年二月。增設京城米鋪。從便賑糶。

謹案天之警惕於順帝。亦云至矣。茲獨於分設米鋪一節。思以上格天意。政雖疎畧。而愛養百姓之心。固肫摯而不浮。苟能震動恪恭。上則敬畏昊天。下乃軫恤民隱。

則將推廣此心。正已求賢。養民致治。豈遽至於危也。

明英宗正統六年。巡撫浙江監察御史康榮奏。杭州府地狹人稠。浮食者多。仰給蘇松諸府。今彼地水旱相仍。穀米不至。杭州遂困。又湖州府比因歲凶。米亦甚貴。竊計二府官廩。有二十年之積。恐年久紅腐。請發三十五萬。糶於民間。令依時值償納。則朝廷不費。而民受其惠。從之。

謹案積善在常人則不易。在大臣又何難。一念。朝存萬民暮活。如康公此奏。窮人雖難免拮据之求。饑者幸可無轉死之慮。惟望仁人賑饑救困。活此窮民。德大福大。自古不爽也。

憲宗成化六年。奏准將京通二倉糧米。發糶五十萬石。每秔（耕音）米收銀六錢。粟米五錢。以減京城米價騰貴。再將文武官員俸糧。預支三個月。

謹案歲值饑饉。仁智不可不兼用也。仁以惠民。智以慰衆。今減價糶米。仁也。預支月俸。智也。數月之後。麥熟稻登。仍然大有。烏可閉藏不發。令民心之頓變哉。

僉事林希元疏云。臣愚欲借官帑銀錢。令商賈分往各處。糴買米穀。歸本處發賣。依原價量增一分。爲搬運腳力。一

分給商賈工食。糶盡復糴。事完之日。糴本還官。官無失財之費。民有足食之利。非特他方之粟。畢集於我。而富民亦恐後時失利。爭出粟以糶矣。然糴糶之法。專爲濟貧。若有商賈轉來販去。所當禁革。又當遍及鄉村。不得專及城市。則貧民方沾實惠。

謹案糴糶濟民。能以林公之論爲法。不特城市嘗其利澤。而村落亦沾其實惠矣。尚有溝壑之苦哉。奈何世之救荒者。皆不知林公之荒政。叢言是必要之書也。

中丞周孔教撫蘇時。有云。次貧之民。宜賑糶。其法有二。有

坊郭之糶宜多擇諸城門相近寺院及寬廠民居儲穀於其中不限時日零細糶之糶米計升多不過一斗糶穀不過二斗如姦牙市虎有借倩粃扮之弊出首者重賞其弊自革有鄉村之糶宜行保甲之法間月而糶之每先一月出示將有災之鄉保限次月某日某保排定日期每隔一日一糶以防雨雪壅滯之患每甲大約許糶三石多則五石若通水去處當移舟就水次糶之糶價俱比時價減少愈少愈善富人強奪貧人之糴用張詠連坐之法一家犯罪十家皆不許糴其糴本或借官銀或借官糧或勸富家

事完各歸其本如係民家則加旌獎可也

謹案賑糶之法分出二種一曰坊郭一曰鄉村何其周到也又曰循環行之必待稻熟而止方畧精詳不遺遐邇真仁人也有心而不得其法實惠不能及民有法而不存此心蒼生何由得活中丞不但身體力行而且欲傳後世有不身爲濟世之名臣而子孫享積德之報哉

屠隆荒政考有云災傷之處議賑濟則恐官府之困廩有限議勸借又恐地方之富戶無多最妙之法借帑銀若干委用忠厚吏農富戶向豐熟去處循環糴糶積穀之家雖欲蹋貴其價而官府平糶之糧日日在市勢亦不能如他處米亦不足則雜置荳粟蕎葛麥薯蕨粉芝蔴之類皆足充饑但當嚴禁商牙來糴昔吳遵路知通州時能使災傷之處與蘇秀同其米價用此法也

謹案屠君開口兩句就將荒政說完見得賑糶一事是救荒上策本不虧民不死即耿壽昌之遺意至說凡可以充饑而救死者一概可買尤見行權之大畧

借國帑總論曰上不病官下不困民能救生民於萬死之中者莫如借國帑以先興販也自春秋以來即有其事今

觀唐宋元明代無不舉誠盛典也但借官錢而糴糶之多者無如王氏借民錢而興販之頻者首推吳公二人所行爲法千古救荒者何可視爲泛泛也若元之張公不特取鈔命米商出糴救民一種忠君愛民之心勃不可遏形之痛哭流涕而不止真太古之仁人也後之君子或邪常平米或借府庫錢或貸富豪錢加其月利以作糴本給與富商大賈或差幹吏能員先往豐熟去處循環糴糶我無濟人之重費而實有起死之良圖舉口之勞生人之命上智之事也又何惑焉易云損上益下民悅无疆惟賑糴則所

損者甚少。而民之悅也。誠无疆矣。

六理囚繫以釋含寃

漢于公　楊終
鄧太后　唐貞觀詔
顏眞卿　宋太祖諭
歐陽觀　元仁宗諭
明王哲　吳黼
許襄毅

【漢】昭帝時。海州大旱三年。人民離散。莫知所從。會新太守下車。于公謂守曰。非申孝婦之寃不可。守詢之。公曰。郯城昔有竇氏。少寡事姑極孝。姑念孝婦侍奉勤苦。欲其嫁。婦不允。姑遂自經。葢以巳在妨其嫁也。姑之女。竟以殺母告。太守按治。婦乃誣服。某曾力爭而勿聽。咎非在是而何。新守齋戒沐浴。徒步往祭孝婦於冢。祝方畢而大雨如注。至今有孝婦廟在。

【謹案】人有寃抑之事不明。則鬱恨之氣不散。遂結於太虛。而災眚見。淫雨。亢旱。蝗蝻兵火之類是也。竇氏孝婦也。蒙不孝之名。身首不保。非于公之力。請於太守。徒步往祭。舒孝婦之寃。而能上回天意哉。況以孀婦而遭此寃者多矣。一見於齊之庶女。再見於東漢之上虞。三見於晉代之臨淄。折獄者愼之。

章帝建初元年。大旱。穀貴。校書郎楊終。以爲廣陵楚淮陽濟南之獄。徙者萬數。又遠屯絕域。吏民怨曠。乃上疏曰。臣竊按春秋水旱之變。皆因暴急。惠不下流。自永平以來。仍連大獄。有司窮考。轉相牽引。掠拷冤濫。家屬徙邊。加以北征外邦。西開三十六國。頻年服役。轉輸煩費。又遠屯伊吾樓蘭車師戊已。民懷土思。怨結邊域。足以感動天地。移變陰陽。願陛下留念省察。以濟元元。

謹案 楊子山以至理論天意。切實不差毫釐。何也。天不可測。而理可必。聖人云天視自我民視。天聽自我民聽。安有天心異於民心者哉。掠拷冤濫。已足違和。況閭閻

愁苦。一方鬱結。此天地所以爲之感動也。

安帝立。鄧太后猶臨朝聽政。永平二年夏。京師旱。親幸洛陽寺錄冤獄。有囚實不殺人而被拷自誣。羸困輿見。畏吏不敢言。將去。舉頭若欲自訴。太后察視覺之。卽呼還問狀。具得枉實。卽時收洛陽令下獄抵罪。行未還宮。澍雨大降。

謹案 不仁哉有司之嚴刑也。不肯細心體訪。但將五毒廹人。囚不能堪。何冤不受。致令餘威猶在。死不敢言。若非太后英明。此獄烏能得直。今下屬問而上司錄。防冤抑也。然而出入難必。誰敢再受一番荼毒。故案一定而獄多冤。理其枉而出之者。是在欽恤愼刑之君子矣。

唐太宗貞觀十七年三月甲子。以久旱詔曰。去冬之間。雪無盈尺。今春之內。雨不及時。載想田疇。恐乖豐稔。農爲政本。食乃人天。百姓嗷然。萬箱何冀。昔穎城之婦。隕霜之臣。至誠所通。感應天地。今州縣獄訟。常有冤滯者。是以上天降鑒。延及兆庶。宜令覆囚使至州縣科簡刑獄。以申枉屈。務從寬宥。以布朕懷。庶使桑林自責。不獨美於殷湯。齊郡表墳。豈自高於漢代。

謹案 天地惟以好生爲心。人主當以不殺爲德。刑之所

加。何招不得。有罪者歎自新之無路。受枉者恨宿憤之難申。怨觸上蒼。遂成閉塞。此詔一下。何患甘霖之不沛。而嘉禾之不熟哉。

開元中。榆林衞等久旱非常。顏眞卿爲御史。行部至五原。時有冤獄。久不決。眞卿至立辨其冤。雨卽沛然而至。郡人遂呼爲御史雨。

謹案 獄之冤者。不待決遣。而後乖戾之氣。慘成凶歲。卽令沉埋獄底。積憤未舒。已逆天和。久之不雨。幸顏公行部細心。辨其冤獄。愁雲怨日。忽變而爲暢靄和風。此御

史雨之所由來也。

宋太祖建隆二年。帝謂宰臣曰。五代諸侯跋扈。跋扈猶言強梁也。扈竹籬也。水未至。先作竹籬。候魚入水退。小魚獨留。大魚跋籬扈而出。故曰跋扈也。有枉法殺人者。朝廷置而不問。人命至重。姑息當如是邪。自今諸州決大辟。錄案奏聞。付刑部覆視之。

宋史斷曰。禁暴止虐。誠帝王保民之盛德也。湯武聖君。此心純乎愛民。故勇決嚴毅之中。即寓正直蕩平之道。太祖深知理獄之難。視人命爲至重。特詔令諸州。愼重錄囚。達部詳審。然後信讞定而法網寬。合之周禮。委曲

詳核之條。仁慈忠厚之旨。前後無違矣。

歐陽觀爲泗州司理。嘗秉燭治官書。屢廢而歎。妻問之。曰。此死獄也。我求其生不得耳。其子修方三歲。乳者抱立於旁。觀曰。術者謂我歲在戌不利。使其言驗。不及見兒之立也。後當以吾言告之。

謹案仁哉歐陽觀之存心。何肫摯而深切也。求生於死獄之內。並非要名。遺言以告後人。并非樹德。總爲一腔慈惠。不欲因勢而阻。尤不欲自我而止。故及身則倍著哀矜。錫類則敎之忠厚。仁哉司理。宜文忠之爲名臣也乎。

元仁宗延祐四年春正月。帝謂侍臣曰。中書比奏。百姓乏食。宜加賑恤。朕默思之。民饑若此。豈政有過差以致然與。向詔有司務遵世祖成憲。宜勉力奉行。輔朕不逮。然嘗思之。惟省刑薄賦。庶使百姓可遂其生也。

謹案百姓不能遂其生。四境擾害由之起。大業末年。乾符初年。可鑑也。仁宗因民飢饉。言非省刑罰。薄賦斂。則不能舒其困。非思得其要。而治得其道者哉。

明孝宗弘治十五年五月。上命御史王哲巡按江西。時值

大旱。苗種不得入土。哲深恤民隱。即親錄囚繫。出其所當原者數百人。餘皆減之。次日即雨。遂成有秋。民爲謠曰。江西有一哲。六月飛霜雪。天下有十哲。太平無休歇。

謹案古之盛吉。執丹筆而泣者。謂吾筆一下。死生立判故也。理刑官如此存心。何至亢旱不雨。王御史因苗不得入土。親錄繫囚。出其當原。減其餘等。即成有秋。乃知寧失出無失入。此二句者。誠祈禱之靈符也。

松江吳黼任撫州同知。時久旱不雨。臺使以黼廉直。將鞫郡建昌富民吳萬八一案。令迹其實。蓋萬八以子殺父。大

獄久未決萬八至是仍以厚賂求寬免鞫曰我荷國恩食天祿寧以賄賂壞公法耶遂覈論如律是夕忽然大雨萬八已爲雷震矣一郡驚異以爲吳公之正直所感云

謹案此又以不殺而致旱災者也萬八之獄斷無遲滯之理問官何得貪其厚賂而曲貸其辜苟非天譴嚴明暗與王章相合安見幽明一理法不可弛然則赦非善政古且志之況於絶倫之大者乎

單縣有田作者其婦餉之食畢卽死其翁曰此必婦之故矣陳於官不勝箠楚遂誣服自是天久不雨許襄毅公時官山東曰獄其有冤乎乃親歷各境出獄囚遍審之至餉婦乃曰夫婦相守人之至願鴆毒殺人計之至密焉有自餉於田而鴆之者哉遂詢其所饋飲食所經道路婦曰魚湯米飯度自荆林無他異也公問時適當其夫死之際置魚作飯仍由舊路而行試狗彘無不立死者遂出其罪卽日大雨如注

謹案感孚之理捷如影響田婦餉夫而死實出無心問官不能細訪置之死地所謂嚴刑之下何所不招遂干天怒災異頓施非襄毅公上體天心察其冤抑安能沛甘澍於恒暘之歲哉

理囚繫總論曰獄中之苦人盡知之乎以將相而歎獄吏之尊則其毒加於囚也可知矣一人在獄闔戸悲啼吏卒苛求不已妻兒賣盡難供故血淚未乾於箠楚離魂又泣於夢中仁人君子可不以刑獄是恤哉若雨呼御史者不決之獄也亢旱三年者已死之獄也畏吏不敢言苗不得入土者將死之獄也罪定天誅不殺之獄也不論已死未死有枉不直困於獄中天地未有不爲之震怒而見於災異者也楊終之論信不誣矣唐之太宗宋之太祖元之仁宗異代同心故得咸稱致治之主折獄者存心必若歐陽觀明察得如許襄毅方能無愧試問今之沉於獄底者果能求其生而勿得者歟哀哉吾恐半居洛陽令之所問也人自不察耳五毒痛加何枉不坐縲紲所繫何歲無冤易云君子以明愼用刑而不留獄書云殺戮無辜上帝弗蠲降咎於苗君子可勿於囚繫之內稍開一面以免降咎之困哉

七禁遏糴以除不義

秦百里奚　秦穆公
隋文帝　唐崔倰
後周廣順詔　宋吳及
蘇軾　蘇緘
淳熙詔　黃裳
明張居正　鍾化民

周襄王甲戌五年冬晉饑使乞糴于秦百里奚言於秦伯曰天災流行國家代有救災恤鄰道也行道有福秦於是輸粟于晉

謹案人生不幸遭遇饑年全賴有無相濟庶可生全此賢臣所以勸其君救災恤鄰惠養黎民之要道也

襄王七年十一月晉饑秦伯饋之粟曰吾矜其民也

謹案秦伯之輸粟一而再矜民之語藹若陽春并不生一點偏護之念是故被其澤者懽欣交通遠邇愛戴後之爲鄰郡司牧者可不上法賢哲之仁術乎

隋齊州刺史盧賁坐民饑閉糴除名皇太子爲言賁有佐命功不可廢帝謂盧賁等功雖甚偉然皆挾詐擾政不可免也乃如律治之

謹案沽名而不恤民者非良有司也欲以閉糴爲愛民殊不知鄰邦均赤子也故孟子取五霸之禁遏糴千古公正之論莫大於此高祖之論盧賁略前勲而儆害民之吏誠快舉哉

唐崔倰爲湖南都團練觀察使湖南舊法豐年貿易不出境鄰部災荒不相卹倰至謂屬吏曰此非人情也無使閉糴以重困鄰民自是商貨流通

謹案不近人情之事皆胥吏貪汙者之所爲也凡下閉糴之令藉口爲本境之民起見未嘗稍有所私殊不知其所私者不在是也不過不能爲民身家畫萬全之策徒欲藏此粟於富家以說豪猾昂價損民之意豈知聖

天子以天下爲家胞與爲懷凡在版圖莫不欲安養而生全之寧肯令此境阜安彼方饑餒乎揆情度理務在流通崔公眞仁人也

後周廣順間南唐大旱井泉涸淮水可涉饑民度淮而北者相繼濠壽發兵禦之民與兵鬬而北來太祖聞之曰彼我之民一也聽糴米過淮唐人遂築倉多糴以供軍詔唐民以人畜負米者聽之以舟車運載者勿予

謹案視太祖之待南唐非大度之主歟唐人以之供軍尚許人畜負之而去究何嘗因救民而得禍若後之府

縣官。必然閉糴。以爲上爲其君。下爲其民。而不知其干天之怒矣。人主當以好生爲德。信哉。

〔宋〕仁宗嘉祐四年。諫官吳及言春秋之時。諸侯相爭。竊地專封。固不以天下生靈爲憂。然同盟之國。有救患分災之義。秦饑。晉閉之糴。而春秋誅之。聖朝恩施動植。視民如傷。然州郡之間。各專其民。擅造閉糴之令。一路饑。則鄰路爲之閉糴。一郡饑。則鄰郡爲之閉糴。夫二千石以上。所宜同國休戚。而宣布主恩。今坐視流離。又甚於春秋之間。豈聖朝所以子育兆民之意。

〔謹案〕閉糴之令。自古皆恨。又自古有之。其故何也。其意他處之民徒死。我境之粟有餘。豈無卓異賢能之賞。殊不知此令一行。劫掠流移。由之而起。吳公言之亹亹。蓋深知民之受獘甚大。斷不可以害民之政。爲我邀功倖祿計也。

蘇軾浙西災傷狀內有云。臣聞熙寧之災傷。本緣天旱米貴。而沈起張靚之流。不先事奏聞。但立賞閉糴。富民皆事藏穀。小民無所得食。流殍既作。然後朝廷知之。使命運江西及截本路上供米一百二十三萬石濟之。巡門俵米。攔街散粥。終不能救。饑饉既成。繼之以疫。所傷實多。兩稅課利。皆失其舊。是大吏之不能仰承德意。廣孚惠澤於下民也。如之何其可乎。

〔謹案〕饑年處事。沽名心萬不可起。救荒政務。須宜早爲裁酌。沈起張靚。立賞閉糴。不過欲沽愛民之譽。不知小民絕粒。草木俱完。藏米者愈高其價。與販者懼劫不來。遂至於此。非平日失於稽古臨事在於求名乎。東坡疏中此段。可爲閉糴者戒。

紹興初。蘇緘爲南城令。歲凶。里中藏粟者。固閉以待價。緘

籍得其數。先發常平穀。定中價。糶於民。揭榜於道。曰。某家有粟幾何。令民用官價糴。有勒不出及出不如數者。撻於市。以是民無艱食。

〔謹案〕民無糴所。劫掠必興。盜賊縱橫。安危難保。惟賴司牧有以處之。然不將常平米盡行先糶。何以塞富民之口。蘇君爲政。先已後人。其誰我議。

淳熙八年。勅旱傷州縣。全賴傍近豐熟去處。通放客販米斛。已降旨不得遏糴。訪聞上流得熟州郡。尚有將客販米斛邀阻者。仰逐司覺察按劾。尚或容蔽。仰御史臺彈奏。〇

九年兩降指揮諸路監司不許遏糴多出榜文曉諭如故違戾令總司覺察申奏

謹案官之糴糶有限民之興販無窮彼射錙銖之利我活溝壑之民實云兩得如其閉糴此境雖安彼地不活無惻隱之心違忠恕之道彈劾覺察其可緩乎

咸淳七年撫州饑黃裳奉命往彼救荒但期會富民耆老以某日至至則大書閉糴者籍強糴者斬八字揭於通衢米價遂平一云辛幼安所行

謹案孰謂救荒無奇策以八字而定民心非奇策乎此

所謂有治人無治法也

明萬曆九年淮鳳告災張居正疏云皇上大發帑銀遣使分賑恩至渥矣然賑銀有限饑民無窮惟是鄰近協助市糴通行乃可延旦夕之命近聞所在往往閉糴災民既缺食於本土又絕望於他鄉是激之為變也宜禁止遏糴之令講求平糴之法聽商民從宜糴買江南則糴於江淮山陝則糴於河南各撫按互相關白接遞轉運不許閉遏其糴本或於各布政司或於南京戶部權宜措處河南直隸四府縣以臨德二倉之米平價發糶則各處皆可接濟

謹案以通暢之筆寫仁政之端條分縷晰何等明白且令各巡撫互相關白接遞轉運糴本悉為措置允稱相度汪洋不愧調和鼎鼐有鹽梅之責者不可不法之以救天下也

萬曆間御史鍾化民奉使河南賑饑先飛檄各省不許遏糴及河南布政司撤防勦兵悉分置黃河口各運米所過為米船傳緯護送至境設官單記所到時刻稽遲罪及將領米到任其價之高下毋許抑勒是時米價五兩遠商募重價無攘奪患浹辰米舟併集延袤五十里價遂減石止

八錢矣袤音茂長也亘於東西曰廣亘於南北曰袤

謹案水旱不時天荒之也遏糴阻抑人荒之也天荒尚有挽回人荒豈無救治鍾公竭力救全頓蘇民困米價十減五六可知有治人無治法本仁心以行仁政事未有不濟者也

禁遏糴總論曰偽矣哉有司之遏糴也彼不過欲借此以邀愛民之上賞耳若言真心為民彼糶米之家雖婦人小子必知但賣其食之所餘斷無盡貨之理何必有司之諄諄禁約也總之圖治之術在誠實尤在權宜自周至明歷

代典故悉中窾要。晉惠公之失算，未識愛民之方。周太祖之大度，包容異域。盧賁、沈起、張靚等，特小人之尤者耳。設令見崔俊於湖南，能無愧歟？此宋朝之詔使劾之察之，誠是也。吳及之論，蘇緘之法，黃裳之諭，化民之檄，同功一體，得致治之原。良法良模，不可不知所以法之也。且無曲防，無遏糴，五伯禁之，聖賢取之，吏竟背之耶？詩曰：在彼無惡，在此無射，庶幾夙夜，以永終譽。則凡在位之君子，欲美其譽於畢生者，可分疆界，致嗷嗷待哺之民，日望泛舟之役而弗得哉？閉糴之令，烏可勿除。

八　發積儲以救困窮

漢文帝　唐元宗　宋仁宗　元世祖　明成祖　孫璽
魏黃初間　憲宗　眞德秀　胡長孺　周忱　鍾化民

漢文帝六年，大旱蝗。令諸侯無入貢，弛山澤，減諸御服，損郎吏員，發倉庾以賑民。

謹案：嘗閱文帝之詔，有云：患自怨起，福繇德興，則禍福之機，久矣了了於胸中。故首定振窮養老之令，每布蠲租免稅之恩。當此旱蝗相繼，豈不知民饑患也？救困德也，有不自損以濟蒼生哉？此三代後之賢君，首推文帝也。

魏黃初二年，冀州大荒，歲饑，使尚書杜畿持節開倉廩以賑之。◎五年，冀州復饑，又遣使者開倉廩賑之。◎六年春，遣使者巡行沛郡，問民間疾苦，貧者悉賑貸之。

謹案：時當災荒，民惟望治。魏能愛民，賑貸弗倦，故能撫其衆而大其國。百姓戴惠，四境寧帖。致治者所當於緊要機宜，務爲斟酌也。

唐元宗開元二十九年，制曰：承前饑饉，皆待奏報，然後開

倉道路悠遠何救懸絕自今委州縣及採訪使給訖奏聞

謹案初陽透發大地回春一詔下頒九州開泰豈非明
皇此日之制乎洞悉嗷嗷待哺之苦免其懸懸望眼之
穿故其時沐恩澤者歌咏遐陬四海清寧兆人康樂誰
謂斯民也非三代之所以直道而行者也

憲宗元和九年二月丁未制曰善爲國者務蓄於人百姓未康君孰與足去歲甸服氣序愆和夏屬驕陽秋多苦雨三農爽候五稼不滋產於地者既微出於力者宜困百姓所欠歷年稅斛等項並宜赦免仍以常平義倉斛斗三十

萬石委京兆條疏賑濟如不足卽宜以元和七年諸縣所貯折糴斛斗添給應緣賑給百姓等委京兆官差擇清幹官於每縣界逐處給付使無所弊各得自資將我詔意戒之以擾授之以仁宣示朕懷咸使知悉

謹案地無所產粟何從生民若遭荒催征何益憲宗悉
爲蠲免誠賢主矣且以三十萬石而賑饑民不足又令
添之以折糴之斛㪷諄諄不已民命爲懷何其仁也克
寛克仁彰信兆民憲宗之謂矣

宋仁宗乾興元年十二月以京城穀價翔貴出常平倉米分十四場賤糶以濟民⊙皇祐三年十二月癸巳詔曰天下常平米依原糴價出糶以濟饑民毋得收餘利以希恩賞

謹案民逢饑饉之災確似人遭水火之厄救之稍遲不
成灰燼卽蹈狂瀾寧不痛心然救之不力終於一死與
不救何殊今乾興間以常平米分作十四場減價出糶
以濟平民皇祐間又以天下常平倉米依原價出糶以
濟貧民博施濟衆可風千載小民不有再生之樂歟

寧宗時眞德秀知潭州以廉仁公勤勵僚友以正心脩身

勉士行遇水旱災傷貧困無依之民極力救恤復立惠民倉積穀至五萬石至凶荒時照原價出糶又積穀九萬五千石分十二縣置社倉以徧及鄉落立慈惠倉養老倉孤幼無依自十五歲以下年老無養自六十歲以上皆有賑給

謹案自古理學儒臣莫不本子惠蒼生之念爲君父錫
福於四方蓋其温厚性成兼能陶鎔於典籍經權措置
各得其宜試觀此數法實可與文公之社倉共垂不朽
有守土之責者苟能倣而行之是甘棠慈蔭可以傳後

世而潤斯民矣。

元 世祖至元五年，益都路饑，以米三十一萬八千石賑之。◎十年，諸路出蝻，霖雨害稼，賑米五十四萬五千五百九十石。◎十三年，東平濟南諸路水旱，賑饑用米二十二萬五千五百六十石，粟四萬七千七百十二石，鈔四千二百八十二錠。◎二十二年十一月，合剌禾州民饑，戸給牛二頭，種二石，更給鈔一十一萬六千四百錠，糴米六萬四百石，爲四月糧賑之。

謹案 天有降災之時，民無愁苦之歲，此際之轉移而造

福者，惟隨時蠲賑，惠愛萬民之聖君賢相耳。帑藏之金粟斷無窮時，閭里之身家亟宜撫恤。世祖賑饑，不異九天雨露，隨地頻施，一無所吝，民生矣，歲何凶焉。

武宗時，民饑者四十六萬戸，卽詔每戸月給米六斗。浙東宣慰同知脫歡察議行勸貸之令，欽富民錢一百五十餘萬，以二十五萬屬海寧縣簿胡長孺藏之。長孺察其有乾沒意，悉散於民。既而果索其錢，長孺抱成案進曰：錢在此。脫歡察怒而不敢問。

謹案 饑民之得賑濟，猶田苗之得時雨，點滴不到，根荄失鮮，業已雲興澤沛，則時刻不可需遲，何况雲霓之轉易乎。廉吏識破貪夫之意，發其積聚，補散民間，爲蒼生救饑，實則爲脫歡消愆，仁智兼盡，一舉而兩得之矣。

明 成祖永樂九年七月，戸部言賑北京臨城縣饑民三百餘戸，給糧三千七百石有奇。上曰：國家儲蓄，上以供國，下以濟民，故豐年則斂，凶年則散。但有土有民，何憂不足。隋開皇間大旱，民饑，文帝不開倉賑濟，聽民流移就食。末歲計所積，可供五十年。倉廩雖豐，民心勿固，前鑒具在。今後但遇水旱民饑，卽開倉賑給，毋令失所。

謹案 開皇間倉廩皆足，不肯賑給，使民流移，後且恃其富足而糜費焉。成祖深明其故而易其轍，誠明達之主哉。

正統間，周忱巡撫江南。適江北大饑，巡撫都御史王竑借三萬石於忱。忱計至來春麥熟，曰此須十萬，卽以與焉。蓋忱所積餘米，不但贍江南，又可兼利江北。景泰二年，有言忱勾通官吏，侵漁國帑，召忱還。忱言臣之百凡脩治興作，見爲妄費，亦由宣宗皇帝許臣便宜行事，臣之所費者，餘米也，不敢侵動正賦。事遂不問，致仕而歸。戸部因言忱所

積米。無可稽驗。請綜括爲公賦。由是徵需雜出。逋負依然。異後大饑。民多餓莩。無不望周公之再生矣。

謹案賢臣妙策。忽轉而爲奸吏彈射之端。戶部因之作公賦。設使再遇饑年。於何利賴。戶部之歸積粟於朝廷。不過邀榮於一已。豈知國體之正大。其生財之道。固自有在。夫豈若是之瑣瑣也哉。

武宗正德四年。孫璽知興化縣事。多奇政。時大水傷稼。上司不允題荒。璽卽自爲奏請。詔減田租之半。又賑饑民萬餘人。後以兵備巡歷雲貴。直聲大振。

謹案今之爲縣令者。見上臺不題。而敢自奏乎。孫公不以逆鱗爲恐。寧顧其他。雖然。使非天子之惠愛。何以成郎官之救援。宜並德之。

神宗萬曆二十二年。御史鍾化民河南賑荒。垂危之人賑粥。有顧惜體面者。散銀賑之。着州縣正印官下鄉親放。移官就民。毋勞民就官。分東西南北四鄉。先示散期。以免奔走伺候。貧民領得錢穀。或里長豪惡要抵宿負者。以刼論。出首者賞其銀。正印官監視戥鑿。逐封加印。立冊期日分給。差廉能官不時掣封秤驗。躬巡所至。延見各色人等。不嫌村陋。

謹案饑無不救。國無不安。河南甲午之荒。甚難措手。而鍾公獨力撐持。弗辭辛苦。賑濟斯民。不生不已。不特自忘其官。併過遭饑之困。觀其政蹟。直欲令人感入心脾矣。良臣善政。眞足垂光簡編。

發積儲總論曰。倉廩實而國富饒。致治之本圖也。然而有德此有人。有人此有土。有土則財與用俱有。可知百姓之身家。國之倉廩所由出。始而年歲豐登。民則爲上實倉儲。偶然旱潦告災。君卽爲民謀保聚。蓋君猶心而民猶體。體

安心始泰。民饑其可勿救乎。積儲其可勿發乎。君臣識鑒之明睿者。未有不以賑濟爲急者也。自漢文以至元明。賑濟之法。救困之言。略備於前。致治者可勿以是爲法哉。夫水旱蝗蝻。迫人溝壑。救人適以自安。無二視也。何則。未有百姓困阨於下。而君臣能相安於上者也。天災之流行。偶爾。一人之救濟萬全。否則成湯何以將六事而自責。孔子何以舉自貶以對景公。救饑之道。權自上操。設遇災傷之地。誠能大發積儲以救窮黎。則一方安樂。薄海內外。愈皆安樂矣。能散財者。世躋昇平。夫豈謬哉。

九不抑價以招商運

齊管子　漢宣帝詔
唐盧坦　宋趙抃
范仲淹　包　拯
范純仁　孟庾　章誼
董　煟　明周孔教
蔡懋德　龐承寵

【齊】管子曰。滕魯之粟釜百。則使吾國之粟釜千。滕魯之粟。四流而歸我。若下深谷矣。

【謹案】旨哉管子之言也。民之趨利。確如水之趨下。稍拂其性。其誰我向。穀粟者。活命之源也。使恤民之財。而不恤民之命。財帛其可飽乎。危亡其可免乎。則釜百釜千之論。非明決者不能道也。

【漢】宣帝本始四年。春正月詔。蓋聞農者。興德之本也。今歲不登。已遣使者賑貸困乏。其令太官損膳省宰。樂府減樂人。使歸就農業。丞相以下至都官令丞。上書入穀。輸長安倉。助貸貧民。民以車船載穀入關者。得毋用傳。傳。符也。欲穀之多。故不問其出入也。

【謹案】宣帝令丞相以下。皆上書入穀。以貸貧民。則官無避事之弊矣。載穀入關者。不論舟車。皆無用傳。則免徵商之困矣。豈尚有抑價之令哉。

【唐】盧坦爲宣歙觀察使。歲饑。穀價日增。或請損之。坦曰。所部土狹穀少。仰四方之來者。若價賤。穀不復來。民益困矣。既而米商輻輳。市估遂平。民賴以生。

【宋】董煟曰。不抑價。則商賈來此。不易之論。昧者反之。其意正欲沽譽。不知市無告糴之所。適以召變而起釁也。坦有定見。眞可嘉也。

【宋】神宗熙寧中。趙抃知越州。兩浙旱蝗。米價踴貴。諸州皆榜道路。禁人增米價。人多餓死。抃獨榜通衢。令有米者任昂價糶之。于是諸州米商輻輳。米價更賤。而民無餓者。

【謹案】抑價之令一行。商賈固裹足不前。囤戶亦皆無米。吏知之乎。囤戶恐人賤糴。略留少許以應。多人餘皆重價而暗售他方。故無米者室如懸罄。有錢者亦欲呼庚。于是一夫不靖。千人應之。趙公之論。高出千古。

范公仲淹知杭州。二浙阻饑。穀價方踴。每斗一百二十文。范公增至一百八十文。衆不知所爲。仍多出榜文。具述杭饑及米價所增之數。于是商賈爭先。惟恐其後。米既輻輳。價亦隨減。

【謹案】范公仁智兼全。行之固極其善。後世法令不可造次須要揆時度勢。假如杭州米貴。增價之榜文。必須豫先差人於產米地方張掛。約其已到之後。我處方增其價。不然彼處米商未知。而我先增其價。貧民何堪久食貴米。但增價告示。切不可令一人知之。恐俱待增價而後賣。則民愈苦矣。

包拯知廬州。不限米價。商賈聞之。日集其境。不數日而米價大平。

謹案 龍圖公之明決。雖婦人小子。無不知之。若使米價可抑。公抑之矣。公知物多必賤。少則貴。愈抑愈少。愈少

愈貴。龍圖公之所不抑也。而他人可抑之哉。

范純仁爲襄邑宰。因歲大旱。度來年必歉。于是盡籍境內客舟。誘之運米。許爲主糴。明春客米果至。多於平日。邑人遂賴以不饑。

謹案 境內荒矣。客米不來。此際而方爲之備。何若先事而爲之圖。范公預於冬間。多方勸誘。交春果至。高價既無。民情可慰。非得預備不虞之策耶。

紹興五年。行在斗米千錢。時留守叅政孟庚。戶部尚書章誼。不抑價。惟大出陳廩。每升止糴二十五文。僅得時價四之一耳。民賴以濟。

謹案 米貴時。民雖賣妻鬻女。總救不得數旬之苦。何也。米貴則人賤。所得無幾耳。二公大出陳廩。減價救民。秋成仍可賤糴。非仁智兩全之道歟。故處米貴者。出天庾而賤糶。一也。借國帑以與販。二也。王侯貴戚。大小臣工。軍民人等。有米照時價出糶。視其多寡。遞有恩奬。三也。責重有司。廣貸牛種。課民春耕。因其勤惰。定以黜陟。四也。朝廷重農抑末。優恤窮甿。五也。得此五法。水利是務。專官督理。何米貴之足憂哉。

從政郎董煟云。比年爲政者。不明立法之意。謂民間無錢。須當籍定其價。不知官抑其價。則客米不來。若他處騰踴。而此間之價低。則誰肯與販。商賈不至。則境內乏食。有蓄積者。愈不敢出矣。饑民手持其錢。終日無告糴之所。有不肯甘心就死者。必不能安靜。人情易于煽搖。此莫大之患也。惟不抑價。非惟舟車輻輳。而上戶亦恐後時。爭先發米出糶。其價自賤。

謹案 凡論荒政。言宜通暢。事貴預知。董君所論。彰隱情于未發。息禍患于無形。非達人之言歟。爲政者果能頻

頻屬目細想人情自無抑價之令閉糴之條矣若之何忽之也

明中丞周孔敎撫蘇時有云穀少則貴勢也有司往往抑之米產他境歟客販必不來矣米產吾境歟上戶必然閉糴矣上戶非眞閉糴也遠商一至牙儈爲之指引則陰糶與之以故遠商可糴而土民缺食是抑價者欲利吾民反害吾民也

謹案抑價之令一出商賈不來囤戶不賣卽賣如撫君所云專賣與出重價之遠商而去四境之米于是而絕

無論小民無錢在手卽有錢何從得糴非死亡卽刼掠緣斯而起撫君燭及隱微非一省之福乎

杭州司李蔡懋德通商濟荒條議杭城生齒仰給外米當憲行廣糴通商已無遺策而聚米之道不厭多方近聞鄰境閉糴米價翔涌商販紛紛有各處阻難之怨職思官府之儲散有限民間之自運無窮而民間之自運猶有限遠商之樂販更無窮但能使遠地經商望武陵爲利藪聞風爭赴米貨逆湊杭郡百萬生齒之事濟矣招來之法釐爲八則八則載後摘要備觀條內

謹案商不通民不救價不抑客始來此定理也司李善於擘畫釐爲八則精詳周到葢以經濟爲心視疎忽者遠矣

杭守龐承寵給批糴米議杭城周遭百里食齒繁聚地又山多田少桑柘多而禾稼少故民間食米皆仰給於外省所從來久矣今夏徂秋雲漢爲災民虞桂玉所藉商販雲集庶幾拯此孑遺無奈鄰省下遏糴之令搬人又播摽掠之虐使不爲之計商人將裹足不敢出途而杭民有立槁耳給照流通無待再計仍請嚴檄嘉湖二府飭各巡兵不

得搶掠嚇詐米船生事者以三尺繩之庶商販通行而杭民猶有更生之望也

謹案興販五穀雖云射利之徒譬猶救民之使不可與他販等何也杭州素不產米遠商不至朝啼絕粒暮丧溝渠害可言哉給批令糴無許阻撓通商之要法也

不抑價總論曰諸君子咸以不抑米價爲高又以稍增米價爲善商自通而民可救此固不易之理矣古人立法固有成算後世倣行貴乎隨時非訪之於父老卽宜詢之於紳衿然終不若微行村僻得實之爲當也遇饑年果能知

境內之粟共有若干石而榜示於通衢必使闔郡人知之令有米者但許隨時價出糶不許閉糴屯積此亦救民之要法不可不知也小民既知有米可糴心已安矣誰復爭求客商知價不抑舟已集矣豈又他之此不抑之抑也惟杭城之棧米最爲可恨富商略不遂意棧而不賣圖厚利耳豈顧窮民牙人利戶欺官阿富翁耳誰憐餓莩彼果爲人何不速買速賣循環糴糶恐屯積而不賣哉此非閉糴而何君子知之自管子以及宋明政之美者已列於右若能倣行何患乎饑民之不救也與其爲民惜錢不若爲民

惜命如宋時濮州侯日成嫌米價日增題請令人留一年之糧餘皆依祥符八年之數而出糶天子慮其擾民勿許非洞悉人情之聖主耶書云懋遷有無化居蒸民乃粒萬邦作乂故米價貴任其低昂不可稍爲之裁抑欲利吾民而反害吾民也

十開粥厰以活垂危

齊黔敖　衛公叔文子
漢陸續　隋房景遠
唐郭禹　宋程頤
陳堯佐　元余闕
明席書　畢懋康
耿橘　鍾化民

齊大饑黔敖爲食於路以待餓者而食之有餓者蒙袂輯屨貿貿然來黔敖左奉食右執飲曰嗟來食揚其目而視之曰予惟不食嗟來之食以至於斯也從而謝焉終不食而死曾子聞之曰微與其嗟也可去其謝也可食

謹案禮貌之於人大矣哉士君子當死亡之際略不自

貶以偷生曾子論之素矣故鍾御史河南賑粥賑銀獨加厚於寒士不與庸衆同之葢以揚目而視之者未必不謝之而寧死也

衛公叔文子卒其子請謚君曰昔者衛國凶饑夫子爲粥與國之餓者不亦惠乎昔者衛國有難夫子以其死衛寡人不亦貞乎夫子聽衛國之政修其班制以與四鄰交衛國之社稷不辱不亦文乎故謂夫子貞惠文子

謹案人當饑饉之時得惠一餐之粥即延一日之命此後得遇生機皆此一餐之力矣故爲力少而致功大以

此定謚也宜矣凡當凶歲人可不以文子之惠爲惠哉

漢陸續字智初會稽吳人也幼孤仕郡戶曹史時歲荒民饑困太守尹興使續於都亭賦民饘粥續悉簡閱其民訊以名氏事畢興問所食幾何續因口說六百餘人皆分別姓名無有差謬興異之

謹案粥雖數碗能活饑人豈可小視公皆悉數無遺其不苟於處事也明矣太守之用人戶曹之謹愼不可爲賑粥之盛典歟

隋房景遠爲齊州主簿多惠政景遠平生重然諾好施與

歲祲設粥通衢存濟甚衆平原劉郁路經齊兗遇劫賊將殺之郁呼曰與君鄉近何忍見殺賊曰若鄉里親親是誰郁曰齊州房主簿是我姨兄賊曰我食彼粥得活何忍殺其親遂還郁衣物且掌活者二十餘人

謹案善之感人如風之偃草未有不從之而披靡者也故雖盜賊不昧其良賑救其可緩乎主簿賑粥得救其親設令景遠自遇化盜爲良豈其所難可見粥之活人感恩者切食祿者何不稍分肥甘之萬一以延枵腹之殘喘哉

唐僖宗文德元年四月以郭禹爲荆南留後初禹勵精爲治撫集彫殘賑饘粥給孤貧通商務農時藩鎭莫以養民爲事獨華州刺史韓建招撫流散勸課農桑數年之間民富軍贍時人謂之北韓南郭

謹案人生天地間惠在一時名垂萬世始可告無忝於生平北韓南郭近之矣若專以功名爲重者生則顯榮死則泯焉不亦大可慨哉

宋程頤有云救饑者使之免死而已非欲其豐肥也當擇寬廣之地宿戒使辰入至巳則闔門不納午後與之食申

而出之日得一粥則不死矣其力能自營一食者皆不來矣比之不擇而與者當活數倍之多也

謹案昔陳龍正謂伊川之論雖佳但日只一餐恐不足以救其死耳曾則以爲莫若俟其食畢每人或給米二三合或給糕餅數枚以代下次之餐彼既不專守候於此又可往他處營生一朝而獲數日之糧未可知也

陳堯佐知壽州遭歲大饑自出米爲糜以食餓者吏民以故皆爭出米共活數萬人堯佐曰吾豈以是爲私惠耶葢以令率人不若身先而使其從之樂也

謹案米珠薪桂。人皆自顧不暇。何處懇求官長若不救全老弱死而壯者盜必然之勢陳公身先率民廣開粥廠一州之中。到處盡沾實惠。非善於鼓衆之君子哉。

元順帝至正十二年五月。起復余闕爲淮東宣慰副使守安慶到官十日寇至却之集將吏議屯田戰守計環境築堡寨。選精甲外捍而田其中。明年春夏大饑。人相食。捐俸爲粥以食之請之中書得鈔三萬錠以賑民。

謹案忠於君者必能愛民如余公到官十日捐俸煮粥。請鈔賑民力行善政惟恐不及後果盡忠於國若置饑

民於勿問但以功名爲重是屯其膏而不能布上之恩澤矣所以有聖主必賴有賢臣上下交而志同夫非蒼生之幸歟。

明嘉靖十七年席書疏云臣竊見南京地方饑饉殊甚初賣牛畜繼鬻妻女老弱展轉少壯流移甚或餓死於道廷議賑恤但饑民甚多錢糧絶少惟作粥一法不須防姦不須審戶至簡至要可以救人世俗皆謂作粥不可輕舉緣有行之一城不知散布諸縣以致四方饑民聞風輻集主者勢力難及來者壅積無算遂謂作粥不宜輕舉不知辰舉而午即受惠三四舉而即可寧輯其效甚速其功甚大此古遺法扶顛起斃拯溺救焚未有先於此者未有急於此者此臣一得之愚也。

謹案是時餓莩甚多比戶離徙奸民雜出公謂民命在於旦夕若必待編審事定民何以堪令州縣每十里爲一局先發現銀市米爲粥賑之兩月惟食以粥則所賑皆貧民奸猾漸散廼奏截運儲及戶部所發銀兩議定間月兼給其妙在先令州縣十里爲一局俟賑粥兩月然後議給銀米所以人沾實惠而豪强不得爲姦也。

陝西巡按畢懋康賑粥其議有云嘗聞救荒非救饑民乃救死民也其法無如煮粥善相應先儘各州縣見在倉糧盡數動支又動本院贖銀收買米豆雜糧煮粥賑濟然所謂救荒無奇策者患在任之不真任之不力耳若有真心自有良法又何事不可爲何災不可弭也向得張司農救荒十二議試有明驗爲此仰司即將救荒議十二欵發刻令各府印刷分給各州縣逐欵着實舉行。十二欵載後賑粥須知內。

謹案若有真心自有良法非實心愛民者不能道此二句亦不能知此二句之妙畢公深於愛民令州縣盡開

粥廠且令將救荒十二議處處發刻印刷施行其心不但欲救一省之荒併欲救各省之荒更可以救各省千百年後之荒矣生機至今猶在時與春氣融和於宇宙間也

萬曆時知常熟縣耿橘有云荒年煮粥全在官司處置有法就村落散設粥廠若盡聚之城郭少壯棄家就食老弱道路難堪一不便也竟日伺候二飡遇夜投宿無地二不便也穢雜易染疾疫給散難免擠踏三不便也非有司親嘗嚴禁人衆慮粥缺少增添生水往往致疾惟就各處村

落屬慕義者主之畫地分煮之爲當也

謹案耿君三說言言中窾事事俱眞非目覩而傷心者焉能有此故於不得已之中想出必不可易之法莫如各處村落各令義士主之留法人間惠愛至今不息吁嗟乎耿公安得天下有司盡如公也

御史鍾化民河南賑饑令各府州縣官遍歷鄉村察舉善良以司粥廠就便多立廠所每廠收養饑民二百不拘土著流移分別老幼婦女片紙註明某廠就食以油紙護繫於臂彙立一冊聽正印官不時查點使不得東西冒應期至麥熟而止所到必行拾遺之法遍歷州縣村墟粥廠以故地方官望風感動竭力賑救而民賴以生

謹案諺云饑時一口勝如一斗死在須臾即能行走粥廠之妙言難盡述鍾公令州縣鄉村就便多立廠所在在救全而且遍歷周觀有司敢不竭力以生之乎一點仁慈貫徹各廠如陽和之布大地無有不在其化育之中者也

開粥廠總論曰饑年賑粥可以粥視之乎純陽丹藥岐伯仙方不是過也何也得之則生勿得則死故耳於黔敖之

事可見矣但粥廠之事務雖多其要惟五耳一貴多廠耿橘之論是也二貴得人陸續之事是也三貴巡察鍾化民之所行是也四貴犒賞畢懋康之所頒是也五貴得法席侍郎之所奏是也以此五法得余忠烈之捐俸陳堯佐之先民何患乎粥廠之不盡善盡美也乃知無遠涉之苦門外之嗟者廠多故也無廢弛之事冒破之求者得人故也不事虛名立平賑竈者巡察故也人人竭力不忍相欺者犒賞故也實惠均沾不填溝壑者得法故也苟能若是不特遠邁於房主簿且可與公叔文子及北韓南郭並傳不

朽矣禮記云使民有父之尊母之親如此而後可以為民父母則凡父母斯民者一粥之賑其可緩乎

欽定康濟錄卷之三下冊

臨事之政

十一安流民以免顛沛

【漢】成帝鴻嘉四年春正月詔曰數勑有司務行寬大而禁苛暴迄今不改一人有辜舉宗拘繫農夫失業怨恨者衆傷害和氣水旱為災關東流散者衆青幽冀部尤劇朕甚痛焉已遣使者循行郡國被災害什四已上民貲不滿五萬勿出租賦逋貸未入皆勿收流民欲入關輒籍內（籍其名而內之）所之郡國謹遇以理務有全活之恩以稱朕意

【謹案】民至於一無所有借貸無門身同乞丐今日或父子同行明晚烏知不夫妻離散故不作他鄉之鬼者十不得其半也今此詔除其逋欠所在之處輒籍內之令郡國速為救全以廣天子之意民有不興鴻雁于飛之咏耶

【唐】儀鳳間王方翼為肅州刺史蝗獨不至其境鄰郡民皆

重繭走之方翼出私錢作水磑薄其直以濟饑瘵起舍數十百楹居之全活甚衆

【宋】董煟曰流民至當爲法以處之富弼令樵採打魚之類地主不得爲主是也但一時未免侵擾莫若修隄浚河興水利公私兩便不然官司出錢租賃民間蘆場或柴篠山近縣郭市井去處縱流民樵採官復置場買之非惟流民得自食其力雪寒平價出賣亦可濟應細民

【宋】仁宗天聖七年閏二月詔河北轉運使契丹流民其令分送唐鄧汝襄州以閒田處之仍令所過人日給米二升

初河北轉運使言契丹歲大饑民流過界河上謂輔相曰雖境外之民皆是朕之赤子也可賑救之故降是詔

【宋】董煟曰境外之民一遇饑歉流徙過界仁皇尚且救賑之聖度廣大如此況同路同郡之民爲守令者可不加意乎

韓琦知益州歲饑流民滿道琦募人入粟設粥濟之明年給糧遣歸又招募壯者等第列爲禁軍一人充軍數口之家得以全活檄劍關民流移欲東者勿禁凡撫活流亡共一百九十萬◎慶曆三年陜西饑詔琦撫之琦至寬徭免租稅給復一年逐貪殘不職之吏罷冗員六百七十人時河中同華等州饑民相率東徙琦發廪賑之凡活一百五十萬人琦後爲相封魏郡王五子皆貴忠彥繼爲相

【謹案】天地之大德曰生韓公體之有一民不被其澤者若已推而納之溝中韓公任之兩番賑救法出萬全堪爲濟世之嘉模永作活人之大典於今屆指七百餘年凡見流移必思盛德是韓公之泯沒者身而不亡者心以其生機猶在故也安流者可不以韓公爲法哉

富弼知青州會河北歲凶流人就食者衆公勸民出粟益

以官廪隨所在貯之葺公私廬舍若干散處其人以便薪汲或曰此非弭謗自全計也公曰能全活數萬人不勝二十四考中書令哉行之愈力忌者亦無能難也（其法詳于摘要備觀內）

【謹案】大膽做去細心處事汲汲於民罔知其他富公之安流也安流之法其要惟三一得食一有居三可歸富公盡得其妙故爲千古之名臣

哲宗元祐中耀州大旱野無青苗畢仲游謂向來郡縣賑濟多後時力愈勞而民不救乃先民之未饑揭榜示曰郡

將賑濟。且平糴若干萬石。諭無出境。民皆歡然安堵。已而果漸艱食。乃出粟以賑。且平糴以給之。鄰近流散殆盡。而糴民之當徙就食者。乃十七萬九千口。顧所發粟不及萬石。以民粟繼之。家給人足。無一人逃者。監司故搜於長安得二人。曰此糴之流民也。送還郡。仲游驗閱。皆中州之逐利者。所齎自厚。即非流民。監司媿阻。

謹案 民心惶惑。百詭俱生。仲游先期出示。則民有所恃而無恐。何流亡之有。後則繼之以實政。或平糴。或賑濟。惠不混施。出之裕如。非平日素有籌畫者而能然歟。

孝宗隆興二年。趙令良帥紹興。是時流民聚城郭待賑濟。餓而死者。不可勝計。通判王恬閭邱寧孫建策云。今盡發常平義倉米賑給之。至來年麥熟止。恐無以爲繼。況旬給斗升之米。官不勝其勞。民不勝其病。莫若計其地之遠近。口數之多寡。人給兩月之糧。令歸治本業。不猶愈于聚城郭。待升斗之給。困餓而死乎。趙行其言。委官抄劄。給糧以遣之。不旬日間。城中無一死人。歡呼盈道。全活甚衆。

謹案 建策者。貴乎通盤打算。如此則生。若彼則死。計地給糧。令歸治業。非生民于必死之中耶。其妙處在總給兩月之糧。日食之外。尚可謀生。君子哉趙公也。聽仁者之言而活此流民也。

滕達道知鄆州。歲方饑。乞淮南米二十萬石爲備。後淮南東京皆大饑。達道獨有所乞之米。召城中富民。與約曰。流民且至。無以處之。則疾疫起。并及汝等矣。吾城外廢營田。欲爲席屋以待之。民曰諾。爲屋二千五百間。一夕而成。流民至。以次授地。鍋炊器用皆具。以兵法部勒。婦女炊。少者汲。壯者樵。民至如歸。上遣工部侍郎王古按視。廬舍道巷。引繩棊布。肅然如營陣。古大驚。圖上其事。有詔褒美。用活者數萬人。

謹案 安流者。心不慈。所需必不備。法不嚴。混亂不循規。滕君部民有法。派職有條。經濟之才。令人驚服。詔旨烏得不大爲褒美。

國朝陳芳生曰。流民過境。必當量倉儲多寡。預酌撫恤之宜。如其未至。又且所積無幾。或欲揚聲招之。以飾虛譽。此賊民之甚者。亦必自買奇禍。切戒切戒。

杜紘爲永平令。歲荒民將他徙。召諭父老曰。令不能使汝必無行。若留。能使汝無饑。皆曰善。聽命。乃官給印券。稱貸

於大家約歲豐爲督償於是咸得食無徙者明年稔償不逮民甚德之

[謹案]民之流者或死於道路或亡於疫疾或陷於刼賊或歸於豪强種種慘狀不一而足惟承平令慰之於未流之前生之於將斃之際民甚德之不亦宜乎

鄭剛中判溫州歲饑流民載道勸守發倉賑之守曰恐實惠不及饑者答曰業有措置以萬錢每錢押一字夜出坊巷遇饑卧者給一錢戒曰勿拭去押字次早憑錢給米饑者無遺守歎服

[謹案]出入不意而爲之簡且便剛中法也若稍露其機假冒者多矣總之眞心愛民自有善法推廣其意當不止此仁者勉之

[元]武宗至大元年三月乙丑以北來貧民八十六萬八千戶仰食于官非久計給鈔百五十萬錠帑帛准鈔五十萬錠命太師月赤察兒等分給之罷其廩給三年詔各處人民饑荒轉徙疾疫死亡雖令有司賑恤而實惠未徧今歲收成轉徙復業者有司用心存恤原抛事產依數給還在官一切逋欠並行蠲免仍除差稅三年野死遺骸官爲收拾於官地內埋瘞

[明]陳龍正曰苛刻之吏稍遇豐收民間有復業者輒併追其舊逋以故民畏而不敢歸況更肯除稅三年乎元時紀綱雖頹而民生往往受其寬政故雖災荒之日子孫眷屬毫無愁苦仁民之政豈誣也哉

[明]憲宗成化十二年御史原傑奏設行臺於鄖陽統治新設竹溪鄖西等縣詔可初祭酒周洪謨憐流民爲項忠所逐著流民說有云東晉時廬松滋之民流至荆州乃僑置滋縣於荆江之南陝西雍州之民流至襄陽乃僑置南雍

州於襄水之側其後松滋遂隸於荆州南雍遂併於襄陽垂今千載寧謐如故前代安流民甚得其道今若聽其近諸縣者附籍遠諸縣者設州縣以撫之置官吏編甲里寛傜役使安生理則流民皆齊民矣何以逐爲御史李賢然其說至是流民復集遂援洪謨之說疏上之故命原傑往涖其事事成進傑右都御史

[謹案]實有救民之心何患無安流之法古之致治何嘗借才於異代項忠坐不讀書未知往事周君深明故典彷彿前人流民藉此而生三縣賴之而設故諸事不可

不以法古爲先也。

安流民總論曰。時至饑年。以守土牧民官視之。則曰流民。以天子宰相視之。莫非赤子。忍令其扶老攜幼冒雨衝風。吞饑忍餓。途栖路宿。而流離於道路哉。故愛民之君子。皆當法前賢之遺事以救之也。民之未流者。當以畢仲游杜紘爲法。民之已流者。王方翼韓琦富弼可師。成帝之詔。能釋行路之悲。剛中之錢。可救途宿之苦。趙令良計程給費。故鄉得返。原子山立縣收留。異地可居。境外之民。仁宗待之以赤子。遠來之衆。武宗濟之以恩膏。是未流者。已流者。

欲歸者。欲留者。行路者。途宿者。他國民。遠來衆。前人無不有以處之矣。是所望於後之仁人。哀其窮而軫恤乎離鄉求活之苦。詩云。之子于征。劬勞于野。爰及矜人。哀此鰥寡。膺民社者。顧可不知勞來還定安集之典哉。

十二勸富豪以助濟施

齊管子　春秋子皮子罕
漢趙憙　後魏樊子鵠
唐來濟　宋向經
扈稱　曾鞏
陳珦　明世宗

【齊】桓公曰。大夫多并其財而不出。腐朽五穀而不散。管子對曰。請以城陽大夫而請之。桓公曰。何哉。管子對曰。城陽大夫嬖寵被絺綌。鵝鶩含餘秫。齊鐘鼓吹笙篪。而同姓兄弟寒不得衣。饑不得食。將欲盡忠於邦國。能乎。其毋復見寡人。削其秩。杜其門而不出。功臣之家。皆爭發其積藏。以

與其遠近兄弟。以爲未足。又收國之貧病孤獨老不能自食之氓。皆與得焉。國無饑民。此之謂繆數。

舊評。既抑城陽之寵。又勸功臣之施。管子片言。其利大矣。

【春秋】之時。鄭饑。未及麥。民病。子皮餼國人粟。戶一鍾。是以得鄭國之民。故罕氏世掌國政。以爲上卿。宋饑。時司城子罕出公粟以貸。使大夫皆貸。司城氏貸而不書。爲大夫之無者貸。宋無饑人。晉叔向聞之曰。鄭之罕。宋之樂。二者皆得國乎。

宋董煟曰。罕氏果世掌國政於鄭。樂氏遂有後於宋。此所謂天災流行。國家代有。行道有福。理之必然也。

漢趙憙守平原。青州大蝗侵平原。荒甚。乃出俸賑之。勸富民出穀濟饑。所活萬計。官太傅。封侯世爵。

謹案以何恐獨飽。存於胸中。分俸救人。伏湛行之矣。今又見於趙公。且勸富民出穀賑濟。所活萬計。何平原之多幸也。荒於天而不荒於人。非太守之力歟。

後魏樊子鵠爲殷州刺史。屬旱儉。恐民流亡。乃勸有粟之家。分貸貧者。并遣人牛易力。多種二麥。州內獲安。

謹案不勸貸窮民必流。不種麥。三春失望。何以及秋成而得活。樊刺史悉爲措處。令小民通那有無。已不費而流亡少。乏經濟之才者。何足語此。

唐高宗顯慶元年夏四月。上謂侍臣曰。朕思養人之道。未得其要。公等爲朕陳之。來濟對曰。昔齊桓公出遊。見老而饑寒者。命賜之食。老人曰。願賜一國之饑者。賜之衣。曰。願賜一國之寒者。公曰。寡人之廩府。安足以周一國之饑寒。老人曰。君不奪農時。則國人皆有餘食矣。不奪蠶要。則國人皆有餘衣矣。故人君之養人。在省其徵役而已。今山東役丁。歲別數萬。役之則人大勞。取庸則人大費。臣願陛下。量公家所須外。餘悉免之。

謹案勸分於有力之家。孰若輸息於朝廷之上。來濟所對得之矣。饑寒遍於國中。征役苦於萬姓。雖日言養人而人得養歟。一國之饑寒。非朝廷不能濟也。非老人不能言也。君天下者。幸致思之。

宋向經知河陽。大旱蝗。民乏食。經度官廩。歲支無餘。乃先以己圭田所入租。賑救之。已而富人皆爭效慕出粟。所全活者甚衆。

謹案旱蝗一見。已知必饑。理宜通盤打算。國帑肯發而賑乎。倉庫足散而救乎。如其未然。勸分在所不免。以身樹法。猶恐其遲。向君肯後之乎。故至饑年。當加禮於富人。深憐乎貧者。否則富人不爲我用。而貧者無得飽之時矣。

仁宗時。扈稱爲梓州轉運使。歲大饑。道殍相望。稱卽先出祿米賑民。故富家大族。皆願以米輸之於官。而全活者數萬人。降勅獎諭。

謹案竭一己之力有限。合衆人之助方多。卽江海不擇細流之意耳。然不有以先之。其誰我信。今扈公先出祿米以賑民。則富人之恐後也必矣。君子之德風。信然。

曾鞏判越州時。歲饑。度常平不足以賑給。而田野之人不能皆至城郭。至者羣聚有疫癘之虞。前期諭屬縣。召富人使自實粟數。總得十五萬石。視常平價稍增以與民。民得從便受粟。不出田里而食有餘。粟價自平。又出粟五萬石。貸民爲種糧。使隨歲賦入官。農民賴以不乏。

宋董煟曰。此策固善。但視常平價稍增。則視時價必稍損矣。恐成科抑。不若前期勸諭商賈富民。循環糴販之

爲愈。

陳珦知徐州沛縣。會久雨。平原出水。穀既不登。晚種不入。民無卒歲具。珦謂俟水退即耕而種。時已過矣。乃募富家得豆數千石以貸民。使布之水中。水未盡涸而甲已露矣。是年遂不艱食。

謹案 凡勸募於人者。原不可認定出錢出粟。假如沛縣因久雨而田難種。若勸人以粟賑之爲能久遠。陳君揆時度勢。豆尚可種。遂募而種之。果得以濟。爲費既省。爲力又多。即此而推。開人多少聰明。啟人多少悟頭。故因時而募者。方稱善法。

明世宗嘉靖十年。令支大倉銀三十萬兩。賑濟陝西。又奏准陝西災傷重大。抑本家食用其餘。照依時價糶與饑民。若每石減價一錢至五百石以上者。給與冠帶。一千以上。表爲義門。遺棄子女。州縣官設法收養。如民家有能自收養至二十口以上者。給與冠帶。

謹案 此詔之妙在減價出糶者遞有恩榮。使有米者不得盡索高價。小民可沾平糶之恩。朝廷不煩發帑之費。一舉而數善備焉。然皆祖忠肅于公之政也。至收養子

女亦一時同行之事。良有司所當究心者。

勸富豪總論曰。勸諭之道不一。握其要。則民輸恐後。失其方。雖官索不輸。曷弗以古人爲法哉。若管子之勸貴人。則以退黜勸。司城氏之勸大夫。則以不伐勸。其他先已而後人者比比然也。至如揆時度勢。若陳珦之勸輸豆種。又在留心經濟者之善爲師法矣。但又有一種分頭勸。不可不知。宜預查通縣共有幾社。每社先訪才幹出衆者能事能言者數人。聘以禮。酌以筵。許其旌奬。每一人令其勸輸幾戶。多者爲能。倘有富足而不聽勸輸者。有司始自勸焉。不

激不撓循循善誘務在必得如是則社社無不輸之上戶村村無不救之窮民矣詩云哿矣富人哀此煢獨周禮云五族爲黨使之相救五黨爲州使之相賙統詩禮而觀之有無原貴相通濟貧卽是安富勸分共可少乎特不可稍存其私耳。

十三乞蠲賑以紓羣黎

漢蠲免詔　唐李絳白居易
憲　宗　京兆府奏
宋沈倫　程　顥
趙善防　元御史臺
明吳之鵬

漢昭帝元鳳二年詔朕閔百姓未贍前年減漕三百萬石。頗省乘輿馬及苑馬以補邊郡三輔傳馬其令郡國毋斂今年馬口錢三輔太常郡得以菽粟當賦◎宣帝元康二年五月詔曰今天下頗被疾疫之災朕甚愍之其令郡國被災甚者毋出今年田租◎安帝延光元年京師及郡國

二十七雨水大風傷人詔曰被淹傷者一切勿收田租。

謹案漢帝之蠲免田租奚啻數千萬此但畧舉一二以見大綱凡在後之撫綏兆民者要當彷彿前人加意百姓蠲免徵收裕其衣食不待有司之報先事豫圖一聞奏請之章準給恐後庶幾天災不害而民有保聚之樂矣。

唐憲宗元和四年三月上以久旱欲降德音翰林學士李絳與白居易上言以爲欲令實惠及人無如減其租稅又言宮人驅使之餘其數猶廣事宜省費物貴徇情又請禁

諸道横斂以充進奉又言嶺南黔中福建風俗多掠良人賣爲奴婢乞嚴禁止閏月已酉降制釋天下繫囚蠲租稅出宫人絶進奉禁掠賣皆如二人之請已未雨絳表賀曰乃知憂先於事故能無憂事至而憂無救於事

謹案二公以婉言諌君蠲租之外復請多端悉皆聽從當斯時也愁苦之氣變而爲和暢之風此時雨之所以立沛也

元和七年上謂宰相曰卿輩屢言淮浙去歲水旱近有御史自彼還言不至爲災事竟何如李絳對曰臣按淮南浙

東浙西奏狀皆云水旱人多流亡求設法招撫其意似恐朝廷罪之者豈有無災而妄言有災耶此葢御史欲爲姦諛以悦上意耳願得其主名按置之法上曰卿言是也國以人爲本聞有災當急救之豈可復疑之耶朕昔不思失言耳命速蠲其租稅

謹案憲宗之蠲租也不但命蠲而且命速蠲可見人主愛民之心頗切特患無以告之耳使非李絳力言幾爲御史所誤小人之不可令其近君也若此

元和十年三月京兆府奏恩勅蠲放百姓兩稅及諸色逋懸等伏以聖慈憂軫疲氓屢蠲逋賦將行久遠實在均平有依倚權豪因循觀望忽逢恩貸全免徵繇至於孤弱貧人里胥敦廹及其輸納不敢稽違曠蕩之恩翻不沾及亦有奸猾之輩僥倖爲心時雨稍愆已生覬望競相誘扇因至逋懸若無綱條實恐滋弊自今後忽逢不稔或有恩蕩伏請每貫每石内分數放免輸納已畢者准數折免來年租稅則恩澤所加强弱普及人知分限自絶奸欺從之諸州府亦准此處分

謹案欲厚斯民燭奸爲最否則孤弱受其追呼豪强享

其德澤完納者全無實惠拖欠者反得沾恩無以懲其既往何以勸其將來京兆之奏天子之從兩得之矣

宋太祖建隆元年戸部郎中沈倫使吴越歸奏揚泗饑民多死郡中軍儲尚百萬餘斛可貸於民至秋復收新粟有司沮倫曰今以軍儲賑饑民歲若薦饑無所收取孰任其咎上以難倫倫曰國家以廪粟濟民自當召和氣而致豐稔豈復水旱耶帝命貸之

謹案帝王雖肯愛民亦貴賢臣有以啟之宋太祖之貸軍糧若非沈倫之鼓舞焉能得貸和氣致祥實與洪範

相符。仁人之論。非淺見者所能及也。故數語而人傳千載。

程顥知扶溝。水災民饑。請發粟貸之。鄰邑亦請。司農怒。遣使閱實。使至鄰邑。而令遽自陳穀且登。無貸可也。使至。謂顥盍亦自陳。顥不肯。使者遂言不當貸。顥則請貸不已。力言民饑。遂得穀六千石。饑者獲濟。而司農益怒。視貸籍。戶同等。而所貸不等。檄縣杖主吏。顥言濟饑當以口之衆寡。不當以戶之高下。且令實爲之。非吏罪。乃得已。

謹案 心存濟世。豈論位之尊卑。若程夫子之抗司農。可

言其位之尊耶。食君之祿者。必當忠君之事。畧不以黜陟介其懷。故民得濟。而吏得免責也。君子之處事。豈庸衆之所能測哉。

寧宗嘉泰四年。前知常州趙善防言。貧民下戶。每歲二稅。但有重納。未嘗拖欠。朝廷獨放利歸攬戶鄉胥。而小民未嘗沾恩。乞明詔。自今郊霈與減放次年。某料官物。或全料。或一半。其日前殘零。並要依數納足。則貧民實被寬恩。官賦亦易催理。從之。

謹案 饑饉不蠲。民安得活。但蠲而不得其當。徒歸攬戶。良善無恩。惟有停徵本年。舒萬姓剜肉之苦。免其來年全四境易納之人。頑戶拖欠。空延日月。良民肯納。來歲無徵。此外別無善法。趙公所奏。可爲萬世不易之良規。

元 成宗大德六年。御史臺言。自大德元年以來。數有星變及風水之災。民間乏食。陛下敬天愛民之心。無所不至。理宜轉災而福。今春霜殺麥。秋雨傷稼。五月太廟災。尤古今重事。臣等思之。得非荷陛下重任者。不能奉行聖意。以至如此。若不更新。後難爲力。乞令中書與老成識達治體者。共圖之。復請禁諸路釀酒。減免差稅。賑濟饑民。帝皆嘉納。

命中書卽議行之。

謹案 以災傷而令老成圖治。復請禁釀酒。免差稅。廣賑濟。皆饑年之要務。而天子從之。有不轉災而爲福者哉。昔人云。儒者之言。可寶萬世。若此數語。能發天地之陽和。闡乾坤之生意。非萬世之寶歟。

明 神宗萬曆九年。給事中吳之鵬疏內有云。至若江南。天下財賦。半給於斯。霪雨不絕。田墟盡沒。禾苗淹爛。廬舍漂流。若不大施捐免。不可。然臣之所謂蠲者。不在積逋。而在新逋。不在存留。而在起運。何也。蓋積逋之蠲。奸頑佚欠者

獲厚惠而善良供賦者不沾恩則何以勸且以凶歲議蠲而乃免樂歲逋欠之虛數民危在眉睫而乃議往年可緩之徵輸則何以周急乃若存留不過國課十分之一二耳官俸軍儲之類詎可一日無哉故非蠲運濟民未有能獲甦者也

謹案凶年之苦拆屋伐桑雖存皮骨賣妻鬻子不足充饑故雖任爾千般鍛錬總難上納分釐是不蠲亦蠲矣何若蠲之而民心猶在也然蠲而不得其法等於不蠲耳給事之疏搜剔利弊一目瞭然奏蠲者所當急效也

乞蠲賑總論曰歲當饑饉小民顛沛流離非急下蠲租之詔頻頒濟困之恩庶民何由而康濟乎此漢唐以下之賢主知之深而謀之最急者也第聖天子深居九重全恃親民有司目擊民艱者速爲開報鎮撫大員旬宣德意者急爲具題或請蠲或請賑或請貸時勢不同處置各異是故損上益下之權總在轉移者之審別其要剔除冒濫之法總在推行者之竭盡其心倘或民遇饑荒郡縣抑使不報報亦覆驗遲行甚至災荒分數寧刻毋浮賑濟貧窮寧嚴毋濫此豈聖主惠愛斯民之本意凡厥有司可勿爲之仰承恩旨以子惠元元乎要之安民不當惜費撫衆貴乎實心故爲臣者不可不以奏請爲急爲上者自必當以聽納爲先乞天恩而生饑餒洞達國體者必不以爲損朝廷之儲蓄而以爲培國本之良圖矣

十四興工作以食餓夫

齊晏子　宋趙抃
范仲淹　歐陽修
熙寧詔　張守約
汪綱　郤靈甫
明張純李昣　張敷華
林希元　鍾化民

【齊】景公之時饑。晏子請爲民發粟。公不許。當爲路寢之臺。晏子令吏重其賃。遠其兆。徐其日而不趣。三年臺成而民振。故上悅乎游。民足乎食。君子曰。政則晏子欲發粟與民而已。若使不可得。則依物而偶於政。

【謹案】晏子之濟饑。上無逆鱗之恐。下有拯溺之恩。以智行仁。即工寓賑。上下墜其仁術而不知。此君子所以美之也。

【宋】趙抃知越州。歲大饑。公多方賑救之外。又僱小民修城。四千一百人爲工。共三萬八千乃計其工而厚給之。民賴以濟。

【謹案】公之賑救多端。念此壯夫一種。非興工不足以聚多人。故城事一舉。而四境歸工。貧苦之家賴之得生。富貴之室藉此免禍。不然强而有力者。當此饑寒逼迫。不知做出多少不可知之事矣。

范公仲淹知杭州。吳中大饑。吳民素喜競渡。好佛事。乃縱民競渡。召諸寺主。諭以饑歲工賤。令其大興土木。又新倉厫吏舍。工技服力日數萬人。是歲兩浙惟杭晏然。民不流徙。

【謹案】令人廣修寺院。更美於官府興工。其價稍增故耳。至於嬉遊者。必其力之可費。而後費之。借此以濟窮民。格外之仁。智寓於權也。

歐陽修知潁州。歲大饑。公奏免黃河夫役。得全者萬餘家。又給民工食。大修諸陂。以溉民田。盡賴其利。此即周禮所謂弛力也。

此即以工役而寓賑濟之意也。

【謹案】歐陽修不但文章名世。愛民之政。至今膾炙人口。此其所以稱全人也。

神宗熙寧七年正月。河陽災傷。開常平倉賑濟。斛斗不足。乞兼發省倉。詔賜常平穀萬石。興修水利。以賑濟饑民。

【謹案】此詔愛民深矣。一舉而數善備焉。興修水利。令民口有食。而家有糧。非目前之善策乎。興修之後。堤塘堅固。溝洫分明。田事賴以不損。非永遠之善策乎。賑濟之外。果能府府皆然。何患大有之難登。

張守約知涇州。涇水善暴城。每歲增治堤堰。費不貲。適年饑。罷其役。或曰如水害何。守約曰荒歲勞民甚於河患。禱之河神。一夕雷雨。河徙而南。城不爲患。

謹案昔潮州有鱷魚。韓文公投之以文。則徙而去之。人以爲奇。今涇水㬥城。張公禱之於神。一夕而徙。不更異乎。總之爲萬民起見。天地鬼神自能鑒原。所以無靈不格耳。人可不以萬民爲念哉。

汪綱字仲舉。知蘭谿。歲苦旱。勸富民濬治塘堰。大興水利。饑者得食其力。民賴以蘇。

謹案窮民無事。衣食弗得。法網在所不計矣。故盜賊蜂起。富室先遭塗毒。而餓莩亦喪殘生。爲害可勝言哉。今勸富民治塘修堰。饑者得食。富室無虞。保富安貧之道。莫過於此。

邵靈甫宜興人。儲穀數千斛。歲大饑。或請乘時糶之。曰是急利也。或請損值糶之。曰此近名也。或曰將自豐乎。曰有成畫矣。乃盡發所儲。僱傭除道。自縣至湖鎮四十里。浚蠡湖橫塘等水道八十餘里。通罨畫溪入震澤。邑人爭受役。皆賴全活。水陸又俱得利。子梁登第。孫綱冠於南省。咸謂積善之報。

謹案耿壽昌奏立常平而封侯食報。宋子貞廣濟饑人。而官至平章。救人之功。上干天聽。靈甫子孫連登高第。於理何疑。

明英宗正統五年二月。以畿內災。民食不贍。勑張純都察院右僉都御史李畛大理寺右少卿區畫賑濟。給京城饑民飯三月。造奉天華蓋謹身三殿。乾清坤寧二宮。以畿內饑。復民二年。家有父母者。人賜二石米。

謹案昔周孔教云。官府賑給。安能飽其一家。故凡城之

當修。池之當鑿。水利之當興者。名民爲之。日授其直。是於興役之中。寓賑民之惠也。今張李二公查有父母之家。又各賜米二石。孝養教民。又得之於興工之內矣。非善政歟。

孝宗弘治元年。張敷華爲湖廣布政使。歲饑。給粟散粥。藥病掩胔。高值來商。卑詞告糴。出官錢修學宮。徧役軍民。籍爲甲伍。使貧傭值以業餓者。

謹案一命之榮。尚能起死。况方面乎。觀張公之所爲。身受其惠者。固感激終身。即見諸史者。亦永懷不已。噫。弘

治至今布政多矣。惟張公膾炙人口者。惠政及民故也。

嘉靖時僉事林希元疏內有云。凶年饑歲人民缺食而城池水利之當修。在在有之。窮餓垂死之人。固難責以力役之事。次貧稍貧人戶力能興作者。雖官府量品賑貸。安能滿其仰事俯育之需。故凡圮壞之當修。涸塞之當濬者。召民爲之。日受其直。則民出力以趨事。而因可以賑饑。官出財以興事。而因可以賑民。是謂一舉而兩得也。

謹案僉事公云在在有城池水利之當修。此一句不知提醒多少夢中人。蓋他事開銷不無難易。若地方急務。

豈亦躊躇。誠一舉而兩得之事也。牧民者何事因循。不爲上少紓恤民之憂乎。

萬曆間。御史鍾化民救荒。令各府州縣查勘該動工役。如修學。修城。濬河。築堤之類。計工招募。以興工作。每人日給米三升。借急需之工。養枵腹之衆。公私兩利。

謹案化民之救荒。日馳數百里。巡察各縣粥廠。隨從無幾。所到食粥。以故吏民畏服。敬若神人。如修學。築堤等類。悉令開工。每人日給米三升。不許畧加粞穀。又諭州縣有領工價而或稍怠其役者。鞭撻槩行停止。恐一人卧痛閨室。餓亡故耳。誠不世出之仁人也。

興工作總論曰。失業之人。不知所往。加以饑寒逼廹。不就死於溝壑。必剏亂於山林。勢所必至。何也。豐年尚有通那之處。歉歲斷無告貸之門。晏子知之。範君民於仁術。立法千古。宋之諸君子法之。饑民得濟。惠愛何深。若張守約之禱河神。一夕而徙。鍾化民之戒鞭撻。百世啣恩。不又可爲後世之則歟。賜穀萬石而興修水利者。神宗一人也。給工食而寓孝道者。張李二公也。靈甫解囊於鄉里。又奚愧焉。其他愛民之人。未有不急急於此者。惟宋與明爲獨甚。令

彼窮人不暇於爲非。全家賴之而得食。恩施萬姓。名著千秋。有爲者亦若是。我獨不能歟。昔宋時莆陽一寺。有建大塔者。工費鉅萬。或告侍郎陳正仲曰。當此荒歲。寺僧剝斂民財。以作無益之舉。盍白郡公禁止之。正仲笑曰。子過矣。建塔之役。寺僧能自爲之乎。莫非傭此邦之人而爲之也。斂之於富饒之家。散之於貧窶之輩。小民藉之得食。當此凶歲。惟恐僧之不爲塔也。子乃欲禁之乎。乃知仁者之言。明白顯易。可醒愚蒙。而爲後世法者。此種是也。牧民者可不知興工寓賑之道哉。

十五　育嬰兒以慈孤幼

越勾踐　漢高祖光武章帝
賈彪　鄭產
晉王濬　南北朝任昉
唐文宗詔　宋葉夢得
劉彝　虞允文
俞仲寬　明林希元

【越】王勾踐令國中將免者以告。免，即分娩也。公令醫守之。生丈夫，二壺酒，一犬；生女子，二壺酒，一豚。生三人，公與之母；生二人，公與之餼。

【謹案】戶口不繁，疆埸誰拓？況遭顛沛，尤貴人扶。故越王命醫給賞，與母與餼，惓惓焉惟恐稍有不及而損之也。

此其十年生聚，十年教訓，二十年之後吳其爲沼也。嬰兒其可勿恤乎？

【漢】高祖七年，民產子，復勿事二歲。復，免也；勿事，不役使也。◎光武帝建武中，產子者復以三年之算。每人歲賦錢一百二十，爲一算。◎章帝二年春正月，詔曰：人有產子者，復勿算三歲。令諸懷妊者賜胎穀人三斛，復其夫勿算一歲，著以爲令。

【謹案】漢家之恤丁口也若是，故版籍繁而幅員廣。兩漢世數約有四百餘年，異代豈無愛民之君？能以嬰兒爲重者，則未有若漢家之惠養殷殷者矣。

賈彪爲新息長，小民困貧，多不養子。彪嚴爲其制，與殺人同罪。城南有盜刼害人者，北有婦人殺子者。彪出案發，而掾吏欲引南。彪怒曰：賊寇殺人，此則常理；母子相殘，逆天違道。遂驅車北行，案驗其罪。城南賊聞之，亦面縛自首。數年間，人養子者千數，僉曰：賈父所長。生男名賈子，生女名賈女。

【謹案】人見殺一無辜者，必怒罵曰：如此沒天理。若嬰兒初出母胎，何罪而即遭慘殺？況殺之者又其父母，非滅天倫之輩乎？是可忍也，孰不可忍也！回車案問，重於大

盜，明決之論也。

鄭產，泉陵人，爲白土鄉嗇夫。時民家產子一歲，輒出口錢，鮮有舉子者。產勸百姓勿殺子，口錢皆爲代出。郡縣具以聞上，錢因得免，改白土曰更生鄉。

【謹案】民之艱於費也，骨肉在所不顧，故以口錢而殺子者眾。今鄭君悉爲代出，因而上聞，有感得免，鄉亦改爲更生。爲人上者，可不深念民艱？凡可以蘇民困者，悉更有以生之哉。

【晉】王濬爲巴蜀太守，邑人生子皆不舉。濬嚴其科條，寬其

徭役所活數千人及後伐吳所活者皆堪爲兵其父母戒之曰王府君生汝汝必死之用是破吳而建大功

謹案以太守而活嬰兒如拾芥之易去其致死之由開其得生之路其誰敢異何以今不多見也王公因好生而全人骨肉後因骨肉之言而建大功食報之速不捷於影響歟

南北朝任昉爲義興守歲饑以月俸治粥廣活饑民禁民產子不舉有孕者輒助其資釜全活數千餘家

謹案平時尚有棄嬰之戶荒年豈無殺子之人任公不

但禁民之不舉有孕即爲之輸金衣食無措之人藉此而併生其夫婦民惟恐孕之不有矣尚有殺子之人哉

唐文宗太和六年五月詔內云天下有家長大者皆死所餘孩稚十二至襁褓者不能自活必至夭傷長吏勒其近親收養仍官中給兩月糧亦具都數聞奏

謹案既恤孤於幼小必當月給其口糧奈何以勒令爲功糧止兩月數月之後能保其無恙乎嗚呼天子尚恤其錙銖小民豈能常慷慨是唐之慈幼不及漢之懷保矣

宋葉夢得守許昌值大水流殍滿道公盡發常平倉所儲者賑之全活者數萬人獨有遺棄小兒無由得救公詢之左右曰無子者何不收養曰人固所願但患歲豐年長即來認去耳公即立法凡災傷棄兒父母不得復認遂作空劵印給發於里社凡得兒者明書於劵以付之計救小兒共三千八百餘人後官至尚書左丞封侯子皆登第

謹案凡欲救人不立一善法則人必不爲我救如葉公之救三千餘人假使不立印劵勿令父母不許復認救之焉能如此之衆故宋時有慈幼局近世有育嬰堂不

可不盡法之以廣吾仁愛也

劉彝所至多善政其知虔州也會江西饑歉民多棄子於道上彝揭榜通衢召人收養日給廣惠倉米二升每月一次抱至官中看視又推行於縣鎮細民利二升之給皆爲字養故一境生子無夭閼者

謹案給之厚生之衆必然之理劉公操此立論故無不救之嬰蘇東坡云聞鄂人有秦光亨者今已及第爲安州司法方其在母也其舅陳遵夢一小兒挽衣求救甚急因念其姊有娠將產而意不樂多子豈應是乎馳往

省之。則嬰兒已在水盆中矣。救之得免。以是觀之。救之非救一嬰兒。是救一安州司法矣。廣而推之。功可勝言哉。

虞允文聞浙人歲有丁錢絹。故細民生子。卽棄之。稍長卽殺之。每爲之惻然。訪知江渚有荻塲利甚溥。而爲世家及浮屠所私。虞令有司籍其數以聞。請以代輸民之身丁錢。符下日。民歡呼鼓舞。始知有父子生聚之樂。有云。虞公知太平州所行者。

謹案 救人於一時。不若救人於永遠。救人於猶豫難必

之間。不若救人以的確不易之舉。嚴其禁。賑其米。但救於一時。而未必永遠。丁錢絹。朝廷之舊額。遽爾請蠲。恐多未確。今虞公訪荻塲而代之。賦既不缺。且可永遠。所失者。皆私竊皇家之地利。所全者。實民間父子之至情。今生齒浩繁。皆謂之虞子也可。

四明俞仲寬宰歙之順昌。作戒殺之文。名諸鄉父老爲人所信服者。列坐廡下。以奉置醪醴。親酌而侑之。出其文。使歸勸其鄉人。無得殺子。歲月間。活者以千計。故生子多以俞爲小字。轉運判官曹輔上其事。朝廷嘉之。就改仲寬一官。仍令在任。復爲立法。推行一郡。後仲寬因被差他郡。還邑。每有小兒數百迎於郊。

謹案 竹馬之迎。不可與漢之郭汲比美先後哉。要非座列廡中。親行酌勸者不能也。故有活嬰兒之心。平時宜以仲寬爲法。若逢饑歲。則非月給不生。又當效王致遠之開慈幼局也。

明 嘉靖時。林希元疏內有云。大饑之年。民父子不相保。往往棄子而不顧。臣昔在泗州。見民有投子於淮河者。有棄子於道路者。爲之惻然。因效劉彝之法。凡收養遺棄小兒

者。日給米一升。一支五日。每月抱赴局官看視。饑民支米之外。又得小兒一口之糧。遠近聞風。爭趨收養。甚至親生之子。亦詐稱收抱。以希米食。旬月之間。無復有棄子於河於道者矣。今各處災傷去處。若有遺棄小兒。如臣之法。似可行也。

謹案 僉事公遇一事。必盡一事之美。卽如救嬰兒。倣古人之法。給一口之糧。不但行之於一身。兼欲廣之於天下。尤有不可及處。所題疏稿。出筆醒豁。不尚辭華。大有洞開重門之意。非寔心處事之君子乎。

育嬰兒總論曰戶口之繁朝廷之瑞嬰兒夭折元氣虧傷臨民者救之育之曷可緩也況天地之大德曰生其所最愛者曰人可令其無端受戮雛雞小犬之不若哉故越王撫之而昌大其國漢室重之而世數綿長賈彪回車案問名垂不朽王濬嚴列科條功著平吳劉彝之揭榜通衢夢得之預爲空券惠在一時法垂萬世仁何溥也繼此惟俞仲寬之酌酒勸人庶幾可匹林希元疏內有云饑民支米之外又利一口之糧爭趨收養可見法之嚴不若惠之厚也古云拯諸溝壑而置之襁褓惟在臨民者之一舉意耳

烏得以錙銖是惜而不以好生爲懷哉周禮大司徒以保息六養萬民慈幼居其首則不可不急爲之撫育也明矣

識認嬰兒法◎須記其頭目疤瘤及手指旋紋幾箕幾羅始無差錯足指悉驗而記之方得其微衣褓是何顏色布帛單綿此次辨也

一曰凶年之所棄父母性命尚在不保安顧嬰兒或有人通知或有人抱來急宜收養問其來歷便其長大知父母之姓名也

十六視存亡以惠急需

漢鍾離意　周暢
南北朝宋文帝　後周賀蘭祥
隋辛公義　唐太宗詔
宋仁宗諭　趙抃
呂公著　元仁宗
明太祖　林希元

漢鍾離意會稽山陰人少爲郡督郵太守賢之任以縣事建武十四年會稽大疫死者萬數意獨身自隱親經給醫藥（隱親謂親自隱恤之經給謂經營濟給之）所部多蒙全濟

謹案大疫之時不難於給藥而難於親爲調治身且不恤藥豈吝施病者藉之而得生非周禮司救之道歟

周暢爲河南尹安帝永初二年夏旱久禱無雨暢因收葬雒城傍客死骸凡萬餘應時雨歲乃稔

謹案君子之處事求其無歉於心而已尸骸零落暴露風霜於心安乎河南尹特爲收葬雖不能必其有雨然而天道昭昭毫釐不爽爾既恩施於枯骨天豈不恤於生人此雨之所以立降也

南北朝宋文帝元嘉四年五月京師疾疫遣使存問給醫藥死者若無家屬賜以棺器◎二十四年六月京邑疫癘使郡縣及營署部司普加履行給以醫藥

謹案凡帝王遇病者當法神農之心而救之生見死者宜效文王之道而使之掩文帝此舉兩得之矣否則病者咨嗟死者暴露何以見仁風之廣被

後周賀蘭祥爲荆州刺史時盛夏亢陽祥親巡境内觀政得失見有發掘古塚暴露骸骨者謂守令曰此豈仁者之爲政耶命所在收葬之即日雨是年大有州境先多古墓俗好發掘至是遂息

謹案發掘古塚骸骨抛殘不特大傷天理亦且澆薄成風此際之縣家所爲者何政聽其兇暴而不加禁止苟

非刺史之深仁曷能致時雨之大降甚矣巡行之不可少也

隋辛公義爲岷州刺史岷俗一人病疫闔戸避之病者多死公義欲變其俗命凡有疾者悉輿至廳中親身爲之拊摩病者愈召其家諭之曰設若相染吾殆矣諸病者子孫皆感泣而去敝風遂革合境呼爲慈母

謹案死生命耳故有病疫而死者有不死者必非一病而盡死也但無藥食調理此必死之道辛公知之力挽頹風親自拊摩見病之不能染也岷俗感之而化慈母之稱至今猶在惠愛何深也

唐太宗貞觀十年關内河東疾疫遣醫賫藥療之十六年夏穀涇徐虢戴五州疾疫遣賜醫藥十八年自春及夏廬濠巴普郴疾疫遣醫往療

謹案賢君愛民不使一民失所肯令疾疫爲之遍染耶太宗命醫賫藥而往亹亹不倦民命自重不特無忝於神農之味藥且沛陶唐仁壽之遺風矣

宋仁宗至和元年正月壬申京師疫内出犀角二令太醫和藥以療民疾其一通天犀也左右請留供服御帝曰吾

豈貴異物而賤百姓哉立命碎之

謹案君之民散於國君之寶藏於庫無寶不失其爲令主愛民則世稱爲聖君仁宗深恤抱疾之衆不寶通天之犀其識鑒豈不可與抵璧投珠之聖主共垂萬世哉

神宗熙寧八年吳越大飢趙抃知越州多方救濟及春人多病疫乃作坊以處疾病之人募誠實僧人分散各坊早晚視其醫藥飲食無令失時以故人多得活凡死者又給工銀使在處收埋不得暴露

謹案人病矣飲食湯藥一無所有雖輕病尚不能生況

饑餓之軀乎。趙公用及僧人使視湯藥。眞妙想天開。僧以慈悲爲心者固勇往而直前。即無此心亦不得不以活人自命也。雖然。究須誠實者方佳。而賞勞亦不可少。

哲宗元祐三年冬。頻雪凍死者無算。呂公著爲相。日與同列議所以救禦之術。乃發官米官炭。遣官分場賤賣。以惠貧民。疾病之人。日給醫藥饘粥。又不時委官看問。以故得多全活。

謹案 米炭則分場而賤賣。藥食則日給而救援。且又不時委官分看。非賢相而能之歟。上有好者。下必有甚焉

者矣。其時體相君之心而活民者。要亦不少。眞不減虞夏黃農之世矣。

元 仁宗皇慶二年十一月。京師大旱疫。帝問弭災之道。翰林學士程鉅夫舉湯禱桑林事以對。帝歎曰。此實朕之責也。亦予何罪。明日大雪。

謹案 帝王之心。常與天地相通者也。上不愛民。則疾疫頻傳。元元是恤。大雪降於次日。則高遠而不能力求者。天也。呼吸而可以相通者。亦天也。君天下者。可勿以小民之疾苦爲念哉。

明 太祖洪武三年。命天下府州縣。開設惠民藥局。拯療貧病軍民疾患。每局選設官醫提領。於醫家選取內外科各一員。令府醫學授正科一員掌之。縣醫學授副訓科。製藥惠濟。其藥於各處出產并稅課抽分藥材給與。不足則官爲買之。

謹案 大有爲之君。未有不以民命爲重者。此惠民藥局所由建也。妙在即以稅課抽分之藥材而給之。不足又買之。後世果能守而不廢歟。太平日久。貴者愈貴。賤者益賤。上下不相關。死生不相恤。始有不可知之事矣。

嘉靖時。僉事林希元疏內有云。時際凶荒。民多疫癘。極貧之民。一食尚艱。求醫問藥。於何取給。往時江北賑濟。亦發銀買藥。以濟貧民。然督察無方。徒資冒破。臣愚欲令郡縣博選名醫。多領藥物。隨鄉開局。臨症裁方。多出榜文播告遠近。但有饑民疾病。並聽就廠領票。赴局支藥。遇死者給銀四分。令人埋葬。生死沾恩矣。

謹案 林公說一食尚艱。何從得藥。眞切中病根之語。此醫藥之所以不可不並設也。然不隨鄉立局。處處有醫。病者焉能匍匐就醫得藥而生。至死者給銀收葬。不至

暴露尤見滾仁急宜法也

視存亡總論曰民之大事生死而已生惟疾病可憂死則暴露爲慘二者不知所惠而謂民之愛戴猶深者恐未之確也周靜軒有云天之立君以爲民也君之立國以行保民之政也故炎帝察寒溫平熱之性以療人疾後之爲君者可勿體此意以救民哉藥局之開命醫之舉宜急行焉生之於床蓆活之於垂亡雖乏神犀賴茲慈母庶無忝耳設不幸枵腹而死矣苟不助銀令人速掩血淚染尸獸餐初斃青燐夜泣白骨飄零生不能充腸而足食死復暴露

於荒郊煢煢赤子遭此慘傷可云澤潤蒼生保民之政一無歉歟今則並舉而列之於右則君臣各有所法不至有愧於前人豈尚貽譏於後世周禮云司救者有人以治民病也掌除骴者有人以掩骼埋胔也皆大典也每歲宜然況饑年乎

十七弭盜賊以息奸宄

曾孔子　漢光武
譚　顯　唐太宗
權德輿　宋司馬光
蘇　軾　謝　諤
董　煟　金牛德昌
明成化諭　邱　濬

（曾）孔子曰民之所以生者衣食也上不教民民匱其生飢寒切于身而不爲非者寡矣故古之于盜惡之而不殺也今不先其教而一殺之是以罰行而善不及刑張而罪不省夫赤子知慕其父母由審故也況爲政與其賢者而廢其不賢以化民乎知審此二者則上盜息

（謹案）聖人之意重教而不重殺故曰古之于盜惡之而不殺況當飢饉之時命在須臾之際其爲盜也意在盜其生耳苟與豐歲之爲盜者而同其罪必欲置之死可云審得其當哉要知殺固不可縱亦非宜聖人加一惡字弭盜者能體此意亦無愧于讀書之人矣

（漢）光武帝建武十六年郡國羣盜並起郡縣追討到則解散去復屯結冬十月遣使者下郡國聽羣盜自相糾擿五人共斬一人者除其罪於是更相追捕賊並解散徙其魁帥于他郡賦田受廩使安生業自是牛馬放牧不收邑門

不閉。古者給人以食。取諸倉廩。故稱廩給廩食也。

謹案以兵治盜。盜匿則不知。以盜治盜。盜散仍可捕。生五人而殺一人。爲盜者人人自危。所以並相解散也。徙其魁帥不殺。可知邑門不閉。良心盡現。要非賦田受廩。使其有生業之可安者不能也。

譚顯爲豫州刺史時。天下飢饉。競爲盜賊。州界收捕萬餘人。顯愍其困窮自陷刑辟。輒擅赦之。因自劾奏。有詔勿理。

謹案仁哉刺史譚公也。萬人之命懸于一人之手。與其殺之以彰王法。無寧生之而令自新。况人至衆。豈無株

連究抑之累哉。譚公赦之而自劾。天子不問。一團生意。充塞寰區。吾知亂者定而飢者食。何也。世間之理。感召者多。當此之時。騰歡遐邇。豈無瑞麥佳禾之應哉。

唐太宗時。上與羣臣論止盜。或請重法以禁之。上曰。朕當去奢省費。輕徭薄賦。選用廉吏。使民衣食有餘。則自不爲盜。安用重法耶。自是數年之後。海內昇平。路不拾遺。外戶不閉。商旅野宿焉。

謹案治水而不窮其源。理人而不得其本。皮毛之用。何濟于事。然則太宗之輕徭薄賦。裕其衣食之本源。是以德化民。不以盜視民。較于用重法而殺人者。不有天壤之隔耶。後果四海昇平。匪人改過。故貞觀之治。可爲萬世法。

憲宗問宰相爲政之道。寬猛何先。權德輿對曰。秦以慘刻而亡。漢以寬大而興。太宗觀明堂圖。禁杖人背。是故安史以來。屢有壞法之臣。皆旋踵而亡。由祖宗仁政結于人心。人不能忘故也。然則寬猛之先後可見。上善其言。

謹案德輿之對憲宗。大得爲政之體。天理人情之至也。以秦漢而觀。興亡瞭然。慘刻何爲。唐之太宗。恩浹人心。

是以危而復安。亂而復治。德輿所對。悉得其要。天子安得不善其言。由此觀之。刑清政簡。俗厚風淳。皆君上敦崇寬大之一念所由成耳。臨民者可勿鑒諸。

宋司馬光知諫院時言。臣聞勅下京東西災傷州軍。如貧戶以飢偷盜斛斗。因而盜財者。與減等斷放。臣竊以爲未便。若朝廷明降勅文。預言與減等斷放。是勸民爲盜也。百姓乏食。當輕徭薄賦。開倉賑貸。以救其死。不當使之自相刼奪。况降勅而勸之。臣恐國家始于寬仁。而終于酷虐。意在活人。而殺人更多也。

謹案温公豈不知活人為美政哉。但盜刼斛斗。而預言減等。朝廷之德意雖深。小人之盜心益熾。是欲活人而反開殺機矣。温公之奏。何等深切明白。蓋君子之言。有當先期而告諭者。有宜存心而未發者。時中為妙。況天子之詔乎。

神宗熙寧七年。蘇軾知密州軍。論河北京東盜賊奏曰。臣伏見河北京東。比年以來。旱蝗相仍。盜賊漸多。今又不雨。麥不入土。竊料明年春夏之際。盜必甚于今日。謹按山東自上世以來。為腹心根本之地。其與中原離合。常係社稷

安危。近年公私匱乏。民不堪命。冒法而為盜則死。畏法而不盜則飢。飢寒之與棄市。均是死亡。而賒死之與忍飢。禍有遲速。相率為盜。亦理之常。雖日殺百人。勢必不止。苟非陛下較得喪之孰多。權禍福之孰重。特于財利少有所捐。衣食之門一開。骨髓之恩皆遍。人心不革。盜賊不衰者。未之有也。

謹案荒歉之年。東坡以人之棄市而死者遲。凍餒而亡者速。因為盜者多。殊不知不止此也。彼以為作盜而戮者。止其一身。受餓而亡者。必死其闔戶。此急賑之猶恐其為盜。況于不賑乎。且山東係中原要地。社稷之存亡係焉。可勿令其啣骨髓之恩哉。要非開衣食之門者。不能也。前賢論之既當。後人玩之當行。否則何貴乎有書積案盈箱之亂人耳目也。

孝宗淳熙中。盧陵艱食。飢民萬餘守譙門。錄事參軍謝諤亟命植五色旗。分部給窮民。頃刻而定。

謹案經濟之學不講。倉卒之變難支。飢民萬餘守譙門。而不散。使無仁術慰羣黎。雖無作亂之心。難免刼掠之舉。何以結局。參軍急命樹旗。別其五色。分部賑之。既分

其黨。不得相顧。遍惠其民。各自為心。頃刻而定。若此之事。設遇飢年。可不熟之于衷乎。

董煟曰。荒政除盜。亦當原情。頃有京尹者。以死囚代為盜者。沉之于江。此最為得法。蓋凶荒之年。强有力者好倡亂。須當有以警惕之。使遠邇自肅之為上。不然則羣聚而起。殺傷多矣。

謹案智哉京尹之以死囚而代飢民。仁哉董煟之援引以詔後世。縱之恐諸人之効尤。殺之在情理有可恕。以此而警惕窮民。非飢年禁盜之妙法耶。

[金]牛德昌爲萬泉令屬蒲陝洊飢羣盜充斥城門晝閉德昌到官即日開城門縱百姓出入榜曰民苦飢寒剽掠鄉聚以偷旦夕之命甚可憐也能自新者一不問賊皆感激解散縣境以安

[謹案]干戈息盜不若至誠感人民因飢饉而爲盜非擾社稷而興兵胡爲乎閉其城而必欲致之死牛公洞悉其情使之自新人孰無良有不感激而解散者乎災傷既至此類恒多斟酌用之可稱上智

[明]憲宗成化二十一年正月巡按山西監察御史周洪奏翼城垣曲等縣飢民嘯聚爲盜招撫不服宜發兵捕之上曰民廹飢寒朕甚憫焉其令鎮守巡撫等官宣布朝廷寛宥之意明示有司撫御之方果有執迷不服然後相機除勦

[謹案]兵者凶器也不得已而用之亦必大傷和氣民當飢歲衣食全無御史與其既亂而請發兵何不未飢而請先賑不知罪已但欲殺人何以爲御史仁哉上諭生意多而殺機少聖天子之心矣社稷有不鞏固而盜賊有不敗亡者哉

卭濬曰臣願明勅有司遇有水旱災傷勢必至于饑饉必先榜示禁民刼奪諭之不從痛懲首惡以警餘衆決不可行姑息之政此非但救飢荒乃弭禍亂之先務也倘有富民閉糴何以處之曰先諭之以惠隣次開之以積善許其隨時取直禁人侵其所有民之無力者官與之劵許其息待熟之後官爲追償苟積粟之家丁口頗衆亦必爲計筭推其嬴餘以濟匱乏若彼僅自足亦不可强也凡有所積不肯發者非至豐穰不許出糴彼見得利又恐後時自計有餘亦不得不發矣

[謹案]刼糧之衆固可恨閉糴之民亦可嫌古人以數字而慰萬民曰刼糧者斬閉糴者籍誠荒政之妙策也今卭公欲痛懲首惡以警餘人非善法歟雖然衣食無資恐難終止故勦除不如招撫之美蠲免不及賑濟之佳實惠及民心懷盛德何憂百姓之傾危否則鮮有不爲明主之責罰者慎之慎之

弭盜賊總論曰弭豐年之盜易弭飢歲之盜難何也持法若嚴則失緩刑之意治之稍寛又開刼奪之門嗚呼惟知之眞則處之當蓋廹于飢寒而圖苟活者實不等于以刼

掠而爲生涯者也。此孔子有曰古之于盜惡之而不殺。漢光武徙賊帥于他郡。給田受廪使安生業。唐太宗之愼選賢良。輕徭薄賦。裕其衣食。明之成化惟以招撫爲心。不以勦除是急。豈非皆務寛大而不尚慘刻者哉。司馬光之不欲豫言減等。深于愛民也。蘇子瞻之先期請賑。明于治道也。對譚顥而何慚。經濟如參軍。存心若京尹。非卽晝開邑門之意乎。卲公以湜刼奪之風者。當痛懲首惡。以警餘人。言簡而理當。舍此何求。於以知饑年之弭盜。外貌不妨示以嚴。若柴瑾之封劍命誅。楊簡之斷肋示衆。得之矣。存心

又貴其能恕。如龔遂之撫恤亂民。王曾之笞釋死犯。近之矣。易云天地之大德曰生。聖人之大寶曰位。何以守位曰仁。然則爲君者。固當溥吾仁而永吾位。爲臣者。可不體天地之心。承朝廷之意。裕其衣食之源。以告無忝于聖人之立說哉。

十八甘專擅以奮救援

漢汲黯　韓韶
晉陶回　後魏李元忠
隋張須陀　唐員半千
宋范純仁　楊紘
程顥　洪皓
元張弘範　明王竑

漢武帝時。河內失火。延燒千家。上使汲黯往視。還報曰。家人失火。比屋延燒。不足憂也。臣過河南。貧人傷水旱者萬餘家。至父子相食。臣謹以便宜持節。發河南倉粟以賑貧民。臣請歸節。伏矯制之罪。上賢而釋之。

宋董煟曰。古者社稷之臣。其見識施爲。與俗吏固有不

同。黯時爲謁者。而能矯制以活生靈。今之太守號曰牧民。一遇水災。牽制顧望。不敢專決。視黯當內愧矣。

韓韶爲嬴長。（嬴長泰山郡縣令長）賊聞其賢。相戒不入嬴境。餘縣流民萬餘戶入縣界。韶開倉賑之。主者爭謂不可。韶曰。長活溝壑之人。而以此伏罪。含笑入地矣。太守素知韶名德。竟無所坐。韶與同郡荀淑鍾皓陳寔。皆嘗爲縣長。所至以德政稱。時人謂之潁川四長。

謹案他縣之民。流入我境。遽開倉賑救。世豈無議。殊不知仁人之心。見彼流于道路。求活無門。焉分彼此。噫。我

能救人人亦自能諒我公道在天地間斷無少滅之理

晉 陶回爲吳興太守時人飢穀貴三吳尤甚詔欲聽相鬻買以拯一時之急回上疏曰當今天下不普荒儉惟獨東土穀價偏貴使相鬻買聲必遠流北海聞此將窺疆埸如臣愚意不如開倉廩以賑之乃不待報輒開倉及割府郡軍資數萬斛米以救乏絕由是一境獲全既而下詔并勅會稽吳郡依回賑恤

謹案 古云隣之厚君之薄也若君之薄非隣之厚歟今陶太守惟恐惡聲遠播專擅救全上格賢主悉倣其法

識力豈在汲黯之下哉

後魏 李元忠爲光州刺史時州境災儉人皆菜色元忠表求賑貸至秋徵收被報聽用萬石元忠以爲萬石給人計一家不過升斗耳徒有虛名不救其弊遂出十五萬石賑之事訖表陳朝廷嘉之

謹案 杯水不可救車薪之火古云二千石與國同休戚救民之灾苟不力任王仁恭見殺于劉武周郭子和誅王才于榆林衛皆以不賑而起人拂逆之心可小視哉今刺史不事虛名增其賑米不獨救民且可弭盜

隋 張須陀爲齊郡丞會興遼東之役百姓散失又屬歲飢穀米踊貴須陀開倉賑給官屬咸曰須待詔勅不可擅與須陀曰今帝在遠遣使往來必淹歲序百姓有倒懸之急如待報至當委溝壑矣吾若以此獲罪死無所恨先開倉而後上狀煬帝不責也

謹案 惻隱之心人皆有之不因帝王而異也但爲小人之所蔽擴充者無幾耳郡丞爲國爲民不惜身命開倉賑給雖專擅于下而上不之責後之閉倉不救者抑何護身之策太堅也耶

唐 員半千爲武陟尉屬頻歲旱飢勸縣令殷子良開倉以賑貧餒子良不從會子良赴州半千便發倉粟以給飢人懷州刺史郭齊宗大驚因而按之時黄門侍郎薛元超爲河北道存撫使謂齊宗曰公之民不能救之而使惠歸一尉豈不愧也遽令釋之

謹案 有心救民位不在乎大小如員君職不過一尉耳令不從其請後因令之公出遽發倉而賑之一點救人之念有勃然不可過者民不賴之以生耶何物太守竊位苟祿而且囚之雖然不有小人難形君子此薛員二

公所以見稱千載也。

宋 環慶大饑。帥守坐不職罷去。范純仁代之。始至慶州。餓殍載路。官無穀以賑。純仁欲發常平封貯粟麥賑之。州郡官皆不欲。曰常平擅支。罪不赦。純仁曰。環慶一路生靈付某。豈可坐視其死而不救。衆皆曰。須奏請得旨。純仁曰。人七日不食則死。豈能待乎。諸公但勿預。吾獨坐罪可耳。即發粟賑之。一路饑民悉得全活。

謹案 世多不職之吏。人亦知其所以不職之故乎。一懼禍患。二爲功名。三貪財貨。人肯置三者于勿問。惟以生

民爲已念。斷無不做一番惠人之事。名垂竹帛者也。如范公曰。吾當自坐四字出口。不知壓倒多少無能之輩。

仁宗慶曆七年。江東大饑。運使楊紘發義倉以賑之。吏欲取旨。紘謂吏曰。國家置義倉本慮凶歲。今須旨而發。人將殍死。上聞而褒之。

謹案 楊公認定義倉爲荒而建。以之救民。何辭以責。即有不測。一身危而萬姓安。得失已非愚者所及。況事聞於上。不但不罪。而且褒之。遲早之間。所生多矣。智孰及之。

程顥攝上元令。盛夏塘堤大決。法當聞之府。府禀於漕。然後計工調役。非月餘不能興作。顥曰。如是苗必槁矣。民將何食。救民獲罪。所不辭也。遂發民夫塞之。歲則大熟。

謹案 聖賢出仕之心。非致君則澤民。豈爲功名。豈拘文法。塘決而待請。雖則允從。苗已稿矣。傷稼殺人。俗吏之事。程夫子而肯爲之哉。

秀州錄事洪皓。見民田盡爲水沒。饑民塞路。倉庫空虛。白郡守以荒政自任。悉籍境內之粟。留一年食。發其餘糶於城之四隅。本境民有不能自食者。洪亦爲主之。凡流民俱

立屋於城之西南兩廢寺。男女異處。樵汲有職。稍有所犯。以民饑不可杖。逐而去之。借用所司發運錢糧不足。會浙東運常平米四萬過城下。洪遣使鎖津柵。語運官截留。官噤不肯。曰此御筆所起也。罪死不赦。公曰。民仰哺當至麥熟。今臘猶未盡。中道而止。則如不救。寧以一身易十萬人之命。竟留之。未幾。廉訪使至。騐其立法。曰吾行邊軍之法。不過如是。違制抵罪。爲君脫之。又請得米二十萬石。所活九萬五千餘人。後官至端明學士。謚文惠。

謹案 洪公之活民也。始則心傷餓殍。竭力何辭。繼則米

盡官民雖死勿恤故遣吏鎖栅強遏皇糧當斯時也但知有萬民之命不知有一巳之身認罪活民究無所罪後且身膺上爵子拜相公誰謂作福而無福報哉

元武宗至大二年大名大水張弘範輒免其租稅朝廷罪其專擅弘範進曰臣以爲朝廷儲小倉不若儲之大倉詔勿問

謹案張君之說大爲近理設大倉窮而小倉徒多充實不特無益抑且難恃是故哲后賢臣諮謀朝夕惟以民生爲急恒產是謀迨乎里多蓋藏兆姓殷富然後政教

流行而風俗淳厚豈非盛時休美之業歟

明景帝景泰二年都御史王竑廵撫江北時徐淮連歲饑荒竑大發官倉賑救諸倉盡空獨廣運倉尚有滯積此備京師之用者也一中貴一戶部官主之竑欲發而主者難之竑曰民惟邦本本固邦寧民窮至此旦夕爲盜且上憂朝廷何論備京師爾不吾從脫有變吾先殺爾治爾名盜罪然後自請死竑詞旣戇主者素憚其威許之所存活百五十八萬八十餘人他境流寓安輯者萬六百餘家共用米一百六十餘萬石先是徐淮大饑帝於欆轎上閱疏驚曰餓死我百姓矣奈何後得開倉賑濟之奏又大言曰好御史不然百姓多餓死矣

謹案史載竑部民有疾者許其舁輿即愈竑每出百姓則爭舁之可見有活人之功者身雖未死巳作神人昔朱熊所刻救荒補遺內言韓魏公方歿有死而復甦者言公爲閻羅天子矣卽同事神人無不欽敬其救荒之功也其事類此因記之

甘專擅總論曰士君子策名淸時專爲一身之計乎萬姓流離將斃若不奮身以救何貴乎有此權位也如以死懼

古詩云遍觀四海人誰爲不死客然則死忠死孝死爲萬民正死之得其所者矣又何懼哉況天之賦性相同惟帝王更多惻隱未有不以恤災捍患之臣而爲不忠者也何必盡以珠玉之貴惜其身而不以愛身之道以愛民如以位言員半千不過縣尉儼然有汲黯之風洪皓止於錄事力並純仁之舉曷常以尊卑爲限也至若邑宰韓韶之救活流民人稱四長程顥之發夫防決苗長千村非良牧而何太守獨無善政歟陶回之發粟擅美於晉時元忠之賑貸首稱於後魏皆彰彰青史可法而可嘉者也嗚呼人當

隋代尚有郡丞張須陀之救援。後世不能槪見者何哉。如宋之運使楊紘。明之廵撫王竑。皆拔萃超群。實心盡職。力任開倉。全活萬姓。生爲柱石。没爲明神。信所宜矣。大倉之牏。弘範且然。人可弗及歟。乃知有致君澤民之心者。不獨不重視其功名。即此身亦不甚惜耳。其意若曰左傳不云乎。苟利社稷。生死以之。吾何爲而不以智仁勇三者自勵也。故其知災傷之當恤。智也。哀矜惻隱。仁也。耑心專擅。勇也。一事舉而震驚千古。寧獨一時哉。

十九撲蝗蝻以保稼穡

漢卓茂　宋均
戴封　魯恭
唐太宗　姚崇
宋太宗　李廸
謝絳　元張寬
明王士廉　朱熊

漢平帝時。卓茂爲密令。天下大蝗。河南二十餘縣皆被其災。獨不入密縣界。督郵言之。太守不信。自出案行。見乃服焉。

謹案卓公之爲令也。人納其訓。吏懷其惠。教化大行。豈若他人食祿而無益于國家哉。此蝗蝻之所以不入其境也。可嘆者卓之賢。太守未之知也。賢愚莫辨。黜陟混淆。何以爲太守。

光武時。宋均爲九江太守。虎皆渡江而去。中元元年。山陽楚沛多蝗。其飛至九江界者。輒東西散去。由是名稱遠近。

謹案愛民之人。即此誠心。能格異類。故猛虎渡江。蝗蝻散去。豈因祈禱而然。全在平日之淸廉惠愛。有以格之耳。故凡爲太守者。欲除蝗蝻于四境之上。不若除蝗蝻于一心之中。心淸而政仁。所去者不獨一蝗也。

戴封字平仲。對策第一。擢拜儀郎。遷西華令。時汝潁有蝗災。獨不入西華界。督郵行縣。蝗忽大至。督郵其日卽去。蝗亦頓除。一境奇之。

謹案 異哉。督郵確似蝗蝻之主帥也。督郵以剝民肥已爲心。蝗蝻亦以食苗自飽爲事。二而一者也。此蝗蝻所以隨督郵而來去耳。徵戴君之廉明。西華之青禾幾何而不爲蝗蝻之盡食也。故觀蝗蝻之有無。卽知司牧之賢否。可不警哉。

元和間。魯恭爲中牟令。有三異。蝗不入境。化及禽獸。童子有仁心。

謹案 蝗之爲災。皆因官之不職。有以致之。故京房易傳云。臣安祿滋。謂貪厥灾。虫易飛。候曰。食祿不益聖化。天視以虫。虫無益于人。而食萬物者也。今魯君之化。及于禽獸。童子有仁心。蝗尙入其境哉。

唐 太宗時。畿內有蝗。上入苑中。掇數枚。祝之曰。民以穀爲命。而汝食之。寧食吾之肺腸。舉手欲食之。左右諫曰。惡物。恐成疾。上曰。朕爲民受灾。何疾之避。遂吞之。是歲蝗不爲灾。

謹案 君有仁言。熒惑退度。今欲吞惡物。寧食肺腸以救小民。而蝗蝻有不爲之感化哉。天地以生物爲心。太宗以救民爲重。是天卽君矣。君卽天矣。君心激切。天意克從。蝗不爲灾。理固然耳。又何疑哉。

元宗開元四年。山東大蝗。民祭拜坐視食苗。不敢捕。宰相姚崇奏云。秉彼蟊賊。付畀炎火。此古除蝗詩也。乃出臺臣爲捕蝗使。分道殺蝗。盧懷愼曰。凡天灾。安可以人力制也。且殺虫過多。必戾和氣。崇曰。昔楚王吞蛭而厥疾瘳。叔敖斷蛇而福乃降。今蝗幸可驅。若縱之。穀且盡。殺虫活人。禍歸于崇。不以諉公也。蝗害遂息。

謹案 此何事也。猶牽制顧慮。作此迂論。盧公淸愼有餘。學術不足。其爲相也。元宗原欲其坐鎭雅俗。世人稱爲伴食中書。良不誣也。

宋 太宗淳化二年。春正月不雨。蝗。三月乃雨。時連歲旱蝗。是年尤甚。帝手詔宰相曰。朕將自焚。以答天譴。翌日大雨。蝗盡死。

謹案 昔寇準言洪範云。天人之際。應若影響。斯言誠不謬也。太宗愛民心切。直欲自焚。以答天譴。翌日大雨。飛蝗盡死。羽書桴鼓。捷不若此。所謂天高而聽卑。特患無

愛民之君不患無不息之災也

真宗咸平八年秋九月時連歲旱蝗帝問學士李廸曰旱蝗薦臻將何以濟廸言陛下土木之役過甚蝗旱之災殆天意以警陛下也帝然之遂罷諸營造禁獻瑞物未幾得雨青州飛蝗赴海死積海岍百餘里

謹案帝問旱蝗而李廸以力役對若天有以命之也帝卽然之遂罷營造禁獻瑞物時雨卽降飛蝗盡死可見天心卽在民心何必遠求哉凡欲除災害者曷勿以民情而揆之也

謝絳論救蝗有云竊見比日蝗蟲亘野坌集入郛郭而使者數出府縣監捕驅逐蹂踐田舍民不聊生謹按春秋書蝗爲哀公賦斂之虐又漢儒推蝗爲兵象臣願令公卿以下舉州府守臣而使自辟屬縣令長務求方略不限資格然後寛以約束許便宜從事期年條上理狀參考不誣奏之朝廷旌賞錄用以示激勸

謹案蝗之爲災一在賦斂之苛一在官員不職古人所推理必不爽漢儒又推兵象者若以民困不救久將紛紜擾國急切難于撲滅也今謝公欲令公卿以下各舉守臣令其便宜從事期年參考以定賞罰非至計歟

元順帝時秋七月河南武陟縣禾將熟有蝗自東來縣尹張寛仰天祝曰寧殺縣尹毋傷百姓俄而黑鷹飛啄食之

謹案天下之蠢然而無知者虫鳥也殊不知最靈明而有覺者亦虫鳥也天子改過蝗皆自斃郎官自祝遂致鷹驅故有牧民之責者不必患蝗之爲害特患巳之不誠也

明成祖永樂二十二年五月濬縣蝗蝻生知縣王士廉以失政自責齋戒率僚屬耆民禱于八蜡祠越三日有烏數萬食蝗殆盡皇太子聞而嘉之顧侍臣曰此實誠意所格耳

謹案禮記云先王能修禮以達義體信以達順則天降膏露地出醴泉鳳凰麒麟皆在郊棷矣今濬令悔過自責誠心敬禱故始失而終得也蝗無知而烏有靈感孚之所致耳

朱熊所緝救荒補遺有云天災不一有可以用力者有不可以用力者凡水與霜非人力所能爲姑得任之至于旱傷則有車戽之利蝗蝻則有捕瘞之法苟可以用力者豈

得坐視而不救哉。爲守宰者。當速爲方畧以禦之。以令斯民也。

謹案 明朱熊所刻救荒書。即董煟之所緝。不過增減其間。俱至當而不可易。故正統間刻此書。名曰救荒活民補遺。萬曆間復有人刋之。以行于世。可見惻隱之心。人皆有之。若能廣爲傳布。蒼生之幸矣。

撲蝗蝻總論曰。蝗蝻之生。人知之乎。刻剝小民。不爲顧恤。地方官吏侵漁百姓之見端耳。所以在上者。以愛民爲心。未有不格天地而異類爲之消除。至如唐太宗寧食惡物而不恤。姚崇認後患而不辭。則蝗害頓除。或思自責。或罷土木。灾之散也。捷若桴鼓。太守得如宋均。縣令能如卓茂等。安得有蝗入其境中。即有之。不爲黑鷹啄食。亦爲鳥雀所餐。又何慮哉。此謝絳朱熊之論。所當法也。要知蝗蝻不去。則草野咸受其害。一在修德格天。一在捕瘞除患。如以物命爲憐。蝻者蝦之遺孽也。天下之食蝦者。統歲而計。寧止億萬石。何獨至于害稼之蝗而疑之。此汴州刺史所以見誚于姚崇也。詩云。去其螟螣。及其蟊賊。無害我田穉。上古且然。今何惑哉。

二十 貸牛種以急耕耘

漢昭帝　南北朝魏太子
南齊戴僧靜　唐袁高
齊德州　宋太宗諭
劉渙　熙寧御批
曾鞏　查道
明林希元　喻均

漢 昭帝始元元年三月。遣使者賑貸貧民無種食之人。秋八月詔曰。往年災害多。今年蠶麥傷。所賑貸食勿收責。毋令民出今年田租。

謹案 殘冬已過。東作方興。若不急令耕耘。將來困苦。必倍於前者。力盡人疲故也。昭帝特令貸之種食。不但貸之而又令勿收責。且蠲其租。非天子之仁。相君之德。沛生機於民食者乎。

南北朝 宋文帝元嘉二十一年。魏太子課民稼穡。使無牛者借人之牛以耕種。而代爲耘田以償之。凡耕種二十二畝。而芸田七畝。大略以是爲率。使民各標姓名於田首。以知其勤惰。禁飲酒遊戲者。於是墾田大增。

謹案 民無牛。令借人之牛。使耕種耘田以償。是有牛者不吝。而耕田者亦樂於相從。處之大得其公。又使標姓名於田首而知勤惰。種種妙法。不一而足。無惑於墾田

之大增國賦由之而足也

南齊戴僧靜爲北徐州刺史買牛給貧民令耕種甚得邊荒之情

謹案有田無牛猶之有舟無楫不能濟也刺史一郡之主民之生死係焉買牛而給與貧民獲救荒之本其得民情也宜矣

唐德宗貞元元年二月詔曰諸道節度觀察使所進耕牛委京兆府勘責有地無牛百姓量其產業以所進牛均平給賜其有田五十畝巳下人不在給限給事中袁高奏曰

聖慈所憂切在貧下百姓有田不滿五十畝者尤是貧人請量三兩戶共給牛一頭以濟農事從之是時蝗旱之後牛多疫死諸道節度韋皐李叔明等咸進耕牛故有是命

謹案給事之奏深得民情民以貧而田不能多再以田少而牛無所給是困而益困貧而益貧矣豈裒多益寡之道歟視其田之多寡共給耕牛當爲至法

文宗太和三年七月齊德州奏百姓自用兵巳來流移十分只有二分伏乞賜麥種耕牛等勅量賜麥三千石牛五百頭共給綾一萬疋充價直仍各委本州自以側近市糴分給

謹案兵荒之後惟賴救全牛種俱無何由得活德州之奏請不大有功於萬民耶詩云愷悌君子人之父母首重耕耘何慚民牧

宋太宗至道二年詔官倉發粟數十萬石貸京畿及內郡民爲種有司請量留以供國馬太宗曰民田無種不能盡地利且竭力以給之國馬以芻藁可矣

謹案天地之利用之則不竭取之則非貪以之救民何民不救太宗借種與民而欲盡收地利以食民是神農

之心矣肯以此粟爲國馬所食哉有司之請不智甚矣

英宗治平間河北凶荒民無食多賤賣耕牛劉渙知澶州盡發公帑錢買牛明年逋民歸無牛耕價貴十倍渙依元直賣牛河北一路惟澶州民不失所

謹案公之賣耕牛雖濟民於巳荒之後實救人於未困之先何也使人賣時不買今欲買時安得有賣抆民者肯事事倣此而行則饑民無往不濟矣

神宗熙寧八年三月上批沂州淮陽軍災傷特甚百姓不惟鈌食農乏穀種田事殆廢粒食絕望糾集爲盜者多實

可矜憫若不復加賑恤恐轉至連結羣黨難以捕擒陷溺其民投之死地可速議所以賑恤之遂詔京東轉運提舉司發常平錢省倉米等給散與孤貧人戸

謹案民無種穀將來之口糧何從取給賑之固不勝其賑而所賑之粟米并且難支爲民務本計者肯恝然乎今神宗御批小民絶粒在於無種因而大發倉庫廣賑孤貧本固矣尚有憔悴其枝者哉

曾鞏知越州値歲饑出粟五萬石貸民爲種糧使隨歲賦入官農事賴以不乏

謹案知一州卽當知一州之緩急曾公之知越州歲饑矣使不知種糧之當貸或死或盜紛然而起卽不困阨元氣已傷今以五萬石貸之隨賦而入官既無損民不困乏何美如之

查道知虢州蝗災知民困極急取州麥四千斛貸民爲種民困由是而蘇遂得盡力於耕耘之事

古人云春秋於他不書惟無麥卽書董仲舒建議令民廣種宿麥無許後時蓋二麥於新陳未接之時最爲得力不可不廣也查君貸之以種非得古人之良法者哉

明僉事林希元疏內有云幸而殘冬得度東作方興若不預爲之所將來歲計復何所望故牛種一事猶當處置臣召父老計之自立一法逐都逐圖差人查勘除有牛無種有種無牛聽自爲計外無牛人戸令有牛一頭者帶耕二家用牛則與之供食失牛則與之均賠無種人戸令富人戸一人借與十人或二十人每人所借雜種三斗或二斗耕種之時令債主監其下種不許因而食用收成之時許債主就田扣取不許因而掩負亦加其息官爲主契付債主收執此法一立有牛種者皆樂於借而不患其無償缺牛種者皆利於借而不患其乏用有災傷處如臣之法似可行也

謹案僉事公之貸牛種也特設一法不取給於官而通那於民非至公至當可乎故加息立券萬不可少無許掩負猶得民情但當多發示諭遍曉城市鄉村不得略遲時日況爲數不多救全甚廣非親身與父老斟酌者而能得此善政耶

萬曆戊子東南水災窮民工力種糞一無所有新建喻均守松江得請免田糧若干出示佃戸還租亦如減糧之數

仍令有田之家。量留穀本。至春耕時。貸與佃戶。爲來歲種田之資。一時稱爲惠政。

謹案 請免田糧而惠及佃戶。其仁溥矣。又令各留穀本。以貸佃戶。殷殷無已。無非爲鄉民起見。不知輸公之爲鄉民。正所以爲富戶。鄉民絶粒。業主何收。故當時鍾御史給民之牛種云。有可耕之民。無可耕之具。饑餓何從得食。租稅何從得有也。

貸牛種總論曰。四民中最苦者農也。耕耘之外。別無所能。當此饑饉之時。若不令其速爲耕種。則又絶將來之望矣。

賑濟者。囊已俱傾。待哺者仍然引領。不猶中道而廢耶。今觀漢唐以及於明。貸耕牛之善法。莫如魏太子貸宿麥之妙策。首推査道矣。四五月間。新陳未接之際。得此一助。民賴不死。此董仲舒所以力言二麥之不可少也。爲君者。能如漢之昭帝。宋之太宗。熙寧之御批。爲臣者。得若南北朝之戴氏。及唐宋明三代之諸臣。何患乎牛之不得。種之不播哉。粒食可望。而餓莩得生矣。但林公疏內有云。令保甲監其下種。曾則以爲不若使田鄰互相監種之爲便也。彼見我田。我見他地。一不種。則有罰。何冒領之有。左傳云。政如農功。日夜思之。思其始而成其終。可見臨民者。必如是而後可以言爲政也。則牛種之貸。可不代爲籌畫。勉其耕種。以慰西成之望乎。

欽定康濟錄卷之四 一冊

事後之政計有六

事後論曰事將告竣尤貴斡旋畧有未安終虧撫恤況饑年之事務實民命之所關纔得稍蘇瘡痍未起百姓暴露乏之食久廢其業居無定所室無完聚朝廷雖有蠲復來歲丁田之詔閭閻尚少目前耕種之需縱使商賈農工盡待給於官府錢米之賑流民災戶咸仰聽於有司安挿之方田究荒蕪業歸怠惰此猶以餓殍之養養之而已非深思遠慮爲兆人計長久之道也所宜以古爲鑑率由典常識

國家大體時用之宜廣聖主加惠黎元之意周詳懇摯圖維厥終足國計而釋民愁轉荒歲爲樂歲因計事後之圖亦有六焉是在行之者之無務爲其文可矣

一贖難賣以全骨肉 難去聲

齊管子 魯孔子
漢朝二詔 後魏詔
唐太宗遣使 文宗詔
柳宗元 宋朝三詔
元武宗 明成祖
憲宗詔 鍾化民

齊管子曰湯七年旱禹九年水湯以莊山之金鑄幣而贖民之無饘賣子者禹以歷山之金鑄幣而贖民之無饘賣子者

謹案聖王之世可見亦有賣子之人貴乎上之人有以處之耳窮民命在旦夕若不聽其鬻賣必至骨肉相枕而死不更慘乎此聖王所以聽其賣而代其贖不禁其不賣也

魯國之法魯人爲人臣妾於諸侯有能贖之者取金於府子貢贖魯人於諸侯而讓其金孔子曰賜失之矣取其金則無損於行不取其金則不復贖人矣

謹案孔子責子貢之讓金恐曠贖人之典耳可見聖心

亦以贖人爲美政矣後之君子曷勿體聖人責子貢之失求爲政之得哉

漢高祖五年詔民以饑餓自賣爲人奴婢者皆免爲庶人

◎光武建武七年詔吏人遭饑饉及爲青徐賊所畧爲奴婢下妻欲去留者恣聽之敢拘制不還以賣人法從事

謹案此二詔爲貧不爲富可一不可再非中和之論也若免爲庶人聽其去留少者空養育於平時壯者徒費銀錢於歉歲設遇再饑其誰復買不遭啗食定喪溝渠豈禹湯鑄幣贖人之意哉

後魏高宗和平四年詔前以民遭饑寒不自存濟有賣鬻男女者盡仰還其家或因緣勢力或私行請託共相通容不時檢較令良家子息仍爲奴婢今仰精究不聽取贖有犯加罪若仍不檢還聽其父兄上訴以掠人論

謹案古云天地無私故能覆載王者無私故能容養若處事稍有不平難言至當良家子息不聽取贖然後以掠人論罪其誰敢議如一無所得盡放還家何以活將來之餓莩今高宗之詔非兩全之道歟

唐太宗貞觀二年遣使杜淹賑恤關內饑民鬻子者出金

帛贖還之

明邱濬曰嗚呼人之至愛者子也時日不相見則思之挺刃有所傷則戚之當年豐時雖千金不易一稚一遇凶荒惟恐鬻之而民不售此無他知偕亡而無益也故不若官買之以實軍伍

文宗開成元年三月詔比聞兩河之間頻年旱災貧人得富家數百錢數斗粟卽以男女爲之僕妾委所在長吏察訪聽其父母骨肉以所得婚購之勿得以虛契爲理

謹案此詔勿憑虛契歸其所買骨肉有再聚之歡養育無緊失之患使上不代贖而令民自圖者此詔庶幾其可也父母斯民之次法耳

柳宗元爲柳州刺史不鄙夷其民惟務德化先是以男女質錢約子本相當則沒爲奴婢宗元與民設法悉令贖歸衡湘以南士皆北面稱弟子

謹案人知柳柳州以文章鳴世而不知其以德化民卽如贖子女而歸其父母其德之施於民也遠矣羅池廟食有以哉

宋太宗淳化二年詔陝西緣邊諸州饑民鬻男女入近界

部落者官贖之◎眞宗大中祥符三年詔前歲陝西民饑有鬻子者命官爲購贖之還其家◎仁宗慶曆八年二月賜瀛莫恩冀州緡錢二萬贖還饑民鬻子

謹案鳥雀有羣栖之樂人生豈無完聚之歡無如死生在於旦夕骨肉在所難全天子下念窮民悉爲代贖父子得以永聚夫妻不復分離非仁政之一端乎

元武宗至大元年十一月以大都米貴發廩十萬石減價以糶賑貧民北來民饑有鬻子者命有司悉爲贖之

謹案流落異鄉尤多苦切父母不得相親閭里曾無一

識。武宗贖其子而還其家。猶無子而有子矣。發廩賤糶。以賑貧民。是無食而有食矣。非聖朝之盛典乎。

明 成祖永樂十一年六月。上召行在戶部臣曰。人從徐州來。言水災民有鬻子女者。人至父子相棄。窮極矣。卽驛賑之。所鬻爲贖還。

謹案 骨肉遠離。死生難料。設遭疾病。誰念垂危。是不死於饑寒。亦半喪於零丁矣。天子憫其孤窮。骨而肉之。賑而活之。在覆載尚有缺陷之時。在朝廷絕無生離之衆。寧獨受恩者永懷不已。卽旁觀者亦感激無窮也。

憲宗成化二十三年。詔陝西山西河南三省軍民先因饑荒逃移。將妻妾子女典賣與人者。許典賣之家首告。准給原價贖取歸宗。其無主及願留者聽。隱匿者罪之。

謹案 官給原價。贖其歸宗。若不首告。罪其隱匿。人亦何怨之有。使如漢家之竟令放還。或以掠人論。是以勢而不以理。豈君民之道哉。

明 神宗萬曆二十二年。鍾化民河南救荒疏。臣仰體德意。贖還民間荒年出賣妻孥四千二百六十三名。皇上全人父子兄弟夫婦之倫。離而復合。斷而復續。骨肉肺腑之親。無悲思哀痛之慘矣。但贖還之後。不知其終保完聚否。倘餬口無資。後相轉貿。如夢中乍會。覺後成空。思及於此。不覺淚下。惟帝念哉。

謹案 鍾御史之善政不一。而足卽如贖人一種。至四千二百餘名。饑時不至喪失。稍熟得能完聚。家而室。父而子。孰非再造之恩歟。

贖難賣總論曰。曾聞明季成化乙未科狀元費宏之父。捐館資一十二金。贖婦還夫。狼狽而歸。夜聞窗外神人曰。今宵採苦菜作飯。明年產狀元。爲兒宏果十九而登鄉薦。翁

生受吏部侍郎之封。在貧士尚憐離散。居天位。何得視爲漠然。況其賣也非自作之孽也。時當歉歲。不賣親人。終無生理。其意以爲餓死而無救。不若活賣而分離。後得一見未可知也。在買者給其價而衣食之。不惜捐費於豐年。實欲服勞於後日。既生其身。且救其家。均相有益。高下難分。但血淚已枯。於異地而夢魂猶戀乎家鄉。非天子之深仁厚德。孰能救其婢使奴差之苦也。然漢家之詔。恣聽去留。不償所值。設遇薦饑。於何得活。豈善策哉。故司牧能如柳宗元。使臣得若鍾化民。多方設法。完彼親人。皆合禹湯之

心無愧孔子之教矣且父子不相見兄弟妻子離散仁政之所首疾也可使見之於世乎孟子曰禹思天下有溺者由已溺之也稷思天下有饑者由已饑之也聖賢之憂民如此此父母孔邇之歌所以流傳於盛世哉

二憐初泰以大撫綏

漢龔遂　光武詔
後魏崔衡　唐代宗詔
李栖筠　張全義
宋富弼　蘇軾
朱熹　元成宗詔
明太祖詔　鍾化民

漢宣帝時渤海歲饑多盜帝命龔遂鎮之遂曰民困饑寒故盜弄陛下之兵於潢池耳夫治亂民猶治亂絲不可急也乃單車至府悉罷捕盜令但以執田器爲良民令民賣劍買牛賣刀買犢曰何爲帶牛佩犢由是吏民富實而盜悉解

謹案古稱荒政貴不治之治也使太守必欲剿除盜賊以清四境不但不能使之安必將迫之亂今念煢煢赤子饑餓使然衣食足而禮義生惟務農桑富其一郡較之血我干戈腥我天地者霄壤矣

光武帝建武六年正月詔曰往歲水旱蝗蟲爲災穀價騰躍人用困乏朕惟百姓無以自贍惻然愍之其命郡國有穀者給稟高年鰥寡孤獨及篤癃無家屬貧不能自存者如律二千石勉加撫循無令失職

謹案瘡痍初起調護無方必死無疑之症矣光武知之

以往歲災傷特命賑給且勉二千石不可失職大得安不忘危之道哉

後魏 崔衡爲秦州刺史先是河東年饑劫盜大起衡至修龔遂之法勸課農桑周年之間寇盜止息

謹案 崔衡既可倣而行之於魏後人獨不可效而施之於世乎盜賊悉除農桑得盛龔君妙法原在人間人自不能則耳好大喜功者徒自誅求於不已豈良有司哉

唐 代宗元年十一月制逃亡失業萍泛無依特宣招綏使安鄉井其逃戶復業者宜給復三年如百姓先貨賣田宅

盡者宜委州縣取逃戶死口田宅量丁口充給仍仰縣令親至鄉村安存處置務從樂業以贍資糧

謹案 逃亡失業不能撫綏還鄉無倚復又他之烏知其不爲盜也今既各有處置人民樂業泰階將起是安民適所以安已富民卽所以富君非美詔歟其握要處在處置樂業以贍資糧尤見深恩

代宗時李栖筠爲浙西觀察使屬師旅饑饉之後百姓流離講誦之徒數年竟絕乃大開學館招延秀異表大儒河南褚冲吳郡何員等超資授官爲學者師身自執經問疑

義由是遠邇趨風鼓篋升堂者至數百人教化大行

謹案 禮義者經國之大典也豈因饑饉之後可廢而不講乎李觀察特爲之整理誠得聖人教之之義矣不大有功於名教耶

僖宗光啓三年張全義爲河南尹初東都薦經饑饉饑民不滿百戶全義選麾下十八人材器可任者人給一旗一榜謂之屯將使詣十八縣故墟落中植旗張榜招懷流散勸之樹藝蠲其租稅惟殺人者死餘但笞杖而已由是民歸之者如市數年之後都城坊曲漸復舊制諸縣戶口率

皆歸復桑麻蔚然野無曠土全義明察人不能欺而爲政寬簡出見田疇美者輒下馬與僚佐共觀之召田主勞以酒食有蠶麥善收者或親至其家悉呼出老幼賜以茶綵衣物有田荒穢者集衆杖之或訴以乏人牛乃召其鄰里責使助之由是鄰里有無相助比戶豐實凶年不饑遂成富庶焉

謹案 兵火之餘尚能富足太平之世何事凋零乃知世有治人實無治法在上者能如張公之招撫流亡勸之樹藝誰不勇往耕耘互相賙濟乃知一人之鼓舞關係

萬姓之豐盈何以後世之官但知自富不知富民此凋零之所由來耳苟能以富已之圖維變而爲富民之善策要亦無有不富者矣後來屈指誰可並驅

宋富弼鎮青州適河決八州之民俱徙京東既以救濟至次年麥熟於是各計其路之遠近授糧使歸生全者五十餘萬人

謹案家不歸無以安其身糧不足無以資其歸富公計其遠近授糧遣歸不使有窮途之窘始也救之生終也給其歸始終相濟故能位極人臣而名垂萬世也

蘇軾論積欠狀臣親入村落訪問父老皆有憂色云豐年不如凶年官吏以夏麥既熟舉催積欠胥徒在門枷鎖在身求死不得故流民不敢歸鄉臣聞之孔子曰苛政猛如虎昔常不信以今觀之殆有甚焉水旱殺人百倍於虎而人畏催欠又甚於水旱百姓何由安生朝廷仁政何由得成

謹案催欠於麥熟之際以致居者日以擾流者不敢歸蓋些少之收還官則仍然舉家枵腹救口則目前鞭撻奚辭是饑於年者可救饑於官者難逃昔邵康節有云寬一分小民受一分之賜凡爲司牧者當以撫恤黎民爲首務催征國課固不可緩苐必揆時度勢審知現在之情形勿以荒田災累之窮民認作頑戶抗糧之百姓庶幾政無刻厲而寬厚愛民之意乃行

朱熹疏臣竊以爲救荒之政蠲除賑貸固當汲汲於其始而撫存休養尤在謹之於其終臣愚欲望陛下赦臣之罪察臣之言亟詔有司凡去年被災之郡盡今年毋得催理積年舊欠及將去年倚閣夏稅悉與蠲放其上二等人戶當此凶年細民所從仰食其間亦有出粟減價賑糶而不

及賞格者伏望聖慈普加恩施許將去年殘欠夏稅多作料數逐年帶納則覆載之間幅員之內當此災旱之餘無有一夫一婦不被堯舜之澤矣

謹案名賢之爲百姓甚於自已之爲一身真誠懇切無所不至文公以民之貧者念其困苦而赦之民之稍可者念其救荒而帶徵安富救貧畧不稍遺豈易及哉

元成宗大德三年正月詔比年水旱疾疫百姓多被其災已嘗蠲復賑貸尙慮恩澤未周其大德三年腹裏諸路合納包銀俸錢盡行除免江南等處夏稅以十分爲率量免

三分◎五年詔各路風水災重去處今歲差發稅糧並行除免貧乏缺食人民之家計口賑濟乏絕尤甚者另加優給其餘災傷亦仰委官省視存恤

謹案人君恩澤能於百姓有加無已正是培植元氣之處誠足為撫綏兆庶者之法守也矣

明太祖洪武十年九月勅中書省去歲浙西嘗被水災民人缺食朕嘗遣官驗戶賑濟今雖時和年豐念去歲小民貸息已重既償之後窘乏猶多今賴上天之眷田畝頗收若不全免舊年被災之民今年田租不足以甦其困爾中

書其奉行之

謹案太祖以窘乏猶多四字存之胷中則免兩租之念已勃然而不可遏矣非履安思危視民如傷之至歟要之民為邦本本固邦寧祖宗培植於前子孫保護於後權宜斟酌計出萬全是誠致治之要道也

神宗時巡視河南御史鍾化民疏中有云臣每至粥廠流民告稱一向在外乞食離鄉背井日夜悲啼今蒙朝廷賑濟情愿歸家但無路費又恐沿途餓死臣體皇上愛民之心令開封等處查流民願歸者量地遠近資給路費給票到本州縣補給賑銀務令復業據祥符縣申報共給過流移男婦二萬三千二十五名

謹案鍾御史救民不盡善盡美則不肯止假如窮民雖有路費而不補給賑銀歸無所望未免逡巡今聞有此口糧先有所藉生計得以徐圖故歸而恐後者多矣立法不可與富鄭公後先媲美耶

憐初泰總論曰既荒之後如病初起不能撫綏再加勞困是不死於病篤之時而反亡於初愈之日矣不大為可歎哉麥熟矣旦夕可免啼饑之苦有麥則然蠶畢矣出入可

釋無衣之歎無絲則否故小民有些須之蓄尤不可有耗散之端倘若徘徊岐路歸計無從劫掠相侵空囊如洗或追呼逼迫或禮義罔知不仍如遭倒懸之苦耶於以知歸流也弭盜也停徵也教養也四者皆仁政之大端撫綏之急務自漢唐以至元明莫不各有善法所當急效者也纔履豐年方臻熟歲可不下體民心上承天意以固我金甌哉雖然若弭盜而不歸其流則劫奪之患不息教養而不停其徵則妨民之困不除農桑何由得盛學校何從得興此又相因而為用者也缺一不講烏乎可哉

三必賞罰以風繼起

齊桓公　漢武帝詔　南北朝沈演之　宋哲宗詔　潘濬　明劉鑑

齊威王　郭賀　唐德宗詔　孝宗　元撒里不花張士宏　周孔教

【齊】桓公之郭。問父老曰。郭何以亡。曰。以其善善而惡惡也。公曰。若子之言。乃賢君也。何至於亡。父老曰。郭公善善不能用。惡惡不能去。所以至此耳。

【謹案】賞罰者朝廷之大權。明決者經綸之妙用。秉其權。則必善其用。倘聰明周徹。而裁斷之際。不能不瞻顧遲回。揆之上理。究非所宜。所以善惡在前。已灼見其根柢。務卽用其激揚。賞罰嚴明。而四方風動。治國之要。莫大於此。

齊威王語卽墨大夫曰。子令卽墨。毀言日至。及使人視卽墨。田野闢。人民給。官無事。東方以寧。是子不賂吾左右求助也。封之萬家邑。語阿大夫曰。子令阿。譽言日至。及使人視阿。田野不闢。人民貧餒。是子賂吾左右求助也。是日烹阿大夫及左右嘗譽者。自是莫敢飾非。而齊國大治。

【謹案】威王之賞罰明。齊國之萬事理。可見愛民者不可以不賞。不賞無以酬既往。飾非者不可以不罰。不罰何以戒將來。救荒者誠能體此意以用人。則得任賢勿貳。去邪勿疑之道矣。

【漢】武帝元鼎二年詔。仁不異遠。義不辭難。今京東雖未爲豐年。山林池澤之饒。與民共之。今水潦移於江南。迫隆冬至。朕懼其饑寒不活。江南之地。火耕水耨。方下巴蜀之粟。致之江陵。遣博士等分循行諭告所抵。無令重困。吏民有振救饑民免其厄者。具舉以聞。

【謹案】分人以財。謂之惠。惠之及人。能生人於垂斃。則功亦不小矣。故凡有功於饑歲。不敢望報者。君子之存心。必有以報之者。朝廷之大典。至若小民。尤爲善舉。可不上聞乎。

明帝永平三年。荆州刺史郭賀官有殊政。上賜以三公之服。黻黼冕旒。勑行部去幨帷。使百姓見其容。以彰有德。

【謹案】盛矣哉。上之所賜也。他郡知之。有不自反者歟。昔魯恭有云。萬民者天之所生。天愛其所生。猶父母愛其子。故愛民者天祐之。君寵之。民戴之。史載之。衆美備於一身矣。胡爲乎不以善政爲先也。

〔南北朝〕宋文帝元嘉十二年。東土饑。遣揚州治中從事史沈演之。巡行所在。演之表曰。宰邑敷政。必以簡惠成能。涖職闢治。務以吏民著績。故王奐見紀於前。叔卿流稱於後。竊見錢塘令劉道眞。餘杭令劉道錫。皆奉公恤民。恪勤匪懈。百姓稱詠。初被水災之時。餘杭高隄決潰。洪流迅激。勢不可量。道錫躬先吏民。親執板築。塘既屹立。縣邑獲全。經歷諸縣。訪覈名實。並爲二邦之首。最治民之良宰。上嘉之。各賜穀千斛。

〔謹案〕有功不賞。吝惠不施。淮陰之論項王。婦人之仁耳。

其何以濟。演之特舉二令。宋帝賜穀千斛。名垂後世。不可爲勵衆之曠典歟。後之勤於民事者幾縣。受穀千斛者幾人。甚可慨也。

〔唐〕德宗貞元二年正月。詔親人之任。莫切於令長。導王者之澤。以被於下。求庶人之瘼。以聞於朝。得失之間。所係甚大。昨者詳延羣彥。親訪嘉猷。尚書司勳員外郎竇申等十人。潔已貞明。處事通敏。人不流亡。事皆辦集。就加寵秩。允叶前規。嗚呼。弛張係於理。不係於時。升降在於人。不在乎位。非次之恩。以待能者。彰義黜惡。期於必行。凡百君子。各宜自勉。

〔謹案〕堯舜之時。雖有水旱之災。不聞有溝渠之死者。要在得人而理。蓄積有備耳。今此詔。加意於賢良。勉郎官於撫字。非握要之典耶。

〔宋〕哲宗紹聖元年十一月。詔河北賑饑。諸路恤流亡官吏。有善狀才能顯著者。以聞。

〔謹案〕世豈無才乎。特患有才而不能知耳。或爲小人之所蔽。或在草茅而無聞。即有伏龍鳳雛。不得司馬徽而薦揚之。能致魚水之得歟。此詔有才能者。令舉以聞。人

惟恐才之不見用於世矣。何遯跡之有。

孝宗淳熙八年七月。賞監司守臣。修舉荒政者十六人。十二月癸卯朔。以徽饒二州民流者衆。罷守臣官。出南庫錢三十萬緡。付浙東提舉常平朱熹賑糶。◎丙辰。詔縣令有能修舉荒政者。監司郡守以名聞。

〔謹案〕賢者賞之。不肖者罷之。又出庫錢。令朱子賑糶。且詔監司郡守。各奏修舉荒政之員。天地養萬物。聖人養賢以及萬民。孝宗非身體而力行者哉。

潘潢覆積穀疏內有云。凡境內應有圩垾壩堰坍鈌。陂塘

溝渠壅塞務要趂時修築堅完疏濬流通倘壞久不修修不完固或因而害民者並爲不職從實按勘施行遇該考滿務查水利無壞方許起送有能爲民興利如史起溉鄴鄭國開渠之利具奏不次擢用該管官員亦照所轄完壞多寡分數定註賢否一體旌別

謹案 世之有賞罰如門之有樞機賞罰不行如樞機壞矣尚能望其啓閉有時而足以衛護多人耶潘公此疏歷歷指出如是者當罰如是者當陞誠得樞機之妙者矣

元 文宗時監察御史撒里不花張士宏等言朝廷政務賞罰爲先功罪既明天下斯定國家近年自鐵不迭兒竊位擅權假刑賞以遂其私綱紀始紊迨至泰定爵賞益濫比以兵興用人甚急然而賞罰不可不嚴夫功之高下過之輕重皆繫天下之公論願命有司務合公議明示黜陟功罪既明賞罰攸當則朝廷肅清紀綱振舉而天下治矣文宗嘉納之

謹案 大舜用九官誅四凶德被天下而功垂不朽後人可不法之以圖治歟御史以賞罰爲先文宗嘉之孰謂非紀綱振舉之朝哉

明 孝宗弘治十年二月巡撫鳳陽都御史李蕙奏致仕六安州知州劉鑑前在州四年積預備倉糧餘十萬石後致仕適連歲荒歉州民賴倉糧存濟者甚衆請加旌異上曰鑑雖致仕餘惠在民其仍進階奉政大夫以勸爲民牧者

謹案 知州之賢巡按之奏孝宗之賞皆得報功要法可以勵繼起但其在任之時其竭力圖維預備倉糧潔已愛民不聞上臺奏請直待餘惠及民而始邀天眷其初之蔽賢者非奸佞而何

周孔教撫蘇時有云大司徒保息萬民之政既曰恤民又曰安富大率民不可以勢驅而可以義動故民有出粟助賑煑粥活人者上也有富民巨賈趂豐糴穀歸里平糶循環行之至熟方持本而歸者次也有借粟借糧借牛於鄉人待年豐而取償者又其次也凡此之民皆屬尚義於此權其輕重或請給冠帶或特給門匾或給以賞帖後犯杖罪子孫皆可准折皆所以奬之而不負之也此在會典及累朝詔旨俱有之有司所當急行者也

謹案 夫子云道千乘之國敬事而信可見信爲治國之

本救荒者饑時賴之以救民事後豈可置之而不問周君序三種救荒之人急宜表彰綱舉目張斯爲得信賞必罰之道。

必賞罰總論曰古云有功不賞有罪不誅雖唐虞不能以化天下今多列報功而罰罪不載非謂不職者可以寬其罰蓋不待事畢早已逐而去之也此卽范仲淹一家哭何如一路哭之意耳昔高澄問政要於杜弼弼曰天下大務莫過於賞罰賞一人使天下之人喜罰一人使天下之人懼二事不失自然盡善時有聞弼之言者大說曰言雖不

多於理甚要故明於致治者無不以二端爲大務也漢唐之典宋元之事盡列於前彰彰可據至劉鑑之不賞卽賞者蔽賢者之罪也周孔教之欲奬尙義者勵衆之道也乃知災傷之際不有賢良建策斡旋解民倒懸出之湯火孰與活垂斃而生餓殍禮記云聖人南面而治天下報功其二也可見賞罰者致治之大典也而可忽乎哉不特此也城市鄉村若有孝弟節義之人或敦倫或濟世者此亦天地之正氣人間之儀表安可不一併表揚以彰有德果能若是是無往而不以唐虞之化化天下矣國有不治社稷有不安者哉。

欽定康濟錄　卷四　事後之政　必賞罰　三十三

四籌匱乏以防薦饑

漢景帝　張敞
南北朝齊何敬叔　唐劉晏
宋范純仁　蘇軾
中書省言　朱熹
毛鼎新　明陳智伯
朱英　鍾化民

漢景帝時上郡以西旱復修賣爵令而裁其價以招民

謹案救荒如救焚惟速爲佳使價稍高則觀望者多後今裁價而招民人必勇往向前可謂納粟救荒之善策矣何匱乏之有

宣帝地節三年京兆尹張敞上書國兵在外田事頗廢素亡餘積雖羌虜已破來春民食必乏窮僻之處買亡所得縣官穀度不足以賑之願令諸有罪非盜受財殺人及犯法不得赦者皆得以差入穀此八郡贖罪務益致穀以預備百姓之急左馮翊蕭望之駁議曰今欲令民納粟贖罪則富者得生貧者獨死是貧富異刑而法不一也西邊之役民失作業雖戶賦口斂以贍其困乏古今通義百姓莫以爲非以死救生恐未可也

謹案無辜之民困之以賦不若令有罪之人贖之以財出其情愿輸其當然寬一人而生數十人之身命通變

之方莫妙於此況狡猾之民得安其生四方安樂民皆改行從善所謂禮義生於富足此際轉移真不費之惠矣可勿行哉

南北朝齊何敬叔爲長城令有能名在縣清廉不受禮遺夏節至忽牓門受餉數日中得米二千餘斛他物稱是悉以代貧人輸稅

謹案一人受汚四境得食非智者能之歟然其汚也易釋其智也實深君子曰潔己愛人莫敬叔之若矣

唐代宗時劉晏掌財賦以爲戶口滋多則賦稅自廣故其理財以愛民爲先諸道各置知院官每旬月具州縣雨暘豐歉之狀白使司豐則貴糴歉則賤糶或以穀易雜貨供官用及於豐處賣之知院官始見不稔之端先申至某月須若干蠲免某月須若干救助及期晏不俟州縣申請即奏行之應民之急未嘗失時不待其困斃流亡餓莩然後賑之也由是民得安其居業戶口蕃息

謹案大學一書劉晏能熟讀有德有人一節行之事而見諸政其後除劉公之外凡理財者或急急於徵求恤災者且遲遲而賑救不知國之與民所係甚重偶有偏

災。卽爲救濟。務使民有安全之樂。而無困阨之憂。則誠仁主愛惠子民之至計矣。

【宋】范純仁知襄城。襄俗不事蠶織。鮮植桑者。純仁因民之有罪而情輕者。使植桑於家。多寡視罪之輕重。按所植榮茂與除罪。

【謹案】愛民之人。罰之者卽所以益之也。開一面之恩。錫自新之路。與蒲鞭示辱。醇酒强人。同一意耳。況瘡痍初起。尤當以此爲法。

元祐間。蘇軾守杭。嘗於城中創置病坊。名曰安樂坊。以僧

主之。仍請於朝。三年醫愈若干人。乞賜紫衣度牒一道。復買田。歲收租米千斛資之。軾還朝。近臣有以黃白金爲餽。軾恐卻之以拂故人意。受之則傷廉。乃悉畀於杭。用助買田。而以書致謝意。

【謹案】東坡此舉。卽劉凝之受餉分給之意也。人不我拂。德及萬民。一舉而數善備焉。嗟夫東坡行之於前。以救疾疫。今人何不踵行於後。使災民得所養耶。

孝宗興隆間。中書門下省言。河南江西旱傷。立賞格。以勸積粟之家。凡出米賑濟。係崇尚義風。不與進納同。

【謹案】崇尚義風。不與進納同。此二語。鼓舞天下救荒捐納之人。眞妙語也。一種愛民深心。沛乎筆底。宜榜示四海。以爲捐納者勸。

朱熹奏內有云。湖南江西旱傷。米價踴貴。細民艱食。理合委州縣官勸諭富室。如有賑濟饑民之人。許從州縣保明申朝廷。依今來立定格目。給降付身補授名目。竊恐有司將同常事。未卽推恩。致使失信本人。無以激勸來者。欲望聖慈特降睿旨。依已降指揮。將陳藂等特補合得官資。庶幾有以取信於民。將來或有災傷。易爲勸諭。

【謹案】聖賢之心。豈爲捐粟者計。實爲阻饑者謀。若荒而令之捐。熟而遲其授。適有不足。再欲舉行。其誰我信。左傳有云。君子之言。信而有徵。故怨遠於身也。

毛鼎新。黃岩人。授浙西提舉茶鹽司準遣。改常平司準遣。其長有欲獻羨餘四十萬者。鼎新力爭。以置社倉。

【明】陳善曰。鼎新此舉。不啟君上之侈心。而於民有德。且俾其長免言利干進之咎。一舉而三善具焉。

【明】宣德末。永豐饑。亂民嚴季茂等千餘人就縛。布政陳智伯謂脅從者衆。不可槩令瘐死。倡捐俸爲粥賑之。奏報決

首惡三十餘人。餘皆免。時有告富民與賊通者。三百餘人。智悉令詣官自告。諭之曰。果若人言。下吏鞫訊。爾尚能保家乎。今若能出粟濟饑民。當貸爾衆。流涕乞如命。得粟萬餘石。所活不可勝計。

謹案富民遭官一審。家資盡入吏胥之手。饑民其有濟乎。陳公使之出粟活人。眞上智也。窮黎被脅而從。情有可矜。富家向賊求生。於理可恕。處之悉當。非秦鏡歟。

成化間。朱英巡撫甘肅。尋總督兩廣。在甘肅積軍羨三十萬。在兩廣四十餘萬。流民復業者十五萬家。或謂公先後

督撫。積羨撫民。功多矣。何不奏聞。英言此邊臣常分。何足自薦。

謹案流民復業者十五萬家。非以積羨濟之而能然歟。在甘肅在兩廣。莫不以積羨撫民。且弗自薦。心何純也。較之獻於天子而邀榮遇者。天壤矣。

御史鍾化民疏內有云。積儲之法。在民莫善於義倉。在官莫善於常平。中州常行此法矣。但官府之遷轉不常。倉庫之廢興不一。燃眉則急。痛定則忘。豈有濟乎。臣令各州縣查將庫貯糴本及堪動官銀。穀賤則增價以糴。穀貴則減價以糶。設遇灾荒。先發義倉。義倉不足。方發常平。不必求賑。在在皆賑恤之方。無俟發粟。年年有不費之惠也。昔神農之教曰。有石城十仞。湯池百步。帶甲百萬。無粟不可守也。倉廩既實。奚憂盜賊哉。湯音商。湯池者。水盛之池也。

謹案燃眉則急。痛定則忘。圖治之所切戒者。莫大於此。若饑後而不爲之備。又何以長享昇平。世稱郅治乎。所以村村有儲。處處有倉。則民殷富。而水旱可無急迫之憂。

籌匱之總論曰。年運之荒歉。實無常也。而窮民之待哺。情

孔亟焉。偶值無年。必多匱乏。苟不設法補足。社倉不猶生之於東隅。而窘之於西榆乎。用集其四以備採擇。一曰捐職。二曰贖罪。三曰用羨餘。四曰假餽納。勸分未嘗不妙。但恐難言於旣輸之後耳。捐職如景帝之裁酌。宋孝宗之論義。深得鼓舞之方。朱夫子則又論之詳而勉之至。是法可勿行乎。贖罪張敞所論。千古嘉謨。免一人之死。救千百人之生。豈蕭望之所能及哉。法內行仁。范忠宣陳智伯又爲之最矣。以羨餘而備荒者。則有毛鼎新朱英之可鑒。將餽納而賑救者。則有何敬叔與蘇東坡之可憑。皆潔已愛民

之君子何皆莫之法也若使理財者能如劉晏籌社倉者能如鍾化民尚有燃眉則急痛定則忘之誚乎古昔三年耕必有九年之畜以三十年之通制國用總以籌匱乏於豐年不使民間有災荒饑饉之苦耳仁哉聖心典制所垂抑何惠民深而憂民之心更如此其懇摯也耶

五尚節儉以裕衣食

唐堯　齊晏嬰
漢杜詩　羊續
南北朝孔奐　唐高祖諸
褚遂良　宋寇準
龐籍　元尚文
明太祖諸　海瑞

【陶唐氏】帝仁如天智如神就如日望如雲金銀珠玉不飾錦繡文綺不展奇怪異物不視玩好之器不寶淫佚之樂不聽宮墻室屋不堊色音惡白土也衣履不敝盡不更爲也

【謹案】人知聖人之儉乎心乎萬民不但不以金玉錦繡爲貴亦無暇及於此也隋文未嘗不儉閉粟吝施不知君民一體之理猶鷦鷯而學鵬飛不能彷彿於萬一耳

【齊】相晏嬰字平仲令山東萊州府人嬰以節儉重齊一裘三十年豚肩不掩豆齊國之士待以舉火者七十餘家

【謹案】晏嬰齊相也蕭何漢相也一衣食之儉也如此要亦無恆產之足治矣後世美嬰而不美何者嬰能儉以及人而何但知爲子孫計耳

【漢】杜詩字公君河內汲人也仕郡功曹遷南陽太守性節儉而政治清平以誅暴立威善於計畧省愛民役造作水排鑄爲農器用力少見功多百姓便之又修治陂池廣拓

土田郡內比室殷足時人方於名信臣故南陽爲之語曰前有名父後有杜母

謹案爲政而以母稱其惠之及民也可知矣身崇節儉農務爲先以致比屋殷足較於分俸及人者更握其要吾願愛民之君子皆以杜公爲法可也

羊續字興祖太山平陽人也中平三年拜南陽大守當入郡界乃羸服間行侍童子一人親歷縣邑採問風謠然後乃進郡內驚竦莫不震慴時權豪之家多尚奢麗續深疾之常敝衣薄食車馬羸敗府丞嘗獻生魚續受而懸於庭

丞後又進之續乃出前所懸者以杜其意靈帝欲以續爲太尉時拜三公者皆輸東園禮錢千萬令中使督之名爲左騶續乃坐使人於單席舉緼袍以示之曰臣之所資唯斯而已

謹案力挽頹風人之所難興祖間行入郡矯其故弊舉緼袍以示使者不以三公易其介名垂後世較於富貴一時歿則無聞者遠矣

南北朝孔奐字休文晉陵守清白自勵妻子不入衙齋得俸卽分贍孤寡一郡號曰神君富人殷綺見其儉素饋以氈衣奐謝曰百姓未周豈容獨享溫飽

謹案孔君之儉素必欲百姓足而始自享其溫飽則無時無刻不以窮民爲念矣其分俸也在所必然氈衣之惠徒增其歎今之爲守者對孔君而果能無愧歟

唐高祖武德二年詔曰酒醪之用表節制於懽娛芻豢之滋致甘旨於豐衍然而沉湎之輩絕業亡資惰窳音與之民騁嗜奔慾方今烽燧尚警兵革未寧年穀不登市肆騰踴趨末者衆浮冗尚多肴羞麴蘖重增其費救敝之術要在權宜關內諸州官民宜斷屠酤

謹案人情多縱知流而不知節知放而不知檢欲倉箱之固也得乎一遇飢年仍爲餓莩此詔令官民盡斷屠酤誠得節制嗜慾之道矣

太宗嘗怪舜造漆器禹雕其俎諫者十餘不止小物何必爾耶諫議大夫褚遂良對曰雕琢害農力纂繡傷女工奢靡之始恣縱之漸也漆器不止必金爲之金又不止必玉爲之故諫者救其源不使得開及夫橫流則無復事矣帝洛美之

謹案奢靡之始恣縱之漸天子且然而況小民乎倉箱

朝盡。困窘暮乘。非死卽流。勢所必至。可不知所以節之哉。褚公之對。自天子以至庶人。皆不可不察也。

宋寇準字平仲。渭南人。眞宗朝拜相。決策成澶淵功。寢室一布幃。二十載不易。封萊國公。處士魏野贈詩曰。有官居鼎鼐。無地起樓臺。北使至。歷視諸宰執。語譯者曰。孰是無地起樓臺相公。譯音亦。卽今之通事也。

謹案清介而爲外邦之所慕。豈他人所能及哉。叱堂吏之側簿。謝門生之三策。皎皎素風。可規天下。此枯竹生笋。而竹林祠之所由起也。可云生無樓閣地。死有竹林祠。

仁宗時。右司諫龐籍奏曰。臣昨在太平州界。檢會廣德軍判官錢中孚等狀。稱諸鄉貧民。多食草子。名曰烏昧。并取蝗蟲暴乾。摘去翅足。和野菜煮食。臣竊思之。東南上供粮米。每歲六百萬石。至府庫物帛。皆出於民。民於飢年艱食如此。國家若不節儉。生靈何以昭蘇。臣今取草子封進。望宣示六宮藩戚。庶抑奢侈。以濟艱難。

謹案龐公之論節儉。欲先君而後民。由宮廷而及國。誠得爲治之本。民之所輸若彼。所食若此。不深爲可嘆哉。

是故聖君愛民。必使六合咸享豐盈。衣食充足。猶不敢少有崇侈以自奉也。此粟紅貫朽。所以稱文景之盛治耳。

元成宗大德九年。西域賈人。有獻珍寶求售者。議以六十萬錠售其直。省臣有謂左丞尙文者曰。此所謂押忽大珠也。六十萬售之不爲過矣。文問何所用之。答曰。含之可不渴。熨面可使自有光。文曰。一人含之。千萬人不渴。則誠寶也。若一寶止濟一人。其用已微矣。吾之所謂寶者。米粟是也。有則百姓安。無則天下擾。以功用較之。豈不愈於彼乎。

謹案世之寶珠玉者多矣。有能因珠玉而念及米粟。以濟百姓者幾人。賢哉左丞也。照乘之珠。不能以安社稷。卞和之玉。後復仍授他人。何不寶米粟。以濟蒼生。永國祚而享帝王之福哉。

明太祖洪武三年。詔禁民僭侈。凡庶民之家。不得用金繡錦綺紵絲綾羅。止許用紬絹素紗。其首飾釧鐲。並不許用金玉珠翠。止用銀。◎五年。詔古之喪禮。以哀戚爲本。治喪之具。稱家有無。近代以來。富者奢僭犯分。力不及者。揭借財物。炫耀殯送。及有惑於風水。停柩經年。不行安葬。宜令中書省集議定制頒行遵守違者論罪如律◎十四年令農民之家許穿綢紗絹布商賈之家止許穿絹布如農民之家但有一人爲商賈者亦不許穿綢紗

謹案有可用而不用謂之儉約有不當用而用謂之僭妄今民間僭妄者多非有司之過歟洪武三詔獨十四年令內尤多重農之意敦本而節人非深明治道者有此美政耶

海瑞知淳安縣時鄢懋卿總理天下鹽政驕奢無度每廵視郡縣所過供給費且不貲獨瑞供帳菲甚懋卿雖怒素

聞其强項亦斂威去後擢主事抗章直諫剛正動於一時至萬曆十三年帝聞其名擢爲南僉都一時京師自大僚以及郎丞無不奉法而雨花牛首等景遊宴頓絕都人巷議比之包老復生

謹案細閱剛峰之抗疏與椒山之諫章片言隻字皆非他人所敢道也一種忠君愛國之心溢乎筆底不知其有身矣遑惜其他痛哉椒山叅不測剛峯得善終者反側之徒已去故也其清介之風足以衛民足以易俗非斯民之保障哉

尚節儉總論曰奢與儉較儉固美矣但儉而不能有益於人見法於世不因吾儉而去其奢或惡其奢而師吾儉此即於陵仲子之流矣烏乎取帝堯節於己而儉於世澹泊無爲太古之風也唐高祖明太祖皆躬崇節儉垂裕後人晏嬰以及海瑞諸君子儉以持己惠及親隣者有之富足斯民者有之名聞外邦者有之移風易俗者有之靡不因我之儉而有益于世者也可不則之以範斯民哉昔宋均有言廉吏清在一己無益百姓似乎不足多也故其廉使非於陵仲子之廉兼能濟人末俗頹風賴之而振始可稱

有功于斯世耳白香山有云人民之貧困者由官吏之縱欲也官吏之縱欲者由君上之不能節儉也故上一節其情而下有以獲其福上一肆其欲而下有以罹其殃此至言也易曰節以制度不傷財不害民是節者素爲聖人君子之所重矣曷勿身以先之固萬姓之倉箱而爲久安常治之道哉

六敦風俗以享太平

魏西門豹　漢文翁
明帝　仇覽
隋辛公義　趙軌
唐太宗　徐有功
宋沈度　朱熹
元仁宗　明太祖

【魏】文侯時。西門豹爲鄴令。發民夫鑿渠。引漳水灌田。以溉民田。俗信女巫。歲爲河伯娶婦。選室女投河中。豹及期往視。指女曰醜。煩大巫入報河伯。即呼吏投之。羣巫驚懼乞命。從此禁止。

【謹案】利不興則民無以豐衣食。害不除則人何以安室家。有一於此。太平何由得享。今西門豹之爲鄴令也。引漳水以灌田。溺大巫而救女。是拯民於陷阱之中。而登之衽席之上者矣。惡俗頹風。有不爲之煥然一新歟。

【漢】景帝末。文翁爲蜀郡守。廣仁愛。好教化。見蜀中僻陋。有蠻夷風。文翁欲誘進之。乃選郡縣小吏有才者張叔等十餘人。親自飭厲。遣詣京師受業博士。或學律令。有至郡守刺史者。又修起學宮於成都市中。高者以補郡縣吏。次爲孝弟力田。由是教化大行。至武帝時。乃令天下郡國皆立學校官。自文翁爲之始云。

【謹案】人之禮義廉恥。四維也。使無學校教誨。將不知四者爲何物矣。何由而大其德業。享其太平。文翁施仁愛而廣教化。不特蜀中爲之一新。天下後世皆爲之感動。故學校之官。雖建于武帝。而實由文翁始。其有功於名教。不亦多耶。

明帝永平二年。幸辟雍。拜三老五更。引五更桓榮及弟子升堂。上自爲辨説。諸儒執經問難於前。冠帶縉紳之士。圜橋門而觀聽者。蓋億萬計。自天子諸王侯及大臣子弟功臣子孫。莫不受經。後宮親屬。概不重用。以是吏得其人。民樂其業。遠近畏服。戶口滋殖。

【謹案】勲業爛然。光照天地。必從古今典册中來。則致治之道。舍經書禮樂之人。其誰與歸。惟文帝首重斯文。不用國威而循良疊見。若郭賀宋均劉平諸君子之美政。彰彰青史。則之而可以惠民。可以致治。凡欲廣教化美風俗者。曷不以明帝爲法哉。

仇覽一名香。爲蒲亭長。有陳元者。母訟其不孝。覽驚曰。守寡養姑。奈何欲致子於法。其母遂感悟而去。覽親至其家。諭以大義。卒成孝子。邑令王渙曰。不罪陳元。殊少鷹鸇之志覽曰。鷹鸇不如鸞鳳耶。

謹案　革人之面。不若革人之心。置人之死。不若救人之生。王渙能以王法坐不孝。仇覽獨不能以嚴刑治逆母乎。覽則不然。躬行勸化。使蒙天性。慈者慈。而孝者孝。不特陳元思報劬勞之德。而闔邑無不動孝養之心。有恥且格。末俗一新。是王渙欲爲其易。而仇覽獨任所難。鸞鳳鷹鸇之喻。不信然乎。

隋　辛公義爲牟州刺史。下車先至獄所。決斷十餘日。囹圄一空。後有訟事應禁者。公義卽外宿。人問故。曰。忍禁人在

獄。而我獨安寢乎。自是州人感化。以訟爲恥。

謹案　無謂末俗之難移也。上果有愛民之官。下斷無不化之民。於公義見之矣。訟之爲害也。結深仇。費錢帛。起奸僞。褭事功。不一而足。人情由此而惡薄。風俗何由而得新。今辛公以淸獄之德。外宿之誠。感動愚頑。州人悉以訟爲恥。非古之遺愛歟。

趙煚。音景字通賢。爲冀州刺史。市多奸僞。煚造銅斗銕尺。置之肆間。百姓稱便。上聞而嘉焉。詔天下如其法。嘗有盜田中蒿者。爲吏所執。煚曰。此刺史不能宣化故耳。彼何罪也。慰諭勸之。令人載蒿一車賜盜。盜感泣過於嚴刑。

謹案　夫子云道之以政。齊之以刑。民免而無恥。何若以德禮化民。使其有恥且格之爲美哉。趙煚知其然。作僞者。制器以防之。爲盜者。載蒿以愧之。不倚嚴刑峻法。惟期教化風行。奸詭有不爲之易轍耳。

唐　太宗卽位之初。嘗與羣臣語及教化。上曰。今承大亂之後。恐斯民未易化也。魏徵對曰。不然。久安之民常驕佚。則難教。經亂之民多愁苦。則易化。封德彝非之曰。三代以還。人漸澆訛。故秦任法律。漢雜霸道。蓋欲化之而不能也。徵

又曰。五帝三王。不易民而化。行帝道而帝。行王道而王。顧所行何如耳。若云漸澆。今民當悉化爲鬼魅矣。帝從徵言。

謹案　太公之封於齊也。五月而報政。伯禽之治魯也。三年而報政。不各隨其上之所導耶。德彝烏足以知之。不數年。太宗之教化大行。非風俗之一變乎。甚矣。魏徵之言。彰彰有驗也。於以知忠厚存心者。未有不獲忠厚之報也。

徐有功爲蒲州司法叅軍。不忍杖民。人服其德。更相約曰。犯徐叅軍杖者。衆必共斥之。以故訖代。不辱一人。時武后

聞知。授有功爲刑曹數犯顔敢諫持平守正執據寃罔嘗與太后反覆辨論。太后大怒。命捽出斬之有功廻顧言曰。臣雖死法終不可改至市臨刑得免凡三坐大辟終不挫折將死晏然后以此益重之所全活者甚衆酷吏爲之少衰。然疾之如讐矣卒年六十八授一子官。張文成爲有功贊曰躡虎尾而勿驚觸龍鱗而不懼者也。

謹案 一人貪生千人立死有功寧犯顔而辯枉不因將斬而易辭。仁愛與直節並行執法者則之何失入之有。

宋 沈度字公雅爲餘干令父老以三善名其堂一曰田無

廢土二曰市無游民三曰獄無宿繫。

謹案 聖人不云乎斯民也三代之所以直道而行也官有善政民無不譽皆其良心之所發而不容泯者也田無曠土則家有餘粮市無游民則廛無曠業獄無宿繫則囹乏寃民三者備而民心得有不咸欣至治而興來暮之歌哉。

朱熹知彰州奏除屬縣無名之征歲免七百萬以俗未知禮採古喪葬嫁娶儀制揭以示民命父老傳訓其子弟拆毁淫祠禁士女游集僧舍。風教一端。

謹案 去民横征之苦導人儀制之間非以世道人心爲己任者焉能及此文公先釋其困苦後教其婚喪循循善誘風教一新惜乎不令其久居廊廟大行其淑世導民之德意耳。

元 仁宗皇慶二年春三月御史中丞郝天挺上疏論時政陳七事一曰惜名爵二曰抑浮費三曰止括田四曰久任使五曰論好事六曰奬農務本七曰勵學養士帝皆嘉納。詔中書悉舉行之。

謹案 凡帝王能納善言美時政未有不享一統之盛而

樂物阜民康之樂者也今仁宗詔中書舉行郝御史所陳之七事理之所當廢者則必盡去世之所仰望者又必盡興政教一新人情踴躍沛乎莫遏無徃而不見一道同風之治矣。

明 太祖曰朕嘗取鏡自照多失其眞冶工曰模型不正故也朕聞之惕然人主一心爲天下型一不正百度乖矣可不愼乎。

謹案 模型正矣使用人不明理財未善舛錯其政亦難致一道同風之盛此聖經於二者所以特舉之而並重

也明太祖以鏡自勵握其要道克慎克勤範我黎民非致治之主耶

敦風俗總論曰民之日流於汙下而不能享太平之福者人知之乎皆由未知孝弟忠信禮義廉恥之爲重耳如父兄能以此而教子弟師友能以此而曉愚黨在位者察其言行奬其淳良民惟恐身之不端而見棄於大人君子矣風俗有不敦者哉但異端不息則人心難正學校不興則教化不廣孝弟有虧則人倫未備冤獄不申則明慎多慚是皆有負於一人而獲罪於天下者也嗚呼小民之焦勞

初釋衣食方充若不身自力行格彼非心雖處於豐亨明盛之時恐亦變而爲頹敗委靡之俗矣不大爲可憂哉歷稽往哲溺女巫而毁淫祠者有人修學宫而幸辟雍者有人教以敦倫寧如鸞鳳力争冤獄甘觸龍鱗心何仁而胆何壯也又有格民恥訟愧盗如刑不恃刑罰爲章程者非皆以善教得民心力任移風易俗之仁人耶然民亦有以三善名其堂者益見斯民也三代之所以直道而行者也信乎夫子之言君子之德風小人之德草草上之風必偃厚其生復其性有不永享太平之福者哉

欽定康濟錄卷之四 二冊

摘要備覽

摘要總論 救荒要務已備於前但古人偶值凶年目擊心傷有一種殷殷無已之心或見於行事或見於立言皆救人活命之良規既不敢盡棄而不收又不能悉載而備覽以是不得不摘其要者而存之臨民者果能潤澤其間民棠其福矣但此種皆隨見隨錄以便增添其先後之次第盖未嘗列序也

◎歷朝田制

井田　區田　櫃田　梯田　架田

圃田　沙田　塗田　圍田

井田之制創自黃帝三代因之寓兵於農伏險於順法至善也今惟鄭州其井田尚存餘或可行於土曠人稀之處周禮凡治野夫間有遂遂上有徑十夫有溝溝上有畛百夫有洫洫上有涂千夫有澮澮上有道萬夫有川川上有路百里之內川與路縱横各九而澮與道則各九十也欲開井田不必盡泥古法縱横曲直各隨地勢淺深高下各因水勢則長運可息民力可蘇矣見勸農書

區田始自伊尹教民糞種負水澆稼禦旱濟時之良法也按舊說長濶相乘通共可作二千七百區空一行種一行於所種行內隔一區種一區除隔除空外可種六百六十二區每區深一尺用熟糞一升和勻壅其根旁苗出鋤不厭頻結子時再鋤空區之土向根上加培以防大風搖擺邱陵傾阪及高亢之處皆可爲之近水更佳每畝可收六十六石學種者或半之（熟糞者不拘何糞積於灰草之中待其浥蒸氣透而用之非用火煨也）◎（見國脉民天）

櫃田築土護田似圍而小其面俱置瀽穴順置田段便於

耕蒔若遇水荒田制既小堅築高峻外水難入內水則車之易涸淺沒處宜種黃穋稻此稻自種至收不過六十日能避水溢之患如水過澤草自生穇稗可收高涸處亦宜陸種諸物皆可濟飢此救水荒之上法也葢因壩水溉田亦曰壩田與此名同而實異矣（見農桑訣）

梯田謂梯山爲田也夫山多地少之處除峭壁巉巖不可種其餘有土之山下自横麓上至危顛裁作重磴皆可藝種如土石相半則須壘石相次包土成田若山勢峻極人須傴僂蟻沿而上耨土而種自下登陟俱若梯磴故總而名之曰梯田如上有水源則可以種秫稻如止陸種亦宜粟麥葢田盡而地地盡而山山鄉細民求食若此之艱良可慨也（見農桑訣）

架田架猶筏也亦名葑田考之農書云若深水藪澤則有葑田以木縛爲田坵浮繫水面以葑泥附木架上而種藝之其木架田坵隨水高下浮泛自不淹沒自初種以至收刈不過六七十日夫架田附葑泥而種既無旱暵之災復有速收之效水鄉無地者宜效之（見農桑訣）

圃田種蔬果之田也周禮以場圃任園地註曰圃樹果蓏

（音裸）之屬其田繞以垣墻或限以籬塹負郭之間但得十畝足贍數口若稍遠城市可倍添田數至半頃而止結廬於上外周以桑課之蠶利內皆種蔬惟務取糞壤以爲膏腴之本慮有天旱臨水爲上否則量地鑿井以備灌溉比之常田歲利數倍此園夫之業可以代耕若養素之士亦可托爲隱所不亦美哉（見農桑訣）

沙田謂沙淤之田也今通州等處皆有之而民間率視爲棄地若江淮間有此田則爲腴地矣葢此田大率近水其地常潤澤可保豐熟四圍宜種蘆葦內則普爲塍岸可種

稻秫稍高者可種棉花桑麻。或中貫湖溝。旱則便溉。或傍繞大港。澇則洩水。所以無水旱之虞。但沙漲無時。未可以爲常也。（見農桑訣）

塗田者。見於瀕海之地。潮水往來。淤泥常積。上有鹹草叢生。此須挑溝築岓。或樹立椿橛。以抵潮汎。其田形中間高。兩邊下。不及數十丈。卽爲一小溝。數百丈。卽爲一中溝。數千丈。卽爲一大溝。以注雨潦。爲之甜水溝。初種水稗。斥鹵既盡。可種粱稻。所謂瀉斥鹵兮生稻粱。卽此是也。此因潮漲而成。與淤田無異者也。（見勸農書）

圍田者。四圍築長堤而護之。內外不相通之謂也。江以南。地卑多水。民間之田。皆築土爲岓。環而不斷。隨地形勢。四面各築大岓。以障水。中間又爲小岓。或外水高而內水不得出。則車而出之。以是常稔而不荒。今北方之地坦平。無岓。潦則不能禦水。旱則不能蓄水。焉能不荒。今須勉有力之家。度視地形。亦各爲長堤大岓。以成大圍。岓下須有溝以洩水。則外水可護。而內悉爲膏腴之稼地矣。又何慮乎水旱之爲災也。

謹案　田制雖多。臨民者貴乎隨地制宜。因時命樹。否則何補於農人。雖然。教之得其法矣。使不念其胼胝之勞。薄其賦斂。寬其徭役。彼方慕游食之樂以爲樂。九年之蓄。可得而致哉。

◎養種法

凡五穀豆果蔬菜之有種。猶人之有父也。地則母耳。母要肥。父要壯。必先仔細揀種。其法量自己所種地。約用種若干石。其種約用地若干畝。卽於所種地中。揀上好地若干畝。所種之物。或穀或豆等。卽顆顆粒粒。皆要精選肥實光潤者。方堪作種。此地糞力耕鋤。俱要加倍。愈

多愈妙。其下種行路。比別地又須寬數寸。遇旱則汲水灌之。則所長之苗。與所結之子。比所下之種。必更加飽滿。下次卽用所結之實。仍揀上上極大者。作爲種子。如法加晒加糞加力。其妙難言。如此三年。則穀大如黍矣。若菜果應作種者。不可留多。如瓜止留一瓜。茄止留一茄。餘開花時。俱要摘去。用泥封其枝眼。（見國脉民天）

古人云。凡五穀種同時。而得時者穀多。穀同而得時者米多。米同而得時者飯多。飯同而得時者久飽而益人。舜典曰。食哉惟時。此之謂也。

◎外有古今救民書集。未得採入者。祈博覽者補之。黎民幸矣。

鄧御天農歷一百二十卷

馮慕岡重農考　鄺廷瑞便民圖纂

王炳活民救荒書　汜勝之書

賈思勰齊民要術　賈元道農經

王珉要術　苗好謙栽桑圖說

王盤農桑輯要　孟祺書

周憲王救荒本草　胡文煥救荒本草

王盤野菜譜　張西山荒政論

◎明季倉糧考

會典。祖宗設倉貯穀。以備饑荒。其法甚詳。凡民願納穀者。或賜獎勅爲義民。或充吏。或給冠帶散官。令有司以官田地租稅契引錢及無礙官錢糴穀收貯。近時多取於罪犯抵贖。以所貯多少爲考績殿最云。例具於後。

洪武初。令天下縣分各立預備四倉。官爲糴穀收貯。以備賑濟。就擇本地年高篤實民人管理。

正統五年。奏准各處預備倉。凡侵盜私用冒借虧欠等項糧儲。查追充足。免治其罪。其侵盜證佐明白。不服賠償者。准土豪及盜用官糧治罪。

成化六年。令在外軍民子弟願充吏者。納米六十石。定撥原告衙門。遇缺收參。

弘治十八年。議准在外司府縣問刑。應該贖罪等項贓罰等物。盡行折納糴買稻穀上倉。以備賑濟。並不許折收銀兩。及指揮別項花銷。

正德二年。令雲南撫按同三司掌印等官。查勘各庫藏所積除軍前支用銀物外。其餘堪以變賣及官地湖地等

項。可以召人佃種收租者。儘數設法糴米穀上倉。專備賑濟。

十四年。令遼東比照宣大事例。將巡按并大小衙門。問過一應贖罪銀兩。存留本處。以備買糧賑濟。

嘉靖三年。令各處巡撫按官。督各該司府州縣。於歲收之時。多方處置預備倉糧。其一應問完罪犯。納贖納紙。俱令折收米穀。每季具數開報撫按衙門。以積糧多少爲考績殿最。如各官任內三年六年。全無蓄積者。考滿到京。戶部參送法司問罪。

八年。又令各處撫按官督所屬官。將贓罰稅契引錢一應無礙官錢。糴買稻穀。或從便宜收受雜糧。以備荒歉。各該官員果能積穀及數。聽撫按官覈實旌異。若不用心舉行。照例住俸。

萬曆七年。議准各省直撫按。酌量所屬知府地方繁簡貧富。定擬積穀分數。其積不及數者。與州縣一體查參。其陞遷離任者。照在任一體參究。

謹案不知善法之當遵。惟恃催科之足據。各於已而刻於人。未有不危其國者也。如明季以贓罰銀兩積穀備荒。非法之至善哉。但爲數太多。急於取足。因愛民之心。反變而爲害民之政。豈祖宗發帑相賫之意。隆慶間。王君賞上疏言。凡罪贖銀兩。當視地方貧富。獄訟繁簡爲差。不可槩限之以重數也。疏上稱善。可云兩得矣。然則過多其數。固非善政。略無所備。亦豈良圖。奈何自嘉靖起。雖有備荒之名。而無備荒之實。災荒屢見。萬姓流離。至於泰昌天啓崇禎。尤不可問。積穀之典既曠。復兼加徵助餉。分外徵求。是直驅民作賊耳。即明季而觀。有備者累世太平。無蓄者因災即覆。凡有牧民之職者。可不爲蒼生作饑饉之謀。上慰聖主愛養黎元之意耶。

◎救荒全法　宋董煟

救荒之政。有人主所當行者。有宰執所當行者。有監司太守縣令所當行者。各有不同。今悉條列於後。

人主所當行　計六條

恐懼修省。　減膳撤樂。

降詔求賢。　遣使發廩。

省奏章而從評諫。　散積藏以厚黎元。

宰執所當行　計八條

以調燮爲己責　以饑溺爲己任

啓人主敬畏之心。　慮社稷顛危之漸。

進寬征固本之言。　建散財發粟之策。

擇監司以察守令。　開言路以通下情。

監司所當行　計十條

察隣路豐熟上下。以爲告糴之備。

視部內災傷大小。而行賑救之策。

通融有無。　糾察官吏。

寬州縣之財賦。　發常平之滯積。

毋崇遏糴。　毋啓抑價。

毋厭奏請。　毋拘文法。

太守所當行　計十六條

稽考常平以賑糶。　准備義倉以賑濟。

視州縣三等之饑而爲之計。小飢則勸分發廩。中飢則賑濟賑糶。大飢則告奏截漕乞鬻爵借內帑錢爲糴本。

視鄰郡三等之熟而爲之備。纔覺旱潦。即發常平錢。遣牙吏往豐熟處告糴。以備賑濟。米豆雜料皆可。

申明遏糴之禁。　寬弛抑糴之令。

計州用之盈虛。存下一歲官吏支遣。餘皆以救荒。不給。則告糴他邦。

察縣吏之能否。縣吏不職。劾罷則有迎送之費。姑委佐貳官以輔之。不然。對移他邑之賢者。

委諸縣各條賑濟之方。　因民情各施賑濟之術。

差官禱祈。　存恤流民。

早檢放以安人情。　預措備以寬州用。

因所利以濟民飢。興修水利。整理城垣之類。

散藥餌以救民疾。

守令所當行　計二十條

方旱則誠心祈禱。　巳旱則一面申州。

告縣不可邀阻。　檢旱不可後時。

申上司乞常平以賑糶。　申上司發義倉以賑濟。

勸富室之發廩。　誘富民之興販。

防滲漏之奸。　戢虛文之弊。

聽客人之糶糴。　任米價之低昂。

請提督。　擇監視。

叅攷是非。　激勸功勞。

旌賞孝弟以勵俗。飢年骨肉不能相保。有能孝養公姑竭力供祖父母者。當即行旌獎。

散施藥餌以救民。　寬征催。

除盜賊。

上共六十條

謹案此六十條因位立言。隨時行政。條條盡善。種種回天。饑年得此。民可再生。雖隋侯之珠。卞和之玉。不足以易其一字也。願聖主賢臣。以寶六經之法寶之。始稱允當。

救荒無定法。風土不一。山川異宜。惟在豫先講究而已。應令諸州守臣。到任一月以後。詢究本州管下諸縣鎮。可以備救荒及其措置之策斷然可行者條奏取旨各令自守其說任內設遇旱潦即簡舉施行不得自有違戾外委監司內委臺諫常切覺察又救荒有賑糶賑濟賑貸此三者名既不同其用亦各有體賑糶者用常平米其法在於平準市價黙消閉糶之風比市價減三分之一如若不足當委官循環糴糶務在救民不計所費賑濟者用義倉米施及老幼殘疾孤貧等人米不足或散錢與之即用庫銀糴豆麥菽粟之類亦可務在選用得人賑貸者或截留上供米或借省倉米或向朝廷乞封樁米或各項倉廒權時那

用家不過二石嚴戒出納諸弊死亡不能償者已之豈在責其必償哉

◎論賑

放賑亦有三城市則減價出糶常平米一也村落則一賴支散義倉錢二也其不係賑濟之人則有逐都上戶領錢興販循環糴糶之法三也

（明）僉事林希元曰若宋董煟救荒全法一書可謂兼備矣元張光大取而續增之本朝朱熊又補其遺世稱爲完書刻板現在南京國子監臣愚竊欲重加編集以進此嘉靖八年林公所題之疏也

◎荒政叢言疏　（明）林希元

臣昔待罪泗州適江北大饑民父子相食盜賊蠭起之際臣之官適當其任蚤嘗精意講求於民情利弊救荒事宜頗聞詳悉今欲陳於陛下者負暄之意也臣聞救荒有二難曰得人難曰審戶難救荒有三便曰極貧之民便賑米曰次貧之民便賑錢曰稍貧之民便轉貸救荒有六急曰垂死貧民急饘粥曰疾病貧民急醫藥曰病起貧民急湯米曰既死貧民急募瘞曰遺棄小兒急收養曰輕重繫囚

急寬恤救荒有三權曰借官錢以糴糶曰興工役以助賑曰借牛種以通變救荒有六禁曰禁侵漁曰禁攘盜曰禁遏糴曰禁抑價曰禁宰牛曰禁度僧救荒有三戒曰戒遲緩曰戒拘文曰戒遣使其綱有六其目二十有三備開於後編次以進總曰荒政叢言陛下倘不以臣言爲愚拙爲迂疎乞勅部院詳議可否即賜施行

◎戒遲緩

臣聞救荒如救焚惟速爲濟民迫飢寒其命在於旦夕官司若遲緩而不速爲之計彼待哺之民豈有及乎凡申報

荒災務在急速。與走報軍機者同限。失誤飢民。與失誤軍機者同罰。如此。則人人知警。待哺之民。庶有濟矣。

◎禁宰牛

凡年歲凶荒。則人民艱食。多變鬻耕牛。以苟給目前。不知方春失耕。歲計亦旋無望。臣按問刑條例。私宰耕牛。再犯累犯者。俱發邊衛充軍。但民果貧。不能存活。許其赴官陳告。官令富民收買。仍令牛主收養。即以本牛種田。照鄉例與富民分收。待豐年。或富民得牛。或牛主取贖。如此。則牛可不殺。而春耕有賴矣。

◎河南賑荒事實　明　鍾化民

◎多示諭

蠲令已行。奸猾里書。借口分別里分之災傷。爲減免。以邀賄賂。任情移奪。村僻愚民不知免數。難沾實惠。公查照題准分數。每項原派銀若干。今減免銀若干。出示四郊。使民共曉。里書莫能上下其手。民悉沾恩。

◎禁刑訟

飢饉之年。幸留殘喘。小民無知。猶逞其訟。有司不能勸息。反爲受理。一紙之追。絶人數日之糧。一番之駁。審証犯數家之命。一人臥痛。數口待亡。公則通行府縣。除人命大盜外。盡行停止。惟以粥廠爲務。

◎憐寒士

讀書者。不工不商。非農非賈。青燈夜雨。常無越宿之糧。破壁窮簷。止有枵雷之腹。一遇荒年。其苦萬狀。公則從厚給之。

◎搜節義

時當歉歲。義夫節婦。孝子順孫。公必多方采訪。而表章之。

◎撫蘇事宜　明　周孔教

言救荒有六先。曰先示諭。先請蠲。先處費。先擇人。先編保甲。先查貧戶。有八宜。曰次貧之民宜賑糶。極貧之民宜賑濟。遠地之民宜賑銀。垂死之民宜賑粥。疾病之人宜救藥。罪繫之人宜哀矜。既死之人宜募瘞。務農之人宜貸種。有四權。曰獎尚義之人。綏四境之內。興聚貧之工。除入粟之罪。有五禁。曰禁侵欺。禁寇盜。禁抑價。禁溺女。禁宰牛。有三戒。曰戒後時。戒拘文。戒忘備。其綱有五。其目二十有六。

◎先處費

飢有三等。曰小飢。多取足於民。中飢。多取足於官。大飢。多取足於上。取足於民。如通融有無。勸民轉貸之類是也。取足於官。如處糴本以賑糶。處銀穀以賑濟是也。取足於上。如截上供米借内帑錢乞牘牒乞鬻爵之類是也。

◎先示諭

時值飢荒。民情洶洶。宜當民之未飢。多揭榜示。曰將散財。將發粟。將請蠲税銀糧米。將平糶粟米。吾民毋過憂。毋出境。毋棄父子。毋爲寇盜。則民志定矣。

◎宜賑糶

賑濟宜精。賑糶宜溥。一甲之中。惟以穀均人。不因人計穀。

穀數同。銀數同。聽其通融來糴。則官不煩。民不擾。而惠利均沾。穀價自不騰涌矣。官之糴本。或出自官糧。或借官銀。或勸令富家出錢收糴。照價出糶。而量增其船脚工食之費。皆成法也。

明 陳龍正曰。此萬曆間。周中丞孔教所頒行也。古今救荒之事。無不撮載。然提綱皆本於林希元。而其間損益。則因乎時地耳。

◎荒政議

遠地之民宜賑銀。古之諸倉。皆在民間。粟既藏於民。故及民也易。今之粟藏於官。故及民也難。近且難之。况於遠乎。移粟就民。則偷竊伴和滋其弊矣。敷民支粟。則脚費米價。適相當矣。故凡百里以外。地不產米。而河路不通者。惟當以銀賑之。包銀紙上。用銀匠姓名。穿錢索上。用錢鋪姓名。如有低僞。聽其赴官陳告。

◎救荒活民書　元 張光大

每讀中統建元之詔。能因旱暵。惘念黎元。哀矜惻怛之心。溢於意言之表。被災去處。從實減免。不被災地面。亦令量減分數。此天無私覆。地無私載。堯舜一視同仁之意也。郡

縣之官。一遇水旱。各私其民。誦之寧不有愧。

◎荒政要覽　明 俞汝爲

論禁淤湖蕩云。川主流。澤主聚。澤不得川不行。川不得澤不止。二者相爲體用。故澤廢是無川矣。况國有大澤。澇可爲容。不致驟當衝溢之害。旱可爲蓄。不致遠見枯竭之形。必究晰於此。而水利之說。可徐講矣。

◎勸農書　明 袁黃

今以農事列爲數欵。里老以下人給一冊。有能遵行者。免其雜差。

一州之中土脉各異有强土有弱土有輕土有重土有緊土有緩土有燥土有濕土有生土有熟土有寒土有煖土有肥土有瘠土皆須相其宜而耕之孝經援神契曰黄白土宜禾黑土宜麥赤土宜菽汙泉宜稻爾民類以汙下之地爲劣而不知其宜稻惟不講故也

◎救荒活民補遺　　明　朱　熊

仁哉王者之用心於民也兢兢夕惕一夫不得其所必思有以濟之不使其有嗟怨之聲愁戚之態也彼天下之人將熙熙然鈞陶於春風和氣之中然後爲治耳當五季之時戈戟雲擾蛇蟠虎踞者比比皆是不有眞聖人出伐其罪而弔其民何以見天地循環乎一命之士苟存心於愛物於人尚有所濟況君臨天下者哉宋太祖平江南李煜臣賀而君泣命出米十萬賑之宜其善始令終子孫享有天祿垂三百年至今與聖主明王配享盛德之所致也

◎荒政考　　明　屠　隆

災變之來必也順風俗相時宜酌人情權事勢如漢永平年間詔五穀不登其令郡國種蕪菁以助人食陳琬知

徐州久雨琬謂待晴種時已過募富家得豆數千石貸民布之水中水未盡涸而豆甲已露遂不艱食則凡可以佐百姓之急者不可不多方爲之擘畫也

天子端居九重安能坐照萬國如有災傷百姓急須告災於有司有司急須申災於撫按撫按急須奏災於朝廷萬不可遲遲則易於起疑而救災又恐無及是誰之咎也

屠隆自序曰歲或不登四境蕭條百室枵餒子婦行乞老稚哀號積骨若陵漂屍塡河百姓之災傷困厄至此爲民父母奈何束手坐視而不爲之所哉因作荒政考以告當世貽後來維司牧者留意焉

◎農政全書　　明　徐光啓

水而得一邱一垤旱而得一井一池即單寒孤子聊足自救惟蝗則不然必藉國家之功令必須百郡邑之協心必須千萬人之同力一家一身無獨力自免之理此又與水旱異者也總而論之蝗災甚重除之則易必合衆力共除之然後易耳

◎救荒策　　國朝魏　禧

救荒之策先事爲上當事次之事後爲下先事者米價未貴百姓未飢吾有策以經之四境安飽而吾無救荒之名所謂美利不言是也當事者米貴而未盡民飢而未死有策以濟而民無所重困所謂急則治其標是也事後者米巳乏竭民多殍死遷就支吾少有所活所謂害莫若輕是也凡先事之策八當事之策二十有八事後之策三

一收買物件飢荒時貧民多賣衣服器用以給食而富民乘人之急甚至損其價之九而買之此時官府宜那移

錢糧設人收買使貧民不至大虧則謀生之路寬矣秋冬間仍行發賣便可補數至於草薪之類亦當以此時收買俟寒雨賣之仍可得利

一重强糴之刑時方大飢民易生亂若縱其强糴則有穀者愈不肯糶四方客粟聞風不來立飢死矣且强糴不禁勢必搶奪搶奪勢必擄殺當著爲令曰有不依時價强糴一升者卽行重處蓋彼原欲少取便宜今且性命不保則强糴者鮮矣

一贖重罪重罪本無贖理然能多出穀救荒則雖枉法以生一人而實救數千人之死亦權道也惟本年所犯不可令贖恐富人乘機報復故也

◎先憂集　陳芳生 輯

社倉之制專以賑貸凡官貸者必多侵冒民貸官者必受追呼民與民貸必出倍息惟社倉無此三害雖非荒年亦可借作種食年年出納久之自豐所積雖豐亦不必停其出息其無故不肯還者申官追足爲民生計久遠難容姑息耳

禁宰耕牛必須驗死牛而後可以塞盜源平時固當力行

凶年尤宜首重牛之私宰者利最厚故凶年盜牛居多今惟禁屠家無得夜殺夜殺者同盜牛法坐十家無許住村僻住鄉僻者同私宰法坐十家首者免罪私宰者或可熄迹矣◎又聞江右近有凶徒造毒藥淬利針見農家有牛暗以針刺牛其牛見血立死其所用藥大約射罔之屬與刺虎窩弓同類迹之亦易得也

凡盜牛賣黃昏至者半價夜半至者價得十之三五更至止與一飯而無價故私宰耕牛多在夜間而無白晝之理

◎荒政叢書　余　森　輯

觀朱夫子社倉諸記。及各規約法。可謂備矣。然變通亦在其人。隨其時地之宜而用之。未可執一也。按黄震通判廣德軍時。社倉大弊。衆以始自文公。不敢他議。震曰。法出於聖人。猶有通變。安有先儒爲法。遂不得救其弊哉。即别買田六百畝。以其租代社倉息。非凶年不得輒貸。貸不取息。此可謂善於法朱子者矣。

◎招來商米八則　明　蔡懋德

一不定官價◎凡米到行家。悉聽時價之高下。

二清追牙欠◎市牙侵商米價者。務令呈官追給。商米發糶。即要追足價銀。俾可速運得利。

三免稅鈔◎凡米船過關務。五尺以下者。盡行免鈔。部勒有碑。不可不遵。

四免官差◎凡係米船。埠頭不許混行差撥。

五禁發米處奸棍阻遏◎遏米原非美政。且已移文開禁。奸棍借口留難者。稟官拏究。

六禁沿途白捕◎嚇詐水鄉。假冒巡船。指稱搜鹽。因而搶奪。許鳴官重處。

七禁役需索◎請批掛號。官備紙劄。聽米商隨領隨給。衙役不許私索分文。併稽半刻。

八米到悉聽民便◎或積或賣。官俱不問。止許銷批。倒換新批。

此上八議。明注批中。往來貿易。轉相告諭。要使遠近熙攘之輩。皆羨子母什一之贏。願出我途。而源源灌輸於不窮。或於荒政未必無少補也。

◎荒政要覽　俞汝爲

按地平天成。禹錫元圭。後畢世經營。只是濬渠築圩。以養稼穡。夫子稱之曰。卑宮室而盡力乎溝洫。此之謂也。或疑言疏瀹。不兼言封築。則堤圩似屬餘事。不知井田之制。百步爲畝。深尺廣尺爲田間水道。而不立封限。百畝爲遂。遂上有徑。十夫有溝。溝上有畛。百夫有洫。洫上有涂。千夫有澮。澮上有道。萬夫有川。川上有路。言致力溝洫。則畛涂在其中。禹貢稱九澤必曰既陂。是彭蠡震澤之底定。亦藉陂障圍瀦成澤。開濬封築。信非兩事也。於是想見唐虞三代之用民力。專用之而已。

◎佃農廣開闢

洪武初。令各處人民。先因兵燹。遺下田土。他人開墾成熟者。聽為已業。業主已還。令有司於附近荒田撥補。

十三年。詔陝西河南山東北平等布政司。及鳳陽淮安揚州廬州等府。民間田土。許儘力開墾。有司毋得起科。

天順三年。令各處軍民有新開無額田地。及願佃種荒閑地土者。俱照減輕則例起科。每畝糧三升三合。草一斤。存留本處倉塲交收。不許坐派遠運。

成化二十一年。令遼東地方軍舍餘人等。有開墾不係屯田拋荒土地者。上等田每一百畝。納穀一石。豆一石。中

等田納穀一石。豆五斗。

嘉靖六年。募民開墾荒田。時給事中夏言疏內有云。太祖高皇帝立國之初。檢覆天下官民土田。徵收稅糧。俱有定額。乃令山東河南地方額外荒田。任民儘力開墾。永不起科。至後又令北直隸地方。比照山東河南例。民間新開荒田。不問多寡。永不起科。所以然者。蓋緣北方地土平廣。中間大半瀉鹵瘠薄之地。葭葦沮洳之塲。且地形率多窪下。一遇數日之雨。即成淹沒。不必霖雨之久。輙有害耕之苦。祖宗列聖。蓋有見於此。所以有永不起科之例。又有不許額外丈量之禁。是北方人民。雖有水潦災傷。猶得隨處耕墾。以帮取糧差。不致坐窘衣食。夫何近年以來。權倖親暱之臣。不知民間疾苦。不知祖宗制度。妄聽奸民投獻。輙自違例奏討。將畿甸州縣人民奉例開墾永業。指為無糧田土。一槩奪為已有。由是飢寒愁苦。靡所底止。豈祖宗列聖之法。治世和民之道哉。

萬曆十一年。議准陝西延寧二鎮。丈出荒田。但不在屯田舊額之內者。俱聽軍民隨便領種。永不起科。各邊但有屯餘荒地堪墾者。俱照例行。

王家屏答王對滄巡撫書有云。開荒之議。大是難言。以為不可開。而却有可開之地。以為可開。而却有不願開之人。人所以不願開者。富有田者。盡力於熟田。不肯治荒田也。貧無田者。又無力可治荒田。必仰給牛種於官。官給牛種。豈召之來而遂給之耶。必報姓名。必關里甲。必遞領狀。皆不得徒手得。必有費矣。還牛種於官。又有費矣。起收子粒。追呼之使相屬。又必有費矣。此三項者。皆正費也。未為累也。田未墾時。荒田也。官田也。既墾而田主人至矣。田主人欠糧。則拉與賠糧。欠差。則拉與賠差。

非必眞正田主人也本非其田而賴之使賠者亦有之矣賴之於官非必不才有司聽其賴也即才有司而急於差糧之完屆之使賠者亦有之矣非直一歲賠也歲歲佃之則歲歲賠之不棄其田賠未已也故人之視荒田不啻坑穽官雖召之不應也雖給之牛種寬其租粒不往也何也差糧之累難支而官府之令不信也此百姓之所以益逃而田土之所以益荒也乃諸鎭以墾田入奏者動輙數千百頃每覩其籍惟有恨且嘆耳將誰欺乎夫田既日墾則租當日多租日多則餉當日減今

各鎭一面報開荒一面請餉則其未嘗開荒可知矣

張瀚淮鳳墾田疏內有云合於淮鳳二府特設一僉事擇實心幹濟者畀之專勅給以關防駐劄適中州縣撫按同心董其事各道不得侵其權有司豪勢不得撓其法假以歲月不責近功開一頃即一頃之利招一民即一民之安三年果有成績進秩而不遷再考再進秩久且超遷之其所轄有司即以開墾地土招來人民多寡爲殿最亦各久任超遷如是十年不臻富庶之效無是理也專官之責其效在廣開溝洫夫水土不平耕作無以施力必先度量地勢高下跟尋水所歸宿濬河以受溝渠之水開溝渠以受橫潦之水官道之衝設大堤以通行偏小之村亦增單以成徑惟欲於道傍多開溝洫使接續通流水由地中行不占平地又度低窪處所多開塘堰以瀦蓄之夏潦之時水歸溝塘亢旱之日可資灌漑高者麥低者稻平衍地多則木棉桑果皆得隨時樹藝土本膏腴地無遺利遍野皆衣食之資矣

屠隆曰近日建議北方新開水田於北人甚利蓋北方地勢高燥故宜種二麥但其間豈無可開種水稻者兼而行之始以爲難數年以後爲利溥矣巨室沮撓持議不决殆可深惜

居業錄曰天下之衣食盡出於農工商不過相資而已故程子舉先王之法合當八九分人爲農一二分人爲工商今以數計之工商居半又有待哺之兵及僧道尼巫師祝富盛之家皆不耕而食機織本女子之事今機匠以男爲之耕者少食者多天下如何不飢困宜自百官士人之外止將一分作工商以通器用貨財有無其餘盡驅之於農既盡生財之道又免坐食之費四海必將

殷富矣。

謹案固本莫如積粟。富民不外墾田。棄地利而縱游民。天時稍逆。盜賊立興。民可失業而田可不耕乎。此君臣之賢者。無不以開荒爲急也。但開墾之法。其說多矣。有欲貸牛種於窮黎而開墾者。有欲選健卒而爲屯田者。有欲令富民墾之而爲世業者。紛紛不一。旣以措費爲不易。又恐冒濫其功程。遂多沮遏。嘗竊計之。其費有不必取給於朝廷。而費自足。其功有不必慮其冒濫。而冒濫自除者。曷勿勉之。其法惟令公侯貴戚文武大官自

爲籌畫召募開荒。令則廢地後作俸田。且爲世業。官雖遷而田莫奪。疏濬堤防。有勿急乎。然開荒之時。須以溝洫分明者受上賞。次者受中賞。苟且完事。必令重濬之。如有力而怠於從事者則有罰。簡一有風節賢臣專董其事。看地勢之高下。辨蓄洩之淺深爲首務。次查其出本幾何。開闢幾何。養活農民若干衆。一歲一奏。五年之內。獎以勵之。八年之外。以此俸之不敷。然後足之以俸銀。誰不樂從。然朝廷之起科。須待其去官之日而後徵之。又宜大減於常賦。使小民之還租。亦得半納於官家。否則何益於窮民。恥游惰而事農事。果得均相有益。民未有不樂爲之耕。官未有不樂爲之費者也。又何必以工本爲艱難。而專欲取給於內帑哉。

◎富公安流法

◎擘畫屋舍安泊流民事　宋富弼

當司訪聞青淄登濰萊五州地分。有河北災傷流移人民。逐熟過來。其鄉村縣鎮人戶。不那趲安泊。多是暴露。並無居處。目下漸向冬寒。切慮老小人口凍餓而死。甚損和氣。特行擘畫下項。

一州縣坊郭人戶。雖有房屋。又緣出賃與人居住。難得空閑房屋。今逐等合那趲房屋間數。開後。

第一等五間。　第二等三間。

第三等兩間。　第四等一間。

一鄉村等人戶。小可屋舍。逐等合那趲間數。開後。

第一等七間。　第二等五間。

第三等三間。　第四等。五等二間。

急將前項。那趲房屋間數報官。災傷流民老小。在州者。州官著人。在縣者。縣官著人。在鎮者。監務著人。引至抄點下

房屋間數內計口安泊本縣及當職官員躬親勸誘量其口數各與桑土或貸種救濟種植度日如內有現在房數少者亦令收拾小可材料權與蓋造應之若有下等人戶委的貧虛別無房屋那應不得一例施行如更有安泊不盡老小寺院菴觀門樓廊廡亦無不可務令安居不致暴露失所

謹案人當顛沛流移之日身無一文扶老携幼旅店不容安歇道塗橋上棲身冷雨淋膚寒風刺骨即壯健者已將病疫况餓體愁人有不轉於溝壑哉富公於青州首重安頓流民之法故無暴露失所之人則凡有流民入境者安可不彷彿前賢先有以安其身哉

青州勸誘人戶量出斛米救濟飢民示有云河北一方盡遭水害老小流散道路塡塞坐見死亡之阨豈無賑恤之方又緣倉廩所收簿書有數流民不絕濟贍難周欲盡救災必須衆力庶幾束餧稍可安存况乎今年田苗既大豐於累載而又諸郡物價數倍於常時蓋因流民之來遂收涌貴之直豈可只思厚已不肯救人共覩災傷諒皆痛閔五州鄉村人戶分等第並令量出口食以濟急難施斗石之微在我則無所損聚千萬之數於彼則甚有功凡在部封共成利濟今具逐家均定所出斛米數目如後

第一等二石　第二等一石五斗

第三等一石　第四等七斗

第五等四斗　客戶三斗

已上並米豆中半送納

內有係大段災傷人戶委的難爲出辦即不得一例施行亦不得爲有此指揮別生弊倖透漏有力人戶稍有違戾罪不輕恕

一凡有一官令專十耆將雕造印板所印刷票子給與流民印押其頭後留餘紙三四張編定字號所差官員便令親自收執分頭下鄉勒耆壯引領排門抄點凡見流民盡底喚出不論男女當面審問的實塡定姓名口數便各給票子一道收執以便請領米豆不得差委他人混給票子冒支米豆

凡有土居貧窮或老年或殘疾或孤寡或貧丐等人除在孤老院有糧食者不重給餘皆一體給票領銀

一凡給米豆每人日給一升十三歲以下每人日給五合

三歲以下男女不在支給之例。仍於票子上預算明白。不得臨時混算。

一官如管十耆。每日只給兩耆。以五日給遍十耆。一給五日。官員須早到給所辦事。不得令流民遲歸晚去。凍露道途。

一官員受米豆。先要看耆內何處人家可以寄頓。只要便於流民請領。始爲得當。

一勘會二麥將熟。諸處之流民盡欲歸鄉。令監散官自五月初一日算至五月終。一併支與流民。充作路糧。以便

歸鄉。

一指揮青淄等州。須曉示道店。不得要流民房宿錢。

謹案此皆富公青州安流之法。不但人無路宿。而且口食有資。寧若後人雖本境飢寒。尚無術以處之哉。自公分養之法一立。愈於聚民城市。薰蒸成疫者多矣。故錄其大槩。以示後來。使知前賢處事之悉當也。

◎陸路運糧法　元　董摶霄

奏議。海寧一境。不通舟楫。軍糧惟可陸運。瀕海之人。屢經寇擾。且宜曲加存撫。權令軍人運送。其陸運之方。每人行十步。三十六人可行一里。三百六十人可行十里。三千六百人可行一百里。每人負米四斗。以夾布囊盛之。用印封識。人不息肩。米不著地。排列成行。日五百回。計路二十八里。輕行十四里。重行十四里。日可運米二百石。每運可供二萬人。此百里陸路運糧之法也。

賑粥須知

【賑粥論曰】粥廠之當開。其事雖見之於古人。粥廠之宜備。其法又宜宣之於後世。庶幾一目瞭然。何者當先。何者宜後。斷宜選擇者何人。必不可少者何事。悉以古人之法爲法。既無遺漏。又不泛施。使餓莩藉之而生。枵腹賴之而活。雖云一粥。是人生死關頭。須要一番精神勇猛注之。庶幾閙市窮鄉。皆沾利益。又聞昔伊川先生論賑粥云。惟有節則所及者廣。又云。救飢者欲其免死而已。非欲其豐肥也。

觀於此言。又可知賑濟之中。亦應有節制之道矣。

◎官長開廠賑粥法

陝西畢巡按發刻張司農救荒十二議

一親審貧民◎先令里長報明貧戶。正印官親自逐都逐啚。驗其貧窘。給與吃粥小票一張。塡寫里甲姓名。許執票入廠。仍登簿。萬不可令民就官往返等候。先有所費。要耐勞耐久。細心查審。

【明】胡其重曰。若賑可稍緩。則須親審。若州縣遼闊。遍歷不完。而賑又不可緩。則須於寄居官等。擇其有德有品者。分任其事亦可。

二多設粥廠◎衆聚則亂。散處易治。昔富鄭公設公私廬舍十餘萬區。而安處其民。又多設粥廠。今議州縣之大者。設粥廠數百處。小者亦不下百餘處。多不過百人。少則六七十人。庶釜甑便而米粥潔。鈐束易而實惠行。

【謹案】司農之得手處。全在此一條。妙在廠多則人不雜。各賑各方。而且易於識認。又無途宿風雨之苦。

三審定粥長◎數百貧民之命。懸於粥長之手。不得其人。弊竇叢生。務擇百姓中之殷實好善者三四人。爲正副

而主之。即富鄭公用前資待缺官吏之意也。

四犒勞粥長◎飢民羣聚。易於起爭。粥長約束。任勞任怨。上不推恩激勸。待以心腹。誰肯效力盡心。故宜許其優免重差。特給冠帶匾額。近則又有一法。半月集粥長於公堂。任事勤勞者。以盒酒花紅勞之。惰者量行懲戒。以警其後。

【謹案】此法極善。可以鼓舞衆人。而且易爲。但有善人能人。不妨任粥長。當堂稟用。官即具帖請來廠中協力料理。

五親察厰弊◎粥厰素稱弊藪惟在稽察嚴密然非守令躬察則不知警又有以逸代勞之法限粥長三五日執簿赴堂領米諄諄囑其用心察其勤惰又要時加密訪置大籤四根書東南西北四字日抽一籤如東字單騎東馳不拘遠近直入厰中果有弊者造作不精者分輕重而懲治之不可貸也

六預備米穀◎倉廩不實支取易匱或動支官銀糴買或勸借義民輸助必須多方設法預爲完備◎凡煮粥之米既交粥長或搬運或變賣任從其便只要有米煮粥

不許吏胥因而索詐

七預置柴薪◎厰中器皿不可強借惟鐵杓必須官給兩個恐有大小故也煮粥之柴其費最多粥長等既任其勞那堪再行賠累即令粥長在所領米内扣出其米變賣作價可也

八嚴立厰規◎馭飢民如馭三軍號令要嚴明規矩要畫一印簿照收到先後順序列名鳴鐘會食唱名散籤凡散粥或單日自左行散起或雙日自右行散起或自上散或自下散或自中散互爲先後則人無後時之嘆不至垂涎以起爭端敢有起立擅近粥竈者即時扶出除名粥長不遵規矩亦有所懲

九收留子女◎預示飢民不可擅棄子女然而饑寒困苦難保其無萬一有之令里老保甲老人等收起抱赴官局收養仍給送來之人數十文以作路費庶可酬其奔走之勞

十禁止賣婦◎賣婦者當嚴爲禁止倘有迫切眞情將夫妻盡收入厰中婦令撫嬰男歸厰用事完聽去

十一收養流民◎最苦者飢民逃竄以路爲家須於通衢

寬空處另立流民厰另置流民簿隨到隨收如若滿百須增厰舍若乞丐又立花子厰不得與流民共食

十二散給藥餌◎凶年之後必有癘疫疫者萬病同証之謂也不論時日早晚人參敗毒散極效或九味羌活湯香蘇散皆可但須多服方有效驗合動官銀令醫生速爲買辦合厰散數十帖以濟貧民至夏間有感者爲熱病敗毒散加桂苓甘露飲神效敗毒散内不用人參加石膏爲佳再令時醫定奪必不誤也

謹案畢公諱懋康賑粥於陝西萬曆二十九年事也其

入關之始。見饑民嗷嗷待哺。乞生無路。乃云。莫如煮粥最善。故將張司農救荒十二議。即發刻施行。薦拔勤員。特叅惰慢。務令有司以一段真精神救護元元。可稱賢大夫矣。

◎山西巡撫呂坤賑粥法

一廣煮粥之地◎飢民無定方。而煮粥有定處。若不多設處所。以粥就民。恐奔走於塲難宿於家。或朝食一來。暮食一來。十里之外。不勝奔疲。不便一也。壯丁就粥。便可隨在歇止。而老病之父母。幼弱之小兒。羞怯之婦女。餓

死於家。其誰看管。不便二也。乞粥以歸。不惟道遠難攜。亦且妄費難察。不便三也。不如十里之內。就近村落寺觀之處。各設一塲。庶於人情爲便。

一擇煮粥之人◎舊日監督主管。多委里甲老人。嗟夫。難言之矣。無迫切之心。則痛癢不關。而事必苟。無綜理之才。則黠察失當。而事恒不詳。無鎮壓之力。則强者多暴者先。而惠不均。故定煮粥之法。當選煮粥之人。先令之講求。講求既明。正印官親與問難。如於立法之外。另有良法者。即行獎賞。則人人各奏其能。而仁術益精詳矣。

一行勸諭之令◎善不獨行。當與善者共之。正印官執一簿籍。少帶人數。各裹餱糧。徧到鄉村。看得衣食豐足。房舍齊整之家。便入其門。親自勸勉。或願捨米糧若干。或願煮粥若干日。飼養若干人。務盡激勸之言。無定難從之數。如有所許。即令自登簿籍。先送牌坊等樣。爲之獎勵。

一別食粥之人◎凡來食粥者。報名在官。立簿一扇。分爲三等六班。老者不耐餓。另爲一等。粥先給。稍加稠。病者不可羣。另爲一等。粥先給。少壯另爲一等。最後給。此謂

三等。造次顛沛之時。男女不可無辨。男三等在一邊。女三等在一邊。是爲六班。

一定散粥之法◎擂鼓一通。食粥之人。男坐左邊。以老病壯爲序。女坐右邊亦然。每人一滿椀。周而復始。大率止於兩椀。老病者。加半椀一椀可也。每日夕。人給炒豆一椀。

一分管粥之役◎大粥塲立總管一人。掌簿二人。司積二人。管米豆。俱以廉幹者爲之。每鍋竈頭一人。炊手一人。壯婦人更好。柴夫一人。水夫十人。皆以食粥中之壯者

爲之但有惰慢及作弊者即時杖逐

一計煮粥之費◎凡米須積在粥廠嚴密之處司積者自帶鎖鑰每日每人以三合爲率食粥之人每日增減不同掌簿先一夕日落報名數於司積令其鍋煮米若干司積目破米豆者每一升罰一担竈頭剋減米豆者不論多少重責革出

一查盈縮之數◎不分軍民良賤不論本土流民除强壯充實男女不可輕收外其餘但係面黃肌瘦之人尩羸襤褸之狀即准收簿每簿分男女二扇每班常餘紙數

葉以備早晚續到之人其人以日爲序如正月初一日趙甲某府某縣人見在何處居住有子無子初二初三以次登記

一備煮粥之具◎布袋若干條大鍋若干口木杓若干隻約與椀大木椀若干箇椀令食粥者自備甚便但大小不一恐多寡不同大木杓若干箇水桶若干隻柴薪不可多得即差少壯食粥之人令其拾採

一廣煮粥之處◎須行各州縣一齊通煮使窮民各就其便而流來之人不致結聚但一塲過五百人即將流民撥於別塲有父子夫妻一同隨撥蓋結聚易離散難老病婦女何害少壯男子不散必爲盜於地方接熟之日照歸流民法各發原籍更爲得所

一備草薦◎饑病之人坐臥無所亦易生疾州縣將穀稻藁桔織爲草薦令之鋪地庶不受濕有力之家平日肯織千百或冬月施與丐子或飢年散給粥塲大陰德事事完另行獎勵

一奬有功◎如果有功無過者原委人役大則送牌小則花紅鼓樂送至其家以示優厚

一旌好義◎看其費米之多寡而定其旌賞之重輕或送牌坊或給免帖或給冠帶可也

一賑流民◎過往流民倘過粥塲每人給粥三椀炒豆一椀仍問姓名登記以便查考

一貯煮粥器皿◎天道無十年之熟一切煮粥器皿須令收藏備造一冊存庫委付一人收掌不許變價及被人花費

謹案此上皆呂公之良法其論粥廠必使數里一廠令人無奔走後時之失一廠止收二百人令人無雜聚成

疫之害。可爲曲盡人情。以余論之。如辰刻令人食粥一餐。隨以米三合給之。代其下次之粥。民不因官守候二餐。誤其一日之他圖。官不爲民令人過勞。日有兩番之料理。較於廣其食粥之地。別其食粥之人。不尤爲要哉。

崇禎庚辰年。浙江海寧縣雙忠廟賑粥。人食熱粥。方畢即死。每日午後。必埋數十人。與宋時湖州賑粥。粥方離鍋。猶沸滚器中。饑人急食之。食已未百步而即死者無異。後杭人何敬德知之。遂於夜半煮粥。置大缸中。明旦分給。死者寡矣。其所以必死之故。人知之乎。凡食粥者。身

寒腹餒。必然之勢。身寒則熱粥是好。腹餒則飽餐自調。殊不知此皆殺身之道。立死無疑。故賑飢民。其粥萬不可過熱。令其徐徐食之。戒其萬勿過飽。始可得生。賑粥時。尤須大書數紙。多貼於粥廠左右。上書餓久之人。若食粥驟飽者。立死無救。若食粥太熱者。亦立死無救。猶當令人。時時高唱於粥廠之中。使瞽目者與不識字之人。皆知之。庶可自警。否則烏能知其久饑與不久饑。而豈可概薄其粥。令其不飽哉。不論官賑民賑。皆宜如是。人之生死係焉。仁人幸無忽也。

舊傳新鍋煮粥。煮飯。煮菜。飢民食之。未有不死者。故廠中須用舊鍋。萬一舊鍋不足。須將新鍋。或向菴堂寺院。或向飯舖酒家。換取舊鍋備用。庶不致損人之命。此又一要法也。

不論男婦到廠吃粥。倘懷中有嬰兒者。許給二人之粥。令其携歸哺之。彼利此粥。不致棄子。造福更大也。

少婦處女初次到廠吃粥之後。當給半月之糧。令其吃完此米。再到廠中來吃一次。如前給之。後皆倣此。不可令彼含羞忍恥。日日到廠。挨擠於稠人廣衆之中也。

萬曆二十八年。河南大飢。郭家村劉一鵾。既貧且病。囑其妻曰。與其相守而俱亾。何若自圖生計。其妻泣曰。夫者婦之天。死則俱死耳。寧忍相棄乎。後賴御史鍾化民令縣官。多設粥廠。食之而得生。

謹案 可見救人之死。莫如粥廠。但此廠貴早而不貴遲。枵腹者不能再候也。貴近而不貴遠。貧病者不能遠步也。貴久而不貴暫。禾麥未熟。不能自食也。一鵾可鑑。其他可知。倘此廠急促不能立辦。菴堂寺院。皆可代也。

明末。州縣官之賑粥也。探聽勘荒官。次日從某路將到。連

夜於所經由處寺院中設廠壘竈堆儲柴米鹽菜炒豆高竿掛黃旗書奉憲賑粥四大字於上集村民等候官到鳴鐘散粥未到則枵腹待至下午官去隨撤廠平竈寂然矣皆耳聞目覩之事由是推之民安得不困國安得不擾後世官長賑粥可不視此爲戒哉

凡賑粥當在十月初旬爲始此際草根樹皮無從得覓無粥則有死而已其止當在三月初旬此時草木既已萌芽飢者或有賴於一二也

◎因里設廠賑粥法

魏禧言施粥者必須因里設廠若勞其遠行恐半途仆斃又須立人監理令飢民至者隨其先後來一人則坐一人後至者坐先至之下已坐者不許再起一行坐盡又坐一行以面相對以背相倚空其中路可令担粥人行走坐至正午擊梆一通高唱給第一次食令人次序輪散有速食先畢者不得混與一次散訖然後擊梆二通高唱給第二次食如前法共三次即止蓋久饑之人腸胃枯細驟飽即死惟飢民中稱有父母妻子卧病在家者量行給與携歸處分已訖方令散去散去之法令後至坐外者先行挨次出廠庶不擁擠踐踏又多人羣聚易於穢染生病須多置蒼朮醋碗薰燒以逐瘟氣又不時察驗嚴禁管粥者攙米將生水攙稀食者暴死其碗箸各令飢民自備◎按米多亦不得施飯久饑食飯有立死者

謹案魏君之論粥廠簡而當切而備非實與斯民休戚相關以飢饉爲念者不能也故其救荒策皆可爲後世法不獨一粥廠也

◎擇地聚人賑粥法

城四門擇空曠處爲粥場蓋以雨棚坐以矮櫈繩列數十

行每行兩頭豎木橛繫繩作界飢民至令入行中挨次坐定男女異行有病者另入一行乞丐者另入一行預諭飢民各携一器粥熟鳴鑼行中不得動移每粥一桶兩人舁之而行見人一口分粥一杓貯器中須臾而盡分畢再鳴鑼一聲聽民自便分者不患雜蹂食者不苦見遺限定辰申二時亦無守候之勞庶法便而澤周也

謹案古人賑粥擇四門之寬廣處而分食之既免冗雜薰蒸之苦又無遺出門外之悲法云妙矣但四鄉若不倣此賑之恐飢民盡奔城市仍難安頓故不可不廣爲

之計也。

◎挑担就人賑粥法

担粥法無定額，無定期，亦無定所。每晨用白米數斗煮粥，分挑至通衢，若郊外凡遇貧乞，令其列坐，人給一杓。每担需米五六升，可給五六十人之餐；十担便延五六百人一日之命。或數日，或旬日，更有仁人繼之，諸命又可暫延。無設厰之勞，有活人之實，既可時行時止，又且無功無名，量力而行，隨人能濟衆，每日有仁方矣。此崇禎辛巳嘉善陳龍正賑粥之法也。

明張氏曰：担粥須用有蓋水桶，外用小籃備鹽菜椀筯。

◎荒年有外具衣冠，内實饑餒，不能忍恥就食者，如託人擕鉢取食，勿生疑阻。倘訪知果赤貧無人轉託者，更宜挑担上門量給之。

◎以米代粥分給法

沈少条正宗謂：担粥法止可代流亡之在其途者。若救土著之飢民，煮粥叢弊，不若分地挨戶給以粥米。既可活人，又不叢聚，但須分給得當，時加親察，勝如因粥釀疫者多矣。

謹案：分給粥米之法，果能託親戚友老成忠厚之人，分布城市鄉村，一體從事，何善如之。

◎垂死飢人賑粥法

邊海有失風船飄至塘，船中人餓將絶者，急與食，往往狠呑而致死。後有煮稀粥潑桌上，令飢人漸漸吮食之，方能得生。蓋飢腸微細，不堪頓食也。

謹案：以此觀之，凡飢人不可令其吃熱粥而頓飽也明矣。僉事林公故有云：垂死貧民急饘粥，粥要極稀，毋令至飽。此皆歷有徵驗之言，不可不遵也。

◎黄虀雜煮增粥法

取菜洗淨，貯缸中，用麥麪入滚水調稀漿，澆菜上，以石壓之，不用鹽。六七日後，菜變黄色，味有微酸，便成黄虀矣。此後但以菜投入虀汁中，便可作虀，更不復用麪。取虀切碎，和米煮粥食之，每米二斗，可當三斗之用。雖不及純米養人，而充塞饑腸，聊以免死，亦儉歲縮節之一法也。

謹案：凶年增數口之粥，即救人幾日之命，豈可視爲泛泛？故用黄虀煮粥，凡米二升可作三升之用，非法之至善者歟？物力維艱之際，不可不急爲預備也。

捕蝗必覽

捕蝗總論 小雅大田之詩曰。去其螟螣。及其蟊賊。無害我田穉。田祖有神。秉畀炎火。其後姚崇遣使捕蝗。卽引此詩爲証。然其說未詳。而其法亦未大備。世云蝗有蒸變而成者。有延及而生者。不知延及而生。實始於蒸變而成。若致力水涯。不容蒸變。禍端絶矣。旣成之後。非多人不能撲滅古人言法在不惜常平義倉米粟。傳換蝗蝻。雖不驅之使捕而四遠自輻輳矣。倘尅減遲滯。則捕者氣沮。誠哉是言

也。故將蝗之始末盛衰。條分於後。蓋知之詳。則治之切。以助爲政者之萬一耳。

◎一蝗之所自起

蝗之起。必先見於大澤之涯。及驟盈驟涸之處。崇禎時。徐光啓疏。以蝗爲蝦子所變而成。確不可易。在水常盈之處。則仍又爲蝦。惟有水之際。倏而大涸。草留涯際。蝦子附之。旣不得水。春夏鬱蒸。乘濕熱之氣。變而爲蝻。其理必然。故涸澤有蝗。葦地有蝗。無容疑也。

任昉述異記云。江中魚化爲蝗。而食五穀。◎太平御覽云。豐年蝗變爲蝦。此一証也。◎爾雅翼言蝦善遊而好躍。蝻亦好躍。此又一証也。◎有一僧云。蝗有二鬚。蝦化者鬚在目上。蝗子入土孳生者。鬚在目下。以此可別。

◎二蝗之所由生

蝗旣成矣。則生其子。必擇堅垎音劾黑土高亢之處。用尾栽入土中。其子深不及寸。仍留孔竅。勢如蜂窩。一蝗所下十餘。形如豆粒。中止白汁。漸次充實。因而分顆。一粒中卽有細子百餘。蓋蝻之生也。羣飛羣食。其子之下也。必同時同地。故形若蜂房。易尋覔也。

老農云。蝻之初生。如米粟。不數日而大如蠅。能跳躍羣行。是名爲蝻。又數日羣飛而起。是名爲蝗。所止之處。喙不停嚙。故易林名爲飢蟲。又數日而孕子於地。地下之子十八日復爲蝻。蝻復爲蝗。循環相生。害之所以廣也。

◎三蝗之所最盛

蝗之所最盛。而昌熾之時。莫過於夏秋之間。其時百穀正將成熟。農家辛苦拮据。百費而至此。適與相當。不足以供一啖之需。是可恨也。

按春秋至於勝國。其蝗災書月者。一百一十有一。內書

二月者二書三月者三書四月者十九書五月者二十書六月者三十一書七月者二十書八月者十二書九月者一書十二月者三以此觀之其盛衰亦有時也

◎四蝗之所不食

蝗所不食者豌豆菉豆豇豆大麻苘麻芝麻薯蕷及芋桑◎水中菱芡蝗亦不食◎若將稃草灰石灰二者等分爲細末或灑或篩於禾稻之上蝗則不食有王禎農書及吳遵路諸事可考植之不但不爲其所食而且可大獲其利

◎五蝗之所自避

良守之所在蝗必避其境而不入故有牧民之責者果能以生民爲己任省刑罰薄稅歛直冤枉急賑濟洗心滌慮雖或有蝗亦將歸於烏有而不爲害矣如卓茂宋均魯恭諸君子載在前集皆班班可考也

◎六蝗之所宜禱

蝗有禱之而不傷禾稼者禱之未始不可如禱而無益徒事祭拜坐視其食苗其禱也不亦大可冷齒耶

萬曆四十四年六月丹陽有蝗從西北來蔽天翳日民爭刲羊豕禱於神有蒲大王者尤號靈異凡禱之家止嚙竹樹茭蘆不及五穀有一朱姓者牲醞悉具見蝗已過遂止而不禱須臾蝗復迴集於朱田凡七畝盡嚙而去鄰苗不損一穎其事亦可異也至於開元四年山東大蝗祭拜之而坐視其食苗此一禱也不可謂愚之至哉

◎七蝗之所畏懼

飛蝗見樹木成行或旌旗森列每翔而不下農家若多用長竿掛紅白衣裙羣然而逐亦不下也◎又畏金聲炮聲

聞之遠舉鳥銃入鐵砂或稻米擊其前行前行驚奮後者隨之而去矣

凡蝗所住之處片草不存一落田間頃刻千畝皆盡故欲逐之非此數法不可以類而推爆竹流星皆其所懼紅綠紙旗亦可用也

◎八蝗之所可用

蝗若去其翅足曝乾味同蝦米且可久貯而不壞以之食畜可獲重利

(明)陳龍正曰蝗可和野菜煮食見於范仲淹疏中崇禎

辛巳年嘉湖旱蝗鄉民捕蝗飼鴨鴨最易大而且肥又山中人養豬無錢買食捕蝗以飼之其豬初重止二十斤旬日之間肥而且大即重五十餘斤始知蝗可供豬鴨此亦世間之物性有宜於此者矣◎又有云蝗性熱積久而後用更佳

◎九蝗之所由除

蝗在麥田禾稼深草之中者每日淸晨盡聚草稍食露體重不能飛躍宜用筲箕栲栳之類左右抄掠傾入布囊或蒸或煮或搗或焙或掘坑焚火傾入其中若只掩埋隔宿

多能穴地而出

蝗在平地上者宜掘坑於前長濶爲佳兩旁用板或門扇等類接連八字擺列集衆發喊手執木板驅而逐之入於坑內又於對坑用掃帚十數把見其跳躍往上者盡行掃入覆以乾草發火燒之然其下終是不死須以土壓之過一宿乃可一法先燃火於坑內然後驅而入之詩云去其螟特及其蟊賊毋害我田穉田祖有神秉畀炎火此即是也

蝗若在飛騰之際蔽天翳日又能渡水撲治不及當候其所落之處糾集人衆各用繩兜兜取盛於布袋之內而後致之死

此上三種之蝗見其旣死仍集前次用力之人舁向官司或錢或米易而均分否則有產者或肯出力無產者誰肯殷勤古人立法之妙亦嘗見之於累朝矣列之於後

◎十蝗之所可滅

有滅於未萌之前者督撫宜令有司查地方有湖蕩水涯及乍盈乍涸之處水草積於其中者即集多人給其工

食侵水芟刈斂置高處待其乾燥以作柴薪如不可用就地燒之

有滅於將萌之際者凡蝗遺子在地有司當令居民里老時加尋視但見土脈墳起即便去除不可稍遲時刻將子到官易粟聽賞

有滅於初生如蟻之時者用竹作搭非惟擊之不死且易損壞宜用舊皮鞋底或草鞋舊鞋之類蹲地摑搭應手而斃且狹小不傷損苗種一張牛皮可裁數十枚散與甲頭復可收之閭外國亦用此法

有滅於成形之後者。既名爲蝻。須開溝打捕。掘一長溝。溝之深廣各二尺。溝中相去丈許。卽作一坑。以便埋掩。多集人衆。不論老幼。沿溝擺列。或持掃帚。或持打撲器具。或持鐵鍬。每五十人用一人鳴鑼。蝻聞金聲。則必跳躍。漸逐近溝。鑼則大擊不止。蝻驚入溝中。勢如注水。衆各用力。掃者自掃。撲者自撲。埋者自埋。至溝坑俱滿而止。一村如此。村村若此。一邑如是。邑邑皆然。何患蝻之不盡滅也。

謹案 四法果能行之於未成將成已成之後。醜類自滅。何至蝗陣如雲。荒田如海。但窮民非食不生。苟不厚給。

活其身家。誰肯多人合力。不盡滅之而不已哉。雖然。給之厚矣。有司若不親加料理。烏知弗爲吏胥之所侵食也。故撲除之法有二。一在責重有司。一在厚給衆力。敢錄前人之善政。以爲後世之芳規。視之者幸無忽焉。

◎責重有司之例

唐 開元四年夏五月。敕委使者詳察州縣勤惰者。各以名聞。

謹案 有此明詔。有司尚敢因循而不捕乎。故連歲蝗災。而不至大飢者。罰在有司故也。

宋 淳熙敕。諸蝗初生。若飛落地主鄰人隱蔽不言者。保不卽時申舉撲除者。各杖一百。許人告報。當職官承報不受理及受理而不親臨撲除。或撲除未盡而妄申盡淨者。各加二等。

謹案 此敕初責地主鄰人。未嘗不是。末重當職官員。尤爲敦本之論。得捕蝗之要法。所欠者書保諸人告而能捕者。絕無賞給。尚無以爲鼓舞之道耳。

明 永樂九年。令吏部行文各處有司。春初差人巡視境內。遇有蝗蟲初生。設法捕撲。務要盡絕。如或坐視。致令滋蔓

爲患者。罪之。若布按二司不行嚴督所屬巡視打捕者。亦罪之。每年九月行文。至十月再令兵部行文軍衛。永爲定例。

謹案 此則專罪有司之不力。而又委其任於布按。噫。法至是而無以加矣。昔徐光啓疏中有云。主持在各撫按。勤事在各郡邑。盡力在各小民。美哉數語也。又陳氏有云。捕蝗之令。當嚴責其有司。蓋亦一家哭何如一路哭之意。古之良吏。蝗不入境。有事於捕。已可愧矣。捕復不力。雖嚴罰豈爲過耶。斯言誠可採也。

◎厚給捕蝗之例

晉天福七年飛蝗爲灾詔有蝗處不論軍民人等捕蝗一斗者即以粟一斗易之有司官員捕蝗使者不得少有措滯

謹案捕蝗一斗得粟一斗非捕蝗而捕粟矣小民何樂而不爲有司若果奉行蝗必盡捕而無疑矣

宋熙寧八年八月詔有蝗蝻處委縣令佐躬親打撲如地方廣濶分差通判職官監司提舉分任其事仍募人得蝻五升或蝗一斗給細色穀一斗蝗種一升給粗色穀二升

給銀錢者以中等值與之仍委官燒瘞監司差官覆按倘有穿掘打撲損傷苗種者除其稅仍計價官給地主錢數

謹案此詔給穀既云詳盡而又償及地主所損之苗不但免稅而且償其價數噫捕蝗而至此詔可云無間然矣

紹興間朱熹捕蝗募民得蝗之大者一斗給錢一百文得蝗之小者每升給錢五百文

謹案蝗蝻有大小之分賢者別之最清蓋害人之物除之宜早不可令其長大而肆毒也故捕蝗者不可惜費得蝗之小者寧多給之而勿吝也蓋小時一升大則豈止數石文公給錢大小迥異不可爲捕蝗之良法歟

明萬曆四十四年御史過庭訓山東賑飢疏內有云捕蝗男婦皆饑餓之人如一面捕蝗一面歸家吃飯未免稽遲時候遂向市上買麪做餅挑於有蝗去處不論遠近大小男女但能捉得蝗蟲與蝗子一升者換餅三十箇又查得嵩山隣近兩厰領糧飢民一千零二十名令其報効朝廷今後將彼地蝗蟲或蝗子捕半升者方給米麪一升以爲五日之糧如無不准給與

謹案過御史何見之不廣而責効甚速也尹鐸之保障晉陽馮驩之焚券薛地何嘗責其必報然亦未嘗不報也今過御史命人担餅易蝗亦云小惠且嵩山飢民升數之粟必令有蝗而始給彼老弱殘疾艱於行動力不能捕蝗者不盡死於此疏耶

凡欲行捕蝗之法可見不外嚴責有司厚給捕者而已但二者相因爲用缺一不可要知捕蝗易粟官亦易於厲衆衆亦樂於從官若使不准開銷於何取給不亦仍成畫餅耶故天子不可惜費近臣不可蒙蔽君臣一體朝

野同心。再法十宜而力行之。何患乎蝗之不除。而蝻之不滅哉。

一宜委官分任◎責雖在於有司。倘地方廣大。不能遍閱。應委佐貳學職等員。資其路費。分其地段。註明底冊。每年於十月内。令彼多率民夫。給以工食。芟除水草。於驟盈驟涸之處。及遺子地方。搜鋤務盡。稱職者申請擢用。遺惡者記過待罰。

二宜無使隱匿◎向係無蝗之地。今忽有之。地主鄰人。果卽申報。除易米之外。再賞三日之糧。如敢隱匿不言。被

人首告。首人賞十日之糧。隱匿地主。各與杖警。卽差初委官員。速往搜除。無使蔓延獲罪。

三宜多寫告示◎張掛四境。不論男婦小兒。捕蝗一斗者。以米一斗易之。得蝻五升者。遺子二升者。皆以米三斗易之。蓋蝻與遺子。小而少故也。如蝗來旣多。量之不暇。遍秤稱三十斤作一石。亦古之制也。日可稱千餘斤矣。惟蝻與子。不可一例同稱。當以文公朱夫子之法爲法也。

四宜廣置器具◎蝗之所畏服者。火炮。彩旗。金鑼。及掃帚栲栳。筲箕之類。鄉人一時不能備辦。有司當爲廣置。給與各廠社長。分發多人。令其領用。事畢歸繳。庶不徒手徬徨。此卽工欲善其事。必先利其器之意也。

五宜三里一廠◎爲易蝗之所。令忠厚溫飽社長社副司之。執筆者一人。協力者三人。共勤其事。出入有簿。三日一報。以憑稽察。敢有冒破。從重處分。使捕蝗易米者。無遠涉之苦。無久待之嗟。無擠踏之患。

六宜厚給工食◎凡社長社副執筆等人。有弊者。旣當重罰。無弊者。豈可不賞。或給冠帶。或送門匾。或免徭役。隨

其所欲而與之。其任事之時。社長社副執筆者共三人。每日各給五升。斛手二人。協力者一人。每日共給一斗。分其高下。而令人樂趨。

七宜急償損壞◎因捕蝗蝻損壞人家禾稼田地。旣無所收。當照畝數。除其稅糧。還其工本。俱依成熟所收之數而償之。先償其七。餘三分。看四邊田隣所收而加足。勿令久於怨望。

八宜淨米大錢◎凡換蝗蝻。不得插和粞穀糠粃。如或給銀。照米價分發。不許低昂。如若散錢。亦若銀例。不許加

入低薄小錢。巡視官應不時訪察。以辨公私。

九宜　稽察用人 ◎ 社長社副等有弊無弊。誠僞何如。用鍾御史拾遺法以知之。公平者立賞。侵欺者立罰。周流環視。同於粥廠。其弊自除。

十宜　立叅不職 ◎ 躬親民牧。縱蟲殺人。倪若水見誚於當時。盧懷慎遺譏於後世。飛蝗尙不能爲之滅。飢賊奚能使之除。司道不揭。督撫安存。甚矣。有司之不可怠於從事也。

謹案　蝗之爲害。甚於水旱。民之不能去盡者。以無良法

故也。今以十所闡發蝗之生滅。以十宜細說蝗之可除。曷勿事之。且古之聖王。川澤有禁。山野有官。既不濫殺。豈肯縱惡。此即驅虎豹蛇龍之意也。

宋　王荆公罷相鎭金陵。是秋江左大蝗。有無名子題詩賞心亭曰。青苗免役兩妨農。天下嗷嗷怨相公。惟有蝗蟲感盛德。又隨鈞旆過江東。荆公一日餞客至亭上。覽之不悅。命左右物色之。竟莫能得。

謹案　古云。瑞不虛呈。必應聖哲。妖不自作。必候昏淫。荆公恃才妄作。天怒人怨。乖戾之氣。隨之而行。勢所必有。不思撲滅蝗蝻。反欲捕捉詩人。即或得之。亦不過江左之詩人。而能捕天下後世之詩人哉。識見不逹新法。可知。怨者多矣。

錢穆甫爲如皐令。會歲旱。蝗大起。而泰興令獨紿郡將云。縣界無蝗。已而蝗亦大起。郡將詰之。令辭窮。乃言縣本無蝗。蓋自如皐飛來。仍檄如皐。請嚴捕蝗。無使侵隣境。穆甫得檄。書其紙尾報之曰。蝗蟲本是天灾。實非縣令不才。既是敝邑飛去。却請貴縣押來。未幾傳至郡下。無不絶倒。

謹案　二令皆可罷也。當此飛蝗食稼。困害良民之際。不

思自罪。敬警格天。一欲委罪於人。一以批辭爲戲。則其平日之政。必不善矣。可受百里生民之寄乎。

賀德邵號戎菴。湖廣荆門人。爲諸生時。徒步入城。路過麻城。拾遺金二百兩。留三日。待其人來。舉而還之。後宰臨邑。遇荒旱。設法賑濟。全活數萬人。隣境之蝗蝻雲湧。而臨邑獨無。人皆異之。至今從祀不絶。

謹案　仰不愧於天。俯不怍於人。始可爲政。賀君晝返遺金。豈來暮夜。此蝗蝻之所以不入其境也。如以有爲無。除之不急。其爲害也。不特傷稼。且將食人。寧獨蔽天而

已哉。

明 顧仲禮保定人。幼孤。事母至孝。遇歲凶。負母就養他郡。七年始歸。時蝗蟲遍野。食其田苗。仲禮泣曰。吾將何以爲養母之資乎。言未已。狂風大起。蝗蟲盡被吹散。苗得不傷。

謹案 人知官清則蝗不入其境。不知人孝則風亦能吹之而散。所以忠孝感神。捷如桴鼓。怨天尤人者。徒自增其罪戾耳。

欽定康濟錄卷之四 五冊

社倉條約

社倉論曰 救荒之術。賑濟貴乎速。轉運貴乎近。利賴貴乎恒久。而不在乎一時之權宜。若是乎社倉之不可不設也審矣。但建之而不得其法。或相強於未行之前。或粉飾於舉行之際。託非其人。乾沒是患。開發或濫。浮冒正多。推其意。原本於鄉黨相賙。而久且爲閭里之擾累。豈非徒騖虛名而毫無實裨者乎。用集文公之條約。敢賣司牧之聽聞。果能彷彿前賢設施。四境未饑者咸歌大有。將饑者悉免

倒懸。能變通以善其用。則紫陽復生。而仁民之術溥矣。

崇安社倉記 朱熹 乾道戊子春夏之交。建人大饑。予居崇安之開耀鄉。知縣事諸葛侯廷瑞以書來屬予及其鄉之耆艾左朝奉郎劉侯如愚曰。民饑矣。盍爲勸豪民發藏粟下其直以賑之。劉侯與予奉書從事。里人方幸以不饑。俄而盜發浦城。距境不二十里。人情大震。藏粟亦且竭。劉侯與予憂之。不知所出。則以書請於縣於府。時徐公嘉知府事。卽日命有司以船粟六百斛。泝溪以來。劉侯與予率鄉人行四十里。受之黃亭步下。歸籍民口大小。仰食者若干

人以卒受粟民得遂無飢以死無不悅喜歡呼聲動旁邑於是浦城之盜無復隨和而束手就擒矣及秋又請於府曰山谷細民無葢藏之積新陳未接雖樂歲不免出倍稱之息貸食豪右而官粟積於無用之地後將紅腐不復可食願自今以往歲一斂散既以紓民之急又得易新以藏俾願貸者出息什二又可以抑僥倖廣貯蓄不欲者勿強歲或不幸小飢則弛半息大祲則盡蠲之於以惠活鰥寡塞禍亂源甚大惠也請著爲例王公報皆施行如章劉侯與予又請曰粟若分貯民家於守視出納不便請倣古法

爲社倉以貯之於是爲倉三亭一門墻守舍無一不具司會計董工役者貢士劉復劉得輿里人劉瑞也既成而劉侯之官江西幕府予又請曰復與得輿皆有力於是倉而劉侯之子將仕郎琦嘗佐其父於此其族子右修職郎玶亦廉平有謀請得與并力府以予言悉具書禮請焉四人者遂皆就事方且相與講求倉之利病且爲條約予惟成周之制縣都皆有委積以待凶荒而隋唐所謂社倉者亦近古之良法也今皆廢矣獨常平義倉尚有古法之遺意然皆藏於州縣所恩不過市井游惰輩至於深山長谷力穡遠輸之民則雖飢餓瀕死而不能及也又其爲法太密使吏之避事畏法者視民之殍而不肯發往往全其封鐍遞相付授至或累數十年不一訾省一旦甚不獲已然後發之則已化爲浮埃聚壤而不可食矣夫以國家憂民之深其慮豈不及此然而未之有改者豈不以里社不能皆有可任之人欲一聽其所爲則懼其計私以害公欲謹其出入同於官府則鉤校靡密上下相遁其害又必有甚於前所云者是以難之而弗暇耳今幸數公相繼其憂民慮遠之心皆出乎法令之外又皆不鄙吾人以爲不足任故

吾人得以及是數年之間左提右挈上說下教遂能爲鄉閭立此無窮之計是豈吾力之獨能哉因書其本末如此刻之石以告後之君子云

◎社倉條約

一逐年十二月分委諸部社首保正副將舊保簿重行編排其間有停藏逃軍及作過無行止之人隱匿在內仰社首隊長覺察申報尉司追捉解縣根究其引至之家亦乞一例斷罪次年三月內將所排保簿赴鄉官交納鄉官點檢如有漏落及妄有增添一戶一口不實即許

人告審實申縣乞行根治如無欺弊卽將其簿紐算人口指定米數大人若干小兒減半候支貸日將人戶請米狀拖對批塡監官依狀支散

一逐年五月下旬新陳未接之際預於四月上旬申府乞依例給貸仍乞選差本縣淸強官一員人吏一名斗子一名前來與鄉官同共支貸

一申府差官訖一面出榜排定日分分都支散（先遠後近一日一都）曉示人戶（産錢六百文以上及自有營運衣食不缺不得請貸）各依日限具狀（狀內開說大人小兒口數）結保（每十人結爲一保遞相保委如保內逃亡之人同保均備取保十人以下不成保不支○陳龍正曰不成保不支將聽畸零窮民之餓乎不如金華縣規附甲爲妥）正身赴倉請米仍仰社首保正副隊長大保長並各赴倉識認面目照對保簿如無僞冒重疊卽與簽押保明（其社首保正等人不保而掌主保明者聽）其日監官同鄉官入倉據狀依次支散其保明不實別有情弊者許人告首隨事施行其餘卽不得妄有邀阻如人戶不願請貸亦不得妄有抑勒

一收支米用淳熙七年十二月本府給到新漆黑官桶及官斗仰斗子依公平量其監官鄉官人從逐廳止許兩人入中門其餘並在門外不得近前挨撥攙奪人戶所請米斛如違許被擾人當廳告覆重作施行

一豐年如遇人戶請貸官米卽開兩倉存留一倉若遇飢歉則開第三倉專賑貸深山窮谷耕田之民庶幾豐荒賑貸有節

一人戶所貸官米至冬納還（不得過十一月下旬）先於十月上旬定日申府乞依例差官將帶吏斗前來公共受納兩平交量舊例每石收耗米二斗今更不收上件耗米又慮倉廒折閱無所從出每石量收三升准備折閱及支吏斗等人飯米其米正行附冊收支

一申府差官訖卽一面出榜排定日分分都交納（先近後遠一日一都）仰社首隊長告報保頭保頭告報各戶遞相糾率造一色乾硬糙米具狀（同保共爲一狀未足不得交納如保內有人逃亡卽同保均備納足）赴倉交納監官鄉官吏斗等人至日赴倉受納不得妄有阻抑及過數多取其餘並依給米約束施行（其收米人吏斗子要知首尾次年夏支貸日不可差換）

一收支米訖逐日轉上本縣所給印冊事畢日具總數申府縣照會

一每遇支散交納日本縣差到人吏一名斗子一名社倉

算交司一名倉子兩名每人日支飯米一斗約半月發遣裹足米二石共計米一十七石五斗又貼書一名貼斗一名各日支飯米一斗約半月發遣裹足米六斗共計四石二斗縣官人從七名鄉官人從共一十名每名日支飯米五升十日共計米八石五斗已上共計米三十石二斗一年收支兩次共用米六十石四斗逐年葢墻并買藁薦修補倉廒約米九石通計米六十九石四斗

陳龍正曰每人日支飯米一斗太多矣應減爲一升五合另給酒菜銀數分上下均便

張文嘉曰支收交納各有定限爲日不多在鄉官士人知此義舉斷不計利至於吏人倉子安肯空勞每名支飯米一斗即寓相犒之意若減爲一升五合又給酒菜之資不惟反多煩瑣抑恐不足服此輩之心其鄉官并僕從恐有貧薄者亦必須支米五升方足薪水之用固知朱子非過厚也

又按朱子當日始創此事故須官府彈壓倘今舉行社倉則保簿赴官交納及申縣乞差吏斗諸事俱不必行止須支給司社及倉守効勞宜力諸人可也

一排保式某里第某都社首某人今同本都大保長隊長編排到都內人口數下項

甲戶 大人若干口小兒若干口居住地名某處或產戶開說產錢若干或白烟耕田開店買賣土著外來係某年移來逐戶開

餘開

右某等今編排到都內人戶口數在前即無漏落及增添一戶一口不實如招人戶陳首甘伏解縣斷罪謹狀

年月日大保長姓名

隊長姓名

保正副姓名

社首姓名

一請米狀式某都第某保隊長某人大保長某人下某處地名保頭某人等幾人今遞相保委就社倉借米每大人若干小兒減半候冬收日備乾硬糙米每石量收耗米三升前來送納保內一名走失事故保內人情願均備取足不敢有違謹狀

年月日保頭姓名

甲戶姓名

大保長姓名

隊長姓名

保長姓名

社首姓名

一社倉支貸交收米斛合係社首保正副告報隊長保長隊長保長告報人戶如闕隊長許人戶就社倉陳說告報社首依公差補如闕社首即申尉司定差

一簿書鎖鑰鄉官公共分掌其大項收支須監官簽押其餘零碎出納即委鄉官公共掌管務要均平不得徇私容情別生奸弊

一如遇豐年人戶不願請貸至七八月而產戶願請者聽

一倉內屋宇什物仰守倉人常切照管不得毀損及借出他用如有損失鄉官點檢勒守倉人賠償如些小損壞逐時修整大段改造臨時具因依申府乞撥米斛

（宋）陸九淵曰社倉固爲農之利然農田常熟則其利可久苟非常熟之田一遇歉歲則有散而無斂來歲缺種糧時乃無以賑之莫若兼置平糴一倉使無貴賤之患折所糴爲二每存其一以備歉歲代社倉之匱實爲長利也

舊說青苗者田未熟而貸之錢田已熟而收其利安石嘗行此於一邑甚善然猶躬通下情隨其願與不願也至當國時欲以此行之天下而守令者又阿重臣意旨以多散錢多得利爲稱職不問貧富緩急强與之又寄權人役出納之際輕重爲奸而民遂怨咨載道矣

（謹案）社倉之建至凶歲而益見其妙若聽民之願與不願而議建十不得一矣何也小民以他人之物而爲一已之所有則恒喜以一已之需而爲公家之所存則多惡此必然之勢也如懼其惡而不令建張詠之命去茶植桑不嘗致惡於四境乎其後何以復爲其所喜等而上之魯人之歌孔子鄭人之歌子產皆彰彰可驗也是彼一時之喜惡何足以惑吾永遠之深仁哉

救荒本草

（明）朱 橚 撰

《救荒本草》，（明）朱橚撰。朱橚，明太祖朱元璋第五子，封周王，謚『定』。據説他好學多思，分封於開封，看到當地野生植物很多，便親自觀察記録，鑒别性味，訪問民間，將荒年可以充飢者，命畫工按植物實際生長情況繪出圖譜，附上説明，編成此書。

全書共收載植物四百一十四種，其中已見之於歷代本草者一百三十八種，新增二百七十六種。分爲草（二百四十五種）、木（八十種）、米穀（二十種）、果（二十三種）、菜（四十六種）五部。各部皆按葉、根、實、筍、花、莖等可食部位分類敘述。比較準確地記載了植物的名稱、産地、環境、分佈以及形態特徵、性味等。

該書的編寫宗旨是以野生植物充食療饑，救災活民，故撰著時爲難認的生僻字注音，應用形象的比喻及同類植物互相比擬的手法，配以準確逼真的圖畫，以求通俗易懂，正確地辨識可食植物。再以安全食用爲重點，指導民衆採集植物的果、葉、皮、根、莖，採用生食或鮮食、醃製和乾藏等方法，予以合理地加工利用，對有毒素的植物則採用反復淘洗和長時間蒸煮等辦法去毒除害。

該書版本很多，國内現存有十五六種。原書兩卷，永樂四年（一四〇六）由作者在開封刊行，該版本已亡佚。嘉靖四年（一五二五）山西太原重刻，有李濂所作的序，即今流行的最古刻本。原書傳刻時每卷分爲前後，成爲四卷。《四庫全書總目》著録本又作八卷，《文獻·經籍考》又作二卷，其實内容並未增減。嘉靖三十四年（一五五五）開封人陸東根據第二次刻本重刻，然作者誤題爲『周憲王』。此後李時珍《本草綱目》和徐光啓《農政全書》『荒政』部分均因襲這樣的錯誤。『周憲王』名有燉，爲朱橚之子。《四庫全書總目提要》説，明代親王刻書照例是不署名的，所以後來搞錯了。一九五九年中華書局據嘉靖四年刻本影印出版。日本於享保三年（一七一六）和寬正十一年（一七九九）兩次重刻。美國植物學家李德（A. S. Lead）在《植物學簡史》（一九四二）中讚譽《救荒本草》繪圖精細，超過當時歐洲的水準。英國藥物學家伊博恩（Bernard E. Read）曾將本書譯成英文。今據嘉靖四年（一五二五）畢昭蔡天嵙刻本影印。

（惠富平）

重刻救荒本草序

淮南子曰神農嘗百草之滋味一日而七十毒由是本草興焉陶隱居徐之才陳藏器日華子唐慎微之徒代有演述皆為療病也嗣后孟詵有食療本草陳士良有食性本草皆因飲饌以調攝人非為救荒也救荒本草二卷乃永樂間　周藩集錄而刻之者今亡其板濂家食時訪求善本自汴攜來晉臺按察使石岡蔡公見而嘉之以告于巡撫都御史蒙齋畢公公曰是有裨荒政者乃下令刋布命濂序之按周禮大司徒以荒政十二聚萬民五曰舍禁夫舍禁者謂舍其虞澤之厲禁縱民采取以濟饑也若沿江瀕湖諸郡邑皆有魚蝦螺蜆菱芡茭藻之饒饑者猶有賴焉齊梁秦晉之墟平原坦野彌望千里一遇大侵而鵠形鳥面之殍枕藉于道路吁可悲巳後漢永興二年詔令郡國種蕪菁以助食然五方之風氣異宜而物產之形質異狀名彙既繁真贋難别使不圖列而詳說之鮮有不以虺床當蘼蕪薺苨亂人參者其弊至于殺人此救荒本草之所以作也是書有圖有說圖以肖其形說以著其用首言產生之壤同異之名次言寒熱之性甘苦之味終言淘浸烹煮蒸曬調和之法草木野菜凡四百一十四種見舊本草者一百三十八種新增者二百七十六種云或遇荒歲按圖而求之隨地皆有無艱得者苟如法采食可以活命是書也有功於生民大矣昔李文靖為相每奏對常以四方水旱為言范文正為江淮宣撫使見民以野草煮食即奏而獻之畢蔡二公刋布之盛心其類是夫

嘉靖四年歲次乙酉春二月之吉

賜進士出身奉政大夫山西等處提刑按察司

僉事奉

勑提督屯政大梁李濂撰

救荒本草序

植物之生於天地間莫不各有所用苟不見諸載籍雖老農老圃亦不能盡識而可亨可芼者皆蹦藉於牛羊鹿豕而已自神農氏品嘗草木辨其寒温甘苦之性作為醫藥以濟人之夭札後世頼以延生而本草書中所載多伐病之物而於可茹以充腹者則未之及也敬惟

周王殿下體仁遵義孳孳為善凡可以濟人利物之事無不留意嘗讀孟子書至于五穀不熟不如荑稗因念林林總總之民不幸罹於旱澇五穀不熟則可以療飢者恐不止荑稗而已也苟能知悉而載諸方冊俾不得已而求食者不惑甘苦於荼薺取昌陽棄烏喙因得以裨五穀之缺則豈不為救荒之一助哉於是購田夫野老得甲拆勾萌者四百餘種植於一圃躬自閲視俟其滋長成熟迺召畫工繪之為圖仍疏其花實根幹皮葉之可食者彙次為書一帙名曰救荒本草命臣同為之序臣惟人情於飽食煖衣之際多不以凍餒為虞一旦遇患難則莫知所措惟付之於無可柰何故治已治人鮮不失所今

殿下處富貴之尊保有邦域於無可虞度之時乃能念生民萬一或有之患深得古聖賢安不忘危之旨不亦善乎神農品嘗草木以療斯民之疾

殿下區別草木欲濟斯民之飢同一仁心之用也雖然今天下方樂雍熙泰和之治禾麥産瑞家給人足不必論及於荒政而

殿下亦豈忍覩斯民仰食於草木哉是編之作蓋欲辨載嘉植不沒其用期與圖經本草並傳于後世庶幾萍實有徵而凡可以亨芼者得不躪藉於牛羊鹿豕苟或見用於荒歲其及人之功利又非藥石所可擬也尚慮四方所産之多不能盡録補其未備則有俟於後日云

永樂四年歲次丙戌秋八月奉議大夫

周府左長史臣卞同拜手謹序

救荒本草總目

草木野菜等共四百一十四種 出本草一百三十八種 新增一百七十六種

草部二百四十五種

木部八十種

米穀部二十種

果部二十三種

菜部四十六種

葉可食二百三十七種

實可食六十一種

葉及實皆可食四十三種

根可食二十八種

根葉可食一十六種

根及實皆可食五種

根筍可食三種

根及花可食二種

花可食五種

花葉可食五種

花葉及實皆可食二種

葉皮及實皆可食二種

莖可食三種

筍可食一種

筍及實皆可食一種

救荒本草總目 畢

救荒本草上卷目録

草部 二百四十五種

○葉可食

本草原有

剌薊菜 大薊 山莧菜即牛膝 款冬花
萹蓄 大藍 石竹子即瞿麥 紅花菜
萱草花 車輪菜即車前子 白水葒苗 黃耆
威靈仙 馬兜零 旋覆花 防風
蔚臭苗即茺蔚子 澤漆 酸漿草即酢漿 蛇床子
桔梗 茴香 夏枯草 藁本
柴胡 漏蘆 龍膽草 風菊即[illegible]
前胡 豬牙菜即角蒿 地榆 川芎
葛勒子秧即葎草 連翹 仙靈脾 青杞即蜀羊泉
野生薑即劉寄奴 馬蘭頭 豨薟 澤瀉

新增

竹節菜 獨掃苗 歪頭菜 兔兒酸
鹻蓬 蕳蒿 水萵苣 金盞菜
水辣菜 紫雲菜 鴉葱 匙頭菜
雞冠菜 水蔓菁 野園荽 牛尾菜
山萮菜 綿絲菜 米蒿 山芥菜
舌頭菜 紫香蒿 金盞兒花 六月菊
費菜 千屈菜 柳葉菜 婆婆指甲菜
鐵桿蒿 山甜菜 剪刀股 水蘇子
風花菜 鵝兒腸 粉條兒菜 辣辣菜
毛連菜 小桃紅 青莢兒菜 八角菜
耐驚菜 地棠菜 鵓兒腸 雨點兒菜
白屈菜 扯根菜 草零陵香 水落藜
涼蒿菜 粘魚鬚 節節菜 野艾蒿
堇堇菜 婆婆納 野茴香 蠍子花菜
白蒿 野同蒿 野粉團兒 蚵蚾菜
狗掉尾苗 石芥 獾耳菜 回回蒜
地槐菜 螺黶兒 泥胡菜 兔兒絲
老鸛筋 絞股藍 山梗菜 柨娘蒿
雞腸菜 水葫蘆苗 胡蒼耳 水棘針苗
沙蓬 麥藍菜 女婁菜 委陵菜
獨行菜 山蔘 花蒿 葛公菜
鯽魚鱗 尖刀兒苗 珎珠菜 杜當歸
風輪菜 拖白練苗 透骨草 酸桶笋
鹿藿菜 山茶科 金剛刺 柳葉青
大蓬蒿 狗筋蔓 兔兒傘 地花菜
杓兒菜 佛指甲 虎尾草 野蜀葵
蛇葡萄 星宿菜 水蓑衣 牛妳菜
小蟲兒卧單 兔兒尾苗 地錦苗 野西瓜苗
香茶菜 薔蘼 毛女兒菜 牻牛兒苗
鐵掃箒 山小菜 羊角苗 耬斗菜
甌菜 變豆菜 和尚菜

○根可食

本草原有

萎蕤 百合 天門冬亦名萬歲藤 章柳根即商陸
沙參 麥門冬 苧根 蒼朮
菖蒲

新增

葍子根 菽孃根 野胡蘿蔔 綿棗兒
土圞兒 野山藥 金瓜兒 細葉沙參
雞腿兒 山蔓菁 老鴉蒜 山蘿蔔
地參 獐牙菜 雞兒頭苗

○實可食

本草原有

雀麥 回回米即薏苡人 蒺藜子 檾子即莔實

新增

稗子 䅟子 川穀 莠草子

野黍　鷄眼草　鷰麥　潑盤
絲瓜苗　地角兒苗　馬㼎兒　山黧豆
龍芽草　地稍瓜　錦荔枝　鷄冠果

○葉及實皆可食

本草原有
羊蹄苗　蒼耳即枲耳實　姑娘菜即酸漿　土茜苗
王不留行　白薇
新增
蓬子菜　胡枝子　米布袋　天茄兒苗
苦馬豆　猪尾把苗

○根葉可食

本草原有
黃精苗即筆管菜　地黃苗　牛蒡子即惡實　遠志
新增
杏葉沙參　藤長苗　牛皮消　菹草
水豆兒　草三奈　水葱

○根筍可食

本草原有
蒲筍　蘆筍　茅芽根

○根及花皆可食

本草原有
葛根　何首烏

○根及實皆可食

本草原有
瓜樓根即括樓實
新增
磚子苗即關子苗

○花葉皆可食

本草原有
菊花　金銀花即忍冬
新增
望江南　大蓼

○莖可食

本草原有
黑三稜
新增
荇絲菜　水慈菰

○筍及實皆可食

本草原有
茭筍即菰根

救荒本草上卷目録　畢

救荒本草卷上 上之前 元

草部

○葉可食

本草原有

刺薊菜

大薊

刺薊菜 本草名小薊俗名青刺薊北人呼為千針草出冀州生平澤中今處處有之苗高尺餘葉似苦苣葉莖葉俱有刺而葉不皺葉中心出花頭如紅藍花而青紫色性涼無毒一云味甘性溫

救飢 採嫩苗葉煠熟水浸淘淨油鹽調食甚美除風熱

治病 文具本草草部大小薊條下

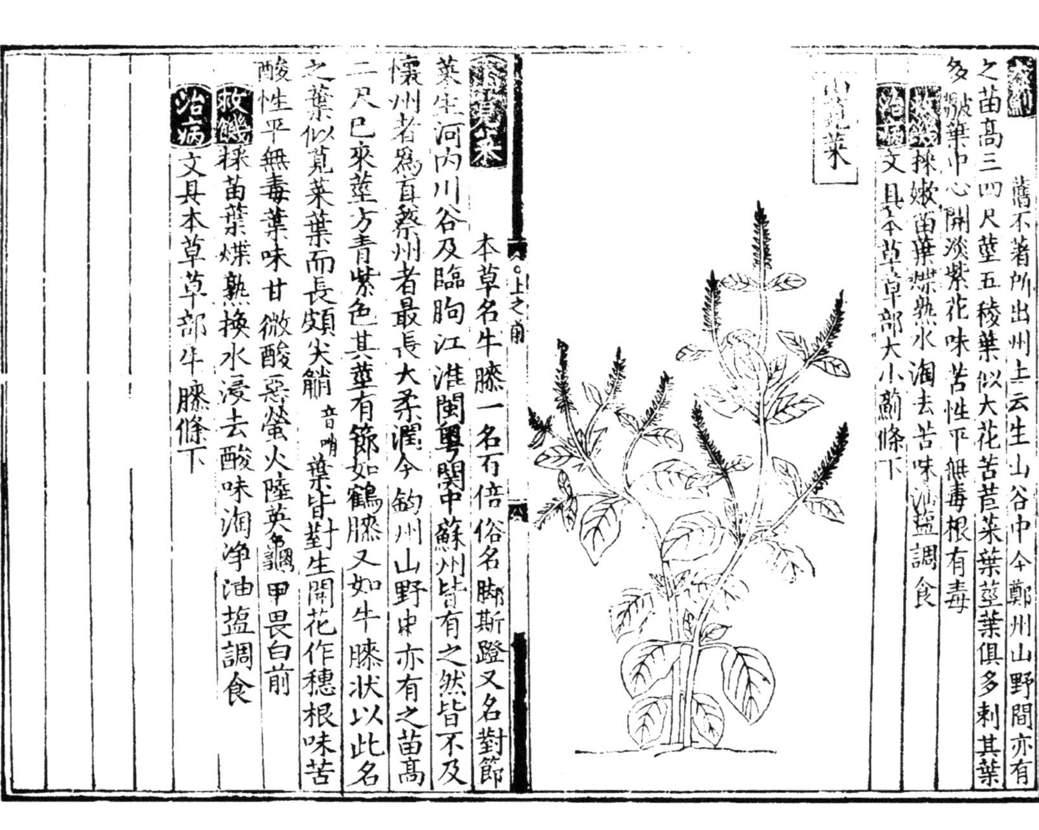

山莧菜 舊不著所出州土云生山谷中今鄭州山野間亦有之苗高三四尺莖五稜葉似大花苦苣菜葉莖葉俱多刺其葉多皺葉中心開淡紫花味苦性平無毒根有毒

救飢 採嫩苗葉煠熟水淘去苦味油鹽調食

治病 文具本草草部大小薊條下

牛膝菜 本草名牛膝一名百倍俗名脚斯蹬又名對節菜生河內川谷及臨朐江淮閩粵關中蘇州皆有之然皆不及懷州者為真蔡州者最長大柔潤今鈞州山野中亦有之苗高二尺已來莖方青紫色其莖有節如鶴膝又如牛膝狀以此名之葉似莧菜葉而長頗尖艄音哨葉皆對生開花作穗根味苦酸性平無毒葉味甘微酸惡螢火陸英龜甲畏白前

救飢 採苗葉煠熟換水浸去酸味淘淨油鹽調食

治病 文具本草草部牛膝條下

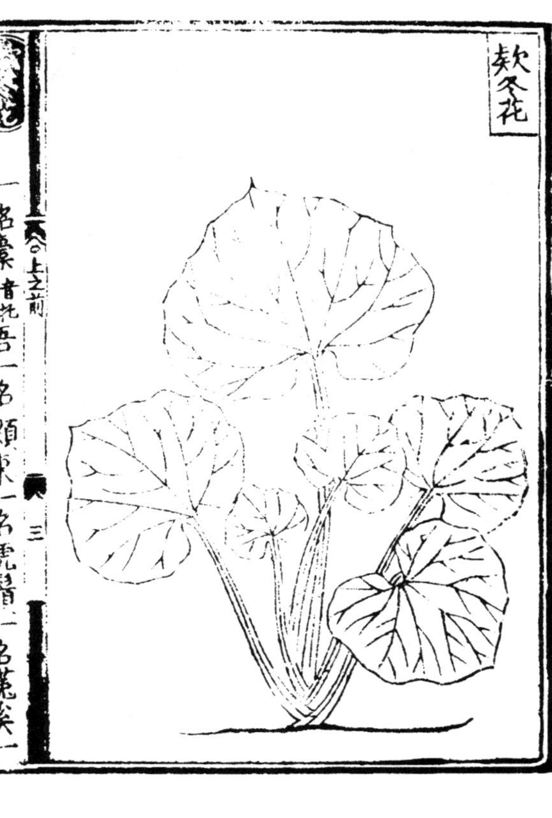

款冬花 一名橐音託吾一名顆東一名虎鬚一名菟奚一名氐冬生常山山谷及上黨水傍關中蜀北宕音蕩昌秦州雄州皆有今鈞州密縣山谷間亦有之莖青微帶紫色葉似葵葉甚大而叢生又似石葫蘆葉頗團開黃花根紫色圖經云葉如荷而斗直大者容一升小者容數合俗呼為蜂斗葉又名水斗葉此物不避冰雪最先春前生雪中出花世謂之鑽凍又云有葉似萆薢開黃花青紫萼去土一二寸初出如菊花萼通直而肥實無子陶隱居所謂出高麗百濟者近此類也其葉味苦花味辛甘性溫無毒杏仁為之使得紫菀良惡皂莢消石玄參畏貝母辛夷麻黃黃耆黃芩黃連青葙

救飢 採嫩葉煠熟水浸淘去苦味油鹽調食

治病 文具本草草部條下

卷上之前 三

萹蓄 亦名萹竹生東萊山谷今在處有之布地生道傍苗似石竹葉微闊嫩綠如竹赤莖如釵股節間花出甚細淡桃紅色結小細子根如蒿根苗葉味苦性平一云味甘無毒

救飢 採苗葉煠熟水浸淘淨油鹽調食

治病 文具本草草部條下

卷上之前

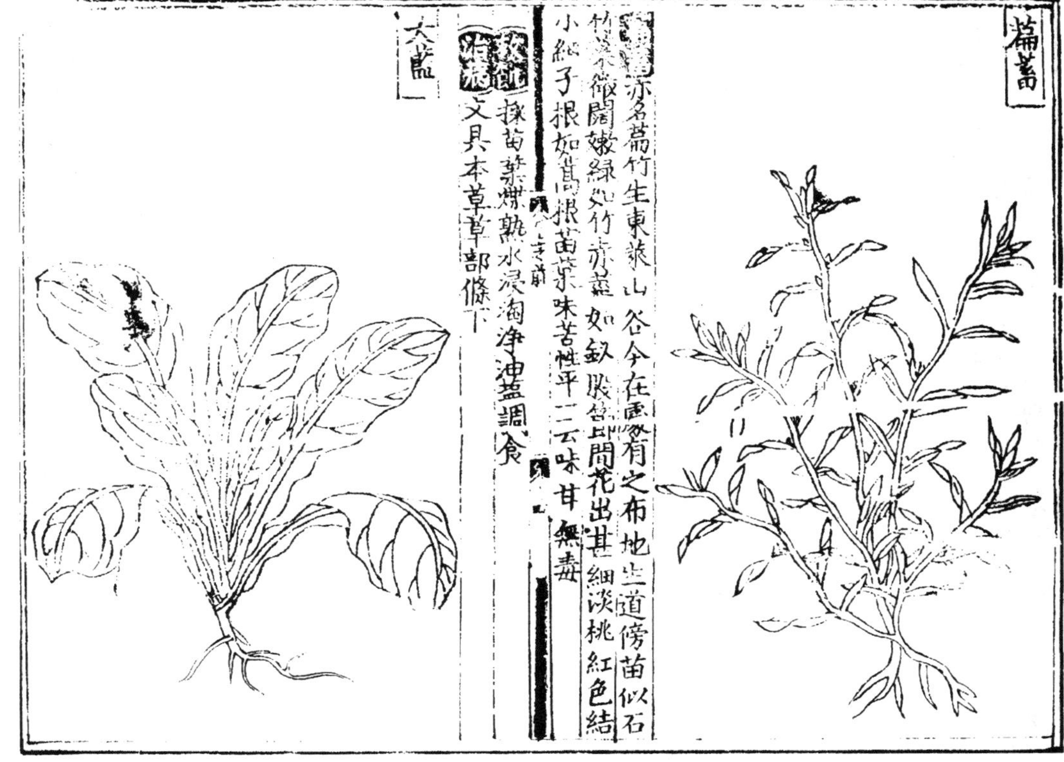

大藍 生河內平澤今處處有之人家園圃中多種苗高尺餘葉類白菜葉微厚而狹窄尖艄淡粉青色莖叉稍間開黃花結小莢其子黑色本草謂菘藍可以為靛染青以其葉似菘菜故名菘藍又名馬藍爾雅所謂葴馬藍是也味苦性寒無毒

救飢 採葉煠熟水浸去苦味油鹽調食

治病 文具本草草部藍實條下

石竹子

石竹子 本草名瞿麥一名巨句麥一名大菊一名大蘭又名杜母草鷰麥蘥音藥麥生太山川谷今處處有之苗高一尺已來葉似獨掃葉而尖小又似小竹葉而細窄莖亦有節稍間開紅白花而結蒴內有小黑子味苦辛性寒無毒蘘草牡丹為之使惡螵蛸

救飢 採嫩苗葉煠熟水浸淘淨油鹽調食

治病 文具本草草部瞿麥條下

紅花菜

紅花菜 本草名紅藍花一名黃藍出梁漢及西域滄魏亦種之今處處有之苗高二尺許莖葉有刺似刺薊葉而潤澤窊面稍結梂彙音胃亦多刺開紅花蕊出梂上圃人採之採已復出至盡而罷梂中結實白顆如小豆大其花暴乾以染真紅及作胭脂花味辛性溫無毒葉味甘

救飢 採嫩葉煠熟油鹽調食子可笮音作作油用

治病 文具本草草部紅藍花條下

萱草花

萱草花 俗名川草花本草一名鹿葱謂生山野花名宜男風土記云懷姙婦人佩其花生男故也人家園圃中多種其葉就地叢生兩邊分垂葉似菖蒲葉而柔弱又似粉條兒菜葉而肥大葉間攛

葶開金黃花味甘無毒根涼亦無毒葉味甘

救飢 採嫩苗葉煠熟水浸淘淨油鹽調食

治病 文具本草草部條下

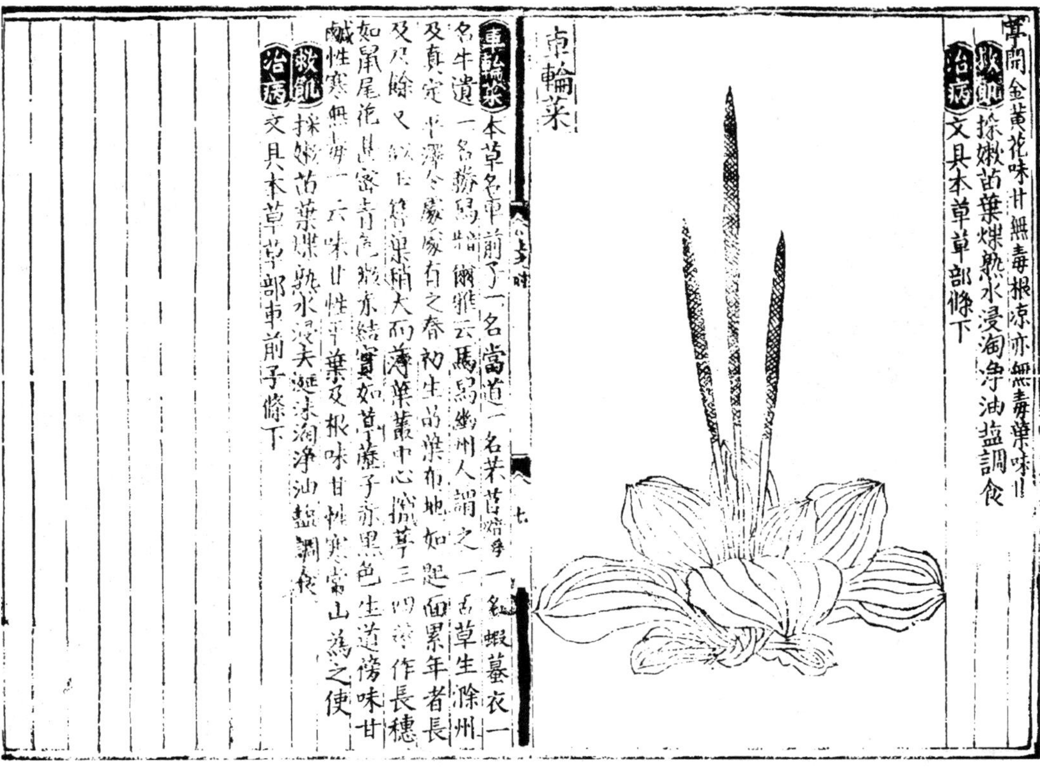

車輪菜

車輪菜 本草名車前子一名當道一名芣苢音浮以一名蝦蟇衣一名牛遺一名勝舄爾雅云馬舄幽州人謂之牛舌草生滁州及真定平澤今處處有之春初生苗葉布地如匙面累年者長及尺餘又似玉簪葉稍大而薄葉叢中心攛葶三四莖作長穗如鼠尾花甚密青色微赤結實如葶藶子赤黑色生道傍味甘鹹性寒無毒一云味甘性平葉及根味甘性寒常山為之使

救飢 採嫩苗葉煠熟水浸去涎沫淘淨油鹽調食

治病 文具本草草部車前子條下

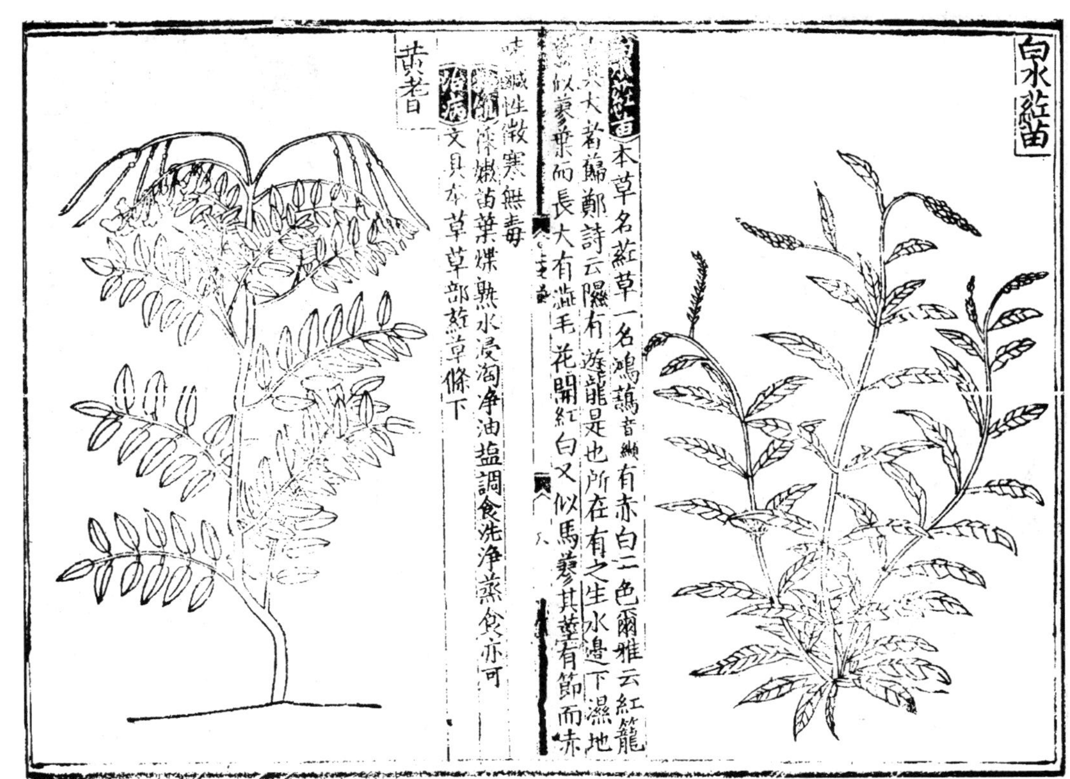

水葒苗

水葒苗 本草名葒草一名鴻䳘音纈有赤白二色爾雅云紅蘢古其大者蘬鄭詩云隰有游龍是也所在有之生水邊下濕地葉似蓼葉而長大有澁毛花開紅白又似馬蓼其莖有節而赤味鹹性微寒無毒

救飢 採嫩苗葉煠熟水浸淘淨油鹽調食洗淨蒸食亦可

治病 文具本草草部葒草條下

黃耆

黃耆 一名戴糝一名戴椹一名獨椹一名支草一名蜀脂一名百本一名王孫生蜀郡山谷及白水漢中河東陜西出綿上呼為綿黃耆今處處有之根長二三尺獨莖叢生枝幹其葉扶疎作羊齒狀似槐葉微尖小又似蒺藜葉闊大而青白色開黃紫花如槐花大結小尖角長寸許味甘性微溫無毒一云味苦微寒惡龜甲白蘚皮

救飢 採嫩苗葉煠熟換水浸淘洗去苦味油鹽調食藥中補益呼為羊肉

治病 文具本草草部條下

上之前 九

威靈仙

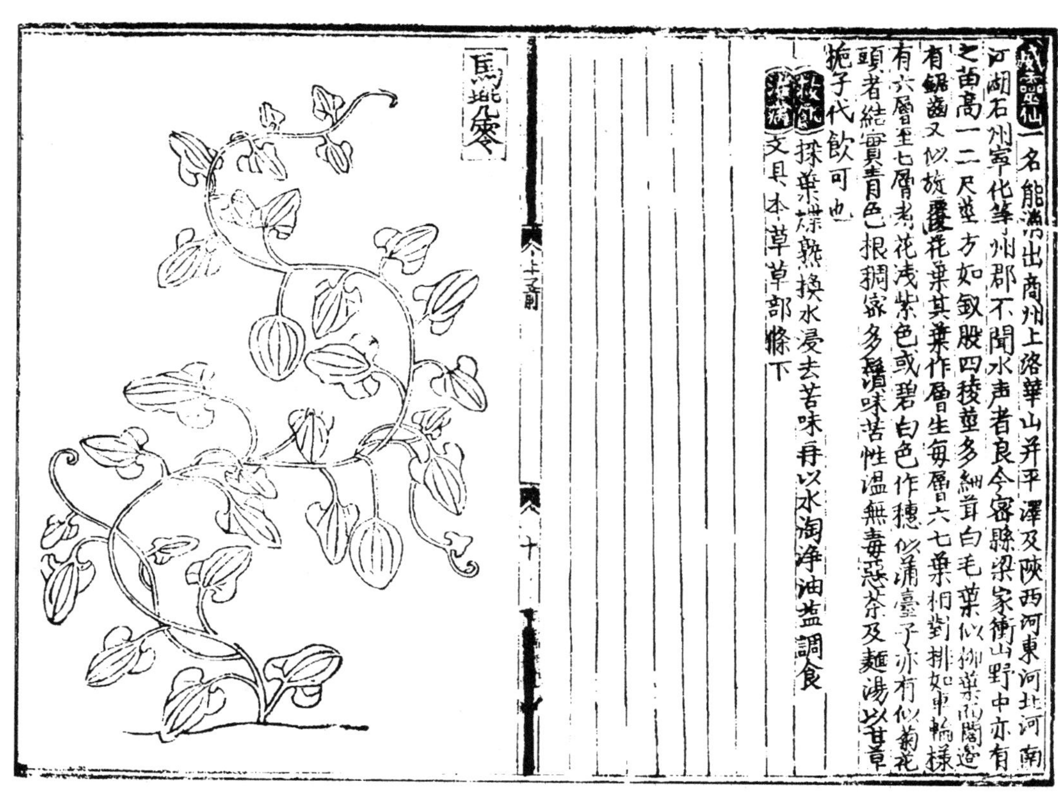

威靈仙 一名能消出商州上洛華山并平澤及陜西河東河北河南河朔石州寧化等州郡不聞水聲者良今密縣梁家衝山野中亦有之苗高一二尺莖方如釵股四稜莖多細茸白毛葉似柳葉而闊邊有鋸齒又似旋覆花葉其葉作層生每層六七葉相對排如車輪樣有六層至七層者花淺紫色或碧白色作穗似蒲臺子亦有似菊花頭者結實青色根稠密多鬚味苦性溫無毒惡茶及麵湯以甘草梔子代飲可也

救飢 採葉煠熟換水浸去苦味再以水淘淨油鹽調食

治病 文具本草草部條下

上之前 十

馬兜零

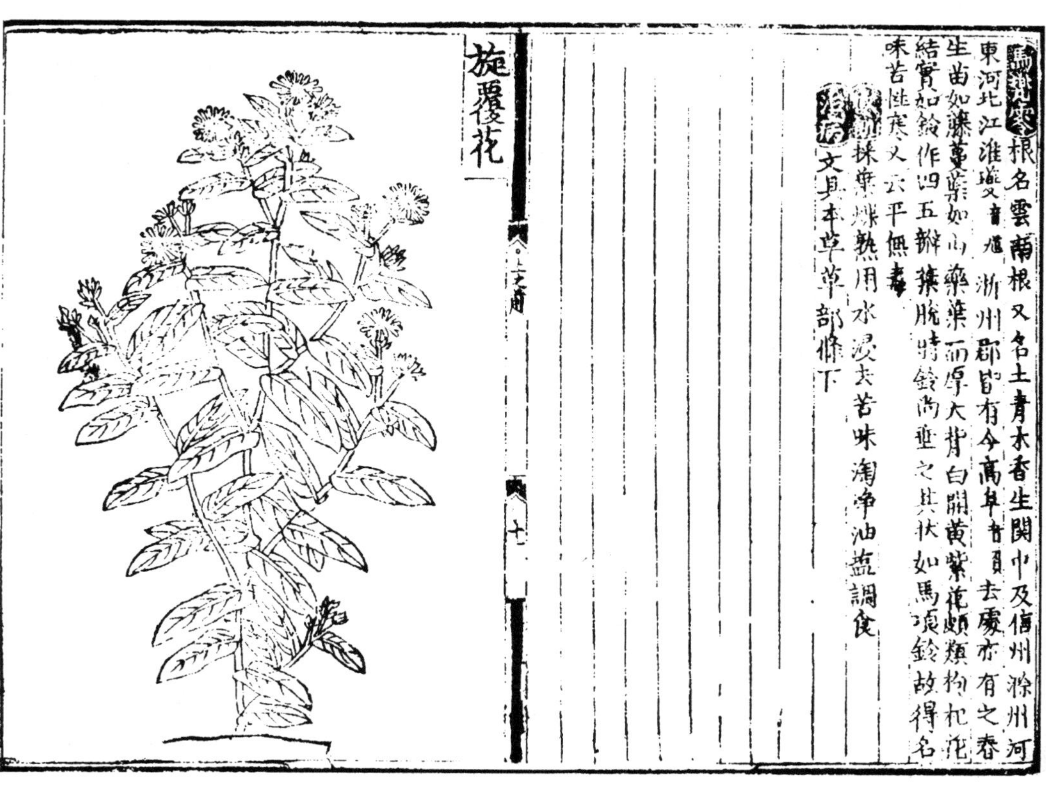

旋覆花

馬兜零 根名雲南根又名土青木香生關中及信州滁州河東河北江淮夔音逵浙州郡皆有今高阜[illegible]去處亦有之春生苗如藤蔓葉如山藥葉而厚大背白開黃紫花頗類枸杞花結實如鈴作四五瓣葉脫時鈴尚垂之其狀如馬項鈴故得名味苦性寒又云平無毒

救飢 採葉煠熟用水浸去苦味淘淨油鹽調食

治病 文具本草草部條下

上之前 十七

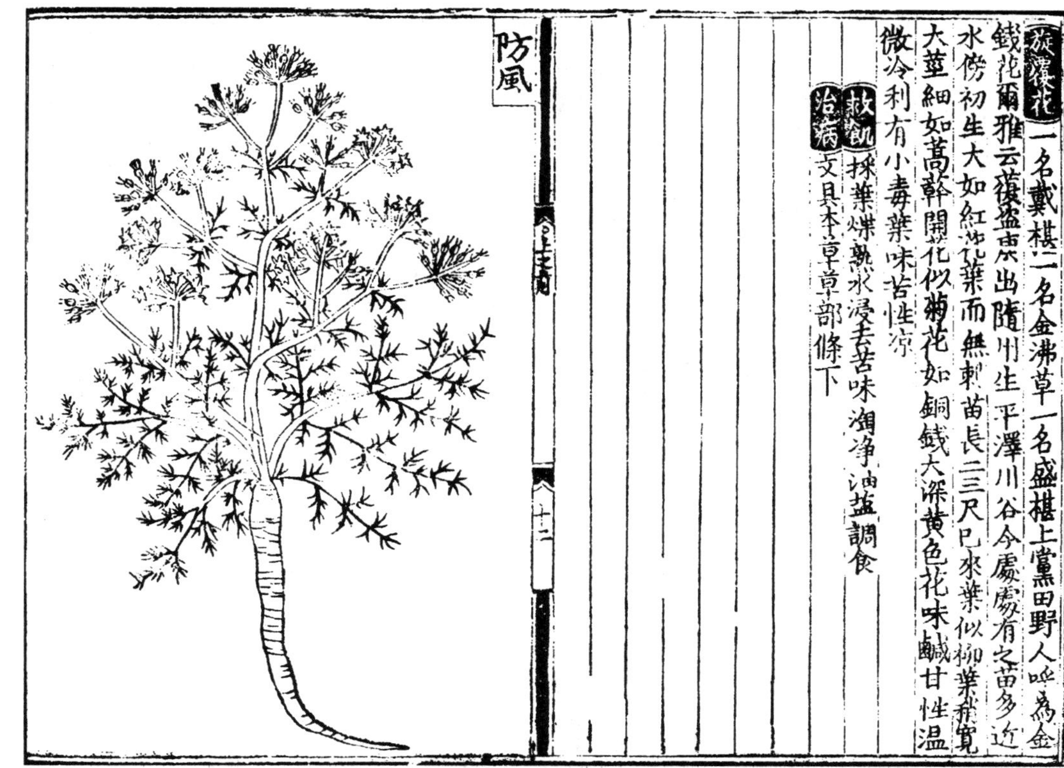

防風

旋覆花 一名戴椹一名金沸草一名盛椹上黨田野人呼為金錢花爾雅云蕧盜庚出隨州生平澤川谷今處處有之苗多近水傍初生大如紅花葉而無刺苗長二三尺已來葉似柳葉稍寬大莖細如蒿幹開花似菊花如銅錢大深黃色花味鹹甘性溫微冷利有小毒葉味苦性涼

救飢 採葉煠熟水浸去苦味淘淨油鹽調食

治病 文具本草草部條下

上之前 十二

防風 一名銅芸一名茴草一名百枝一名屏風一名蕑根一名百蜚生同州沙苑川澤邯鄲琅邪上蔡陝西山東處處皆有今中牟田野中亦有之根土黃色與蜀葵根相類稍細短莖葉俱青綠色莖深而葉淡葉似青蒿葉而闊大又似米蒿葉而稀疎莖似茴香開細白花結實似胡荽子而大味甘辛性溫無毒殺附子毒惡乾薑藜蘆白斂芫花又有石防風亦療頭風眩痛又有叉頭者令人發狂叉尾者發痼疾

救飢 採嫩苗葉作菜茹煠食極爽口

治病 文具本草草部條下

鬱臭苗

鬱臭苗 本草茺蔚子是也一名益母一名益明一名大札一名貞蔚皆云蓷音推益母也亦謂蓷臭穢生海濱池澤今田野處處有之葉似荏子葉又似艾葉而薄小色青莖方節節開小白花結子黑茶褐色三稜細長味辛甘微溫一云微寒無毒

救飢 採苗葉煠熟水浸淘淨油鹽調食

治病 文具本草草部茺蔚子條下

澤漆

澤漆 本草一名漆莖大戟苗也生太山川澤及冀州鼎州明州今處處有之苗高二三尺科叉生莖紫赤色葉似柳葉微細短開黃紫花狀似杏花而瓣頗長生時摘葉有白汁出亦能嚙音咬人故以爲名味苦辛性微寒無毒一云有小毒一云性冷微毒小豆爲之使惡薯蕷今嘗葉味甜苦食過回味甜

救飢 採葉及嫩莖煠熟水浸淘淨油鹽調食採嫩葉蒸過曬乾做茶喫亦可

治病 文具本草草部條下

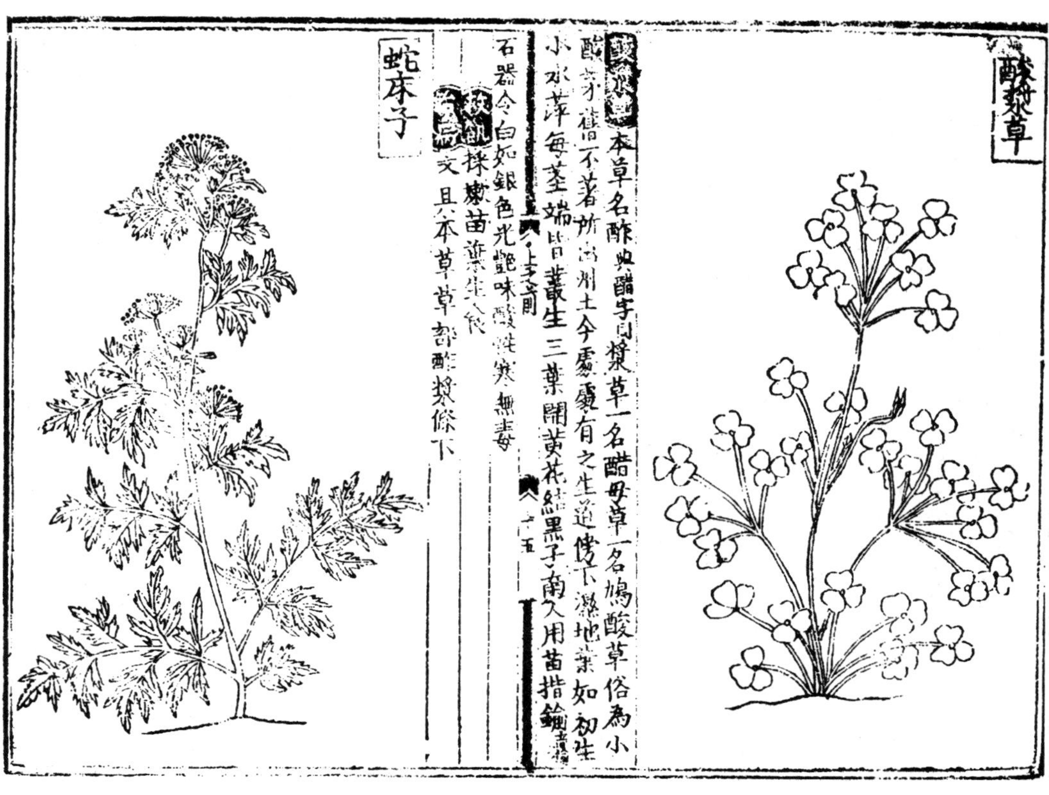

【酸漿】本草名酢(与醋字同)漿草一名醋母草一名鳩酸草俗為小酸茅舊不著所出州土今處處有之生道傍下濕地葉如初生小水萍每莖端皆叢生三葉開黃花結黑子南人用苗揩鍮石器令白如銀色光艷味酸性寒無毒

【救飢】採嫩苗葉生食

【治病】文具本草草部酢漿條下

上之前　十五

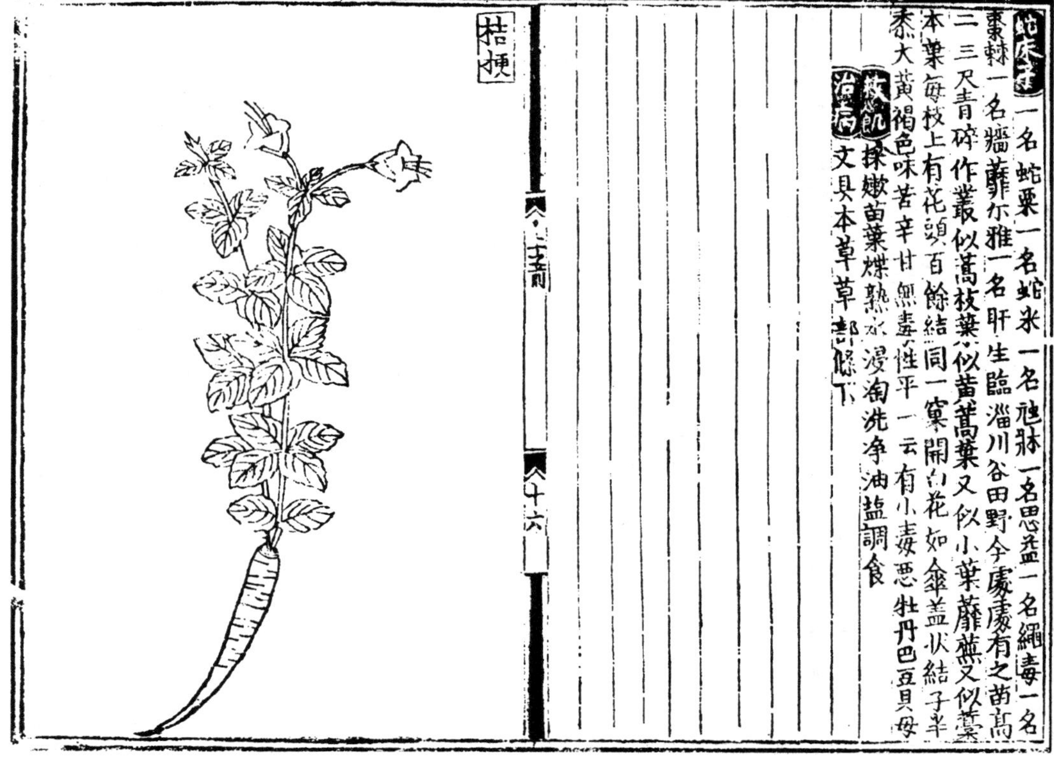

【蛇床子】一名蛇粟一名蛇米一名虺牀一名思益一名繩毒一名棗棘一名牆蘼爾雅一名盱生臨淄川谷田野今處處有之苗高二三尺青碎作叢似蒿枝葉似黃蒿葉又似小葉蘼蕪又似藁本葉每枝上有花頭百餘結同一窠開白花如傘蓋狀結子半黍大黃褐色味苦辛甘無毒性平一云有小毒惡牡丹巴豆貝母

【救飢】採嫩苗葉煠熟水浸淘洗淨油鹽調食

【治病】文具本草草部條下

上之前　十六

茴香

【桔梗】一名利如一名房圖一名白藥一名梗草一名薺苨生嵩高山谷及冤句和州解州今鈞州密縣山野亦有之根如手指大黄白色春生苗莖高尺餘葉似杏葉而長橢四葉相對而生嫩時亦可煮食開花紫碧色頗似牽牛花秋後結子葉名隱忍其根有心無心者乃薺苨也根葉味辛苦性微温有小毒一云味苦性平無毒節皮為之使得牡蠣遠志療恚怒得硝石石膏療傷寒畏白芨龍眼龍膽

【救飢】採葉煠熟換水浸去苦味淘洗淨油鹽調食

【治病】文具本草草部條下

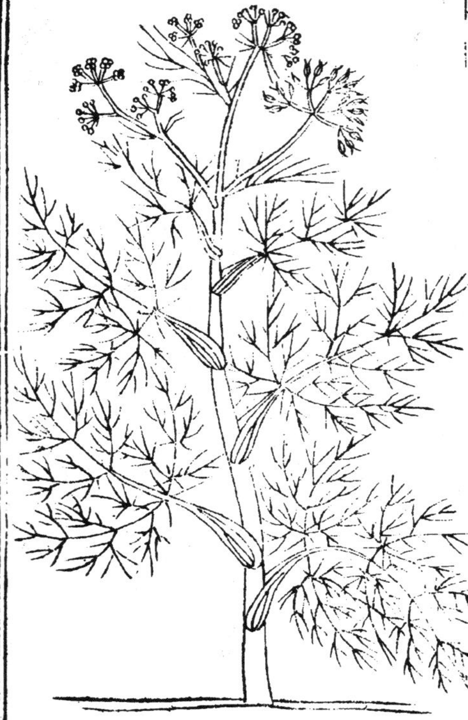

夏枯草

【茴香】一名蘹音懷香子北人呼為土茴香茴蘹声相近故云耳今處處有之人家園圃多種苗高三四尺莖麄如筆管傍有淡黄袴葉抪莖而生袴葉上發生青色細葉似細蓬葉而長極疎細如糸髮狀袴葉間分生叉枝梢頭開花花頭如傘蓋黄色結子如蒔蘿子微大而長亦有線瓣味苦辛性平無毒

【救飢】採苗葉煠熟換水淘淨油鹽調食子調和諸般食味香美

【治病】文具本草草部蘹香子條下

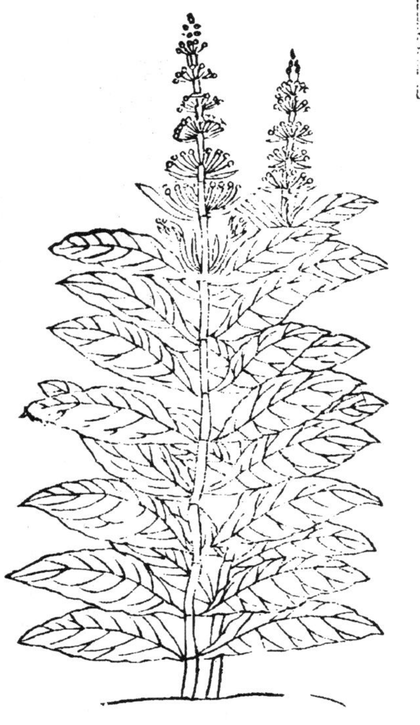

夏枯草 本草一名夕句一名乃東一名燕面生蜀郡川谷及河淮浙滁平澤今祥符西田野中亦有之苗高二三尺其葉對節生葉似旋覆葉而極長大邊有細鋸齒背白上多氣脉紋路葉端開花作穗長二三寸許其花紫白似丹參花葉味苦微辛性寒無毒土瓜為之使俗又謂之鬱臭苗非是

救饑 採嫩葉煠熟換水浸淘去苦味油鹽調食

治病 文具本草草部條下

藁本

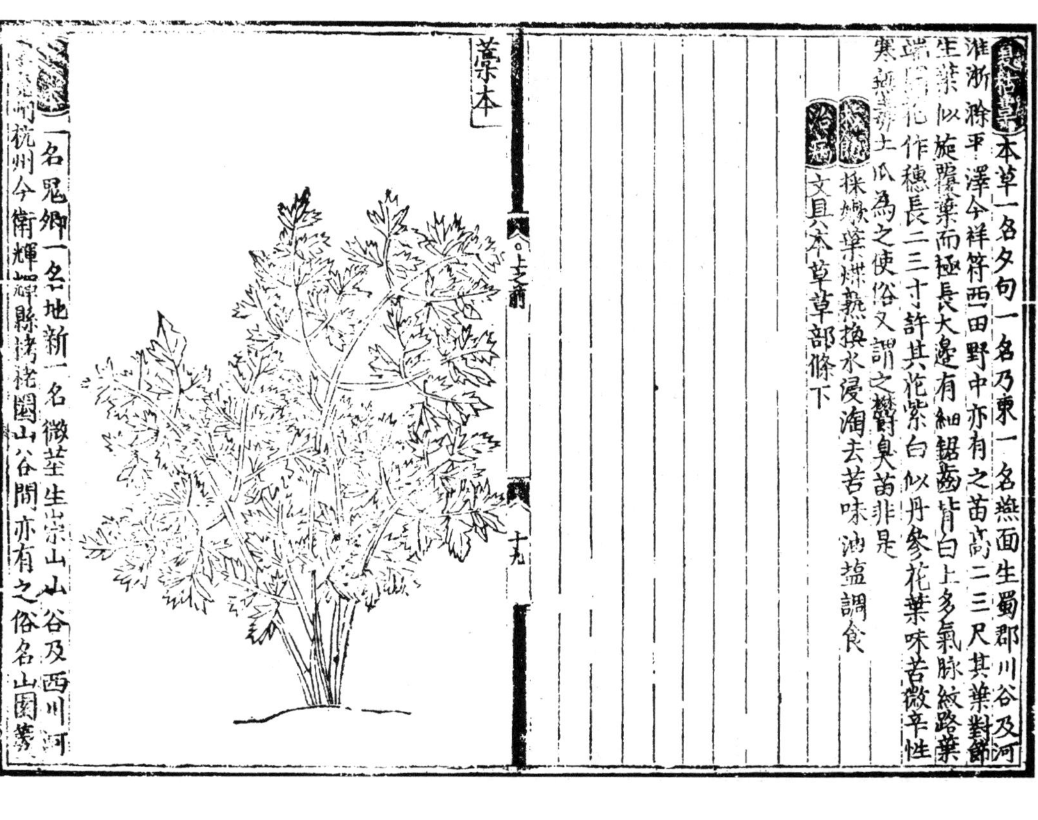

本草 一名鬼卿一名地新一名微莖生崇山山谷及西川河東兗州杭州今衛輝山輝縣栲栳圈山谷間亦有之俗名山園荽苗高五七寸葉似芎藭葉細小又似園荽葉而稀疏莖比園荽莖頗硬直味辛微苦性溫微寒無毒惡蘭茹畏青葙子

救饑 採嫩苗葉煠熟水浸淘淨油鹽調食

治病 文具本草草部條下

柴胡

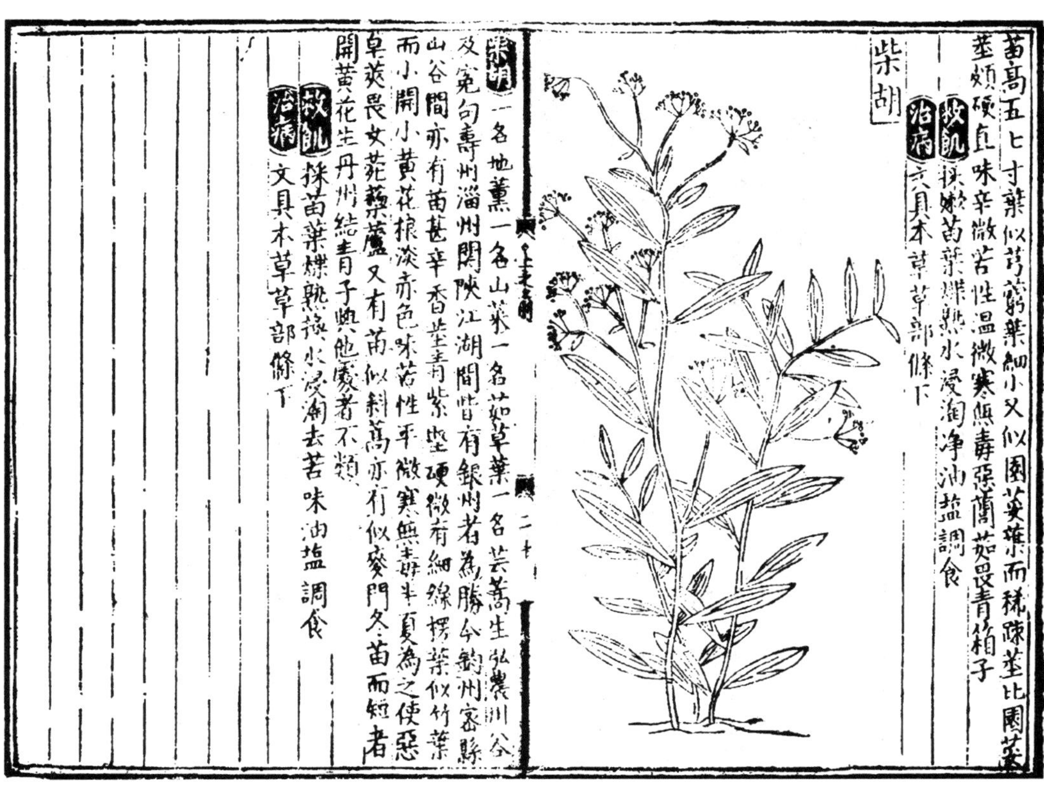

柴胡 一名地薰一名山菜一名茹草葉一名芸蒿生弘農川谷及冤句壽州淄州關陝江湖間皆有銀州者為勝今鈞州密縣山谷間亦有苗甚辛香莖青紫堅硬微有細線楞葉似竹葉而小開小黃花根淡赤色味苦性平微寒無毒半夏為之使惡皁莢畏女菀藜蘆又有苗似斜蒿亦有似麥門冬苗而短者開黃花生丹州結青子與他處者不類

救饑 採苗葉煠熟換水浸淘去苦味油鹽調食

治病 文具本草草部條下

漏蘆

漏蘆 一名野蘭俗名莢蒿根名鹿驪根俗呼為鬼油麻生喬山山谷及秦州海州單州曹州兗州今鈞州新鄭沙崗間亦有之苗葉就地叢生葉似山芥菜葉而大又多花叉亦似白屈菜葉又似大蓬蒿葉及似風花菜腳葉而大葉中攛葶上開紅白花根苗味苦鹹性寒大寒無毒連翹為之使

救飢 採葉煠熟水浸淘去苦味油鹽調食

治病 文具本草草部條下

龍膽草

龍膽草 一名龍膽一名陵游俗呼草龍膽生齊朐山谷及冤句襄州吳興皆有之今鈞州新鄭山崗間亦有根類牛膝而根一本十餘莖黃白色宿根苗高尺餘葉似柳葉而細短又似小竹開花如牽牛花青碧色似小鈴形樣陶隱居注云狀似龍葵味苦如膽因以為名味苦性寒大寒無毒貫衆小豆為之使惡防葵地黃又云浙中又有山龍膽草味苦澀此同類而別種也

救飢 採葉煠熟換水浸淘去苦味油鹽調食勿空腹服餌令人溺不禁

治病 文具本草草部條下

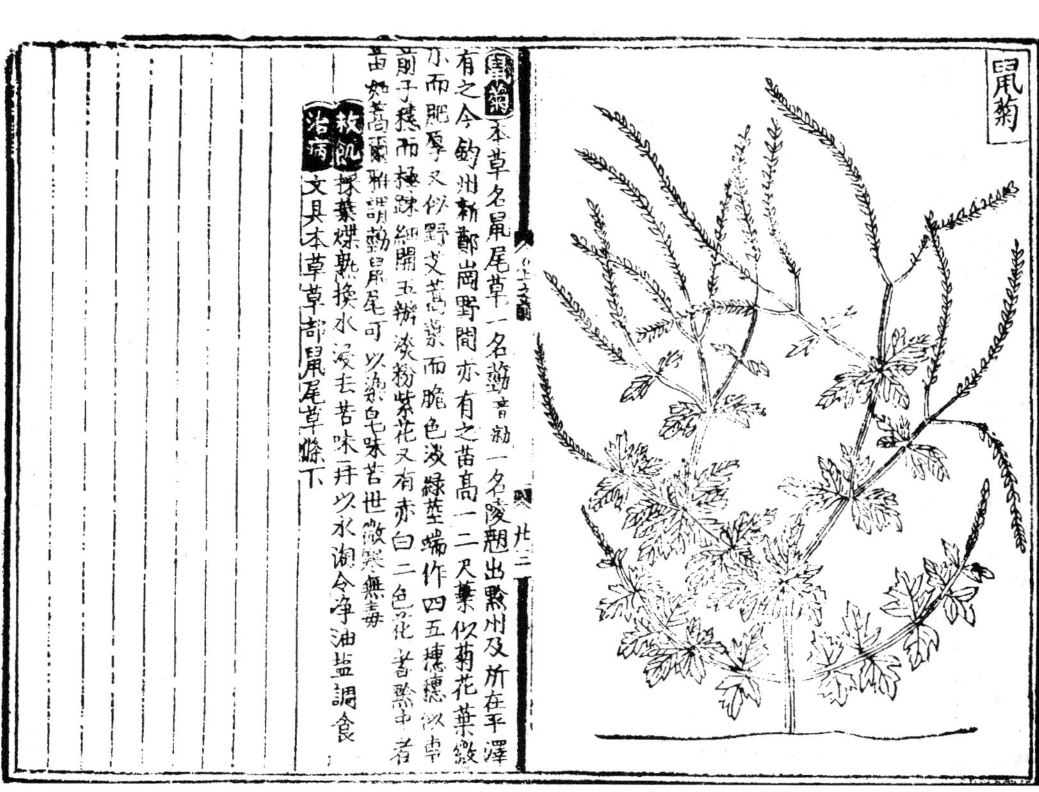

鼠菊 本草名鼠尾草一名葝音勍一名陵翹出黔州及所在平澤有之今鈞州新鄭崗野間亦有之苗高一二尺葉似菊花葉微小而肥厚又似野艾蒿葉而脆色淡綠莖端作四五穗穗似車前子穗而極踈細開五瓣淡粉紫花又有赤白二色花者黔中者苗如蒿蘭州謂葝鼠尾可以染皂味苦性微寒無毒

救飢 採葉煠熟換水浸去苦味再以水淘淨油鹽調食

治病 文具本草草部鼠尾草條下

上之前　廿二

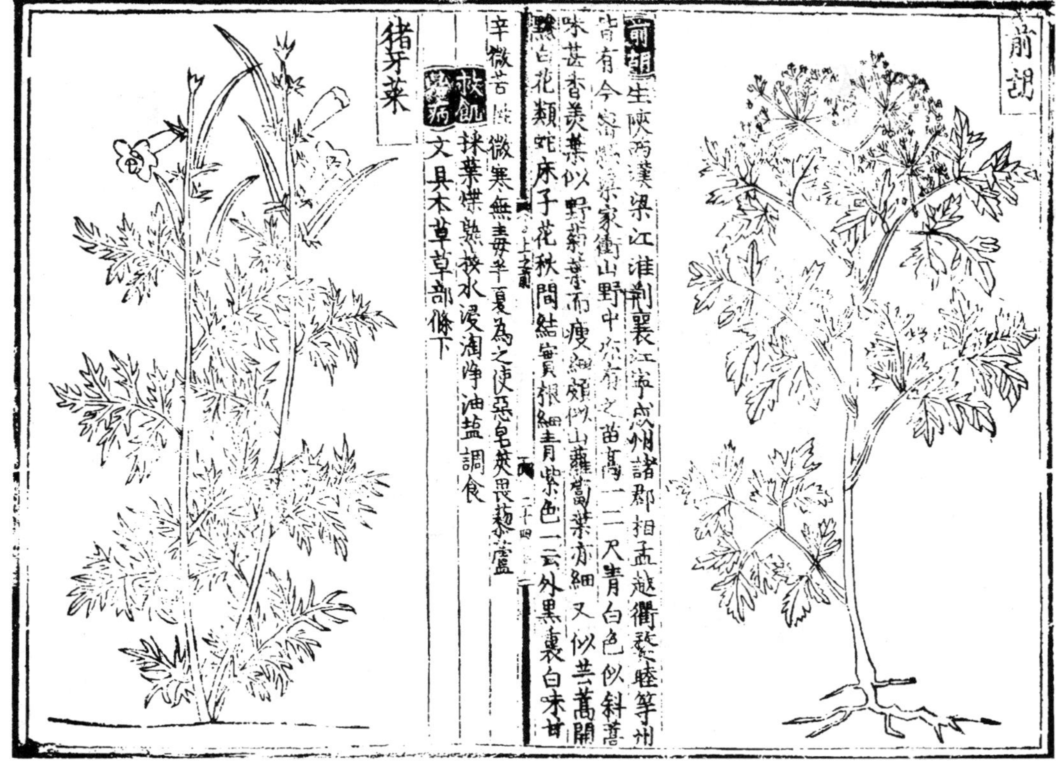

前胡 生陝西漢梁江淮荊襄江寧成州諸郡相孟越衢婺睦等州皆有今密縣梁家衝山野中亦有之苗高一二尺青白色似斜蒿味甚香美葉似野菊葉而瘦細頗似山蘿蔔葉亦細又似芸蒿開黲白花類蛇床子花秋間結實根細青紫色一云外黑裏白味甘辛微苦性微寒無毒半夏為之使惡皂莢畏藜蘆

救飢 採葉煠熟換水浸淘淨油鹽調食

治病 文具本草草部條下

上之前　二十四

猪牙菜 本草名角蒿，一名莪蒿，一名蘿蒿，又名藁音廩蒿。舊云生高岡及澤畢灘洳處，多有，今在處有之。生田野中。苗高一二尺，莖葉如青蒿葉，似邪蒿葉而細，又似蛇床子葉，頗壯。稍間開花紅赤色，鮮明可愛。花罷結角子，似蔓菁角，長二寸許，微彎，中有子黑色，似王不留行子。味辛苦，性溫，無毒。一云性平，有小毒。

救飢 採嫩苗葉煠熟，水浸去苦味，淘淨，油鹽調食。

治病 文具本草草部角蒿條下。

地榆

地榆 生桐柏山及冤句山谷，今處處有之。密縣山野中亦有此，多宿根。其苗初生布地，後攛葶，直高三四尺，對分生葉，葉似榆葉而狹細，頗長，作鋸齒狀，青色。開花如椹子，紫黑色。又類豉，故名玉豉。其根外黑裏紅，似柳根。亦入釀酒藥。燒作灰，能爛石。味苦

苦甘酸，性微寒。一云沉寒，無毒。得髮良，惡麥門冬。

救飢 採嫩葉煠熟，用水浸去苦味，換水淘淨，油鹽調食。無茶時，用葉作飲，甚解熱。

治病 文具本草草部條下。

川芎

川芎 一名芎藭，一名胡藭，一名香果。其苗葉名蘼蕪，一名薇蕪，一名茳蘺。生武功川谷、斜谷西嶺、雍州川澤及冤句。其關陝、蜀川、江東山中亦多有，以蜀川者為勝。今處處有之，人家園圃多種。苗葉似芹而葉微細窄，却有花叉，又似白芷葉，亦細，又如園荽葉微壯。又有一種，葉似蛇床子葉而亦麤壯，開白花。其芎人家種者，形塊大，重實多脂潤。其裏色白，味辛甘，性溫，無毒。山中出者瘦細，味苦辛。其節大莖細，狀如馬銜，謂之馬銜芎。狀如雀腦者，謂之雀腦芎，此最有力。白芷為之使，畏黃連。其蘼蕪味辛，香，性溫，無毒。

救飢 採葉煠熟，換水浸去辛味，淘淨，油鹽調食。亦可煮飲，甚香。

治病 文具本草草部條下。

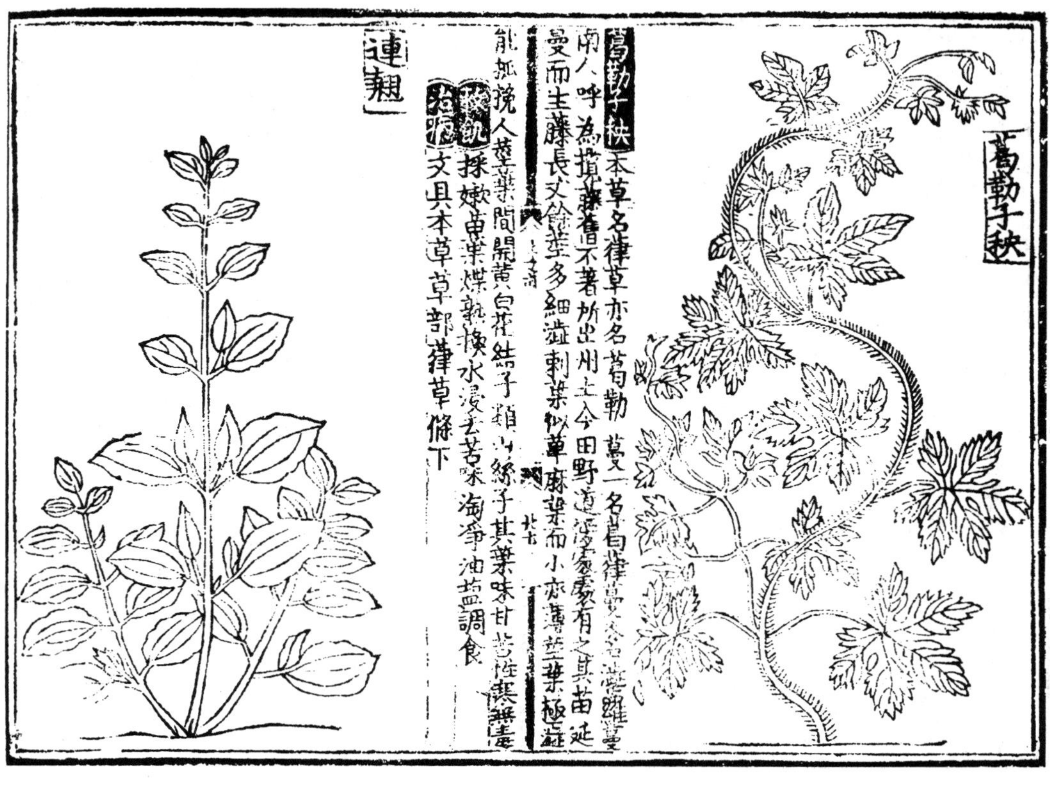

葛勒子秧　本草名葎草，亦名葛勒蔓，又一名葛葎蔓，又名澀蘿蔓，南人呼為攬藤。舊不著所出州土，今田野道傍處處有之。其苗延蔓而生，藤長丈餘，莖多細澀刺，葉似蓖麻葉而小，亦薄，莖葉極澀，能抓挽人。莖葉間開黃白花，結子類山絲子。其葉味甘苦，性寒，無毒。

救飢　採嫩苗葉煠熟，換水浸去苦味，淘淨，油鹽調食。

治病　文具本草草部葎草條下。

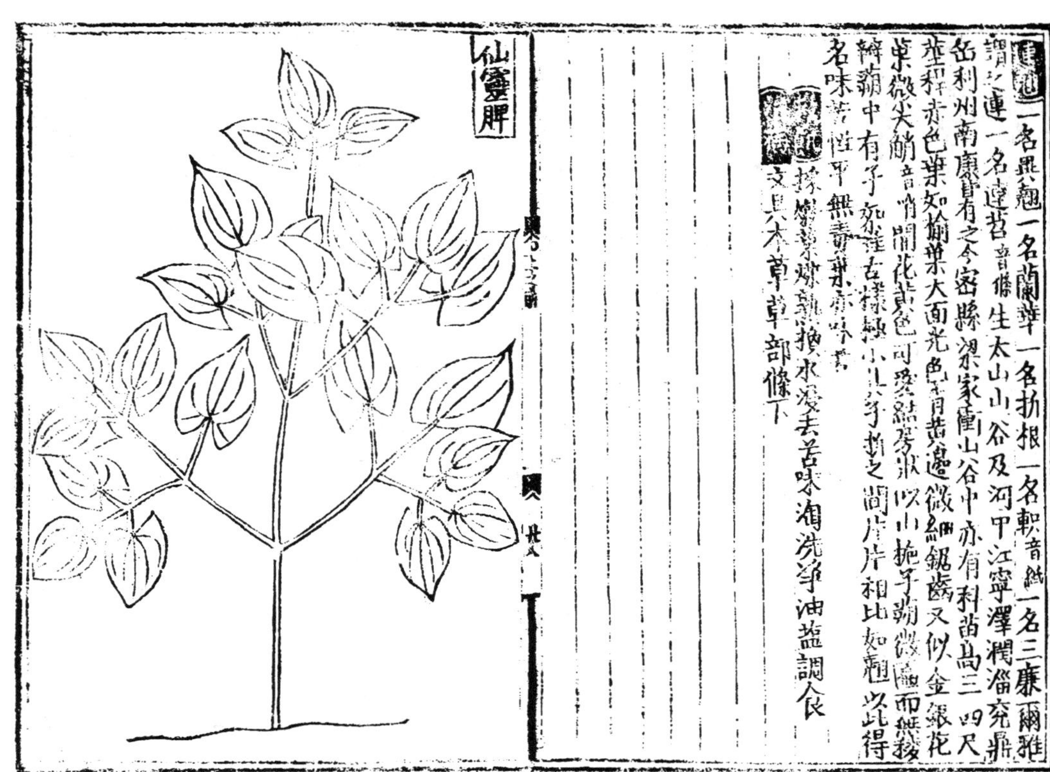

連翹　一名異翹，一名蘭華，一名折根，一名軹音紙，一名三廉。爾雅謂之連，一名連苕音條。生太山山谷及河中、江寧、潤、淄、兗、鼎、岳、利州、南康皆有之，今密縣梁家衝山谷中亦有。科苗高三四尺，莖稈赤色，葉如榆葉大，面光，色青黃，邊微細鋸齒，又似金銀花葉，微尖艄音哨，開花黃色可愛，結房狀似山梔子，蒴微扁而無稜瓣，蒴中有子如雀舌樣，極小。其子折之，間片片相比如翹，以此得名。味苦，性平，無毒。一云味苦，性寒。

救飢　採嫩葉煠熟，換水浸去苦味，淘洗淨，油鹽調食。

治病　文具本草草部條下。

仙靈脾 本草名淫羊藿，一名剛前，俗名黃德相、千兩金、乾雞筋、放杖草、棄杖草，俗又呼三枝九葉草。生上郡陽山山谷及江東、陝西、泰山、漢中、湖湘、沂州等郡，并永康軍皆有之，今密縣山野中亦有。苗高二尺許，莖似小豆莖，極細緊，葉似杏葉，頗長，近蒂皆有一缺，又似菉豆葉，亦長而光，稍間開花，白色，亦有紫色花，作碎小獨頭子，根紫色，有鬚，形類黃連狀。味辛，性寒，一云性溫，無毒。生處不聞水聲者良。署預、紫芝爲之使。

救飢 採嫩葉煠熟，水浸去邪味，淘淨，油鹽調食。

治病 文具本草草部淫羊藿條下。

青杞

青杞 本草名蜀羊泉，一名羕泉，一名羊飴，俗名漆姑。生蜀郡山谷及所在平澤皆有之，今祥符縣西田野中亦有。苗高二尺餘，葉似菊葉，稍長，花開紫色，子類枸杞子，生青熟紅，根如遠志，無心有糝。味苦，性微寒，無毒。

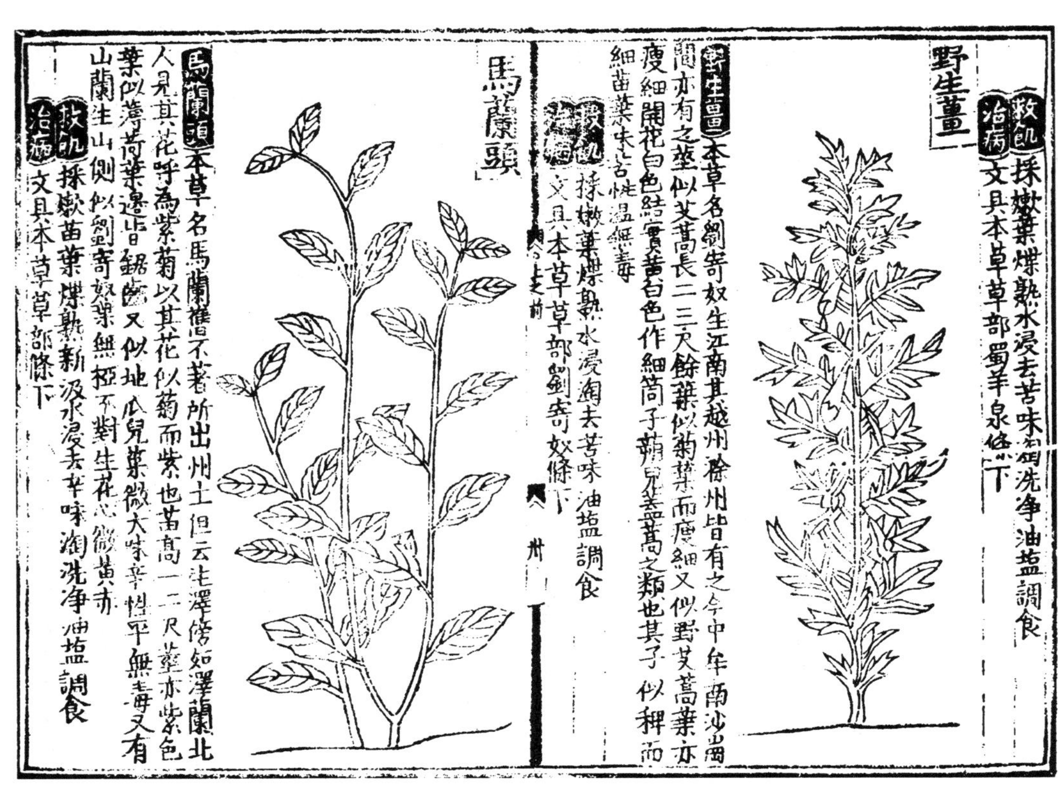

救飢 採嫩葉煠熟，水浸去苦味，淘洗淨，油鹽調食。

治病 文具本草草部蜀羊泉條下。

野生薑

野生薑 本草名劉寄奴。生江南，其越州、滁州皆有之，今中牟南沙崗間亦有之。莖似艾蒿，長二三尺餘，葉似菊葉而瘦細，又似野艾蒿葉，亦瘦細。開花白色，結實黃白色，作細筒子蒴兒，蓋蒿之類也。其子似稗而細。苗葉味苦，性溫，無毒。

救飢 採嫩葉煠熟，水浸淘去苦味，油鹽調食。

治病 文具本草草部劉寄奴條下。

馬蘭頭

馬蘭頭 本草名馬蘭，舊不著所出州土，但云生澤傍，如澤蘭。北人見其花，呼爲紫菊，以其花似菊而紫也。苗高一二尺，莖亦紫色，葉似薄荷葉，邊皆鋸齒，又似地瓜兒葉，微大，味辛，性平，無毒。又有山蘭，生山側，似劉寄奴葉，無椏，不對生，花心微黃赤。

救飢 採嫩苗葉煠熟，新汲水浸去辛味，淘洗淨，油鹽調食。

治病 文具本草草部條下。

豨薟

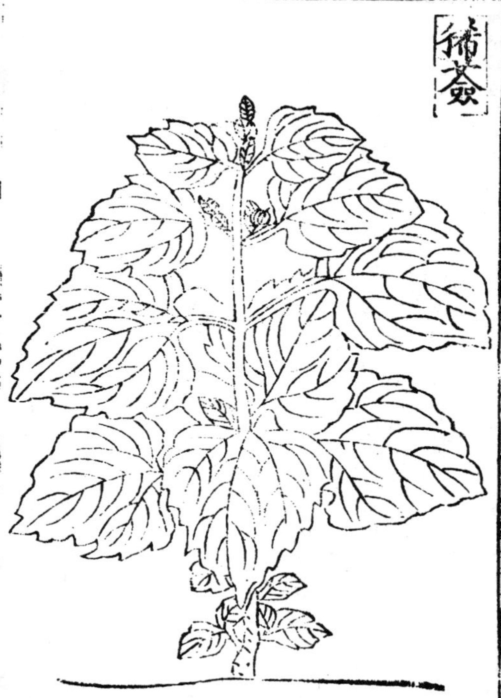

豨薟 音杴 俗名粘糊菜俗又呼火杴草舊不著所出州郡今處處有之苗高三四尺金稜銀線素根紫稭莖又對節而生莖葉頗類蒼耳莖葉紋脉豎直稍葉間開花深黃色又有一種苗葉似芥葉而尖稜開花如菊結實頗似鶴蝨科苗味苦性寒有小毒

救飢 採嫩苗葉煠熟水浸去苦味淘洗淨油鹽調食

治病 文具本草草部條下

澤瀉

澤瀉 俗名水蕮菜一名水瀉一名及瀉一名芒芋一名鵠瀉生汝南池澤及齊州山東河陝江淮亦有漢中者為佳今水邊處處有之叢生苗葉其葉似牛舌草葉紋脉豎直葉叢中間攛葶對分莖叉莖有線楞稍間開三瓣小白花結實小青細子味甘葉味微鹹俱無毒

救飢 採嫩葉煠熟水浸淘淨油鹽調食

治病 文具本草草部條下

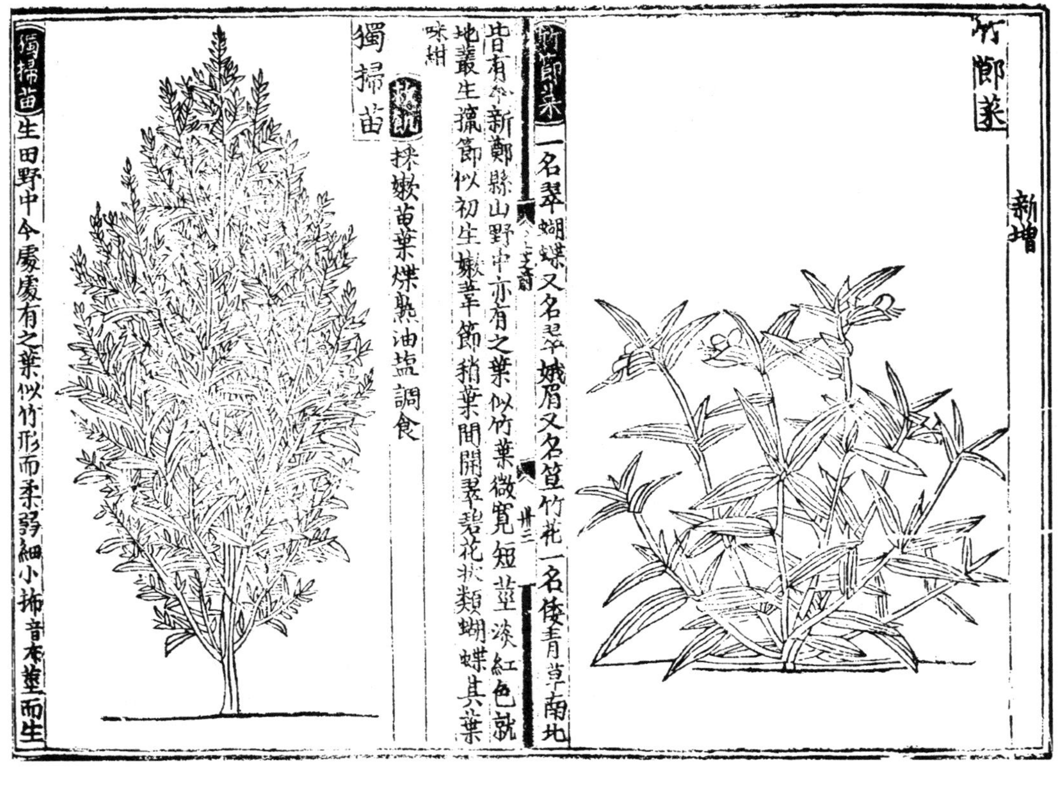

竹節菜 一名翠蝴蝶又名翠娥眉又名笪竹花一名倭青草南北皆有今新鄭縣山野中亦有之葉似竹葉微寬短莖淡紅色就地叢生攛節似初生嫩葦節稍葉間開翠碧花狀類蝴蝶其葉味甜

救饑 採嫩苗葉煠熟油鹽調食

獨掃苗 生田野中今處處有之葉似竹形而柔弱細小抪音布莖而生

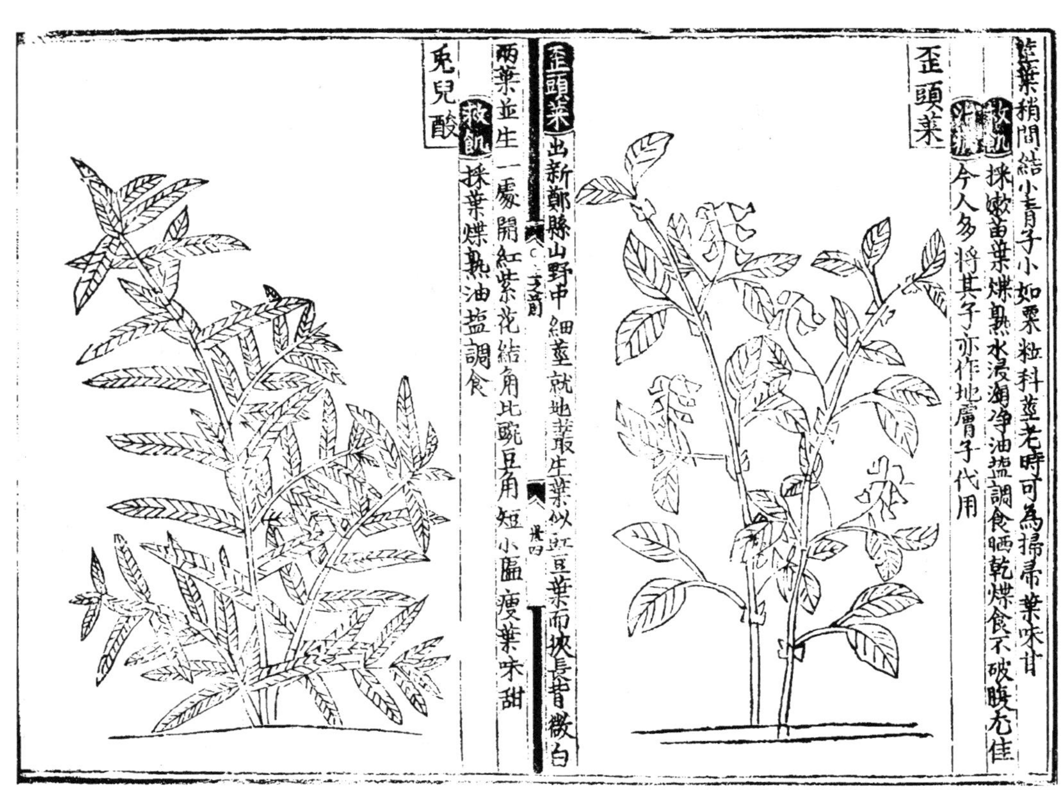

莖葉稍間結小青子小如粟粒科莖老時可為掃帚葉味甘

救饑 採嫩苗葉煠熟水浸淘淨油鹽調食晒乾煠食不破腹尤佳

治病 今人多將其子亦作地膚子代用

歪頭菜 出新鄭縣山野中細莖就地叢生葉似豇豆葉而狹長背微白兩葉並生一處開紅紫花結角比豌豆角短小匾瘦葉味甜

救饑 採葉煠熟油鹽調食

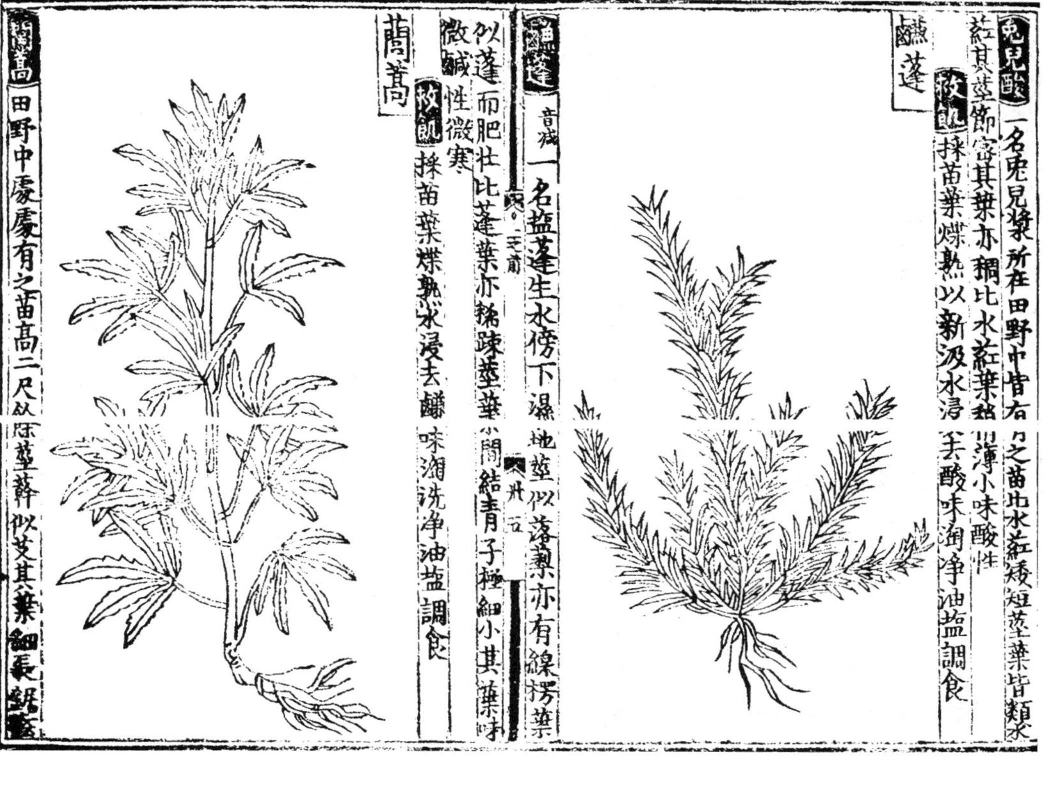

兔兒酸　一名兔兒漿所在田野中皆有之苗比水葒矮短莖葉皆類水葒其莖節密其葉亦稠比水葒葉稍薄小味酸性

救飢　採苗葉煠熟以新汲水浸去酸味淘淨油鹽調食

鹼蓬

鹼蓬　音減　一名盐蓬生水傍下濕地莖似落藜亦有線楞葉似蓬而肥壯比蓬葉亦稀疎莖葉間結青子極細小其葉味微鹹性微寒

救飢　採苗葉煠熟水浸去鹹味淘洗淨油盐調食

蔄蒿

蔄蒿　田野中處處有之苗高二尺餘莖幹似艾其葉細長鋸齒

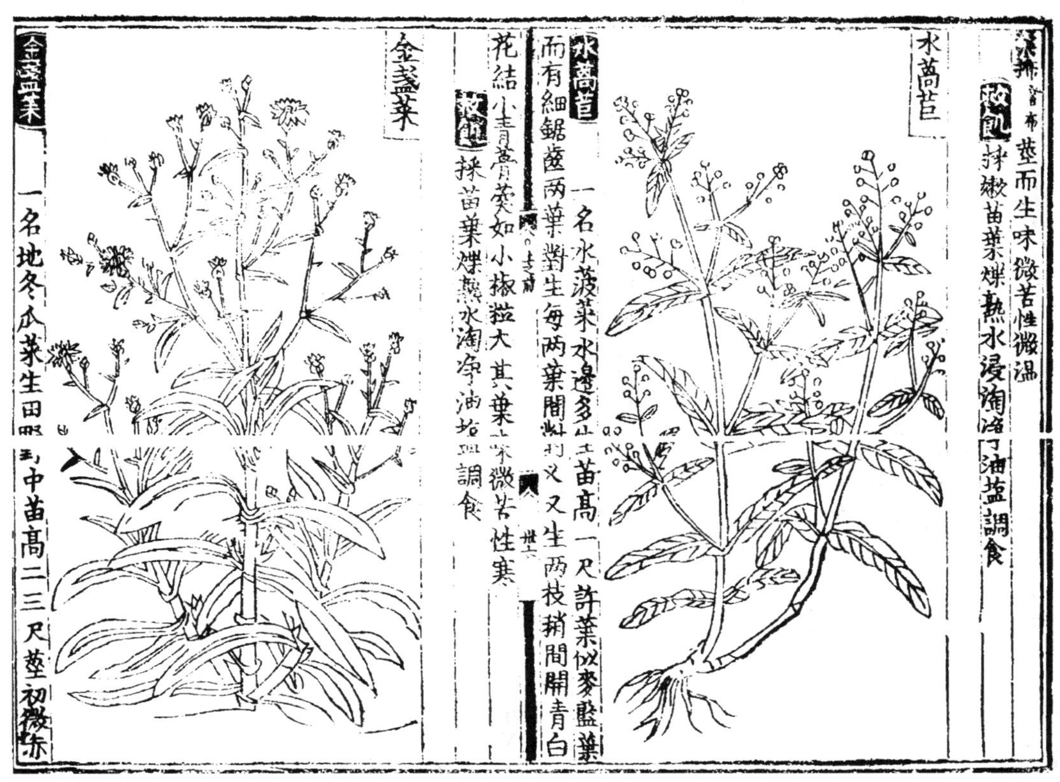

（蓬）（音布）莖而生味微苦性微温

救飢　採嫩苗葉煠熟水浸淘淨油盐調食

水萵苣

水萵苣　一名水菠菜水邊多生苗高一尺許葉似麥藍葉而有細鋸齒兩葉對生每兩葉間對叉又生兩枝稍間開青白花結小青蓇葖如小椒粒大其葉味微苦性寒

救飢　採苗葉煠熟水淘淨油盐調食

金盞菜

金盞菜　一名地冬瓜菜生田野中苗高二三尺莖初微赤

而有線路葉似綿柳葉微厚梢莖而生莖葉稠密開花紫色黃心其葉味甘微鹹

救飢 採苗葉煠熟水淘淨油鹽調食

水辣菜

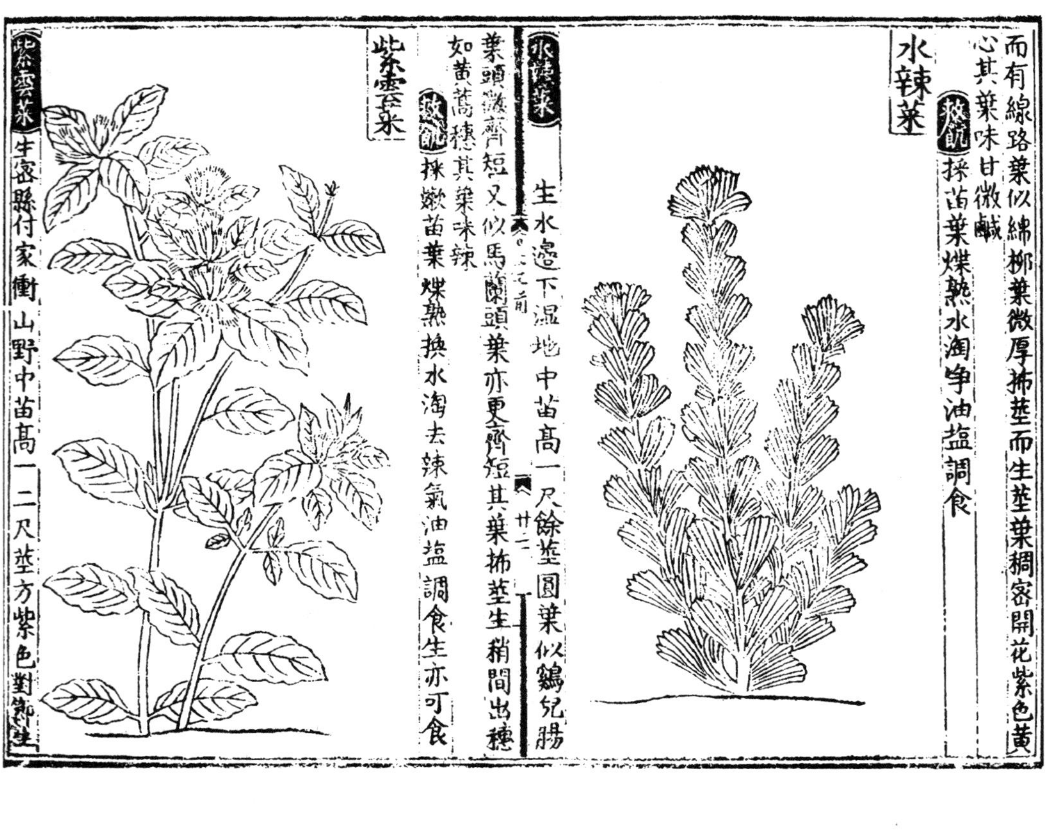

水辣菜 生水邊下濕地中苗高一尺餘莖圓葉似雞兒腸葉頭微齊短又似馬蘭頭葉亦更齊短其葉梢莖生稍間出穗如黃蒿穗其葉味辣

救飢 採嫩苗葉煠熟換水淘去辣氣油鹽調食生亦可食

卷之二前 廿二

紫雲菜

紫雲菜 生密縣付家衝山野中苗高一二尺莖方紫色對節生

又葉似山小菜葉頗長梢梗對生葉頂及葉間開淡紫花其葉味微苦

救飢 採嫩苗葉煠熟水浸淘去苦味油鹽調食

鴉葱

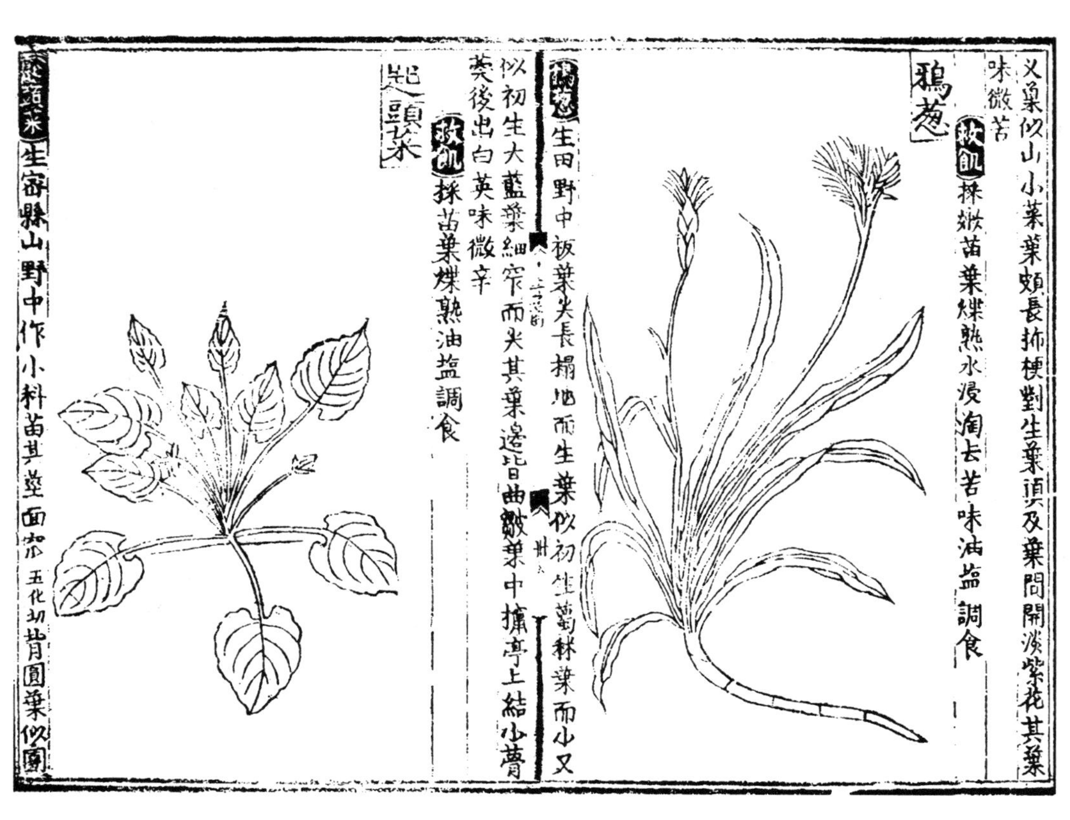

鴉葱 生田野中枝葉尖長搨地而生葉似初生蜀秫葉而小又似初生大藍葉細窄而尖其葉邊皆曲皺葉中攛葶上結小蓇葖後出白英味微辛

救飢 採苗葉煠熟油鹽調食

卷之二前 廿六

匙頭菜

匙頭菜 生密縣山野中作小科苗其莖面窊背圓葉似團

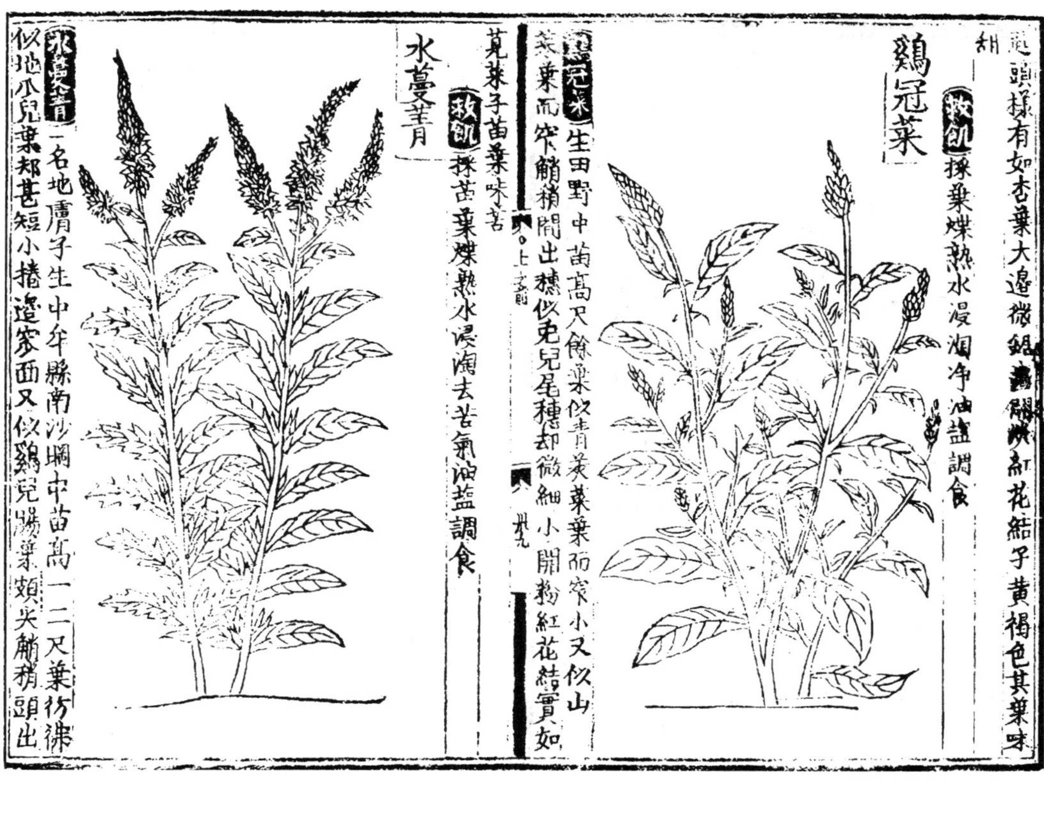

葉頭摘有如杏葉大邊微鋸齒開紅花結子黃褐色其葉味甜

鷄冠菜

救飢 採葉煠熟水浸淘淨油鹽調食

鷄冠菜 生田野中苗高尺餘葉似青葙菜葉而窄小又似山莧菜葉而窄艄稍間出穗似兔兒尾穗却微細小開粉紅花結實如莧菜子苗葉味苦

救飢 採苗葉煠熟水浸淘去苦氣油鹽調食

卷上之前 卅九

水蔓菁

水蔓菁 一名地膚子生中牟縣南沙岡中苗高一二尺葉彷彿似地瓜兒葉却甚短小捲邊窄面又似鷄兒腸葉頗尖艄稍頭出

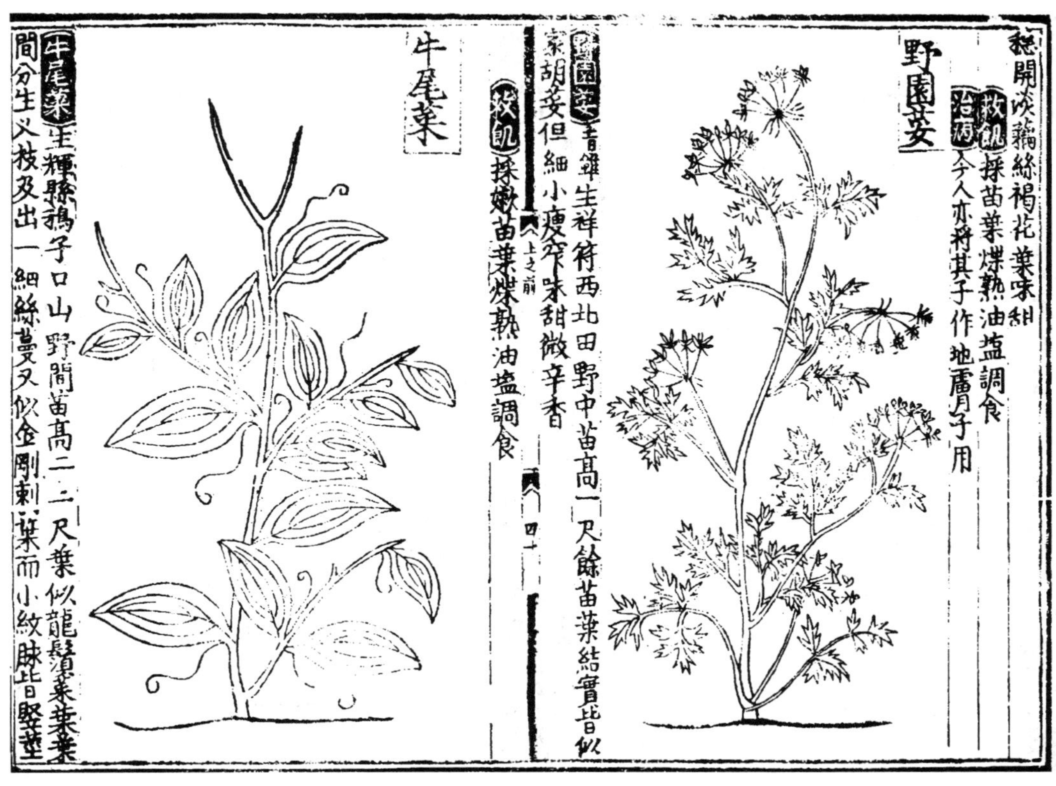

穗開淡藕絲褐花葉味甜

野園荽

救飢 採苗葉煠熟油鹽調食

治病 今人亦將其子作地膚子用

野園荽 生祥符西北田野中苗高一尺餘苗葉結實皆似家胡荽但細小瘦窄味甜微辛香

救飢 採嫩苗葉煠熟油鹽調食

卷上之前 四十

牛尾菜

牛尾菜 生輝縣鴉子口山野間苗高二三尺葉似龍鬚菜葉葉間分生叉枝及出一細絲蔓又似金剛刺葉而小紋脈皆竪

葉稍間開白花結子黑色其葉味甘

【救飢】採嫩葉煠熟水浸淘淨油鹽調食

山萮菜

【山萮菜】生密縣山野中苗初搨地生其葉之莖背圓面窊（五化切）葉似初出冬蜀葵葉稍小五花叉鋸齒邊又似蔚臭苗葉而硬厚頗皺後攛莖叉莖梢紫色稍葉頗小味微辣

【救飢】採苗葉煠熟換水浸淘淨油鹽調食

綿絲菜

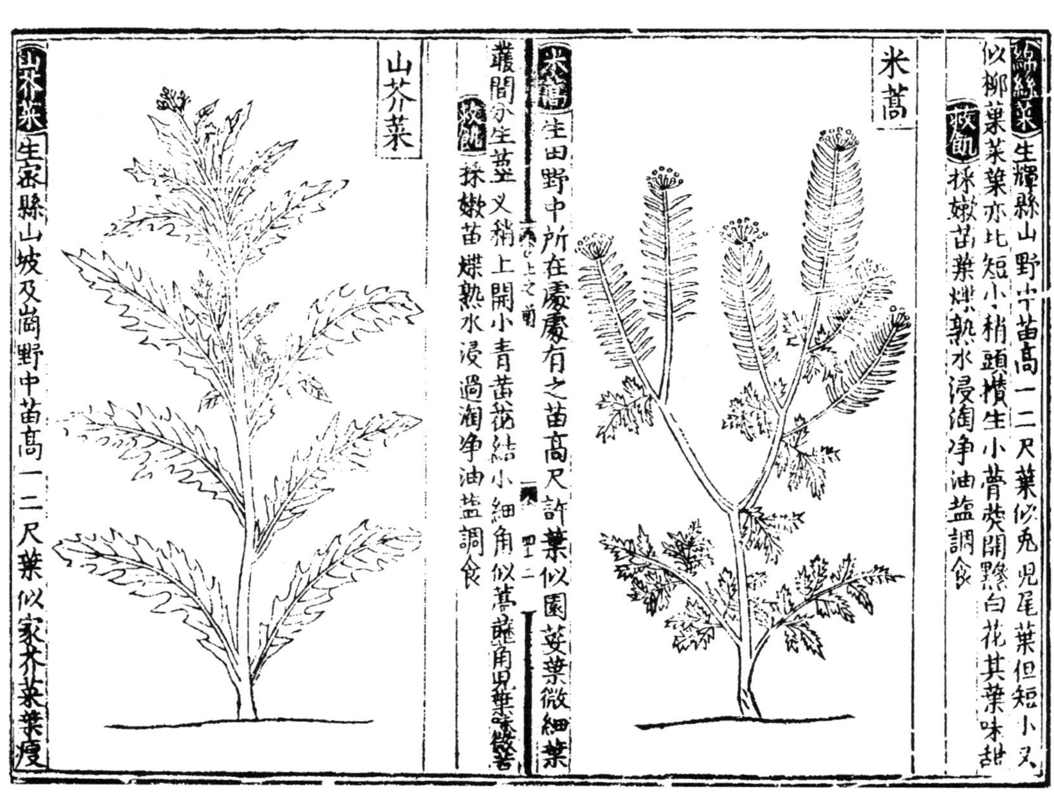

【綿絲菜】生輝縣山野中苗高一二尺葉似兔兒尾葉但短小又似柳葉菜葉亦比短小稍頭攢生小蓇葖開黲白花其葉味甜

【救飢】採嫩苗葉煠熟水浸淘淨油鹽調食

米蒿

【米蒿】生田野中所在處處有之苗高尺許葉似園荽葉微細葉叢間分生莖叉稍上開小青黃花結小細角似葶藶角兒葉味微苦

【救飢】採嫩苗葉煠熟水浸過淘淨油鹽調食

山芥菜

【山芥菜】生密縣山坡及崗野中苗高一二尺葉似家芥菜葉瘦

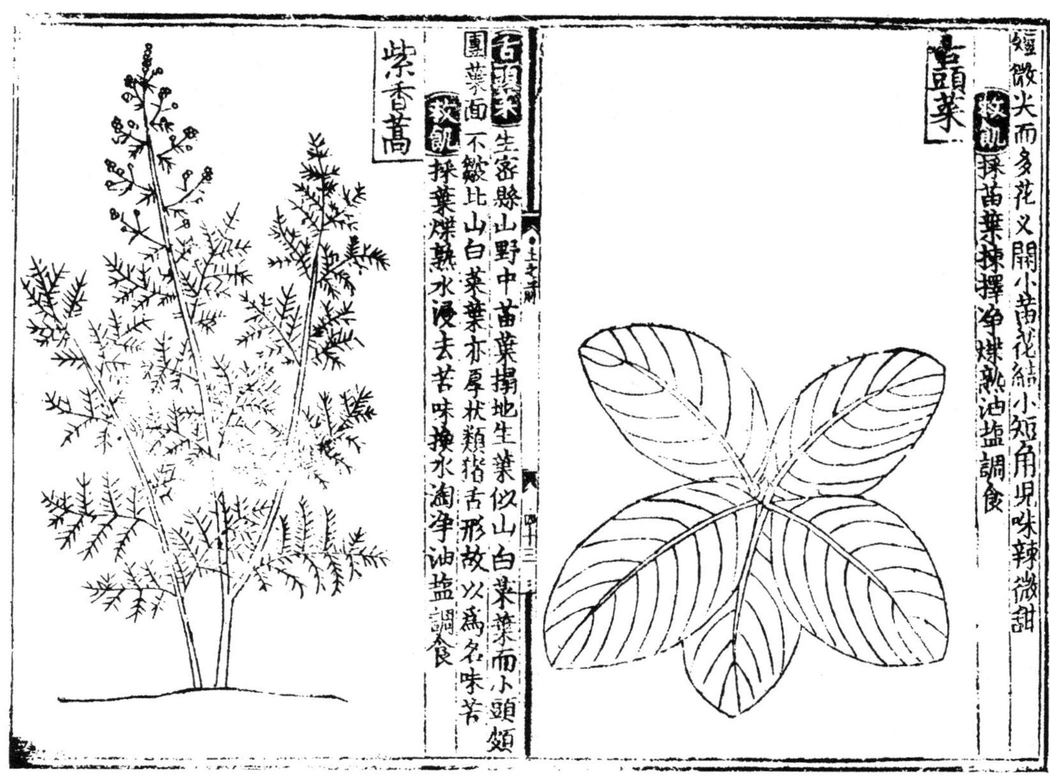

短微尖而多花叉開小黃花結小短角兒味辣微甜

救飢 採苗葉揀擇淨煠熟油鹽調食

舌頭菜

舌頭菜 生密縣山野中苗葉搨地生葉似山白菜葉而小頭頗團葉面不皺比山白菜葉亦厚狀類豬舌形故以爲名味苦

救飢 採葉煠熟水浸去苦味換水淘淨油鹽調食

紫香蒿

[illegible] 生中牟縣平野中苗高一二尺莖方紫色葉似邪蒿葉而背白又似野胡蘿蔔葉微短莖葉梢間結小青子比灰菜子又小其葉味苦

救飢 採葉煠熟水浸去苦味油鹽調食

金盞兒花

金盞兒花 人家園圃中多種苗高四五寸葉似初生萵苣葉比萵苣葉狹窄而厚抪音布莖生葉莖端開金黃色盞子樣花其葉味酸

救飢 採苗葉煠熟水浸去酸味淘淨油鹽調食

六月菊

[illegible] 生祥符西田野中苗高一二尺莖似鐵桿音扞蒿莖葉

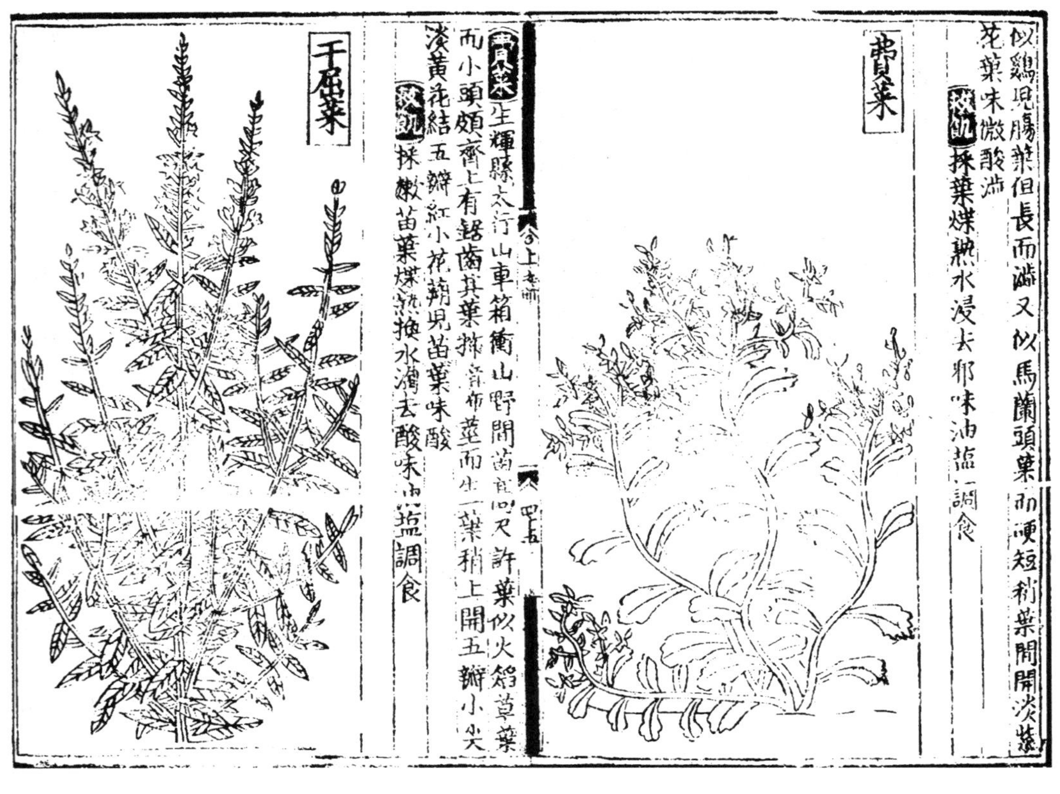

似雞兒腸葉但長而澁又似馬蘭頭葉而硬短稍葉間開淡紫花葉味微酸澁

救飢 採葉煠熟水浸去邪味油鹽調食

費菜 生輝縣太行山車箱衝山野間苗高一尺許葉似火焰草葉而小頭頗齊上有鋸齒其葉抪音布莖而生葉稍上開五瓣小尖淡黃花結五瓣紅小花蒴兒苗葉味酸

救飢 採嫩苗葉煠熟換水淘去酸味油鹽調食

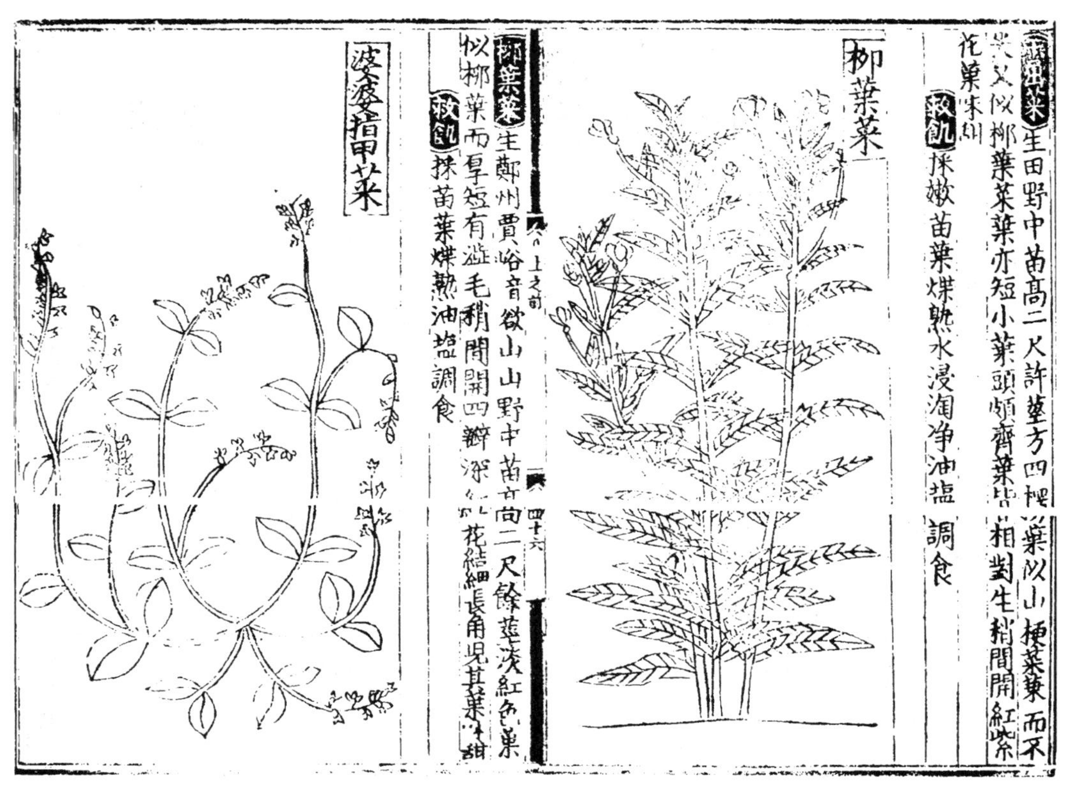

千屈菜 生田野中苗高二尺許莖方四楞葉似山梗菜葉而不尖又似柳葉菜葉亦短小葉頭頗齊葉皆相對生稍間開紅紫花葉味甜

救飢 採嫩苗葉煠熟水浸淘淨油鹽調食

柳葉菜 生鄭州賈峪音欲山山野中苗高二尺餘莖淡紅色葉似柳葉而厚短有澁毛稍間開四瓣深紅花結細長角兒其葉味甜

救飢 採苗葉煠熟油鹽調食

婆婆指甲菜　生田野中作地攤（音灘）科　生莖細弱葉像女人指甲又似初生棗葉微薄細莖稍間結小花　蒴苗葉味甘

救飢　採嫩苗葉煠熟油鹽調食

鉄桿蒿

鉄桿蒿　生田野中苗莖高二三尺葉似獨掃葉微肥短又似萹蓄葉而短小分生莖叉稍間開淡紫花黃心葉味苦

救飢　採葉煠熟淘去苦味油鹽調食

四十七

山甜菜

山甜菜　生密縣韶華山山谷中苗高二三尺莖青白色葉似初生綿花

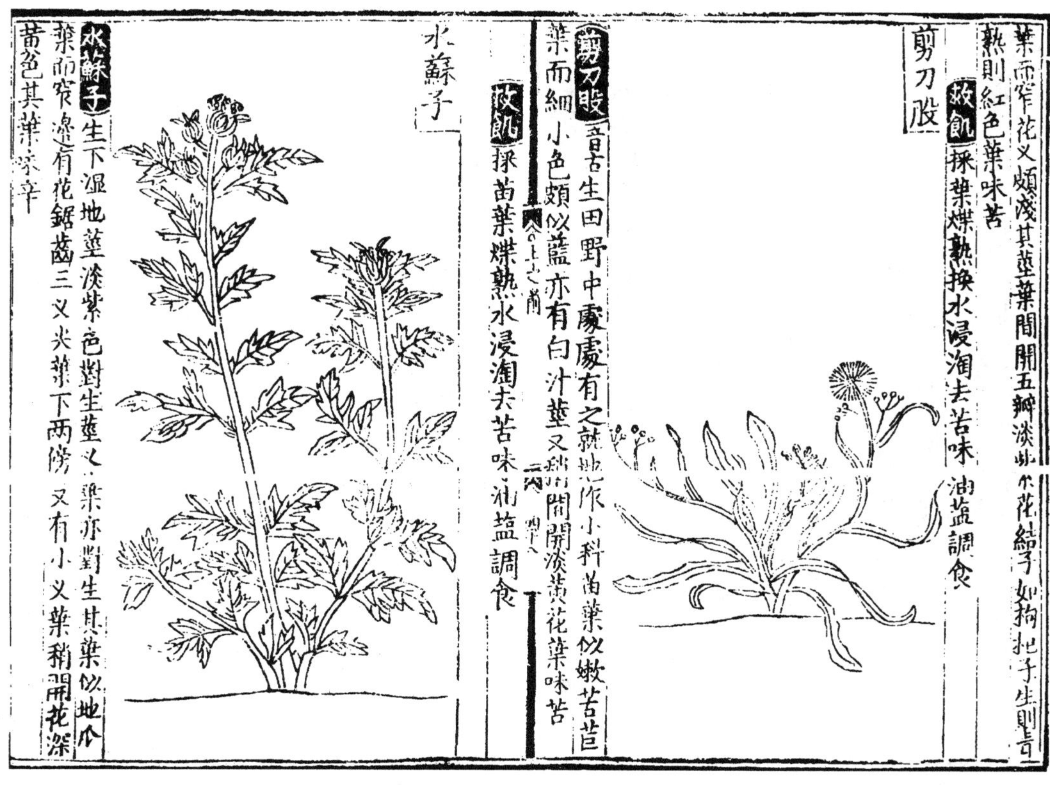

葉而窄花叉頗淺其莖葉間開五瓣淡粉紫花結子如枸杞子生則青熟則紅色葉味苦

救飢　採葉煠熟換水浸淘去苦味油鹽調食

剪刀股

剪刀股（音古）生田野中處處有之就地作小科苗葉似嫩苦苣葉而細小色頗似藍亦有白汁莖叉稍間開淡黃花葉味苦

救飢　採苗葉煠熟水浸淘去苦味油鹽調食

四十八

水蘇子

水蘇子　生下溼地莖淡紫色對生莖叉葉亦對生其葉似地瓜葉而窄邊有花鋸齒三叉尖葉下兩傍又有小叉葉稍開花深黃色其葉味辛

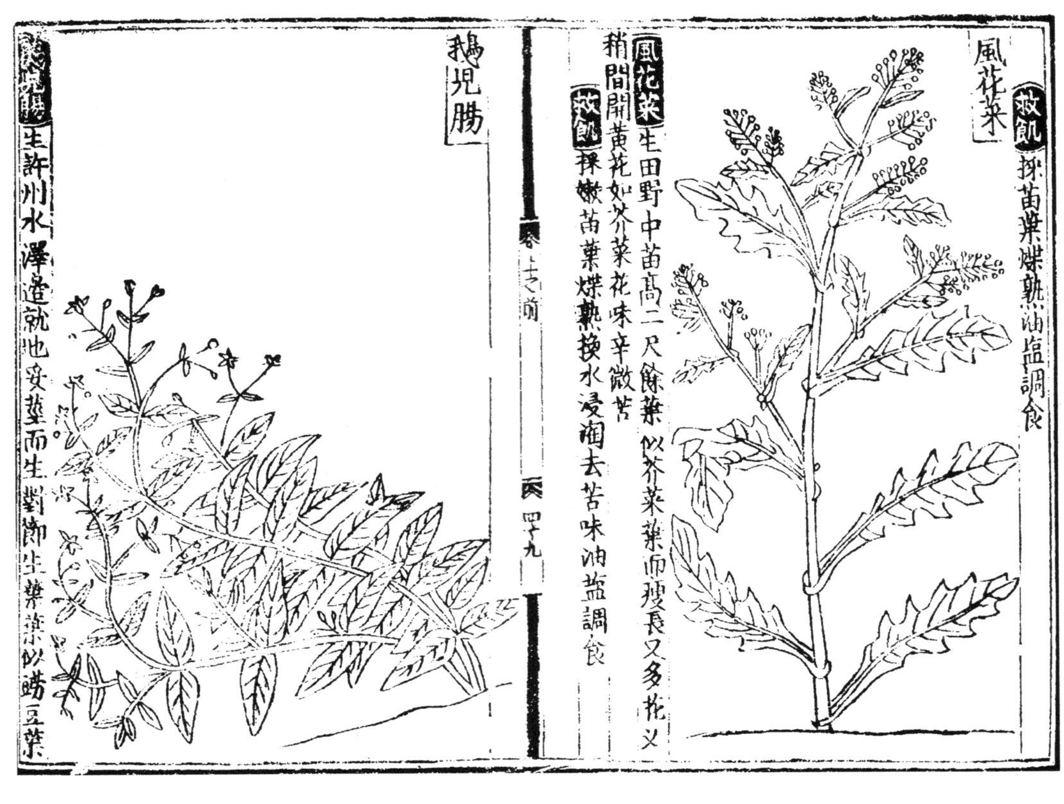

救飢 採苗葉煠熟油鹽調食

風花菜

風花菜 生田野中苗高二尺餘葉似芥菜葉而瘦長又多花叉稍間開黃花如芥菜花味辛微苦

救飢 採嫩苗葉煠熟換水浸淘去苦味油鹽調食

鵝兒腸

鵝兒腸 生許州水澤邊就地妥莖而生對節生葉葉似豌豆葉

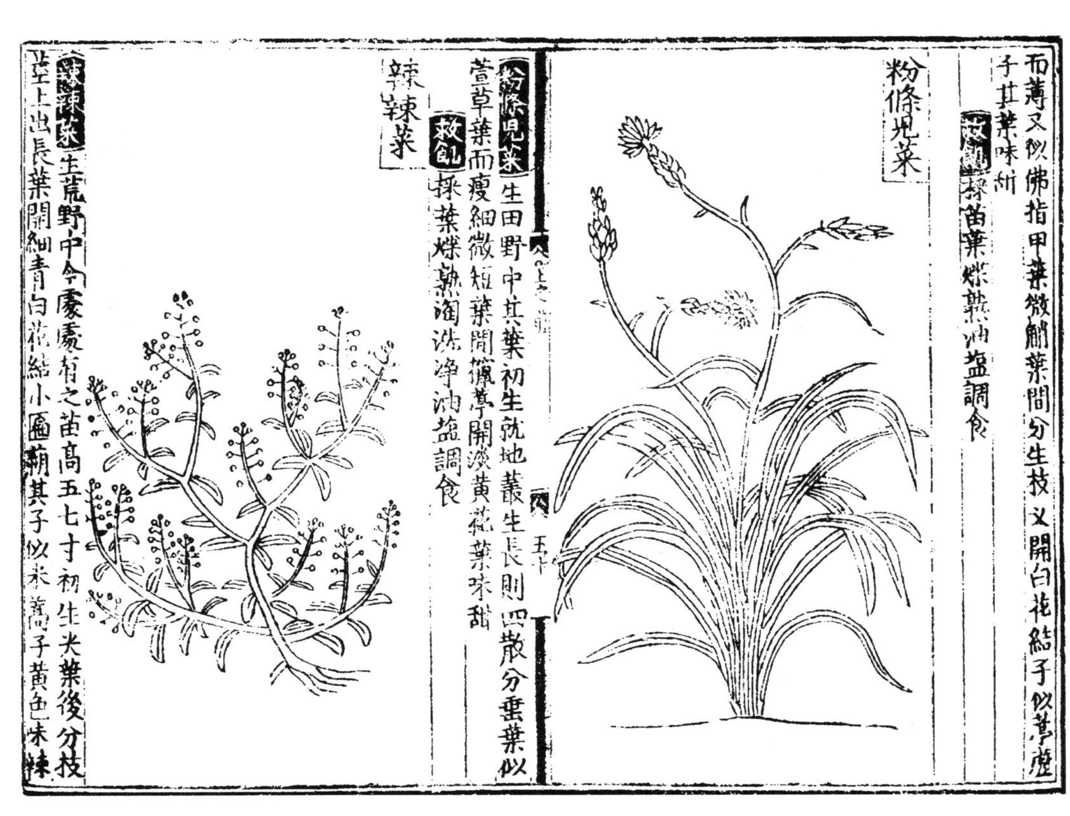

而薄又似佛指甲葉微艄葉間分生枝叉開白花結子似葶藶子其葉味甜

救飢 採苗葉煠熟油鹽調食

粉條兒菜

粉條兒菜 生田野中其葉初生就地叢生長則四散分垂葉似萱草葉而瘦細微短葉間攛葶開淡黃花葉味甜

救飢 採葉煠熟淘洗淨油鹽調食

辣辣菜

辣辣菜 生荒野中今處處有之苗高五七寸初生尖葉後分枝莖上出長葉開細青白花結小匾蒴其子似米蒿子黃色味辣

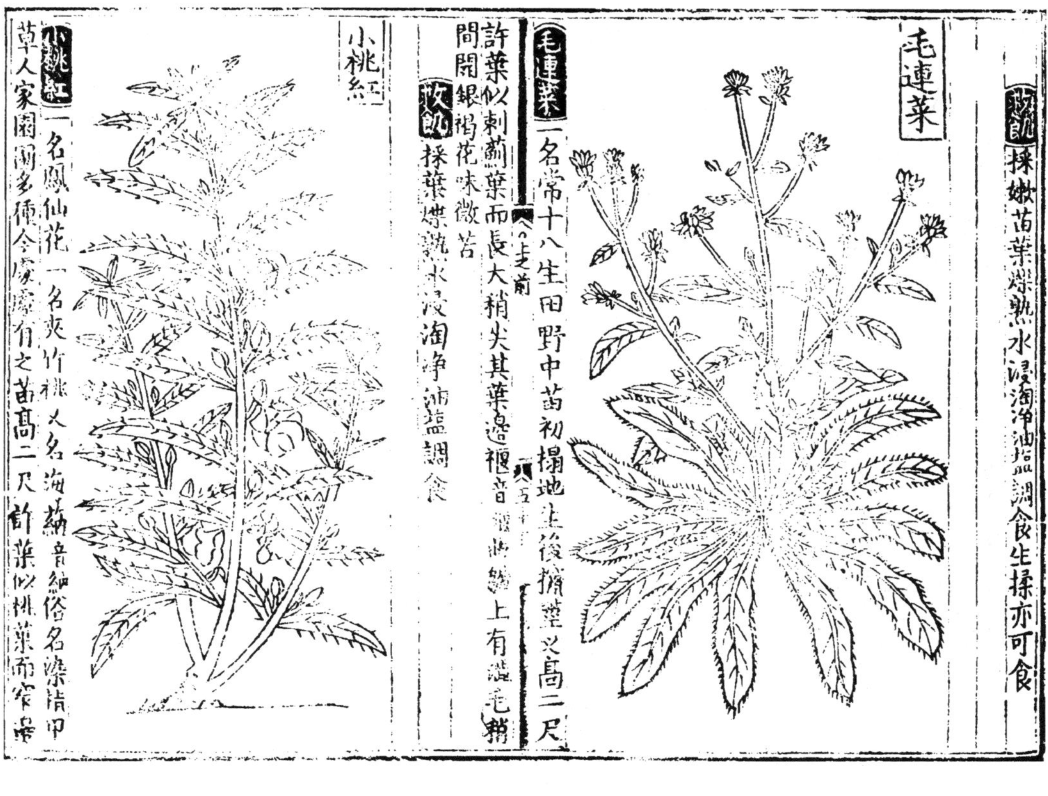

救飢 採嫩苗葉煠熟水浸淘淨油鹽調食生揉亦可食

毛連菜

毛連菜 一名常十八生田野中苗初搨地生後攛莛叉高二尺許葉似刺薊葉而長大稍尖其葉邊褪音[illegible]上有澁毛梢間開銀褐花味微苦

救飢 採葉煠熟水浸淘淨油鹽調食

小桃紅

小桃紅 一名鳳仙花一名夾竹桃又名海蒳音納俗名染指甲草人家園圃多種今處處有之苗高二尺許葉似桃葉而窄邊

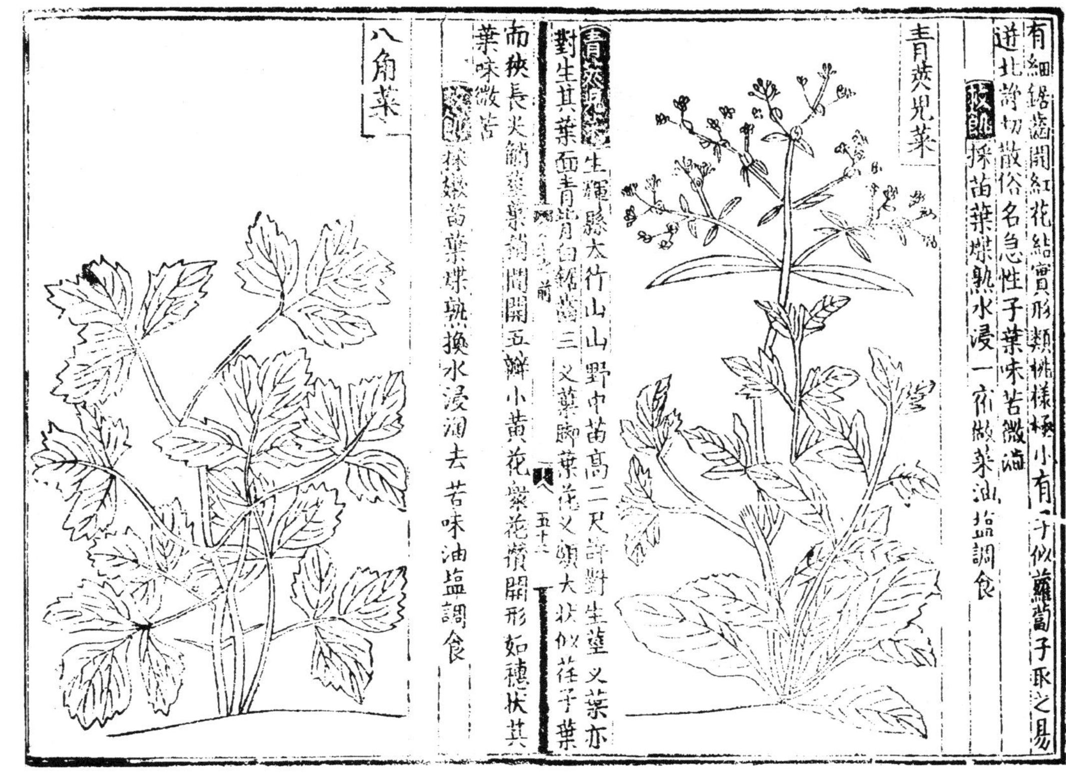

有細鋸齒開紅花結實形類桃樣極小有子似蘿蔔子取之易迸北詩切散俗名急性子葉味苦微澁

救飢 採苗葉煠熟水浸一宿做菜油鹽調食

青莢兒菜

青莢兒菜 生輝縣太行山山野中苗高二尺許對生莖叉葉亦對生其葉面青背白鋸齒三叉葉脚葉花叉頗大狀似荏子葉而狹長尖艄葉間開五瓣小黃花衆花攢開形如穗狀其葉味微苦

救飢 採嫩苗葉煠熟換水浸淘去苦味油鹽調食

八角菜

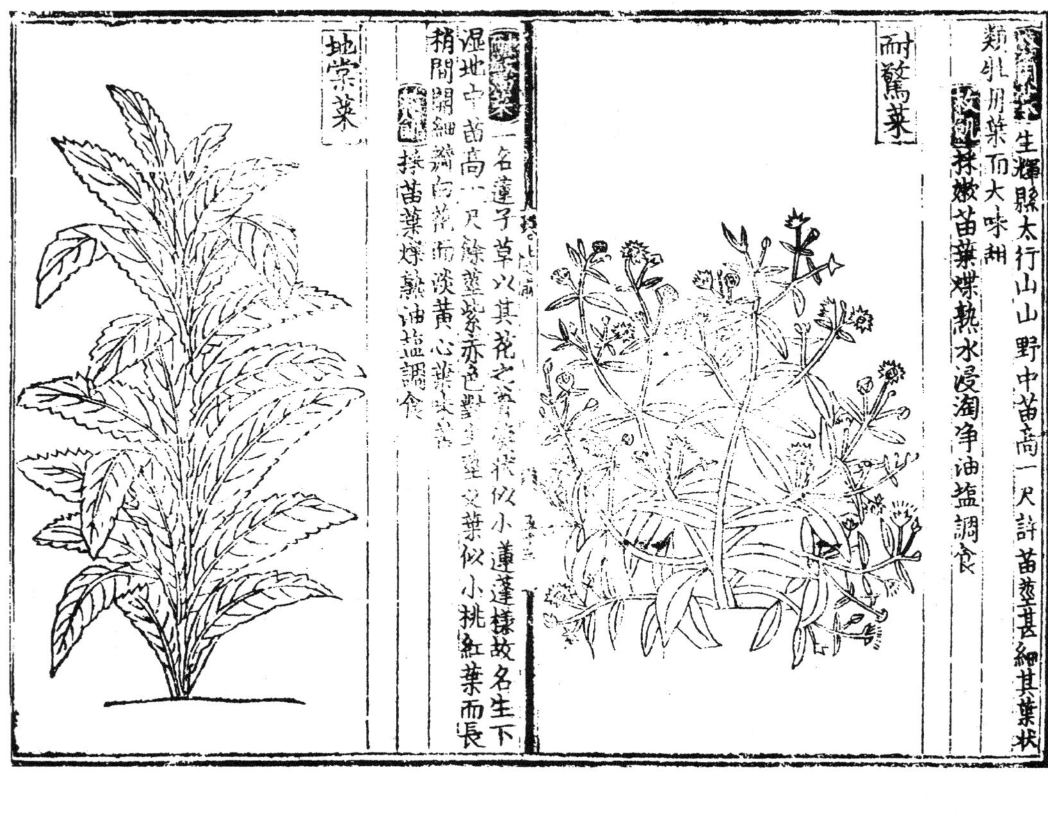

[illegible] 生輝縣太行山山野中苗高一尺許苗莖甚細其葉狀類小朋葉而大味甜

救飢 採嫩苗葉煠熟水浸淘淨油鹽調食

耐驚菜

耐驚菜 一名蓮子草以其花之蓇葖狀似小蓮蓬樣故名生下濕地中苗高一二尺餘莖紫赤色對生莖叉葉似小桃紅葉而長稍間開細瓣白花而淡黃心蕊

救飢 採苗葉煠熟油鹽調食

地棠菜

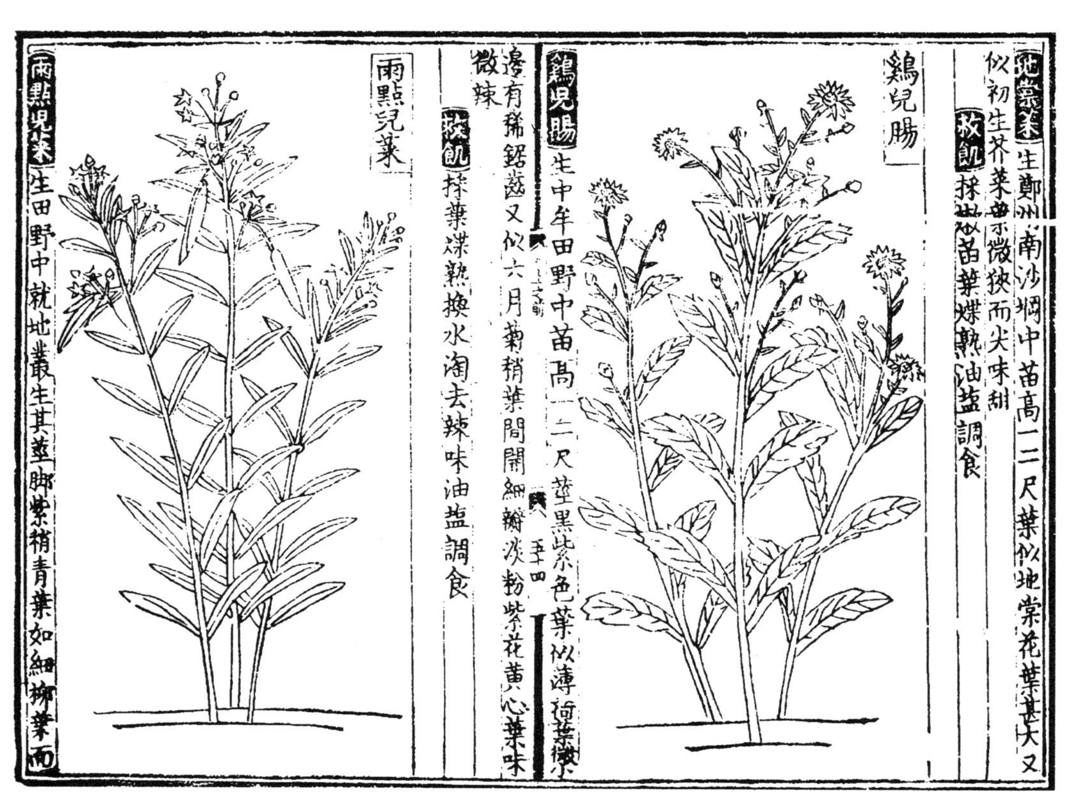

地棠菜 生鄭州南沙堈中苗高一二尺葉似地棠花葉甚大又似初生芥菜葉微狹而尖味甜

救飢 採嫩苗葉煠熟油鹽調食

鷄兒腸

鷄兒腸 生中牟田野中苗高一二尺莖黑紫色葉似薄荷葉微小邊有稀鋸齒又似六月菊稍葉間開細瓣淡粉紫花黃心葉味微辣

救飢 採葉煠熟換水淘去辣味油鹽調食

雨點兒菜

雨點兒菜 生田野中就地叢生其莖脚紫稍青葉如細柳葉而

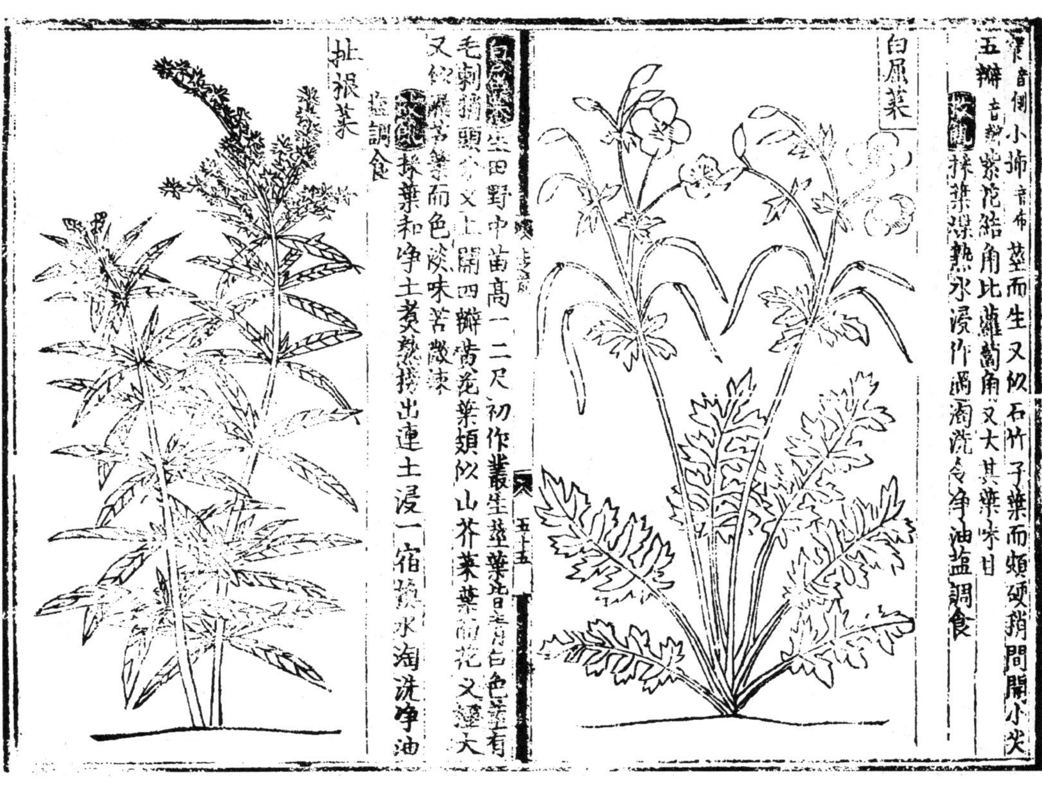
[illegible]音側小蒒音布莖而生又似石竹子葉而頗硬稍間開小尖五瓣音辦紫花結角比蘿蔔角又大其葉味甘

救饑 採葉煠熟水浸作過淘洗令淨油鹽調食

白屈菜

卷上之前 五十五

白屈菜 生田野中苗高一二尺初作叢生莖葉皆青白色莖有毛刺稍頭分叉上開四瓣黃花葉頗似山芥菜葉而花叉極大又似漏蘆葉而色淡味苦微辣

救饑 採葉和淨土煮熟撈出連土浸一宿換水淘洗淨油鹽調食

扯根菜

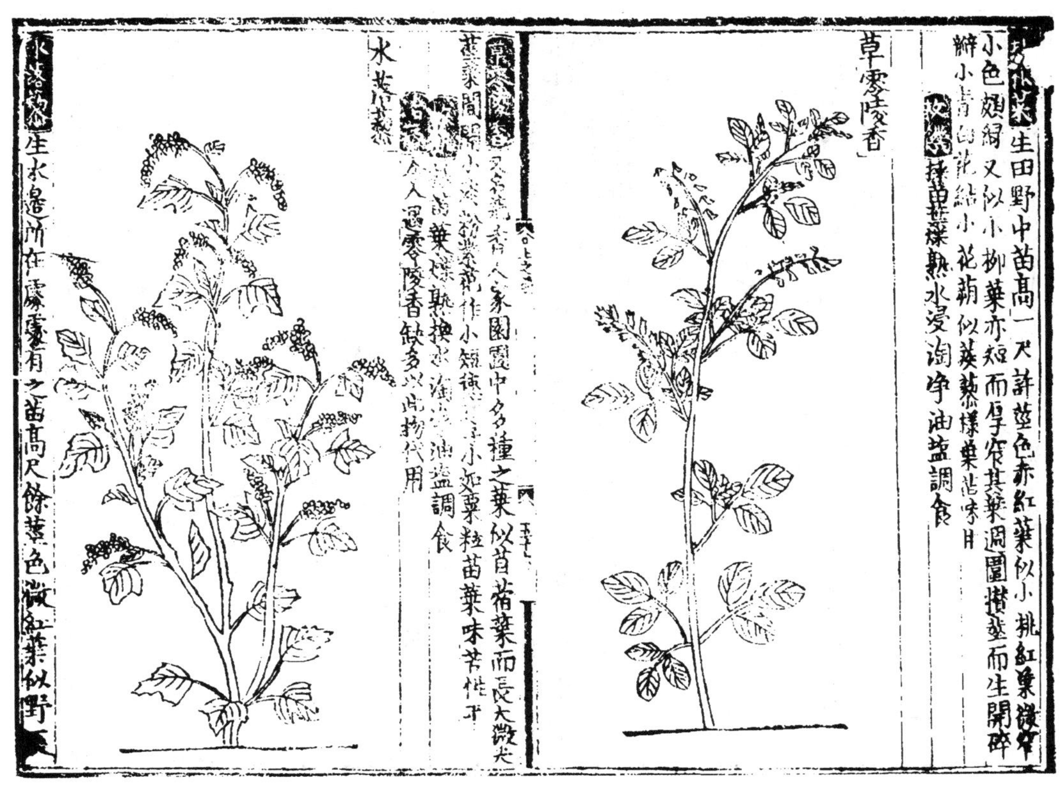
女婁菜 生田野中苗高一尺許莖色赤紅葉似小桃紅葉微窄小色頗綠又似小柳葉亦短而厚窄其葉週圍攢莖而生開碎瓣小青白花結小花蒴似蒺藜樣葉甚味甘

救饑 採苗葉煠熟水浸淘淨油鹽調食

草零陵香

卷上之前 五十七

零陵香 本草原有 又名燕草又名薰草人家園圃中多種之葉似苜蓿葉而長大微尖莖葉間開小淡粉紫花作小短穗其子小如粟粒苗葉味苦性平

救饑 採苗葉煠熟換水浸淘淨油鹽調食

治病 今人遇零陵香缺多以此物代用

水落藜

水落藜 生水邊所在處處有之苗高尺餘莖色微紅葉似野

菜葉而瘦小味微苦澁性凉

救飢 採苗葉煠熟換水浸淘洗淨油塩調食晒乾煠食尤好

凉蒿菜

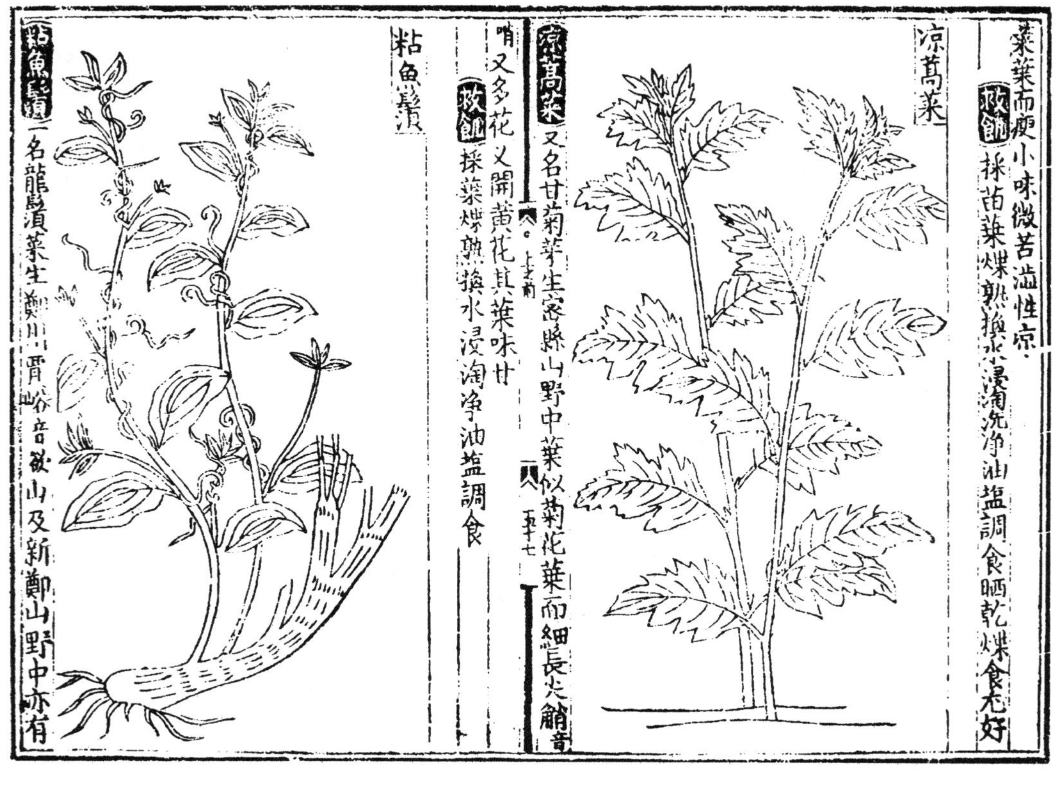

凉蒿菜 又名甘菊芽生密縣山野中葉似菊花葉而細長尖艄音哨又多花叉開黄花其葉味甘

救飢 採葉煠熟換水浸淘淨油塩調食

粘魚鬚

粘魚鬚 一名龍鬚菜生鄭州賈峪音欲山及新鄭山野中亦有

之初先發笋其後延蔓生莖發葉每葉間皆分出一小叉及出一絲蔓葉似土茜葉而大又似金剛刺葉亦似牛尾菜葉不澁而光澤味甘

救飢 採嫩笋葉煠熟油塩調食

節節菜

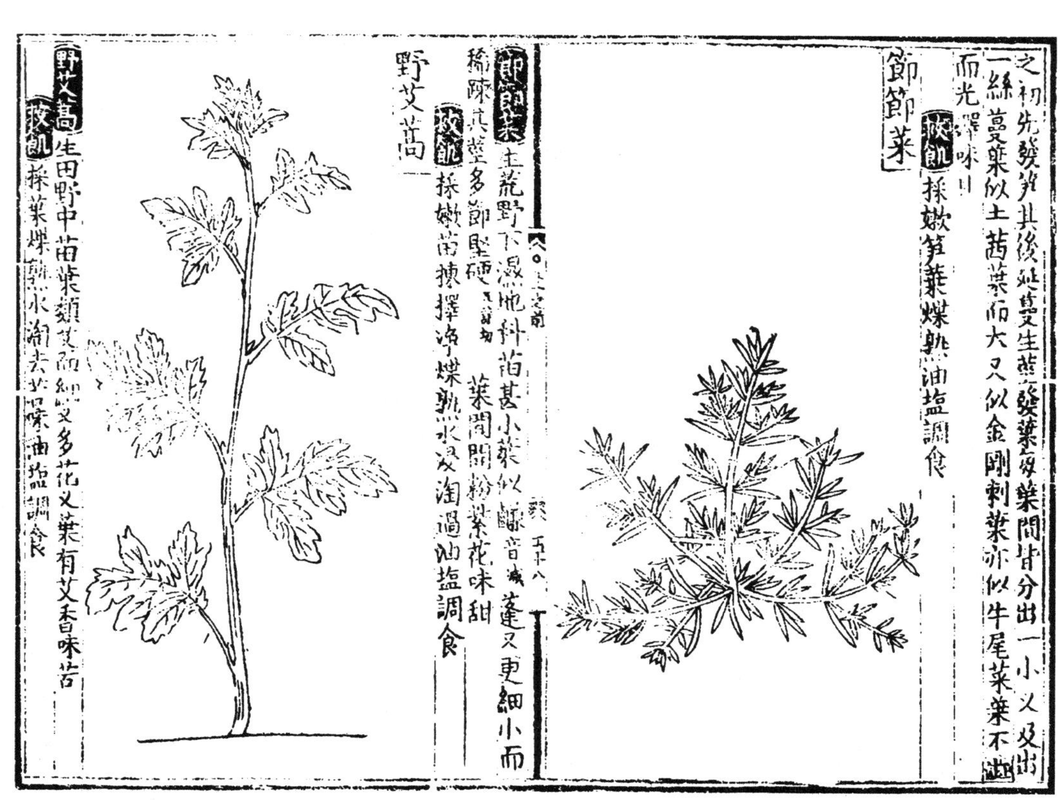

節節菜 生荒野下濕地科苗甚小葉似鹻音減蓬又更細小而稀疎其莖多節堅硬五諍切葉間開粉紫花味甜

救飢 採嫩苗摘擇淨煠熟水浸淘過油塩調食

野艾蒿

野艾蒿 生田野中苗葉類艾而細又多花叉葉有艾香味苦

救飢 採葉煠熟水淘去苦味油塩調食

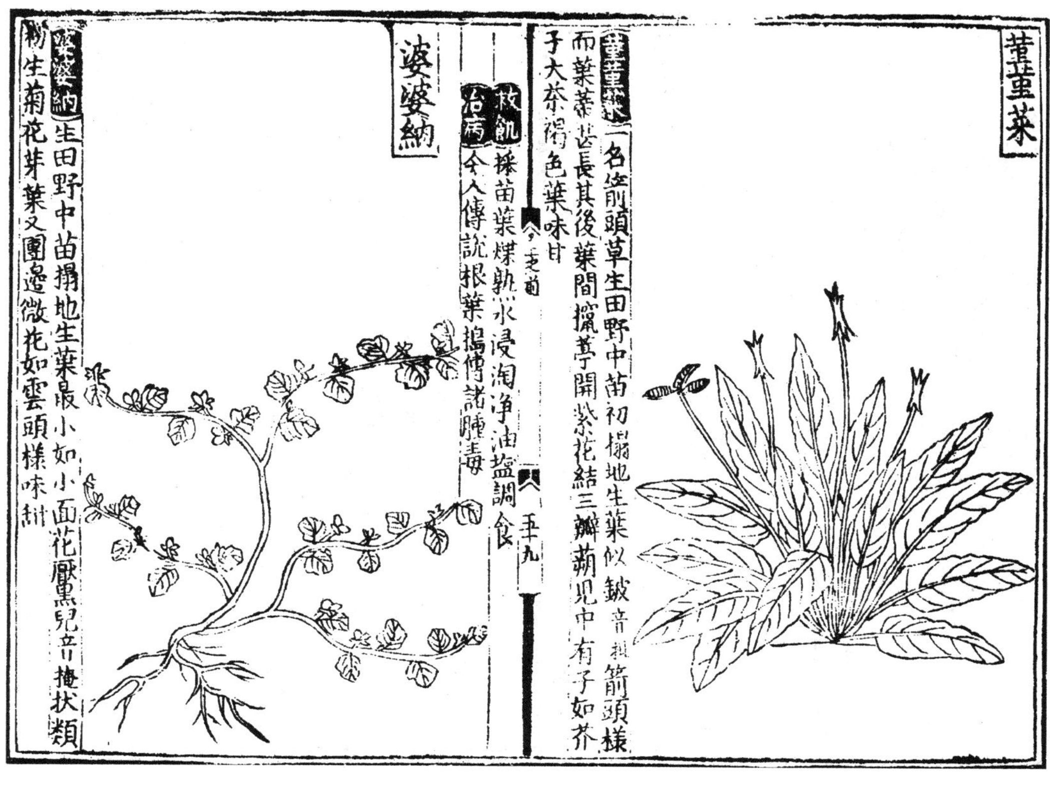

菫菫菜

菫菫菜 一名箭頭草生田野中苗初搨地生葉似鈹音披箭頭樣而葉蔕甚長其後葉間攛葶開紫花結三瓣蒴兒中有子如芥子大茶褐色葉味甘

救飢 採苗葉煠熟水浸淘淨油盐調食

治病 今人傳說根葉搗傅諸腫毒

婆婆納

婆婆納 生田野中苗搨地生葉最小如小面花黶兒音掩状類初生菊花芽葉又團邊微花如雲頭樣味甜

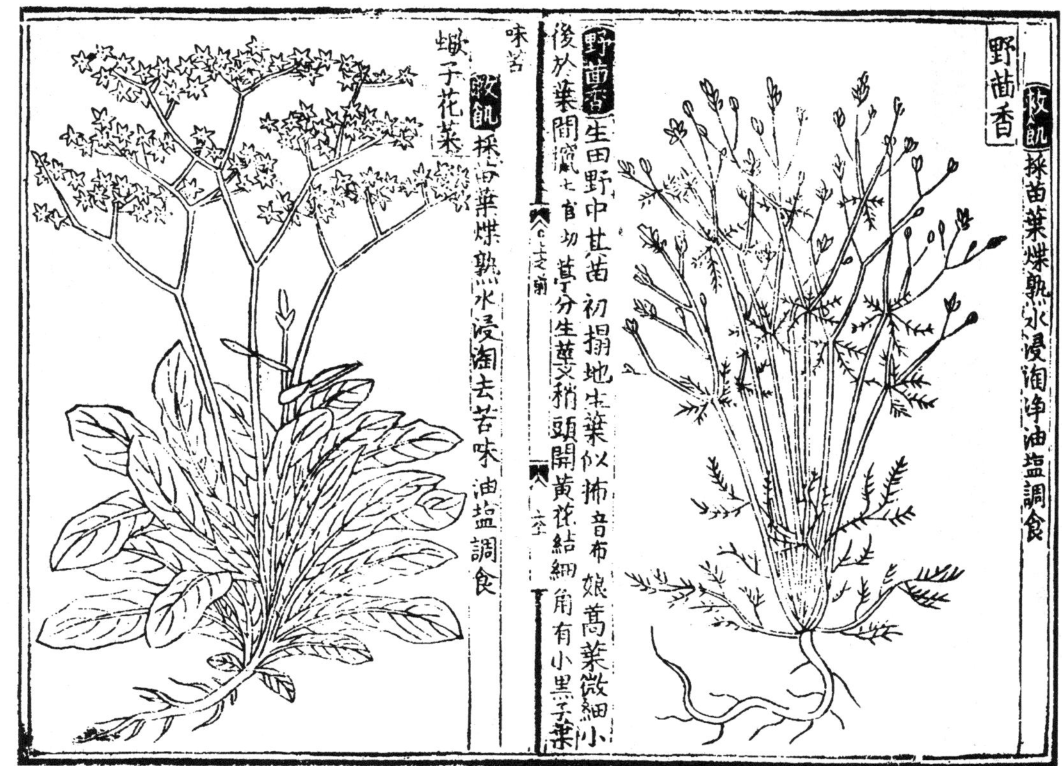

野茴香

野茴香 生田野中其苗初搨地生葉似抪音布娘蒿葉微細小後於葉間攛生葶分生莖叉稍頭開黄花結細角有小黑子葉味苦

救飢 採苗葉煠熟水浸淘淨油盐調食

蝎子花菜

救飢 採苗葉煠熟水浸淘去苦味油盐調食

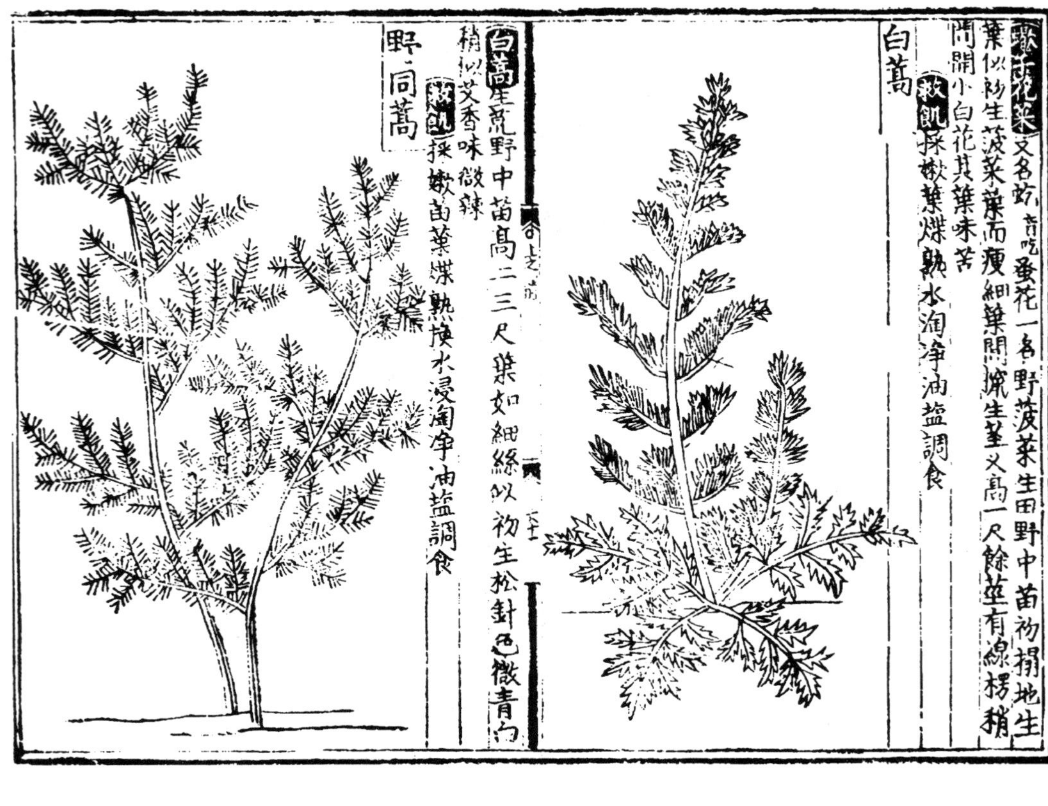

蚢蛾花菜 又名蚢（音吃）蛾花，一名野菠菜。生田野中。苗初搨地生，葉似初生菠菜葉而瘦細，葉間攛生莖叉，高一尺餘，莖有線楞，稍間開小白花。其葉味苦。

救饑 採嫩葉煠熟，水淘淨，油鹽調食。

白蒿

白蒿 生荒野中。苗高二三尺，葉如細絲，似初生松針，色微青白，稍似艾香，味微辣。

救饑 採嫩苗葉煠熟，換水浸淘淨，油鹽調食。

野同蒿

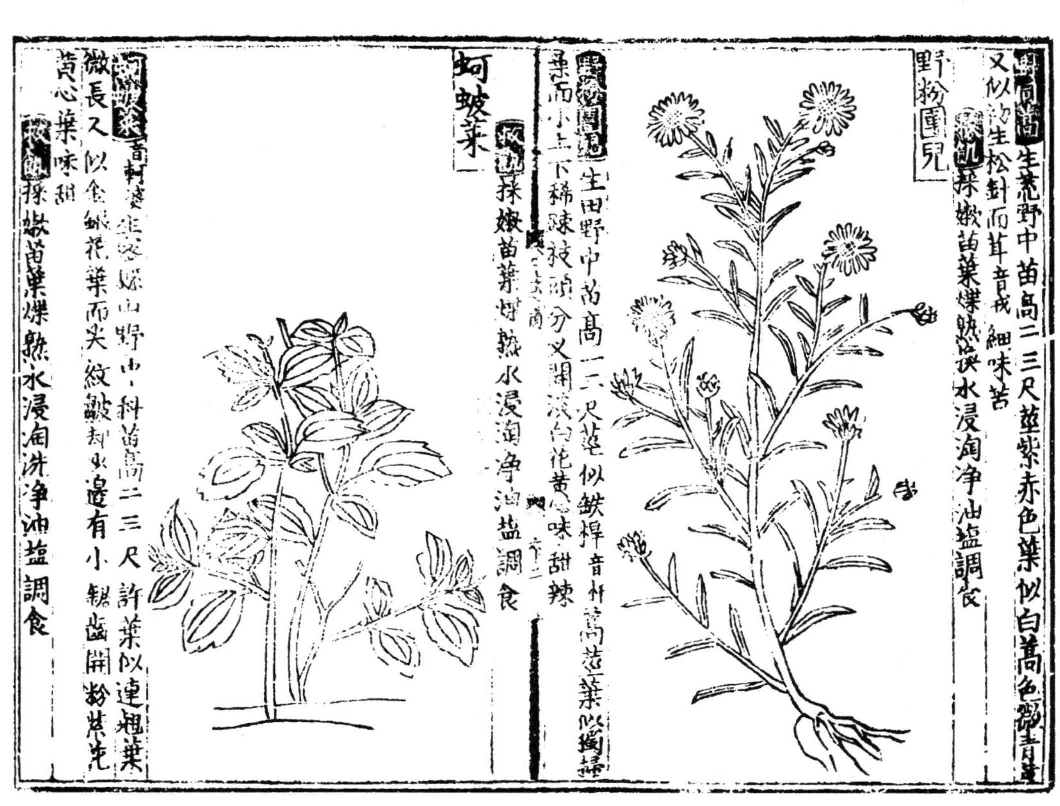

野同蒿 生荒野中。苗高二三尺，莖紫赤色，葉似白蒿，色微青黃，又似初生松針而茸（音戎）細，味苦。

救饑 採嫩苗葉煠熟，换水浸淘淨，油鹽調食。

野粉團兒

野粉團兒 生田野中。苗高一二尺，莖似鐵桿（音杆）蒿莖，葉似獨掃葉而小，上下稀疏，枝頭分叉，開淡白花，黃心，味甜辣。

救饑 採嫩苗葉煠熟，水浸淘淨，油鹽調食。

蚵蚾菜

蚵蚾菜 音科皮。生密縣山野中。科苗高二三尺許，葉似連翹葉微長，又似金銀花葉而尖，紋皺，却又邊有小鋸齒，開粉紫花，黃心。葉味甜。

救饑 採嫩苗葉煠熟，水浸淘洗淨，油鹽調食。

狗掉尾苗

狗掉尾苗 音釣 生南陽府馬鞍山中苗長二三尺拖蔓而生莖方色青其葉似歪頭菜葉稍大而尖艄色深綠紋脈微多又似狗筋蔓葉稍闊開五瓣小白花黃心衆花攢開其形如穗葉味微酸

救饑 採嫩葉煠熟換水浸去酸味淘淨油鹽調食

石芥

石芥 生輝縣鴉子口山谷中苗高一二尺葉似地棠菜葉而闊短每三葉或五葉攢生一處開淡黃花結黑子苗葉味苦微辣

救饑 採嫩葉煠熟換水浸去苦味油鹽調食

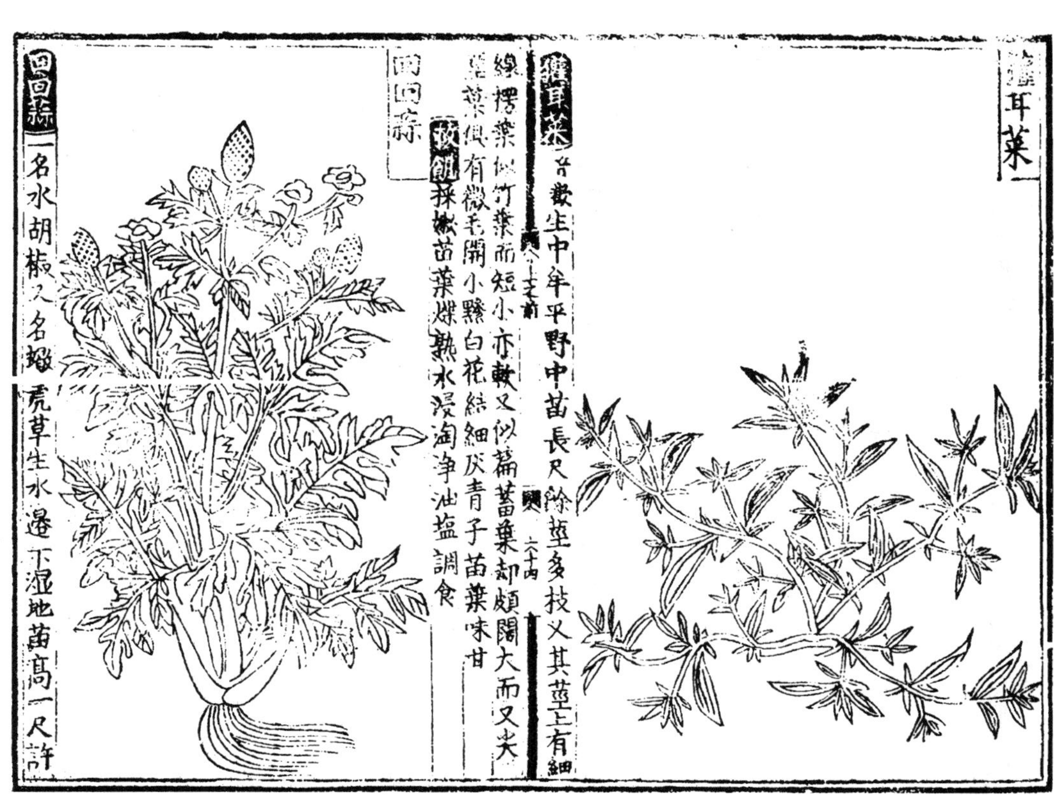

獾耳菜

獾耳菜 音歡 生中牟平野中苗長尺餘莖多枝叉其莖上有細線楞葉似竹葉而短小亦軟又似萹蓄葉却頗闊大而又尖莖葉俱有微毛開小黲白花結細灰青子苗葉味甘

救饑 採嫩苗葉煠熟水浸淘淨油鹽調食

回回蒜

回回蒜 一名水胡椒又名蠍虎草生水邊下濕地苗高一尺許

葉似野艾蒿而硬又甚花叉又似前胡葉頗大亦多花叉苗莖稍頭開五瓣黄花結穗如初生桑椹子而小又似初生蒼耳實亦小色青味極辛辣其葉味甜

救飢 採葉煠熟換水浸淘淨油鹽調食子可擣爛調菜用

地棵菜

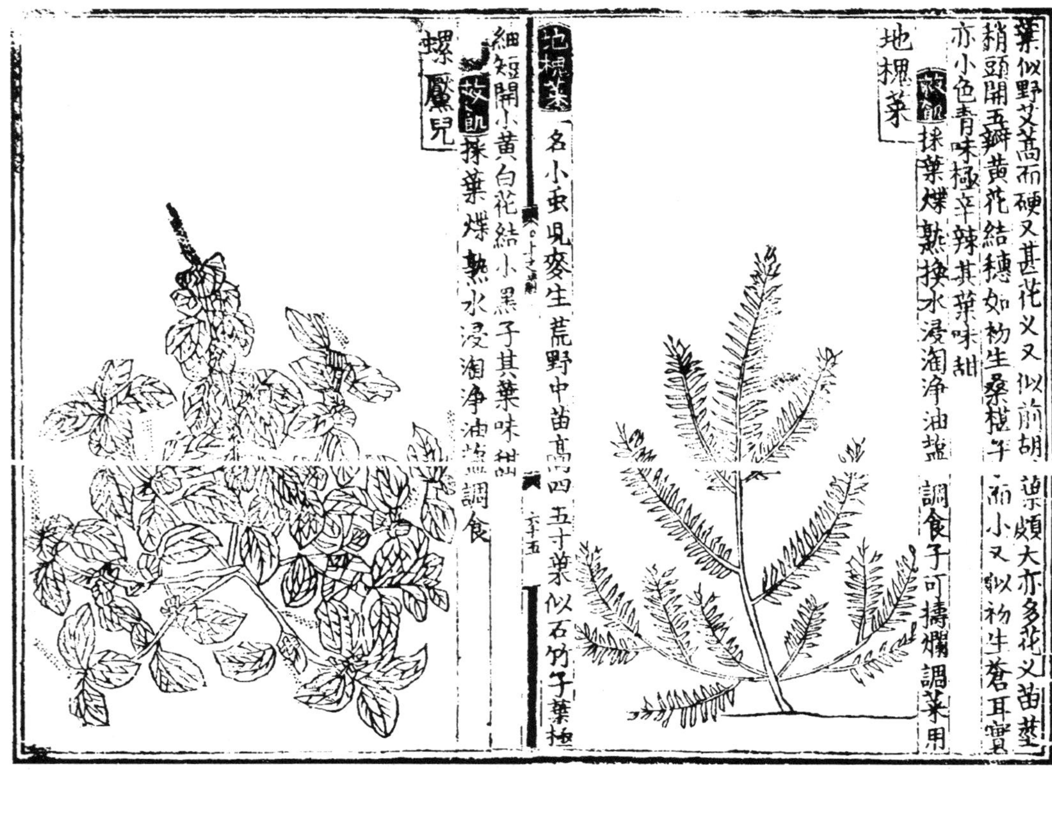

地棵菜 一名小虫兒麥生荒野中苗高四五寸葉似石竹子葉極細短開小黄白花結小黑子其葉味甜

救飢 採葉煠熟水浸淘淨油鹽調食

螺黶兒

螺黶兒 音羅掩 一名地桑又名痢見草生荒野中莖微紅葉似野人莧葉微長窄而尖開花作赤色小細穗兒其葉味甘

救飢 採苗葉煠熟水浸淘去邪味油鹽調食

治病 今人傳說治痢疾採苗用水煮服甚効

泥胡菜

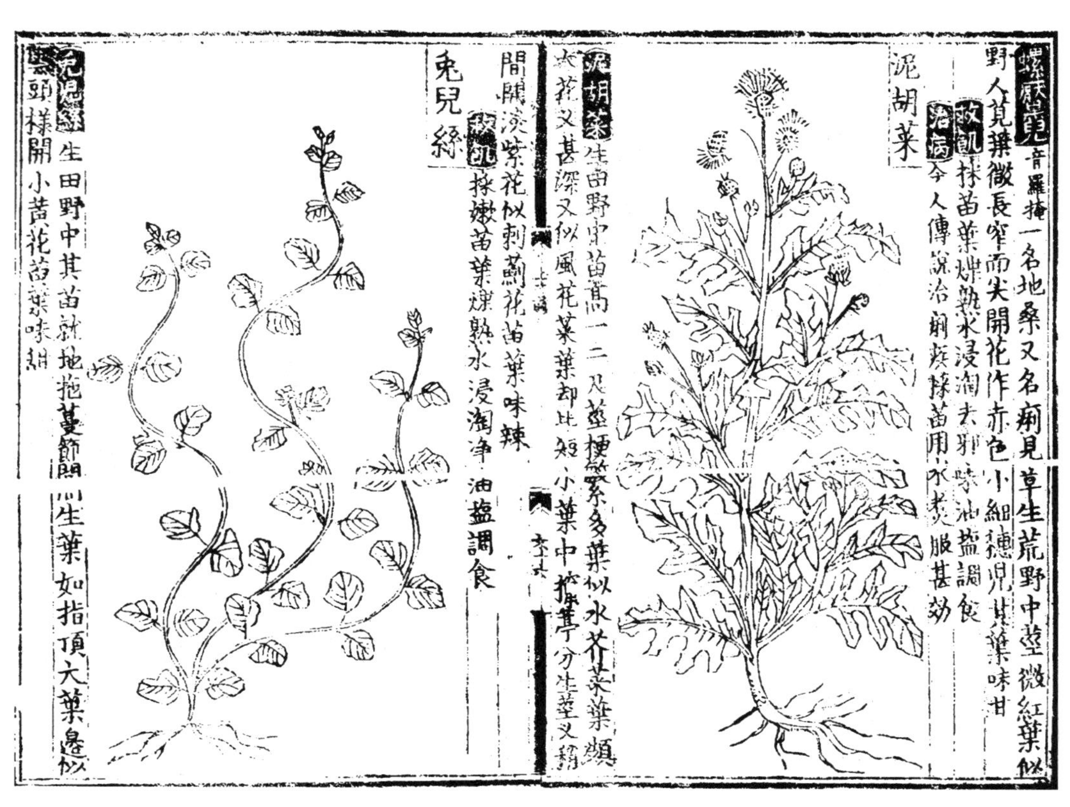

泥胡菜 生田野中苗高一二尺莖梗繁多葉似水芥菜葉頗大花叉又甚深又似風花菜葉却比短小葉中攛葶分生莖叉稍間開淡紫花似刺薊花苗葉味辣

救飢 採嫩苗葉煠熟水浸淘淨油鹽調食

兎兒絲

兎兒絲 生田野中其苗就地拖蔓節間生葉如指頂大葉邊似[illegible]頭樣開小黄花苗葉味甜

救飢 採嫩苗葉煠熟水浸淘淨油鹽調食

老鸛筋

老鸛筋 生田野中就地拖秧而生莖微紫色莖叉繁稠葉似園荽葉而頭不尖又似野胡蘿蔔葉而短小葉間開五瓣小黃花其葉味甜

救飢 採嫩苗葉煠熟水浸去邪味淘洗淨油鹽調食

絞股藍

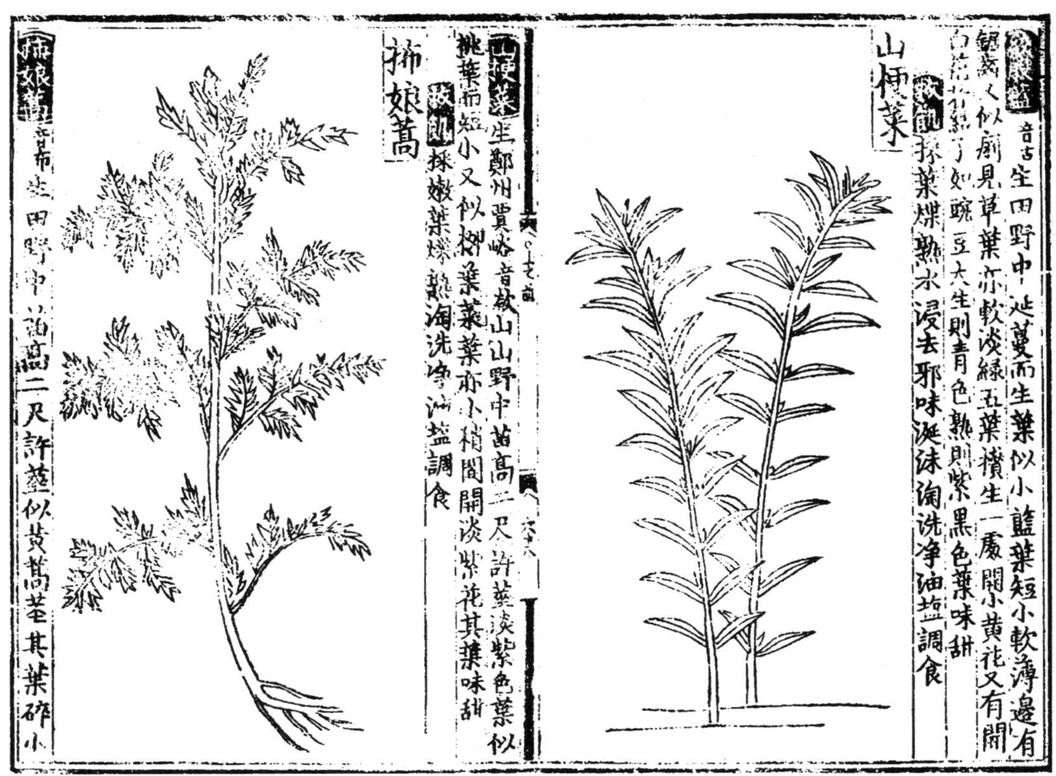

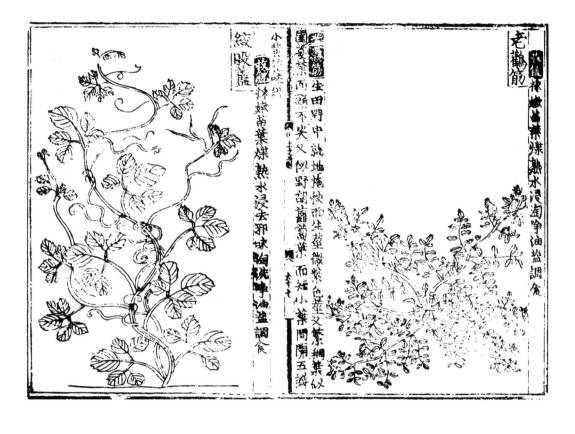

[illegible] 音古 生田野中延蔓而生葉似小藍葉短小軟薄邊有鋸齒又似劇見草葉亦軟淡綠五葉攢生一處開小黃花又有開白花者結子如豌豆大生則青色熟則紫黑色葉味甜

救飢 採葉煠熟水浸去邪味淘洗淨油鹽調食

山梗菜

山梗菜 生鄭州賈峪音欲山山野中苗高二尺許莖淡紫色葉似桃葉而短小又似柳葉葉亦小稍間開淡紫花其葉味甜

救飢 採嫩葉煠熟淘洗淨油鹽調食

抪娘蒿

抪娘蒿 音布 生田野中苗高二尺許莖似黃蒿莖其葉碎小

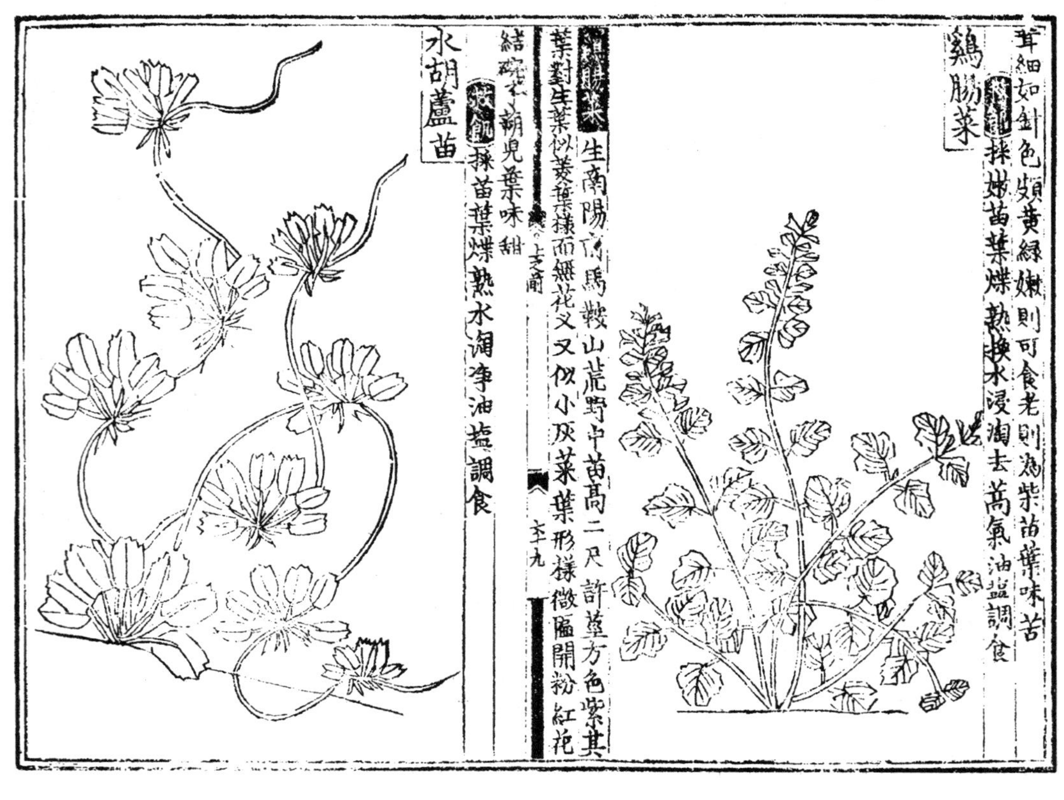

葉細如針色頗黃綠嫩則可食老則為柴苗葉味苦

救飢 採嫩苗葉煠熟換水浸淘去蒿氣油鹽調食

雞腸菜

雞腸菜 生南陽府馬鞍山荒野中苗高二尺許莖方色紫其葉對生葉似菱葉樣而無花叉又似小灰菜葉形樣微匾開粉紅花結碗子蒴兒葉味甜

上之前 六十九

救飢 採苗葉煠熟水淘淨油鹽調食

水胡蘆苗

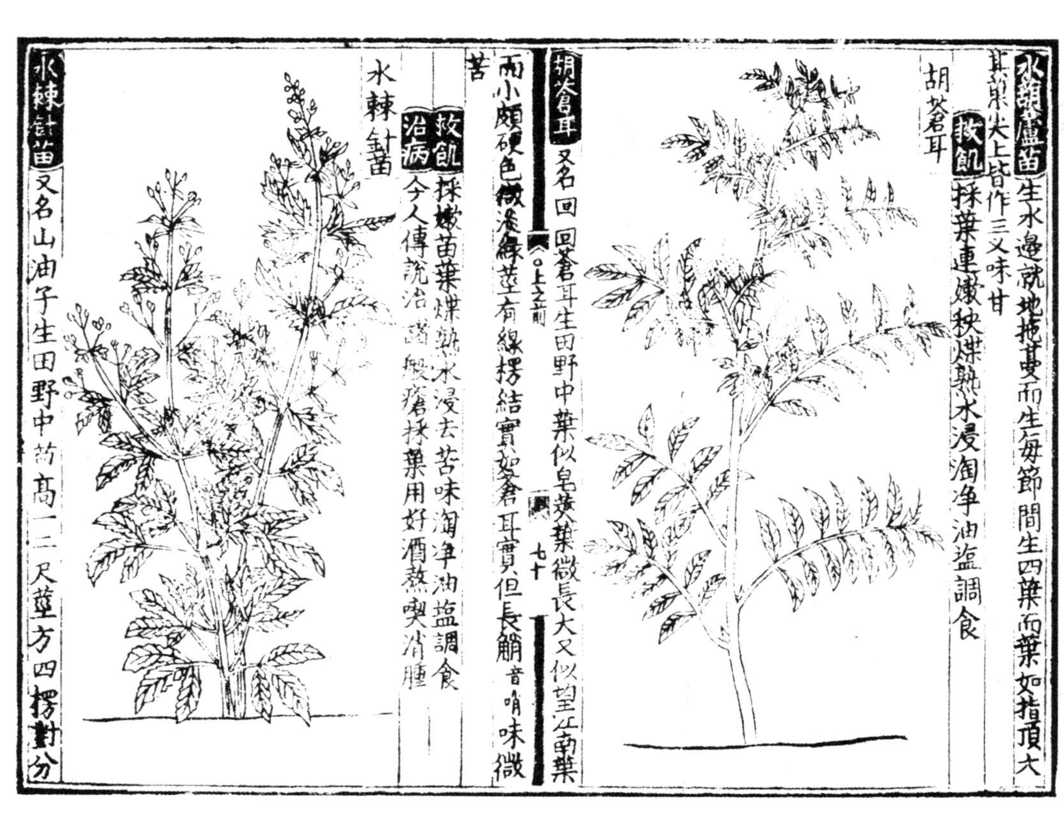

水胡蘆苗 生水邊就地拖蔓而生每節間生四葉而葉如指頂大其葉尖上皆作三叉味甘

救飢 採葉連嫩秧煠熟水浸淘淨油鹽調食

胡蒼耳

胡蒼耳 又名回回蒼耳生田野中葉似皂莢葉微長大又似望江南葉而小頗硬色微淡綠莖有線楞結實如蒼耳實但長艄音哨味微苦

上之前 七十

救飢 採嫩苗葉煠熟水浸去苦味淘淨油鹽調食

治病 今人傳說治諸般瘡採葉用好酒熬喫消腫

水棘針苗

水棘針苗 又名山油子生田野中苗高一二尺莖方四楞對分

莖叉葉亦對生其葉似荊葉而軟鋸齒尖葉莖葉紫綠開小紫
碧花葉味辛辣微甜性
救飢 採苗葉煠熟水淘洗淨油鹽調食

沙蓬

沙蓬 名鷄爪菜生田野中苗高一尺餘初就地蔞蔞生後分
莖叉其莖有細線楞葉似獨掃葉狹窄而厚又似石竹子葉亦
窄莖葉梢間結小青子小如粟粒其葉味甘性温
救飢 採苗葉煠熟水浸淘淨油鹽調食

麥藍菜

麥藍菜 生田野中莖葉俱深蒿青色葉似大藍梢葉而小頗尖

其葉抱莖對生每一葉間攛生一叉莖叉梢頭開小肉紅花結
蒴有子似小桃紅子苗葉味微苦
救飢 採嫩苗葉煠熟水浸淘淨油鹽調食

女婁菜

女婁菜 生密縣韶華山山谷中苗高一二尺莖叉相對分生葉似
旋覆花葉頗短色微深綠抱莖對生稍間出青蓇葖開花微吐
白蕊結實青子如枸杞微小其葉味苦
救飢 採嫩苗葉煠熟換水浸去苦味淘淨油鹽調食

委陵菜

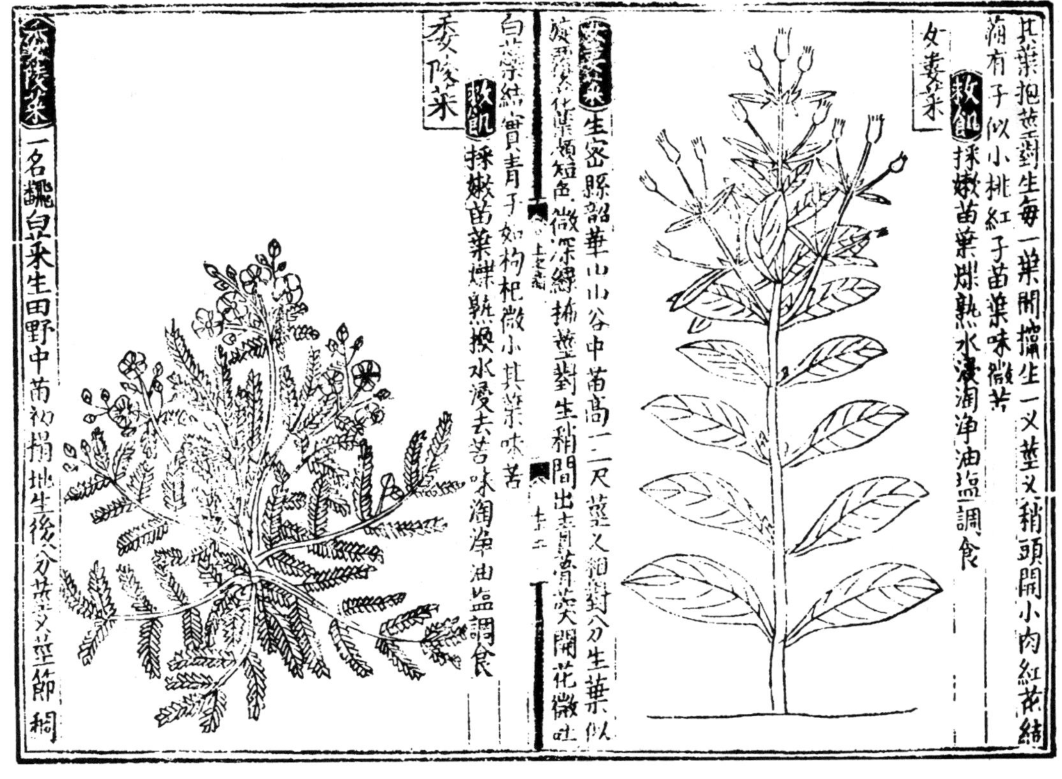

委陵菜 一名翻白菜生田野中苗初搨地生後分莖叉莖節稠

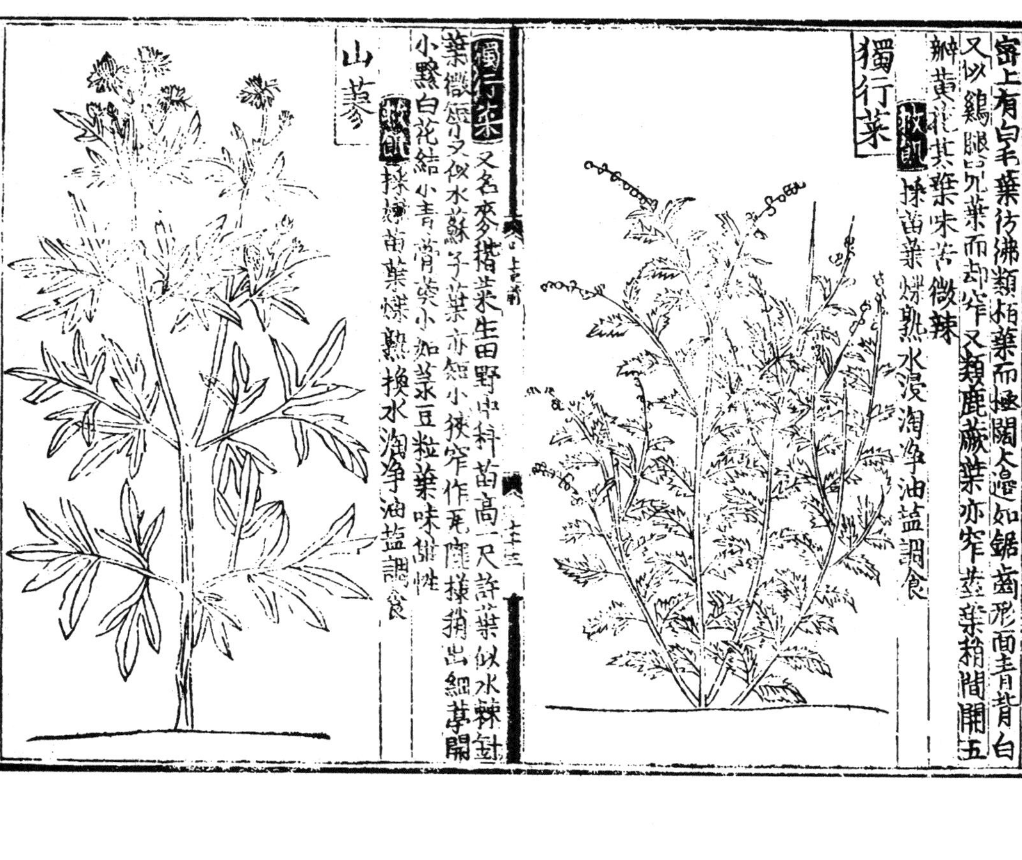

窩上有白毛葉彷彿類柏葉而極闊大邊如鋸齒形面青背白又似鷄腿兒葉而却窄又類鹿蕨葉亦窄莖葉梢間開五瓣黃花其葉味苦微辣

救飢 採苗葉煠熟水浸淘淨油鹽調食

獨行菜

獨行菜 又名麥藉菜生田野中科苗高一尺許葉似水棘針葉微短又似水蘇子葉亦短小狹窄作瓦隴樣梢出細葶開小黲白花結小青蓇葖小如菉豆粒葉味甜性

救飢 採嫩苗葉煠熟換水淘淨油鹽調食

山蓼

山蓼 生密縣山野間苗高一二尺葉似芍藥葉而長細窄音側又似野菊花葉而硬厚又似水胡椒葉亦硬開碎瓣白花其葉味微辣

救飢 採嫩葉煠熟換水浸去辣氣作成黃色淘洗淨油鹽調食

救荒本草上之前終

救荒本草卷上

上之後

亨

〇草部

〇葉可食

本草原有

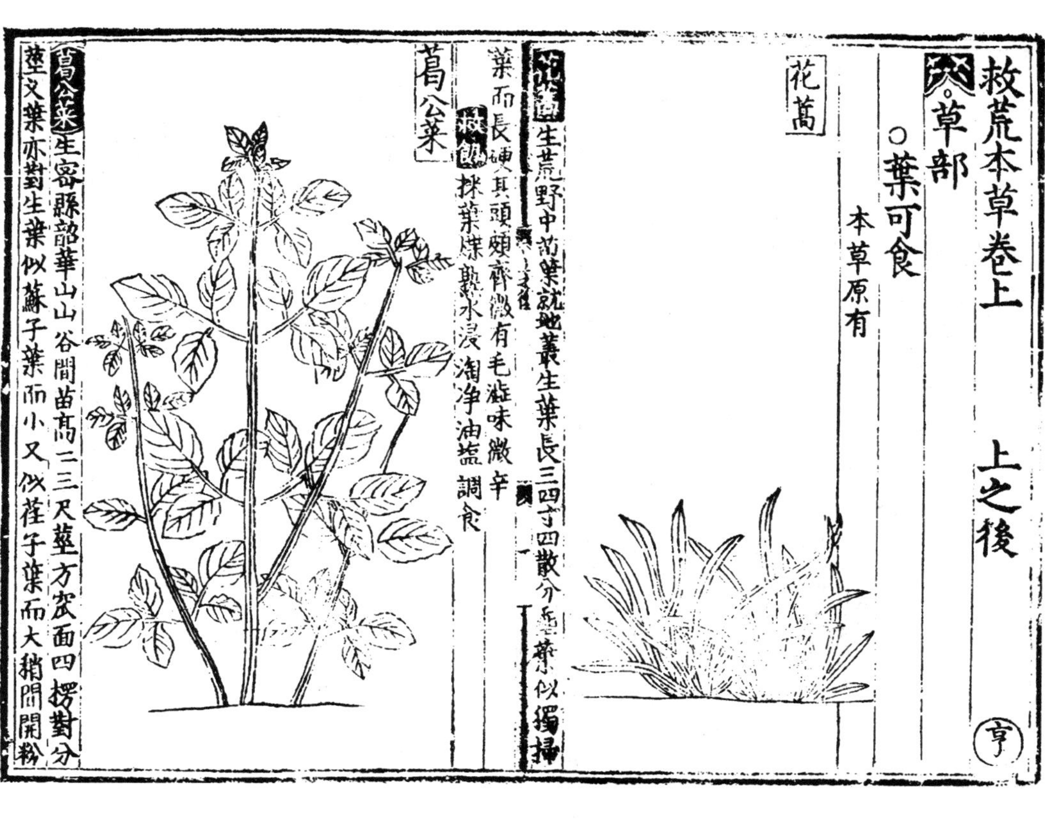

花蒿 生荒野中苗葉就地叢生葉長三四寸四散分垂葉似獨掃葉而長硬其頭頗齊微有毛澁味微辛

救飢 採葉煠熟水浸淘淨油鹽調食

葛公菜 生密縣韶華山山谷間苗高二三尺莖方窊面四楞對分莖叉葉亦對生葉似蘇子葉而小又似荏子葉而大稍間開粉紅花結子如小米粒而茶褐色其葉味甜微苦

救飢 採葉煠熟水浸去苦味換水淘淨油鹽調食

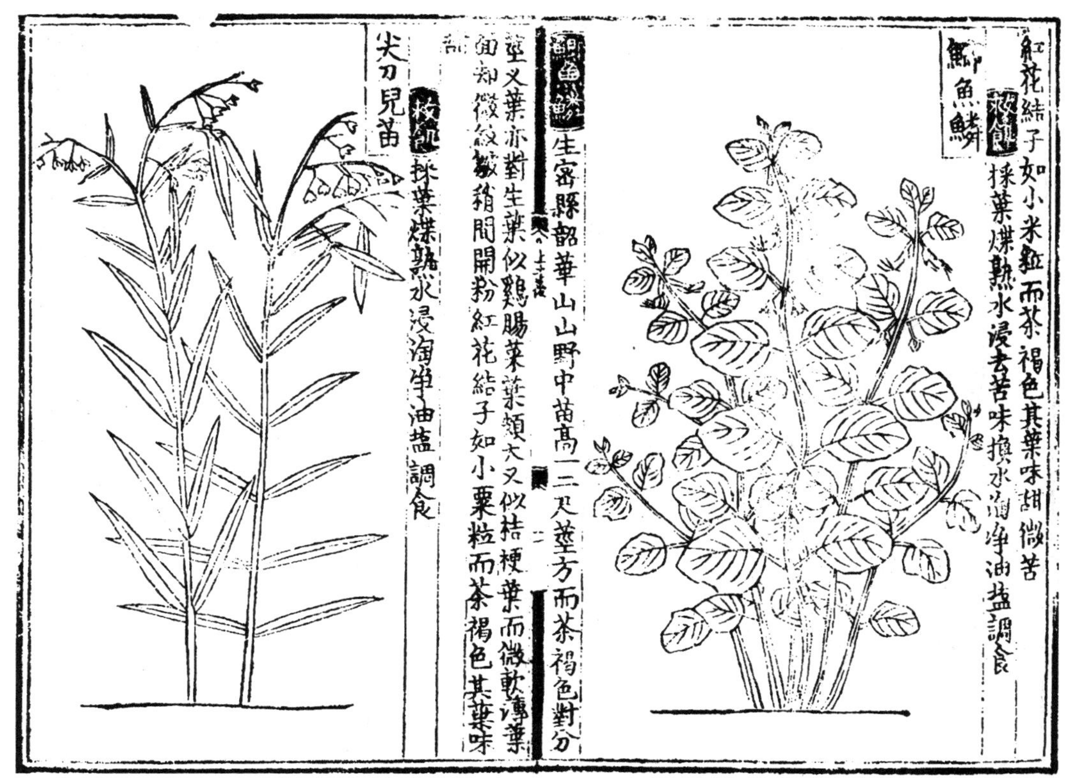

鯽魚鱗 生密縣韶華山山野中苗高一二尺莖方而茶褐色對分莖叉葉亦對生葉似鷄腸菜葉頗大又似桔梗葉而微軟薄葉面却微紋皺稍間開粉紅花結子如小粟粒而茶褐色其葉味甜

救飢 採葉煠熟水浸淘淨油鹽調食

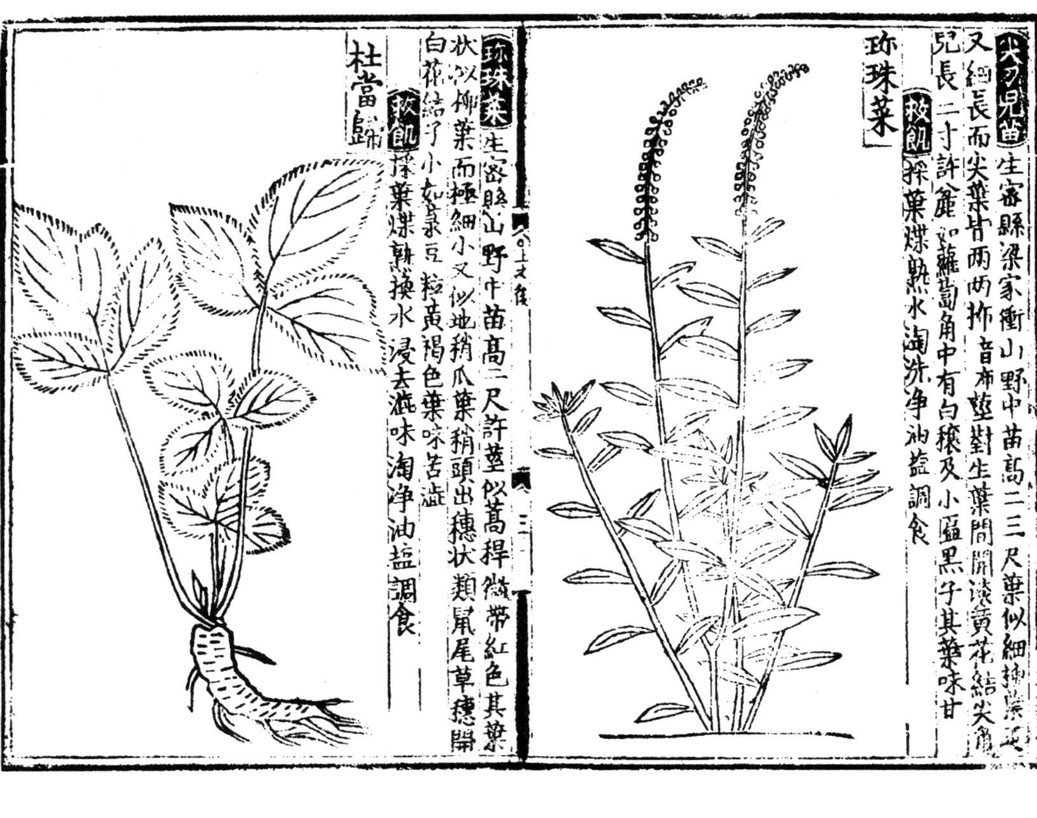

尖刀兒苗　生密縣梁家衝山野中苗高二三尺葉似細柳葉延又細長而尖葉皆兩兩抪音布莖對生葉間開淡黃花結尖角兒長二寸許麄如蘿蔔角中有白穰及小匾黑子其葉味甘

救飢　採葉煠熟水淘洗淨油鹽調食

珎珠菜　生密縣山野中苗高二尺許莖似蒿稈微帶紅色其葉狀似柳葉而極細小又似地梢瓜葉稍頭出穗狀類鼠尾草穗開白花結子小如菉豆粒黃褐色葉味苦澁

救飢　採葉煠熟換水浸去澁味淘淨油鹽調食

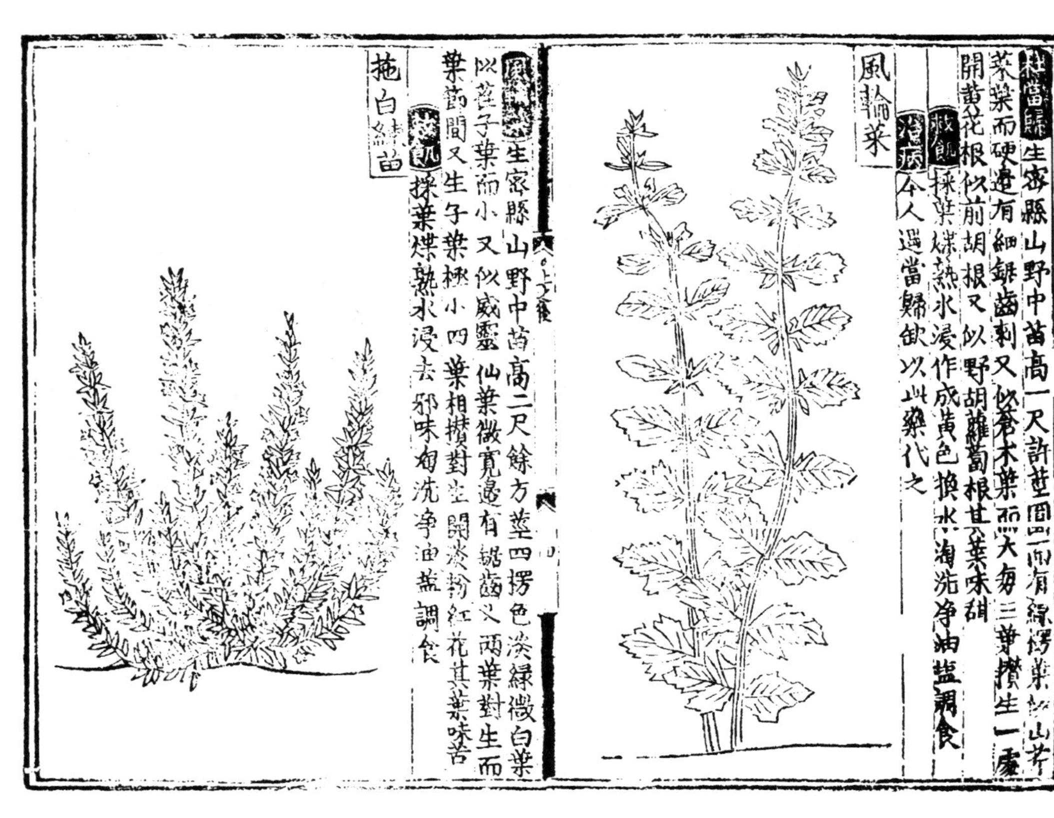

杜當歸　生密縣山野中苗高一尺許莖圓而有線楞葉似山芹菜葉而硬邊有細鋸齒刺又似蒼朮葉而大每三葉攢生一處開黃花根似前胡根又似野胡蘿蔔根其葉味甜

救飢　採葉煠熟水浸作成黃色換水淘洗淨油鹽調食

治病　今人遇當歸缺以此藥代之

風輪菜　生密縣山野中苗高二尺餘方莖四楞色淡綠微白葉似荏子葉而小又似威靈仙葉微寬邊有鋸齒叉兩葉對生而葉節間又生子葉極小四葉相攢對生開淡粉紅花其葉味苦

救飢　採葉煠熟水浸去邪味淘洗淨油鹽調食

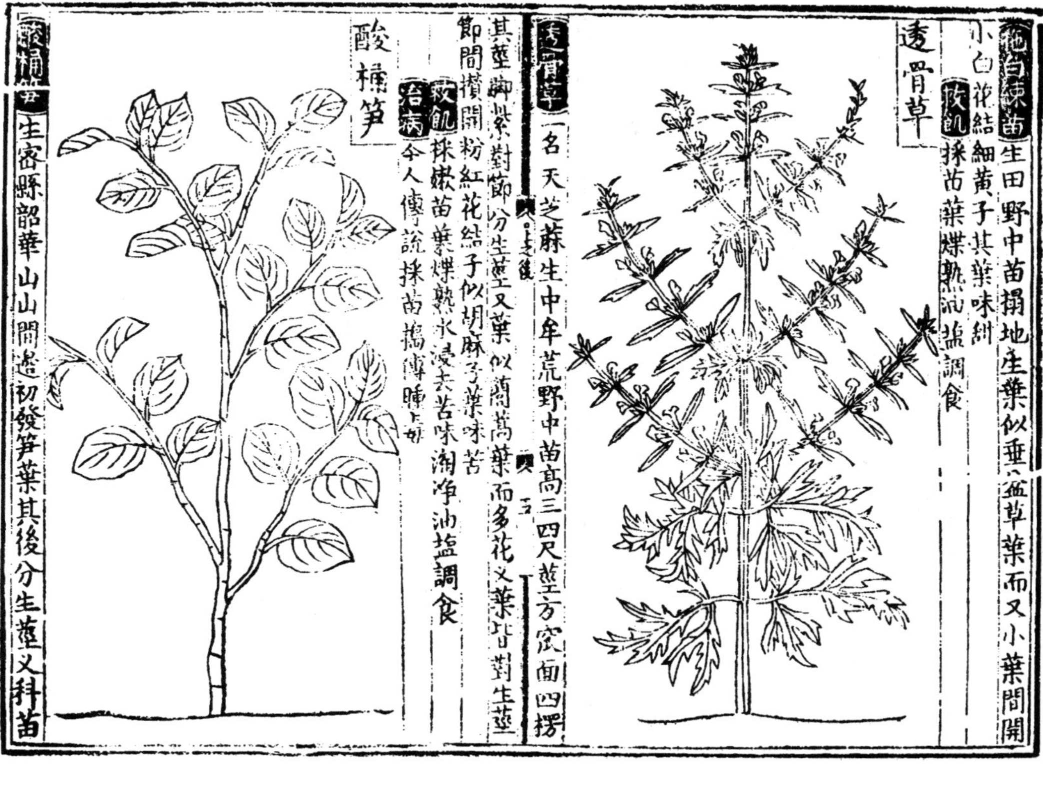

[illegible]白棘苗 生田野中苗搨地生葉似垂盆草葉而又小葉間開小白花結細黃子其葉味甜

救飢 採苗葉煠熟油鹽調食

透骨草

透骨草 一名天芝蔴生中牟荒野中苗高三四尺莖方窊面四楞其莖脚紫對節分生莖又葉似蔄蒿葉而多花叉葉皆對生莖節間攢開粉紅花結子似胡麻子葉味苦

救飢 採嫩苗葉煠熟水浸去苦味淘淨油鹽調食

治病 今人傳說採苗擣傅腫毒

酸桶笋

酸桶笋 生密縣韶華山山澗邊初發笋葉其後分生莖叉科苗高四五尺莖稈似水葒莖而紅赤色其葉似白槿葉而澁又似山格刺菜葉亦澁紋脉亦麄味甘微酸

救飢 採嫩笋葉煠熟水浸去邪味淘淨油鹽調食

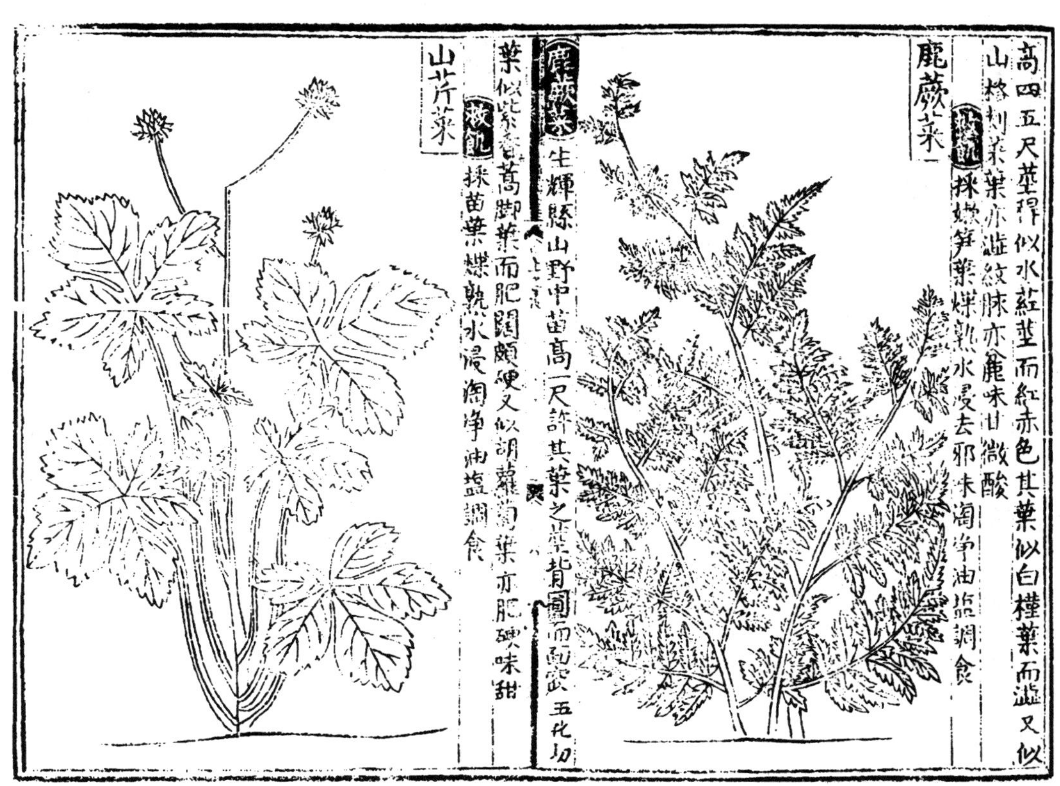

鹿蕨菜

鹿蕨菜 生輝縣山野中苗高一尺許其葉之莖背圓而面窊葉似紫蘇葉而肥闊頗硬又似胡蘿蔔葉亦肥硬味甜

救飢 採苗葉煠熟水浸淘淨油鹽調食

山芹菜

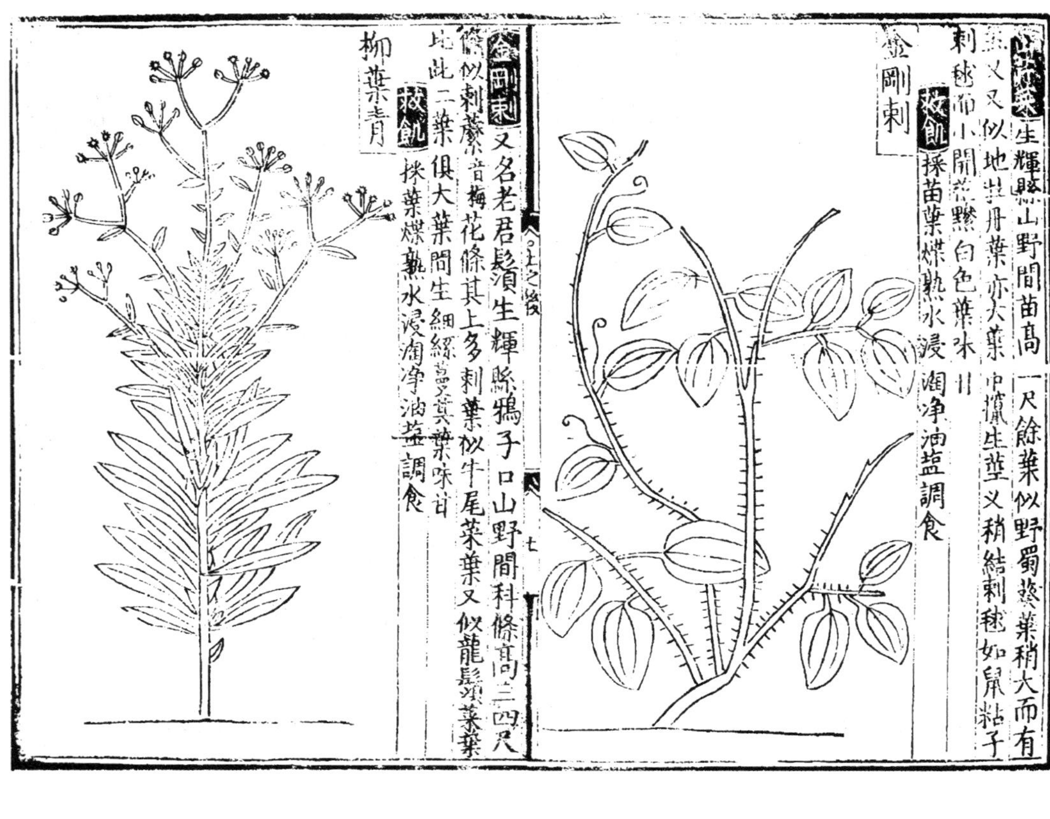

[illegible]菜 生輝縣山野間苗高一尺餘葉似野蜀葵葉稍大而有叉又又似地牡丹葉亦大葉中攛生莛叉稍結刺毬如鼠粘子刺毬而小開花黲白色葉味甘

救飢 採苗葉煠熟水浸淘淨油鹽調食

金剛刺

金剛刺 又名老君鬚生輝縣鴉子口山野間科條高三四尺條似刺藤音梅花條其上多刺葉似牛尾菜葉又似龍鬚菜葉比此二葉俱大葉間生細絲蔓葉味甘

救飢 採葉煠熟水浸淘淨油鹽調食

卷上之後　七

柳葉青

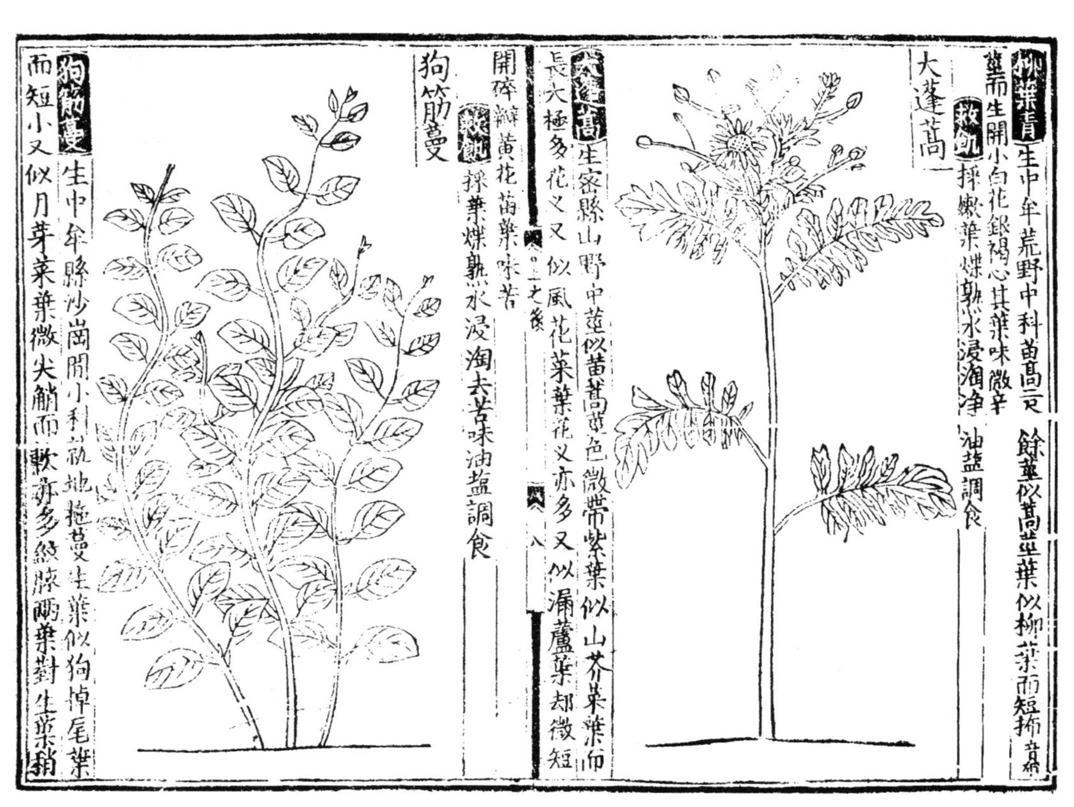

柳葉青 生中牟荒野中科苗高二尺餘莖似蒿莖葉似柳葉而短揥音絺葉而生開小白花銀褐心其葉味微辛

救飢 採嫩葉煠熟水浸淘淨油鹽調食

大蓬蒿

大蓬蒿 生密縣山野中莖似黄蓍莖色微帶紫葉似山芥菜葉而長大極多花叉又似風花菜葉花叉亦多又似漏蘆葉却微短開碎瓣黄花苗葉味苦

救飢 採葉煠熟水浸淘去苦味油鹽調食

卷上之後　八

狗筋蔓

狗筋蔓 生中牟縣沙崗間小科就地拖蔓生葉似狗掉尾葉而短小又似月芽菜葉微尖艄而軟亦多紋脉兩葉對生葉稍

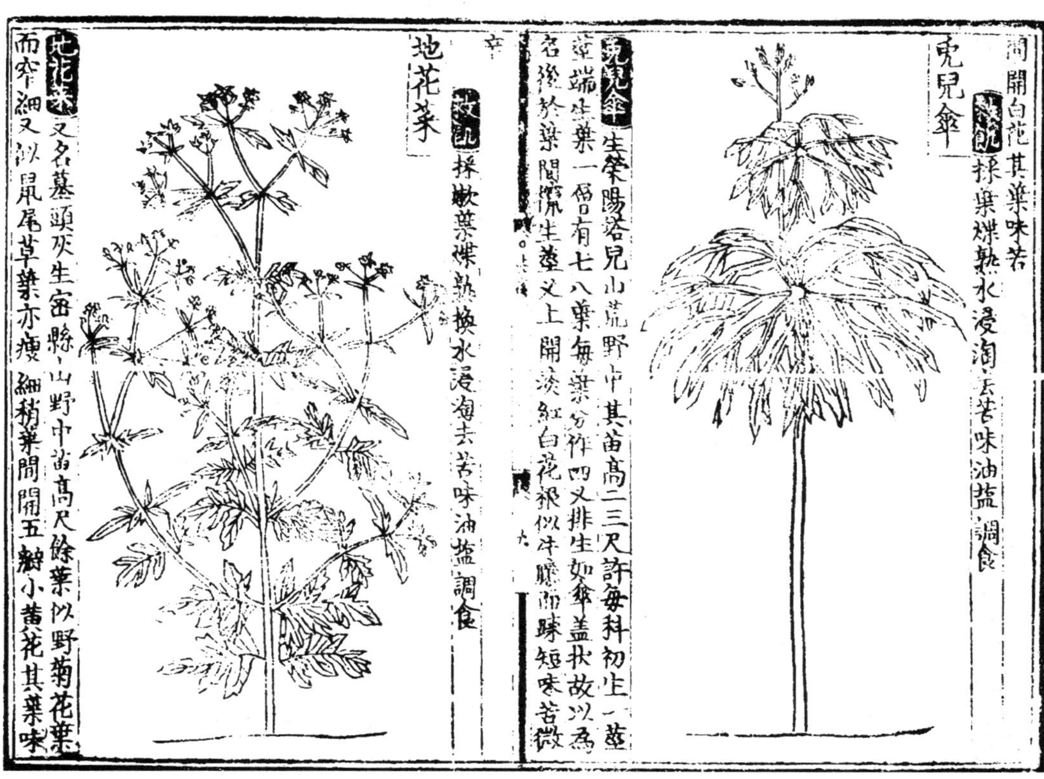

間開白花其葉味苦

救飢 採葉煠熟水浸淘去苦味油鹽調食

兎兒傘

兎兒傘 生滎陽塔兒山荒野中其苗高二三尺許每科初生一莖莖端生葉一層有七八葉每葉分作四叉排生如傘蓋狀故以爲名後於葉間攛生莖叉上開淡紅白花根似牛膝而踈短味苦微辛

地花菜

救飢 採嫩葉煠熟換水浸淘去苦味油鹽調食

地花菜 又名墓頭灰生密縣山野中苗高尺餘葉似野菊花葉而窄細又似鼠尾草葉亦瘦細梢葉間開五瓣小黃花其葉味

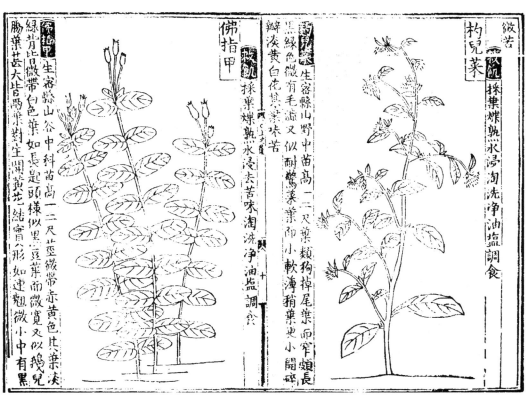

微苦

救飢 採葉煠熟水浸淘洗淨油鹽調食

杓兒菜

杓兒菜 生密縣山野中苗高一二尺葉類狗掉尾葉而窄頗長黑綠色微有毛澁又似耐驚菜葉而小軟薄稍葉更小開碎瓣淡黃白花其葉味苦

救飢 採葉煠熟水浸去苦味淘洗淨油鹽調食

佛指甲

佛指甲 生密縣山谷中科苗高一二尺莖微帶赤黃色其葉淡綠背皆微帶白色葉如長匙頭樣似黑豆葉而微寬又似鵝兒腸葉甚大皆兩葉對生開黃花結實形如連翹微小中有黑

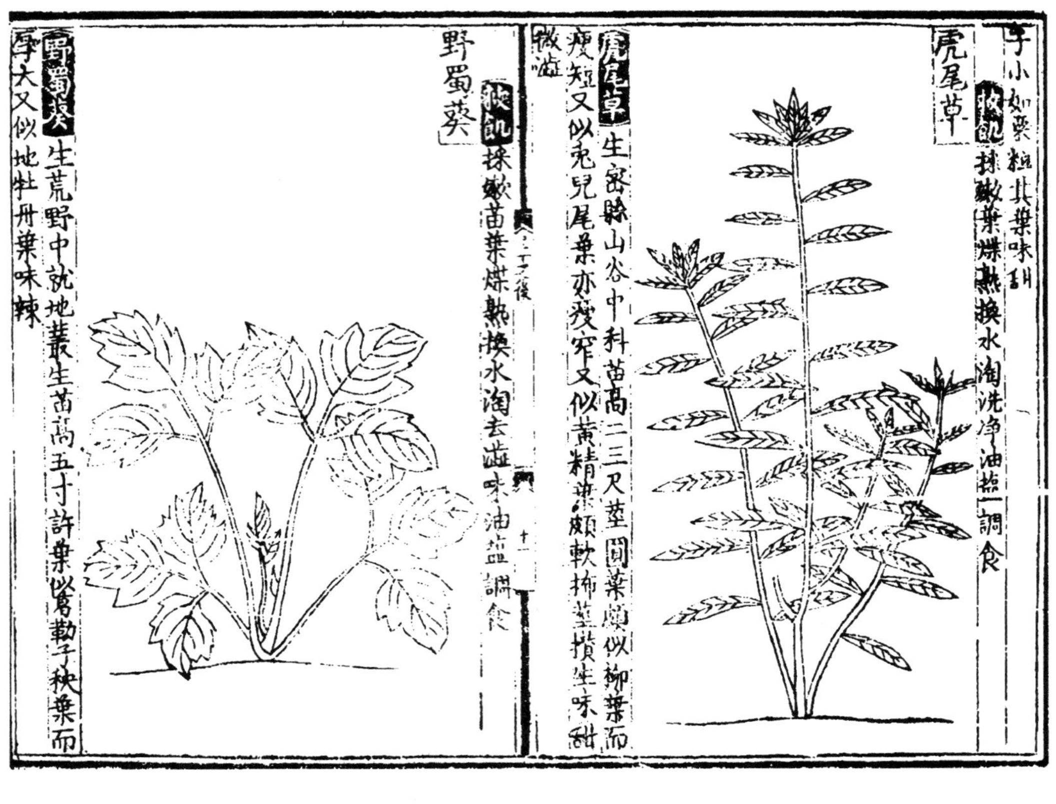
子小如粟粒其葉味甜

救饑 採嫩葉煠熟換水淘洗淨油鹽調食

虎尾草

虎尾草 生密縣山谷中科苗高二三尺莖圓葉頗似柳葉而瘦短又似兔兒尾葉亦瘦窄又似黃精葉頗軟抪莖攢生味甜微澀

救饑 採嫩苗葉煠熟換水淘去澀味油鹽調食

野蜀葵

野蜀葵 生荒野中就地叢生苗高五寸許葉似葛勒子秧葉而厚大又似地牡丹葉味辣

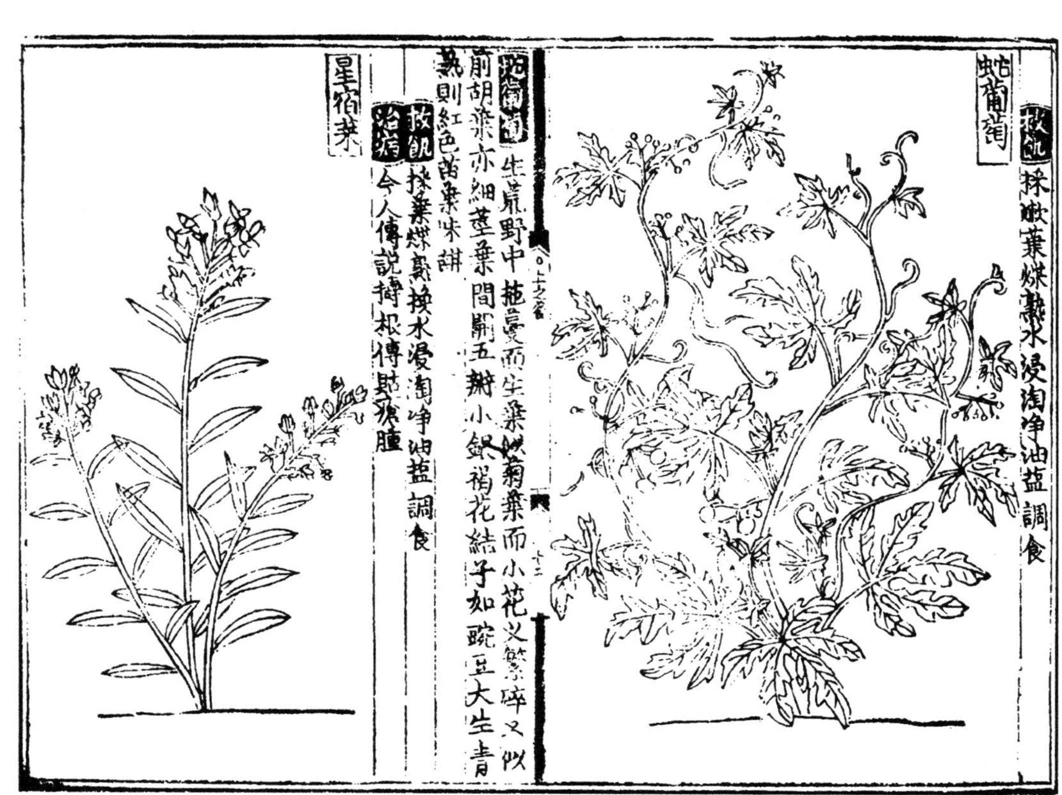
蛇葡萄

救饑 採嫩葉煠熟水浸淘淨油鹽調食

蛇葡萄 生荒野中拖蔓而生葉似菊葉而小花叉繁碎又似前胡葉亦細莖葉間開五瓣小銀褐花結子如豌豆大生青熟則紅色苗葉味甜

星宿菜

救饑 採葉煠熟換水浸淘淨油鹽調食

治病 今人傳說擣根傅貼瘡腫

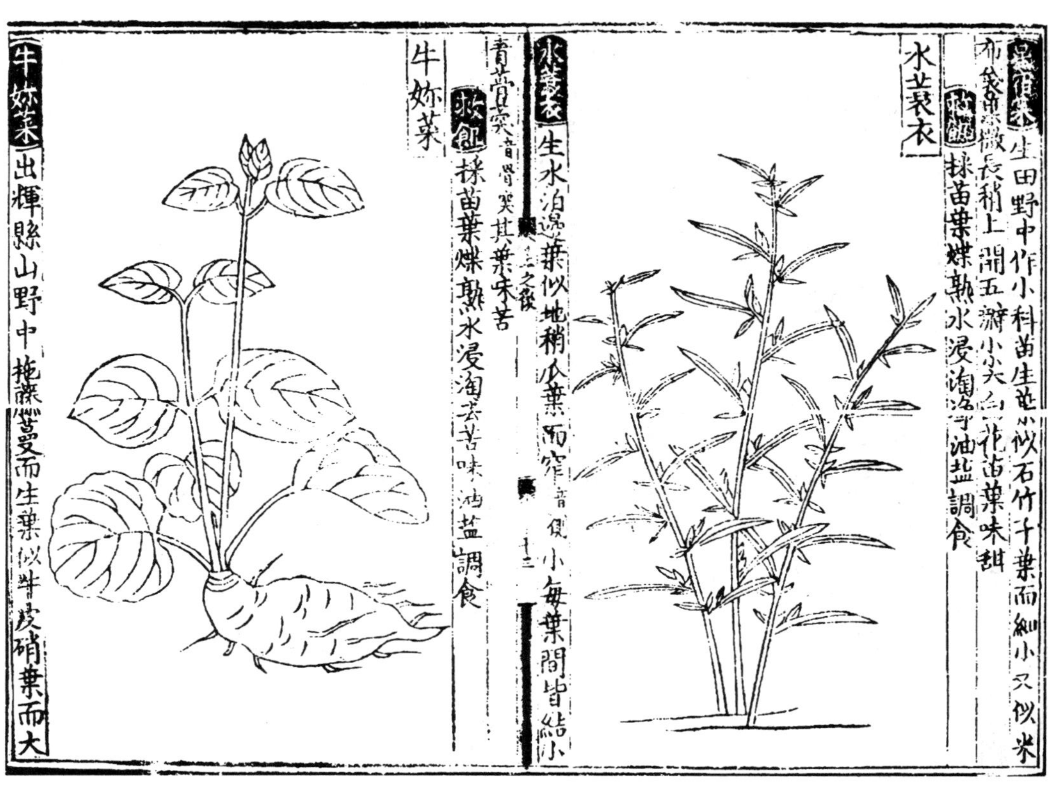

鼠菊 生田野中作小科苗生莖似石竹子葉而細小又似米布袋葉微長稍上開五瓣小尖白花苗葉味甜

救飢 採苗葉煠熟水浸淘淨油盐調食

水蓑衣

水蓑衣 生水泊邊葉似地稍瓜葉而窄音側小每葉間皆結小青蓇葖音骨突其葉味苦

救飢 採苗葉煠熟水浸淘去苦味油盐調食

牛妳菜

牛妳菜 出輝縣山野中拖蔓而生葉似牛皮消葉而大

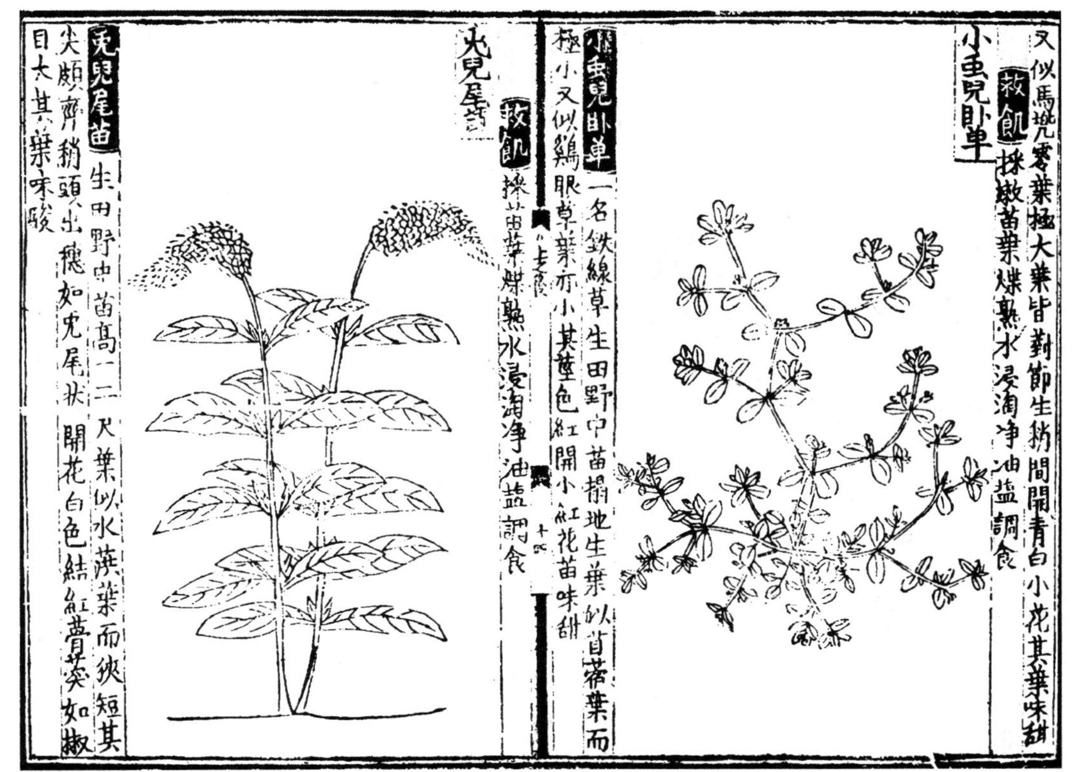

又似馬瓟兒零葉極大葉皆對節生稍間開青白小花其葉味甜

救飢 採嫩苗葉煠熟水浸淘净油盐調食

小虫兒卧單

小虫兒卧單 一名鐵線草生田野中苗搨地生葉似苜蓿葉而極小又似雞眼草葉亦小其莖色紅開小紅花苗味甜

救飢 採苗葉煠熟水浸淘净油盐調食

兔兒尾苗

兔兒尾苗 生田野中苗高一二尺葉似水葒葉而狹短其尖頗齊稍頭出穗如兔尾狀開花白色結紅蓇葖如椒目大其葉味酸

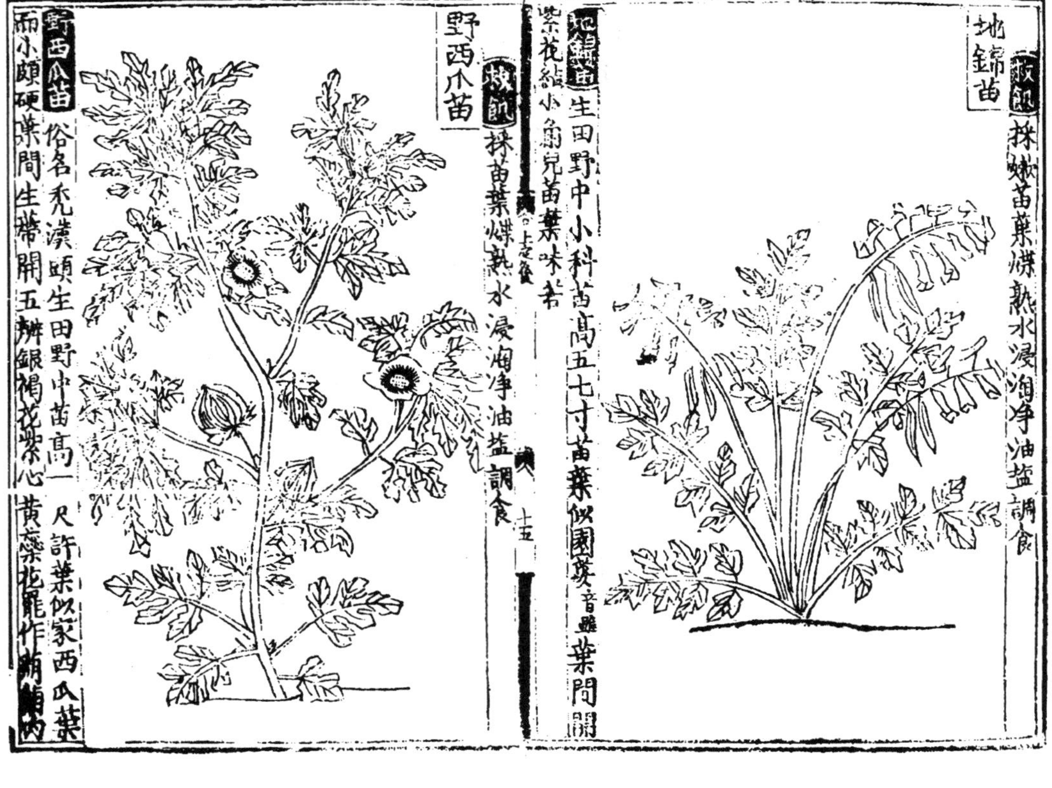

救飢 採嫩苗葉煠熟水浸淘淨油鹽調食

地錦苗

地錦苗 生田野中小科苗高五七寸苗葉似園荽音雖葉間開紫花結小角兒苗葉味苦

卷上之後 十五

救飢 採苗葉煠熟水浸淘淨油鹽調食

野西瓜苗

野西瓜苗 俗名禿漢頭生田野中苗高一尺許葉似家西瓜葉而小頗硬葉間生蔕開五瓣銀褐花紫心黃蕊花罷作蒴蒴內

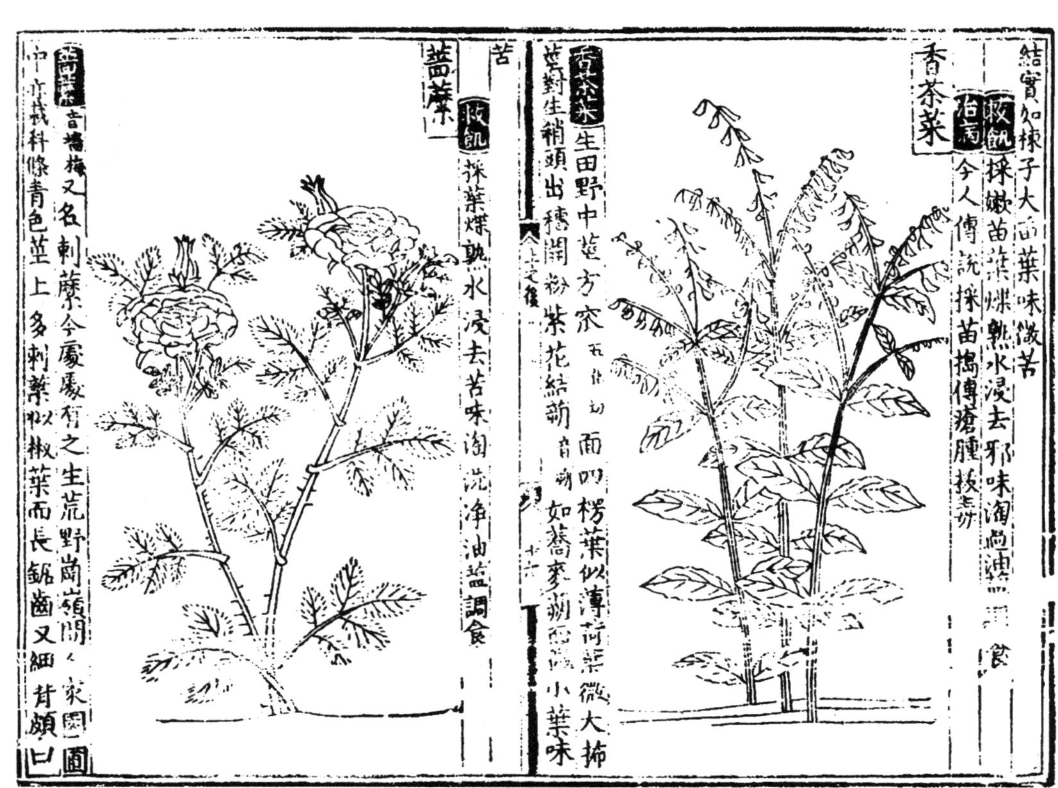

結實如楝子大而葉味微苦

救飢 採嫩苗葉煠熟水浸去邪味淘洗淨油鹽調食

治病 今人傳說採苗擣傅瘡腫拔毒

香茶菜

香茶菜 生田野中莖方窊五瓜切面四楞葉似薄荷葉微大擷莖對生稍頭出穗開粉紫花結蒴音朔如蕎麥蒴而微小葉味苦

卷上之後 十六

救飢 採葉煠熟水浸去苦味淘洗淨油鹽調食

薔蘼

薔蘼 音牆梅又名刺蘼今處處有之生荒野崗嶺間人家園圃中亦栽科條青色莖上多刺葉似椒葉而長鋸齒又細背頗白

開紅白花亦有千葉者味甜淡

毛女兒菜

救飢 採芽葉煠熟換水浸淘淨油塩調食

毛女兒菜 生南陽府馬鞍山中苗高一尺許葉似綿柔葉葉而微尖又似兔兒尾葉而小莖葉皆有白毛稍間開淡黄花如大黍粒十數顆攢成一穗味甘酸

牻牛兒苗

救飢 採苗葉煠熟水浸淘淨油塩調食或拌米麵蒸食亦可

牻牛兒苗 [illegible]又名鬭牛兒苗生田野中就地拖秧而生莖蔓

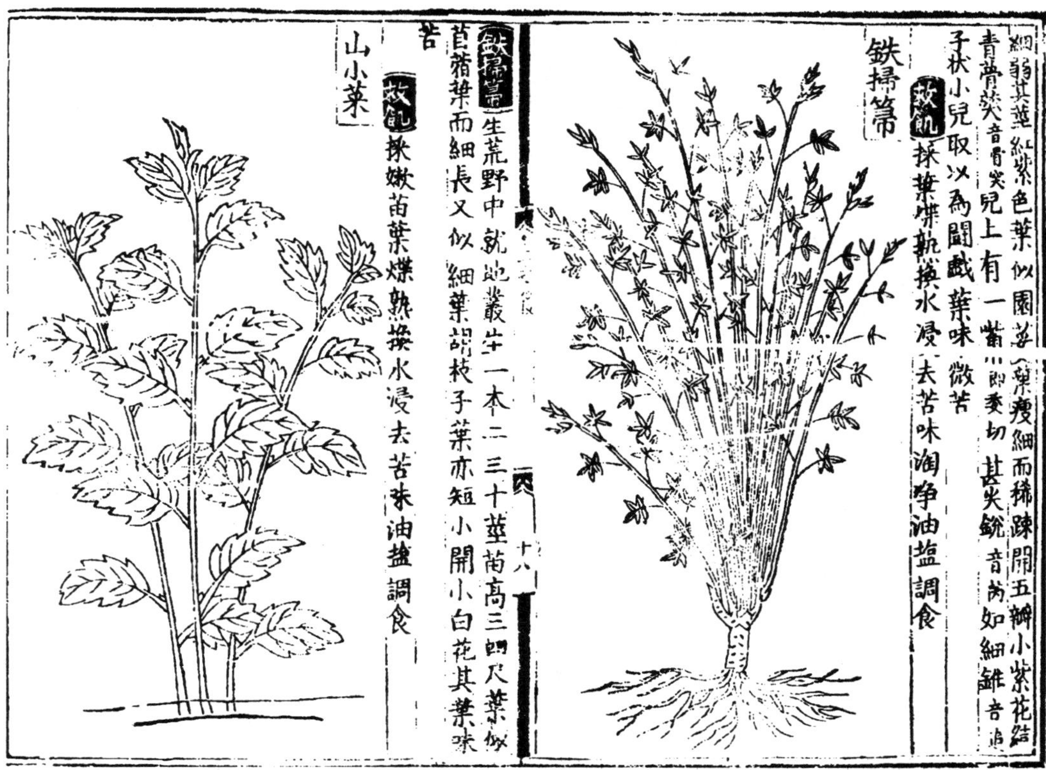

細弱其莖紅紫色葉似園荽葉瘦細而稀疎開五瓣小紫花結青蓇葖音骨突兒上有一嘴即委切甚尖銳音芮如細錐音追子狀小兒取以為鬭戲葉味微苦

救飢 採葉煠熟換水浸去苦味淘淨油塩調食

鉄掃箒

鉄掃箒 生荒野中就地叢生一本二三十莖苗高三四尺葉似苜蓿葉而細長又似細葉胡枝子葉亦短小開小白花其葉味苦

救飢 採嫩苗葉煠熟換水浸去苦味油塩調食

山小菜

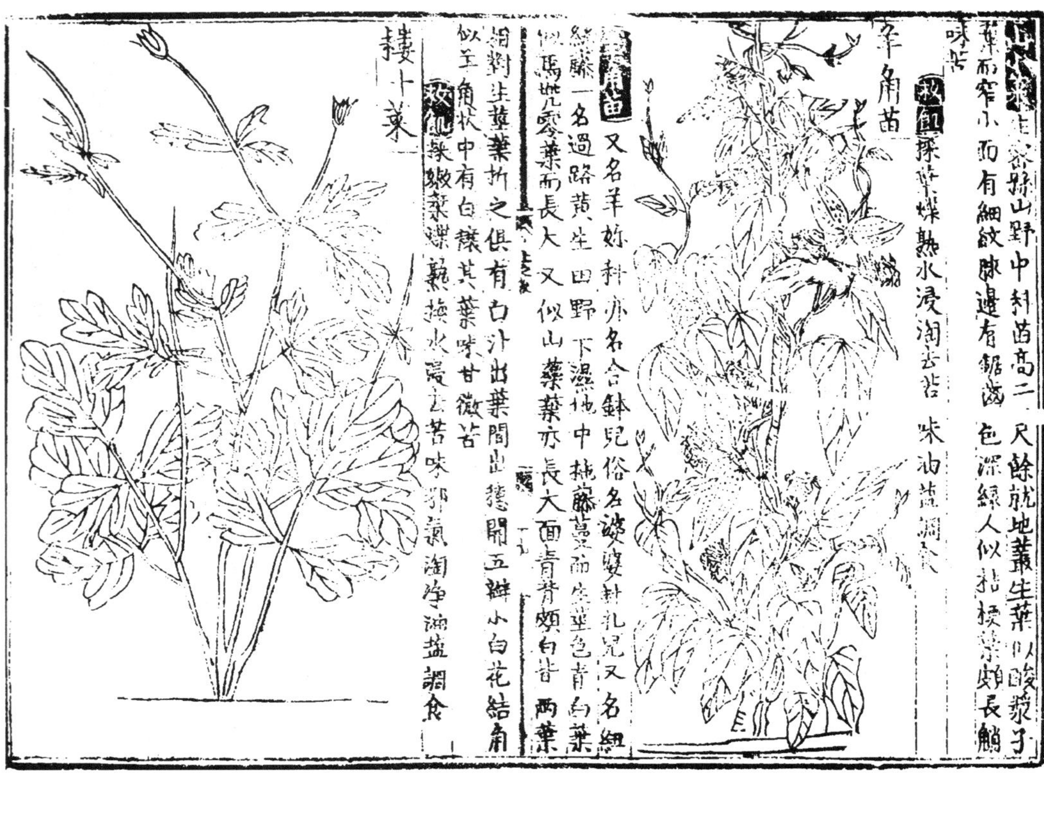

山小菜　生密縣山野中科苗高二尺餘就地叢生葉似酸漿子葉而窄小面有細紋脈邊有鋸齒色深綠又似桔梗葉頗長艄味苦

救飢　採葉煠熟水浸淘去苦味油鹽調食

羊角苗　又名羊妳科亦名合鉢兒俗名婆婆針扎兒又名細絲藤一名過路黃生田野下濕地中拖藤蔓而生莖色青白葉似馬兜零葉而長大又似山藥葉亦長大面青背頗白皆兩葉相對生莖葉折之俱有白汁出葉間出穗開五瓣小白花結角似羊角狀中有白穰其葉味甘微苦

救飢　採嫩葉煠熟換水浸去苦味邪氣淘淨油鹽調食

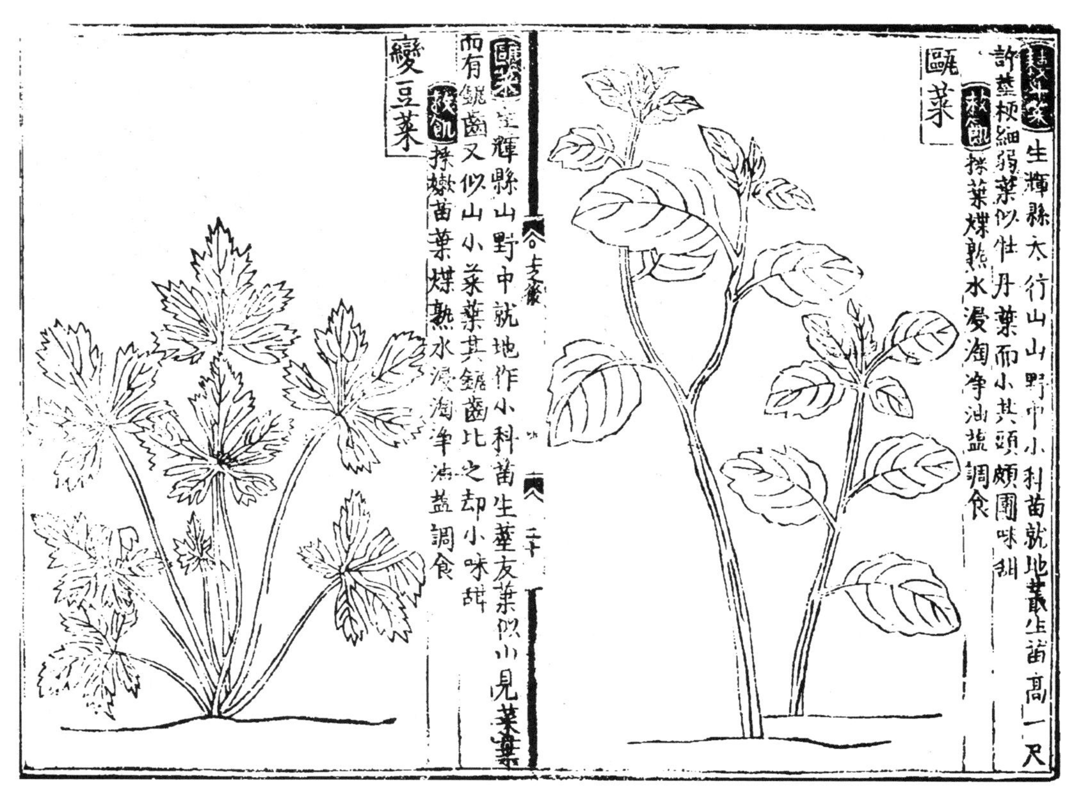

耬斗菜　生輝縣太行山山野中小科苗就地叢生苗高一尺許莖梗細弱葉似牡丹葉而小其頭頗團味甜

救飢　採葉煠熟水浸淘淨油鹽調食

甌菜　生輝縣山野中就地作小科苗生莖叉葉似小兒拳菜葉而有鋸齒又似山小菜葉其鋸齒比之却小味甜

救飢　採嫩苗葉煠熟水浸淘淨油鹽調食

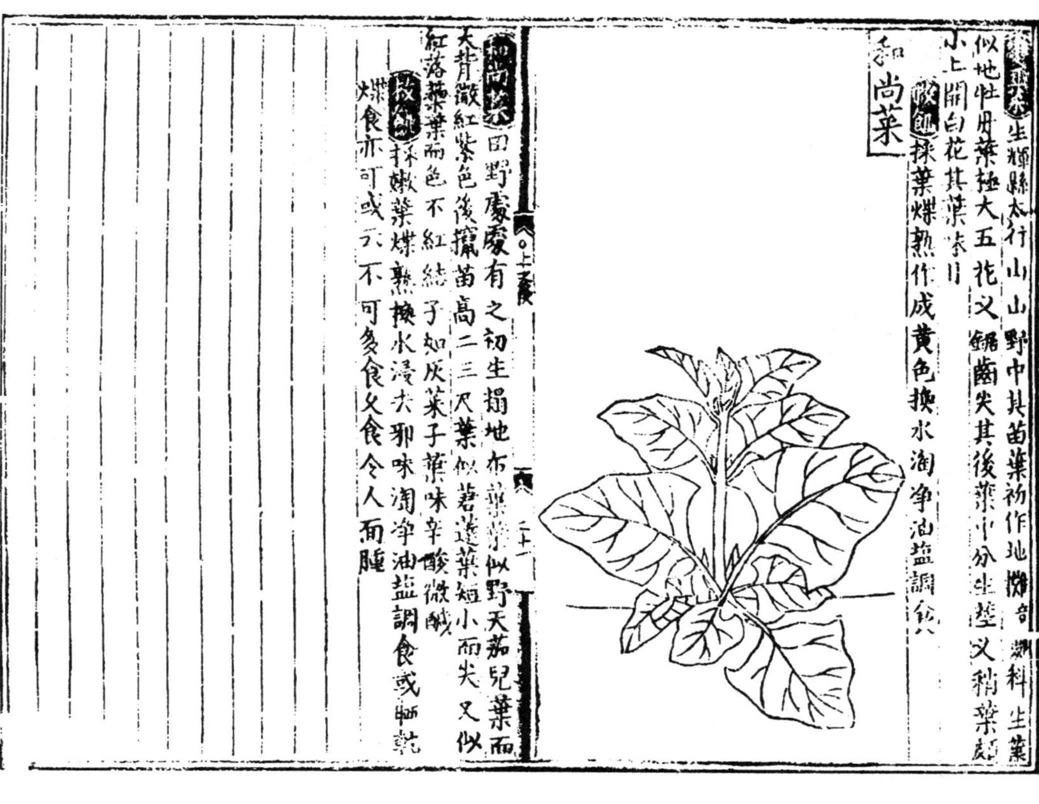

和尚菜 生輝縣太行山山野中其苗葉初作地攤音攤科生葉似地牡丹葉極大五花叉鋸齒尖其後葉中分生莖叉稍葉頗小上開白花其葉味甜

救饑 採葉煠熟作成黃色換水淘淨油鹽調食

和尚菜

和尚菜 田野處處有之初生搨地布葉似野天茄兒葉而大背微紅紫色後攛苗高二三尺葉似碧蓬葉短小而尖又似紅落藜葉而色不紅結子如灰菜子葉味辛酸微鹹

救饑 採嫩葉煠熟換水浸去邪味淘淨油鹽調食或晒乾煠食亦可或云不可多食久食令人面腫

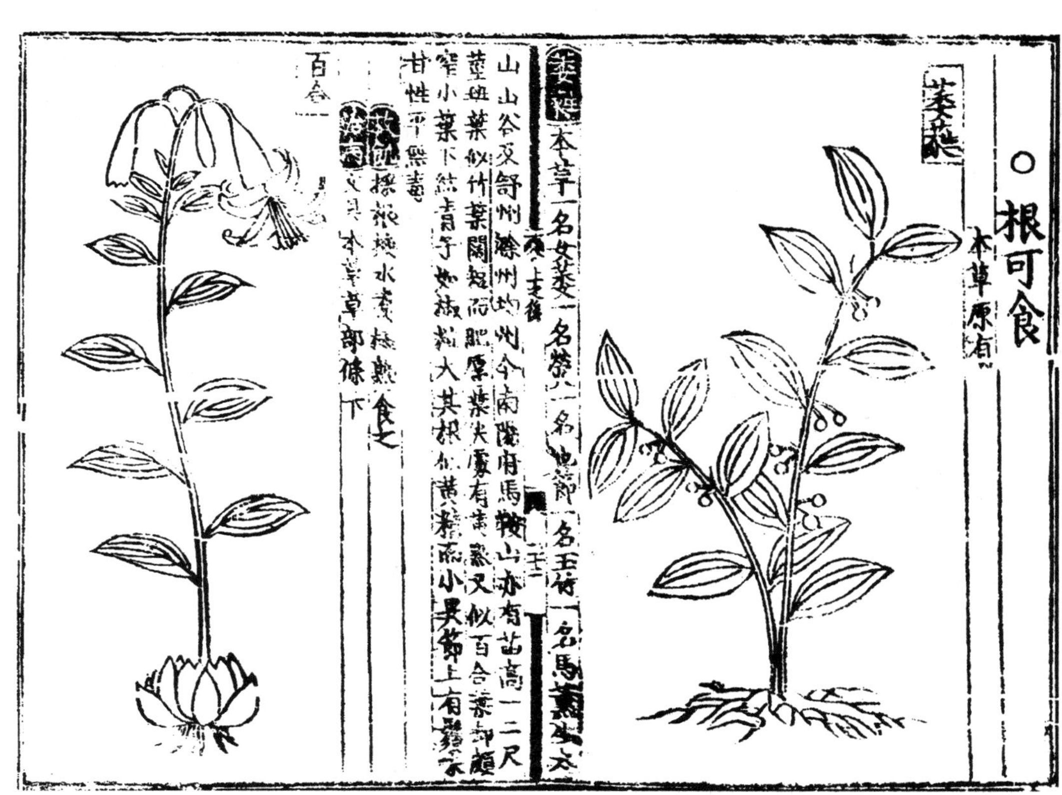

○根可食

萎蕤 本草原有

萎蕤 本草一名女萎一名熒一名地節一名玉竹一名馬薰生太山山谷及舒州滁州均州今南陽府馬鞍山亦有苗高一二尺莖斑葉似竹葉闊短而肥厚葉尖處有黃點又似百合葉却頗窄小葉下結青子如椒粒大其根似黃精而小異節上有鬚味甘性平無毒

救饑 採根換水煮極熟食之

治病 文具本草草部條下

百合

百合 一名重箱一名摩羅一名中逢花一名強瞿生荆州山谷今處處有之苗高數尺莖粗如箭四面有葉如雞距又似大柳葉而寬青色稀疎葉近莖微紫莖端碧白開淡黄白花如石榴觜而大四垂向下覆長蕊花心有檀色每一顆須五六莖子色圓如梧桐子生於枝葉間每葉一子不在花中此又異也根色白形如松子殼四向攢生中間出苗又如胡蒜重疊生二三十瓣味甘性平無毒一云有小毒又有一種開紅花名山丹不堪用

救饑 採根煑熟食之甚益人氣又云蒸過與蜜食之或為粉尤佳

治病 文具本草草部條下

天門冬

天門冬 俗名萬歲藤又名婆羅樹本草一名顛勒或名地門冬或名筵門冬或名顛棘或名淫羊食或名管松生奉高山谷及建州漢州今處處有之春生藤蔓大如釵股長至丈餘延附草木上葉如茴香極尖細而疎滑有逆刺亦有濇而無刺者其葉如絲杉而細散皆名天門冬夏生白花亦有黄花及紫花者秋結黑子在其根枝傍入伏後無花暗結子其根白或黄紫色大如手指長二三寸大者為勝其生高地根短味甜氣香者上其生水側下地者葉細似蘊而微黄根長而味多苦氣臭者下亦可服味苦甘性平大寒無毒垣衣地黄及貝母為之使畏曾青服天門冬誤食鯉魚中毒浮萍解之

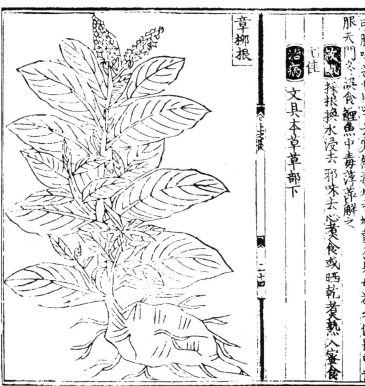

救饑 採根換水浸去邪味去心煑食或曬乾煑熟入蜜食尤佳

治病 文具本草草部下

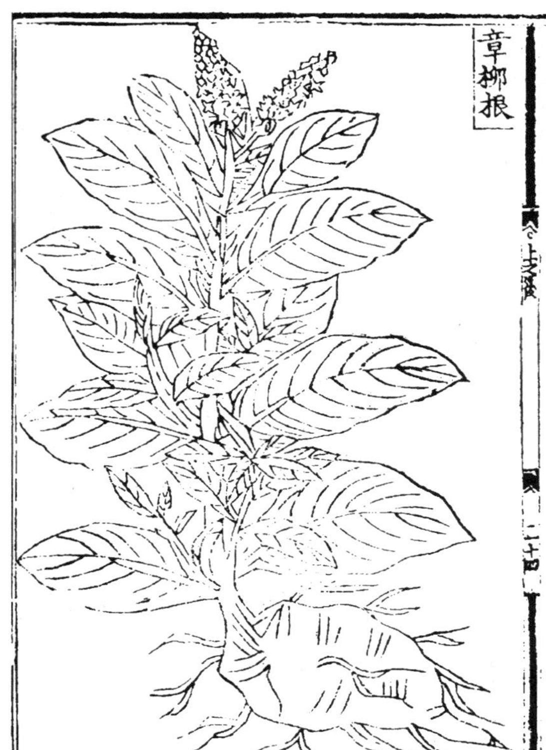

章柳根

【商陸】本草名商陸一名蓫薚音逐湯根一名夜呼一名白昌一名當陸一名章陸爾雅謂之蓫薚音逐湯廣雅謂之馬尾易謂之莧陸生咸陽川谷今處處有之苗高三四尺莖麄似雞冠莖微有線楞色微紫赤葉青如牛舌微闊而長根如人形者有神亦有赤白二種花赤根亦赤花白根亦白赤者不堪服食傷人乃至痢血不已白者堪服食又有一種名赤昌苗葉絕相類不可用須細辨之商陸味辛酸一云味苦性平有毒一云性冷得大蒜良

【救飢】取白色根切作片子煠熟換水浸洗淨淡食得大蒜良凡製薄切以東流水浸二宿撈出與豆葉隔間入甑蒸從午至亥如無葉用豆依法蒸之亦可花白者年多仙人採之作脯可為下酒

【治病】文具本草草部商陸條下

沙參

【沙參】一名知母一名苦心一名志取一名虎鬚一名白參一名識美一名文希生河內川谷及冤句般陽續山并淄齊潞隨歸州而江淮荊湖州郡皆有今輝縣太行山邊亦有之苗長一二尺叢生崖坡間葉似枸杞葉微長而有叉牙鋸齒開紫花根如葵根赤黃色中正白實者佳味微苦性微寒無毒惡防已反藜蘆又有杏葉沙參及細葉沙參氣味與此相類但圖經內不曾該載此二種葉苗形容未敢併入本條今皆另條開載

【救飢】掘根浸洗極淨換水煑去苦味再以水煑極熟食之

【治病】文具本草草部條下

麥門冬

【麥門冬】本草云秦名羊韭齊名愛韭楚名馬韭越名羊蓍一名禹葭音加一名禹餘糧生隨州陸州及函谷堤坂肥土石間久廢處有之今輝縣山野中亦有葉似韭葉而長冬夏長生根如穬音礦麥而白色出江寧者小潤出新安者大白其大者苗如鹿葱小者如韭味甘性平微寒無毒地黃車前為之使惡款冬

苦蕒苦苣畏木耳苦參青蘘切爲末

救飢 採根換水浸去邪味淘洗淨蒸熟去心食

治病 文具本草草部條下

苧根

苧根 舊云閩蜀江浙多有之今許州人家田園中亦有種者皮可績布苗高七八尺一科十數莖葉如楮葉而不花叉面青背白上有短毛又似蘇子葉其葉間出細穗花如白楊而長每一朶凡十數穗花青白色子熟茶褐色其根黃白色如手指麤宿根地中至春自生不須藏種荊楊間一歲三刈剝其皮以竹刀刮其表厚處自脫得裏如筋者煑之用緝以苧近蠶種之則蠶不生根味甘性寒

救飢 採根刮洗去皮煑極熟食之甜美

治病 文具本草草部條下

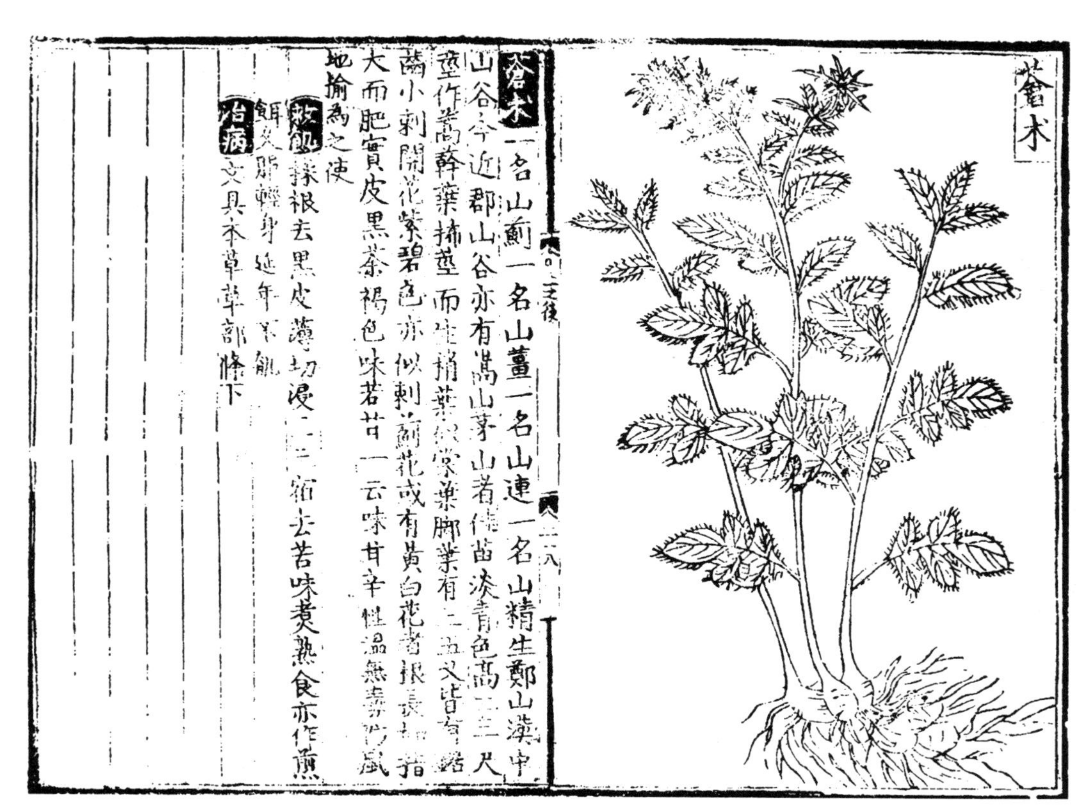

蒼术

蒼术 一名山薊一名山薑一名山連一名山精生鄭山漢中山谷今近郡山谷亦有嵩山茅山者佳苗淡青色高二三尺莖作蒿幹葉抪莖而生梢葉似棠葉脚葉有三五叉皆有鋸齒小刺開花紫碧色亦似刺薊花或有黃白花者根長如指大而肥實皮黑茶褐色味苦甘一云味甘辛性溫無毒防風地榆為之使

救飢 採根去黑皮薄切浸一二宿去苦味煑熟食亦作煎餌久服輕身延年不飢

治病 文具本草草部條下

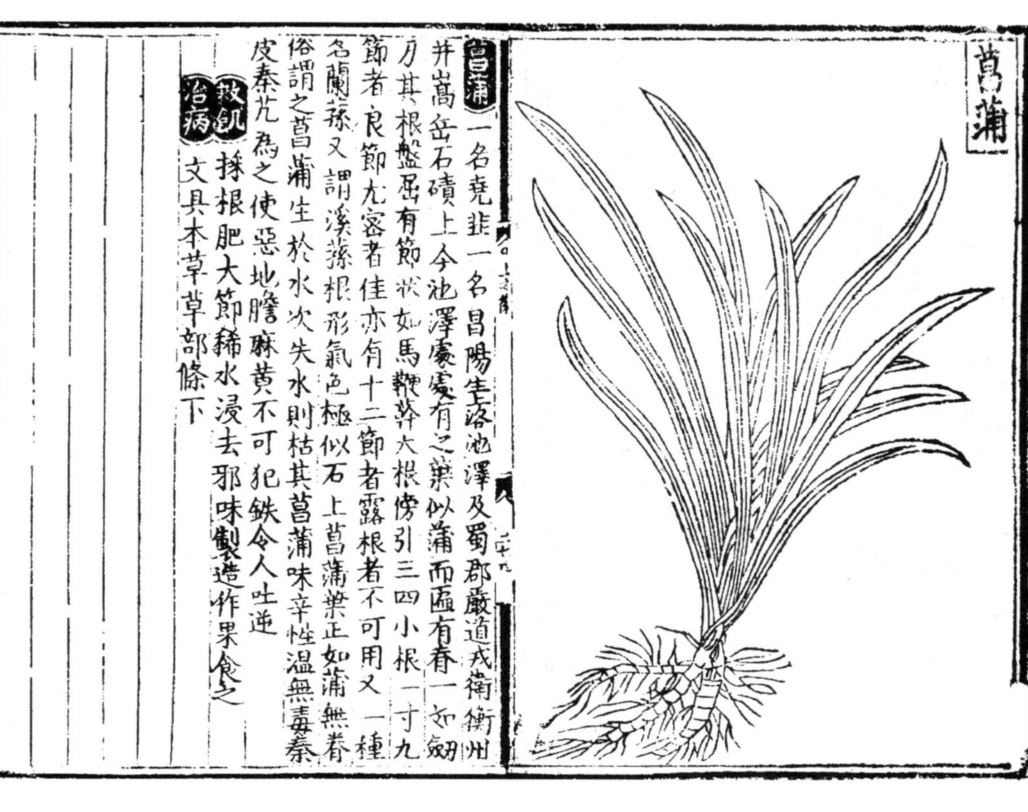

菖蒲　一名堯韭一名昌陽生洛池澤及蜀郡嚴道戎衛衡州并嵩岳石磧上今池澤處處有之葉似蒲而匾有脊一如劒刃其根盤屈有節狀如馬鞭莽大根傍引三四小根一寸九節者良節尤密者佳亦有十二節者露根者不可用又一種名蘭蓀又謂溪蓀根形氣色極似石上菖蒲葉正如蒲無脊俗謂之菖蒲生於水次失水則枯其菖蒲味辛性温無毒秦皮秦艽爲之使惡地膽麻黄不可犯鉄令人吐逆

救飢　採根肥大節稀水浸去邪味製造作果食之

治病　文具本草草部條下

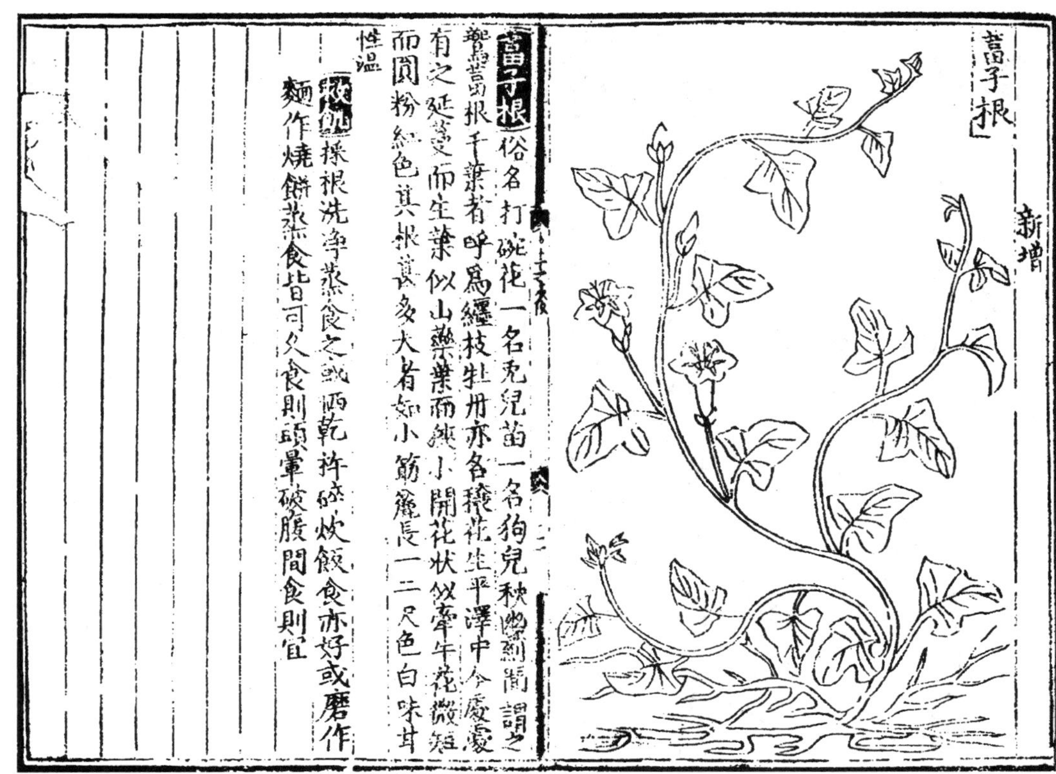

葍子根　俗名打碗花一名兎兒苗一名狗兒秧幽薊間謂之燕葍根千葉者呼爲纏枝牡丹亦名穰花生平澤中今處處有之延蔓而生葉似山藥葉而狹小開花狀似牽牛花微短而圓粉紅色其根甚多大者如小筯麄長一二尺色白味甘性温

救飢　採根洗淨蒸食之或晒乾杵碎炊飯食亦好或磨作麵作燒餅蒸食皆可久食則頭暈破腹間食則宜

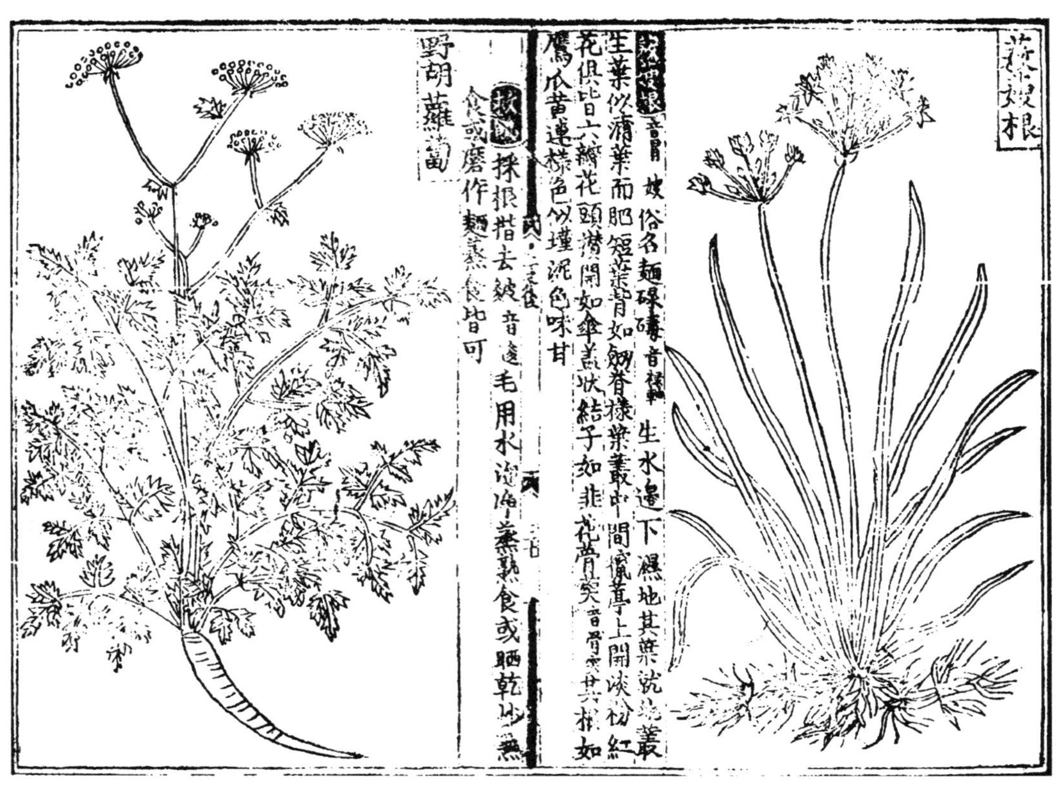

[illegible]根 音胃 菽 俗名麵碌碡 音祿軸 生水邊下濕地其葉就地叢生葉似潚葉而肥短葉背如劍脊樣葉叢中間攛葶上開淡粉紅花俱皆六瓣花頭攢開如傘蓋狀結子如韭花蓇葖音骨突其根如鷹爪黃連樣色似墐泥色味甘

救饑 採根揩去皴音逡毛用水淘淨蒸熟食或晒乾炒熟食或磨作麵蒸食皆可

野胡蘿蔔

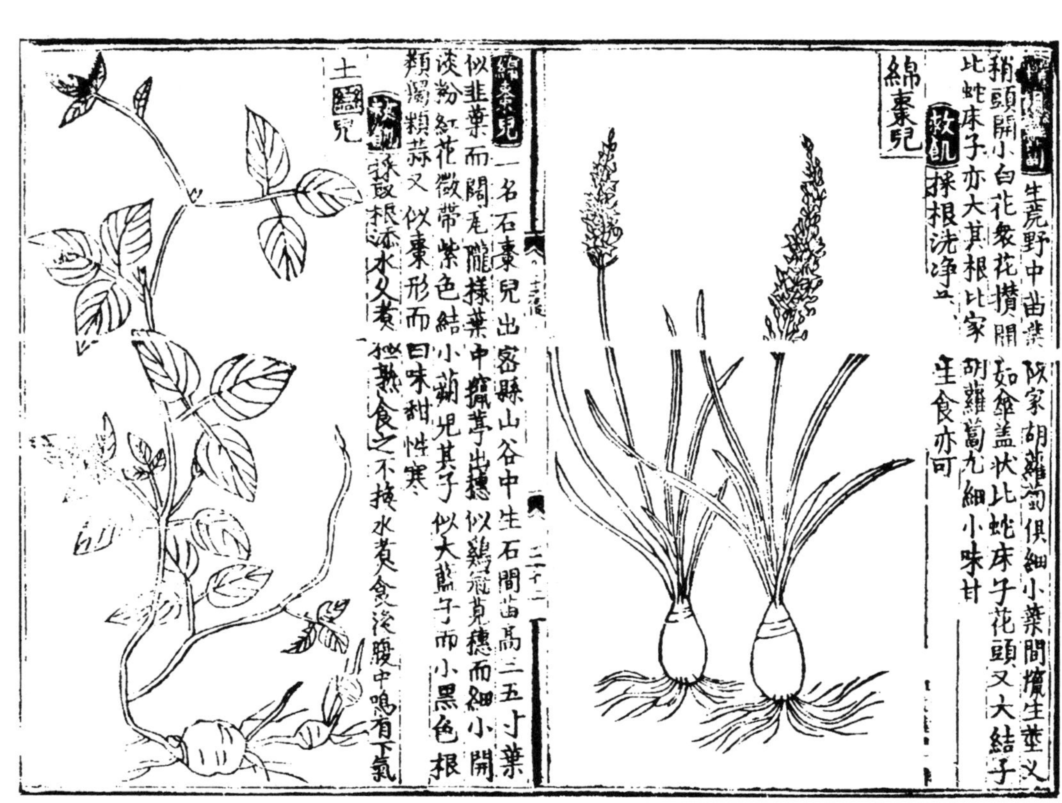

野胡蘿蔔 生荒野中苗葉似家胡蘿蔔俱細小葉間攛生莖叉稍頭開小白花衆花攢開如傘蓋狀比蛇床子花頭又大結子比蛇床子亦大其根比家胡蘿蔔尤細小味甘

救饑 採根洗淨去皮生食亦可

綿棗兒

綿棗兒 一名石棗兒出密縣山谷中生石間苗高三五寸葉似韭葉而闊瓦隴樣葉中攛葶出穗似鷄冠莧穗而細小開淡粉紅花微帶紫色結小蒴兒其子似大藍子而小黑色根類獨顆蒜又似棗形而白味甜性寒

救饑 採根添水久煮極熟食之不换水煮食後腹中鳴有下氣

土圞兒

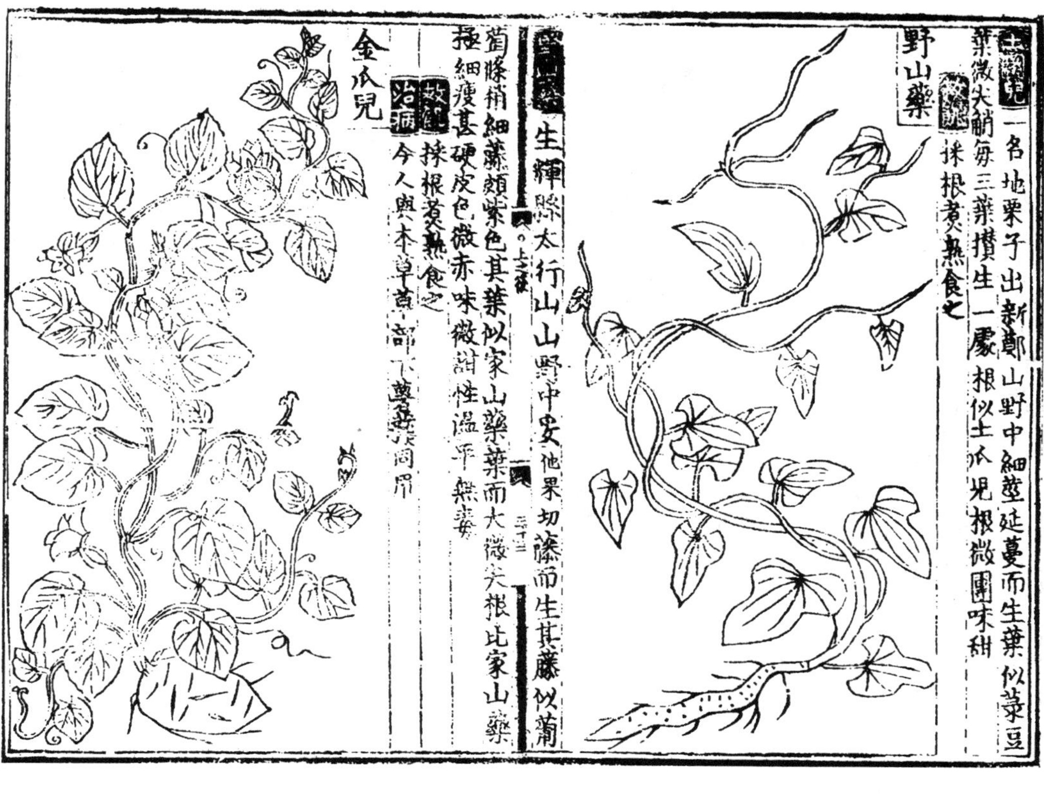

土瓜兒 一名地栗子出新鄭山野中細莖延蔓而生葉似菉豆葉微尖艄每三葉攢生一處根似土瓜兒根微團味甜

救飢 採根煮熟食之

野山藥

本草原有 生輝縣太行山山野中妥他果切藤而生其藤似葡萄條稍細藤頗紫色其葉似家山藥葉而大微尖根比家山藥極細瘦甚硬皮色微赤味微甜性溫平無毒

救飢 採根煮熟食之

治病 今人與本草草部下薯蕷條同用

金瓜兒

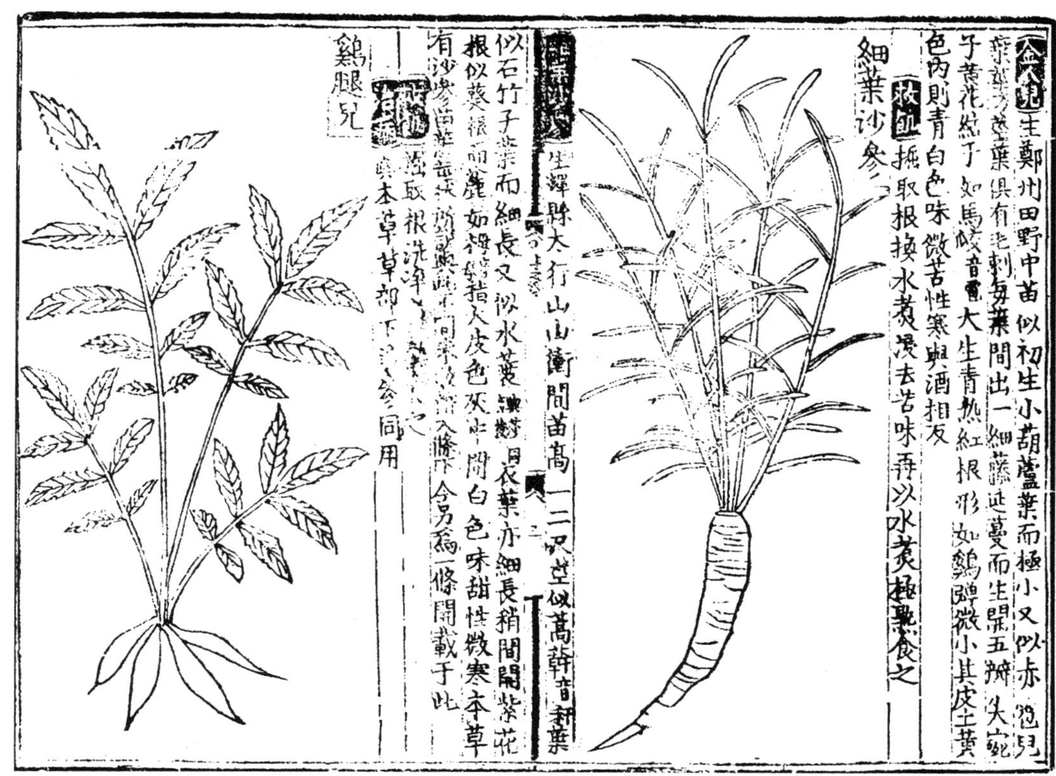

金瓜兒 生鄭州田野中苗似初生小葫蘆葉而極小又似赤瓟兒葉莖葉俱有毛刺每葉間出一細藤延蔓而生開五瓣尖碗子黃花結子如馬䗪音雷大生青熟紅根形如鷄彈微小其皮土黃色內則青白色味微苦性寒與酒相反

救飢 掘取根換水煮浸去苦味再以水煮極熟食之

細葉沙參

本草原有 生輝縣太行山山衝間苗高一二尺莖似蒿簳音幹葉似石竹子葉而細長又似水蔓菁葉亦細長稍間開紫花根似葵根而麄如拇指大皮色灰中間白色味甜性微寒本草有沙參苗莖葉狀[illegible]今另爲一條開載于此

救飢 掘取根洗淨[illegible]

治病 與本草草部下沙參同用

鷄腿兒

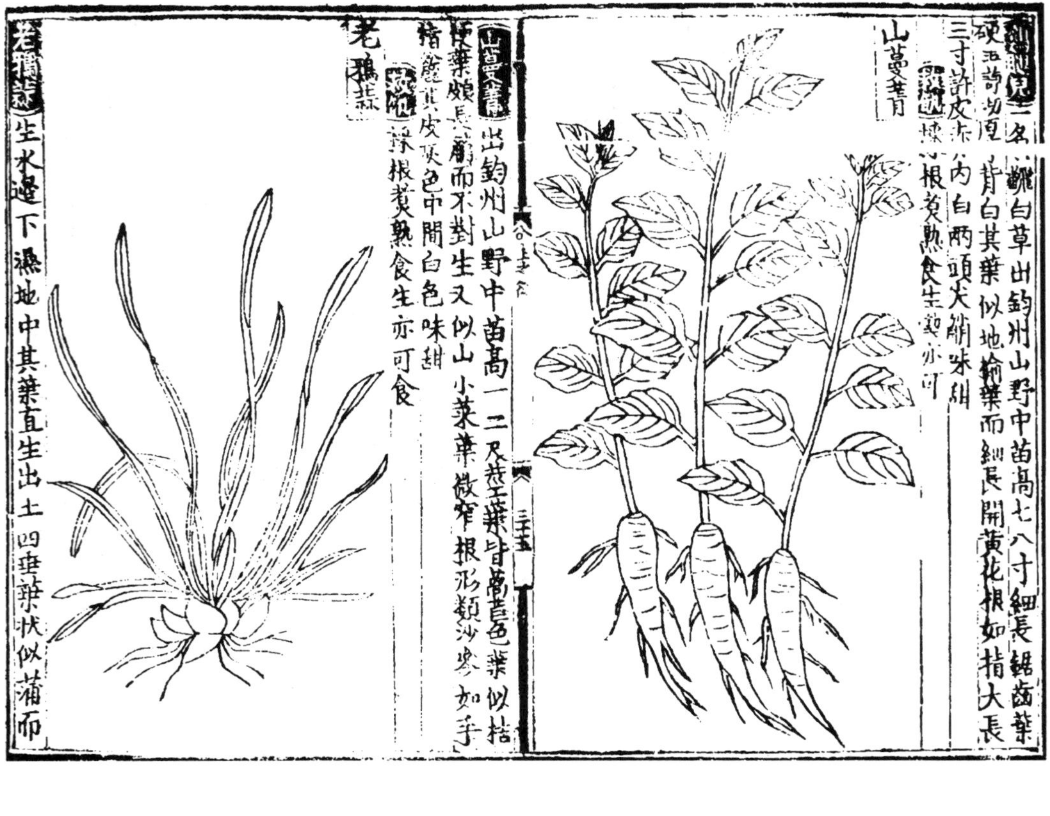

雞腿兒 一名翻白草出鈞州山野中苗高七八寸細長鋸齒葉硬[illegible]厚背白其葉似地榆葉而細長開黄花根如指大長三寸許皮赤内白兩頭尖艄味甜

救饑 採根煮熟食生亦可

山蔓菁

山蔓菁 出鈞州山野中苗高一二尺莖葉皆萵苣色葉似桔梗葉頗長艄而不對生又似山小菜葉微窄根形類沙參如手指麄其皮灰色中間白色味甜

救饑 採根煮熟食生亦可食

老鴉蒜

老鴉蒜 生水邊下濕地中其葉直生出土四垂葉狀似蒲而

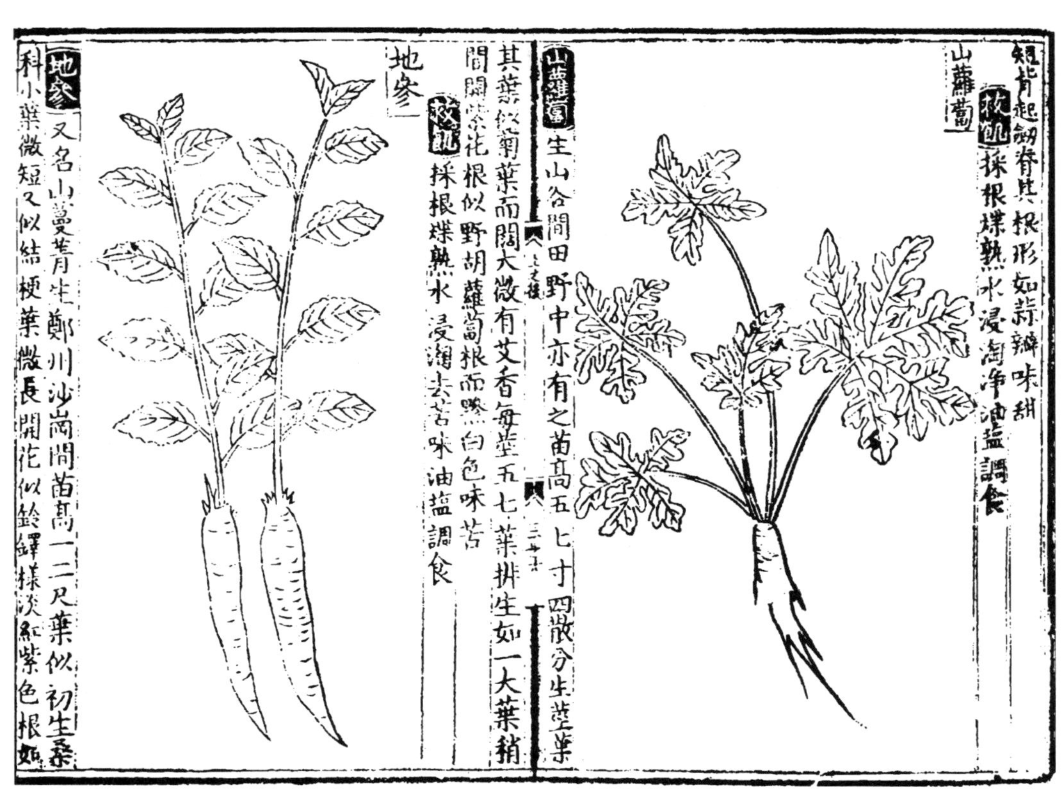

短皆起細脊其根形如蒜瓣味甜

救饑 採根煠熟水浸淘淨油鹽調食

山蘿蔔

山蘿蔔 生山谷間田野中亦有之苗高五七寸四散分生莖葉其葉似菊葉而闊大微有艾香每莖五七葉排生如一大葉稍間開紫花根似野胡蘿蔔根而黲白色味苦

救饑 採根煠熟水浸淘去苦味油鹽調食

地參

地參 又名山蔓菁生鄭州沙崗間苗高一二尺葉似初生桑科小葉微短又似桔梗葉微長開花似鈴鐸樣淡紅紫色根如

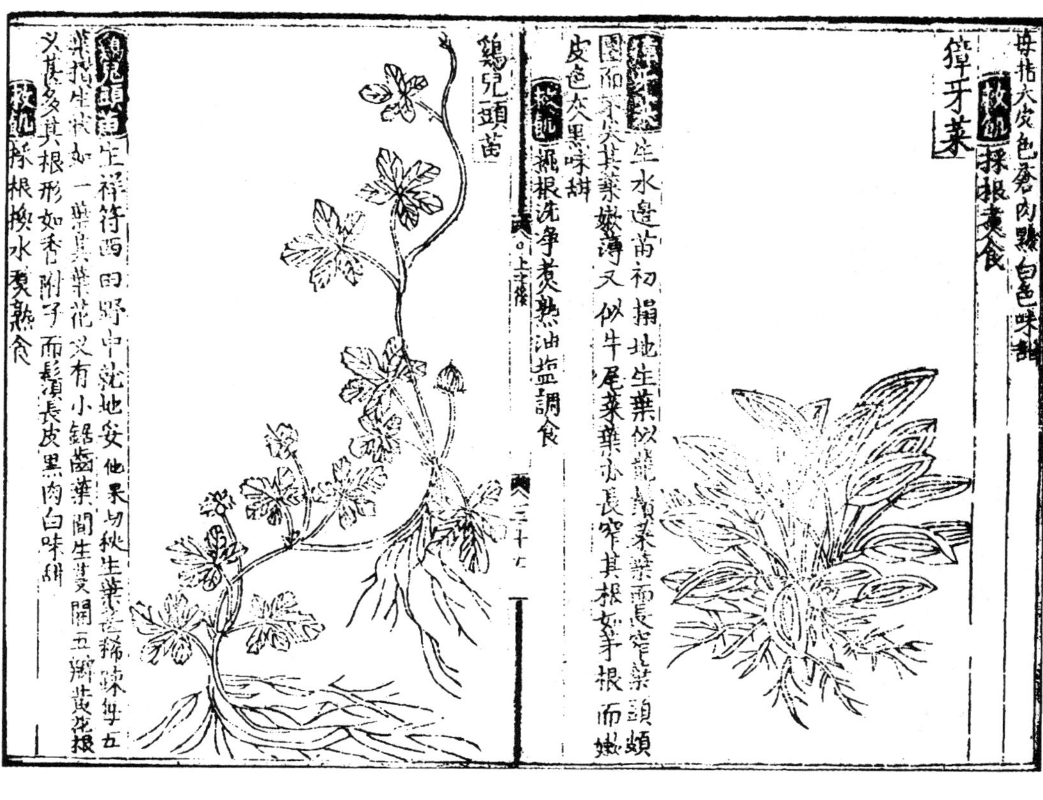
母指大皮色蒼肉黝白色味甜

救飢 採根煮食

犂牙菜

犂牙菜 生水邊苗初搨地生葉似龍鬚菜葉而長窄葉頭頗團而不尖其葉嫩薄又似牛尾菜葉亦長窄其根如手根而嫩皮色灰黑味甜

救飢 採根洗淨煮熟油鹽調食

〇上之後

二十七

雞兒頭苗

雞兒頭苗 生祥符西田野中就地妥他秧生葉似蒺藜葉每五葉攢生狀如一葉其葉邊又有小鋸齒葉間生莛開五瓣黃花根叉甚多其根形如香附子而鬚長皮黑肉白味甜

救飢 採根換水煮熟食

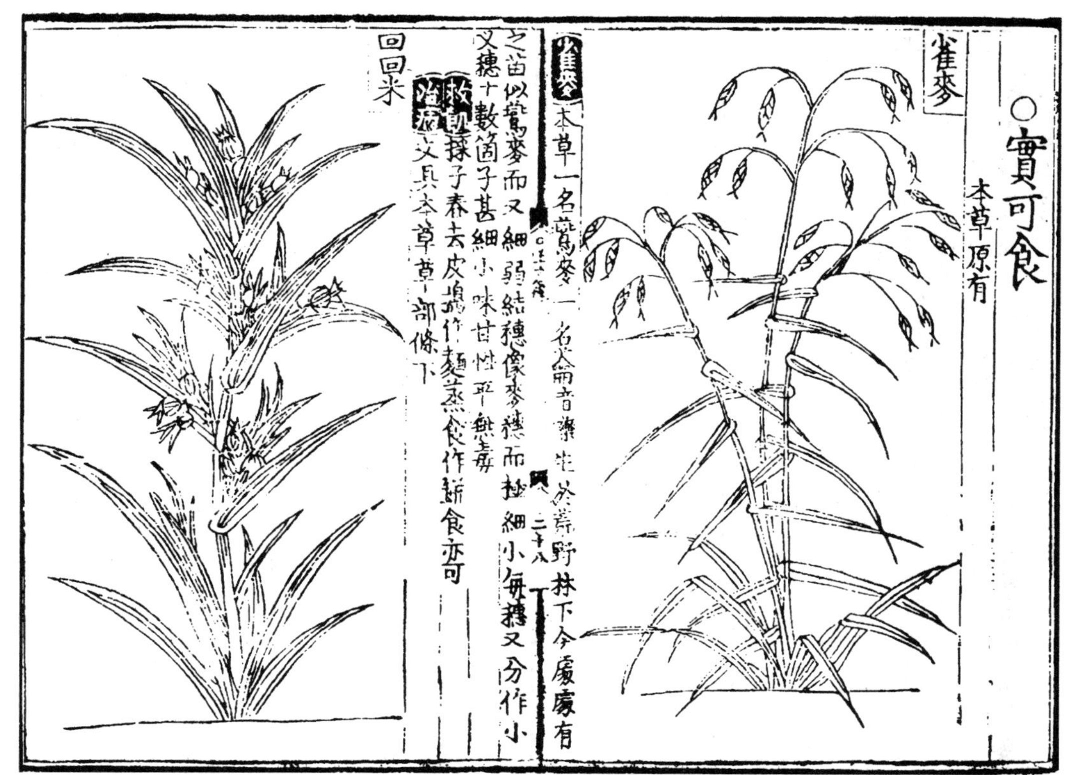
〇實可食

本草原有

雀麥

雀麥 本草一名鷰麥一名蘥音藥生於荒野林下今處處有之苗似鷰麥而又細弱結穗像麥穗而極細小每穗又分作小叉穗十數箇子甚細小味甘性平無毒

救飢 採子舂去皮搗作麵蒸食作餅食亦可

治病 文具本草草部條下

〇上之後

二十八

回回米

回回米 本草名苡薏人一名解蠡（音禮）一名屋菼（音毯）一名起實一名贑（音感）俗名草珠兒又呼為西番蜀秫（音述）出真定平澤及田野交趾生者子最大彼土人呼為贑珠今處處有之苗高三四尺葉似黍葉而稍大開紅白花作穗子結實青白色形如珠而稍長故名薏珠子味甘微寒無毒今人俗亦呼為菩提子

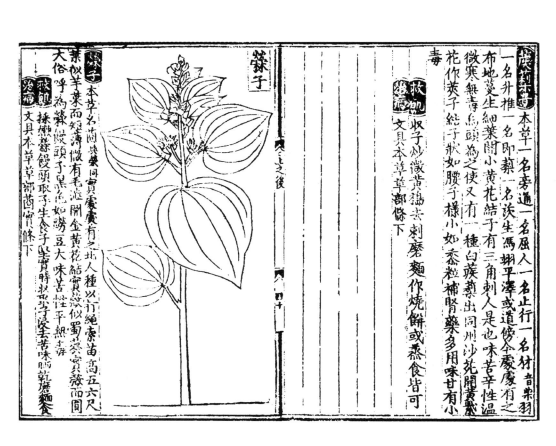

救飢 採實舂取其中人煑粥食又取葉煑飲亦香

治病 文具本草草部苡薏人條下

蒺藜子

蒺藜子 本草一名旁通一名屈人一名止行一名豺（音柴）羽一名升推一名即藜一名茨生馮翊平澤或道傍今處處有之布地蔓生細葉開小黃花結子有三角刺人是也味苦辛性溫微寒無毒烏頭為之使又有一種白蒺藜出同州沙苑開黃紫花作莢子結子狀如腰子樣小如黍粒補腎藥多用味甘有小毒

救飢 收子炒微黃搗去刺磨麵作燒餅或蒸食皆可

治病 文具本草草部條下

檾子

檾子 本草名莔實（莔與檾同）處處有之北人種以打繩索苗高五六尺葉似苧葉而短薄微有毛澀開金黃花結實殼似蜀葵實殼而圓大俗呼為檾饅頭子黑色如豍豆大味苦性平無毒

救飢 採嫩檾饅頭取子生食子堅實時收取子浸去苦味曬乾磨麵食

治病 文具本草草部莔實條下

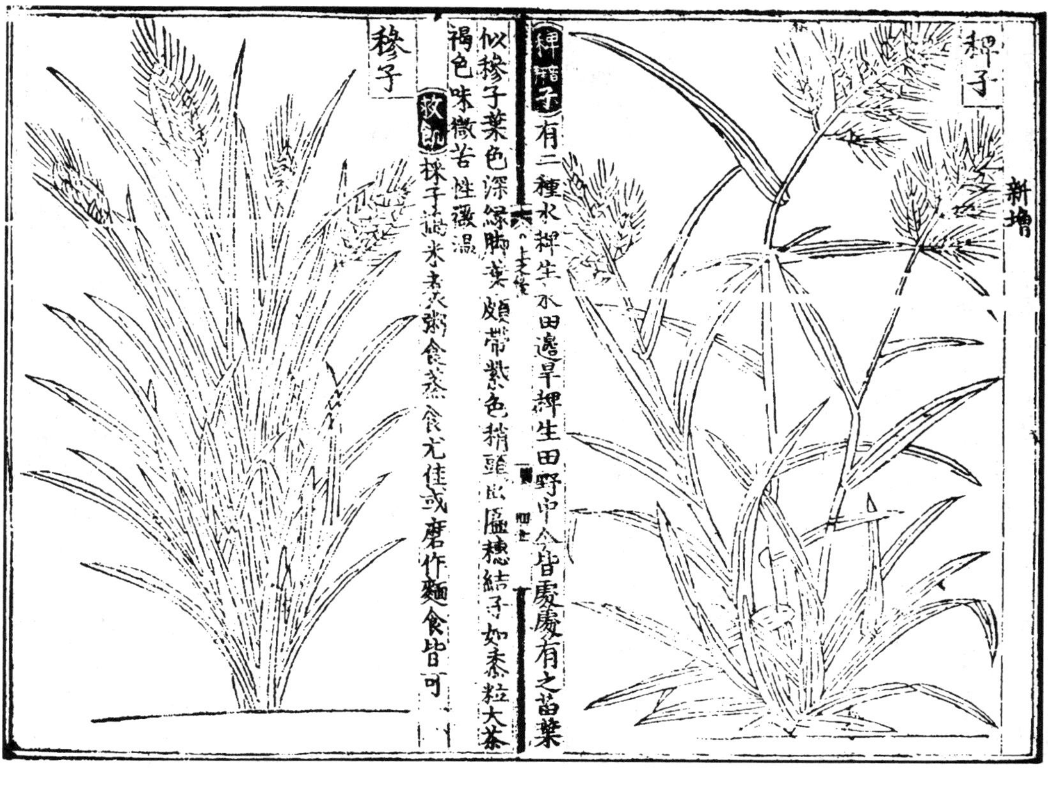

稗子

新增

稗子 有二種水稗生水田邊旱稗生田野中今皆處處有之苗葉似穇子葉色深綠脚葉頗帶紫色稍頭出匾穗結子如黍粒大茶褐色味微苦性微溫

救飢 採子搗米煮粥食蒸食尤佳或磨作麵食皆可

穇子

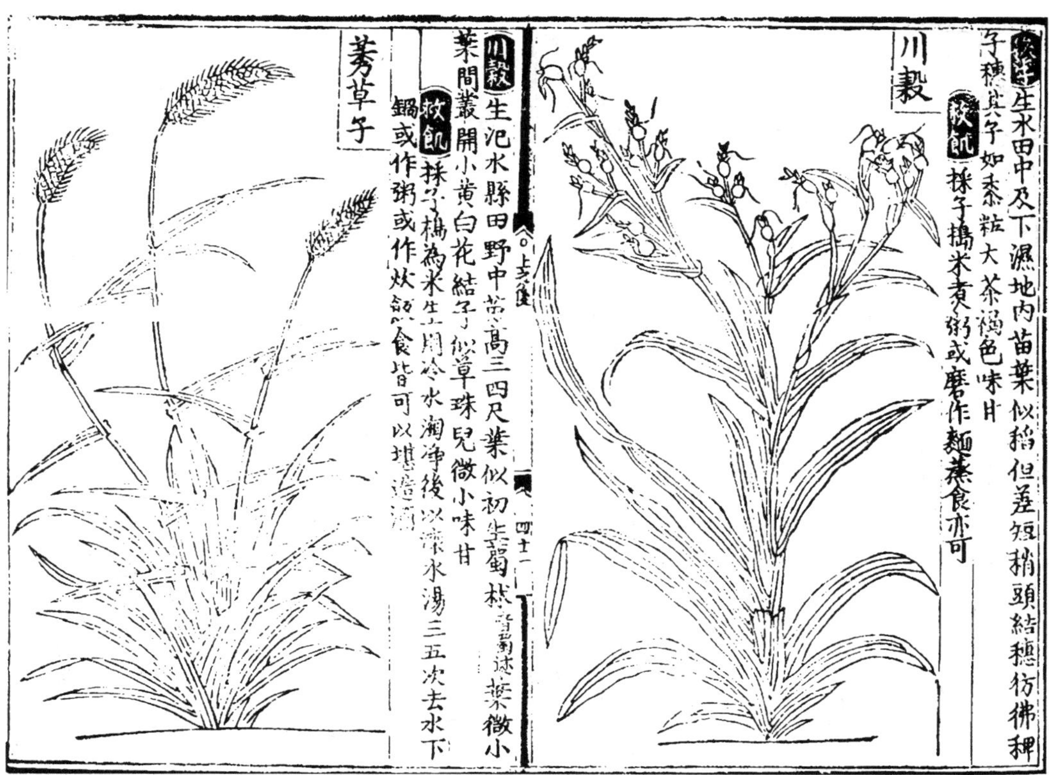

穇子 生水田中及下濕地內苗葉似稻但差短稍頭結穗彷彿稗子穗其子如黍粒大茶褐色味甘

救飢 採子搗米煮粥或磨作麵蒸食亦可

川穀

川穀 生汜水縣田野中苗高三四尺葉似初生蜀秫（音蜀黍）葉微小葉間叢開小黃白花結子似草珠兒微小味甘

救飢 採子搗為米生用冷水淘淨後以滾水湯三五次去水下鍋或作粥或作炊飯食皆可以摶造酒

莠草子

莠䅌草子 生田野中苗葉似穀而葉微瘦稍間結莛音戎細毛穗其子比穀細小舂米類折米熟時即收不收即落味微苦性溫

救飢 採莠子穗揉搓取子搗米作粥或作水飯皆可食

野黍

野黍 生荒野中科苗皆類家黍而莖葉細弱穗甚瘦小黍粒亦極細小味甜性微溫

救飢 採子舂音冲去粗糠或搗或磨麪蒸餻食甚甜

鷄眼草

鷄眼草 又名掐音恰不齊以其葉用指甲掐之作劐音霍不齊故名生荒野中搨地生葉如鷄眼大似三葉酸漿葉而圓又似小虫兒卧單葉而大結子小如粟粒黑茶褐色味微苦氣味與槐相類

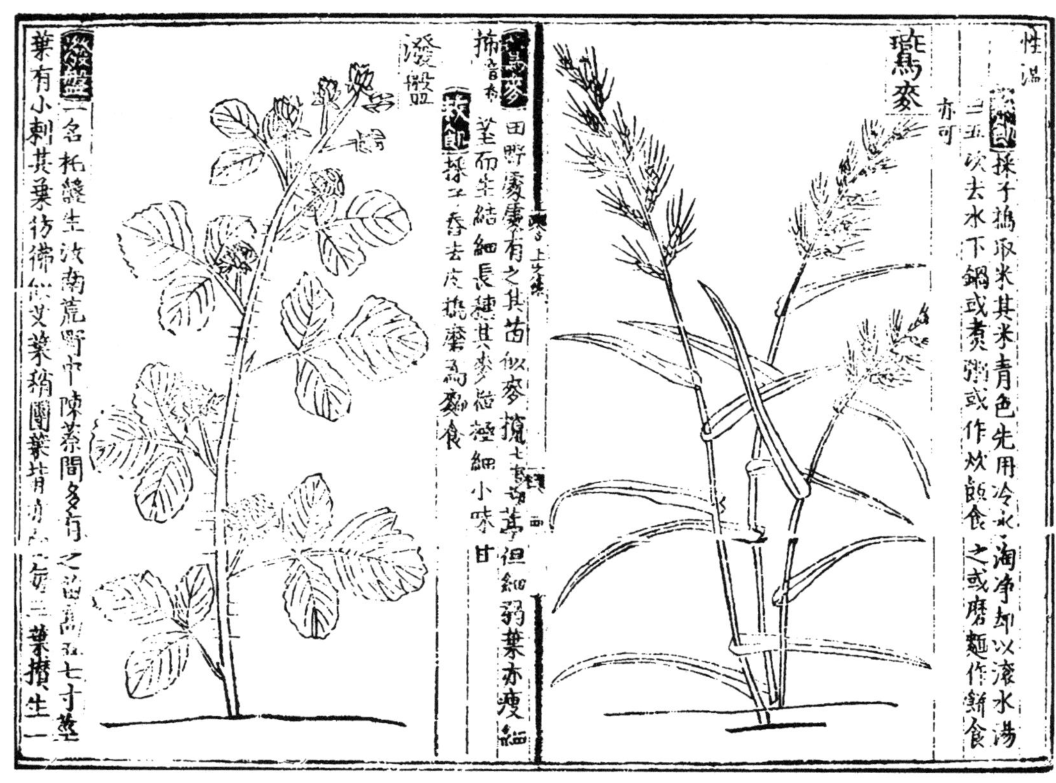

性溫

救飢 採子搗取米其米青色先用冷水淘淨却以滾水湯三五次去水下鍋或煮粥或作炊飯食之或磨麪作餅食亦可

鷰麥

鷰麥 田野處處有之其苗似麥攛葶但細弱葉亦瘦細抪音布莖而生結細長穗其麥粒極細小味甘

救飢 採子舂去皮搗磨為麪食

𤼵盤

𤼵盤 一名托盤生汝南荒野中陳蔡間多有之苗高五七寸莖葉有小刺其葉彷彿似艾葉稍團葉背微白每三葉攢生一

蒙絲子作穗如半柿大短小盤堆石榴顆狀下有蒂承如柿蒂形味甘酸性溫

救飢 以滚盤顆粒紅熟時採食之彼土人取以當果

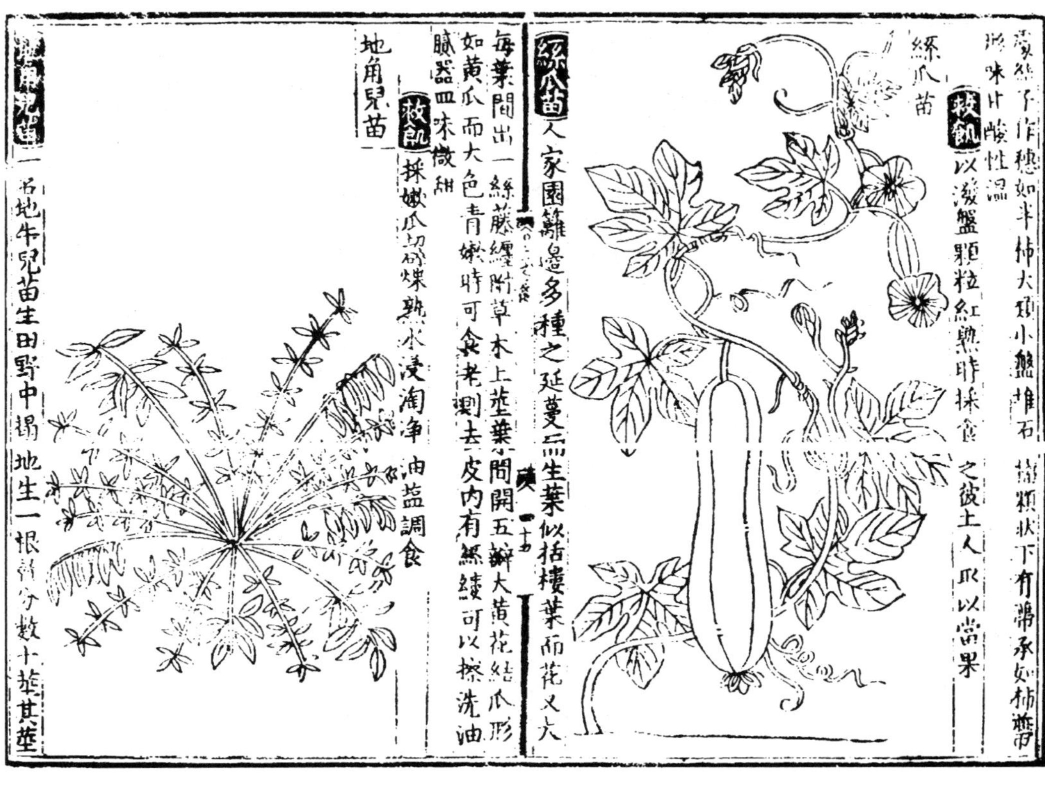

絲瓜苗 人家園籬邊多種之延蔓而生葉似括樓葉而花叉大每葉間出一絲藤纏附草木上莖葉間開五瓣大黃花結瓜形如黃瓜而大色青嫩時可食老則去皮内有絲纏可以擦洗油膩器皿味微甜

救飢 採嫩瓜切碎煠熟水浸淘净油鹽調食

地角兒苗 一名地牛兒苗生田野中搨地生一根就分數十莖其莖

甚細葉似胡豆葉微小葉生莖面每攢四葉對生作一處莖傍另又生葶梢頭開淡紫花結角似連翹角而小中有子狀似豆顆味甘

救飢 採嫩角生食硬角煮熟食豆

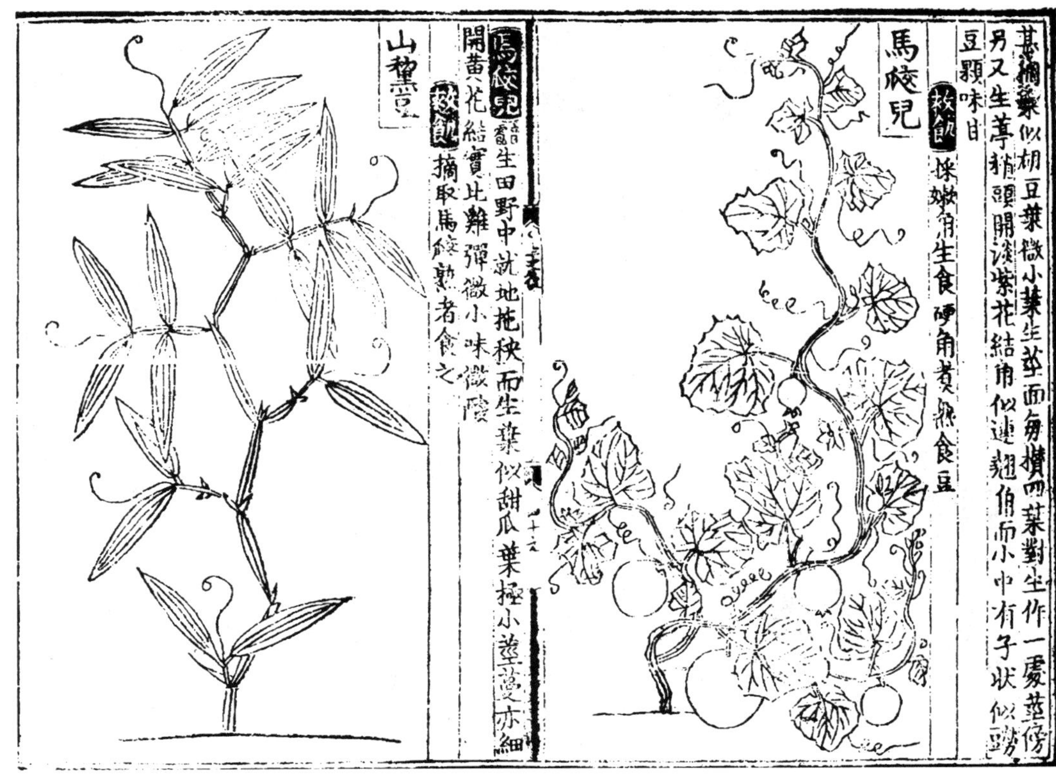

馬瓟兒 一名馬雹生田野中就地拖秧而生葉似甜瓜葉極小莖蔓亦細開黃花結實比雞彈微小味微酸

救飢 摘取馬瓟熟者食之

[illegible]豆 一名小豌豆，生密縣山野中。苗高尺許，其莖窊面劒脊，葉似竹葉而[illegible]短，兩兩對生，開淡紫花，結小角兒，其豆匾如䝁豆，味甜。

救飢 採角兒煮食，或打取豆食，皆可。

龍芽草 一名瓜香草，生輝縣鴨子口山野間。苗高一尺餘，莖多澁毛，葉形如地棠葉而寬大，葉頭齊團，每五葉或七葉作一莖排生，葉莖脚上又有小芽葉，兩兩對生，稍間出穗，開五瓣小圓黃花，結青毛蓇葖，有子大如黍粒，味甜。

救飢 收取其子，或搗或磨，作麵食之。

龍芽草

地稍瓜

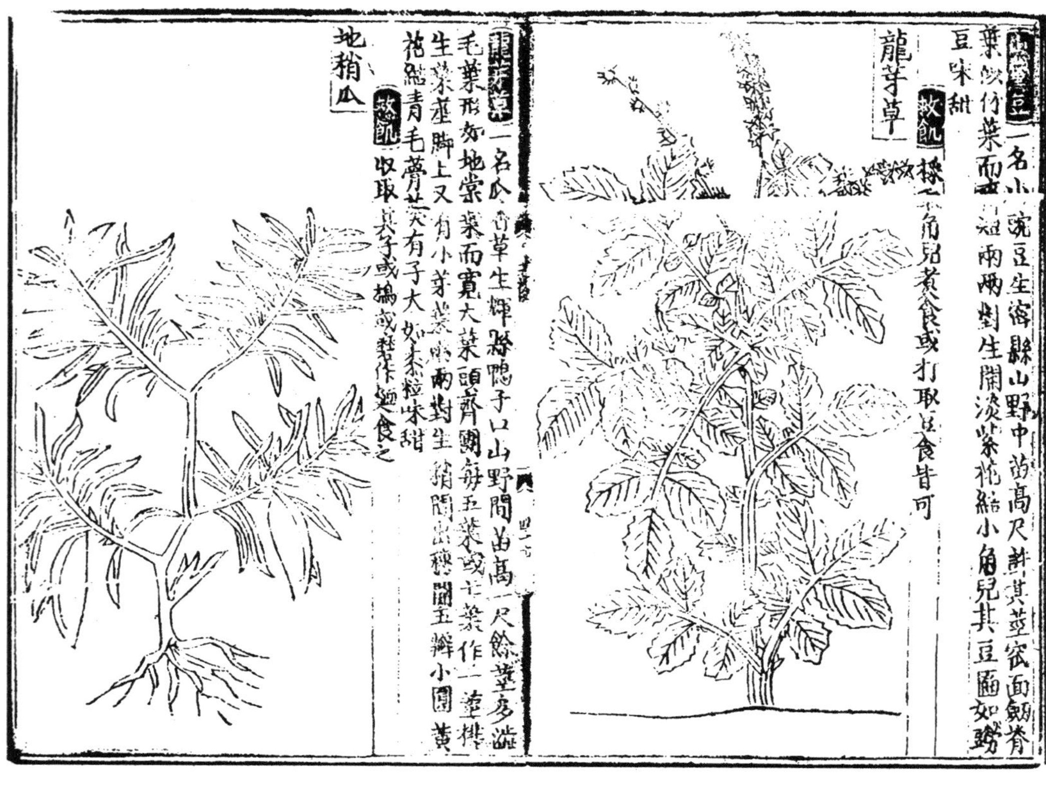

地稍瓜 生田野中。苗長尺許，作地攤科生，葉似獨掃葉而細窄光硬，又似沙蓬葉，亦硬，周圍攢莖而生，莖葉間開小白花，結角長大如蓮子，兩頭尖艄音哨，又似鴉嘴形，名地稍瓜，味甘。

救飢 其角嫩時摘取煠食，角若皮硬，剝取角中嫩穰生食。

錦荔枝 又名癩葡萄，人家園籬邊多種之。苗引藤蔓，延附草木生，莖長七八尺，莖有毛澁，葉似野葡萄葉而花叉，又多葉間生細絲蔓，開五瓣黃碗子花，結實如雞子大，尖艄紋皺，狀似荔枝而大，生青熟黃，內有紅瓤，味甜。

救飢 採荔枝黃熟者食瓤。

錦荔枝

雞冠果

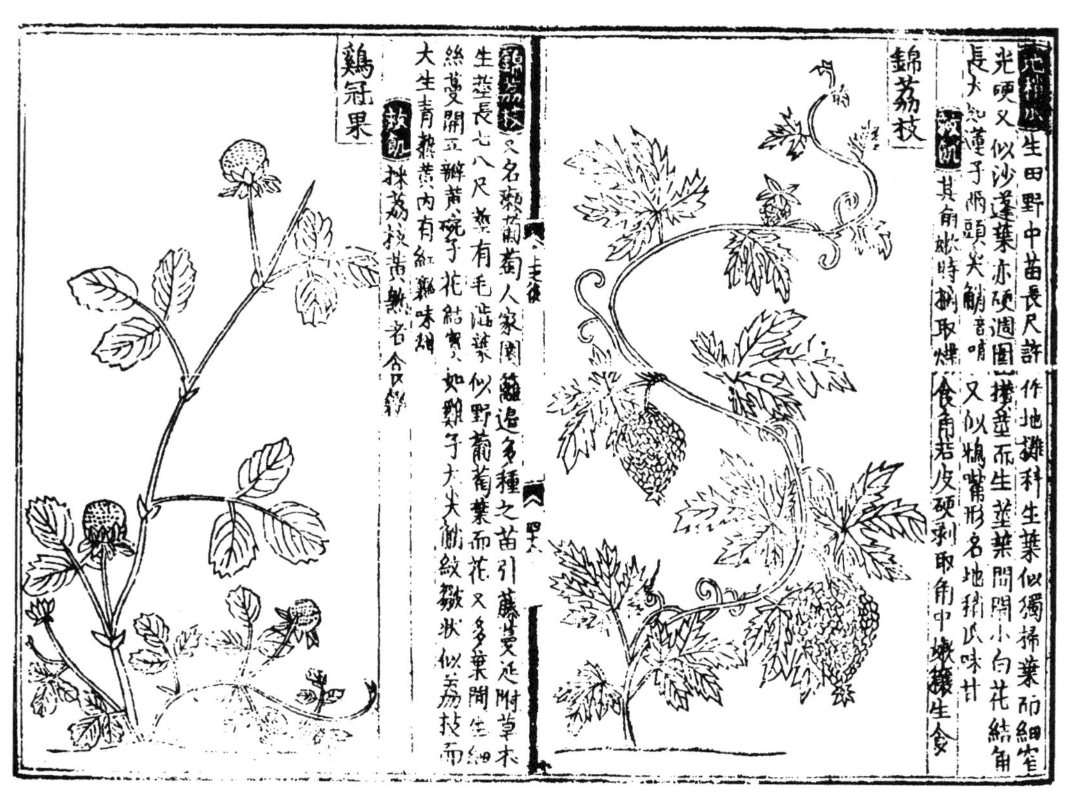

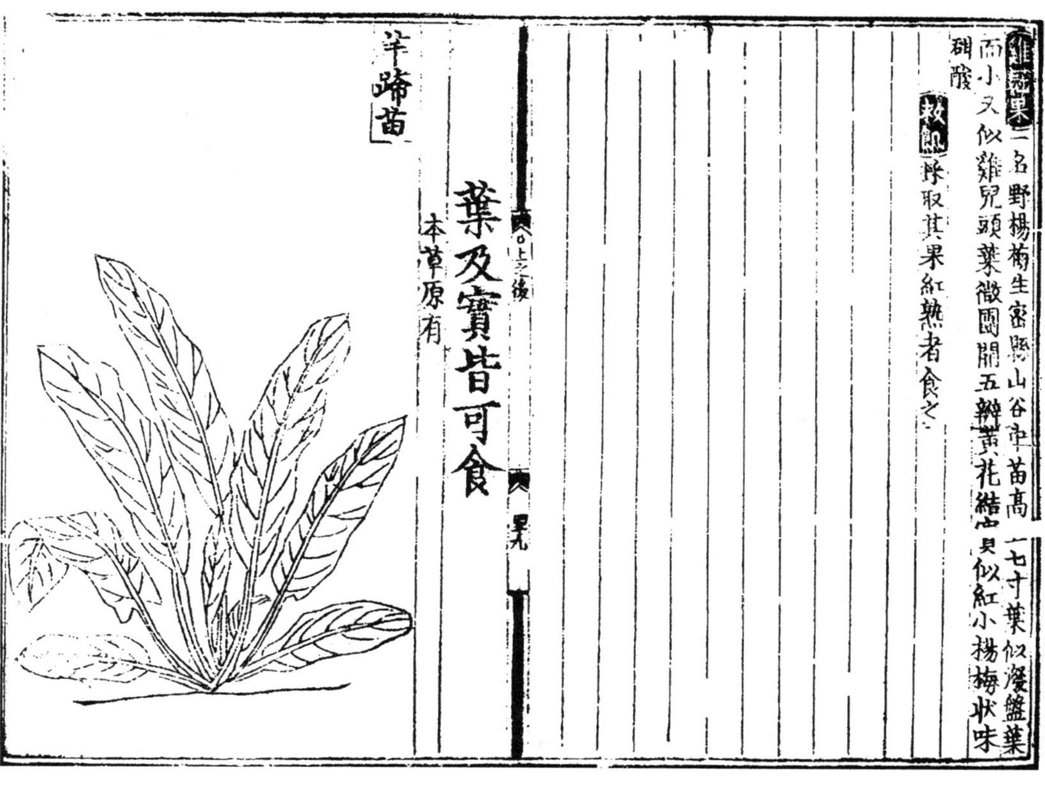

雞𪆟果一名野楊莓生密縣山谷中苗高一七寸葉似鑿盤葉而小又似雞兒頭葉微團開五瓣黃花結實似紅小楊梅狀味甜酸

救飢 採取其果紅熟者食之

卷上之後　四十九

羊蹄苗

本草原有

葉及實皆可食

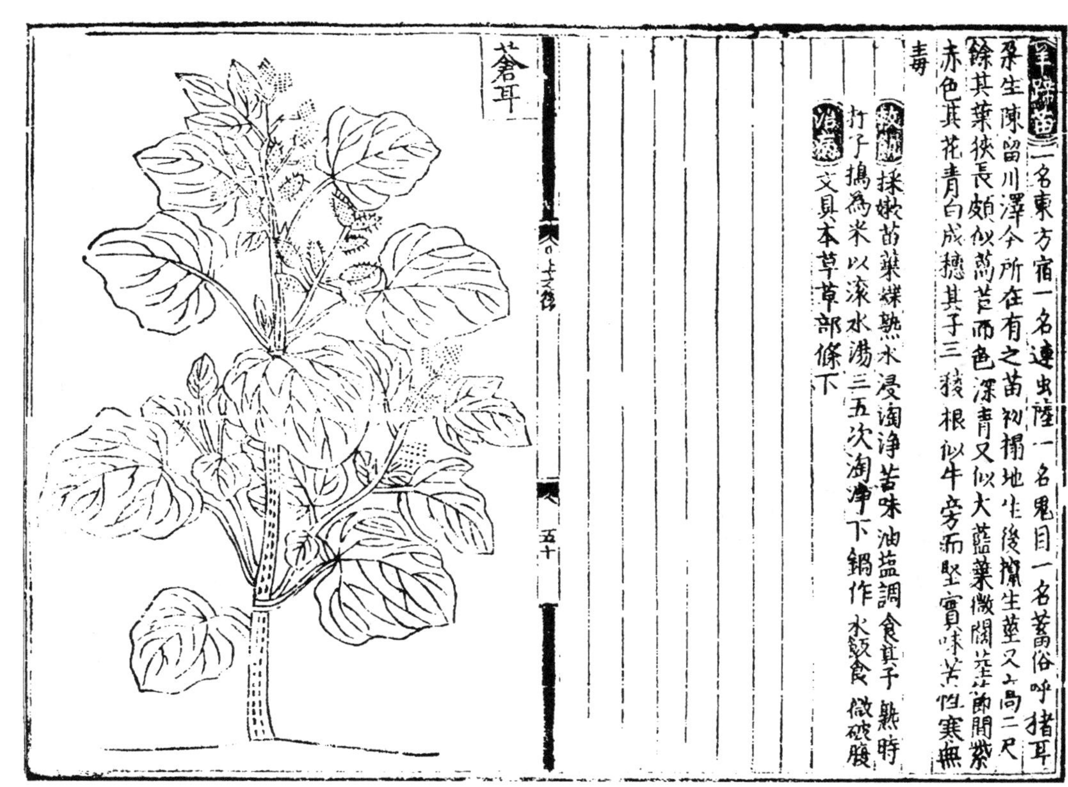

羊蹄苗一名東方宿一名連虫陸一名鬼目一名蓄俗呼猪耳朶生陳留川澤今所在有之苗初搨地生後攛生莛叉高二尺餘其葉狹長頗似莴苣而色深青又似大藍葉微闊莖節間紫赤色其花青白成穗其子三稜根似牛旁而堅實味苦性寒無毒

救飢 採嫩苗葉煠熟水浸淘淨苦味油鹽調食其子熟時打子搗為米以滚水湯三五次淘淨下鍋作水飯食微破腹

治病 文具本草草部條下

卷上之後　五十

蒼耳

蒼耳 本草名葈耳（音洗）俗名道人頭又名喝起草一名胡葈一名地葵一名葹（音詩）一名常思一名羊負來詩謂之卷耳爾雅謂之苓耳生安陸川谷及六安田野今處處有之葉青白類粘糊菜葉莖葉稍間結實比桑椹短小而多刺其實味苦甘性溫葉味苦辛性微寒有小毒又云無毒

救飢 採嫩苗葉煠熟換水浸去苦味淘淨油鹽調食其子炒微黃搗去皮磨為麵作燒餅蒸食亦可或用子熬油點燈

治病 文具本草草部葈耳條下

姑娘菜

姑娘菜 俗名燈籠兒又名掛金燈本草名酸漿一名醋漿生荊楚川澤及人家田園中今處處有之苗高一尺餘苗似水莨而小葉似天茄兒葉窄小又似人莧葉頗大而尖開白花結房如囊似野西瓜蒴形如撮口布袋又類燈籠樣囊中有實如櫻桃大赤黃色味酸性平寒無毒葉味微苦別條又有一種三葉酸漿草與此不同治證亦別

救飢 採葉煠熟水浸淘去苦味油鹽調食子熟摘取食之

治病 文具本草草部酸漿條下

土茜苗

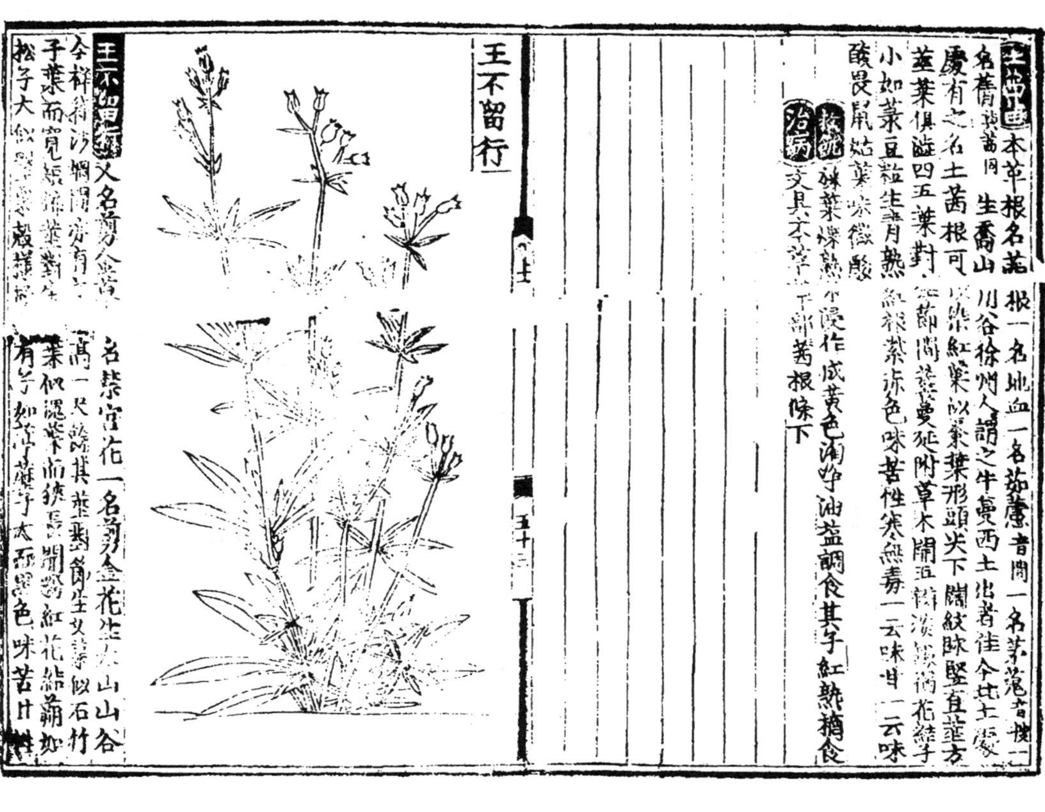

土茜苗 本草根名茜根，一名地血，一名茹藘音閭，一名茅蒐音搜，一名蒨音茜同。生喬山川谷，徐州人謂之牛蔓，西土出者佳，今北土處處有之，名土茜根，可以染紅。葉似棗葉，形頭尖下闊，紋脈竪直，莖方，莖葉俱澁，四五葉對生節間，蔓延附草木，開五瓣淡銀褐花，結子小如菉豆粒，生青熟紅，根紫赤色。味苦，性寒，無毒，一云味甘，一云味酸。畏鼠姑。

救饑 採葉煠熟，水浸作成黃色，淘淨，油鹽調食。其子紅熟摘食。

治病 文具本草草部茜根條下。

王不留行

王不留行 又名剪金子，又名禁宮花，一名剪金花。生太山山谷，今祥符沙堈間亦有之。苗高一尺餘，其莖對節生叉，葉似石竹子葉而寬短，抪莖對生，脚葉似槐葉而狹長，開粉紅花，結蒴如松子大，似罌粟殼樣極小，有子如葶藶子大而黑色。味苦甘平

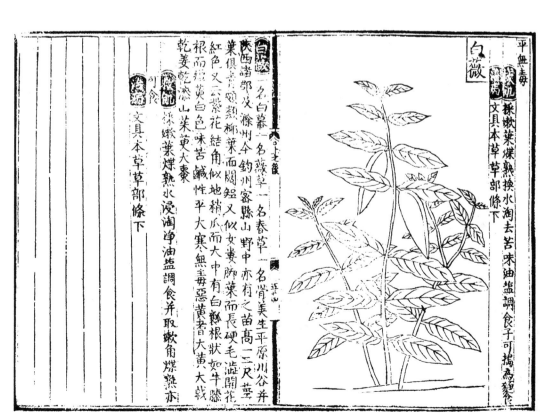

平，無毒。

救饑 採嫩葉煠熟，換水淘去苦味，油鹽調食。子可搗為麵食。

治病 文具本草草部條下。

白薇

白薇 一名白幕，一名薇草，一名春草，一名骨美。生平原川谷，并陝西諸郡及滁州，今鈞州密縣山野中亦有之。苗高一二尺，莖葉俱青，頗類柳葉而闊短，又似女婁腳葉而長硬毛澁。開花紅色，又云紫花，結角似地稍瓜而大，中有白瓤。根狀如牛膝根而短，黃白色。味苦鹹，性平，大寒，無毒。惡黃耆、大黃、大戟、乾薑、乾漆、山茱萸、大棗。

救饑 採嫩葉煠熟，水浸淘淨，油鹽調食。并取嫩角煠熟，亦可食。

治病 文具本草草部條下。

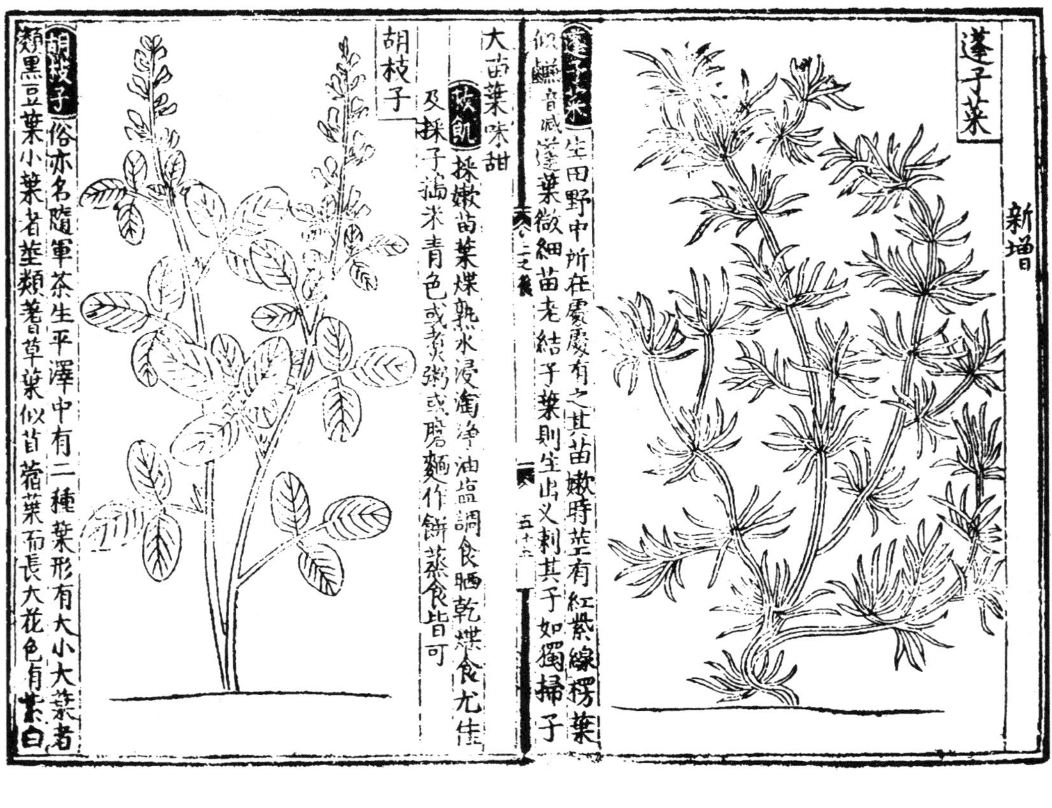

蓬子菜 生田野中所在處處有之其苗嫩時莖有紅紫線楞葉似鹻音減蓬葉微細苗老結子葉則生出叉刺其子如獨掃子大苗葉味甜

救飢 採嫩苗葉煠熟水浸淘淨油鹽調食曬乾煠食尤佳及採子搗米青色或煮粥或磨麵作餅蒸食皆可

胡枝子 俗亦名隨軍茶生平澤中有二種葉形有大小大葉者類黑豆葉小葉者莖類蓍草葉似苜蓿葉而長大花色有紫白

結子如粟粒大氣味與□相類性溫

救飢 採子微舂即成米先用冷水淘淨復以滾水湯三五次去水下鍋或作粥或作炊飯皆可食加野菉豆味尤佳及採嫩莖蒸曬為茶煮飲亦可

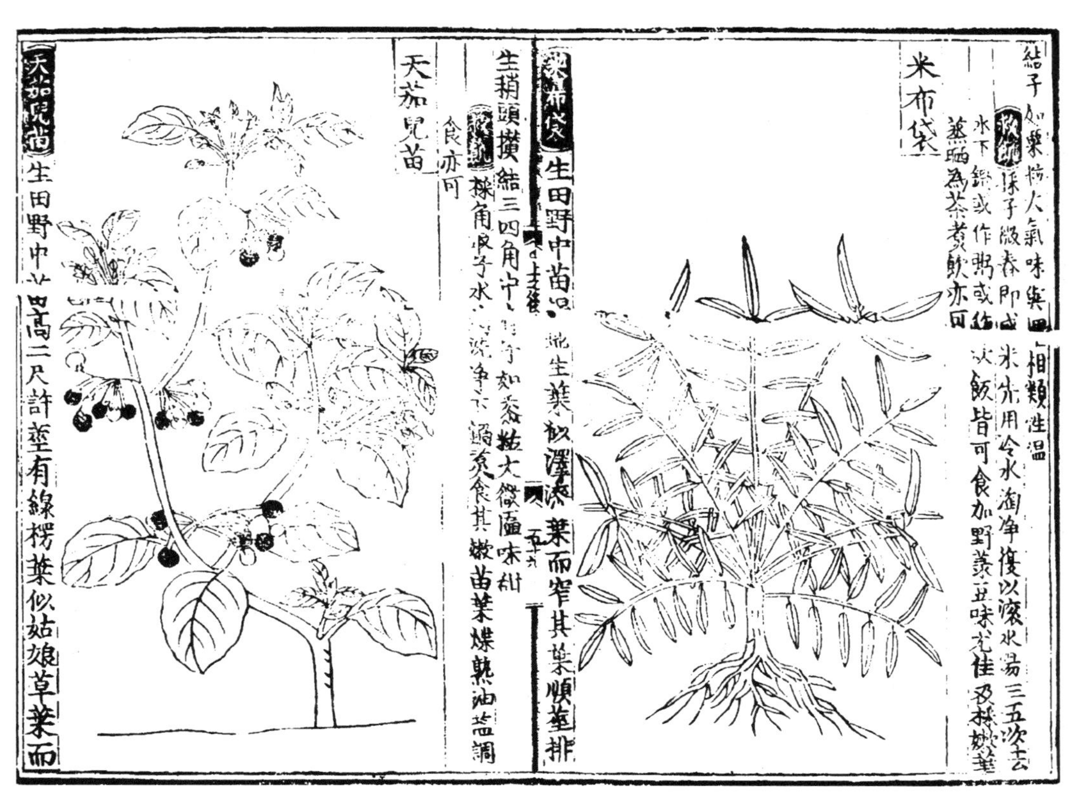

米布袋 生田野中苗搨地生葉似澤漆葉而窄其葉順莖排生稍頭攢結三四角中有子如黍粒大微匾味甜

救飢 採角取子水淘淨下鍋煮食其嫩苗葉煠熟油鹽調食亦可

天茄兒苗 生田野中苗高二尺許莖有線楞葉似姑娘草葉而

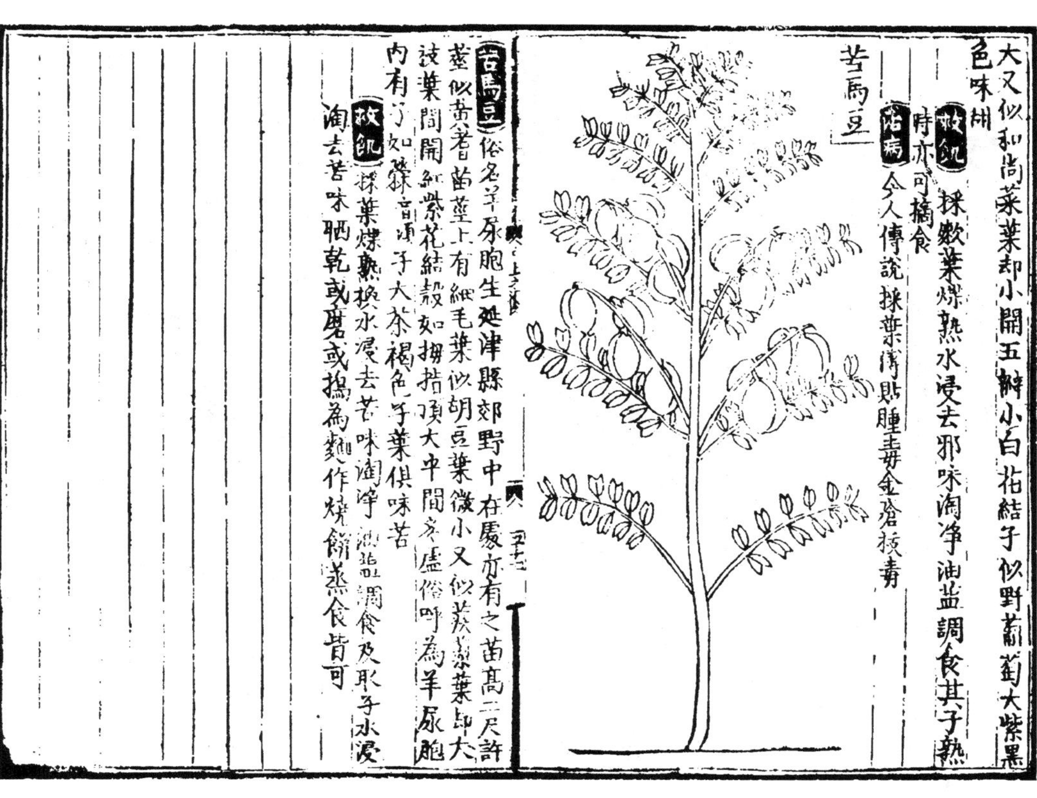

大又似和尚菜葉却小開五瓣小白花結子似野蔓菁大紫黑色味甜

救饑　採嫩葉煠熟水浸去邪味淘淨油鹽調食其子熟時亦可摘食

治病　今人傳說採葉傳貼腫毒金瘡拔毒

苦馬豆

苦馬豆　俗名羊尿胞生延津縣郊野中在處亦有之苗高二尺許莖似黃蓍苗莖上有細毛葉似胡豆葉微小又似蒺藜葉却大枝葉間開紅紫花結殼如拇指頂大中間多虛俗呼為羊尿胞內有子如䔰音頑子大茶褐色子葉俱味苦

救饑　採葉煠熟換水浸去苦味淘淨油鹽調食及取子水浸淘去苦味晒乾或磨或搗為麪作燒餅蒸食皆可

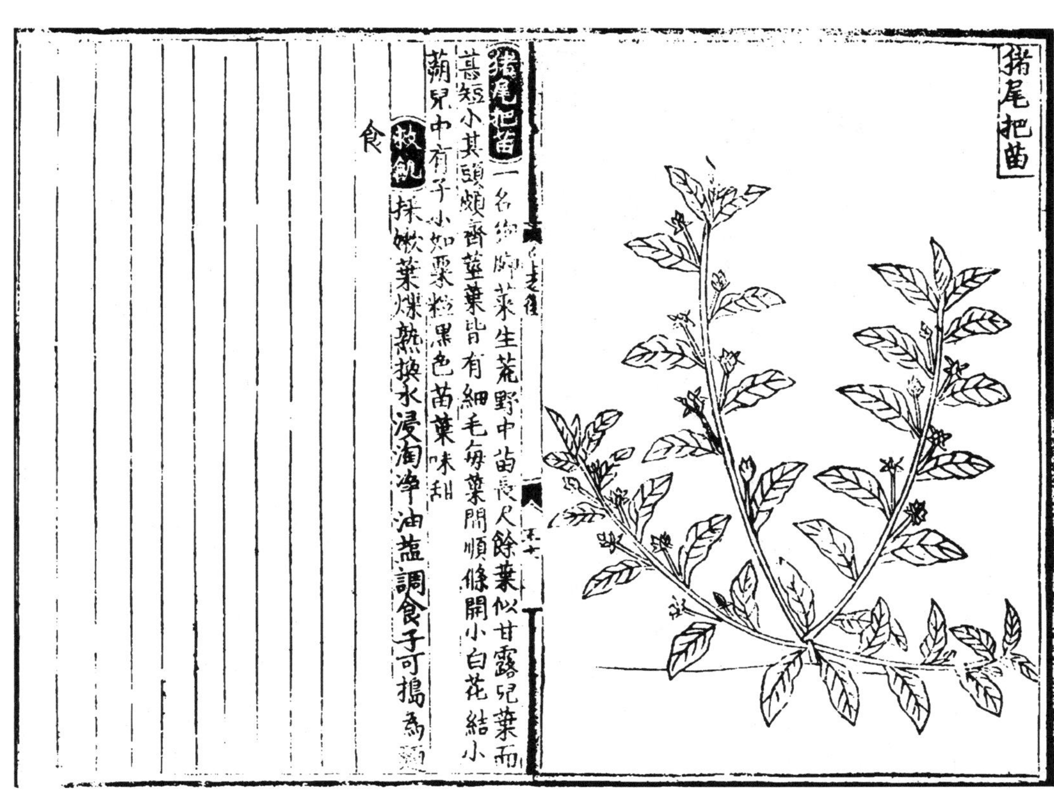

猪尾把苗

猪尾把苗　一名狗脚菜生荒野中苗長尺餘葉似甘露兒葉而甚短小其頭頗齊莖葉皆有細毛每葉間順條開小白花結小蒴兒中有子小如粟粒黑色苗葉味甜

救饑　採嫩葉煠熟換水浸淘淨油鹽調食子可搗為麪食

○根葉可食

本草原有

黄精苗

黄精苗　俗名筆管菜一名重樓一名菟竹一名雞格一名救窮一名鹿竹一名萎蕤一名仙人餘粮一名垂珠一名馬箭一名白及生山谷南北皆有之嵩山茅山者佳根生肥地者大如拳薄地者猶如拇指葉似竹葉或兩葉或三葉或四五葉俱皆對節而生味甘性平無毒又云莖光滑者謂之太陽之草名曰黄精食之可以長生其葉不對節莖葉毛鉤子者謂之太陰之草名曰鉤吻食之入口立死又云莖不紫花不黄爲異

救飢　採嫩葉煠熟換水浸去苦味淘洗淨油鹽調食山中人採根九蒸九暴食甚甘美其蒸暴用瓮去底安釜上裝置黄精令滿密蓋蒸之令氣溜即暴之如此九蒸九暴令極熟若不熟則刺人喉咽久食長生辟穀其生者若初服只可一寸半漸漸增之十日不食他食能長服之止三尺服三百日後盡見鬼神餌必升天又云花實極可食罕得見至難得

治病　文具本草草部中條下

地黄苗

地黄苗　俗名婆婆奶一名地髓一名芐一名芑生咸陽川澤今處處有之苗初搨地生葉如山白菜葉而毛澁葉面深青色又似芥菜葉而不花叉比芥菜葉頗厚葉中攛莖上有細毛莖梢開筒子花紅黄色北人謂之牛妳子花結實如小麥粒根長四五寸細如手指皮赤黄色味甘苦性寒無毒惡貝母畏蕪荑得麥門冬清酒良忌鐵器

救飢　採葉煮羹食或擣絞根汁搜麵作餺飥及冷淘食之或取根浸洗淨九蒸九暴任意服食或煎以爲煎食久服輕身不老變白延年

治病　文具本草草部條下

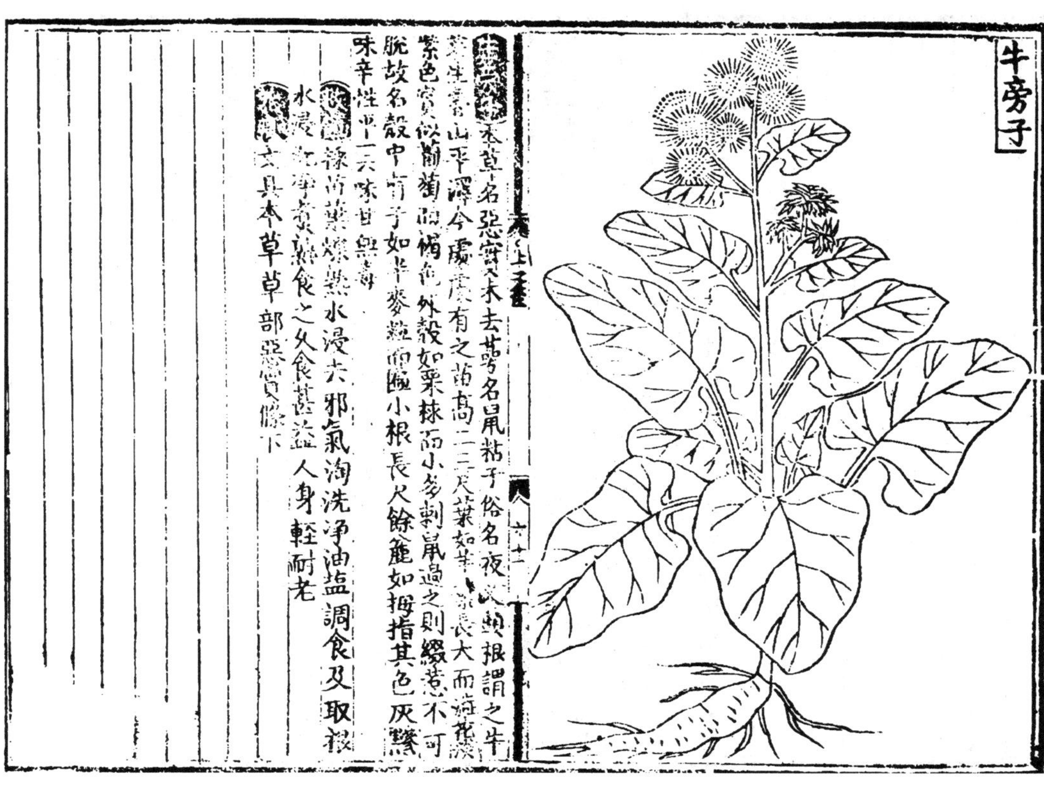

牛旁子 本草名惡實，一名鼠粘子，俗名夜叉頭，根謂之牛菜。生魯山平澤，今處處有之。苗高一二尺，葉如芋葉長大，而開花淡紫色，實似葡萄而褊，外殼如栗梂而小，多刺，鼠過之則綴惹不可脫，故名。殼中有子如半麥粒而褊小，根長尺餘，麄如拇指，其色灰黲，味辛，性平，一云味甘，無毒。

救飢 採苗葉煠熟，水浸去邪氣，淘洗淨，油鹽調食。及取根，水浸洗淨，煮熟食之，久食甚益人，身輕耐老。

治病 文具本草草部惡實條下。

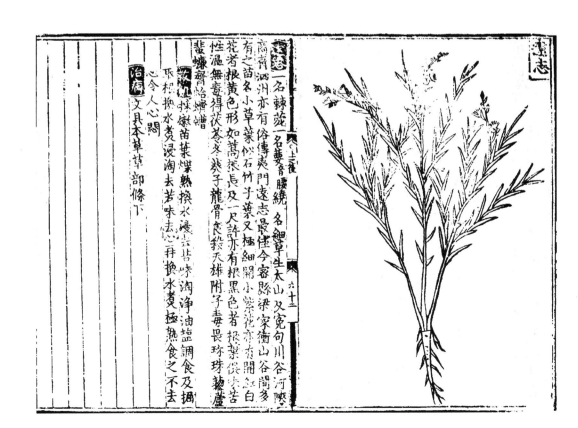

遠志

遠志 一名棘菀，一名葽音腰繞，一名細草。生太山及冤句川谷、河陜、商齊泗州亦有，俗傳夷門遠志最佳。今密縣梁家衝山谷間多有之。苗名小草，葉似石竹子葉，又極細，開小紫花，亦有開紅白花者，根黃色，形如蒿根，長及一尺許，亦有根黑色者。根葉俱味苦，性溫，無毒。得茯苓、冬葵子、龍骨良，殺天雄、附子毒，畏珍珠、藜蘆、蜚蠊、齊蛤。

救飢 採嫩苗葉煠熟，換水浸去苦味，淘淨，油鹽調食。及掘取根，換水煮，浸淘去苦味，去心，再換水煮極熟食之。不去心，令人心悶。

治病 文具本草草部條下。

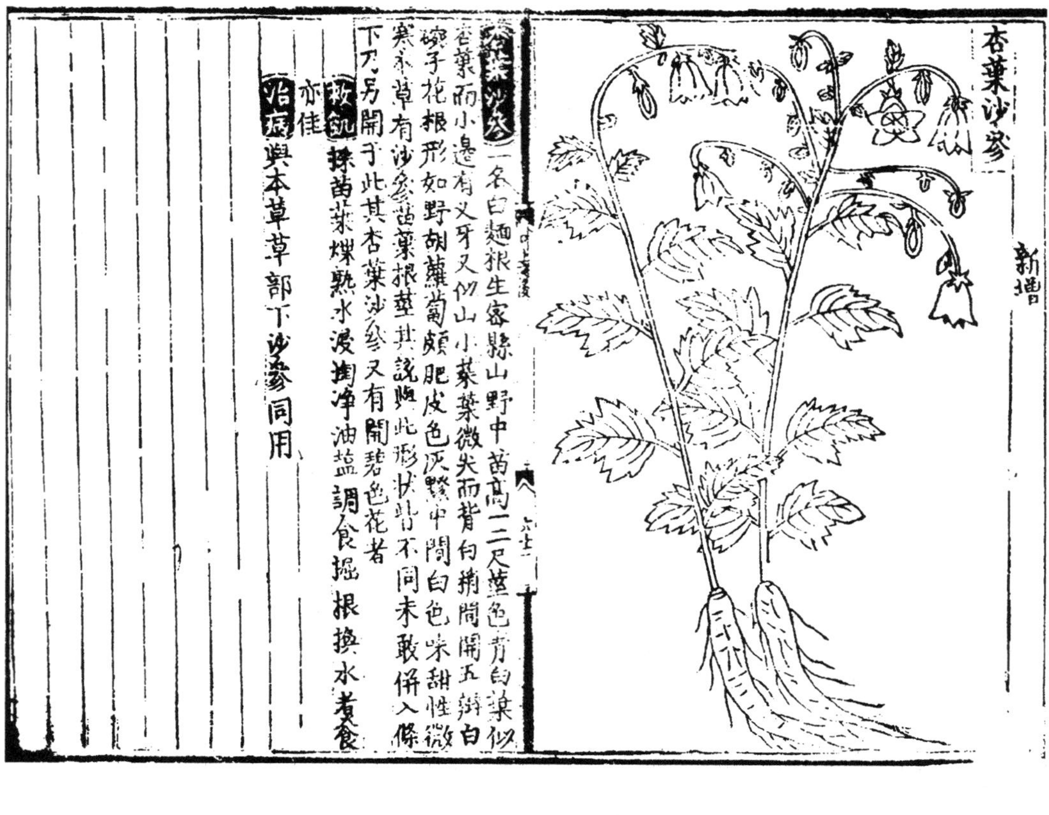

杏葉沙參 一名白麵根生密縣山野中苗高一二尺莖色青白葉似杏葉而小邊有叉牙又似山小菜葉微尖而背白梢間開五瓣白碗子花根形如野胡蘿蔔頗肥皮色灰黲中間白色味甜性微寒本草有沙參苗葉根莖其說與此形狀皆不同未敢併入條下乃另開于此其杏葉沙參又有開碧色花者

救飢 採苗葉煠熟水浸淘淨油鹽調食掘根換水煮食亦佳

治病 與本草草部下沙參同用

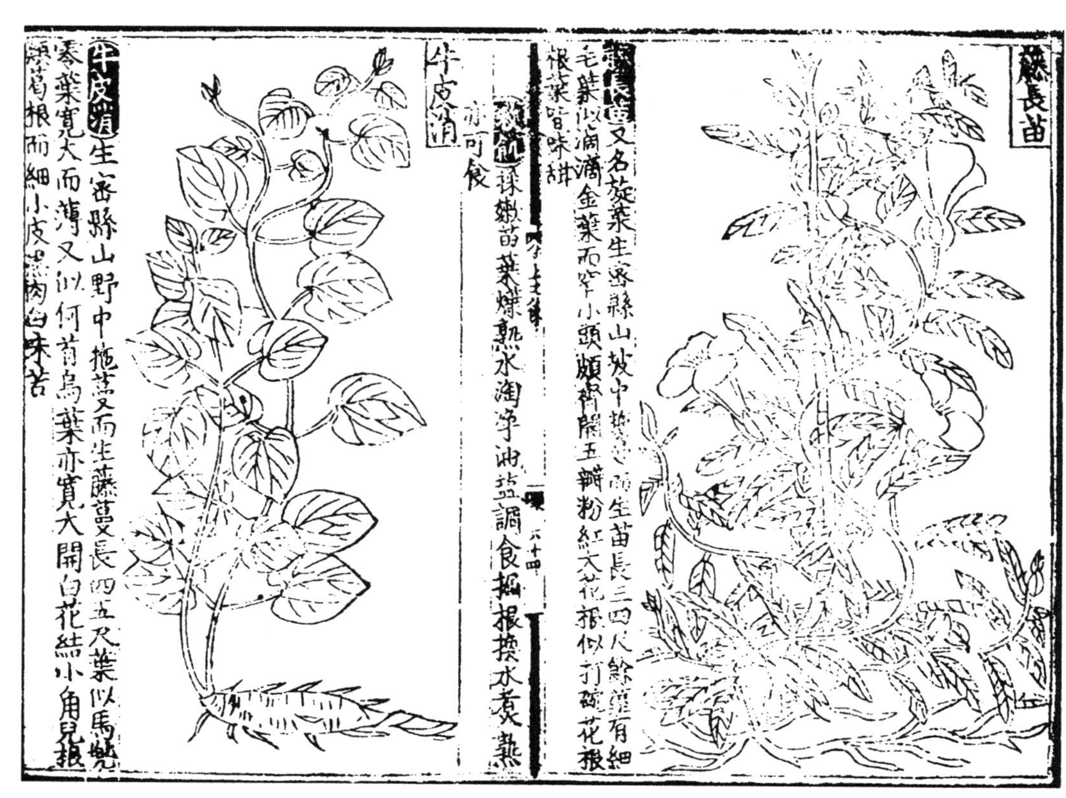

藤長苗 又名旋菜生密縣山坡中拖蔓而生苗長三四尺餘莖有細毛葉似滴滴金葉而窄小頭頗齊開五瓣粉紅大花根似打碗花根根葉皆味甜

救飢 採嫩苗葉煠熟水淘淨油鹽調食掘根換水煮熟亦可食

牛皮消 生密縣山野中拖蔓而生藤蔓長四五尺葉似馬兜鈴葉寬大而薄又似何首烏葉亦寬大開白花結小角兒根類葛根而細小皮黑肉白味苦

救饑 採葉煠熟水浸去苦味油鹽調食及取根去黑皮切作片換水煮去苦味淘洗淨再以水煮極熟食之

菹草

菹草 菹音 即水藻也生陂塘及水泊中莖如麄線長三四尺葉形似郱葉面狹長故名郱葉菹又有葉似蓬子葉者根麄如釵股而色白味微鹹性微寒

救饑 撈取莖葉連嫩根揀擇洗淘潔淨剉碎煠熟油鹽調食或加少米煮粥食尤佳

水豆兒

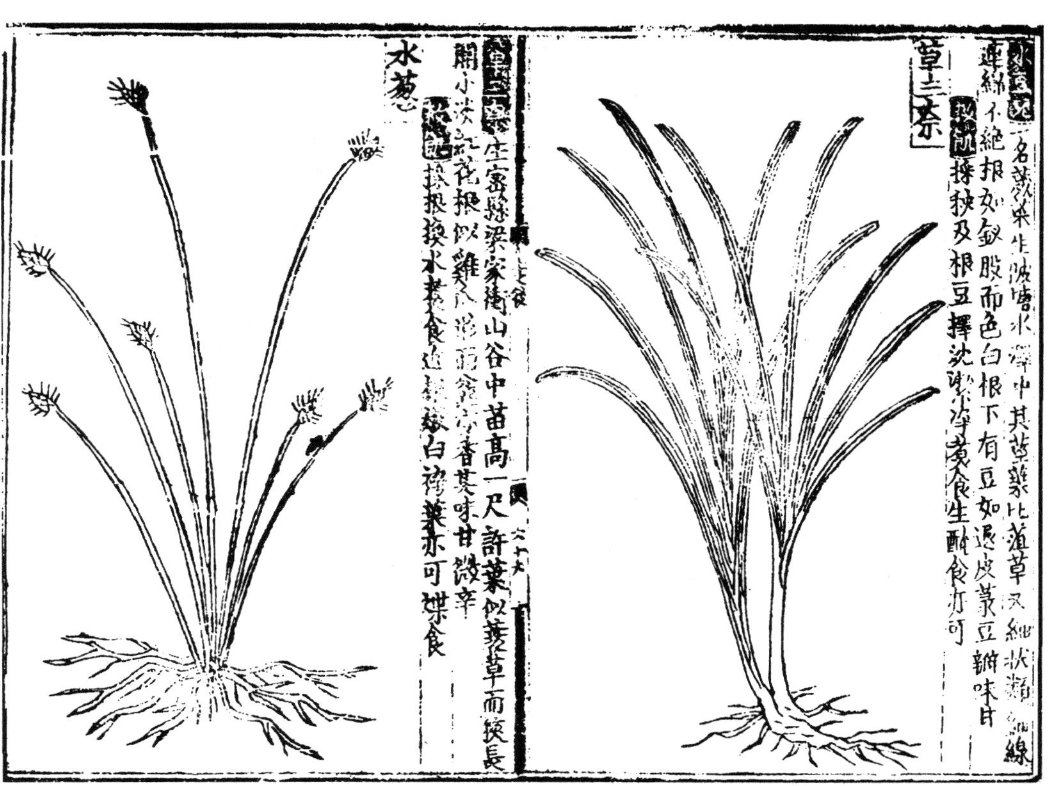

水豆兒 一名蘊菜生陂塘水澤中其莖葉比菹草又細狀類細線連綿不絕根如釵股而色白根下有豆如退皮菉豆瓣味甘

救饑 採秧及根豆擇洗淨煮食生醃食亦可

草三奈

草三奈 生密縣梁家衝山谷中苗高一尺許葉似蓑草而狹長開小淡紅花根似雞爪形而麄氣香其味甘微辛

救饑 採根換水煮食近根嫩白葉亦可煠食

水葱

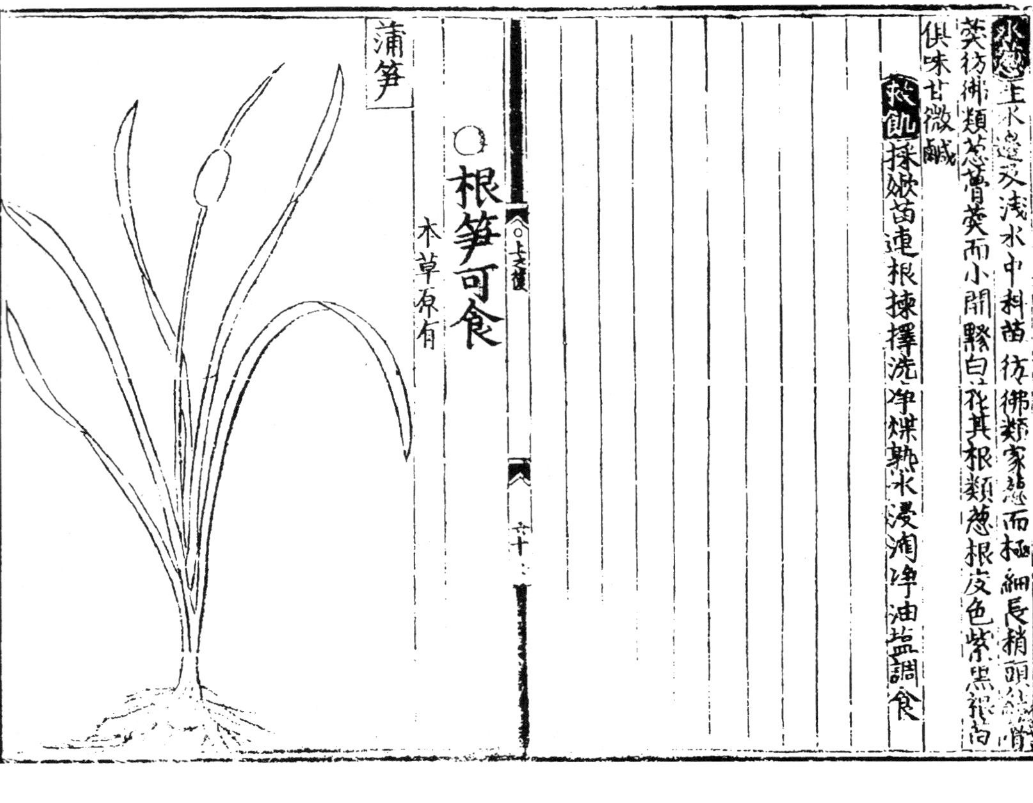
水葱 生水邊及淺水中科苗仿佛類家葱而極細長梢頭結蓇葖仿佛類葱蓇葖而小開黲白花其根類葱根皮色紫黑根白俱味甘微鹹

救飢 採嫩苗連根揀擇洗淨煠熟水浸淘淨油鹽調食

蒲笋

○根笋可食

本草原有

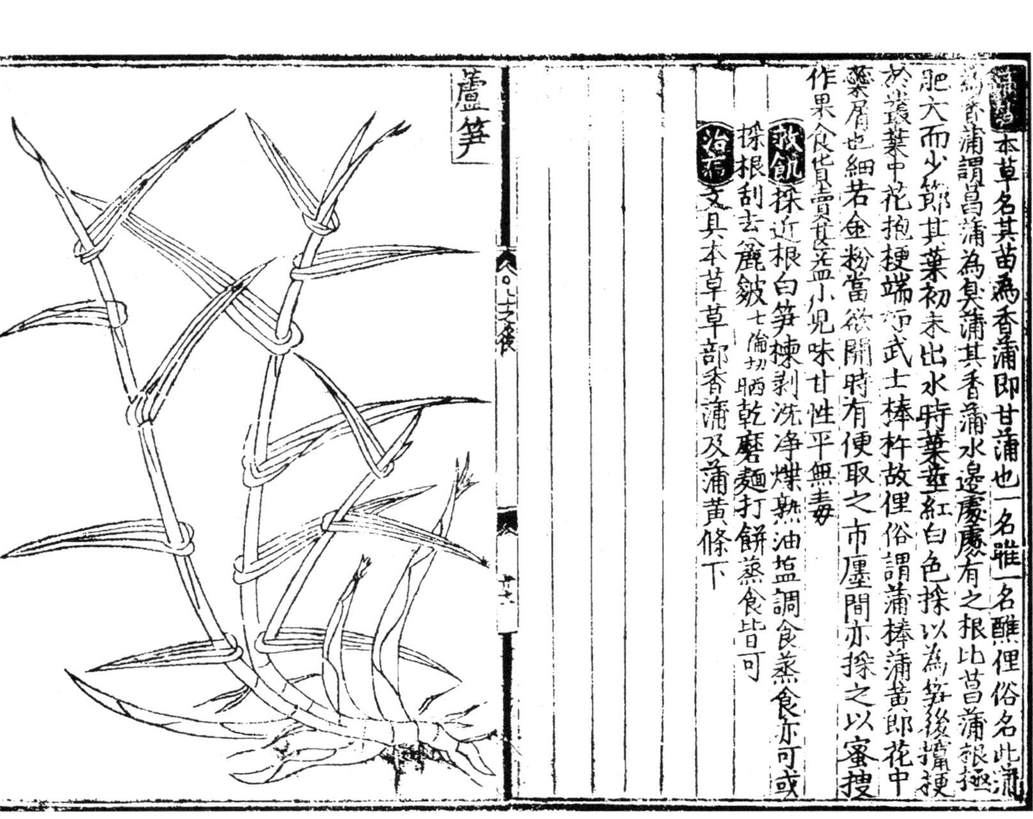
蒲笋 本草名其苗為香蒲即甘蒲也一名睢一名醮俚俗名此蒲為香蒲謂菖蒲為臭蒲其香蒲水邊處處有之根比菖蒲根極肥大而少節其葉初未出水時葉莖紅白色採以為笋後撺梗於叢葉中花抱梗端如武士棒杵故俚俗謂蒲棒蒲黃即花中蘂屑也細若金粉當欲開時有便取之市廛間亦採之以蜜搜作果食貨賣甚益小兒味甘性平無毒

救飢 採近根白笋揀剝洗淨煠熟油鹽調食蒸食亦可或採根刮去麄皴七倫切晒乾磨麵打餅蒸食皆可

治病 文具本草草部香蒲及蒲黃條下

蘆笋

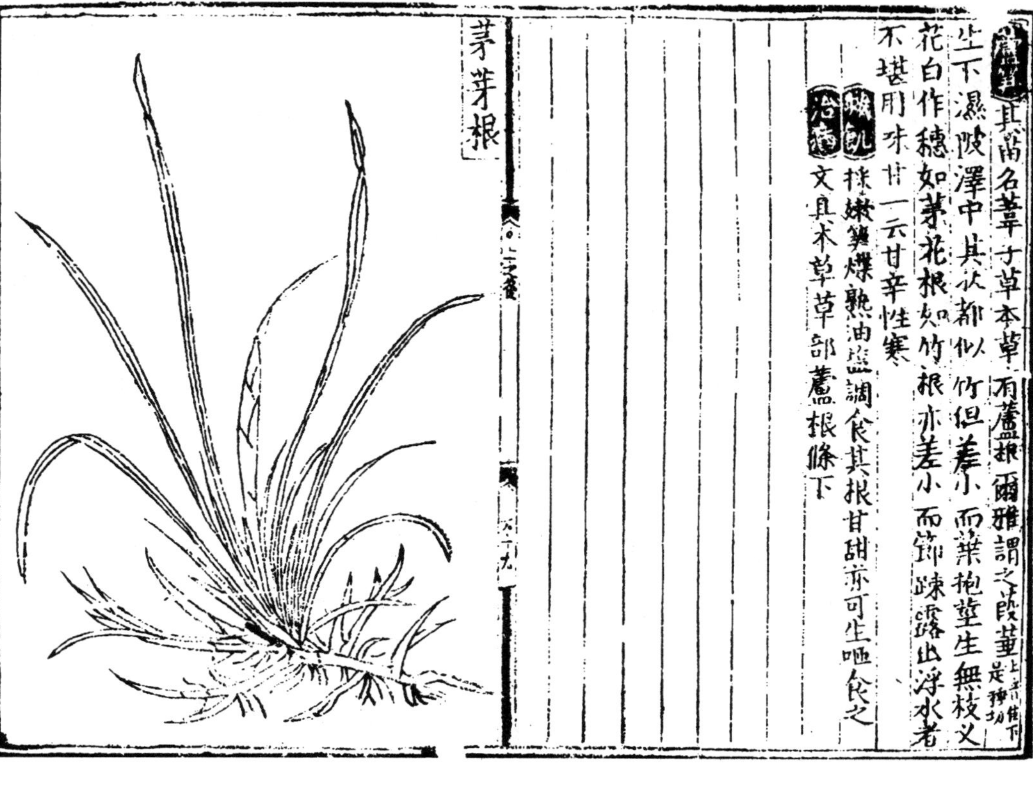

【蘆笋】其苗名葦子草本草有蘆根爾雅謂之葭葦上音佳下是韋切生下濕陂澤中其狀都似竹但差小而葉抱莖生無枝叉花白作穗如茅花根如竹根亦差小而節踈露出浮水者不堪用味甘一云甘辛性寒

【救饑】採嫩笋煠熟油鹽調食其根甘甜亦可生咂食之

【治病】文具本草草部蘆根條下

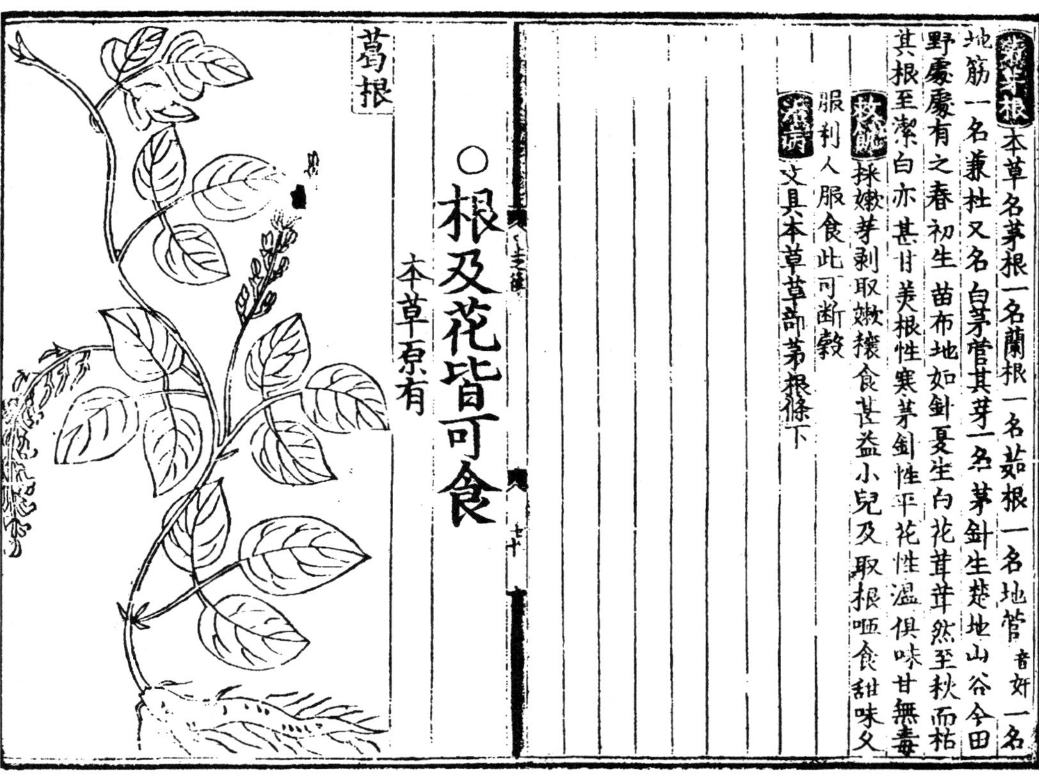

【茅芽根】本草名茅根一名蘭根一名茹根一名地菅音奸一名地筋一名兼杜又名白茅菅其芽一名茅針生楚地山谷今田野處處有之春初生苗布地如針夏生白花茸茸然至秋而枯其根至潔白亦甚甘美根性寒茅針性平花性溫俱味甘無毒

【救饑】採嫩芽剝取嫩穰食甚益小兒及取根咂食甜味久服利人服食此可斷穀

【治病】文具本草草部茅根條下

○根及花皆可食

本草原有

葛根 一名雞齊根一名鹿藿一名黃斤生汶山川谷及成州海州浙江并澧鼎之間今處處有之苗引藤蔓長二三丈莖淡紫色葉頗似楸葉而小色青開花似豌豆花粉紫色結實如皂莢而小根形如手臂味甘性平無毒一云性冷殺野葛巴豆百藥毒

救飢 掘取根入土深者水浸洗淨蒸食之或以水中揉出粉澄濾成塊蒸煑皆可食及採花晒乾煠食亦可

治病 文具本草草部條下

何首烏

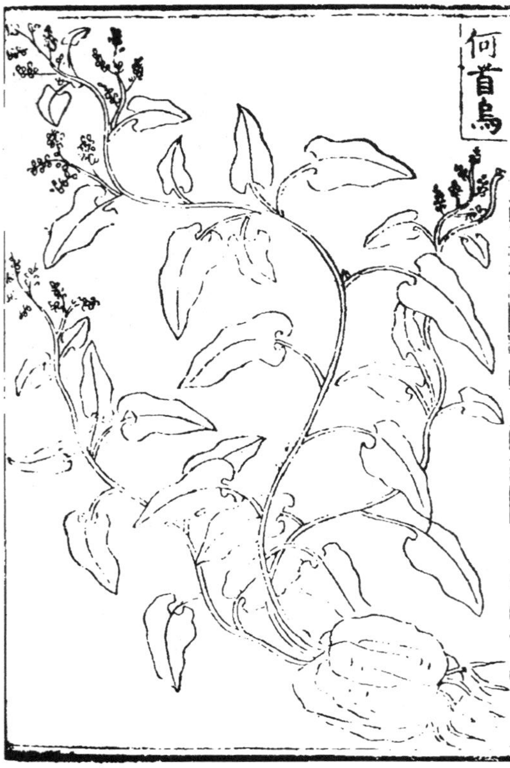

何首烏 一名野苗一名交藤一名夜合一名地精一名陳知白又名桃柳藤亦名九真藤出順州南河縣其嶺外江南諸州及虔州皆有以西洛嵩山歸德柘城縣者為勝今鈞州密縣山谷中亦有之蔓延而生莖蔓紫色葉似山藥葉而不光嫩葉間開黃白花似葛勒花結子有稜似蕎麥而極細小如粟粒大根大者如拳各有五稜瓣狀似甜瓜樣中有花紋形如鳥獸山嶽之狀者極珍有赤白二種赤者雄白者雌又云雄者苗葉黃白雌者赤黃色一云雌苗亦生必相對遠不過三四尺夜則苗蔓相交或隱化不見凡修合藥須雌雄相合服有驗宜偶日服二四六八日是也其藥本無名因何首烏見藤夜交採服有功因以採人為名耳又云其為仙草五十年者如拳大號山奴服之一年髭鬢烏黑一百年如碗大號山哥服之一年顏色紅悅百五十年如盆大號山伯服之一年齒落重生二百年如斗栲栳大號山翁服之一年顏如童子行及奔馬三百年如三斗栲栳大號山精服之一年延齡純陽之體久服成地仙又云其頭九數者服之乃仙味苦澁性微溫無毒一云味甘茯苓為之使酒下最良忌鐵器猪羊血及猪肉無鱗魚與蘿蔔相惡若並食令人髭鬢早白腸風多熱

救飢 掘根洗去泥土以苦竹刀切作片米泔浸經宿換水煑去苦味再以水淘洗淨或蒸或煑食之花亦可煠食

治病 文具本草草部條下

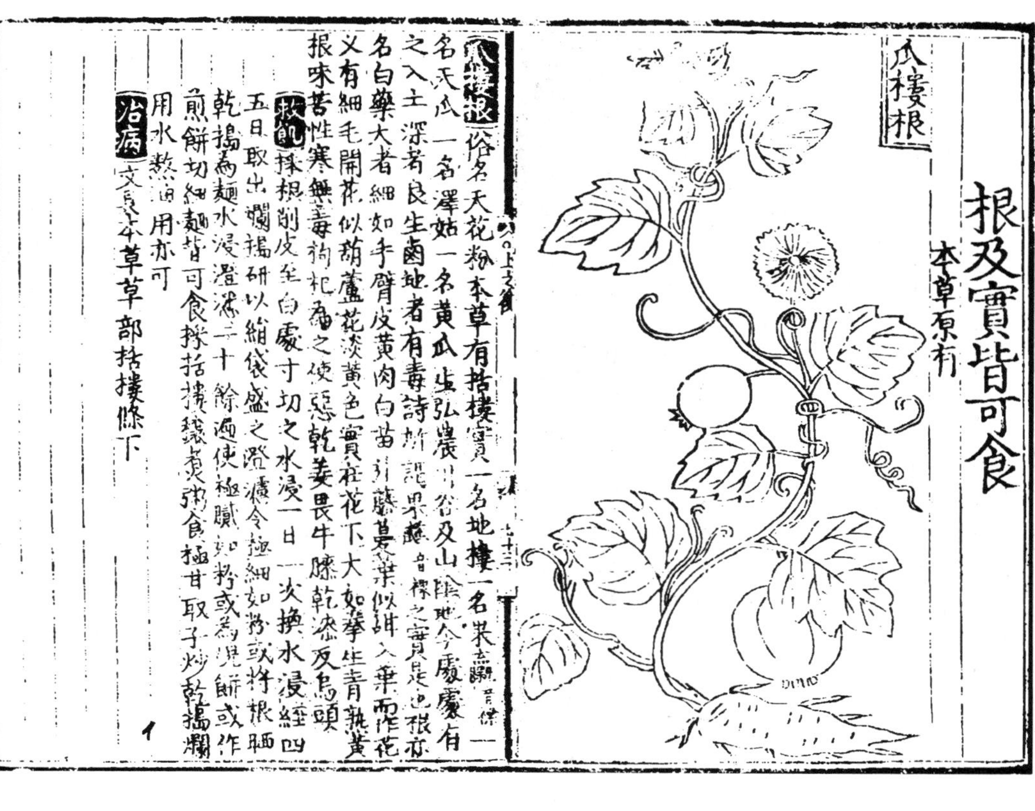

瓜樓根

根及實皆可食

本草原有

瓜樓根　俗名天花粉本草有栝樓實一名地樓一名果蓏（音倮）一名天瓜一名澤姑一名黄瓜生弘農川谷及山陰地今處處有之入土深者良生鹵地者有毒詩所謂果蓏（音倮）之實是也根亦名白藥大者細如手臂皮黄肉白苗引藤蔓葉似甜瓜葉而窄花义有細毛開花似葫蘆花淡黄色實在花下大如拳生青熟黄根味苦性寒無毒枸杞爲之使惡乾薑畏牛膝乾漆反烏頭

救飢　採根削皮至白處寸切之水浸一日一次換水浸經四五日取出爛搗研以絹袋盛之澄濾令極細如粉或將根晒乾搗爲麵水浸澄濾二十餘遍使極膩如粉或爲燒餅或作煎餅切細麵皆可食採栝樓穰煑粥食極甘取子炒乾搗爛用水熬油用亦可

治病　文具本草草部栝樓條下

磚子苗

新增

磚子苗　一名關子苗生水邊苗似水葱而麄大內實（內實亦似蒲葦）稍開碎白花結穗似水莎草穗紫赤色其子如黍粒大根似蒲根而堅實味甜子味亦甜

救飢　採子磨麵食及採根擇洗淨換水煑食或晒乾磨爲麵食亦可

○花葉皆可食

菊花

本草原有

菊花 一名節華一名日精一名女節一名女華一名女莖一名更生一名周盈一名傅延年一名陰成生雍州川澤及鄧衞齊州田野今處處有之味苦甘性平無毒朮枸杞桑根白皮為之使

救飢 取莖紫氣香而味甘者採葉煠食或作羹皆可青莖而大氣味作蒿苦者不堪食名苦薏其花亦可煠食或炒茶食

治病 文具本草草部條下

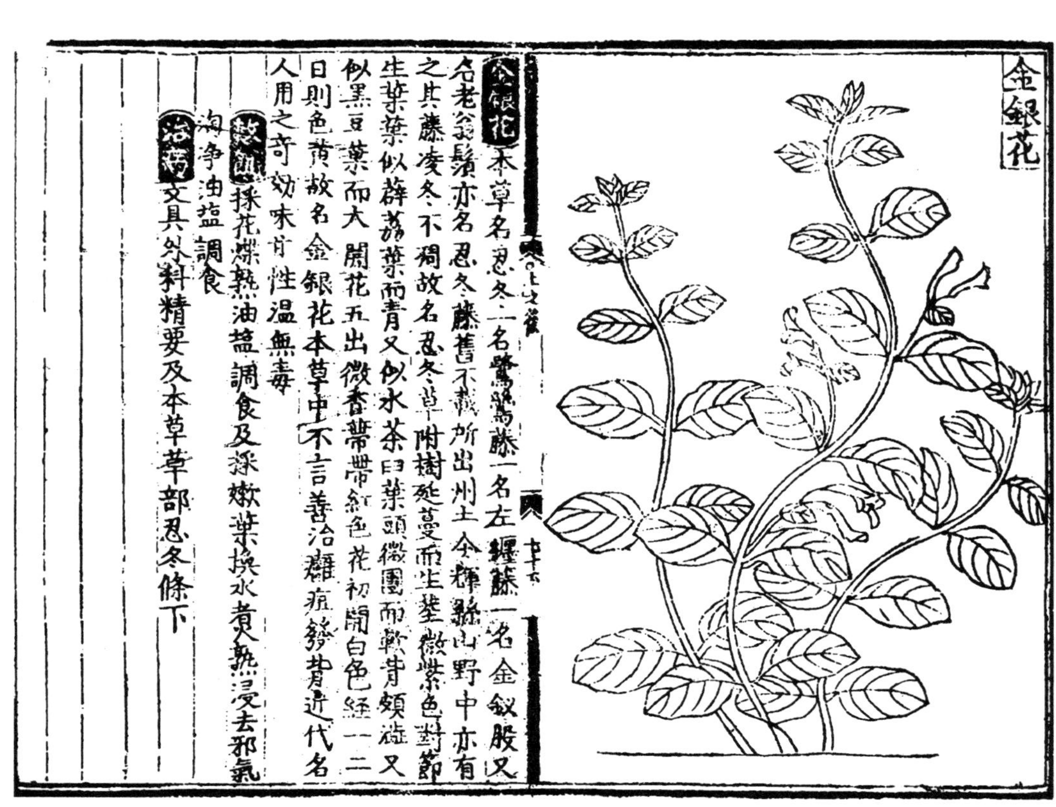

金銀花

金銀花 本草名忍冬一名鷺鷥藤一名左纏藤一名金釵股又名老翁鬚亦名忍冬藤舊不載所出州土今輝縣山野中亦有之其藤凌冬不凋故名忍冬草附樹延蔓而生莖微紫色對節生葉葉似薜荔葉而青又似水茶臼葉頭微團而軟背頗澁又似黑豆葉而大開花五出微香蒂帶紅色花初開白色經一二日則色黄故名金銀花本草中不言善治癰疽發背近代名人用之奇效味甘性温無毒

救飢 採花煠熟油鹽調食及採嫩葉換水煮熟浸去邪氣淘淨油鹽調食

治病 文具外科精要及本草草部忍冬條下

望江南

新增

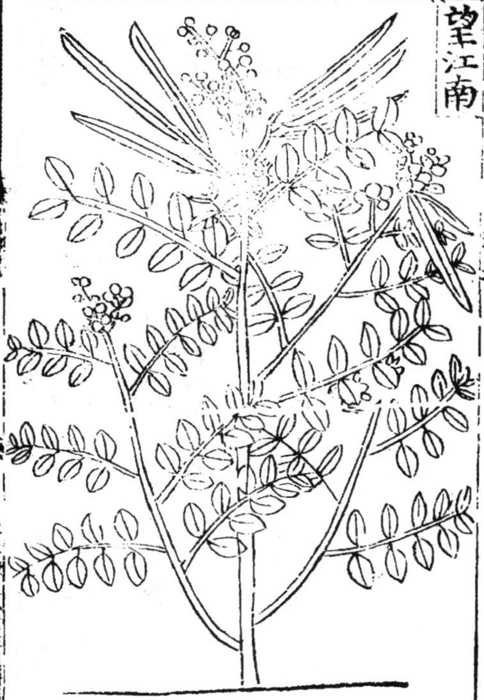

望江南 其花名茶花兒人家園圃中多種苗高貳尺許莖微淡赤色葉似槐葉而肥大微尖又似胡蒼耳葉頗大及似皂角葉亦大開五瓣金黃花結角長三寸許葉味微苦

救飢 採嫩苗葉煠熟水浸淘去苦味油盐調食花可炒食亦可煠食

治病 今人多將其子作草决明子代用

大蓼

大蓼 生密縣梁家衝山谷中拖藤而生莖有線楞而頗硬對節分生莖叉葉亦對生葉似山蓼葉微短而拳曲節間開白花其葉味苦微辣

救飢 採葉煠熟換水浸去辣味作成黃色淘洗淨油盐調食花亦可煠食

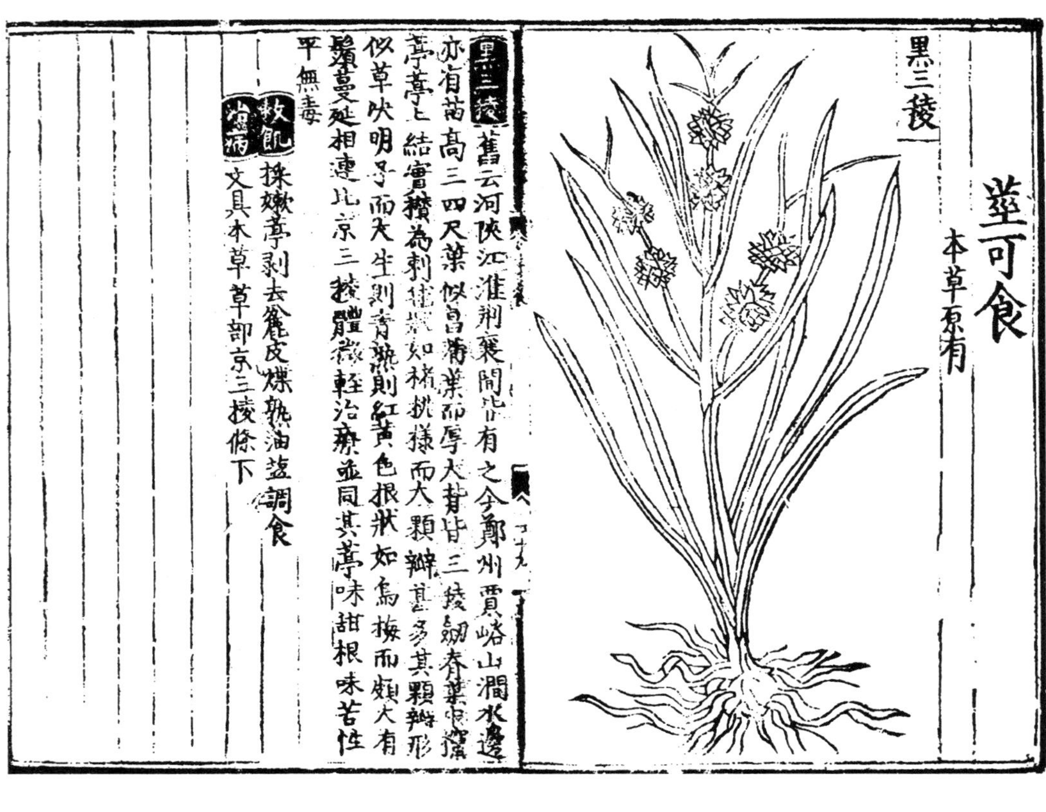
莖可食

本草原有

黑三稜

黑三稜　舊云河陝江淮荊襄間皆有之今鄭州賈峪山澗水邊亦有苗高三四尺葉似菖蒲葉而厚大背皆三稜劍脊葉中擢葶葶上結實攢為刺毬狀如楮桃樣而大顆瓣甚多其顆瓣形似草決明子而大生則青熟則紅黃色根狀如烏梅而頗大有鬚蔓延相連比京三稜體微輕治療並同其葶味甜根味苦性平無毒

救飢　採嫩葶剝去麄皮煠熟油鹽調食

治病　文具本草草部京三稜條下

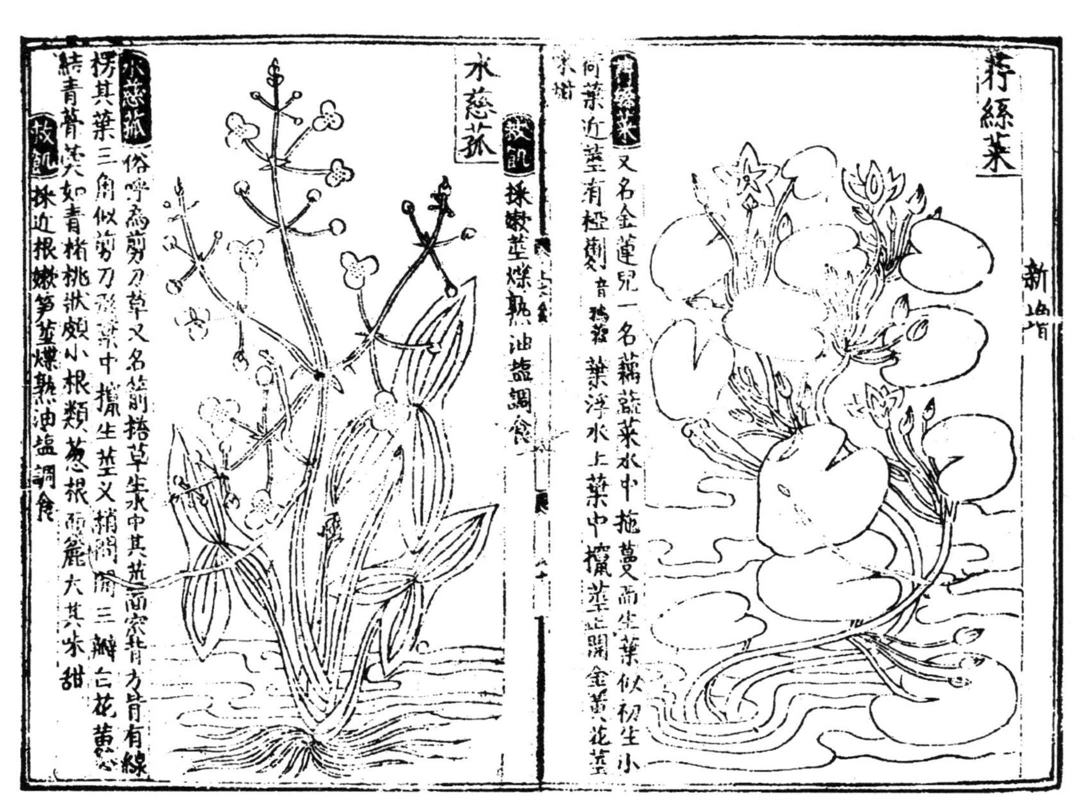
荇絲菜

新增

荇絲菜　又名金蓮兒一名藕蔬菜水中拖蔓而生葉似初生小荷葉近莖有椏劐音豁葉浮水上葉中攛葶上開金黃花莖味甜

救飢　採嫩莖煠熟油鹽調食

水慈菰

水慈菰　俗呼為剪刀草又名箭搭草生水中其莖面窊背方背有線楞其葉三角似剪刀形葉中攛生莖叉梢間開三瓣白花黃心結青蓇葖如青楮桃狀頗小根類葱根而麄大其味甜

救飢　採近根嫩笋莖煠熟油鹽調食

茭笋

○笋及實皆可食

本草原有

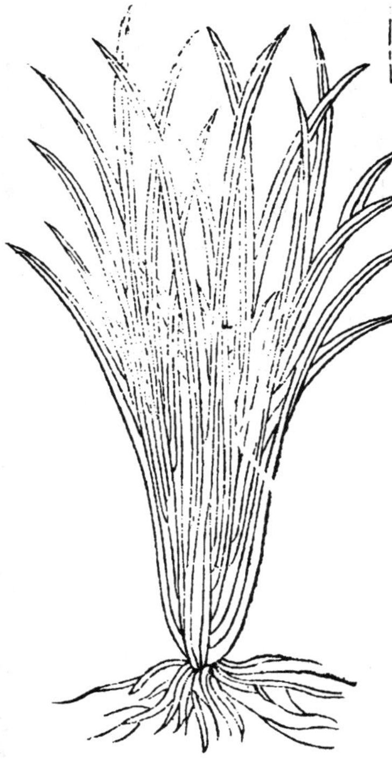

【茭笋】本草有菰根又名菰蔣草江南人呼爲茭草俗又呼爲茭白生江東池澤水中及岸際今在處水澤邊皆有之苗高二三尺葉似蔗荻又似茅葉而長大闊厚葉間攛葶開花如葦結實青子根肥剥取嫩白笋可啖久根盤厚生菌音窘細嫩亦可啖名菰菜三年已上心中生葶如藕白軟中有黑脉甚堪啖名菰首味甘性大寒無毒

【救飢】採茭菰笋煠熟油鹽調食或採子舂爲米合粟煮粥食之甚濟飢

【治病】文具本草草部菰根條下

救荒本草卷上畢

救荒本草下卷目錄

○木部 一百種

○葉可食

本草原有

○實可食

本草原有

○葉及實皆可食

本草原有

木羊角科、　新增　青檀樹　山緑樹

○花可食
新增
藤花菜　欛齒花　楸樹　臘梅花
馬棘

○花葉皆可食
本草原有
槐樹芽

○花葉實皆可食
新增
棠梨樹　文冠花

○葉皮及實皆可食
本草原有
桑椹樹　榆錢樹

○笋可食
本草原有
竹笋

米穀部　二十種

○實可食
新增
野豌豆　蹋豆　山扁豆　回回豆
胡豆　蚕豆　山菉豆

○葉及實皆可食
本草原有
蕎麥苗　御米花即罌子粟　赤小豆
山絲苗　油子苗
新增
黃豆苗　刀豆苗　眉兒豆苗　紫豇豆苗
蘇子苗　豇豆苗　山黑豆　舜芒穀

果部　二十三種

○實可食
本草原有
櫻桃樹　胡桃樹　柿樹　梨樹
葡萄　李子樹　木瓜　楂子樹
郁李子　菱角
新增
軟棗　野葡萄　梅杏樹　野櫻桃

○葉及實皆可食
本草原有
石榴　杏樹　棗樹　桑樹
新增
沙果子樹

○根可食
本草原有
芋苗　鐵荸薺即烏芋

○根及實皆可食
本草原有
蓮藕　雞頭實

菜部　四十六種

○葉可食

本草原有

芸薹菜　莧菜　苦苣菜　馬齒莧菜

苦蕒菜　莙薘菜　邪蒿　同蒿

冬葵菜　蓼芽菜　苜蓿　薄荷

荊芥即假蘇　水蘄

新增

香菜　銀條菜　後庭花　火焰菜

山葱　背韭　水芥菜　遏藍菜

牛耳朵菜　山白菜　山宜菜　山苦蕒

南芥菜　山萵苣　黃鵪菜　鷰兒菜

孛孛丁菜　柴韭　野韭

○根可食

新增

甘露兒　地瓜兒苗

○根葉皆可食

本草原有

澤蒜

新增

樓子葱　薤韭　水蘿蔔　野蔓菁

○葉及實皆可食

本草原有

薺菜　紫蘇　荏子

新增

灰菜　丁香茄兒

○根及實皆可食

本草原有

山藥

救荒本草下卷目錄　畢

救荒本草卷下　下之前

木部

○葉可食

本草原有

茶樹

茶樹　本草有茗苦搽（搽與茶字同）圖經云生山南漢中山谷閩浙蜀荆江湖淮南山中皆有之惟建州北苑數處產者性味獨與諸方不同今密縣梁家衝山谷間亦有之其樹大小皆類梔子春初生芽為雀舌麥顆又有新芽一發便長寸餘微麄如針漸至環脚軟枝條之類葉老則似水茶臼葉而長又似初生青岡橡葉而小光澤又云冬生葉可作羹飲世呼早採者為搽（搽與茶字同）晚取者為茗一名荈（音喘）蜀人謂之苦搽今通謂之茶茶荼聲近故呼之又有研治作餅名為臘茶者皆味甘苦性微寒無毒加茱萸葱薑等良又别有一種蒙山中頂上清峯茶云春分前後多聚人力候雷初發聲併手齊採若得四兩服之即為地仙

救飢　採嫩葉或冬生葉可煮作羹食或蒸焙作茶皆可

治病　文具本草木部茗苦搽條下

夜合樹

夜合樹　本草名合歡一名合昏生益州及雍洛山谷今鈞州鄭州山野中亦有之木似梧桐其枝甚柔弱葉似皂莢葉又似槐葉極細而密互相交結每一風來輒似相解了不相牽綴其葉至暮而合故名合昏花發紅白色瓣上若絲茸然散垂結實作莢子極薄細味甘性平無毒

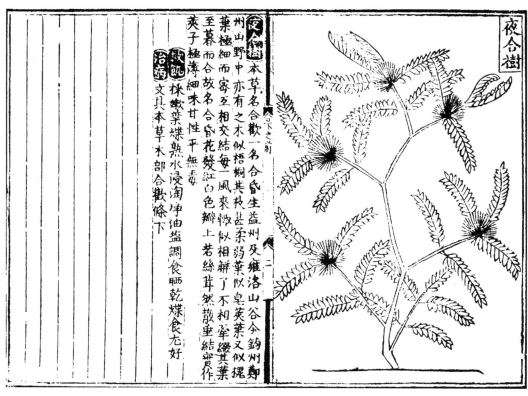

救飢　採嫩葉煠熟水浸淘淨油鹽調食晒乾煠食尤好

治病　文具本草木部合歡條下

木槿樹

木槿樹 本草云木槿如小葵花淡紅色五葉成一花朝開暮斂花與枝兩用湖南北人家多種植為籬障亦有千葉者人家園圃多栽種性平無毒葉味甜

救飢 採嫩葉煠熟冷水淘淨油鹽調食

治病 文具本草木部條下

白楊樹

白楊樹 本草白楊樹皮舊不載所出州土今處處有之此木高大皮白似楊故名葉圓如梨葉肥大而尖葉背甚白葉邊鋸齒狀葉蒂小無風自動也味苦性平無毒

救飢 採嫩葉煠熟作成黃色換水淘去苦味洗淨油鹽調食

治病 文具本草木部條下

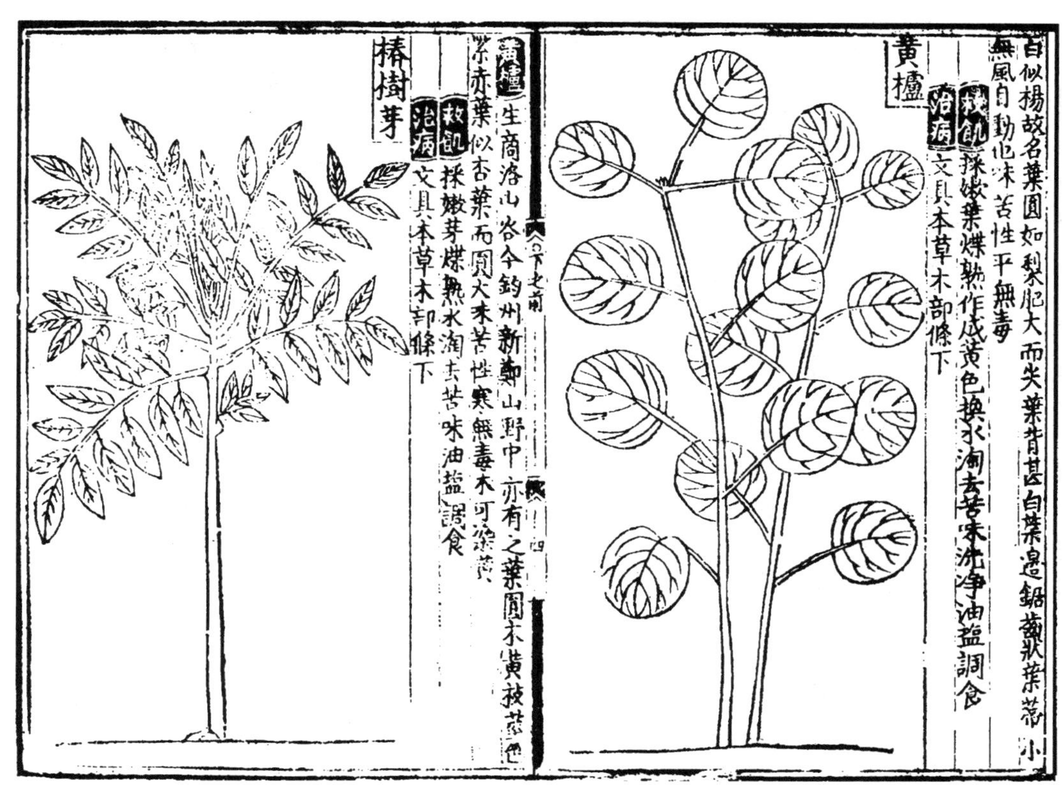

黃櫨

黃櫨 生商洛山谷今鈞州新鄭山野中亦有之葉圓木黃枝莖色紫赤葉似杏葉而圓大味苦性寒無毒木可染黃

救飢 採嫩芽煠熟水淘去苦味油鹽調食

治病 文具本草木部條下

椿樹芽

椿樹芽 本草有椿木樗木舊不載所出州土今處處有之二木形幹大抵相類椿木實而葉香可啖樗木疏而氣臭膳夫熬去其氣亦可啖北人呼樗為山椿江東人呼為虎目葉脫處有痕如樗蒲子又如眼目故得此名夏中生莢樗之有花者無莢有莢者無花莢常生臭樗上未見椿上有莢者然世俗不辨椿樗之異故俗名為椿莢其實樗莢耳其無花不實木大端直為椿有花而莢木小幹多迂矮者為樗椿味苦有毒樗味苦有小毒性溫一云性熱無毒

救飢 採嫩芽煠熟水浸淘淨油鹽調食

治病 文具本草木部椿木樗木及椿莢條下

六之前　五

椿樹

椒樹 本草蜀椒一名南椒一名巴椒一名蓎藙音唐毅生武都川谷及巴郡歸峽蜀川陝洛間人家園圃多種之高四五尺似茱萸而小有鍼刺葉似刺蘼葉微小葉堅而滑可煮食甚辛香結實無花但生於葉間如豆顆而圓皮紫赤此椒江淮及北土皆有之莖實皆相類但不及蜀中者皮肉厚腹裏白氣味濃烈耳又云出金州西城者佳味辛性溫大熱有小毒多食令人乏氣口閉者殺人十月勿食椒損氣傷心令人多忘杏仁為之使畏款冬花

救飢 採嫩葉煠熟換水浸淘淨油鹽調食椒顆調和百味香美

治病 文具本草木部蜀椒條下

六下之前　六

椋子樹

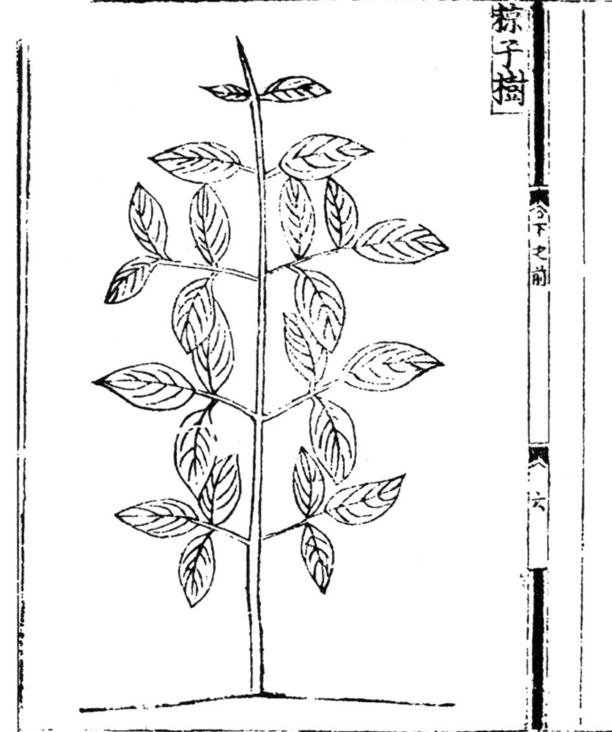

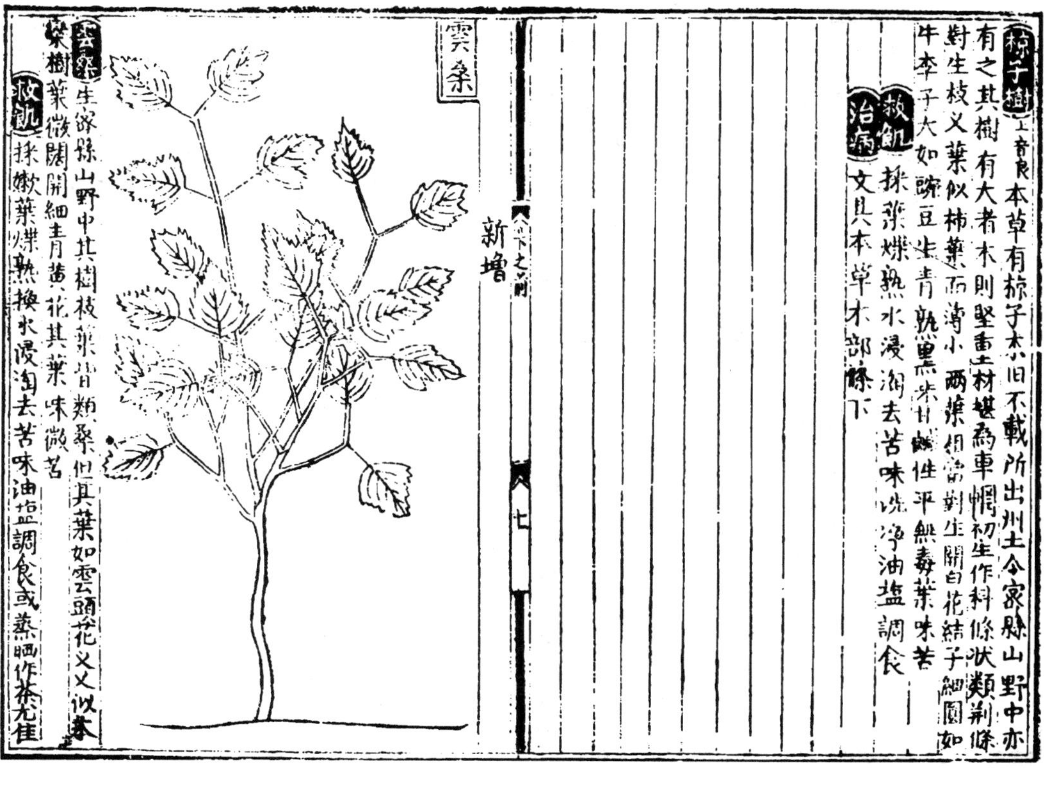

椋子樹上音良本草有椋子木旧不載所出州土今密縣山野中亦有之其樹有大者木則堅重材堪為車輞初生作科條狀類荊條對生枝叉葉似柿葉而薄小兩葉相當對生開白花結子細圓如牛李子大如豌豆生青熟黑味甘鹹性平無毒葉味苦

救飢 採葉煠熟水浸淘去苦味洗淨油鹽調食

治病 文具本草木部條下

雲桑生密縣山野中其樹枝葉皆類桑但其葉如雲頭花叉又似木欒樹葉微闊開細青黃花其葉味微苦

救飢 採嫩葉煠熟換水浸淘去苦味油鹽調食或蒸曬作茶尤佳

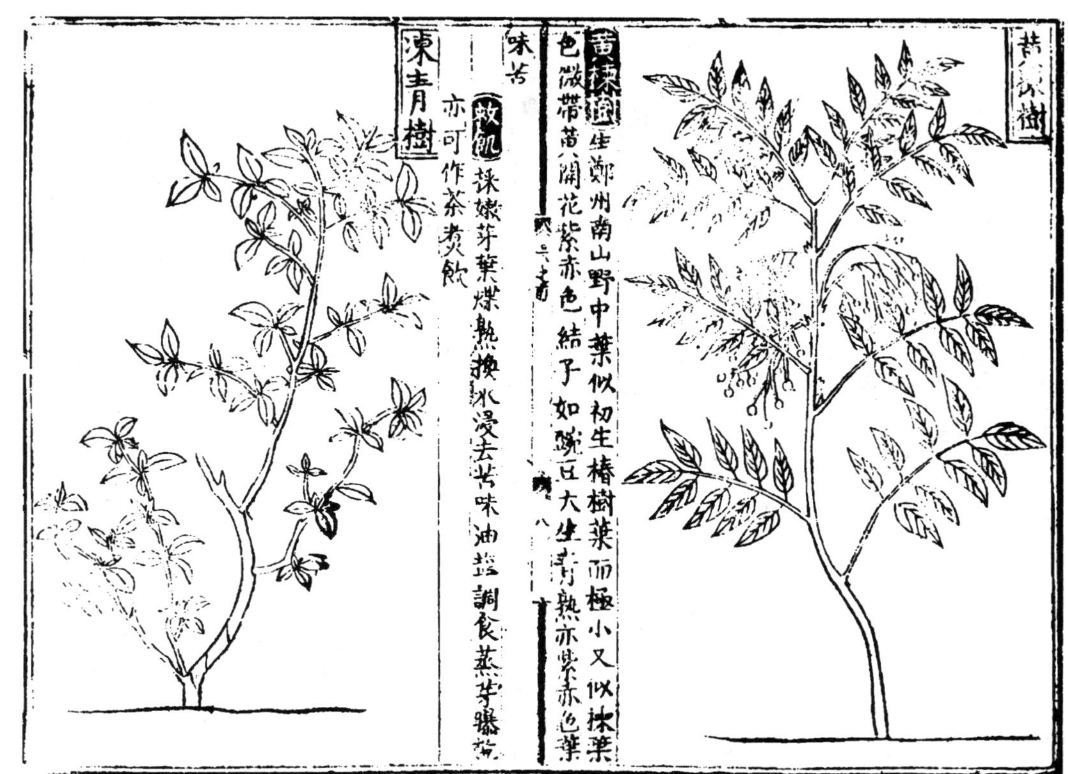

黃櫨樹生鄭州南山野中葉似初生椿樹葉而極小又似楝葉色微帶黃開花紫赤色結子如豌豆大生青熟亦紫赤色葉味苦

救飢 採嫩芽葉煠熟換水浸去苦味油鹽調食蒸芽曬乾亦可作茶煮飲

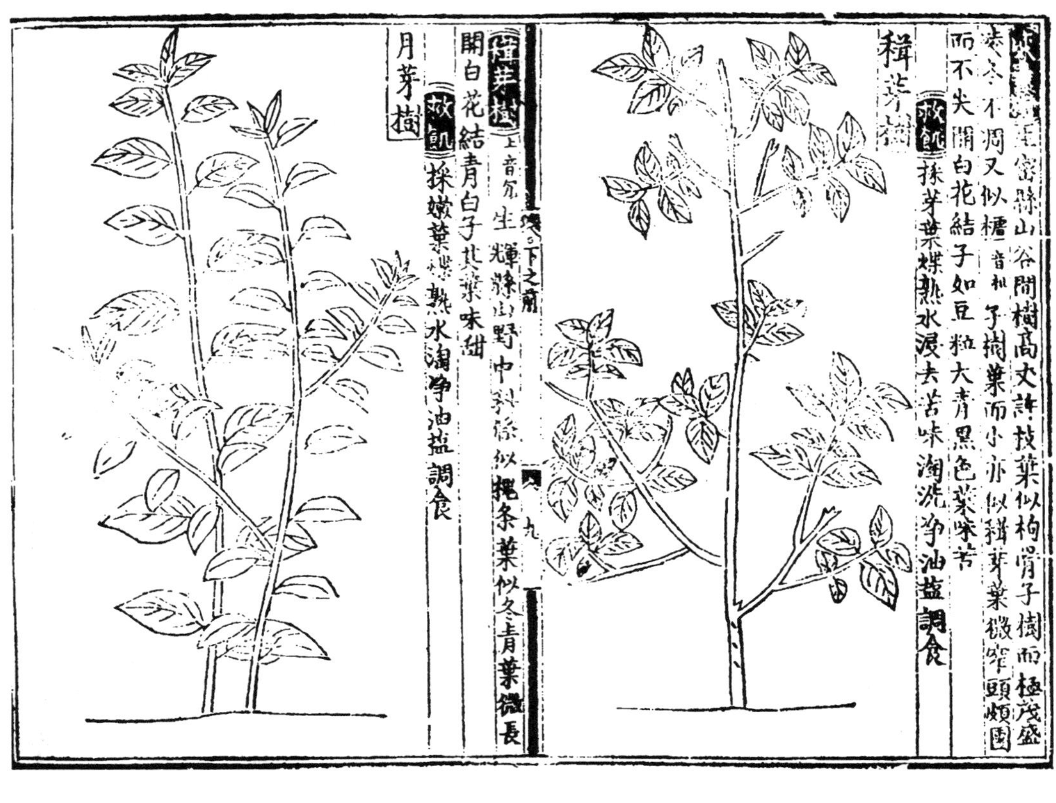

[illegible]生密縣山谷間樹高丈許枝葉似枸骨子樹而極茂盛凌冬不凋又似樝音柤子樹葉而小亦似穁芽葉微窄頭頗圓而不尖開白花結子如豆粒大青黑色葉味苦

救飢 採芽葉煠熟水浸去苦味淘洗淨油盐調食

穁芽樹

[illegible]芽樹 上音尔 生輝縣山野中科條似槐条葉似冬青葉微長開白花結青白子其葉味甜

救飢 採嫩葉煠熟水淘淨油盐調食

月芽樹

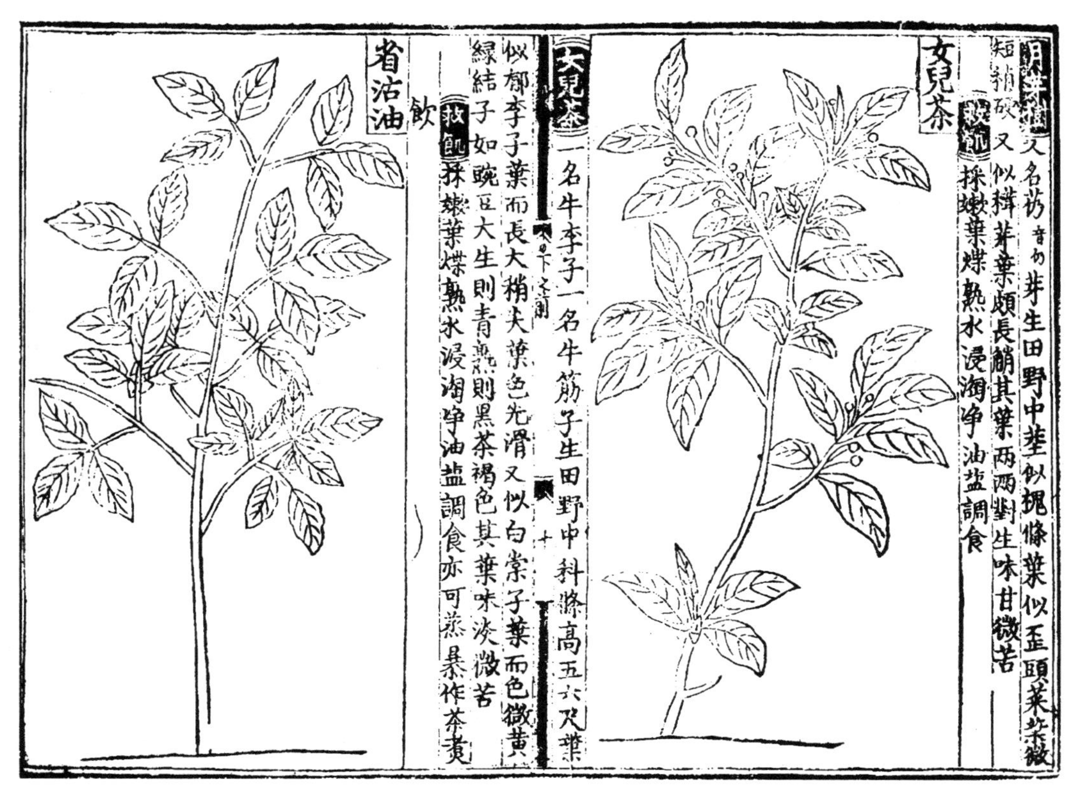

月芽樹 又名葯音勺芽生田野中莖似槐條葉似歪頭菜葉微短稍硬又似穁芽葉頗長艄其葉兩兩對生味甘微苦

救飢 採嫩葉煠熟水浸淘淨油盐調食

女兒茶

女兒茶 一名牛李子一名牛筋子生田野中科條高五六尺葉似郁李子葉而長大稍尖葉色光滑又似白棠子葉而色微黄緑結子如豌豆大生則青熟則黑茶褐色其葉味淡微苦

救飢 採嫩葉煠熟水浸淘淨油盐調食亦可蒸暴作茶煮飲

省沽油

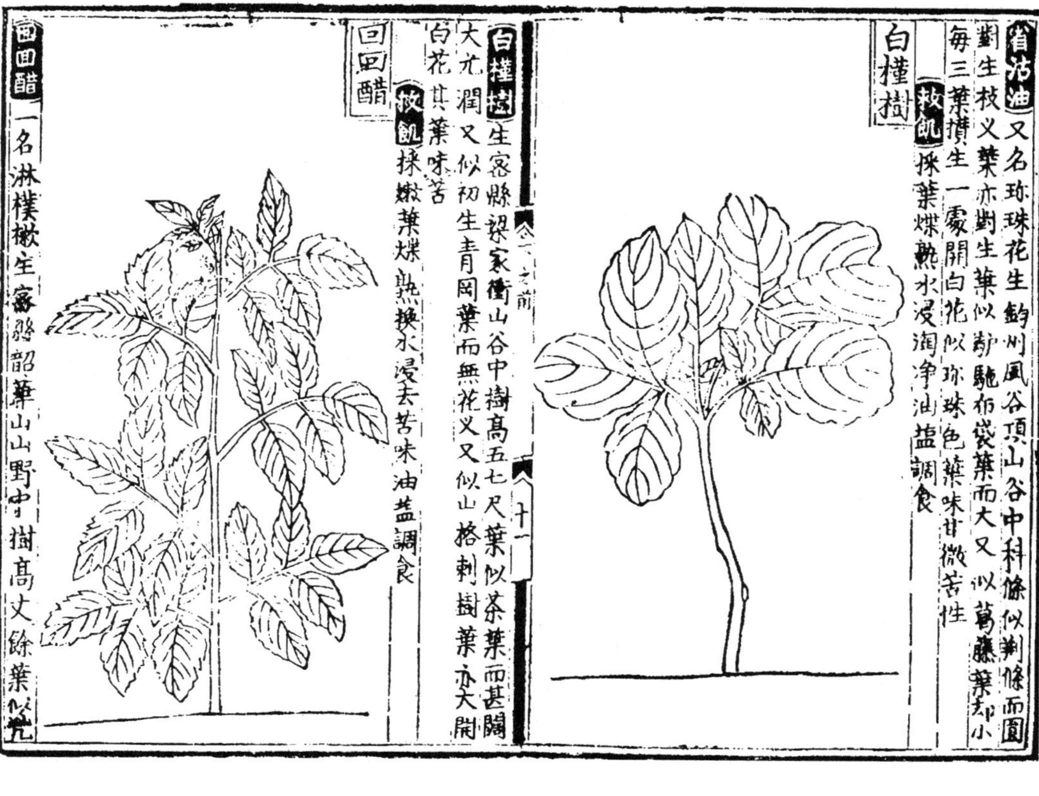

省沽油 又名珎珠花生鈞州風谷頂山谷中科條似荆條而圓對生枝叉葉亦對生葉似驢駞布袋葉而大又似葛藤葉却小每三葉攢生一處開白花似珎珠色葉味甘微苦性

救飢 採葉煠熟水浸淘淨油鹽調食

白槿樹

白槿樹 生密縣梁家衝山谷中樹高五七尺葉似茶葉而甚闊大光潤又似初生青岡葉而無花叉又似山格剌樹葉亦大開白花其葉味苦

救飢 採嫩葉煠熟換水浸去苦味油鹽調食

回回醋

回回醋 一名淋樸樕生密縣韶華山山野中樹高丈餘葉似兀

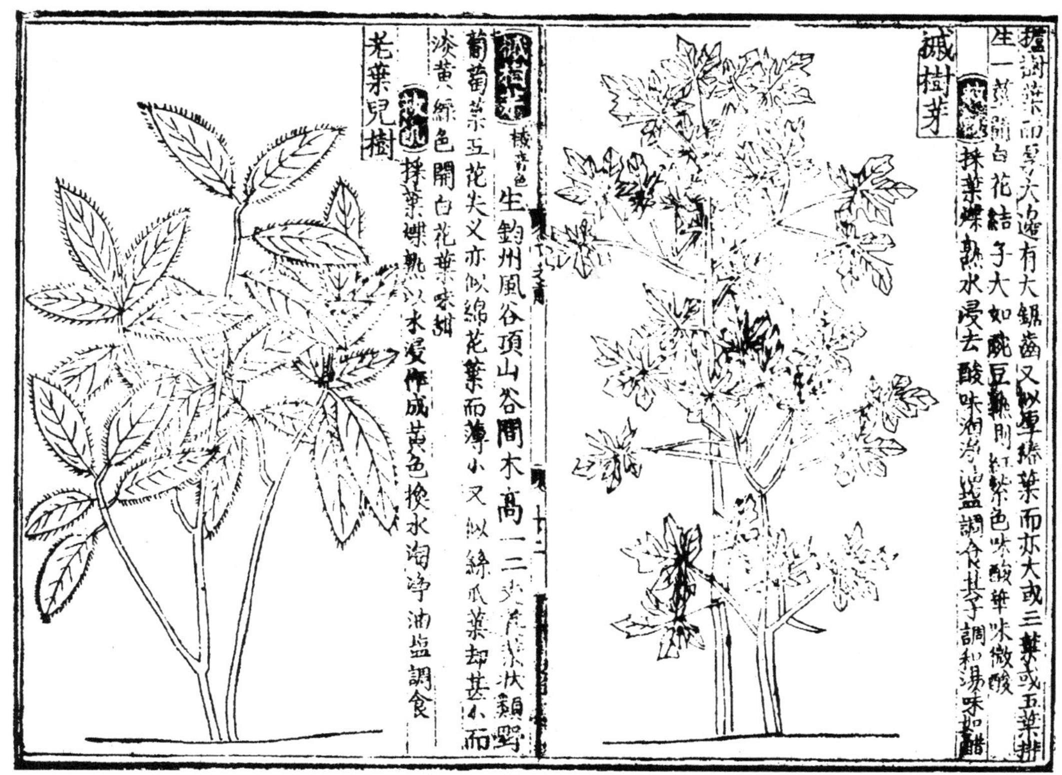

檀樹葉而窄又邊有大鋸齒又似[illegible]葉而亦大或三葉或五葉攢生一處開白花結子大如豌豆熟則紅紫色味酸葉味微酸

救飢 採葉煠熟水浸去酸味淘淨油鹽調食其子調和湯味如醋

槭樹芽

椴樹芽 椴音段 生鈞州風谷頂山谷間木高一二丈其葉狀頗類野葡萄葉五花尖叉亦似綿花葉而薄小又似絲瓜葉却甚小而淡黃綠色開白花葉味甜

救飢 採葉煠熟以水浸作成黃色換水淘淨油鹽調食

老葉兒樹

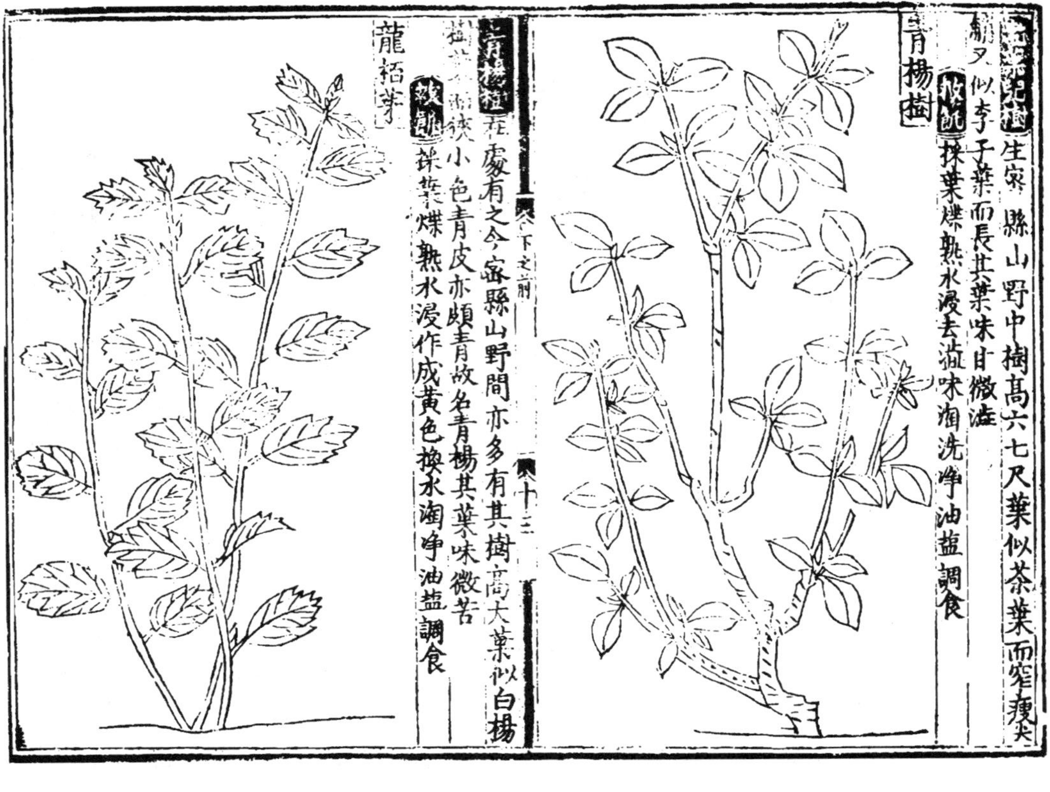

老葉兒樹 生密縣山野中樹高六七尺葉似茶葉而窄瘦尖艄又似李子葉而長其葉味甘微澁

救飢 採葉煠熟水浸去澁味淘洗淨油鹽調食

青楊樹

青楊樹 在處有之今密縣山野間亦多有其樹高大葉似白楊樹葉狹小色青皮亦頗青故名青楊其葉味微苦

救飢 採葉煠熟水浸作成黃色換水淘淨油鹽調食

龍栢芽

卷下之前　十三

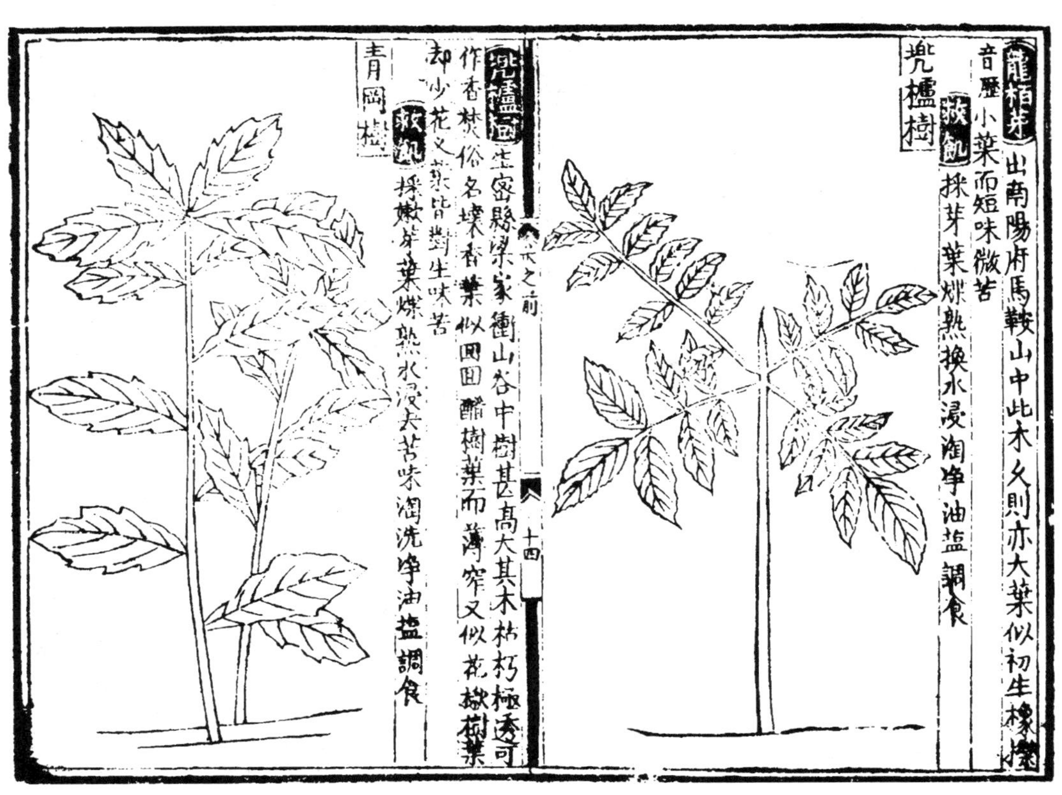

龍栢芽 出南陽府馬鞍山中此木久則亦大葉似初生橡櫟音歷小葉而短味微苦

救飢 採芽葉煠熟換水浸淘淨油鹽調食

兠櫨樹

兠櫨樹 生密縣梁家衝山谷中樹甚高大其木枯朽極透可作香焚俗名壞香葉似回回醋樹葉而薄窄又似花楸樹葉却少花叉葉皆對生味苦

救飢 採嫩芽葉煠熟水浸去苦味淘洗淨油鹽調食

青岡樹

卷下之前　十四

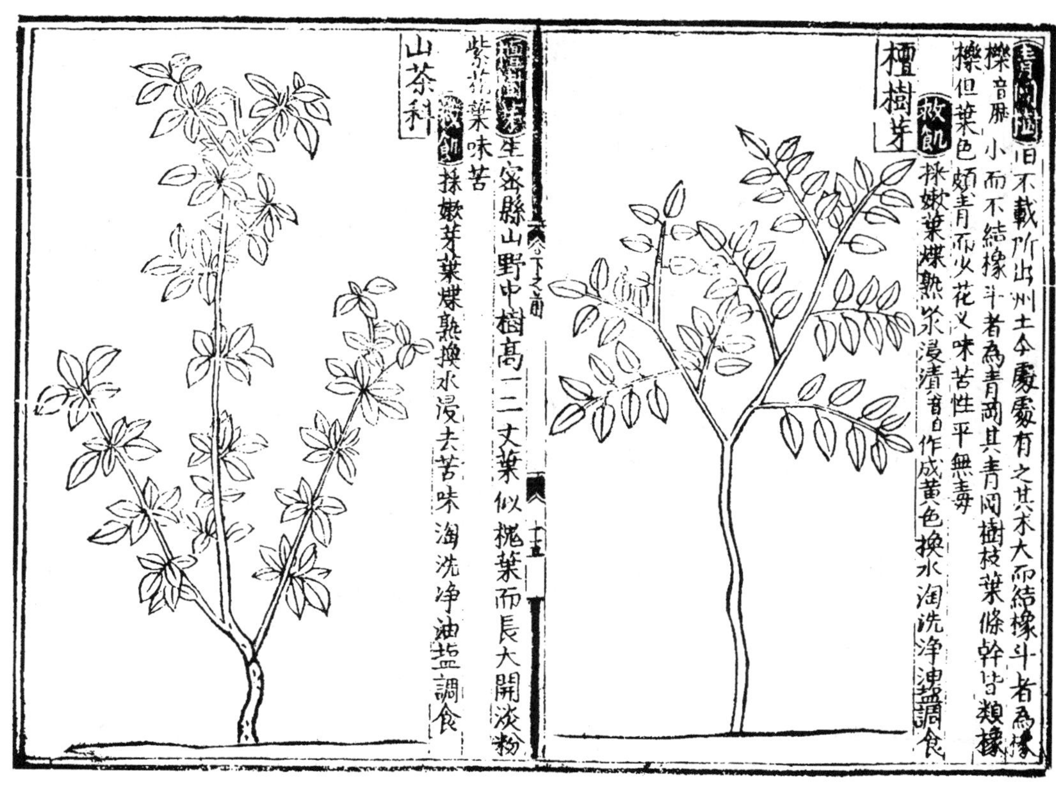

青岡樹　舊不載所出州土今處處有之其木大而結橡斗者爲橡櫟音歷小而不結橡斗者爲青岡其青岡樹枝葉條幹皆類橡櫟但葉色頗青而少花叉味苦性平無毒

救饑　採嫩葉煠熟以水浸漬葉自作成黄色換水淘洗淨油鹽調食

檀樹芽

卷下之前　十五

檀樹芽　生密縣山野中樹高一二丈葉似槐葉而長大開淡粉紫花葉味苦

救饑　採嫩芽葉煠熟換水浸去苦味淘洗淨油鹽調食

山茶科

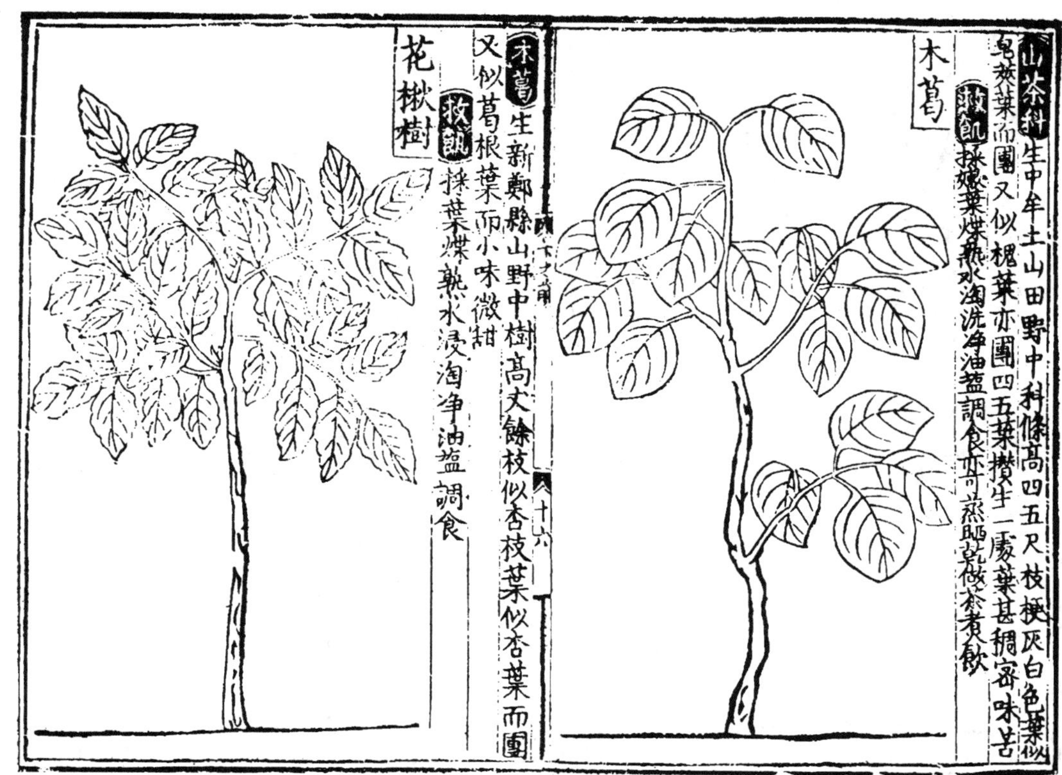

山茶科　生中牟土山田野中科條高四五尺枝梗灰白色葉似皂莢葉而團又似槐葉亦團四五葉攢生一處葉甚稠密味苦

救饑　採嫩葉煠熟水淘洗淨油鹽調食亦可蒸曬乾做茶煮飲

木葛

卷下之前　十六

木葛　生新鄭縣山野中樹高丈餘枝似杏枝葉似杏葉而團又似葛根葉而小味微甜

救饑　採葉煠熟水浸淘淨油鹽調食

花楸樹

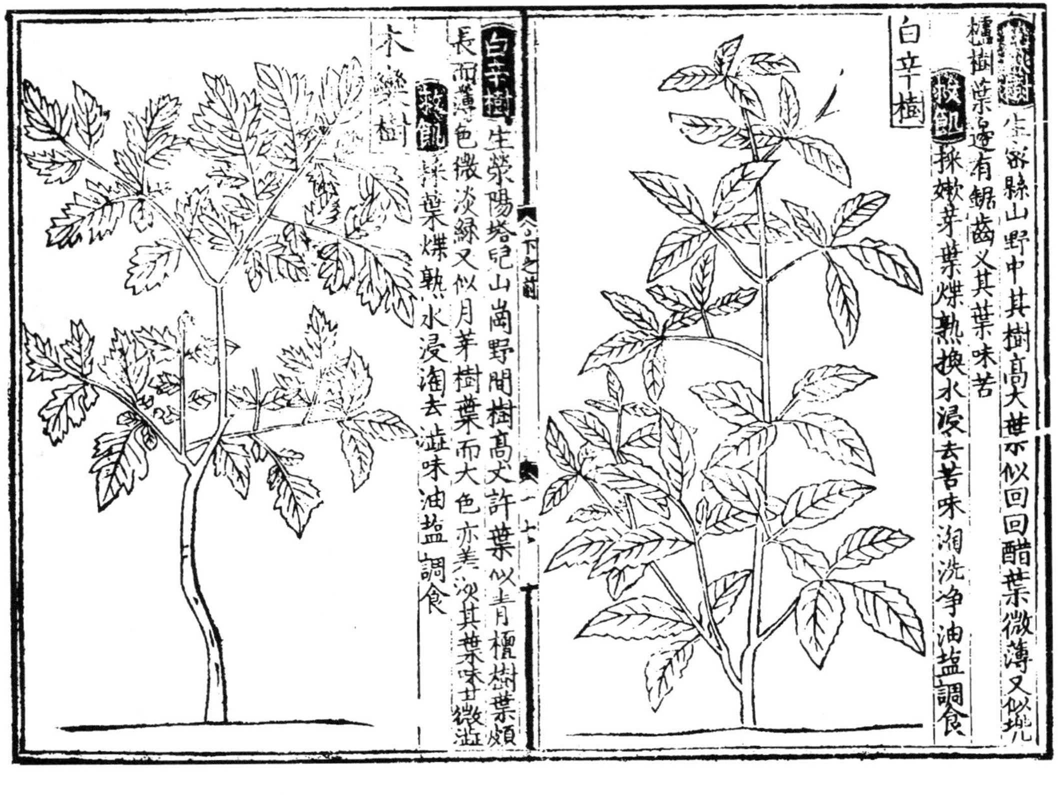
[illegible]生密縣山野中其樹高大葉似回回醋葉微薄又似兜櫨樹葉邊有鋸齒又其葉味苦
救飢採嫩芽葉煠熟換水浸去苦味淘洗淨油鹽調食

白辛樹生滎陽塔兒山崗野間樹高丈許葉似青檀樹葉頗長而薄色微淡綠又似月芽樹葉而大色亦差淡其葉味甘微澀
救飢採葉煠熟水浸淘去澀味油鹽調食

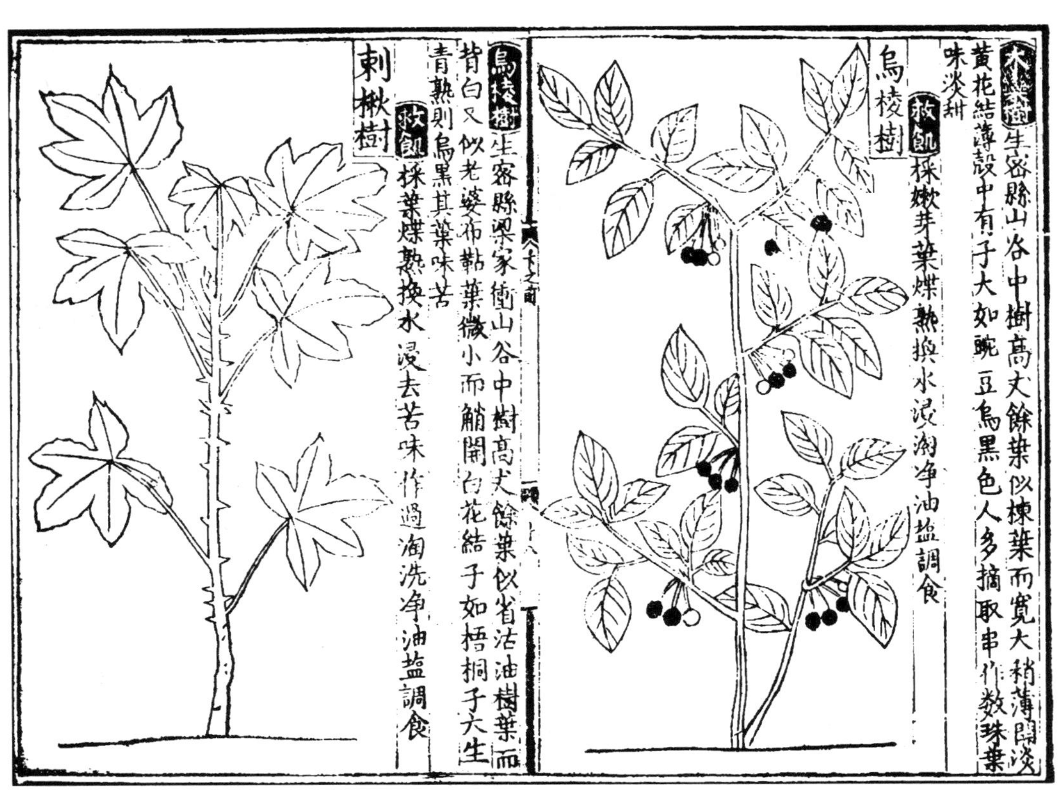
木欒樹生密縣山谷中樹高丈餘葉似楝葉而寬大稍薄開淡黃花結薄殼中有子大如豌豆烏黑色人多摘取串作數珠葉味淡甜
救飢採嫩芽葉煠熟換水浸淘淨油鹽調食

烏棱樹生密縣梁家衝山谷中樹高丈餘葉似省沽油樹葉而背白又似老婆布鞊葉微小而艄開白花結子如梧桐子大生青熟則烏黑其葉味苦
救飢採葉煠熟換水浸去苦味作過淘洗淨油鹽調食

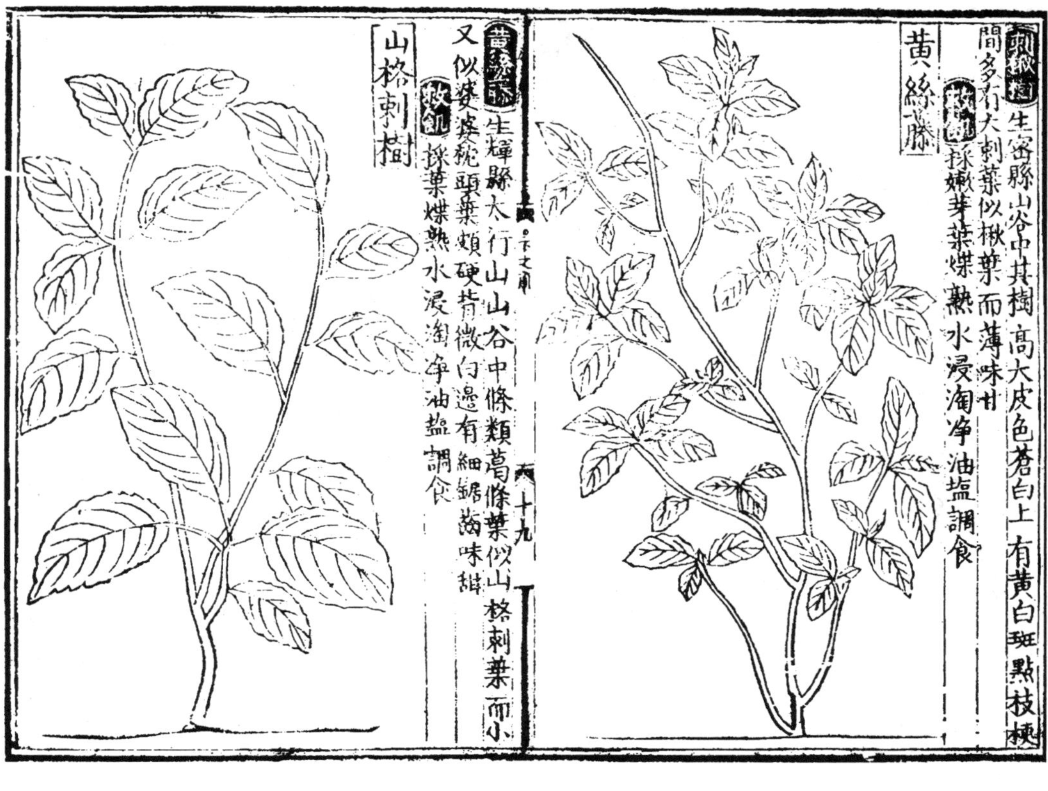

刺楸樹 生密縣山谷中其樹高大皮色蒼白上有黃白斑點枝梗間多有大刺葉似楸葉而薄味甘

救飢 採嫩芽葉煠熟水浸淘淨油鹽調食

黃絲藤

黃絲藤 生輝縣太行山山谷中條類葛條葉似山格刺葉而小又似婆婆枕頭葉頗硬背微白邊有細鋸齒味甜

救飢 採葉煠熟水浸淘淨油鹽調食

山格刺樹

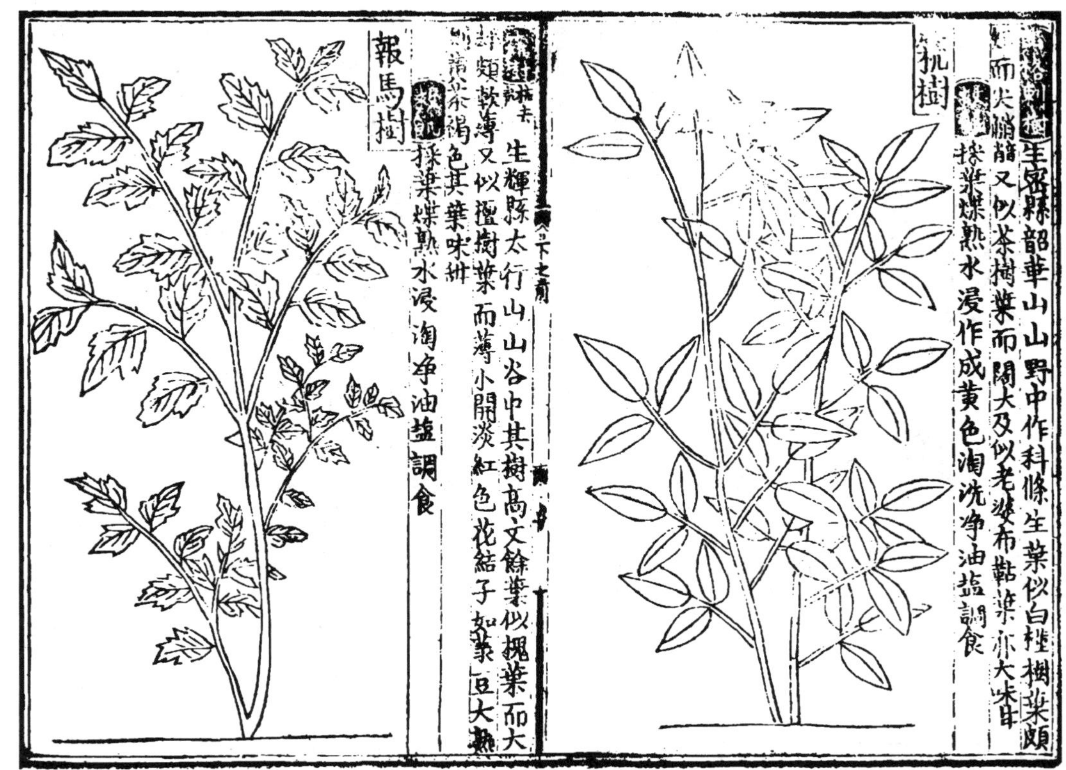

山格刺樹 生密縣韶華山山野中作科條生葉似白槿樹葉頗短而尖鮹又似茶樹葉而闊大及似老婆布鞊葉亦大味甘

救飢 採葉煠熟水浸作成黃色淘洗淨油鹽調食

扒樹

扒樹 生輝縣太行山山谷中其樹高丈餘葉似槐葉而大却頗軟薄又似檀樹葉而薄小開淡紅色花結子如菉豆大熟則黃茶褐色其葉味甜

救飢 採葉煠熟水浸淘淨油鹽調食

報馬樹

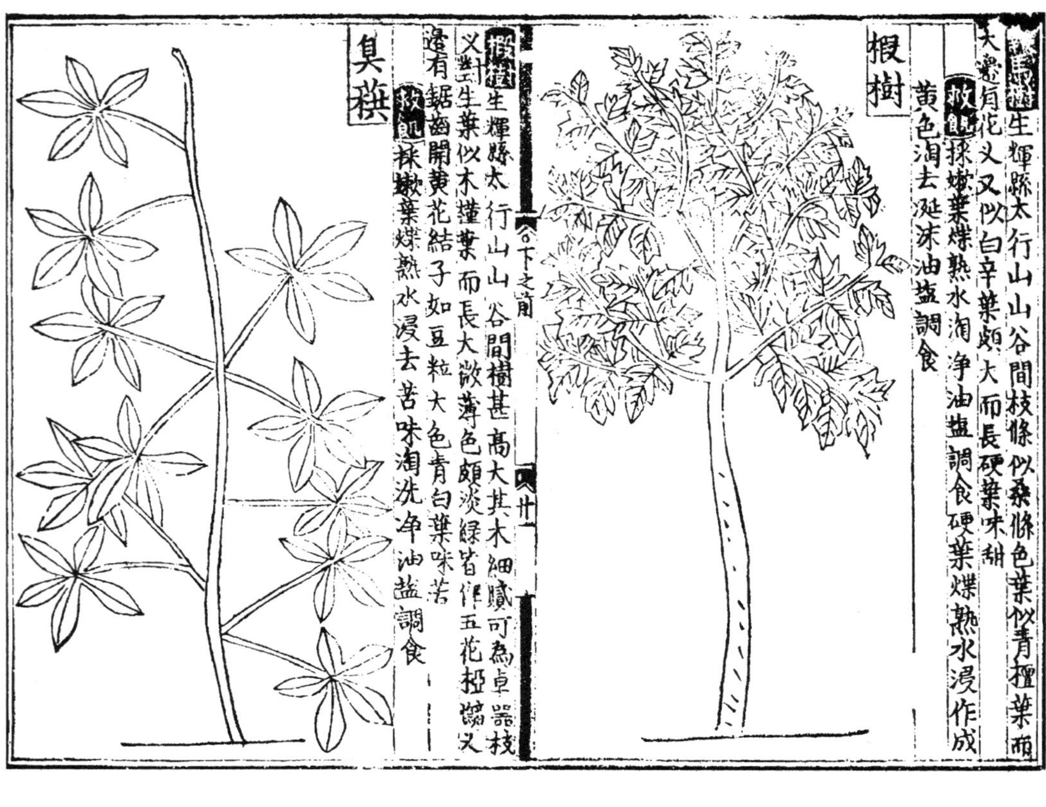

椵樹

[illegible]生輝縣太行山山谷間枝條似桑條色葉似青檀葉而大邊有花叉又似白辛葉頗大而長硬葉味甜

救飢採嫩葉煠熟水淘淨油鹽調食硬葉煠熟水浸作成黄色淘去涎沫油鹽調食

臭棋

椵樹生輝縣太行山山谷間樹甚高大其木細膩可為桌器枝叉對生葉似木槿葉而長大微薄色頗淡綠皆作五花椏叉邊有鋸齒開黄花結子如豆粒大色青白葉味苦

救飢採嫩葉煠熟水浸去苦味淘洗淨油鹽調食

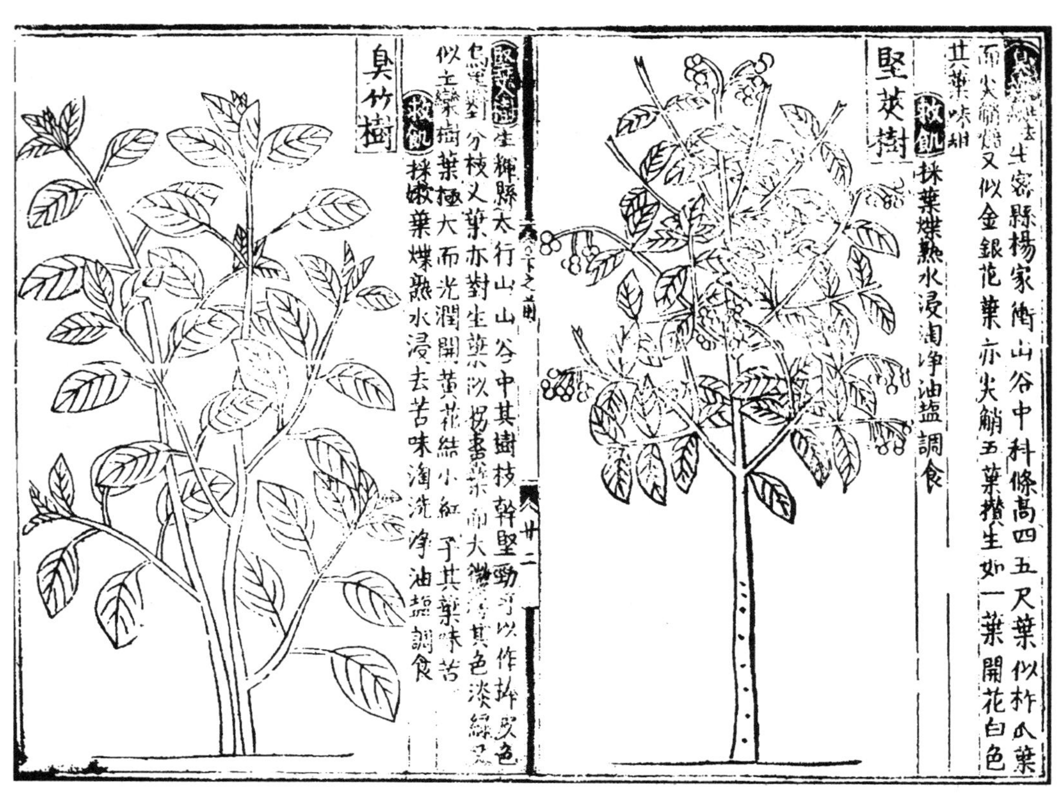

堅莢樹

[illegible]生密縣楊家衝山谷中科條高四五尺葉似杵瓜葉而尖艄[illegible]又似金銀花葉亦尖艄五葉攢生如一葉開花白色其葉味甜

救飢採葉煠熟水浸淘淨油鹽調食

臭竹樹

堅莢樹生輝縣太行山山谷中其樹枝榦堅勁可以作拂皮色烏黑對分枝叉葉亦對生葉似楊葉而大微薄其色淡綠又似土欒樹葉極大而光潤開黄花結小紅子其葉味苦

救飢採嫩葉煠熟水浸去苦味淘洗淨油鹽調食

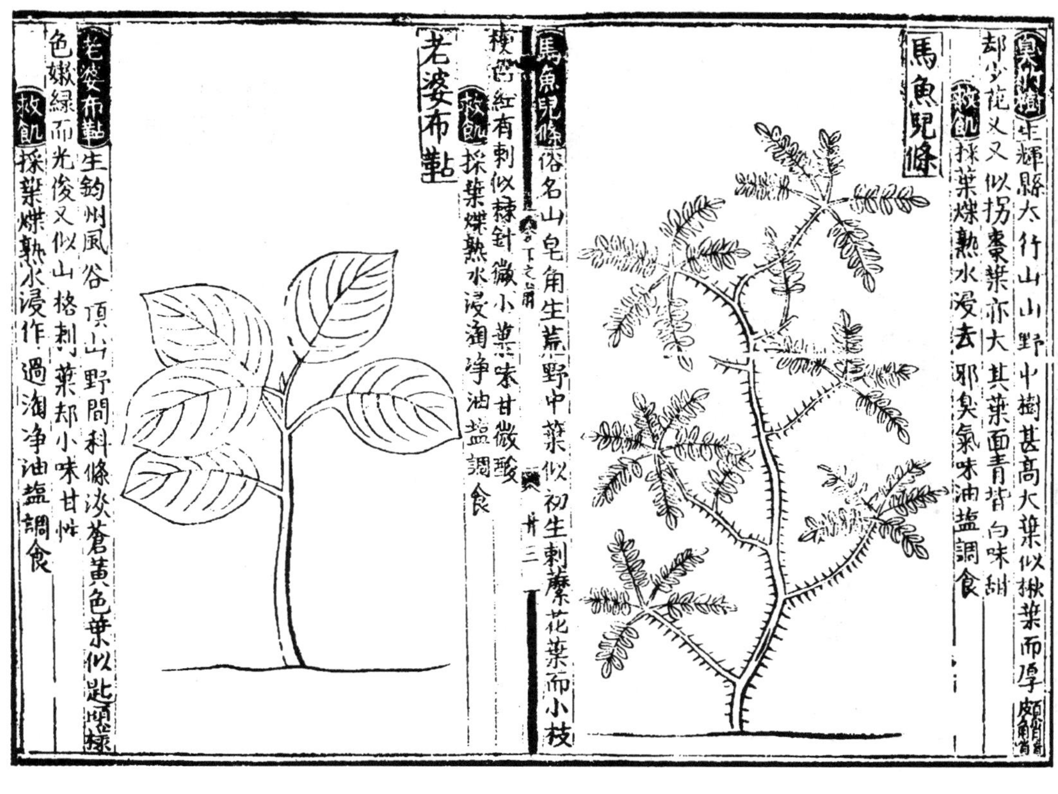

臭竹樹　生輝縣太行山山野中樹甚高大葉似楸葉而厚頗卻少花叉又似拐棗葉亦大其葉面青背白味甜

救飢　採葉煠熟水浸去邪臭氣味油鹽調食

馬魚兒條

馬魚兒條　俗名山皂角生荒野中葉似初生刺蘗花葉而小枝梗色紅有刺似棘針微小葉味甘微酸

救飢　採葉煠熟水浸淘淨油鹽調食

卷下之前　廿三

老婆布鞊

老婆布鞊　生鈞州風谷頂山野間科條淡蒼黃色葉似匙頭樣色嫩綠而光俊又似山格剌葉卻小味甘性

救飢　採葉煠熟水浸作過淘淨油鹽調食

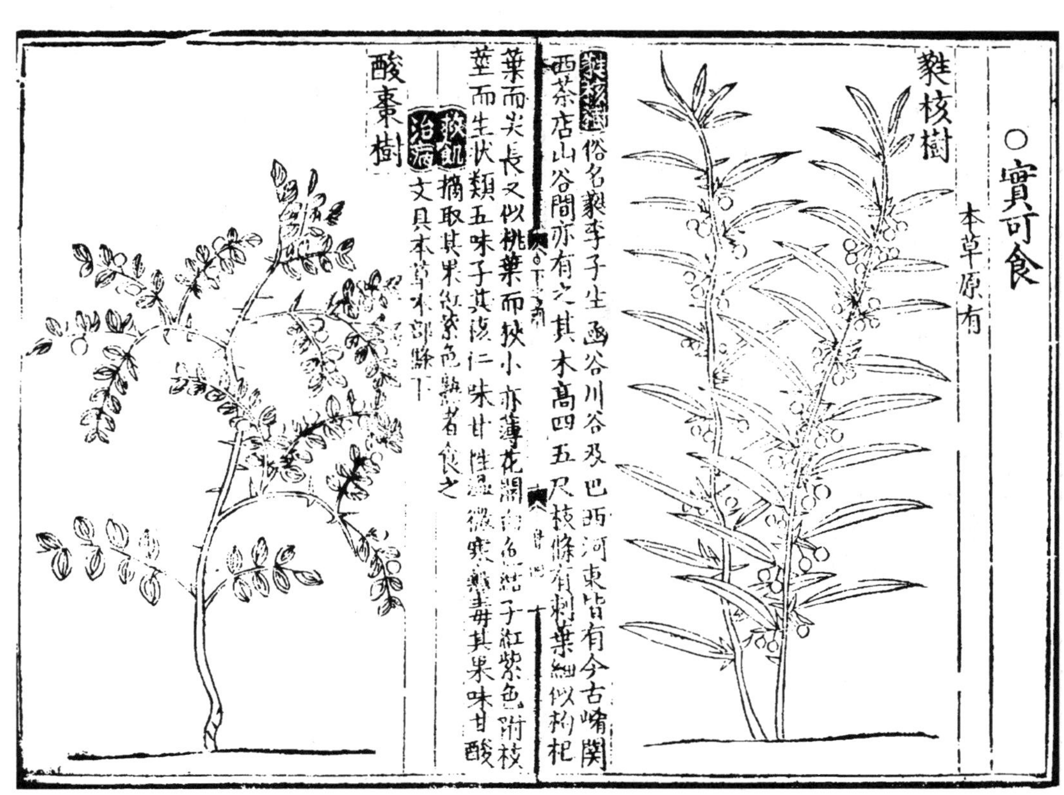

〇實可食

本草原有

蕤核樹

蕤核樹　俗名蕤李子生函谷川谷及巴西河東皆有今古崤關西茶店山谷間亦有之其木高四五尺枝條有刺葉細似枸杞葉而尖長又似桃葉而狹小亦薄花開白色結子紅紫色附枝莖而生狀類五味子其核仁味甘性溫微寒無毒其果味甘酸

卷下之前　廿四

救飢　摘取其果紅紫色熟者食之

治病　文具本草木部蕤下

酸棗樹

酸棗樹 爾雅謂之樲棗出河東川澤今城壘坡野間多有之其木似棗而皮細莖多棘刺葉似棗葉微小花似棗花結實紫紅色似棗而圓小核中人微匾名酸棗人入藥用味酸性平一云性微熱惡防已

救饑 採取其棗為果食之亦可釀酒熬作燒酒飲未紅熟時採取煮食亦可

治病 文具本草木部條下

橡子樹

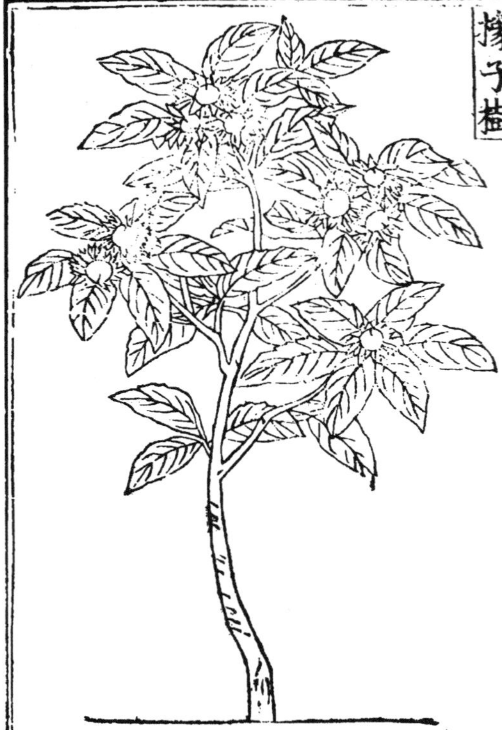

橡子樹 本草橡實櫟木子也其殼一名杼斗所在山谷有之木高二三丈葉似栗葉而大開黃花其實橡也有梂彙自裹其殼即橡斗也橡實味苦澀性微溫無毒其殼斗可染皂

救饑 取子換水浸煮十五次淘去澀味蒸極熟食之厚腸胃肥健人不飢

治病 文具本草木部橡實條下

荊子

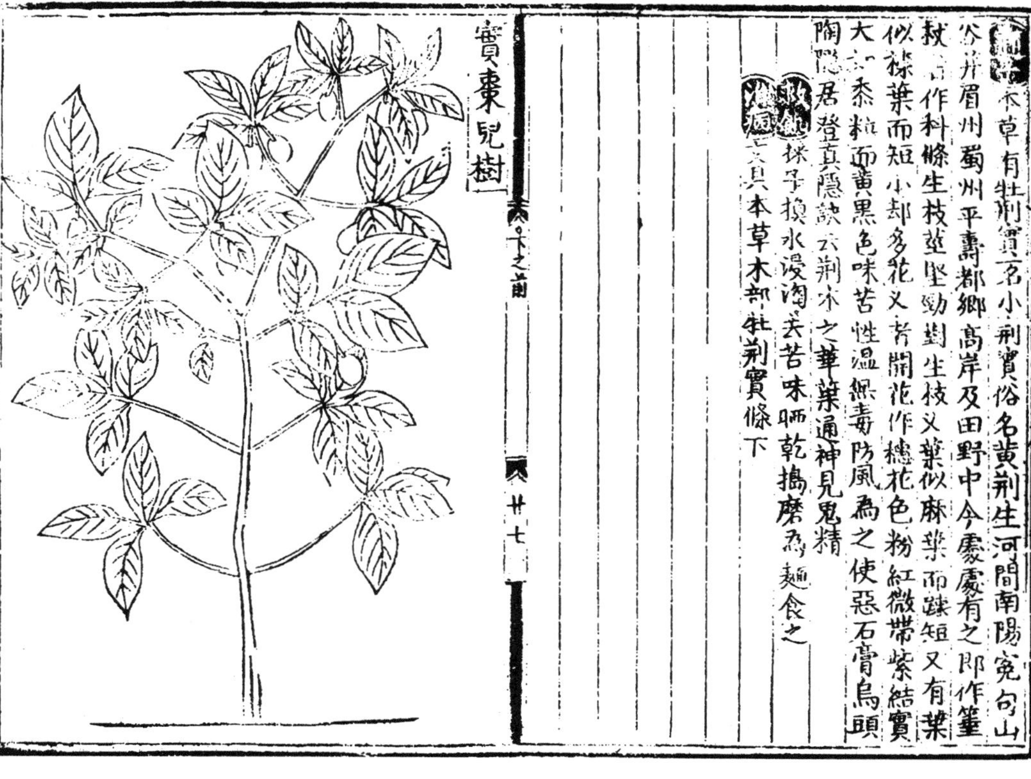

【□□】本草有牡荊實一名小荊實俗名黃荊生河間南陽冤句山谷并眉州蜀州平壽都鄉高岸及田野中今處處有之即作箠杖者作科條生枝莖堅勁對生枝叉葉似麻葉而疎短又有葉似椶葉而短小却多花叉者開花作穗花色粉紅微帶紫結實大如黍粒而黃黑色味苦性溫無毒防風為之使惡石膏烏頭陶隱居登真隱訣云荊木之華葉通神見鬼精

【救飢】採子換水浸淘去苦味晒乾搗磨為麵食之

【治病】文具本草木部牡荊實條下

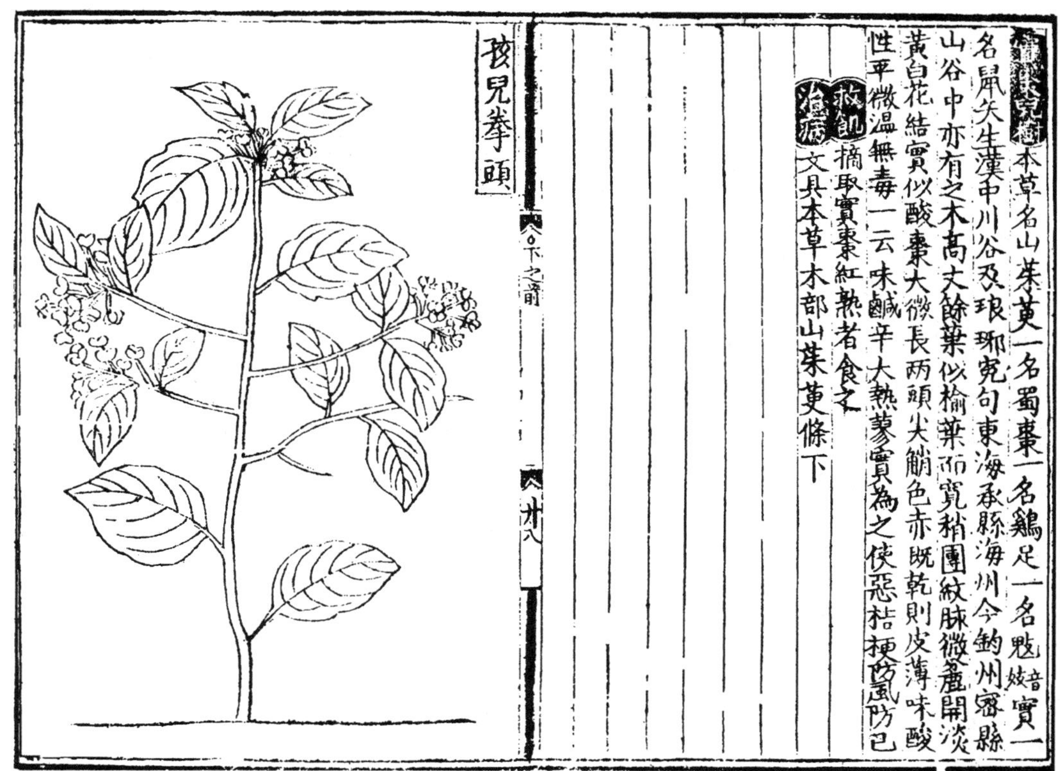

【實棗兒樹】本草名山茱萸一名蜀棗一名雞足一名魌（音妓）實一名鼠矢生漢中川谷及琅琊冤句東海承縣海州今鈞州密縣山谷中亦有之木高丈餘葉似榆葉而寬稍團紋脈微麄開淡黃白花結實似酸棗大微長兩頭尖銳色赤既乾則皮薄味酸性平微溫無毒一云味鹹辛大熱蓼實為之使惡桔梗防風防己

【救飢】摘取實棗紅熟者食之

【治病】文具本草木部山茱萸條下

救荒本草 本草名莢蒾 音迷 一名擊蒾一名弄先舊不著所出州土但云所在山谷多有之今輝縣太行山山野中亦有其木作小樹葉似木槿而薄又似杏葉頗大亦澀枝葉間開黃花結子似溲疏兩兩切並四四相對數對共為一攢生則青熟則赤色味甘苦性平無毒蓋檔榆之類也其皮堪為索

救飢 採子紅熟者食之又煮枝汁少加米作粥甚美

治病 文具本草木部莢蒾條下

新增

山梨兒

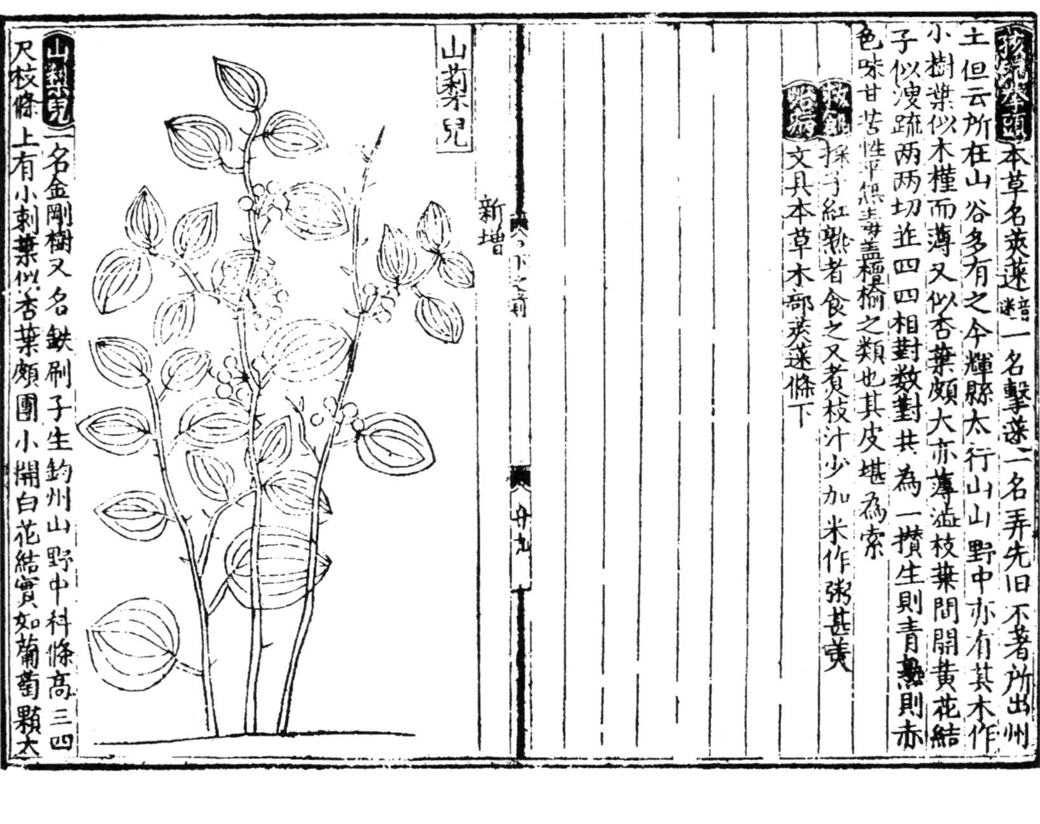

山梨兒 一名金剛樹又名鐵刷子生鈞州山野中科條高三四尺枝條上有小刺葉似杏葉頗團小開白花結實如葡萄顆大

熟則紅黃色味甘酸

救飢 採果食之

山裏果兒

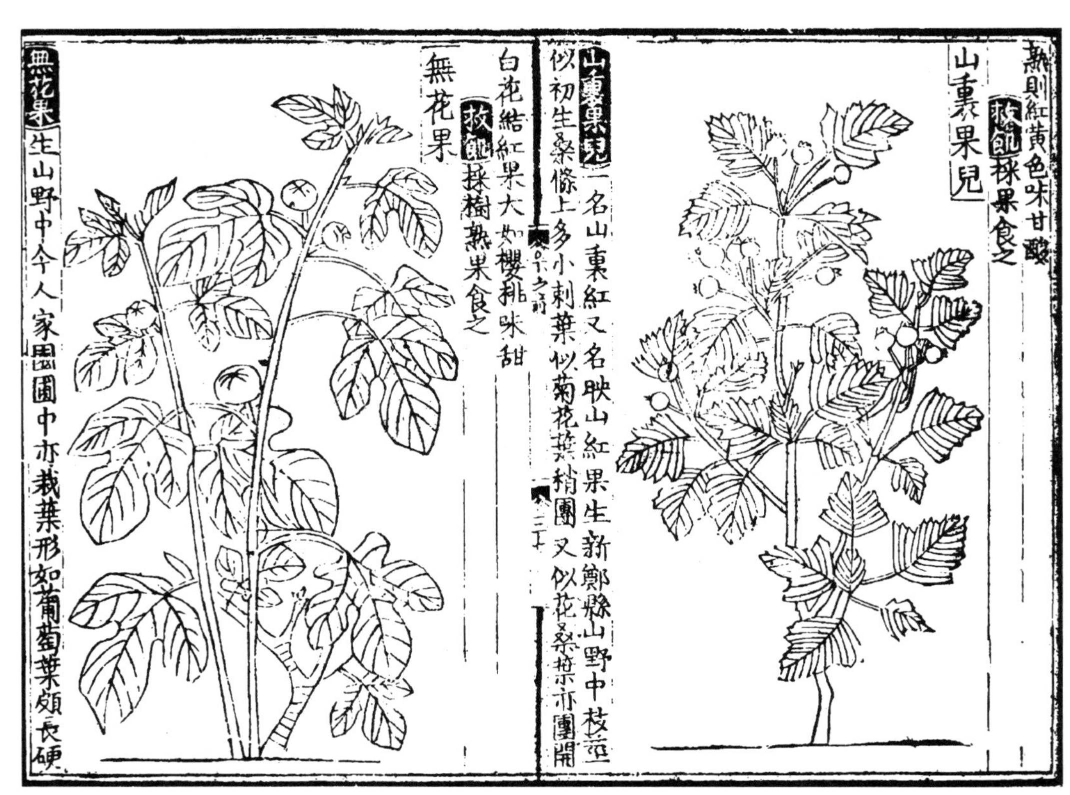

山裏果兒 一名山裏紅又名映山紅果生新鄭縣山野中枝莖似初生桑條上多小刺葉似菊花葉稍團又似花桑葉亦團開白花結紅果大如櫻桃味甜

救飢 採樹熟果食之

無花果

無花果 生山野中今人家園圃中亦栽葉形如葡萄葉頗長硬

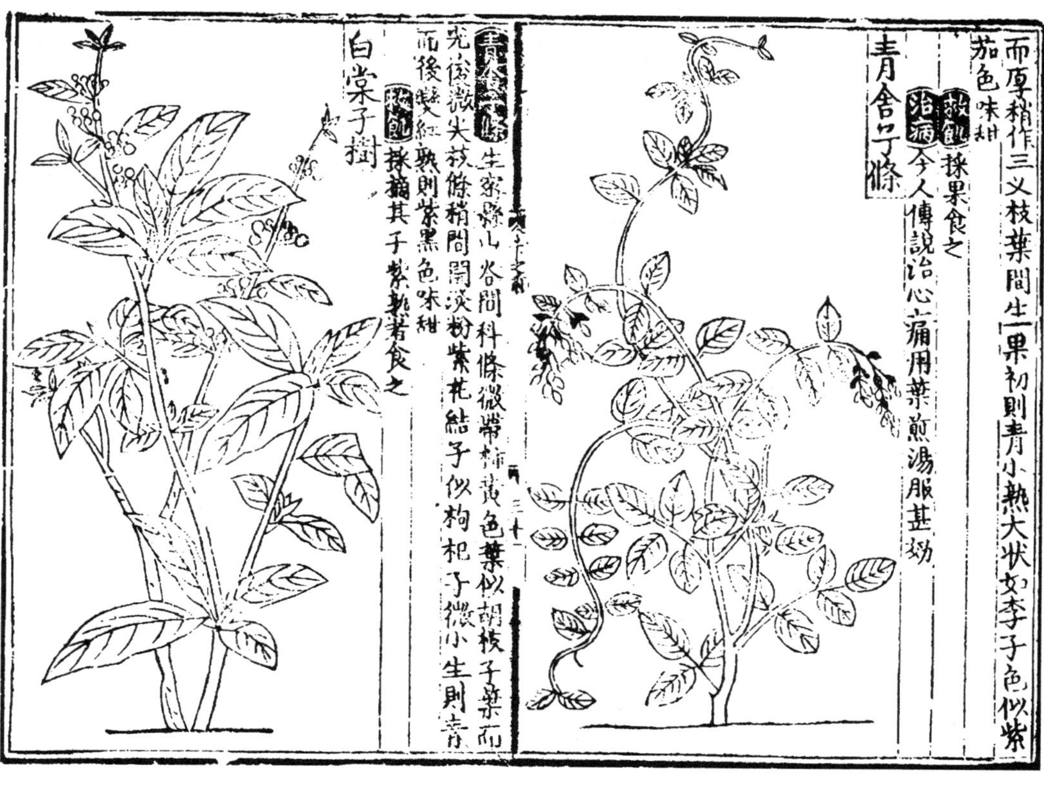

而厚稍作三叉枝葉間生一果初則青小熟大狀如李子色似紫茄色味甜

救飢 採果食之

治病 今人傳說治心痛用葉煎湯服甚効

青舍子條

青舍子條 生密縣山谷間科條微帶柿黃色葉似胡枝子葉而光俊微尖莖條稍間開淡粉紫花結子似枸杞子微小生則青而後變紅熟則紫黑色味甜

救飢 採摘其子紫熟者食之

白棠子樹

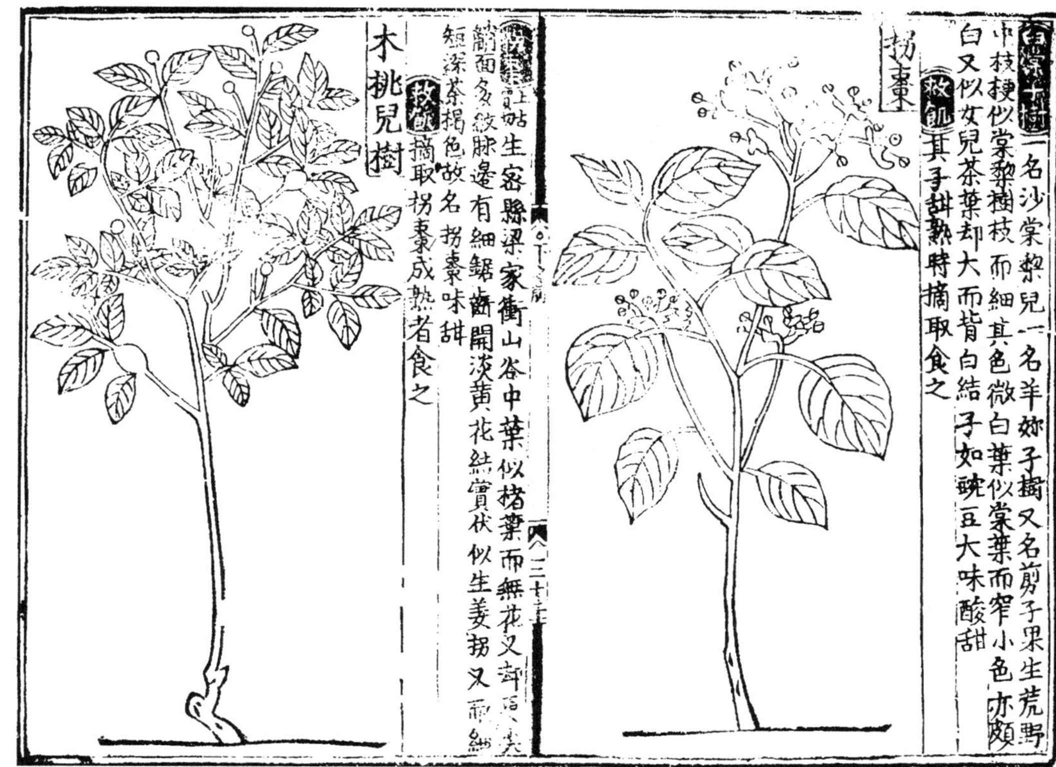

白棠子樹 一名沙棠棃兒一名羊奶子樹又名剪子果生荒野中枝梗似棠棃樹枝而細其色微白葉似棠葉而窄小色亦頗白又似女兒茶葉却大而背白結子如豌豆大味酸甜

救飢 其子甜熟時摘取食之

拐棗

拐棗 生密縣梁家衝山谷中葉似楮葉而無花叉却有細鋸齒開淡黃花結實狀似生姜拐叉而細短深茶褐色故名拐棗味甜

救飢 摘取拐棗成熟者食之

木桃兒樹

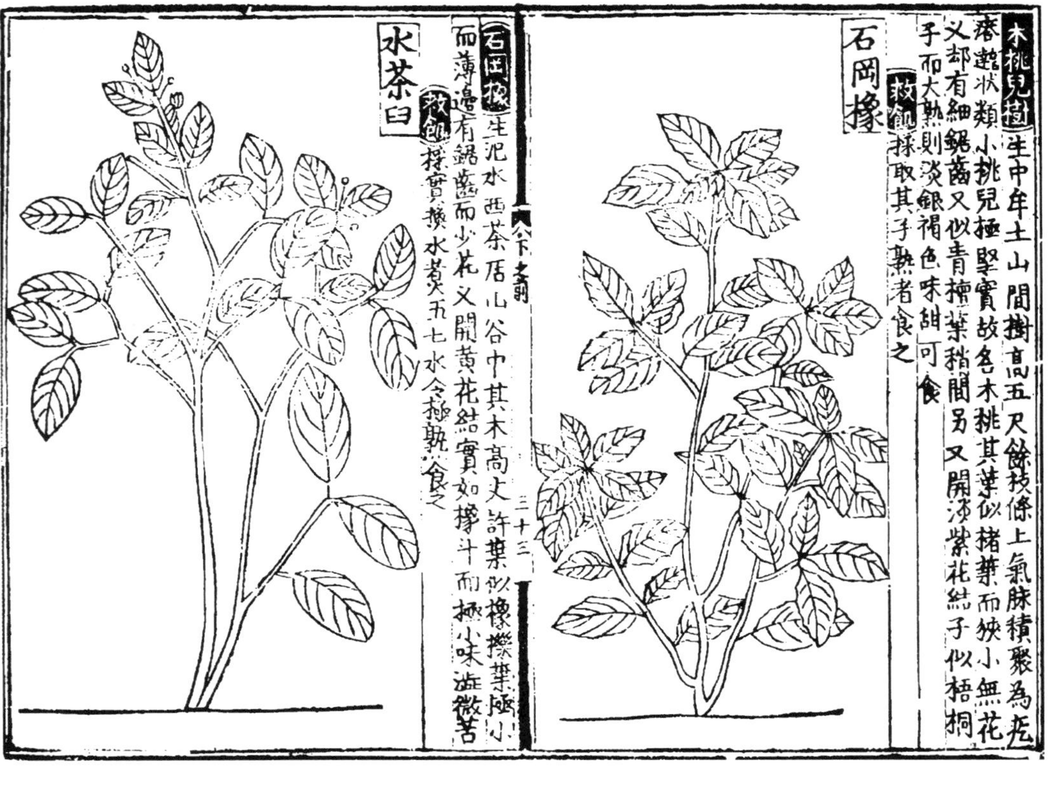

木桃兒樹 生中牟土山間樹高五尺餘枝條上氣脉積聚為疙瘩狀類小桃兒極堅實故名木桃其葉似楮葉而狹小無花叉却有細鋸齒又似青檀葉稍間另又開淡紫花結子似梧桐子而大熟則淡銀褐色味甜可食

救飢 採取其子熟者食之

石岡橡

石岡橡 生汜水西茶店山谷中其木高丈許葉似橡櫟葉極小而薄邊有鋸齒而少花叉開黃花結實如橡斗而極小味澁微苦

救飢 採實換水煮五七次令極熟食之

水茶臼

三十三

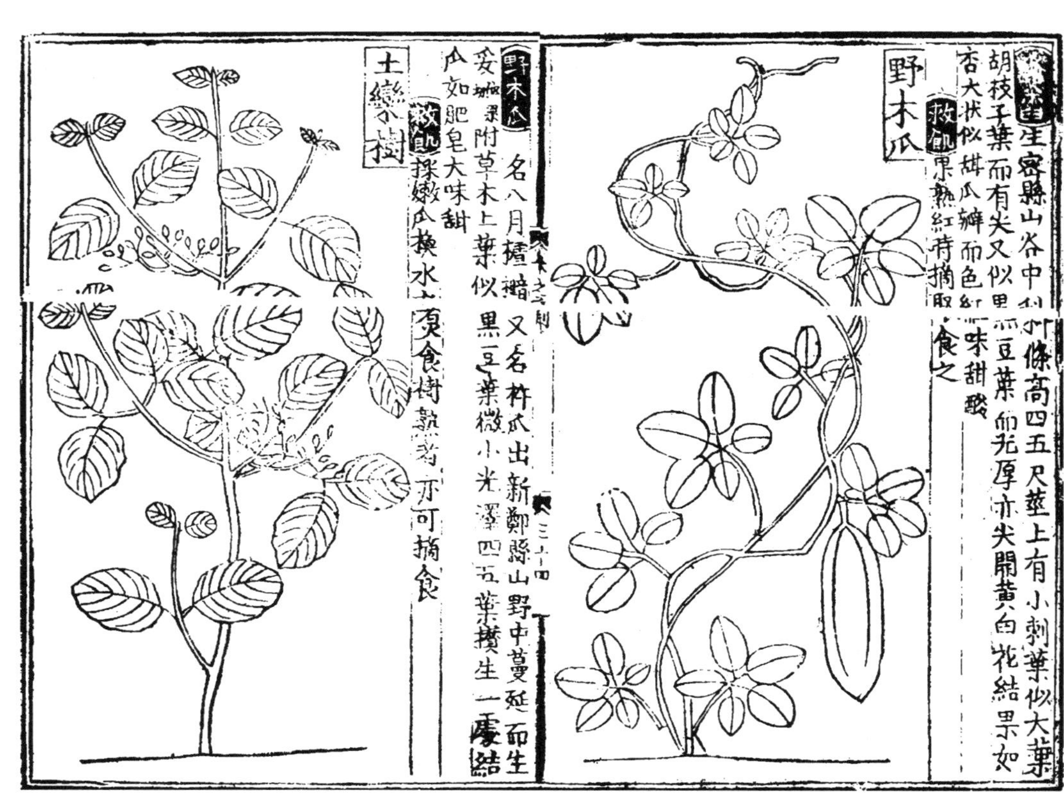

[illegible] 生密縣山谷中科條高四五尺莖上有小刺葉似大葉胡枝子葉而有尖又似黑豆葉而光厚亦尖開黃白花結果如杏大狀似甜瓜瓣而色紅味甜酸

救飢 果熟紅時摘取食之

野木瓜

野木瓜 一名八月樝又名杵瓜出新鄭縣山野中蔓延而生妥附草木上葉似黑豆葉微小光澤四五葉攢生一處結瓜如肥皂大味甜

救飢 採嫩瓜換水煑食樹熟者亦可摘食

土欒樹

三十四

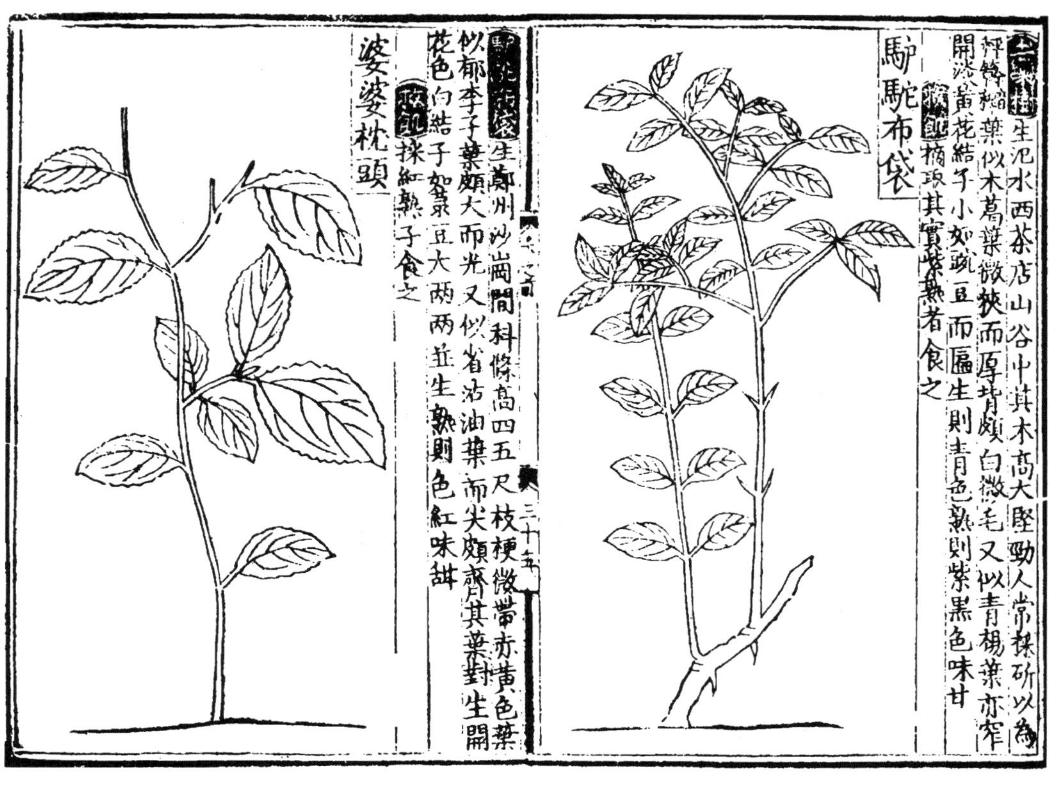

土欒樹 生汜水西茶店山谷中其木高大堅勁人常採斫以為拐棒稍葉似木葛葉微狹而厚背頗白微毛又似青楊葉亦窄開淡黄花結子小如豌豆而匾生則青色熟則紫黑色味甘 救飢 摘取其實紫熟者食之

駱駝布袋

三十五

駱駝布袋 生鄭州沙崗間科條高四五尺枝梗微帶赤黄色葉似郁李子葉頗大而光又似省沽油葉而尖頗齊其葉對生開花色白結子如菉豆大兩兩並生熟則色紅味甜 救飢 採紅熟子食之

婆婆枕頭

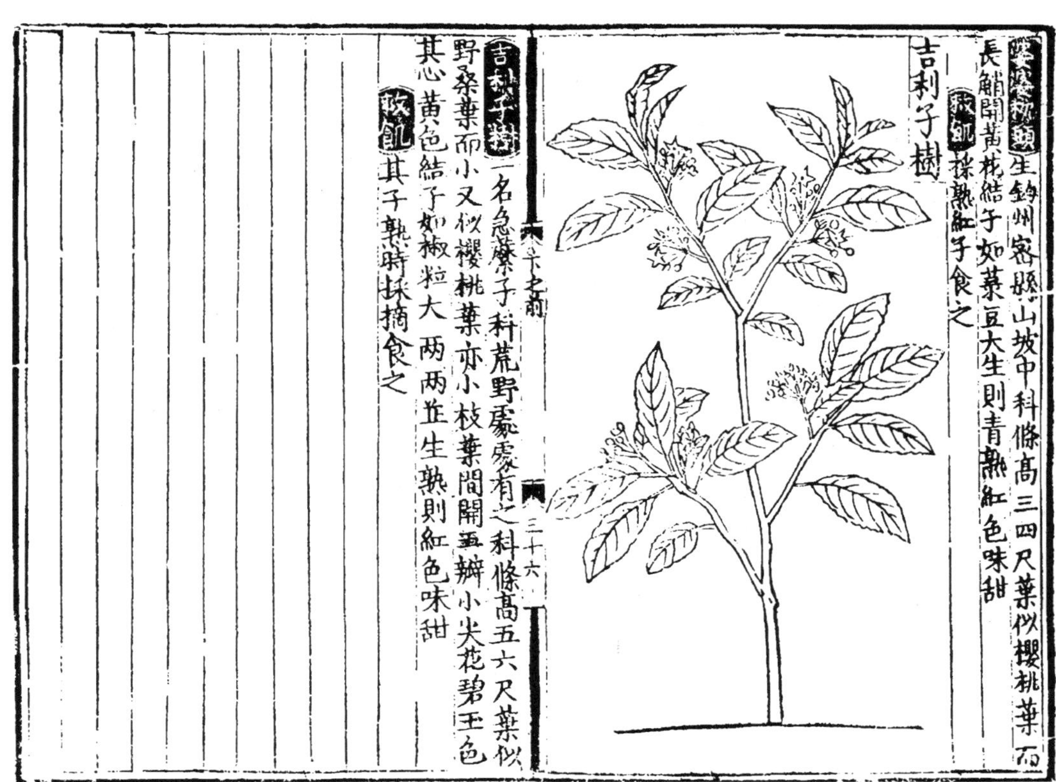

婆婆枕頭 生鈞州密縣山坡中科條高三四尺葉似櫻桃葉而長艄開黄花結子如菉豆大生則青熟紅色味甜 救飢 採熟紅子食之

吉利子樹

三十六

吉利子樹 一名急縻子科荒野處處有之科條高五六尺葉似野桑葉而小又似櫻桃葉亦小枝葉間開五瓣小尖花碧玉色其心黄色結子如椒粒大兩兩並生熟則紅色味甜 救飢 其子熟時採摘食之

○葉及實皆可食

本草原有

枸杞

枸杞 一名杞根一名枸忌一名地輔一名羊乳一名却暑一名仙人杖一名西王母杖一名地仙苗一名托盧或名天精或名却老一名枸檵一名苦杞俗呼為甜菜子根名地骨生常山平澤今處處有之其莖幹高三五尺上有小刺春生苗葉如石榴葉而軟薄莖葉間開小紅紫花隨便結實形如枣核熟則紅色味微苦性寒根大寒子微寒無毒一云味甘平白色無刺者良陝西枸杞長一二丈圍數寸無刺根皮如厚朴甘美異於諸處生子如櫻桃全少核暴乾如餅極爛有味

救飢 採葉煠熟水淘淨油鹽調食作羹食皆可子紅熟時亦可食若渴煮葉作飲以代茶飲之

治病 文具本草木部條下

栢樹

栢樹 本草有栢實生太山山谷及陝州宜州其乾州者最佳密州側栢葉尤佳今處處有之味甘一云味甘辛性平無毒葉味苦一云味苦辛微温無毒牡蠣及桂瓜子為之使畏菊花羊蹄草諸石及麪麴

救飢 列仙傳云赤松子食栢子齒落更生採栢葉新生并嫩者換水浸其苦味初食苦澁入蜜或棗肉和食尤好後稍易喫遂不復飢冬不寒夏不熱

治病 文具本草木部栢實條下

皂莢樹 生雍州川谷及魯之鄒縣懷孟産者為勝今處處有之其木極有高大者葉似槐葉瘦長而尖枝間多刺結實有三種形小者為豬牙皂莢良又有長六寸及尺一者用之當以肥厚者為佳味辛鹹性温有小毒柿實為之使惡麥門冬畏空青人參苦參可作沐藥不入湯

救飢 採嫩芽煠熟換水浸洗淘淨油鹽調食又以子不以多少炒春去赤皮浸軟煮熟以糖漬之可食

治病 文具本草木部條下

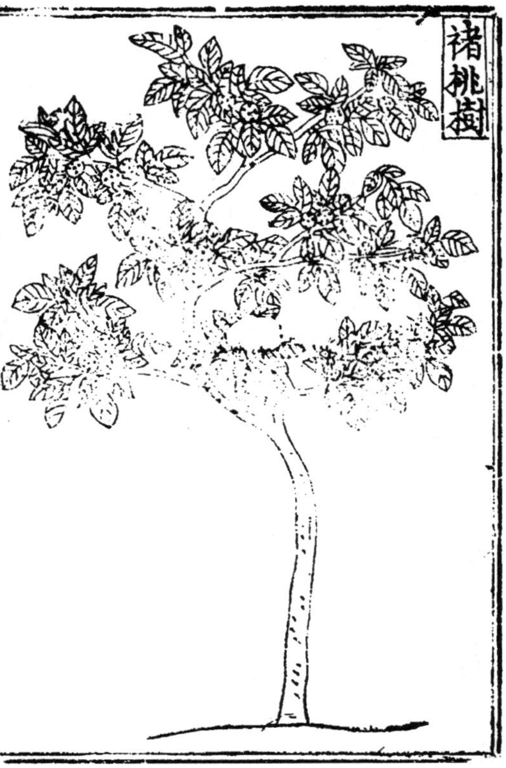

楮桃樹 本草名楮實一名穀實生少室山今所在有之樹有二種一種皮有斑花紋謂之斑穀人多用皮為冠一種皮無花紋枝葉大相類其葉似葡萄葉作瓣叉上多毛澀而有子者為佳其桃如彈大青綠色後漸變深紅色乃成熟浸洗去穰取中子入藥一云皮斑者是楮皮白者是穀皮可作紙實味甘性寒葉味甘性涼俱無毒

救飢 採葉并楮桃帶花煠爛水浸過握乾作餅焙熟食之或取樹熟楮桃紅蕊食之甘美不可久食令人骨軟

治病 文具本草木部楮實條下

柘樹 本草有柘木旧不載所出州土今北土處處有之其木堅勁皮紋細密上多白點枝條多有刺葉比桑葉甚小而薄色頗黄淡葉稍皆三叉亦堪飼蚕綿柘刺少葉似柿葉微小枝葉間結實狀如楮桃而小熟則亦有紅蕊味甘酸葉味甘微苦柘木味甘性温無毒

救飢 採嫩葉煠熟以水浸淘作成黄色換水浸去邪味再以水淘净油鹽調食其實紅熟甘酸可食

治病 文具本草木部條下

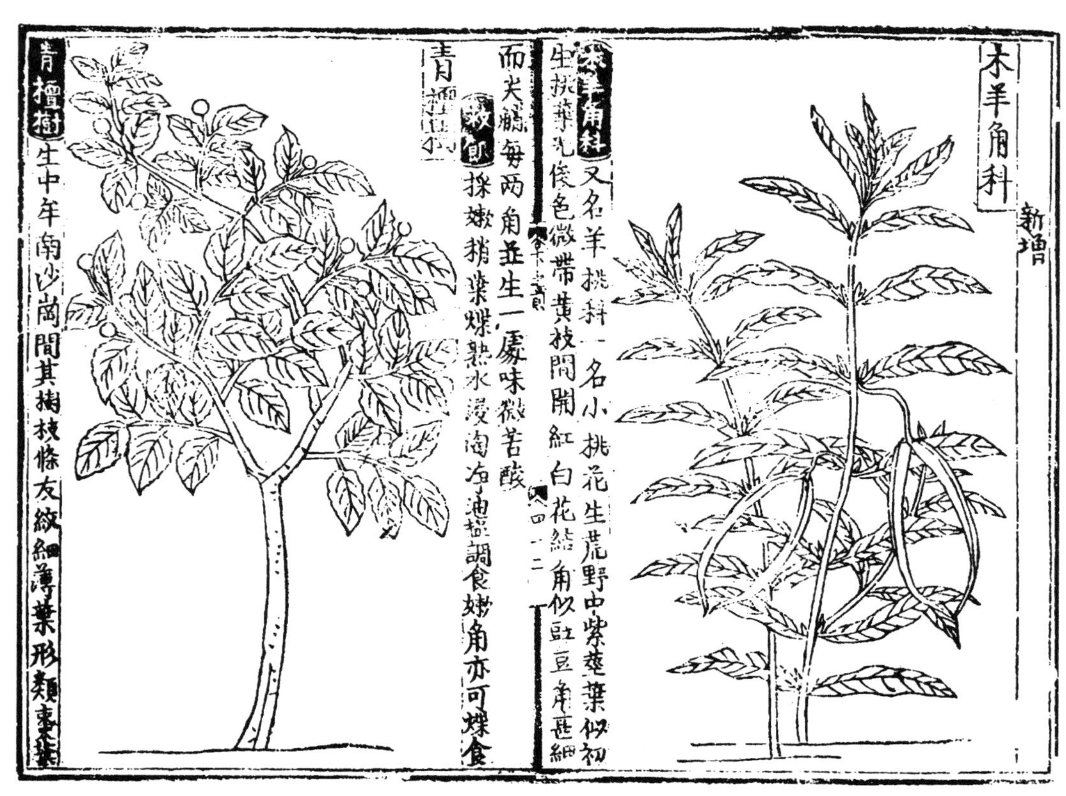

木羊角科 又名羊桃科一名小桃花生荒野中紫莖葉似初生桃葉光俊色微帶黄枝間開紅白花結角似豇豆角甚細而尖艄每兩角並生一處味微苦酸

救飢 採嫩梢葉煠熟水浸淘净油鹽調食嫩角亦可煠食

青檀樹 生中牟南沙崗間其樹枝條有紋細薄葉形類棗葉

微尖觚青白而澁又似白辛樹葉微小開白花結青子如梧桐子大葉味酸澁實味甘酸

救飢 採葉煠熟水浸淘去酸味油鹽調食其實成熟亦可摘食

山綠樹

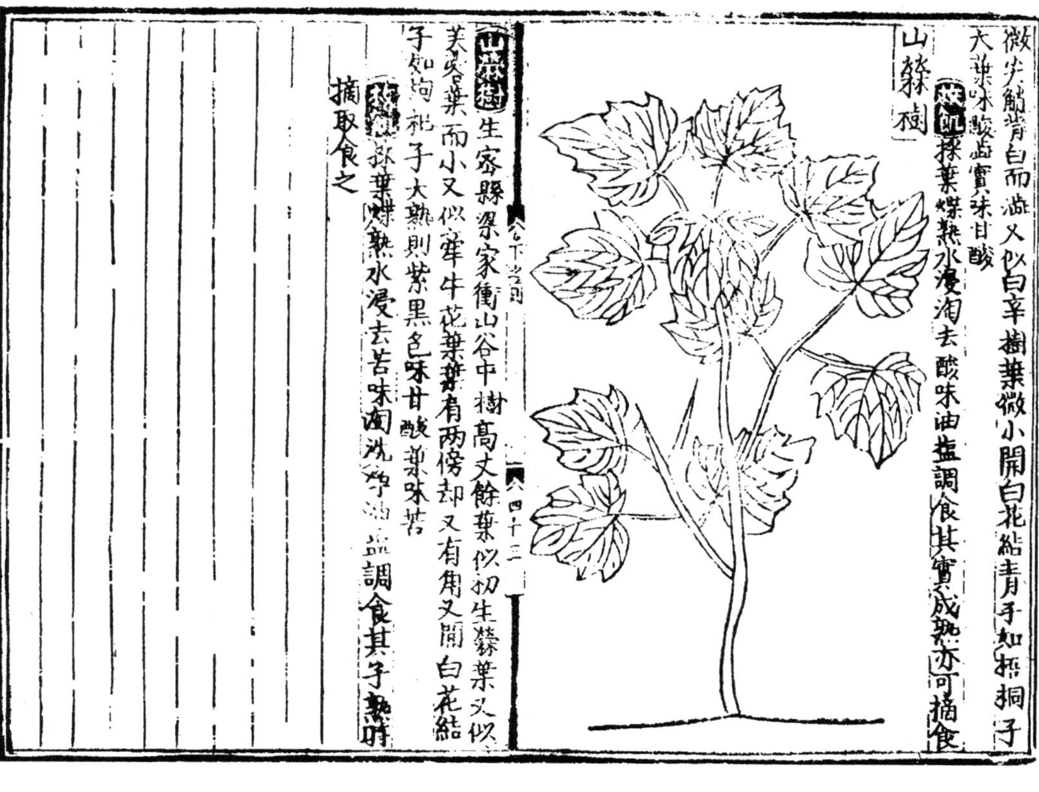

山綠樹 生密縣梁家衝山谷中樹高丈餘葉似初生綠葉又似芙蓉葉而小又似牽牛花葉葉有兩傍却又有角又開白花結子如枸杞子大熟則紫黑色味甘酸葉味苦

救飢 採葉煠熟水浸去苦味淘洗淨油鹽調食其子熟時摘取食之

○花可食

新增

藤花菜

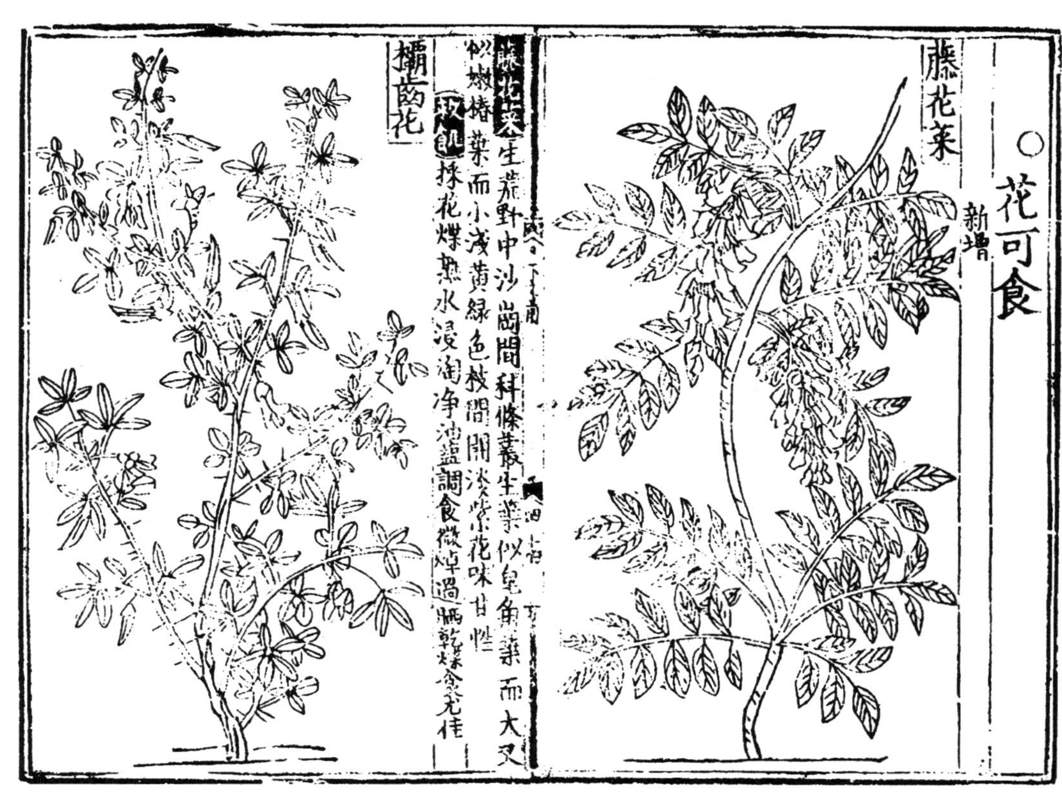

藤花菜 生荒野中沙崗間科條叢生葉似皂角葉而大又似嫩椿葉而小淺黃綠色枝間開淡紫花味甘性

救飢 採花煠熟水浸淘淨油鹽調食微焯過晒乾煠食尤佳

欛齒花

欛齒花（上音霸） 本名錦雞兒花又名醬瓣子生山野間人家園宅間亦多栽葉似枸杞子葉而小每四葉攢生一處枝梗亦似枸杞有小刺開黃花狀類雞形結小角兒味甜

救飢 採花煠熟油鹽調食炒熟喫茶亦可

楸樹

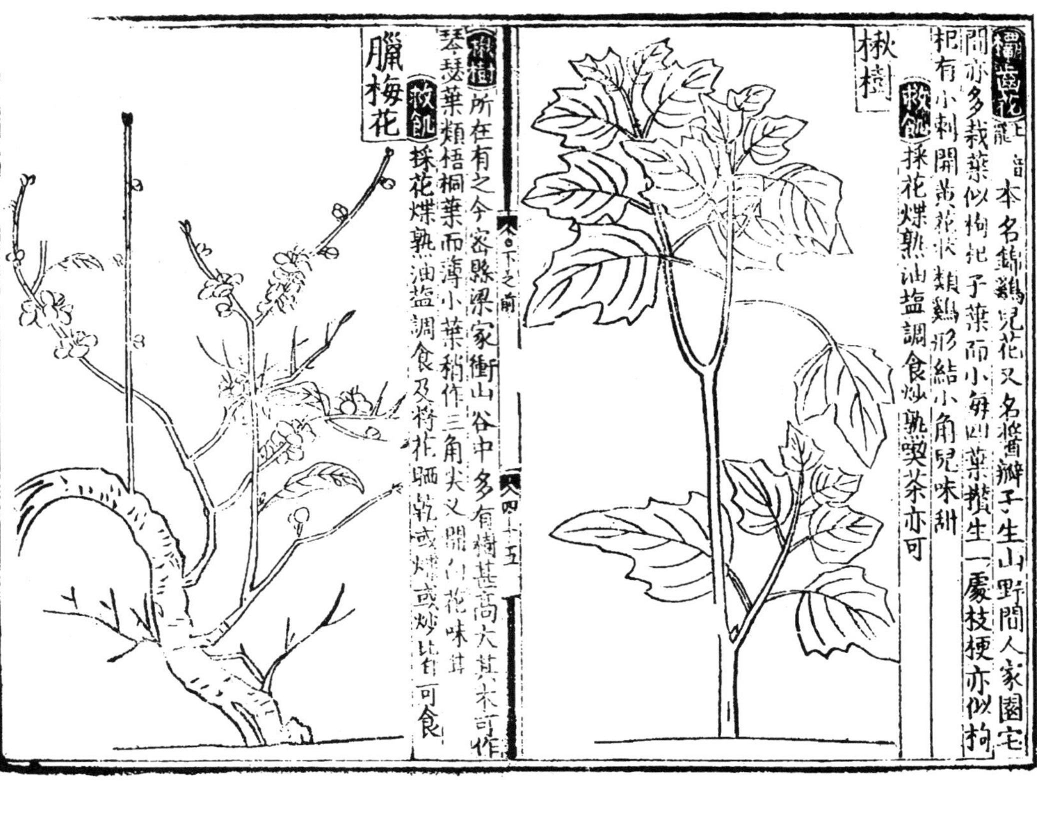

楸樹 所在有之今密縣梁家衝山谷中多有樹甚高大其木可作琴瑟葉類梧桐葉而薄小葉稍作三角尖叉開白花味甘

救飢 採花煠熟油鹽調食及將花晒乾或煠或炒皆可食

臘梅花

卷下之前　四十五

臘梅花 多生南方今北土亦有之其樹枝條頗類李其葉似桃葉而寬大紋脉微麄開淡黃花味甘微苦

救飢 採花煠熟水浸淘淨油鹽調食

馬棘

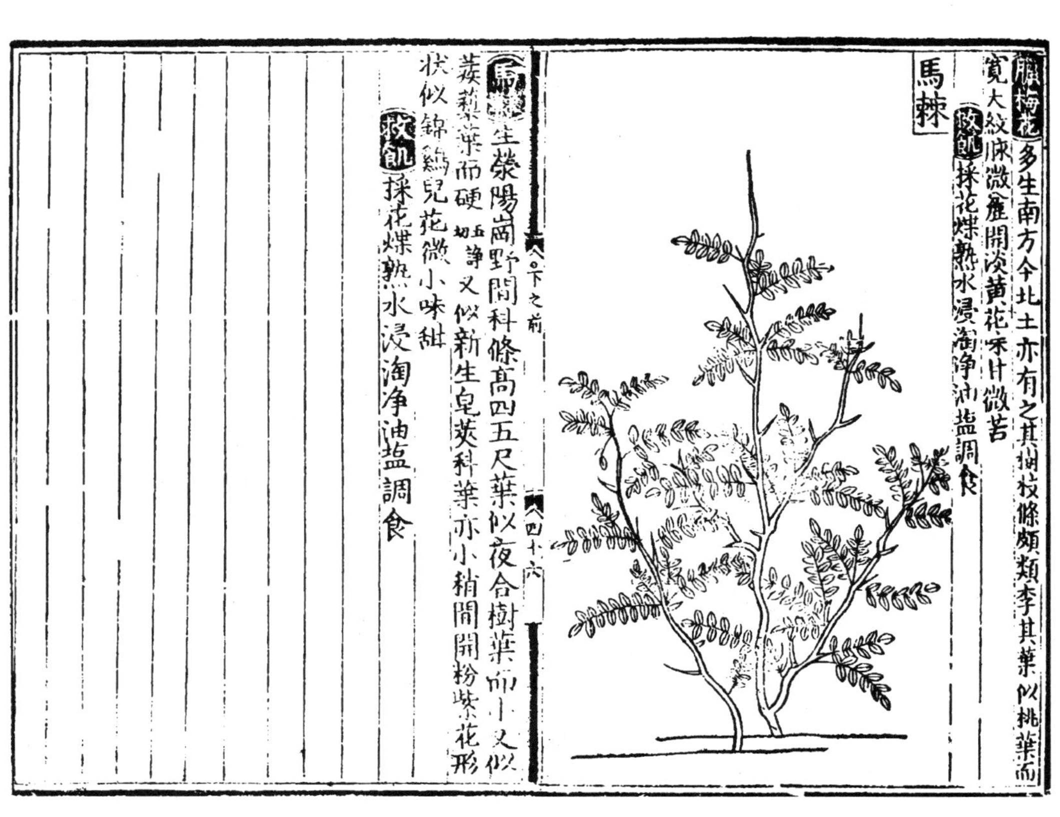

馬棘 生滎陽崗野間科條高四五尺葉似夜合樹葉而小又似蒺藜葉而硬（五諍切）又似新生皂莢科葉亦小稍間開粉紫花形狀似錦雞兒花微小味甜

救飢 採花煠熟水浸淘淨油鹽調食

卷下之前　四十六

○花葉皆可食

槐樹芽

本草原有

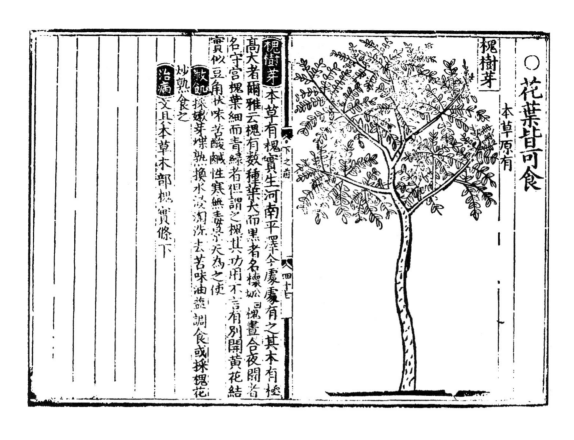

槐樹芽 本草有槐實生河南平澤今處處有之其木有極高大者爾雅云槐有數種葉大而黑者名櫰槐晝合夜開者名守宮槐葉細而青綠者但謂之槐其功用不言有別開黃花結實似豆角狀味苦酸鹹性寒無毒景天為之使

救飢 採嫩芽煠熟換水浸淘洗去苦味油鹽調食或採槐花炒熟食之

治病 文具本草木部槐實條下

○花葉實皆可食

棠梨樹

新增

棠梨樹 今處處有之生荒野中葉似蒼朮葉亦有團葉者有三叉葉者葉邊皆有鋸齒又似女兒茶葉其葉色頗黲白開白花結棠梨如小楝子大味甘酸花葉味微苦

救飢 採花煠熟食或晒乾磨麵作燒餅食亦可及採嫩葉煠熟水浸淘淨油鹽調食或蒸晒作茶亦可其棠梨經霜熟時摘食甚美

文冠花

文冠花 生鄭州南荒野間陝西人呼為崖木瓜樹高丈許葉似榆樹葉而狹小又似山茱萸葉亦細短開花彷彿似藤花而色白穗長四五寸結實狀似枳殼而三瓣中有子二十餘顆如肥皂角子子中瓤如栗子味微淡又似米麵味甘可食其花味甜其葉味苦

救飢 採花煠熟油鹽調食或採葉煠熟水浸淘去苦味亦用油鹽調食及摘實取子煮熟食瓤

○葉皮及實皆可食

本草原有

桑椹樹

桑椹樹 本草有桑根白皮舊不載所出州土今處處有之其葉飼蚕結實為桑椹有黑白二種桑之精英盡在於椹桑根白皮東行根益佳肥白者良出土者不可用殺人味甘性寒無毒製造忌鐵器及鉛桑種甚多名雞桑最堪入藥續斷麻子桂心為之使桑椹味甘性暖或云木白皮亦可用

救飢 採桑椹熟者食之或熬成膏攤於桑葉上晒乾搗作餅收藏或直取椹子晒乾可藏經年及取椹子清汁置瓶中封三二日即成酒其色味似葡萄酒甚佳亦可熬燒酒可藏經年味力愈佳其葉嫩老皆可煠食皮炒乾磨麵可食

治病 文具本草木部桑根白皮條下

榆錢樹

【榆錢樹】本草有榆皮一名零榆生頴川山谷秦州今處處有之其木高大春時未生葉其枝條間先生榆莢形狀似錢而薄小色白俗呼為榆錢後方生葉似山茱萸葉而長尖䩸潤澤榆皮味甘性平無毒

【救飢】採肥嫩榆葉煠熟水浸淘淨油鹽調食其榆錢煮糜羹食佳但令人多睡或焯過曬乾備用或為醬皆可食榆皮刮去其上乾燥皺澁者取中間軟嫩皮剉碎曬乾炒焙極乾擣磨為麵拌糠麩草末蒸食取其滑澤易食又云榆皮與檀皮為末服之令人不飢根皮亦可擣磨為麵食

【治病】文具本草木部榆皮條下

筍可食

本草原有

竹筍

【竹筍】本草竹葉有箽竹葉（音謹又音斤）苦竹葉淡竹葉本經並不載所出州土今處處有之竹之類甚多而入藥者惟此三種人多不能盡別箽竹堅而促節体圓而質勁皮白如霜作笛者有一種亦不名箽竹苦竹亦有二種一種出江西及閩中本極麤大筍味甚苦不可噉一種出江浙近地亦時有之肉厚而葉長闊筍微苦味俗呼甜苦筍食所最貴者亦不聞入藥用淡竹肉薄節間有粉南人以燒竹瀝者醫家只用此一品又有一種薄殻者名甘竹葉最勝又有實中竹篁竹並以筍為佳於藥無用凡取竹瀝惟用淡竹苦竹箽竹爾陶隱居云竹實出藍田江東乃有花而無實而頃來斑斑有實狀如小麥堪可為飯圖經云竹筍味甘無毒又云寒

【救飢】採竹嫩筍煠熟油鹽調食焯過曬乾煠食尤好

【治病】文具本草木部竹葉條下

米穀部

○實可食

新增

野豌豆

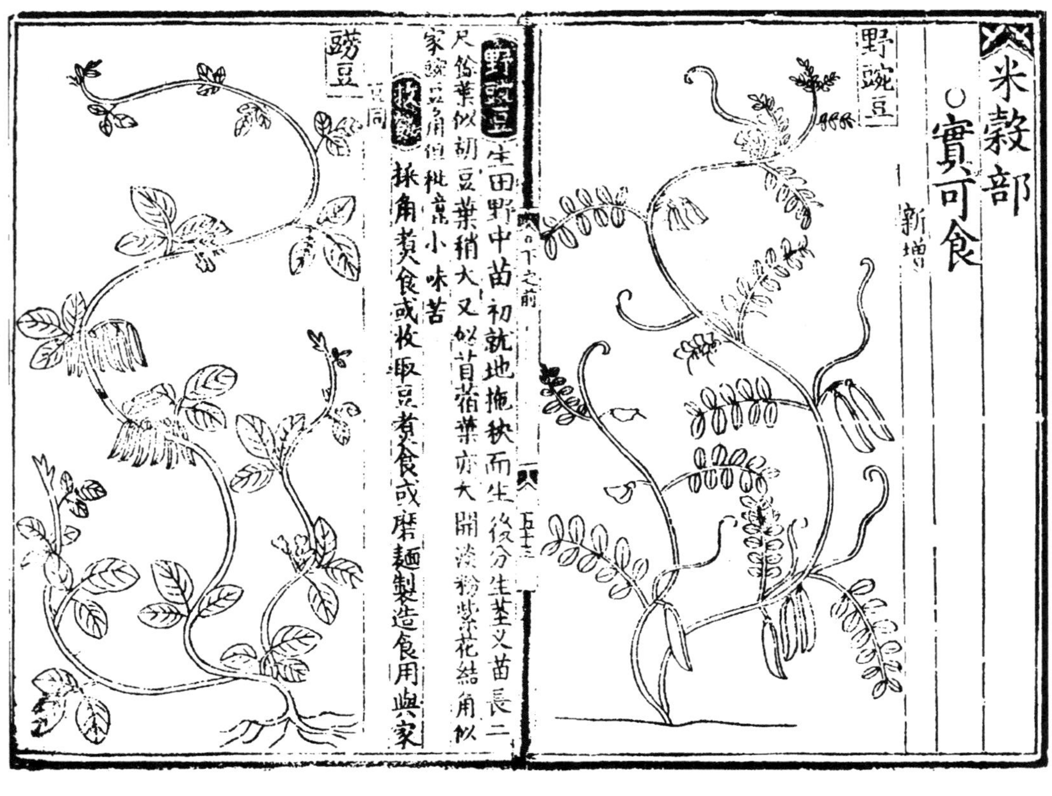

野豌豆 生田野中苗初就地拖秧而生後分生莖叉苗長二尺餘葉似胡豆葉稍大又似苜蓿葉亦大開淡粉紫花結角似家豌豆角但秕小味苦

救饑 採角煑食或收取豆煑食或磨麵製造食用與家豆同

蹺豆

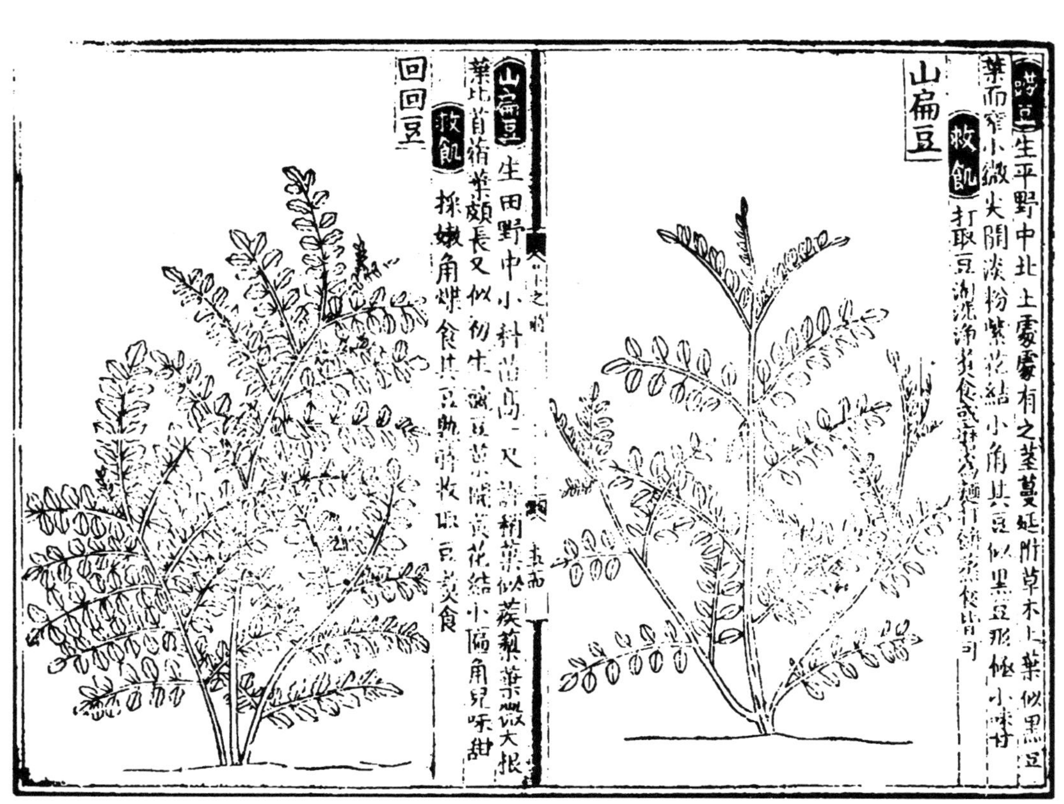

蹺豆 生平野中北土處處有之莖蔓延附草木上葉似黑豆葉而窄小微尖開淡粉紫花結小角其豆似黑豆形極小味甘

救饑 打取豆淘洗淨煑食或磨為麵打餅蒸食皆可

山扁豆

山扁豆 生田野中小科苗高一尺許梢葉似蒺藜葉微大根葉比苜蓿葉頗長又似初生豌豆葉開黃花結小匾角兒味甜

救饑 採嫩角煠食其豆熟時收取豆煑食

回回豆

回回豆 又名那合豆生田野中莖青葉似蒺藜葉又似初生嫩皂莢葉而有細鋸齒開五瓣淡紫花如蒺藜花樣結角如杏人樣而肥有豆如牽牛子微大味甜

救饑 採豆煮食

胡豆

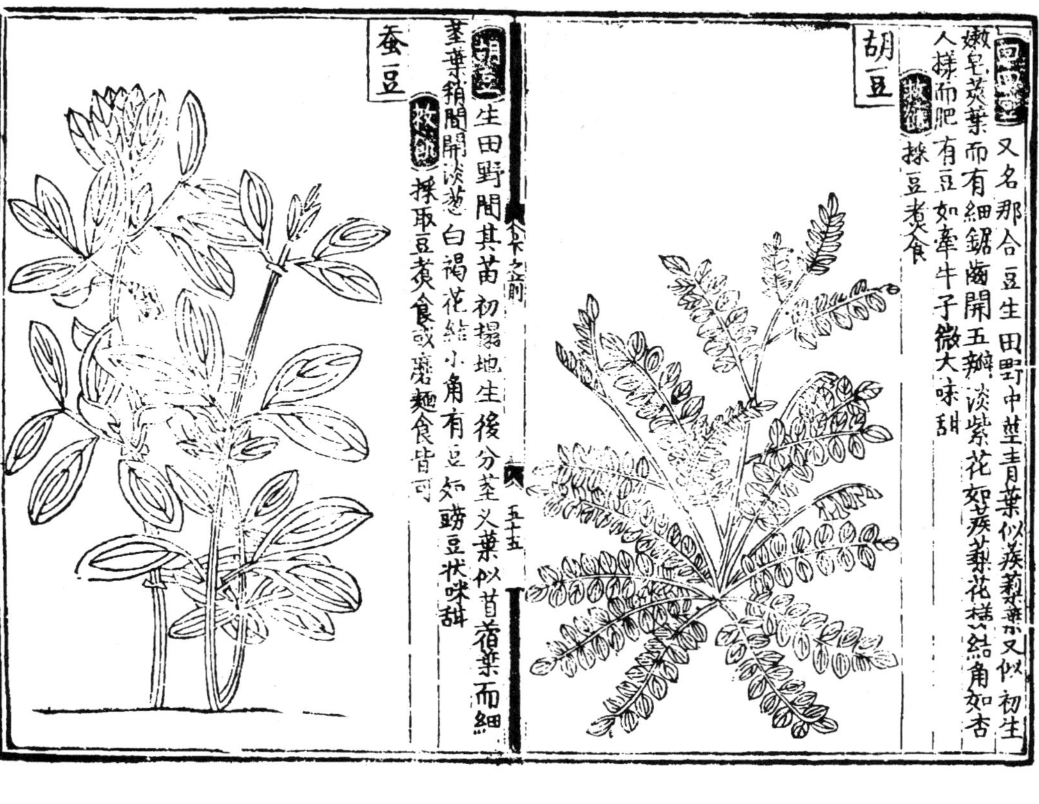

胡豆 生田野間其苗初搨地生後分莖叉葉似苜蓿葉而細莖葉稍間開淡葱白褐花結小角有豆如䝁豆狀味甜

救饑 採取豆煮食或磨麪食皆可

蚕豆

蚕豆 今處處有之生田園中科苗高二尺許莖方其葉狀類黑豆葉而團長光澤紋脉豎直色似豌豆葉稍間開白花結短角其豆如豇豆而小色赤茬味甜

救饑 採豆煮食炒食亦可

山菉豆

山菉豆 生輝縣太行山車箱衝山野中苗莖似家菉豆莖微細葉比家菉豆葉狹窄艄尖開白花結角亦瘦小其豆黯綠色味甘

救饑 採取其豆煮食或磨麪攤煎餅食亦可

救荒本草下之前終

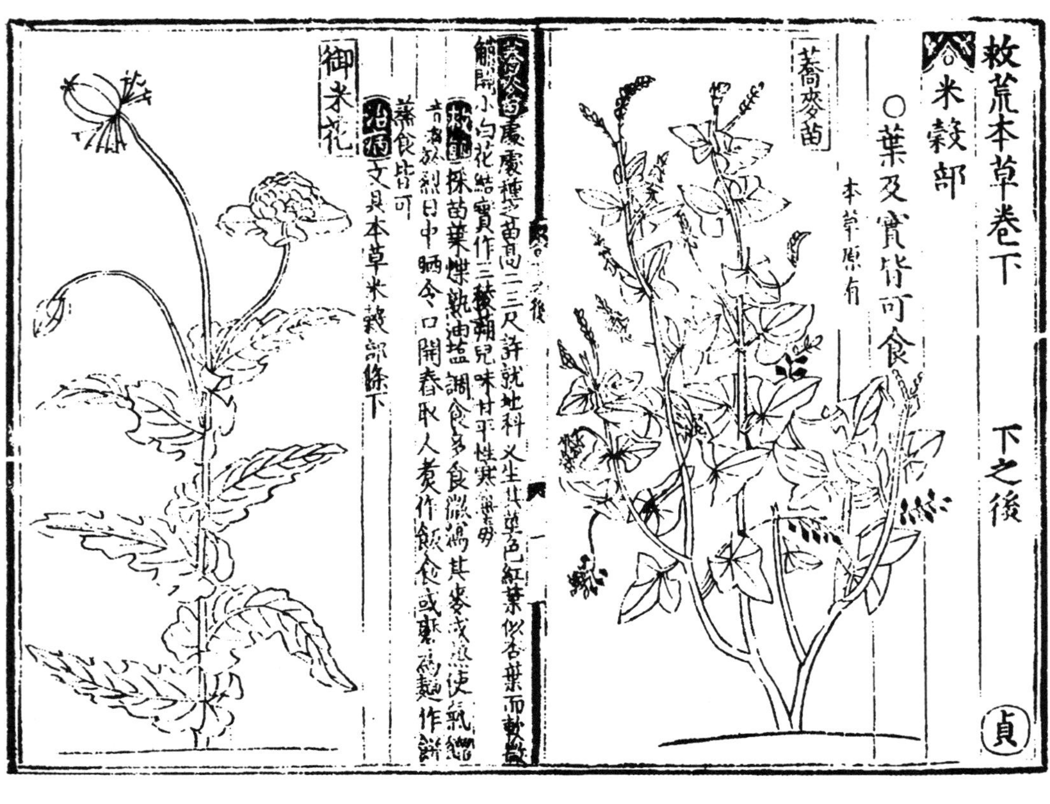

救荒本草卷下　下之後

米穀部

○葉及實皆可食

本草原有

蕎麥苗

貞

蕎麥苗　處處種之苗高二三尺許就地科乂生其莖色紅葉似杏葉而軟微豔開小白花結實作三稜蒴兒味甘平性寒無毒

救飢　採苗葉煠熟油鹽調食多食微瀉其麥或蒸使氣餾音溜於烈日中晒令口開春取人煮作飯食或磨為麵作餅蒸食皆可

治病　文具本草米穀部條下

御米花

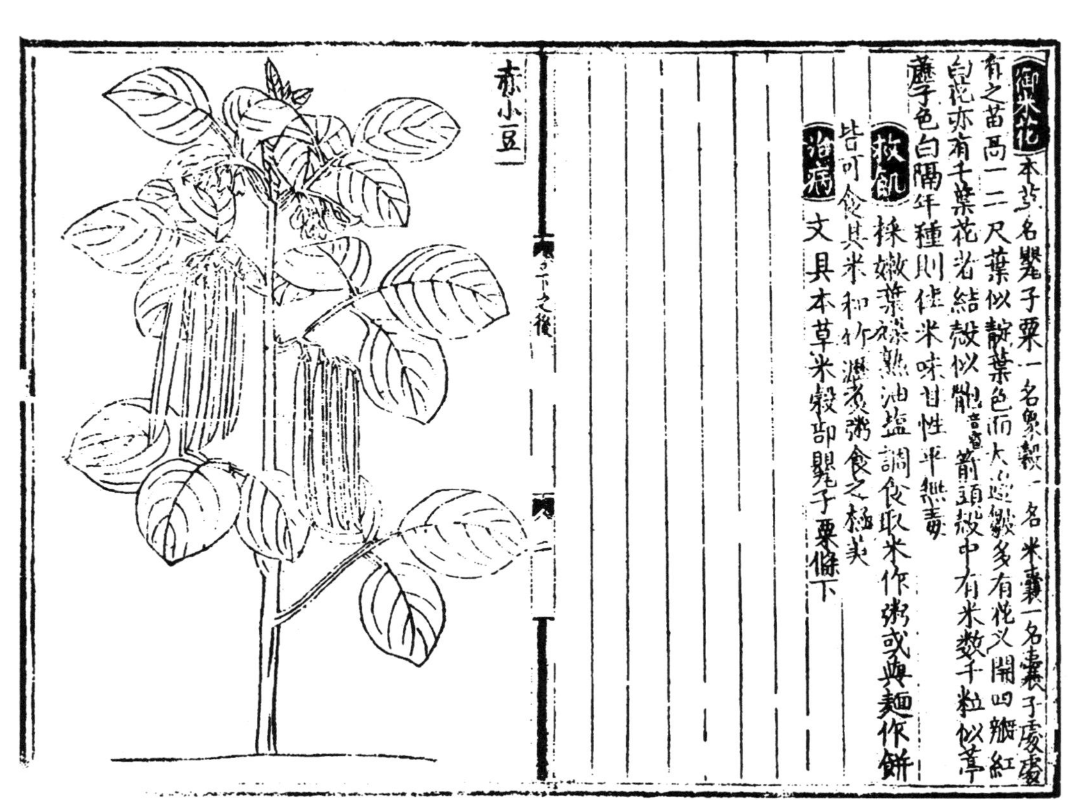

御米花　本草一名罌子粟一名象穀一名米囊一名囊子處處有之苗高一二尺葉似靛葉色而大邊皺多有花叉開四瓣紅白花亦有千葉花者結殼似骲音雹箭頭殼中有米數千粒似葶藶子色白隔年種則佳米味甘性平無毒

救飢　採嫩葉煠熟油鹽調食取米作粥或與麵作餅皆可食其米和竹瀝煮粥食之極美

治病　文具本草米穀部罌子粟條下

赤小豆

【[illegible]】本草舊云江淮間多種蒔今北土亦處處有之苗高一二尺葉似豇豆葉微團艄開花似豇豆花微小淡銀褐色有腐氣人故亦呼為腐婢結角比菉豆角頗大角之皮微白帶紅其豆有赤白黧色三種味甘酸性平無毒合醋食成消渴為醬合鮓食成口瘡人食則體重

【救飢】採嫩葉煠熟水淘洗淨油鹽調食明目豆角亦可煮食又法亦小豆一升半炒大豆黃一升半焙二味擣末每服一合新水下日三服尽三升可度十一日不飢又說小豆食之逐津液行小便久服則虛人令人黑瘦枯燥

【治病】文具本草米穀部條下

山絲苗

【山絲苗】本草有麻蕡音焚一名麻勃一名䕡音字一名麻母生太山川谷今皆處處有之人家園圃中多種蒔績其皮以為布苗高四五尺莖有細線楞葉形狀似荊葉而邊皆有乂牙鋸齒每八九葉攢生一處又似荊葉而狹色深青開淡黃白花結實小如菉豆顆而扁圖經云麻蕡此麻上花勃勃者味辛性平有毒麻子味甘性平微寒滑利無毒入土者損人畏牡蠣白微惡茯苓

【救飢】採嫩葉煠熟換水浸去邪惡氣味再以水淘洗淨油鹽調食不可多食亦不可久食動風子可炒食亦可打油用

【治病】文具本草米穀部麻蕡條下

油子苗

本草有白油麻，俗名脂麻，舊不著所出州土，今處處有之，人家園圃中多種。苗高三四尺，莖方，窊面，四楞，對節分生枝叉，葉類蘇子葉而長尖，艄邊多花叉，葉間開白花，結四棱蒴兒，每蒴中有子四五十餘粒。其子味甘，微苦，生則性大寒，無毒，炒熟則性熱。壓笮為油，大寒。

救飢　採嫩葉煠熟，水浸淘洗淨，油鹽調食。其子亦可炒熟食，及笮為油食，皆可。

治病　文具本草米穀部白油麻條下。

新增

黃豆苗

今處處有之，人家田園中多種。苗高一二尺，葉似黑豆葉而大，結角比黑豆角稍肥大。其葉味甘。

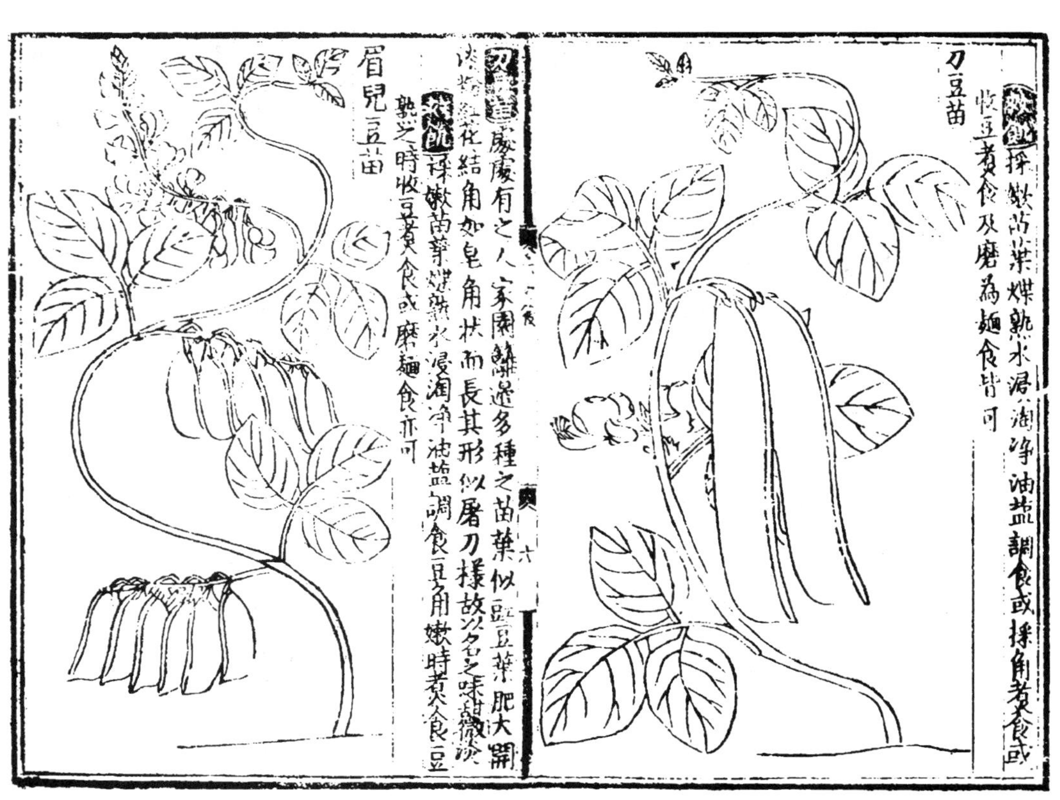

採嫩苗葉煠熟，水浸淘淨，油鹽調食。或採角煮食，或收豆煮食，及磨為麵食，皆可。

刀豆苗

處處有之，人家園籬邊多種之。苗葉似豇豆葉，肥大，開淡粉紅花，結角如皂角狀而長，其形似屠刀樣，故以名之。味甜，微淡。

救飢　採嫩苗葉煠熟，水浸淘淨，油鹽調食。豆角嫩時煮食，豆熟之時收豆煮食，或磨麵食亦可。

眉兒豆苗

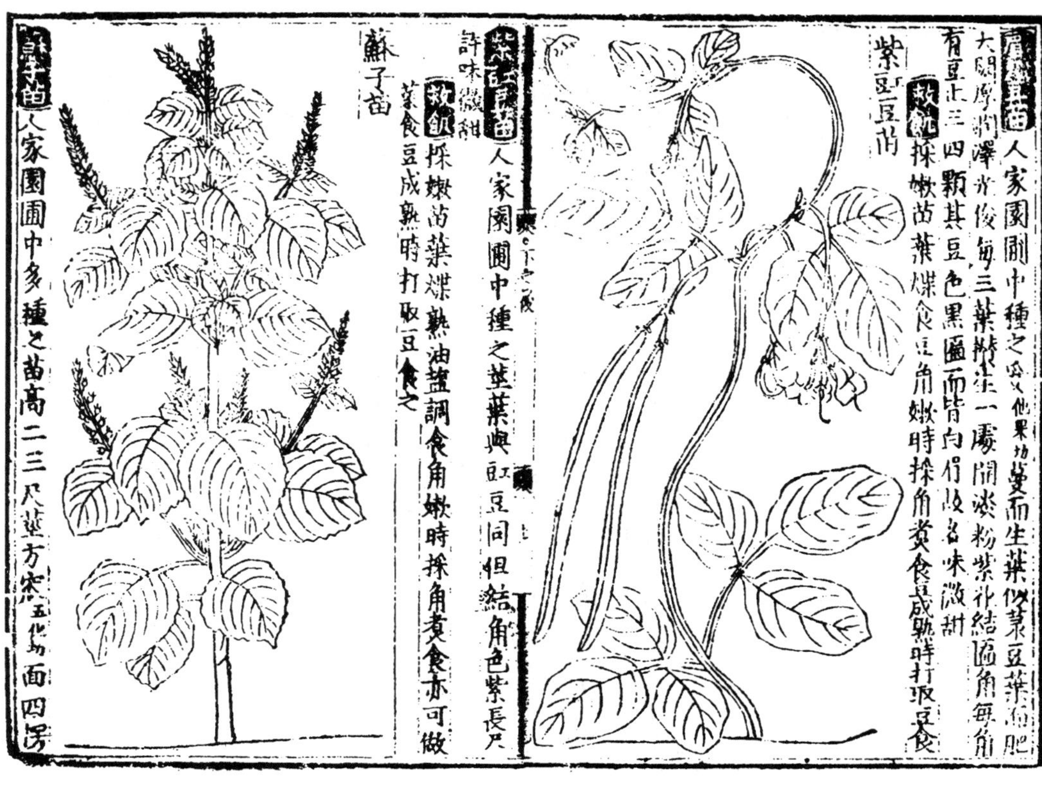

紫豆苗

紫豆苗 人家園圃中種之延他物而生葉似菉豆葉而肥大闊厚潤澤光俊每三葉攢生一處開淡粉紫花結匾角每角有豆止三四顆其豆色黑匾而皆白俏故名味微甜

救饑 採嫩苗葉煠食豆角嫩時採角煑食豆成熟時打取豆食

紫豇豆苗 人家園圃中種之莖葉與豇豆同但結角色紫長尺許味微甜

救饑 採嫩苗葉煠熟油鹽調食角嫩時採角煑食亦可做菜食豆成熟時打取豆食之

蘇子苗

蘇子苗 人家園圃中多種之苗高二三尺莖方窊五化切面四楞

上有澁毛葉皆對生似紫蘇葉而大開淡紫花結子比紫蘇子亦大味微辛性溫

救饑 採嫩葉煠熟換水淘洗淨油鹽調食子可炒食亦可笮油用

豇豆苗

豇豆苗 今處處有之人家田園中多種就地拖秧而生亦延籬落葉似赤小豆葉而極長艄開淡粉紫花結角長五七寸其豆味甘

救饑 採嫩葉煠熟水浸淘淨油鹽調食及採嫩角煠食亦可其豆成熟時打取豆食

山黑豆

山黑豆 生密縣山野中苗似家黑豆每三葉攢生一處居中大

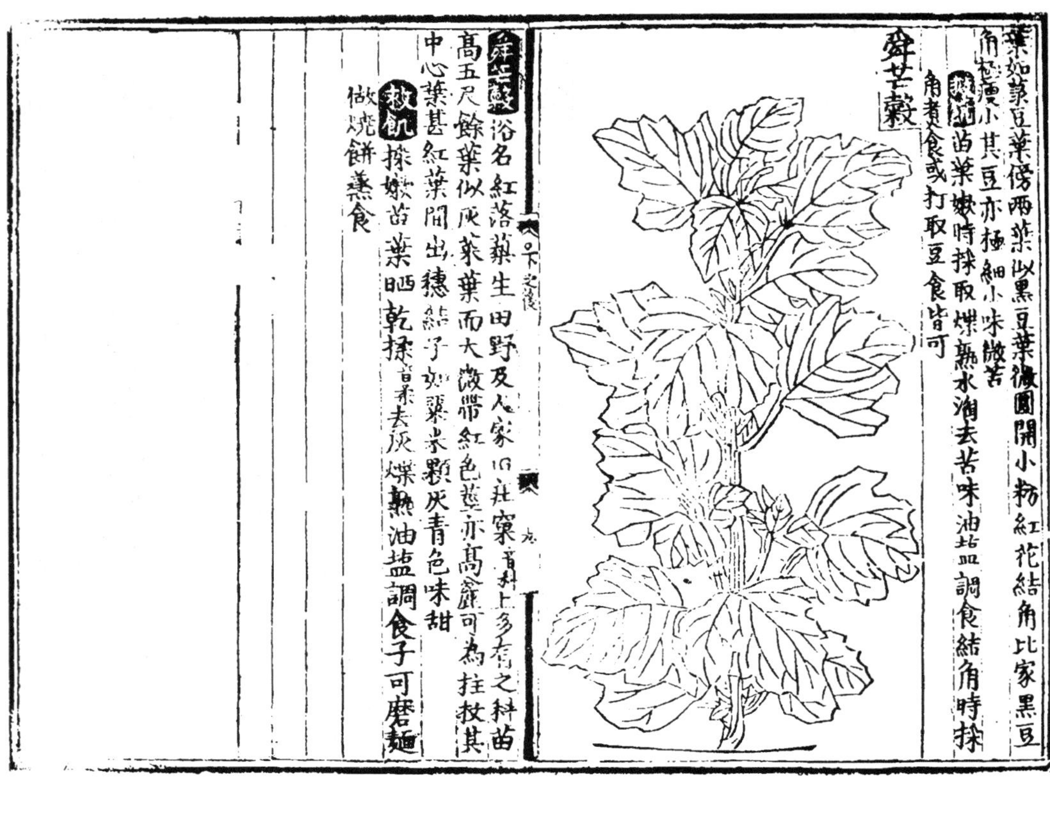

葉如菉豆葉傍兩葉似黑豆葉微圓開小粉紅花結角比家黑豆角極瘦小其豆亦極細小味微苦

救飢 苗葉嫩時採取煠熟水淘去苦味油塩調食結角時採角煮食或打取豆食皆可

舜芒穀

舜芒穀 俗名紅落藜生田野及人家旧莊窠音科上多有之科苗高五尺餘葉似灰菜葉而大微帶紅色莖亦高麤可為拄杖其中心葉甚紅葉間出穗結子如粟米顆灰青色味甜

救飢 採嫩苗葉晒乾揉音柔去灰煠熟油塩調食子可磨麪做燒餅蒸食

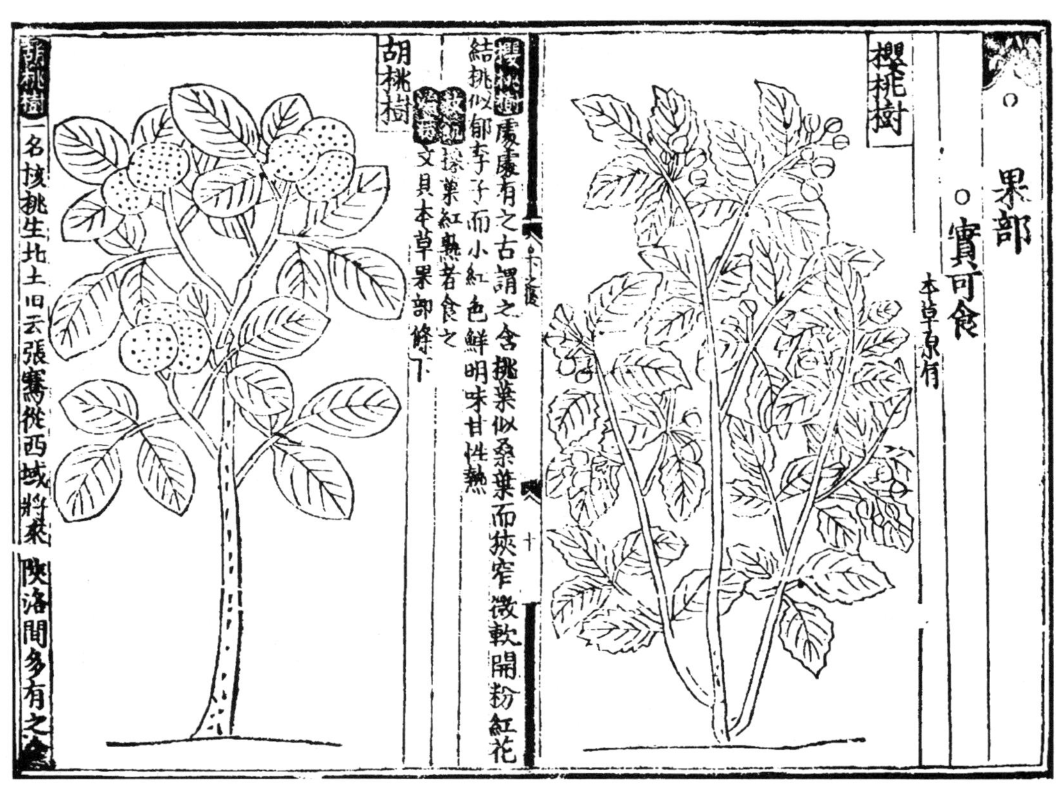

○果部

○實可食

本草原有

櫻桃樹

櫻桃樹 處處有之古謂之含桃葉似桑葉而狹窄微軟開粉紅花結桃似郁李子而小紅色鮮明味甘性熱

救飢 採果紅熟者食之

治病 文具本草果部條下

胡桃樹

胡桃樹 一名核桃生北土旧云張騫從西域將來陝洛間多有之

鈞鄭間亦有其樹大株葉厚而多陰開花成穗花色蒼黃結實外有青皮包之狀似梨大熟時漚去青皮取其核是胡桃味甘性平一云性熱無毒

救饑 採核桃漚去青皮取瓤食之令人肥健

治病 文具本草果部條下

柿樹

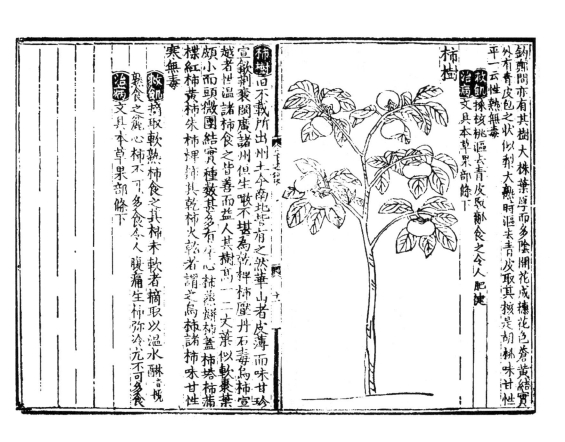

柿樹 舊不載所出州土今南北皆有之然華山者皮薄而味甘珍宣歙荊襄閩廣諸州但生啖不堪為乾椑柿壓丹石毒烏柿宣越者性溫諸柿食之皆善而益人其樹高一二丈葉似軟棗葉頗小而頭微團結實種數甚多有牛心柿蒸餅柿蓋柿塔柿蒲楪紅柿黃柿朱柿椑柿其乾柿火乾者謂之烏柿諸柿味甘性寒無毒

救饑 摘取軟熟柿食之其柿未軟者摘取以溫水醂音攬熟食之徹心柿不可多食令人腹痛生柿彌冷尤不可多食

治病 文具本草果部條下

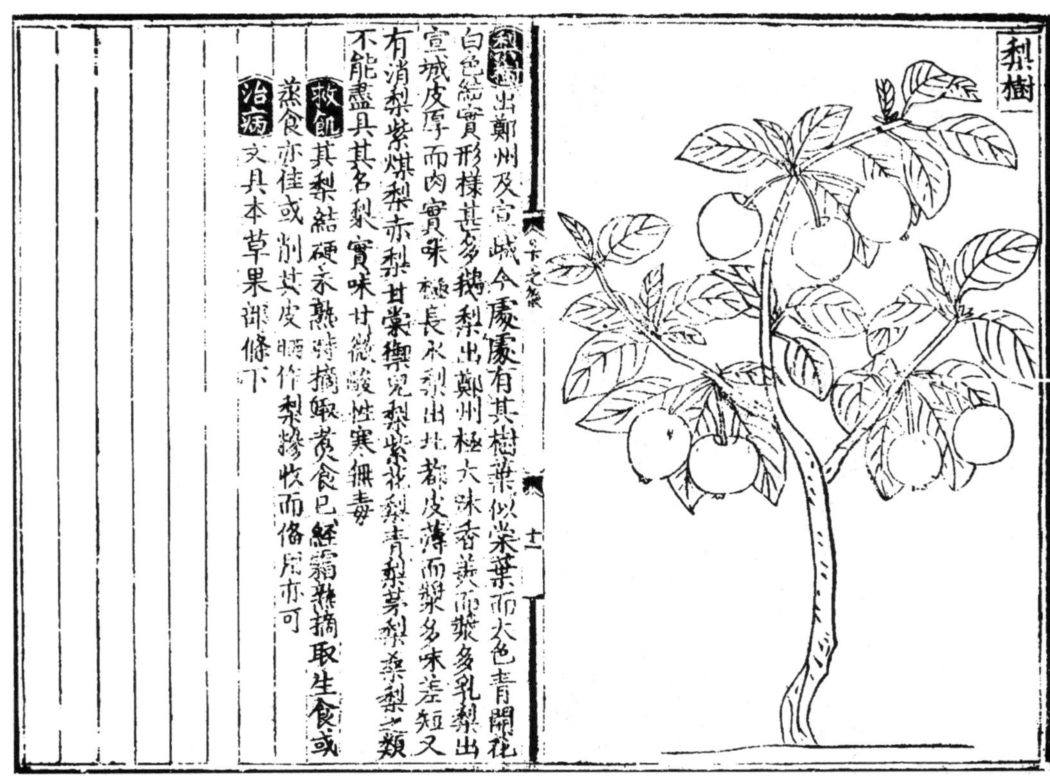

梨樹

梨樹 出鄭州及宣城今處處有其樹葉似棠葉而大色青開花白色結實形樣甚多鵝梨出鄭州極大味香美而漿多乳梨出宣城皮厚而肉實味極長水梨出北都皮薄而漿多味差短又有消梨紫煤梨赤梨甘棠梨禦兒梨紫花梨青梨茅梨桑梨之類不能盡具其名梨實味甘微酸性寒無毒

救饑 其梨結硬未熟時摘取煮食已經霜熟摘取生食或蒸食亦佳或削其皮曬作梨糝收而備用亦可

治病 文具本草果部條下

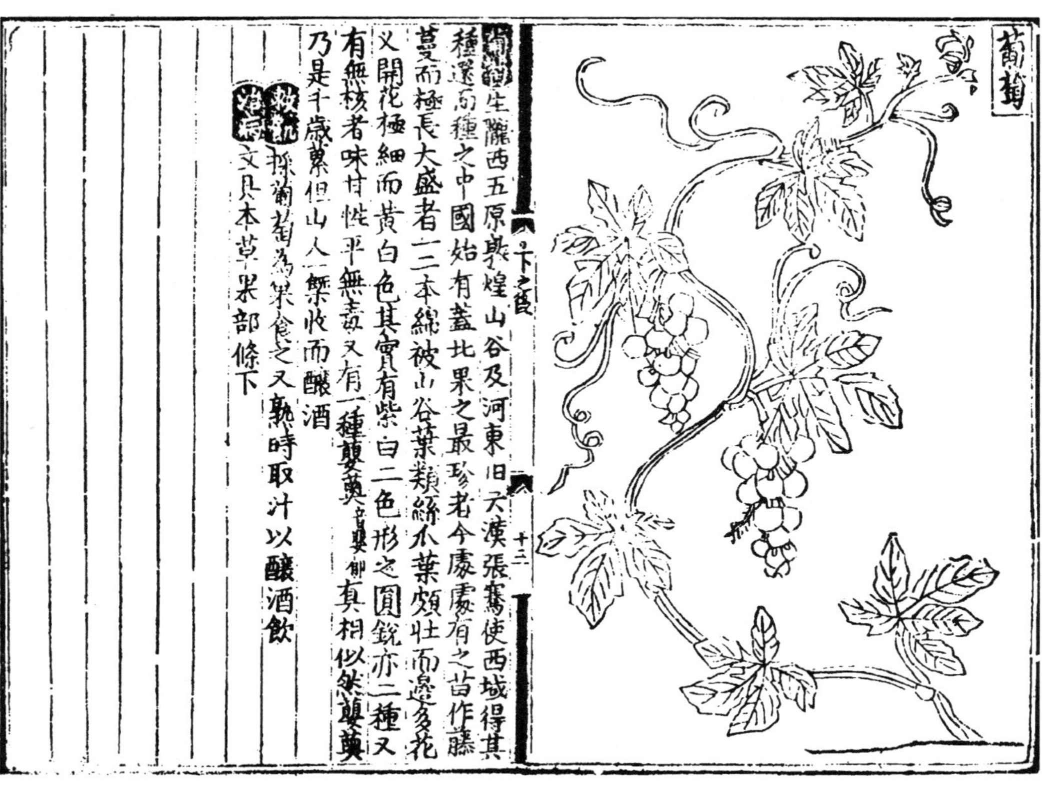

葡萄生隴西五原敦煌山谷及河東旧云漢張騫使西域得其種還而種之中國始有蓋北果之最珍者今處處有之苗作藤蔓而極長大盛者一二本綿被山谷葉類絲瓜葉頗壯而邊多花叉開花極細而黃白色其實有紫白二色形之圓銳亦二種又有無核者味甘性平無毒又有一種蘡薁音嬰郁真相似然蘡薁乃是千歲虆但山人一槩收而釀酒

救饑 採葡萄為果食之又熟時取汁以釀酒飲

治病 文具本草果部條下

李子樹

李子樹 本草有李核人舊不載所出州土今處處有之其樹大高丈餘葉似郁李子葉微尖觬而潤澤光俊開白花結實種類甚多見爾雅者有休無實李李之無實者一名趙李座接慮李即今之麥李細實有溝道與麥同熟故名之駁赤李其子赤者是也又有青李綠李赤李房陵李朱仲李馬肝李黃李紫李水李散見書傳美其味之可食皆不入藥今有穿條紅御黃子其李實味甘微苦一云味酸核人味苦性平俱無毒

救饑 摘取李實色紅熟者食之不可臨水上食亦不可和蜜食損五臟及與雀肉同食和漿水食令人霍亂澁氣多食令人虛熱

治病 文具本草果部李核人條下

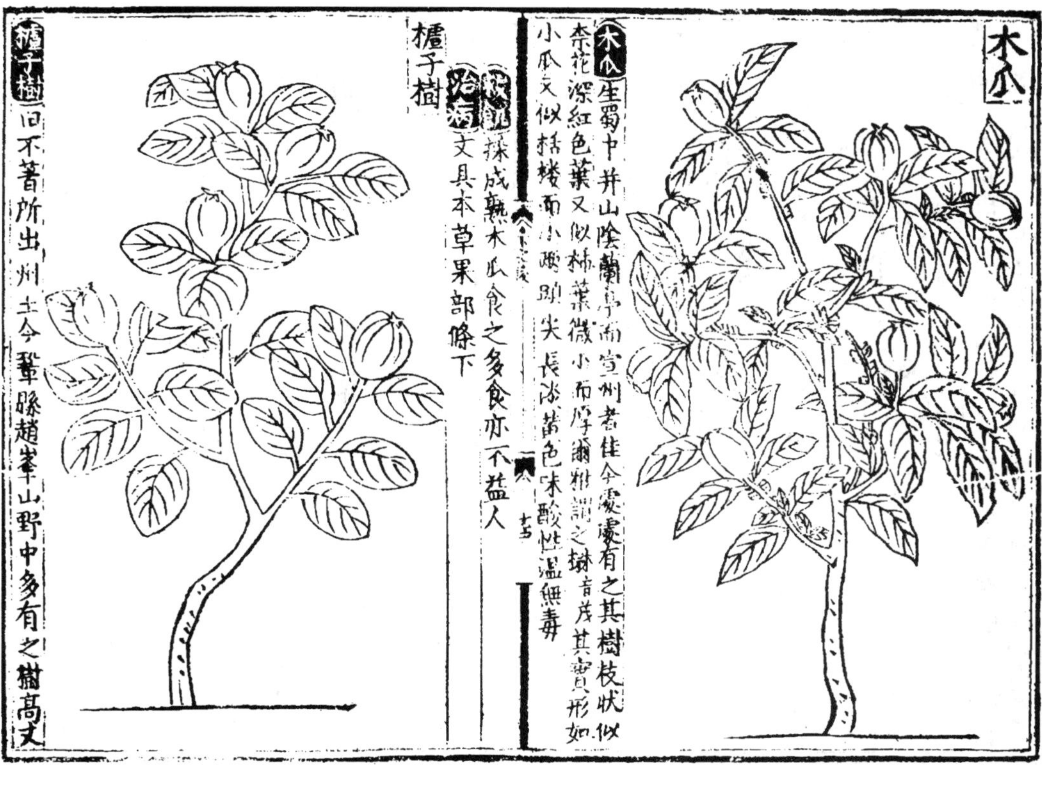

木瓜

木瓜 生蜀中并山陰蘭亭而宣州者佳今處處有之其樹枝狀似柰花深紅色葉又似柹葉微小而厚彌柑謂之楙音茂其實形如小瓜又似栝樓而小頭尖長淡黃色味酸性溫無毒

救飢 採成熟木瓜食之多食亦不益人

治病 文具本草果部條下

卷下之後 十五

櫃子樹

櫃子樹 舊不著所出州土今輝縣趙峰山野中多有之樹高丈

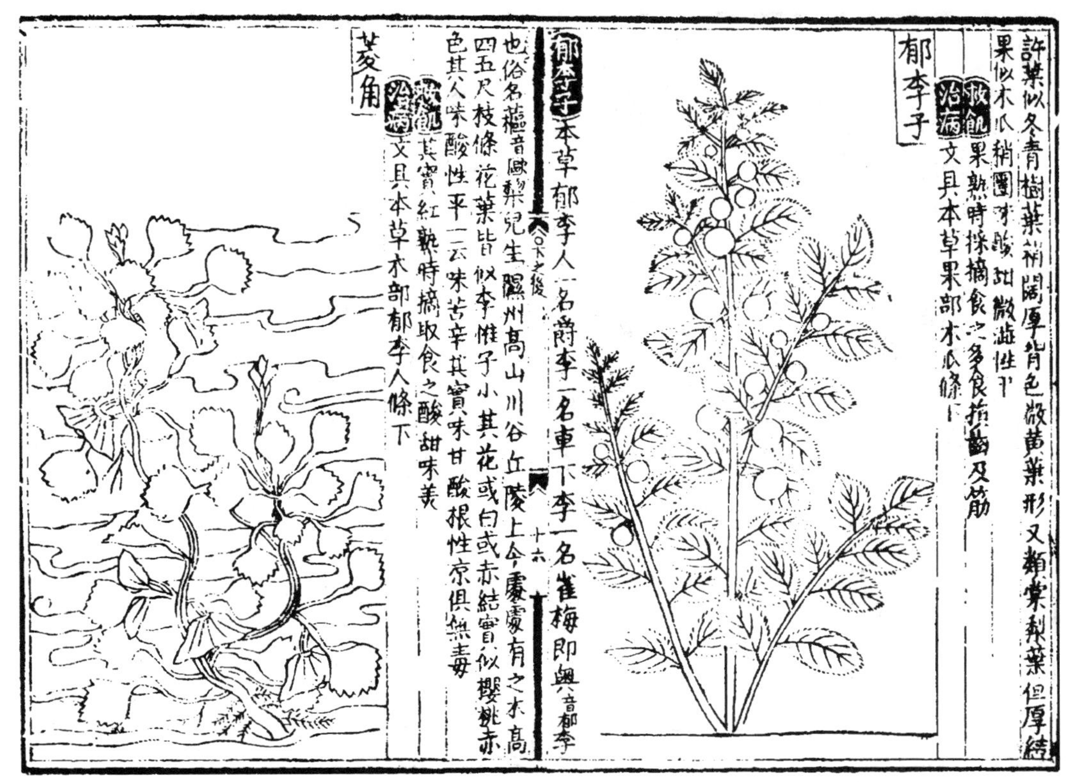

許葉似冬青樹葉稍闊厚背色微黃葉形又類棠梨葉但厚結果似木瓜稍團味酸甜微澁性平

救飢 果熟時採摘食之多食損齒及筋

治病 文具本草果部木瓜條下

郁李子

郁李子 本草郁李人一名爵李一名車下李一名雀梅即奧李音郁也俗名藏李音歐梨兒生隰州高山川谷丘陵上今處處有之木高四五尺枝條花葉皆似李惟子小其花或白或赤結實似櫻桃赤色其人味酸性平一云味苦辛其實味甘酸根性涼俱無毒

救飢 其實紅熟時摘取食之酸甜味美

治病 文具本草木部郁李人條下

卷下之後 十六

菱角

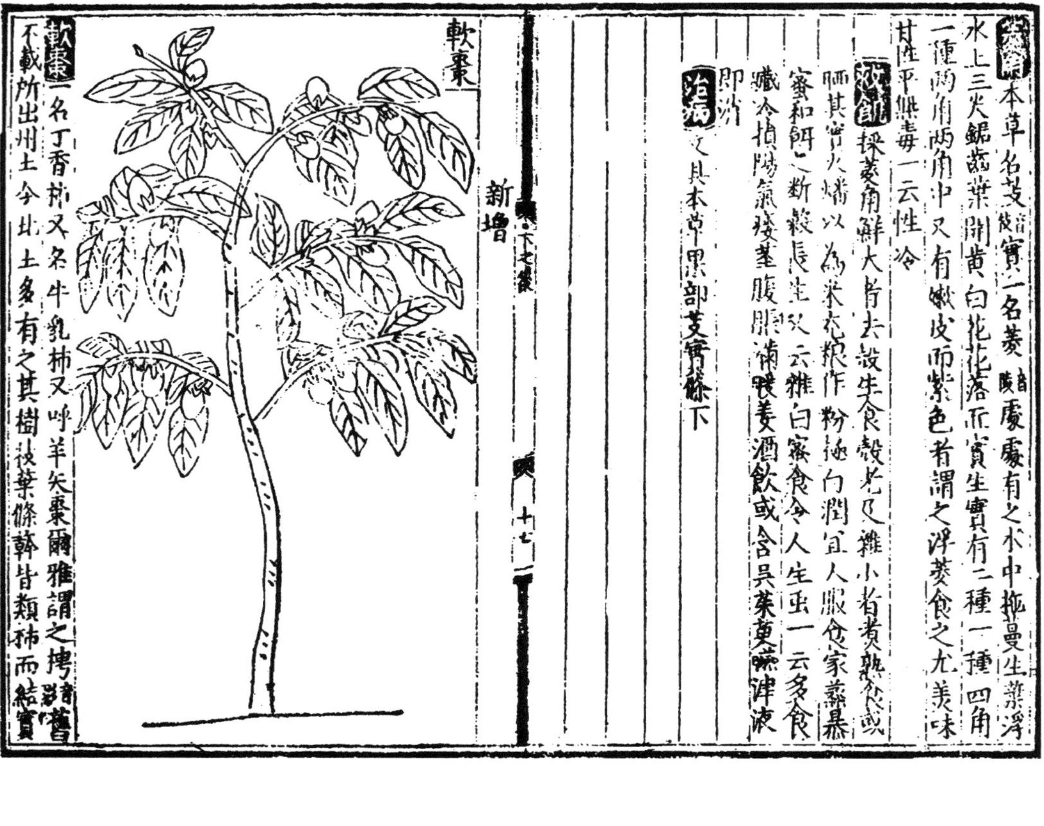

【[illegible]】本草名芰〔音技〕實一名菱〔音陵〕處處有之水中拖曼生葉浮水上三尖鋸齒葉開黃白花花落而實生實有二種一種四角一種兩角兩角中又有嫩皮而紫色者謂之浮菱食之尤美味甘性平無毒一云性冷

【救飢】採菱角鮮大者去殼生食殼老及雜小者煮熟食或晒其實火燔以為米充粮作粉極白潤宜人服食家蒸暴蜜和餌之斷穀長生又云雜白蜜食令人生虫一云多食臟冷損陽氣痿莖腹脹滿暖姜酒飲或含吳茱萸嚥津液即消

【治病】文具本草果部芰實條下

卷下之後　十七

新增

軟棗

【軟棗】一名丁香柿又名牛乳柿又呼羊矢棗爾雅謂之梬〔音影〕舊不載所出州土今北土多有之其樹枝葉條幹皆類柿而結實

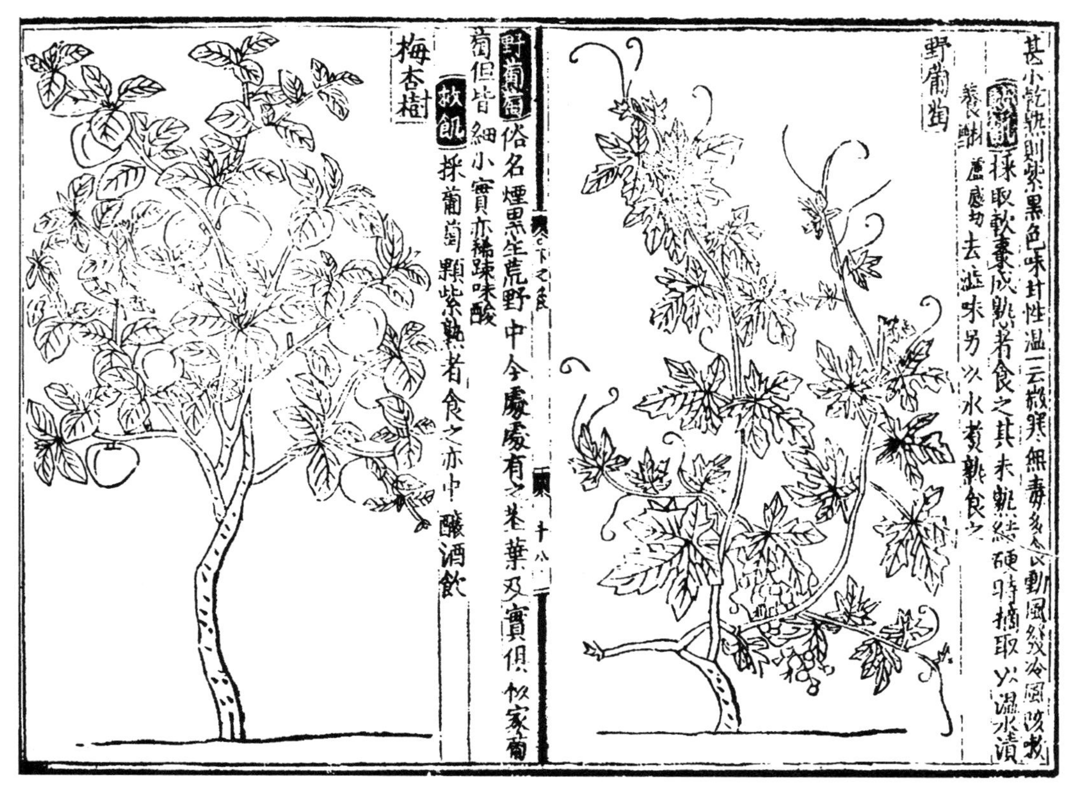

甚小乾熟則紫黑色味甘性溫一云微寒無毒多食動風發冷風咳嗽

【救飢】採取軟棗成熟者食之其未熟結硬時摘取以温水漬養醂〔盧感切〕去澀味另以水煮熟食之

野葡萄

卷下之後　十八

【野葡萄】俗名煙黑生荒野中今處處有之莖葉及實俱似家葡萄但皆細小實亦稀疎味酸

【救飢】採葡萄顆紫熟者食之亦中釀酒飲

梅杏樹

梅杏樹 生輝縣太行山山谷中樹高丈餘葉似杏葉而小又頗尖艄微澁邊有細鋸齒開白花結實如杏實大生青熟則黃色味微酸

救飢 摘取黃熟梅果食之

野櫻桃

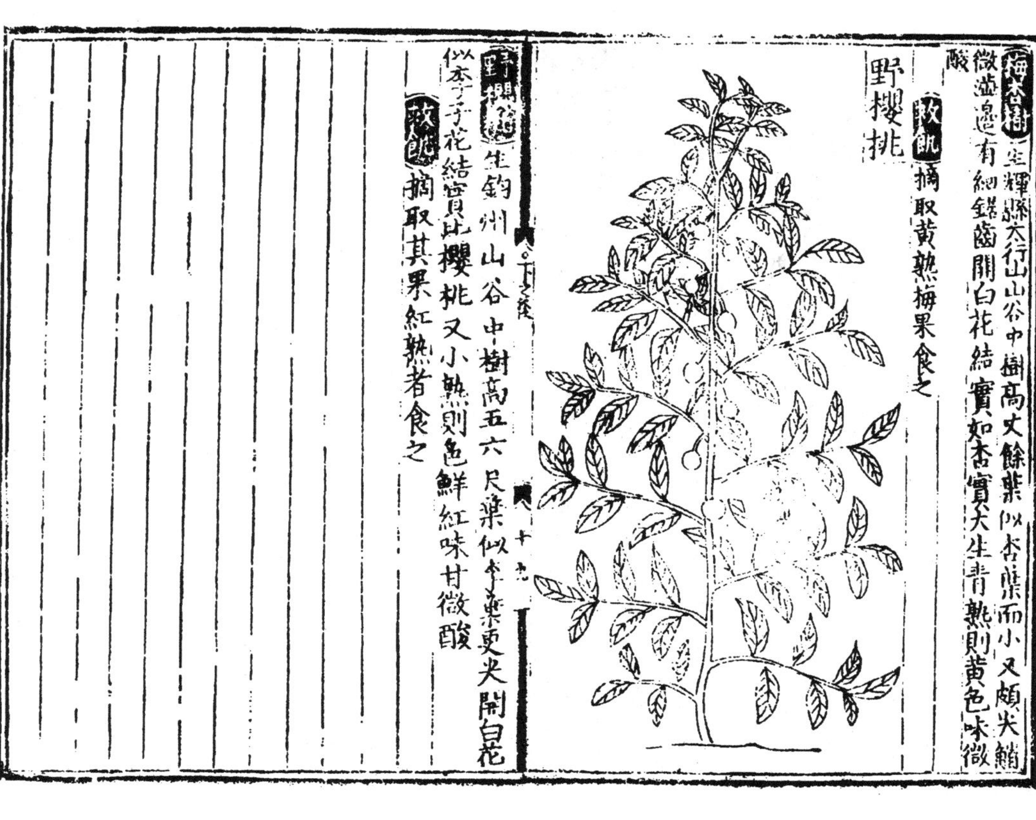

○下之後 十九

野櫻桃 生鈞州山谷中樹高五六尺葉似李子葉更尖開白花似李子花結實比櫻桃又小熟則色鮮紅味甘微酸

救飢 摘取其果紅熟者食之

○葉及實皆可食

本草原有

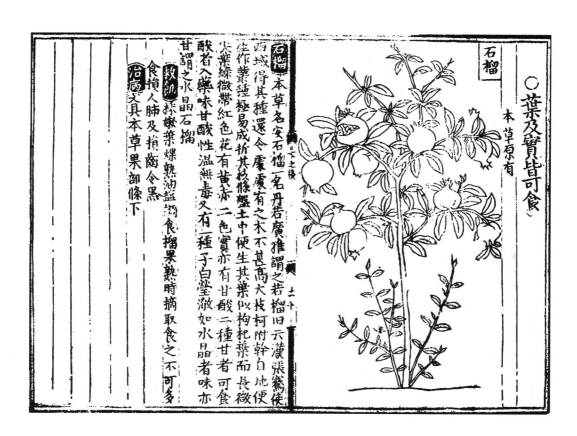

石榴

○下之後 二十

石榴 本草名安石榴一名丹若廣雅謂之若榴舊云漢張騫使西域得其種還今處處有之木不甚高大枝柯附幹自地便生作叢種極易成折其枝條盤土中便生其葉似枸杞葉而長微尖葉綠微帶紅色花有黃赤二色實亦有甘酸二種甘者可食酸者入藥味甘酸性溫無毒又有一種子白瑩澈如水晶者味亦甘謂之水晶石榴

救飢 採嫩葉煠熟油鹽調食榴果熟時摘取食之不可多食損人肺及損齒令黑

治病 文具本草果部條下

杏樹

【杏樹】本草有杏核人生晉山川谷今處處有之其實有數種黄而圓者名金杏熟最早扁而青黄者名木杏其子皆入藥又小者名山杏不堪入藥其樹高丈餘葉頗圓淡綠頗帶紅色葉似木葛葉而光嫩微尖開花色紅結實金黄色核人味甘性温冷利有毒得火良惡黄芩黄耆葛根解錫毒畏蘘草杏實味酸性熱

【救饑】採葉煠熟以水浸漬作成黄色換水淘淨油鹽調食其杏黄熟時摘取食不可多食令人發熱及傷筋骨

【治病】文具本草果部杏核人條下

棗樹

【棗樹】本草有大棗乾棗也名美棗一名良棗生河東平澤及近北州郡青晉絳蒲州者特佳江南出者堅燥少肉樹高一二丈葉似酸棗葉而大比皂角葉亦大尖鮮光澤葉間開青黄色小花結實種數甚多爾雅云壺棗江東呼棗大而銳上者為壺壺猶瓠也邊腰棗云子細腰又謂鹿盧棗櫅音霽白棗即今棗子白乃熟遵羊棗實小而圓紫黑色俗又呼為羊矢棗洗大棗河東猗氏縣出大棗如雞卵蹶泄苦棗云子味苦晳無實棗云不著子者還味稔棗云還味短味也又有水菱棗御棗即撲落酥也又有牙棗皆味甘美其餘不能盡別其名大棗味甘性平無毒殺烏頭毒牙齒有病人切忌食生棗味甘辛多食令人寒熱腹脹麤瘦人不可食蒸煮食補腸胃肥中益氣不宜合蔥食

【救饑】採嫩葉煠熟水浸作成黄色淘淨油鹽調食其棗紅熟時摘取食之其結生硬未紅時煮食亦可

【治病】文具本草果部大棗條下

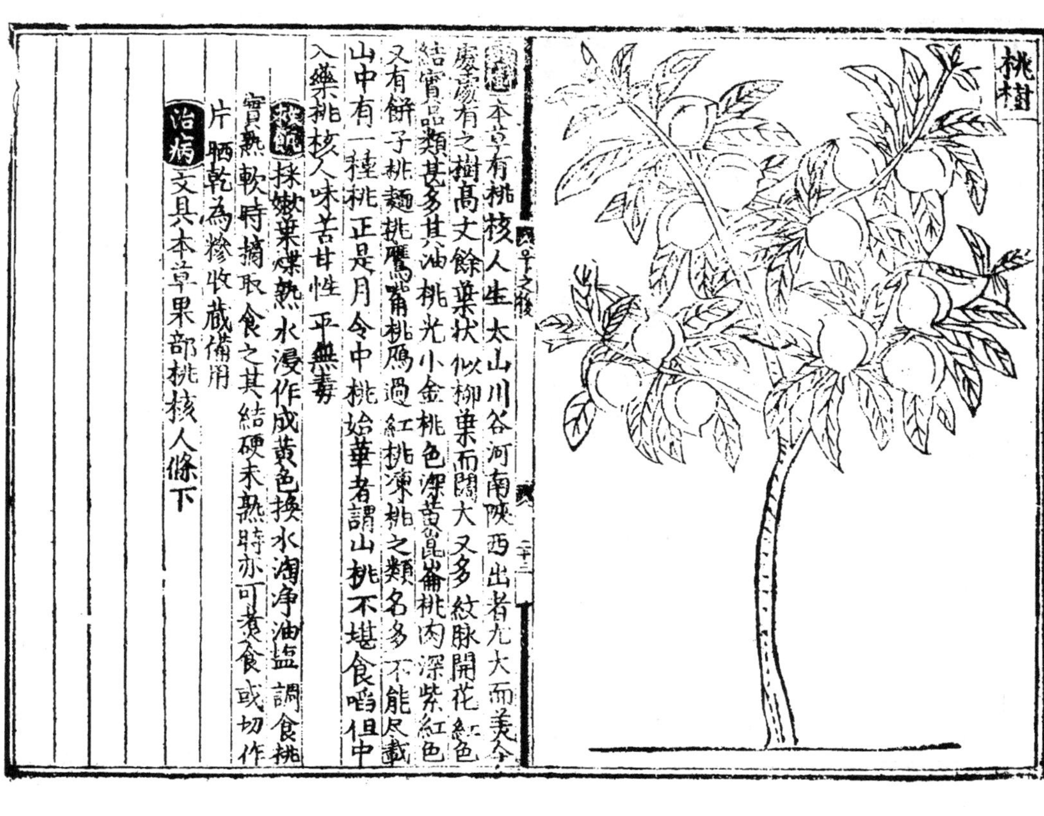

桃樹

【本草】本草有桃核人生太山川谷河南陝西出者尤大而美今處處有之樹高丈餘葉狀似柳葉而闊大又多紋脉開花紅色結實品類甚多其油桃光小金桃色深黄崑崙桃肉深紫紅色又有餅子桃麵桃鷹觜桃鴈過紅桃瀼桃之類名多不能盡載山中有一種桃正是月令中桃始華者謂山桃不堪食啗但中入藥桃核人味苦甘性平無毒

【救饑】採嫩葉煠熟水浸作成黄色換水淘淨油鹽調食桃實熟軟時摘取食之其結硬未熟時亦可煮食或切作片晒乾為糝收藏備用

【治病】文具本草果部桃核人條下

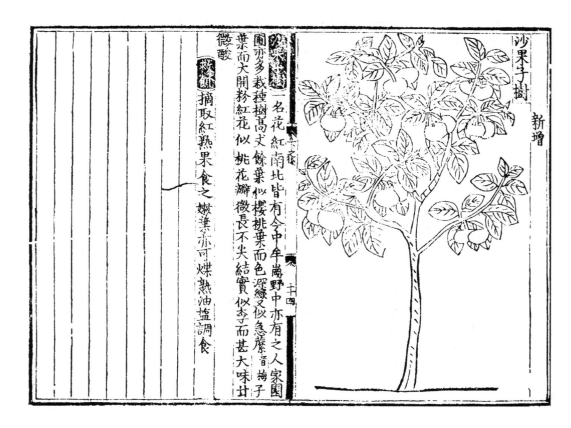

沙果子樹　新增

【沙果子樹】一名花紅南北皆有今中牟崗野中亦有之人家園圃亦多栽種樹高丈餘葉似櫻桃葉而色深綠又似急麽音梅子葉而大開粉紅花似桃花瓣微長不尖結實似李而甚大味甘微酸

【救饑】摘取紅熟果食之嫩葉亦可煠熟油鹽調食

芋苗

○根可食

本草原有

芋苗 本草一名土芝，俗名芋頭。生田野中，今處處有之，人家多栽種。葉似小荷葉而偏長不圓，近蒂邊皆有一劐音霍兒。根狀如雞彈大，皮色茶褐，其中白色。味辛，性平，有小毒。葉冷，無毒。

救饑 本草芋有六種：青芋細長毒多，初煮須要灰汁，換水煮熟乃堪食；白芋、真芋、連禪芋、紫芋毒少，蒸煮食之，又宜冷食，療熱止渴；野芋大有毒，不堪食也。

治病 文具本草果部條下。

鐵葧臍

鐵葧臍 本草名烏芋，又名鳧茈音夫茨，一名藉姑，一名水萍，一名槎音查牙，亦名茨菰，又名燕尾草，爾雅謂之芍。有二種：根黑皮厚肉硬白者謂之猪葧臍，皮薄色淡紫肉軟者謂之羊葧臍。生水田中。葉似莎草而厚肥，稍又長窄，葉間生葶，其葶三稜，稍頭開花，醬褐色。根即葧臍。味苦甘，性微寒。

救饑 採根煮熟食，製作粉食之，厚人腸胃，不饑。服丹石人尤宜食，解丹石毒。孕婦不可食。

治病 文具本草果部烏芋條下。

○根及實皆可食

本草原有

蓮藕

本草有藕實一名水芝丹一名蓮生汝南池澤今處處有之生水中其葉名荷圓徑尺餘其花世謂之蓮花色有紅白二種花中結實謂之蓮房俗名蓮蓬其蓮青皮裹白子為的即蓮子也的中青心為薏其的至秋表皮色黑而沉水就蓬中乾者謂之石蓮其根謂之藕爾雅云荷芙蕖其莖茄其葉蕸其本蔤音密云是莖下白蒻音若在泥中藕節間初生萌芽也其華菡萏其實蓮其根藕其中的的中薏是也芙蕖其總名別名芙蓉又云其花未發為菡萏已發為芙蓉蓮實莖味甘性平寒無毒

救饑 採藕煠熟食生食皆可蓮子蒸食或生食亦可又可休粮仙家貯石蓮子乾藕經千年者食之至妙又以實磨為麵食或屑為米加粟煮飯食皆可

治病 文具本草果部藕實條下

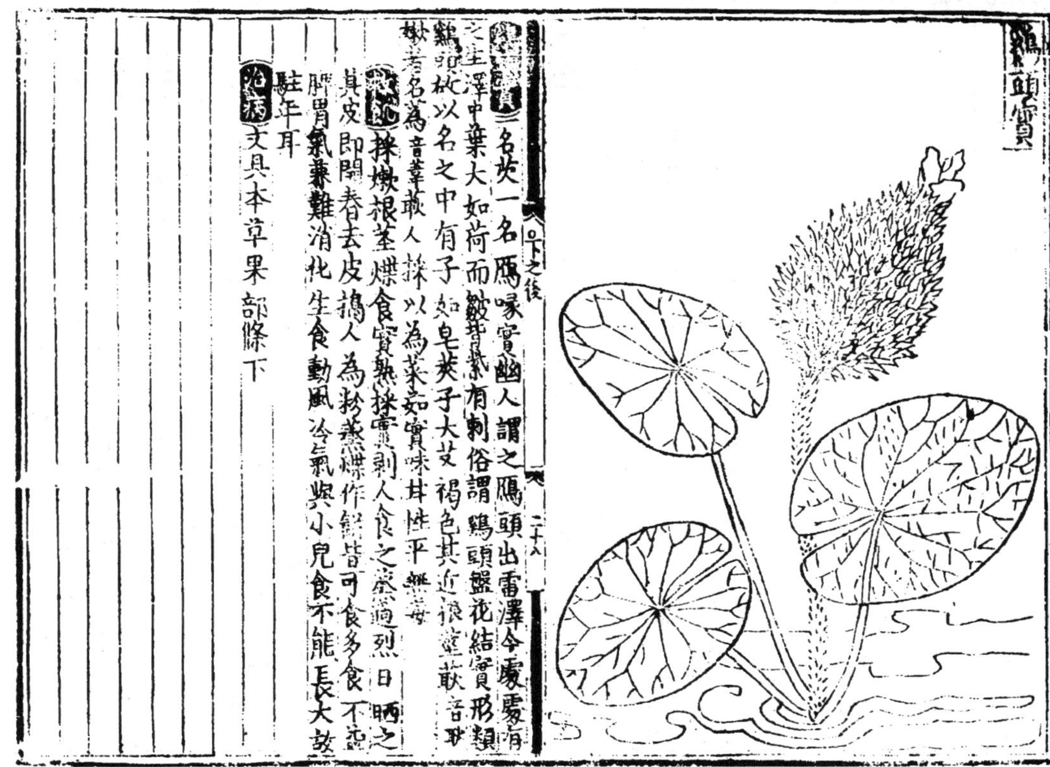

雞頭實

本草雞頭實一名芡一名鴈喙實幽人謂之鴈頭出雷澤今處處有之生澤中葉大如荷而皺背紫有刺俗謂雞頭盤花結實形類雞頭故以名之中有子如皂莢子大艾褐色其近根莖歁音耶嫩者名蔿音葦菆人採以為菜茹實味甘性平無毒

救饑 採嫩根莖煠食實熟採實剝人食之蒸過烈日晒之其皮即開舂去皮擣人為粉蒸煠作餅皆可食多食不益脾胃氣兼難消化生食動風冷氣與小兒食不能長大故駐年耳

治病 文具本草果部條下

菜部

○葉可食

本草原有

芸薹菜

芸薹菜 今處處有葉似菠菜葉比菠菜葉兩傍多叉又開黃花結角似蔓菁角有子如小芥子大味辛性溫無毒經冬根不死辟蠹蝨

救飢 採苗葉煠熟水浸淘洗淨油鹽調食

治病 文具本草菜部條下

卷下之後　十九

莧菜

莧菜 本草有莧實一名馬莧一名莫實細莧亦同一名人莧幽

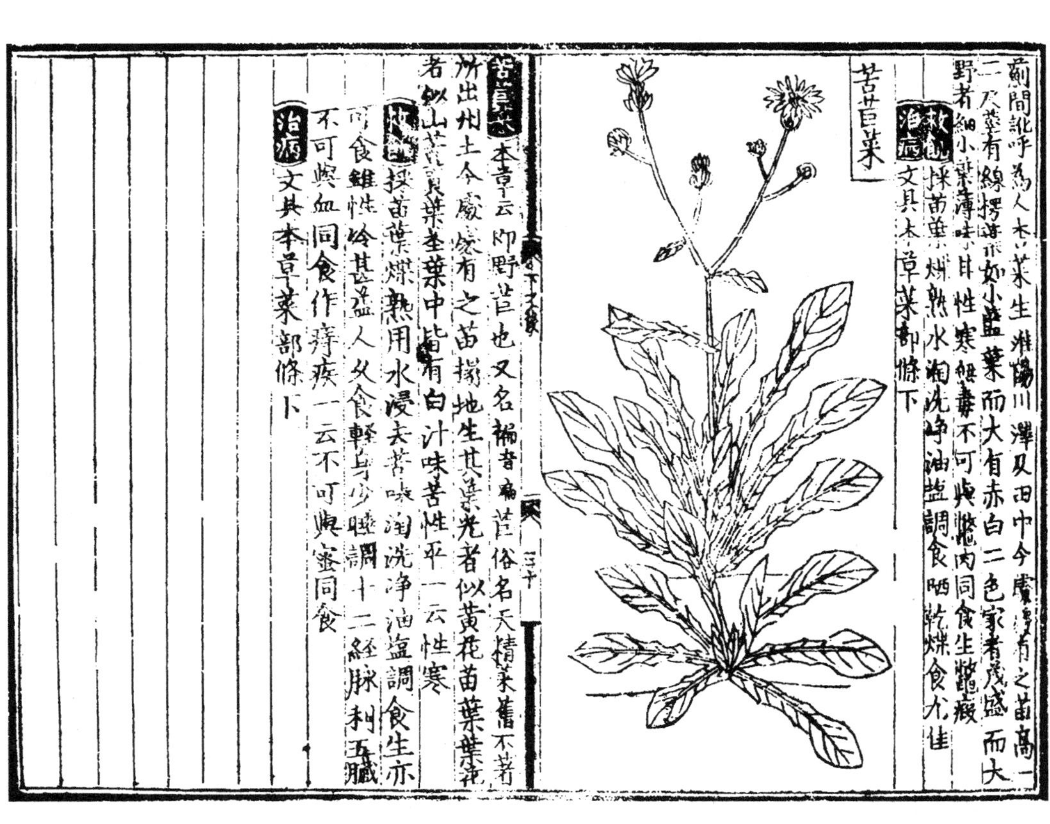

薊間訛呼為人杏菜生淮陽川澤及田中今處處有之苗高一二尺莖有線楞莖亦如小藍葉而大有赤白二色家者茂盛而大野者細小葉薄味甘性寒無毒不可與鼈肉同食生鼈瘕

救飢 採苗葉煠熟水淘洗淨油鹽調食晒乾煠食尤佳

治病 文具本草菜部條下

苦苣菜

苦苣菜 本草云即野苣也又名褊苣俗名天精菜舊不著所出州土今處處有之苗搨地生其葉光者似黃花苗葉葉花者似山苦蕒葉莖葉中皆有白汁味苦性平一云性寒

救飢 採苗葉煠熟用水浸去苦味淘洗淨油鹽調食生亦可食雖性冷甚益人久食輕身少睡調十二經脉利五臟不可與血同食作痔疾一云不可與蜜同食

治病 文具本草菜部條下

卷下之後　三十

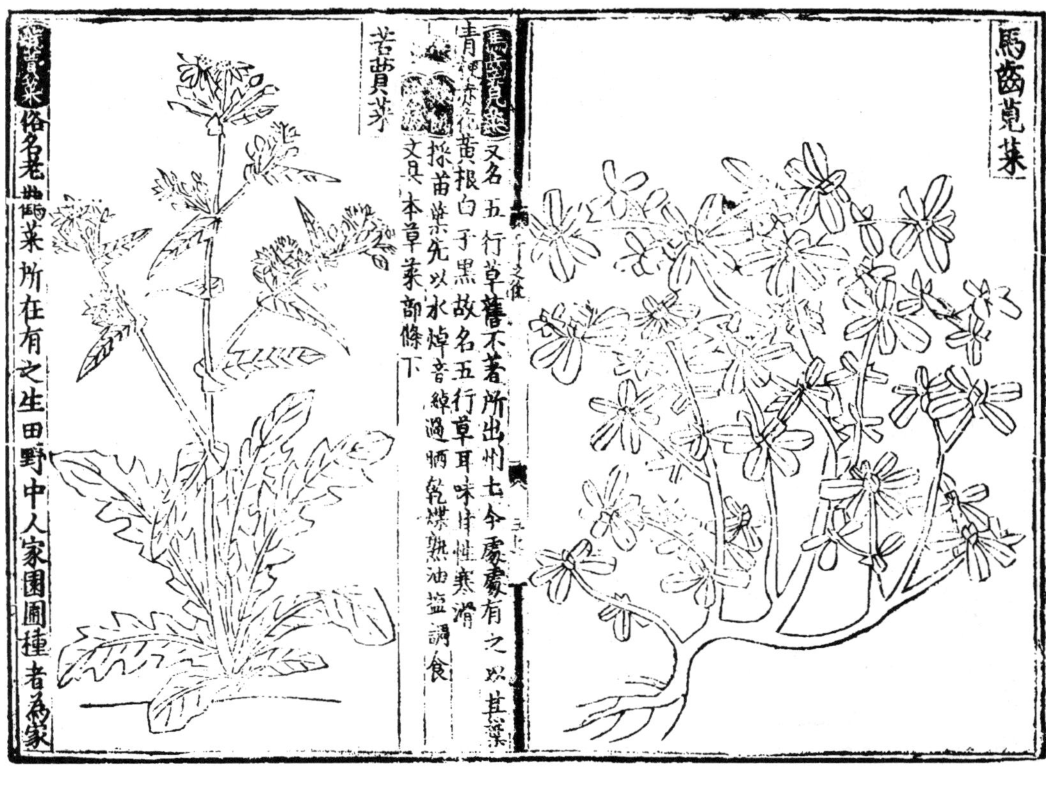
馬齒莧菜

馬齒莧菜 又名五行草。舊不著所出州土，今處處有之。以其葉青、梗赤、花黃、根白、子黑，故名五行草耳。味甘，性寒，滑。

救飢 採苗葉，先以水焯音綽過，曬乾，煠熟，油鹽調食。

治病 文具本草菜部條下。

苦蕒菜

苦蕒菜 俗名老鸛菜。所在有之，生田野中，人家園圃種者為家

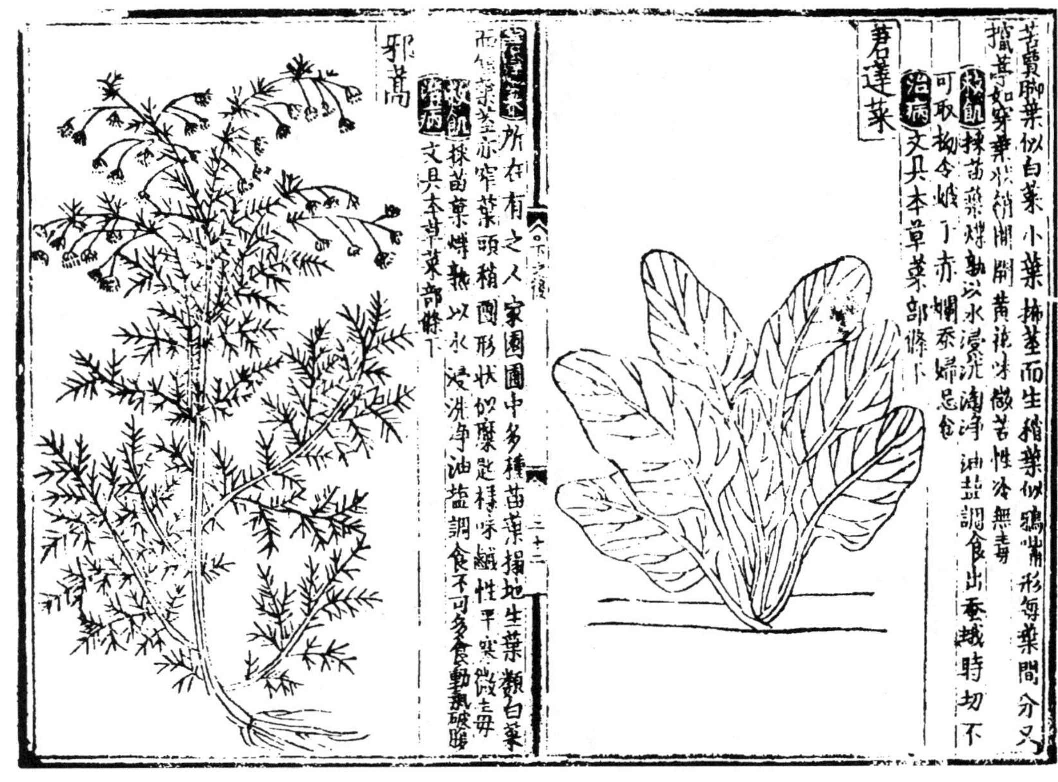
苦蕒。脚葉似白菜，小葉抪莖而生，稍葉似鸛觜形，每葉間分叉，攛葶如穿葉狀，梢間開黃花，味微苦，性冷，無毒。

救飢 採苗葉煠熟，以水浸洗淘淨，油鹽調食。出蚕蛾時切不可取，拗令蛾子赤爛。蚕婦忌食。

治病 文具本草菜部條下。

莙薘菜

莙薘菜 所在有之，人家園圃中多種。苗葉搨地生，葉類白菜而短，葉莖亦窄，葉頭稍圓，形狀似糜匙樣，味鹹，性平，寒，微毒。

救飢 採苗葉煠熟，以水浸洗淨，油鹽調食。不可多食，動氣破腹。

治病 文具本草菜部條下。

邪蒿

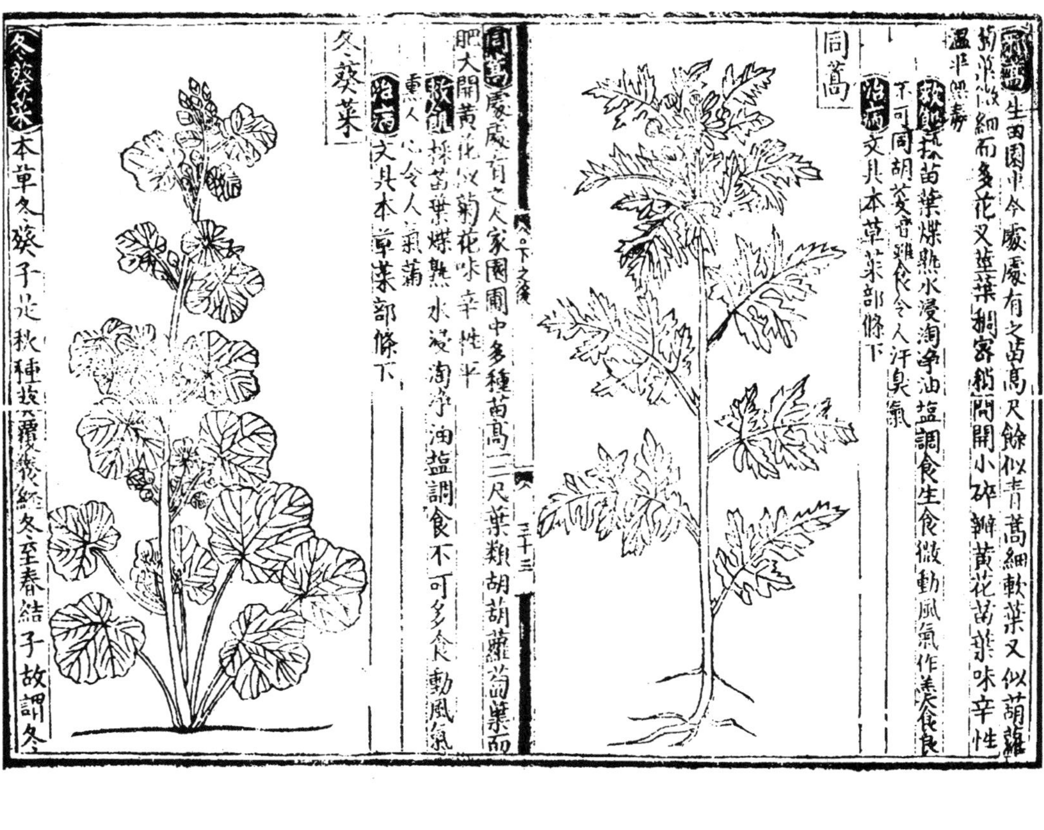

邪蒿 生田園中今處處有之苗高尺餘似青蒿細軟葉又似葫蘿蔔葉微細而多花叉莖葉稠密梢間開小碎瓣黃花苗葉味辛性温平無毒

救飢 採苗葉煠熟水浸淘淨油鹽調食生食微動風氣作羹食良不可同胡荽音雞食令人汗臭氣

治病 文具本草菜部條下

同蒿

三十三

同蒿 處處有之人家園圃中多種苗高一二尺葉類胡荽蘿蔔葉而肥大開黃花似菊花味辛性平

救飢 採苗葉煠熟水浸淘淨油鹽調食不可多食動風氣熏人心令人氣滿

治病 文具本草菜部條下

冬葵菜

冬葵菜 本草冬葵子是秋種葵覆養經冬至春結子故謂冬

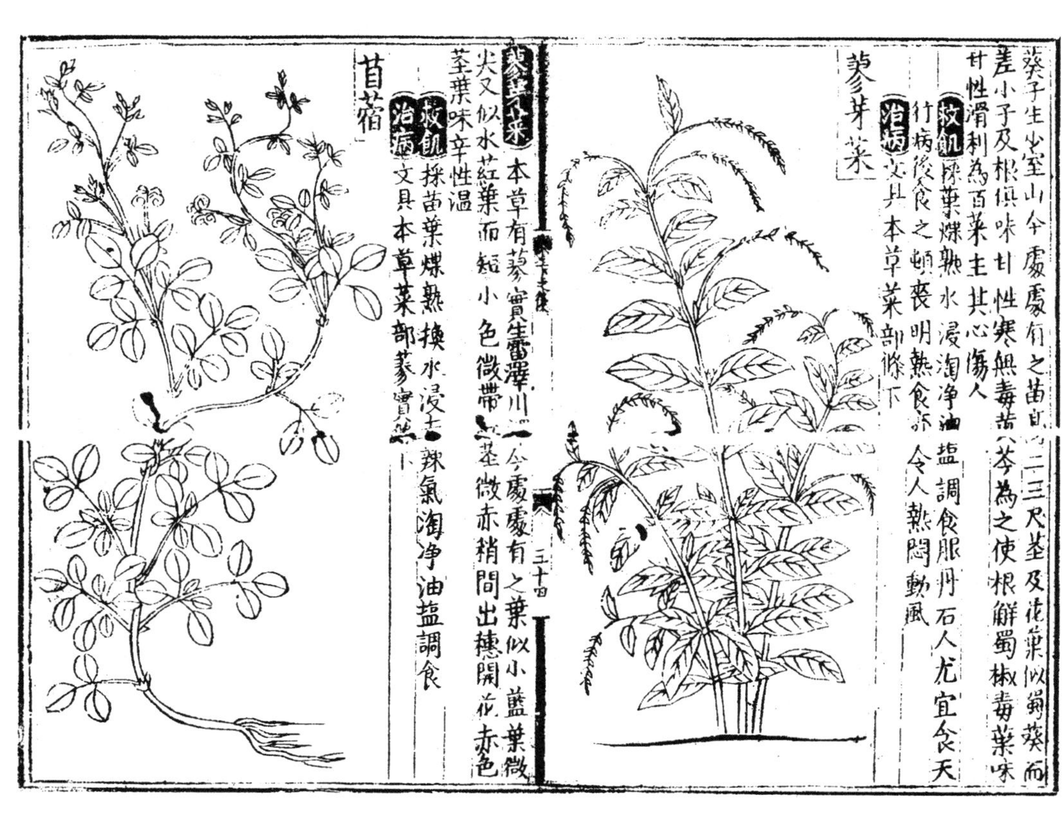

葵子生少室山今處處有之苗高二三尺莖及花葉似蜀葵而差小子及根俱味甘性寒無毒黃芩為之使根解蜀椒毒葉味甘性滑利為百菜主其心傷人

救飢 採葉煠熟水浸淘淨油鹽調食服丹石人尤宜食天行病後食之頓喪明熱食亦令人熱悶動風

治病 文具本草菜部條下

蓼芽菜

三十四

蓼芽菜 本草有蓼實生雷澤川澤今處處有之葉似小藍葉微尖又似水葒葉而短小色微帶紅莖微赤梢間出穗開花赤色莖葉味辛性温

救飢 採苗葉煠熟換水浸去辣氣淘淨油鹽調食

治病 文具本草菜部蓼實條下

苜蓿

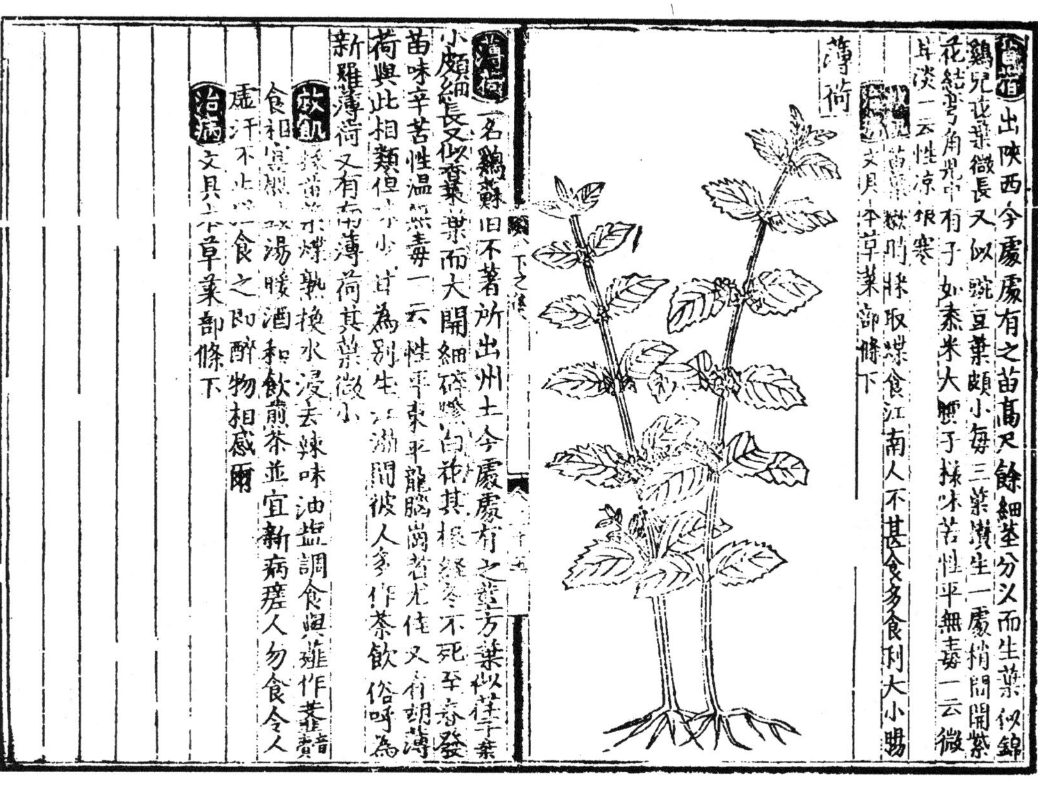

薄荷

【本草】出陝西今處處有之苗高尺餘細莖分叉而生葉似錦雞兒花葉微長又似豌豆葉頗小每三葉攢生一處梢間開紫花結莢角兒中有子如黍米大□子味苦性平無毒一云微苦淡一云性涼根寒

【救饑】苗葉嫩時採取煠食江南人不甚食多食利大小腸

【治病】文具本草菜部條下

【薄荷】一名雞蘇舊不著所出州土今處處有之莖方葉似荏子葉小頗細長又似香菜葉而大開細碎淡紫白花其根經冬不死至春發苗味辛苦性溫無毒一云性平東平龍腦崗者尤佳又有胡薄荷與此相類但味少甘為別生江浙間彼人多作茶飲俗呼為新羅薄荷又有南薄荷其葉微小

【救饑】採苗葉煠熟換水浸去辣味油鹽調食與薤作葅（音責）食相宜煎豉湯暖酒和飲煎茶並宜新病瘥人勿食令人虛汗不止猫食之即醉物相感爾

【治病】文具本草菜部條下

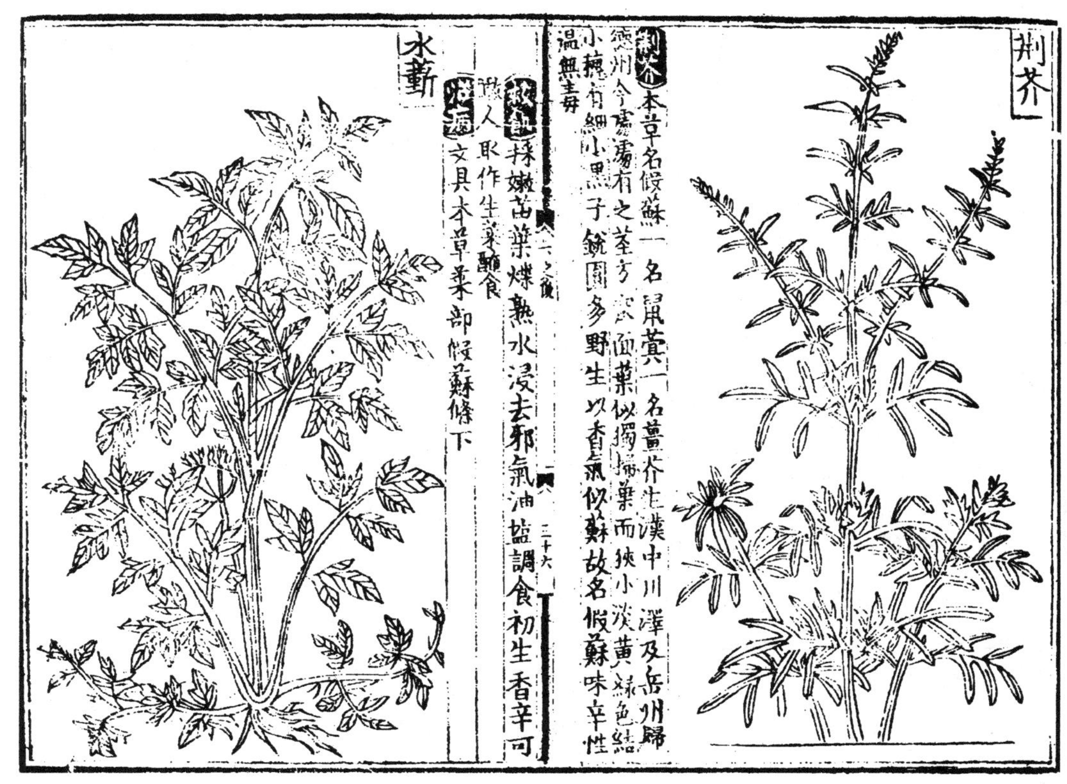

荊芥

【荊芥】本草名假蘇一名鼠蓂一名薑芥生漢中川澤及岳州歸德州今處處有之莖方窊面葉似獨掃葉而狹小淡黃綠色結小穗有細小黑子銳圓多野生以香氣似蘇故名假蘇味辛性溫無毒

【救饑】採嫩苗葉煠熟水浸去邪氣油鹽調食初生香辛可噉人取作生菜醃食

【治病】文具本草菜部假蘇條下

水蘄

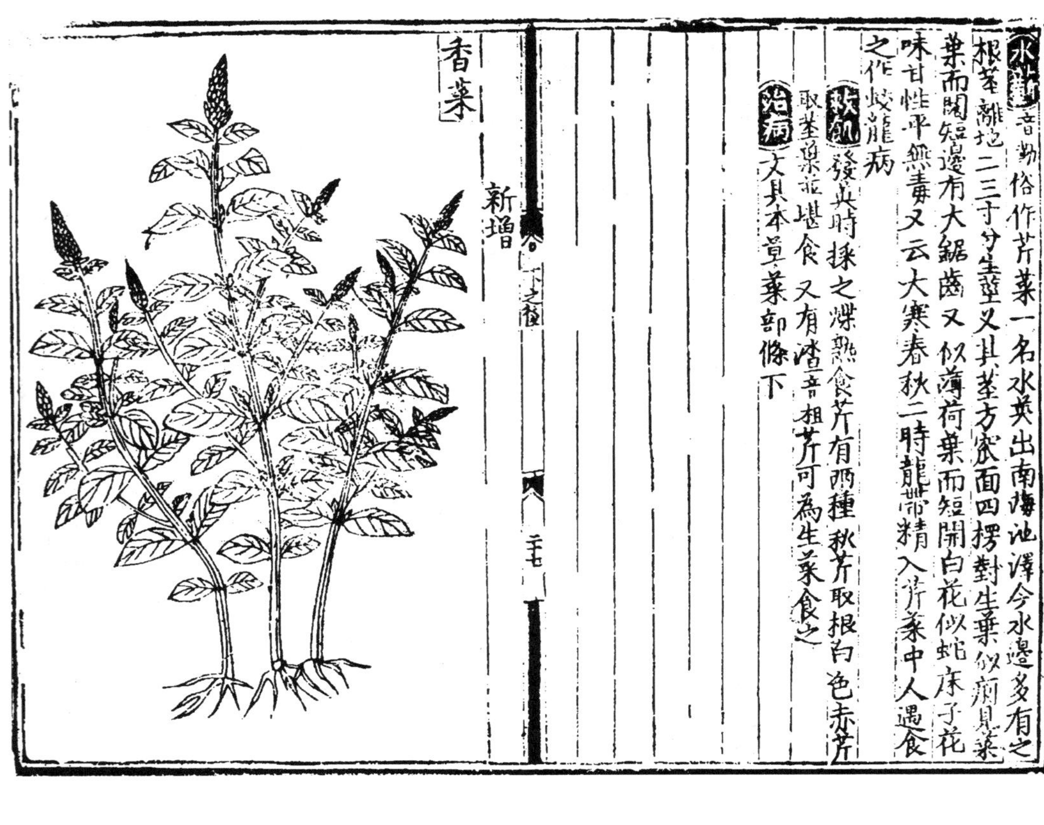

水蘄 音勤俗作芹菜一名水英出南海池澤今水邊多有之根莖離地二三寸分生莖叉其莖方窊面四楞對生葉似痢見菜葉而闊短邊有大鋸齒又似薄荷葉而短開白花似蛇床子花味甘性平無毒又云大寒春秋二時龍帶精入芹菜中人遇食之作蛟龍病

救飢 發英時採之煠熟食芹有兩種秋芹取根白色赤芹取莖葉並堪食又有渣音相芹可為生菜食之

治病 文具本草菜部條下

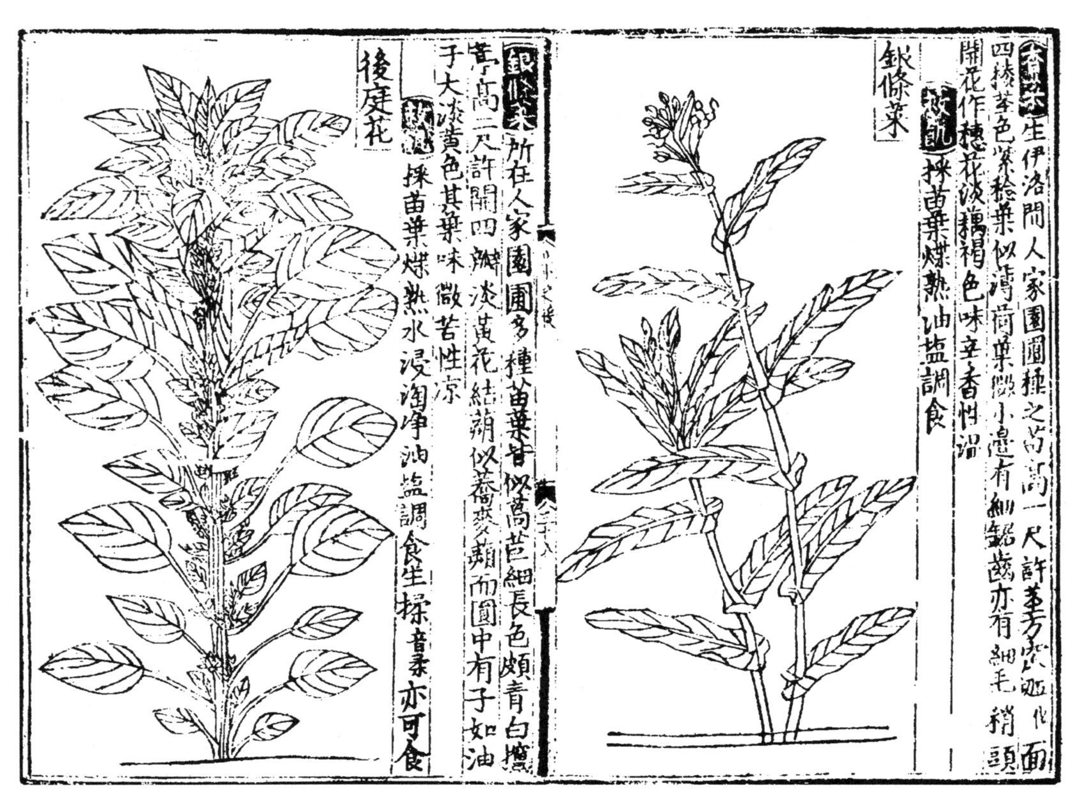

香菜 生伊洛間人家園圃種之苗高一尺許莖方窊面四楞莖色紫稔葉似薄荷葉微小邊有細鋸齒亦有細毛稍頭開花作穗花淡藕褐色味辛香性溫

救飢 採苗葉煠熟油鹽調食

銀條菜 所在人家園圃多種苗葉皆似萵苣細長色頗青白攛葶高二尺許開四瓣淡黃花結蒴似蕎麥蒴而圓中有子如油子大淡黃色其葉味微苦性涼

救飢 採苗葉煠熟水浸淘淨油鹽調食生揉音柔亦可食

〔後庭花〕一名鴈來紅人家園圃多種之葉似人莧葉其葉中心紅色又有黄色相間亦有通身紅色者亦有紫色者莖葉間結實比莧實微大其葉衆葉攅聚状如花朶其色嬌紅可愛故以名之味甜微澁性凉

〔救飢〕採苗葉煠熟水浸淘淨油鹽調食晒乾煠食尤佳

火焰菜

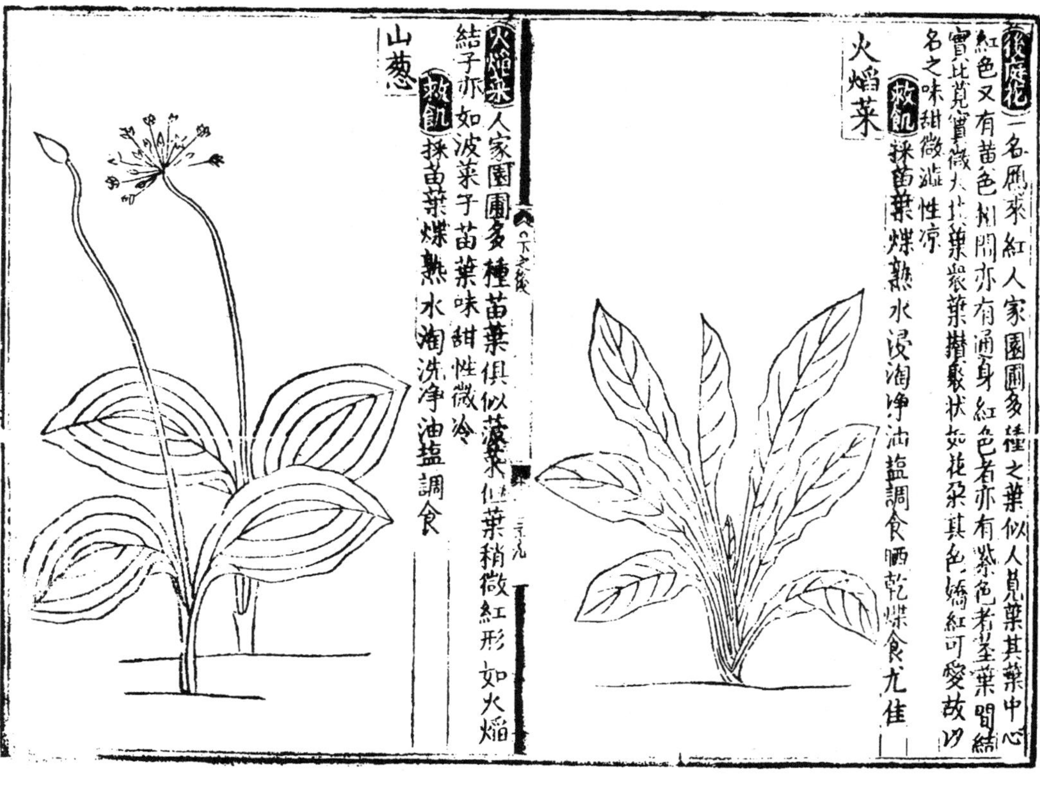

〔火焰菜〕人家園圃多種苗葉俱似菠薐菜但葉稍微紅形如火焰結子亦如波菜子苗葉味甜性微冷

〔救飢〕採苗葉煠熟水淘洗淨油鹽調食

山葱

〔山葱〕一名隔葱又名鹿耳葱生輝縣太行山山野中葉似玉簪葉微團葉中攛葶似蒜葶甚長而澁稍頭結蓇葖似葱蓇葖微小開白花結子黑色苗味辣

〔救飢〕採苗葉煠熟油鹽調食生醃食亦可

背韭

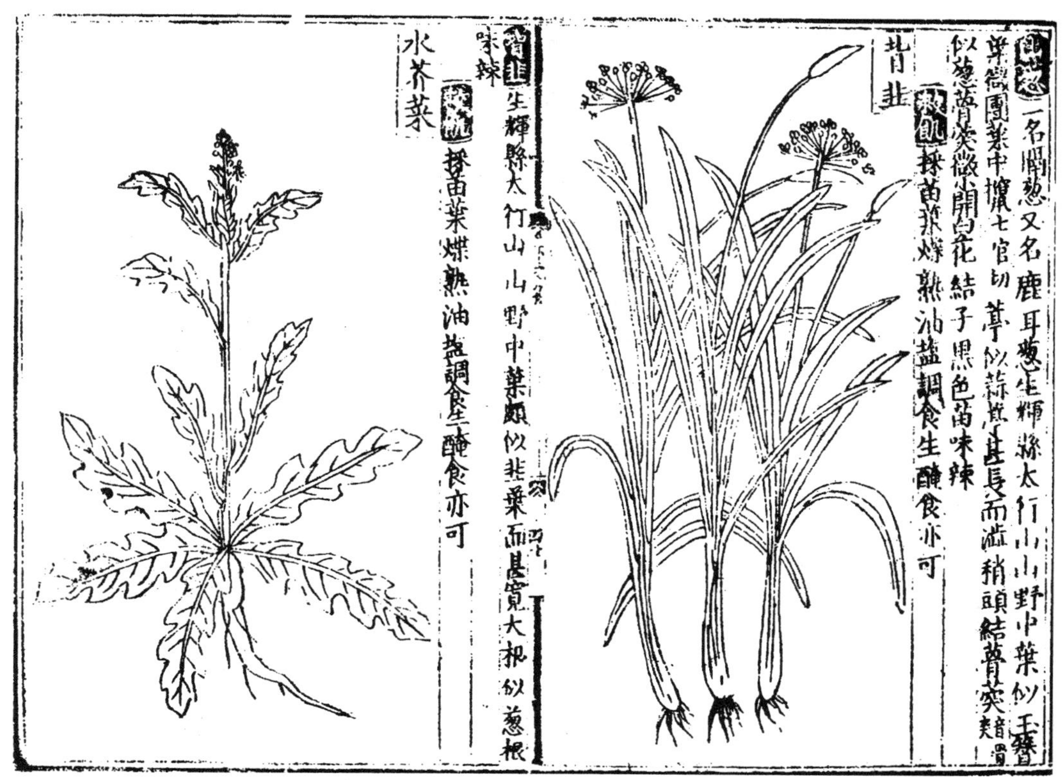

〔背韭〕生輝縣太行山山野中葉頗似韭葉而甚寛大根似葱根味辣

〔救飢〕採苗葉煠熟油鹽調食生醃食亦可

水芥菜

【水[illegible]菜】水邊多生苗高尺許葉似家芥菜葉極小色微淡綠葉多[illegible]又亦細開小黃花結細短小角兒葉味微辛

【救饑】採苗葉煠熟水浸去辣氣淘洗過油鹽調食

遏藍菜

【遏藍菜】[illegible]生田野中下濕地苗初搨地生葉似初生菠菜葉而小其頭頗團葉間攛葶分叉上結莢兒似榆錢狀而小其葉味辛香微酸性微溫

【救饑】採苗葉煠熟水浸取酸辣味復用水淘淨作虀油鹽調食

牛耳朶菜

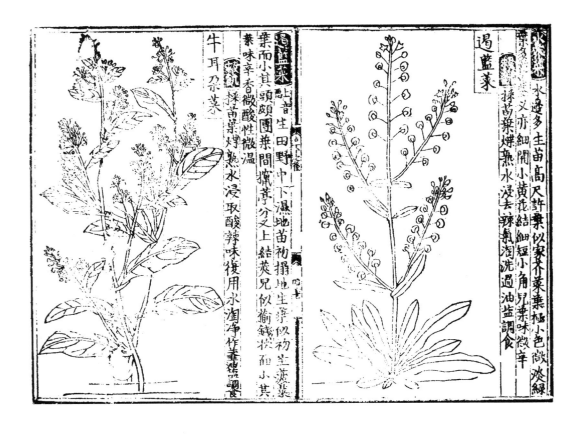

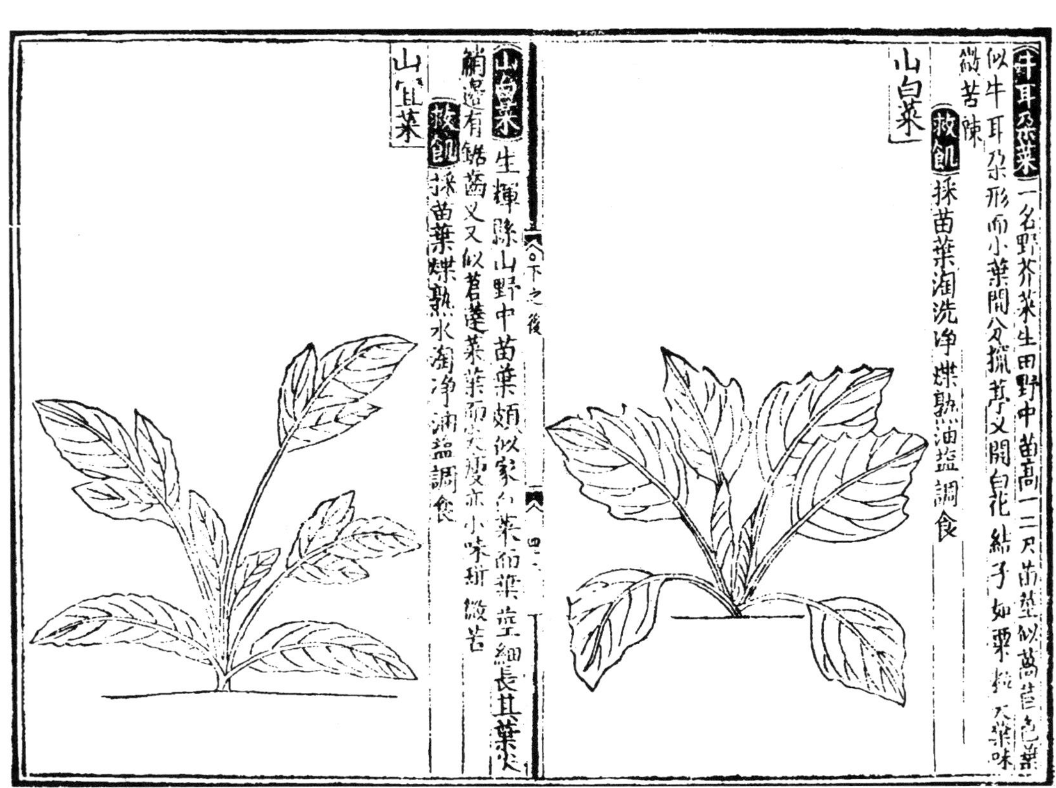

【牛耳朶菜】一名野芥菜生田野中苗高一二尺苗莖似萵苣色葉似牛耳朶形而小葉間分攛葶叉開白花結子如粟粒大葉味微苦

【救饑】採苗葉淘洗淨煠熟油鹽調食

山白菜

【山白菜】生輝縣山野中苗葉頗似家白菜而葉莖細長其葉尖艄邊有鋸齒叉又似莙蓬菜葉而尖瘦亦小味甜微苦

【救饑】採苗葉煠熟水淘淨油鹽調食

山宜菜

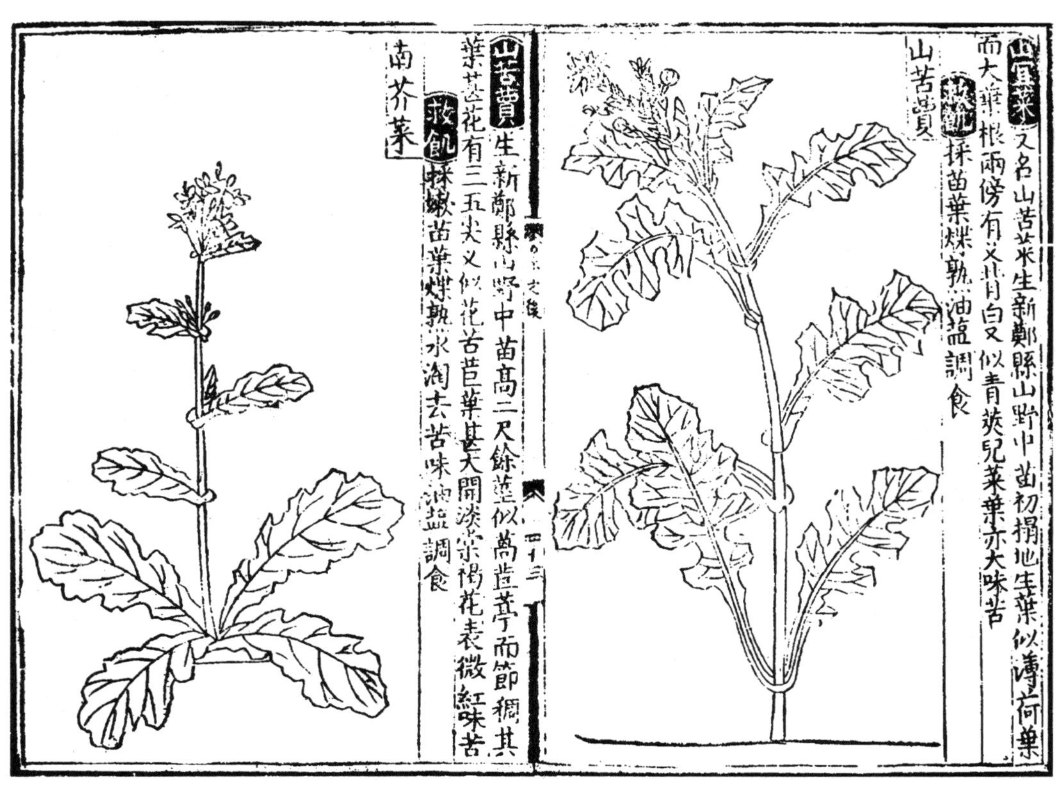

山苣菜 又名山苦菜生新鄭縣山野中苗初搨地生葉似薄荷葉而大葉根兩傍有叉背白又似青莢兒菜葉亦大味苦

救飢 採苗葉煠熟油鹽調食

山苦蕒

山苦蕒 生新鄭縣山野中苗高二尺餘莖似萵苣葶而節稠其葉甚花有三五尖又似花苦苣葉甚大開淡棠褐花表微紅味苦

救飢 採嫩苗葉煠熟水淘去苦味油鹽調食

南芥菜

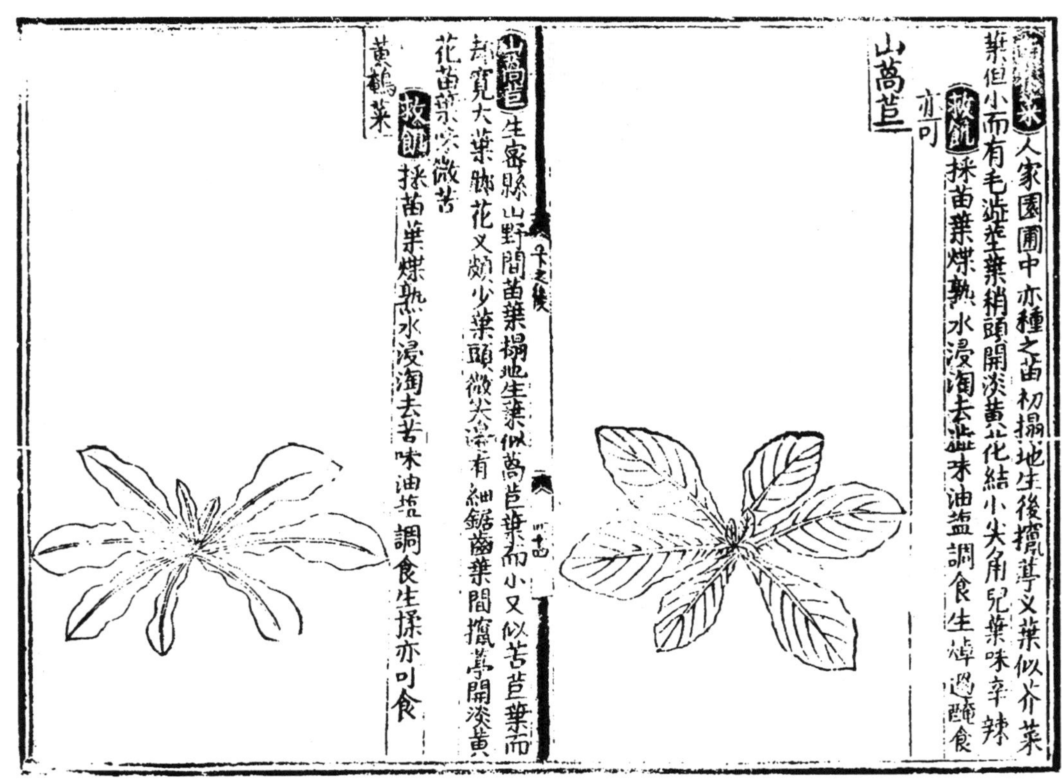

南芥菜 人家園圃中亦種之苗初搨地生後攛葶叉葉似芥菜葉但小而有毛澁莖葉稍頭開淡黃花結小尖角兒葉味辛辣

救飢 採苗葉煠熟水浸淘去澁味油鹽調食生焯過醃食亦可

山萵苣

山萵苣 生密縣山野間苗葉搨地生葉似萵苣葉而小又似苦苣葉而却寬大葉脚花叉頗少葉頭微尖邊有細鋸齒葉間攛葶開淡黃花苗葉味微苦

救飢 採苗葉煠熟水浸淘去苦味油鹽調食生揉亦可食

黃鵪菜

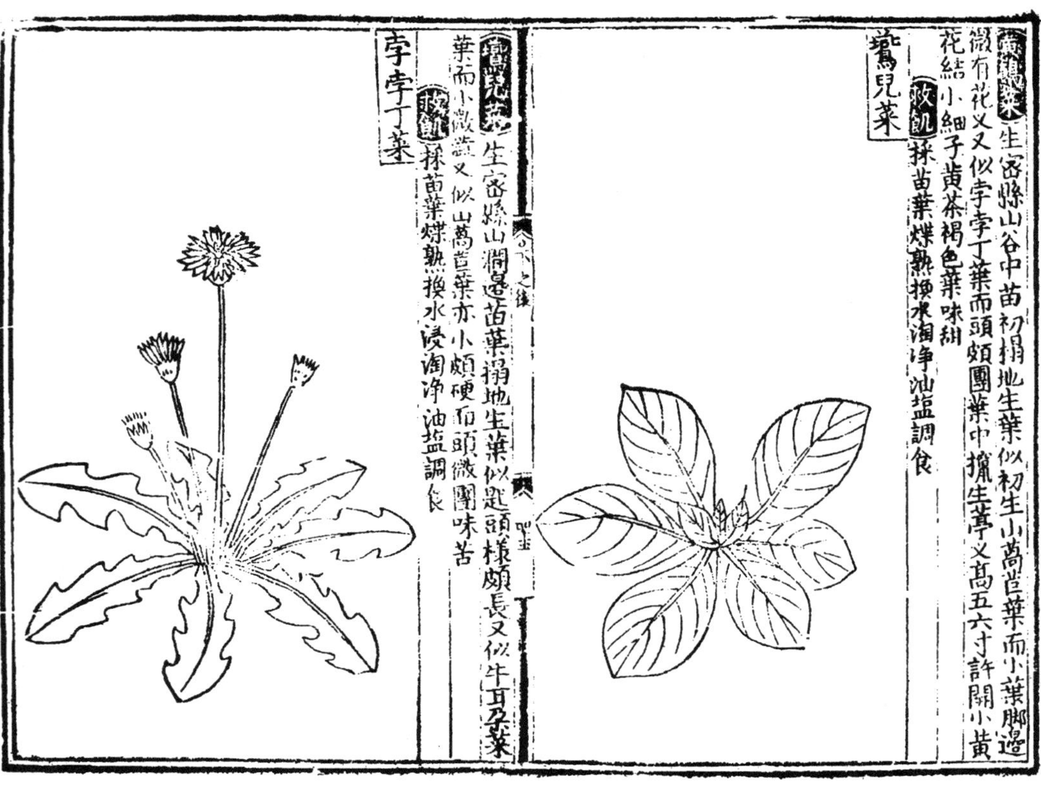

[illegible]生密縣山谷中苗初搨地生葉似初生小萵苣葉而小葉脚邊微有花叉又似孛孛丁葉而頭頗團葉中攛生葶叉高五六寸許開小黄花結小細子黄茶褐色葉味甜

救飢 採苗葉煠熟換水淘淨油鹽調食

[illegible]生密縣山澗邊苗葉搨地生葉似匙頭樣頗長又似牛耳朶菜葉而小微澁又似山萵苣葉亦小頗硬而頭微團味苦

救飢 採苗葉煠熟換水浸淘淨油鹽調食

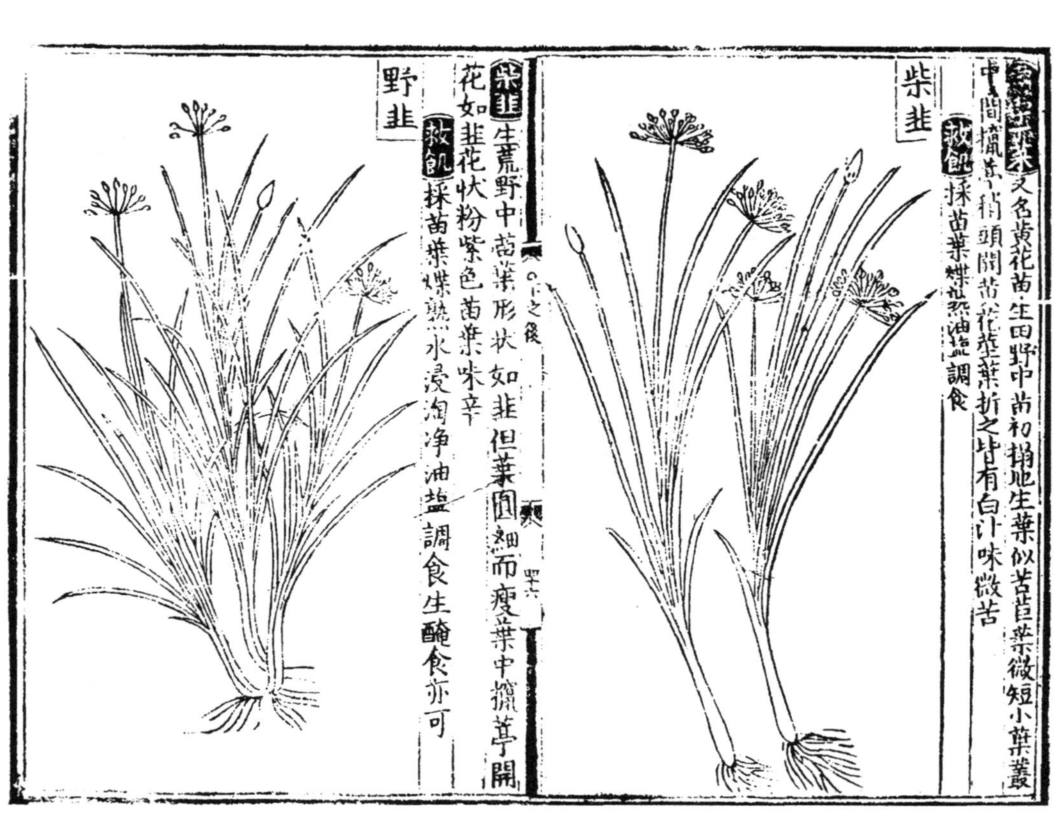

孛孛丁菜 又名黄花苗生田野中苗初搨地生葉似苦苣葉微短小葉叢中間攛葶梢頭開黄花莖葉折之皆有白汁味微苦

救飢 採苗葉煠熟油鹽調食

柴韭 生荒野中苗葉形狀如韭但葉圓細而瘦葉中攛葶開花如韭花狀粉紫色苗葉味辛

救飢 採苗葉煠熟水浸淘淨油鹽調食生醃食亦可

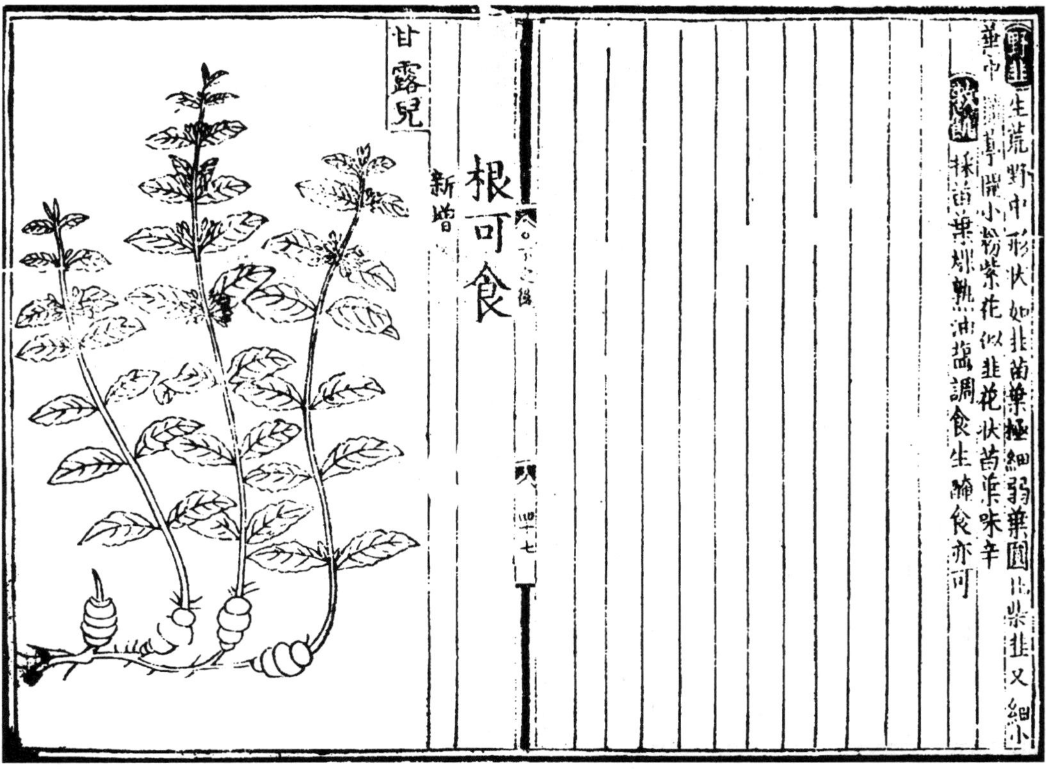

野韭　生荒野中形狀如韭苗葉極細弱葉圓比柴韭又細小葉中攛葶開小粉紫花似韭花狀苗葉味辛

救饑　採苗葉煠熟油鹽調食生醃食亦可

根可食

新增

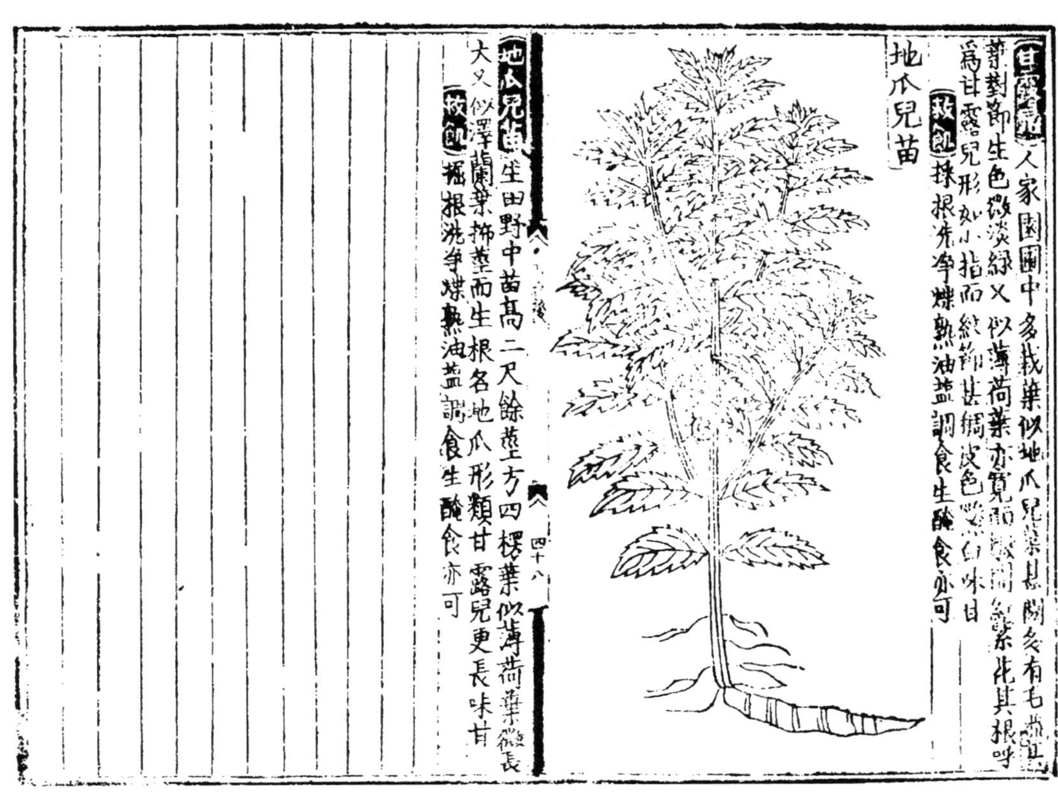

甘露兒　人家園圃中多栽葉似地瓜兒葉甚闊多有毛澀其葉對節生色微淡綠又似薄荷葉亦寬而頗皺開紅紫花其根呼為甘露兒形如小指而紋節甚稠皮色瑩白味甘

救饑　採根洗淨煠熟油鹽調食生醃食亦可

地瓜兒苗　生田野中苗高二尺餘莖方四楞葉似薄荷葉微長大又似澤蘭葉抪莖而生根名地瓜形類甘露兒更長味甘

救饑　掘根洗淨煠熟油鹽調食生醃食亦可

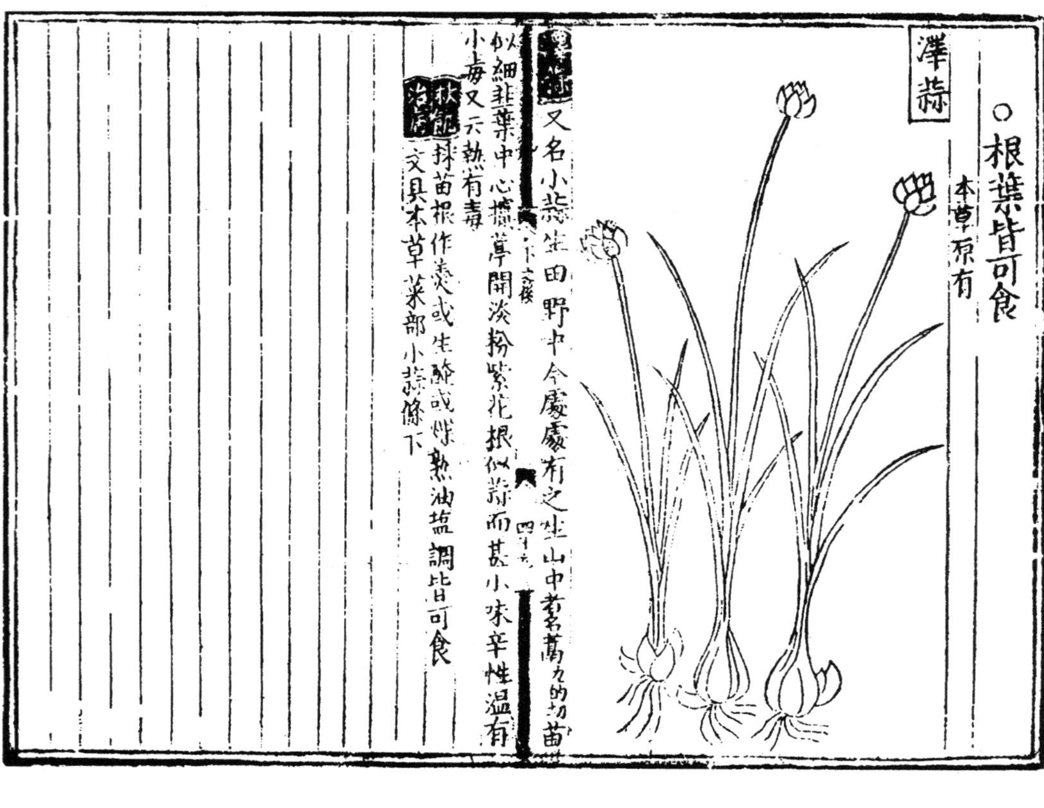

澤蒜

○根葉皆可食

本草原有

澤蒜 又名小蒜，生田野中，今處處有之。生山中者名萬九的劫。苗似細韭，葉中心攛葶，開淡粉紫花。根似蒜而甚小。味辛，性溫，有小毒。又云熱，有毒。

救飢 採苗根作羹，或生醃，或煠熟，油鹽調，皆可食。

治病 文具本草菜部小蒜條下。

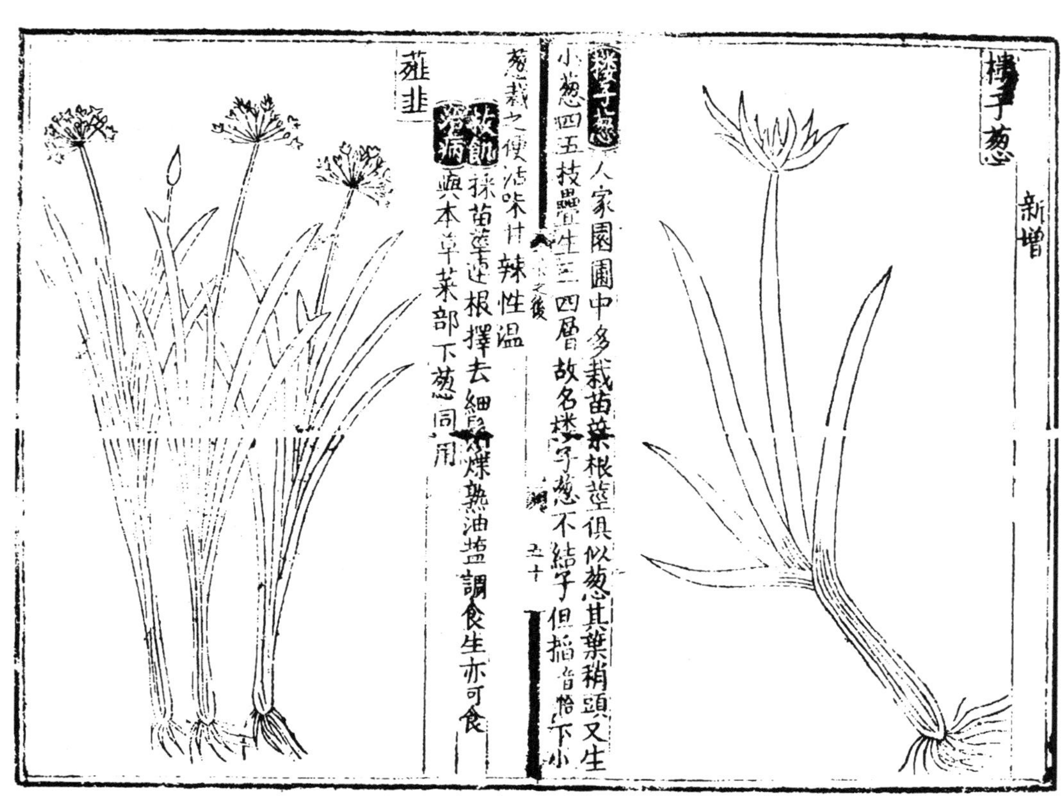

樓子葱

新增

樓子葱 人家園圃中多栽。苗葉根莖俱似葱，其葉稍頭又生小葱四五枝，疊生三四層，故名樓子葱。不結子，但掐音恰下小葱栽之便活。味甘辣，性溫。

救飢 採苗莖連根，擇去細鬚，煠熟，油鹽調食，生亦可食。

治病 與本草菜部下葱同用。

薤韭

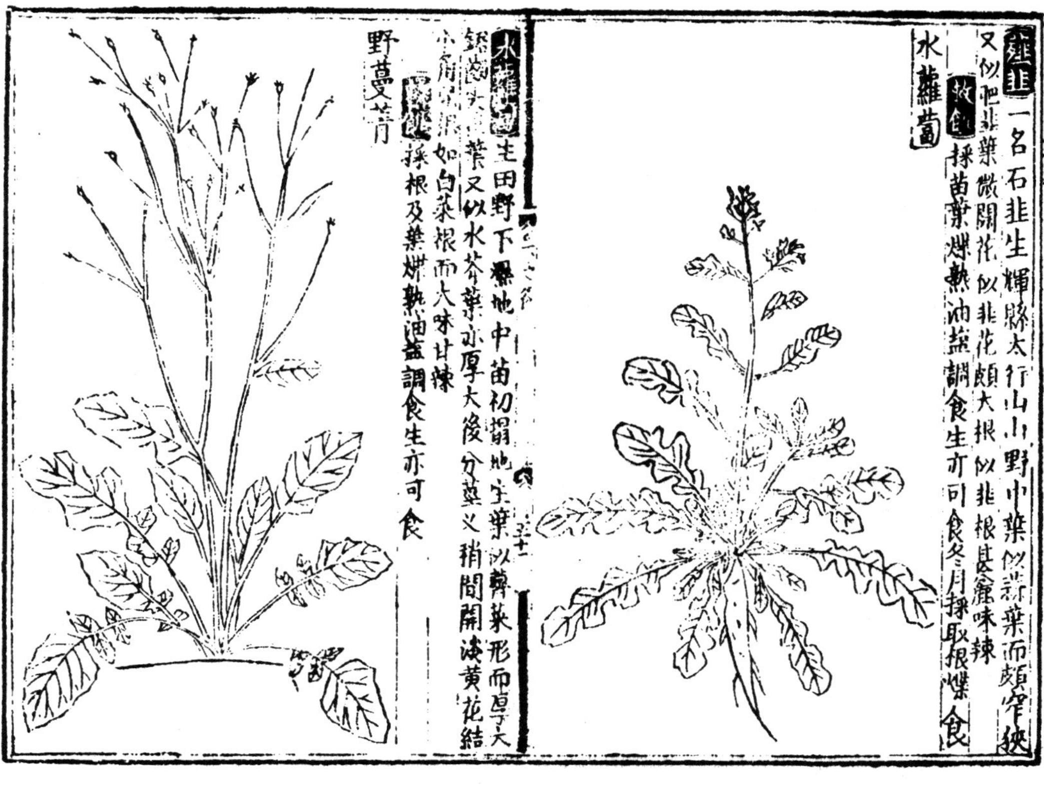

雞韭 一名石韭生輝縣太行山山野中葉似蒜葉而頗窄狹又似肥韭葉微闊花似韭花頗大根似韭根甚麤味辣

救飢 採苗葉煠熟油鹽調食生亦可食冬月採取根煠食

水蘿蔔

五十一

水蘿蔔 生田野下濕地中苗初搨地生葉似薺菜形而厚大鋸齒尖花葉又似水芥葉亦厚大後分莖叉稍間開淡黃花結小角兒根如白菜根而大味甘辣

救飢 採根及葉煠熟油鹽調食生亦可食

野蔓菁

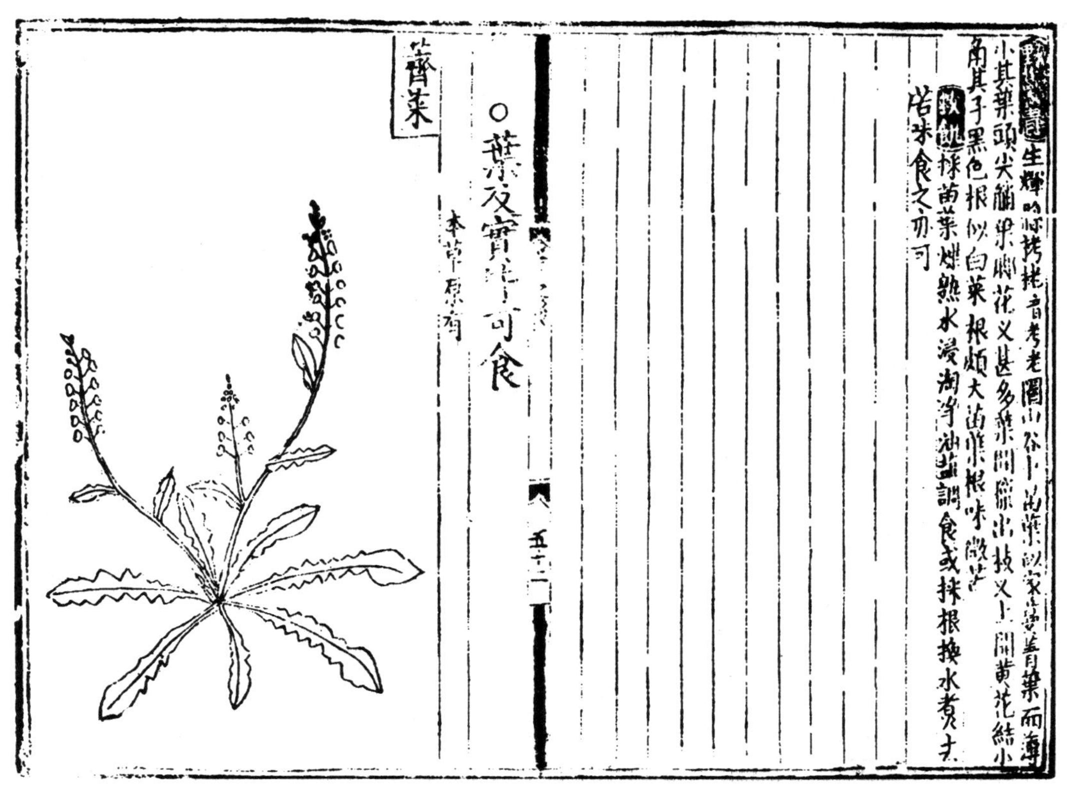

野蔓菁 生輝縣栲栳音考老圈山谷中苗葉似家蔓菁葉而薄小其葉頭尖艄葉脚花叉甚多葉間攛出枝叉上開黃花結小角其子黑色根似白菜根頗大苗葉根味微苦

救飢 採苗葉煠熟水浸淘淨油鹽調食或採根換水煮去苦味食之亦可

五十二

○葉及實皆可食

本草原有

薺菜

薺菜 生平澤中今處處有之苗搨地生作鋸齒葉三四月出葶分生莖叉梢上開小白花結實小似菥蓂子苗葉味甘性溫無毒其實亦呼菥蓂菥音析蓂音覓子其子味甘性平患氣人食之動冷疾不可與麵同食令人背悶服丹石人不可食

救饑 採子用水調攪良久成塊或作燒餅或煮粥食味甚粘滑葉煠作菜食或煮作羹皆可

治病 文具本草菜部條下

紫蘇

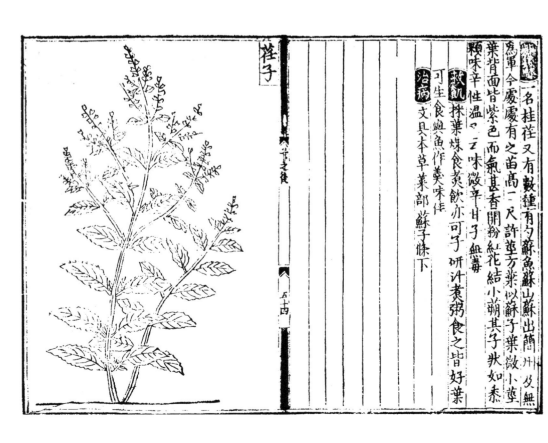

本草 一名桂荏又有數種有勺蘇魚蘇山蘇出簡州及無為軍今處處有之苗高一二尺許莖方葉似蘇子葉微小莖葉背面皆紫色而氣甚香開粉紅花結小蒴其子狀如黍顆味辛性溫一云味微辛甘子無毒

救饑 採葉煠食煮飲亦可子研汁煮粥食之皆好葉可生食與魚作羹味佳

治病 文具本草菜部蘇子條下

荏子

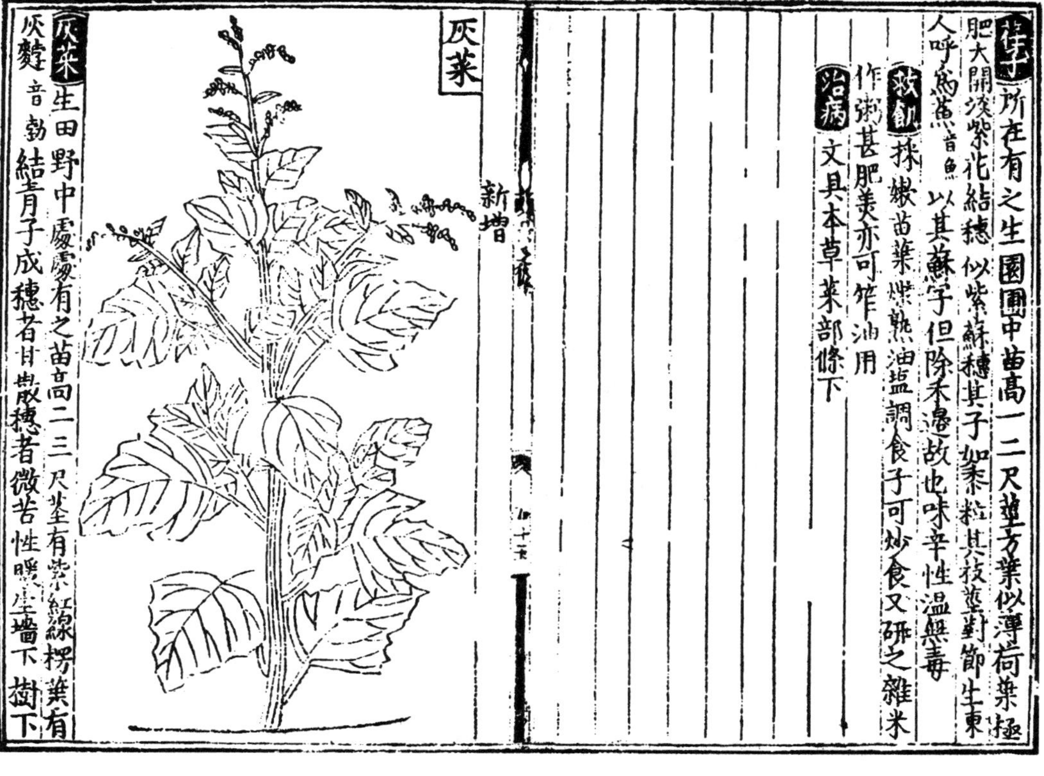

荏子 所在有之生園圃中苗高一二尺莖方葉似薄荷葉極肥大開淡紫花結穗似紫蘇穗其子如黍粒其枝莖對節生東人呼爲䓵音魚以其蘇字但除禾邊故也味辛性温無毒

救饑 採嫩苗葉煠熟油鹽調食子可炒食又研之雜米作粥甚肥美亦可笮油用

治病 文具本草菜部條下

新增

灰菜

灰菜 生田野中處處有之苗高二三尺莖有紫紅線楞葉有灰䔑音勃結青子成穗者甘㪚穗者微苦性暖生墻下樹下

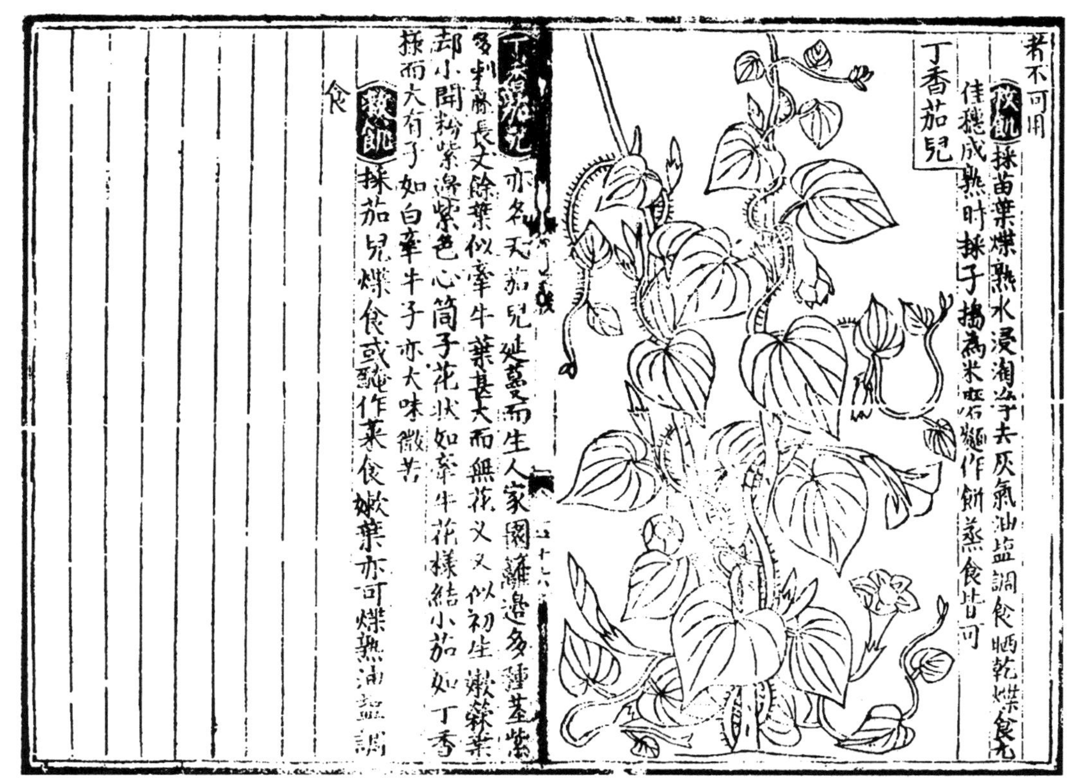

者不可用

救饑 採苗葉煠熟水浸淘淨去灰氣油鹽調食晒乾煠食尤佳穗成熟時採子搗爲米磨麪作餅蒸食皆可

丁香茄兒

丁香茄兒 亦名天茄兒延蔓而生人家園籬邊多種莖紫多刺藤長丈餘葉似牽牛葉甚大而無花叉又似初生嫩蘇葉却小開粉紫邊紫色心筒子花狀如牽牛花樣結小茄如丁香樣而大有子如白牽牛子亦大味微苦

救饑 採茄兒煠食或醃作菜食嫩葉亦可煠熟油鹽調食

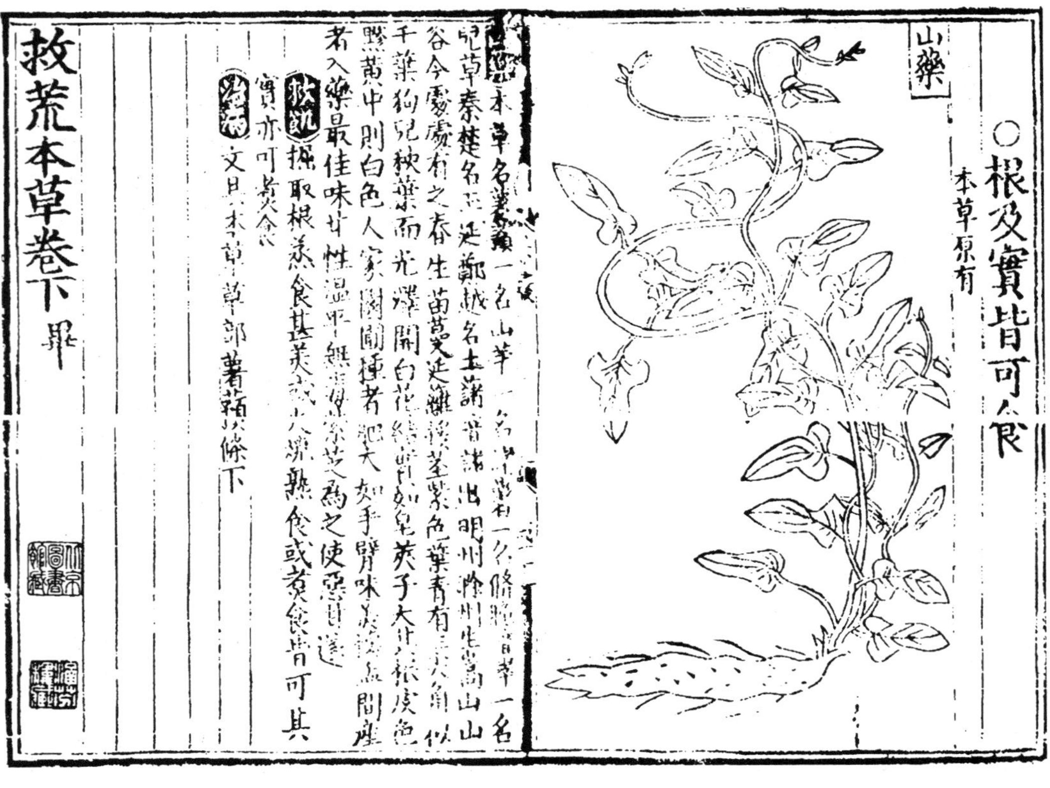

山藥

○根及實皆可食

本草原有

本草名薯蕷一名山芋一名諸署一名脩脆一名兒草秦楚名玉延鄭越名土藷晋諸出明州滁州生嵩高山山谷今處處有之春生苗蔓延籬援莖紫色葉青有三尖角似千葉狗兒秧葉而光澤開白花結實如皂莢子大其根皮色黲黄中則白色人家園圃種者肥大如手臂味美[illegible]間產者入藥最佳味甘性溫平無毒紫芝為之使惡甘遂

救饑 掘取根蒸食甚美或火燒熟食或煮食皆可其實亦可煮食

治病 文具本草草部薯蕷條下

救荒本草卷下 卌

野菜譜

（明）王　磐　撰

《野菜譜》，（明）王磐撰。王磐（？—一五二四），字鴻漸，高郵人。喜讀書，擅長詩畫，精通音律，於詞曲歌賦都有較深的造詣，曾經名重一時，乃至當時的文人學士多至高郵造訪。王氏曾建樓於城西偏地，坐卧其中，故自號西樓。著有《西樓樂府》《西樓詩集》等。

爲使民衆能够在災荒之年，準確地識别野菜，用以療饑活命，王氏選擇了六十種野菜，繪製成圖，配之以詩，撰成此書，又名《王西樓先生野菜譜》。全書共一卷，以文字、圖譜、歌謡相結合的方法，記載了各種野菜的形態、生物學特性、採食方法以及應注意的問題等。通俗直觀，易識别與記憶。後世流傳版本還附有跋，多是對王氏以及其書的溢美之詞。

該書雖非鴻篇巨著，但是實用價值極强，影響較大，曾被《農政全書》《古今圖書集成》和《四庫全書》等收録。明代姚可成的《救荒野譜》全文輯入此書，加注了各種植物的可食部分，簡要補充少數未詳條目，後增『補遺』之『草類』四十五條，『木類』十五條，亦是仿照王氏體例而作。

該書版本較多，南京農業大學農業遺産研究室藏有明嘉靖丁亥年（一五二七）張誕世序跋抄本；國家圖書館藏有嘉靖三十年（一五五一）張守中刻本；華南農大藏有明王英刻本等。今據明嘉靖三年刻本影印。

（熊帝兵）

野菜譜序

穀不熟曰饑菜不熟曰饉饑饉之年堯湯不免惟在有以濟之耳正德間江淮迭經水旱饑民枕藉道路皆採摘野菜以充食賴之活者甚衆但其間形類相似美惡不同誤食之或至傷生此野菜譜所不可無也予雖

不為世用濟物之心未嘗忘田居朝夕歷覽詳詢前後僅得六十餘種取其象而圖之俾人人易識不至誤食而傷生且因其名而為之詠庶乎回是以流傳非特於吾民有所補濟抑亦可以備觀風者之採擇焉此野人之本意也同志者因其未備而廣之則又幸矣

嘉靖三年春三月高郵王磐識

野菜譜

高郵王　磐鴻漸甫著
郡人王應元一之甫校

白鼓釘

一名蒲公英四時皆有惟極寒天小而可用采之熟食

白鼓釘白鼓釘豐年賽社鼓不停凶年罷社鼓絕聲鼓絕聲社公惱白鼓釘化爲草

剪刀股

春采生食可作虀

剪刀股剪何益剪得今年地皮赤東家羅綺西家綾今年不聞剪刀聲

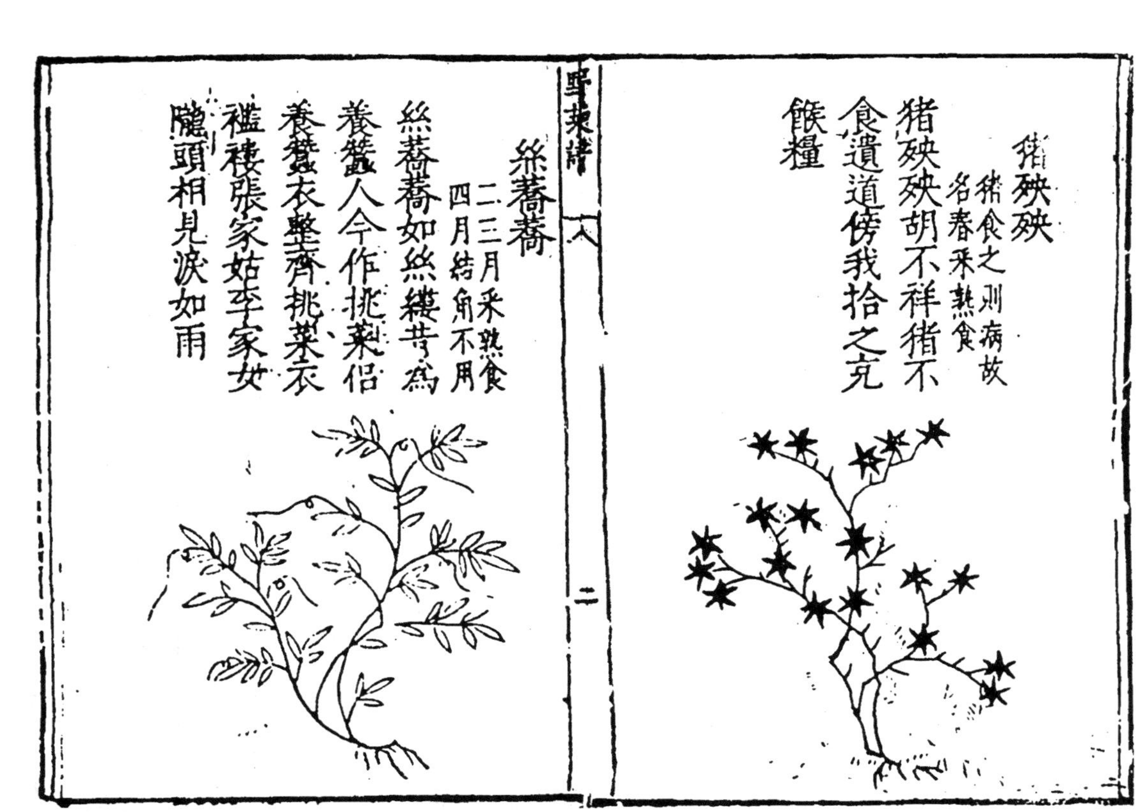

猪殃殃

猪食之則病故名春采熟食

猪殃殃胡不祥猪不食遺道傍我拾之充餱糧

絲蕎蕎

二三月采熟食四月結角不用

絲蕎蕎如絲縷昔爲養蠶人今作挑菜侶養蠶衣整齊挑菜衣襤褸張家姑李家女隴頭相見淚如雨

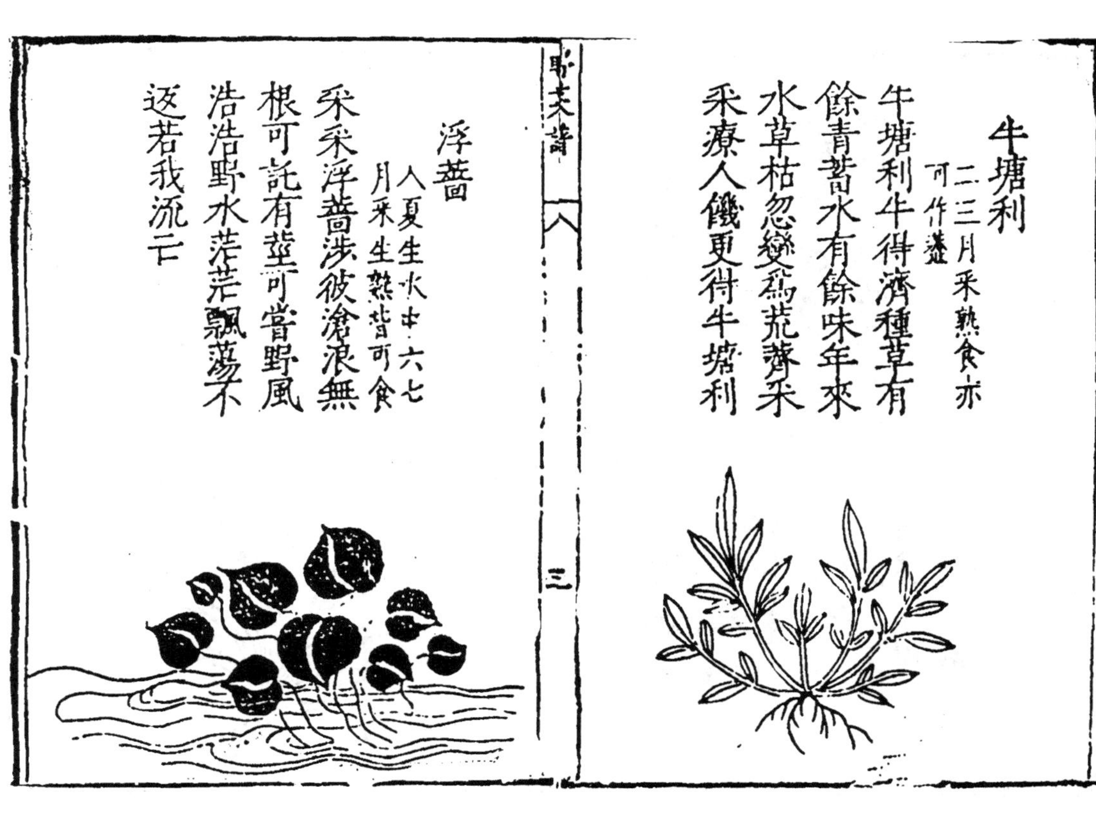

野菜譜　三

牛塘利

二三月采熟食亦可作虀

牛塘利牛得濟種草有餘青草水有餘味年來水草枯忽變爲荒薺采采療人饑更得牛塘利

浮薔

入夏生水中六七月采生熟皆可食

采采浮薔涉彼滄浪無根可託有莖可當野風浩浩野水茫茫飄蕩不返若我流亡

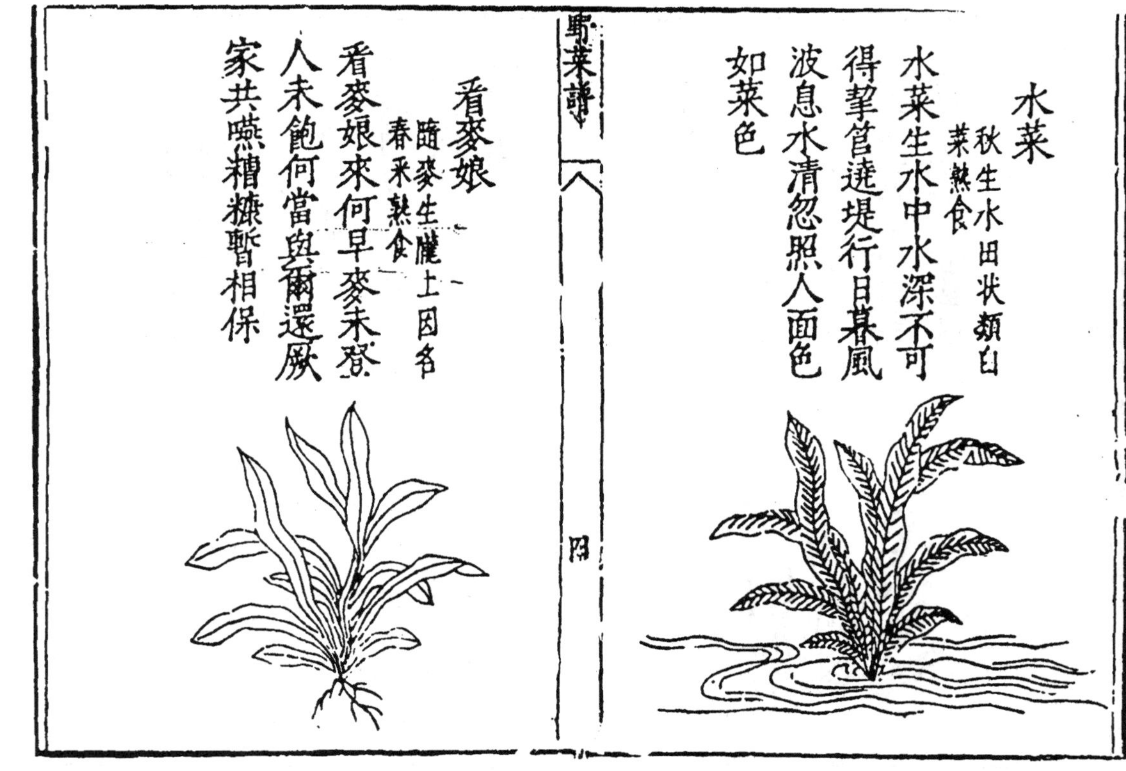

野菜譜　四

水菜

秋生水田狀類白菜熟食

水菜生水中水深不可得挈筐遶堤行日暮風波息水清忽照人面色如菜色

看麥娘

隨麥生隴上因名春采熟食

看麥娘來何早麥未登人未飽何當與爾還厥家共嚥糟糠暫相保

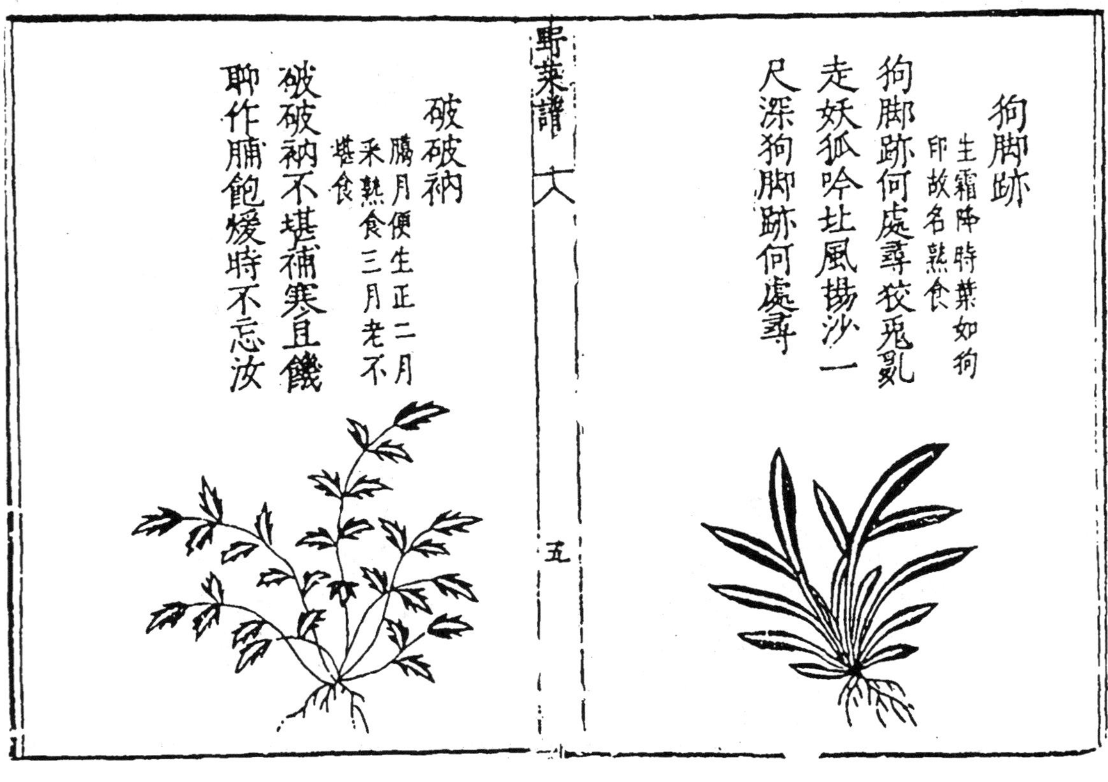

狗脚跡

生霜降時葉如狗印故名熟食

狗脚跡何處尋狡兎亂走妖狐吟北風揚沙一尺深狗脚跡何處尋

野菜譜　五

破破衲

臘月便生正二月采熟食三月老不堪食

破破衲不堪補寒且饑聊作脯飽煖時不忘汝

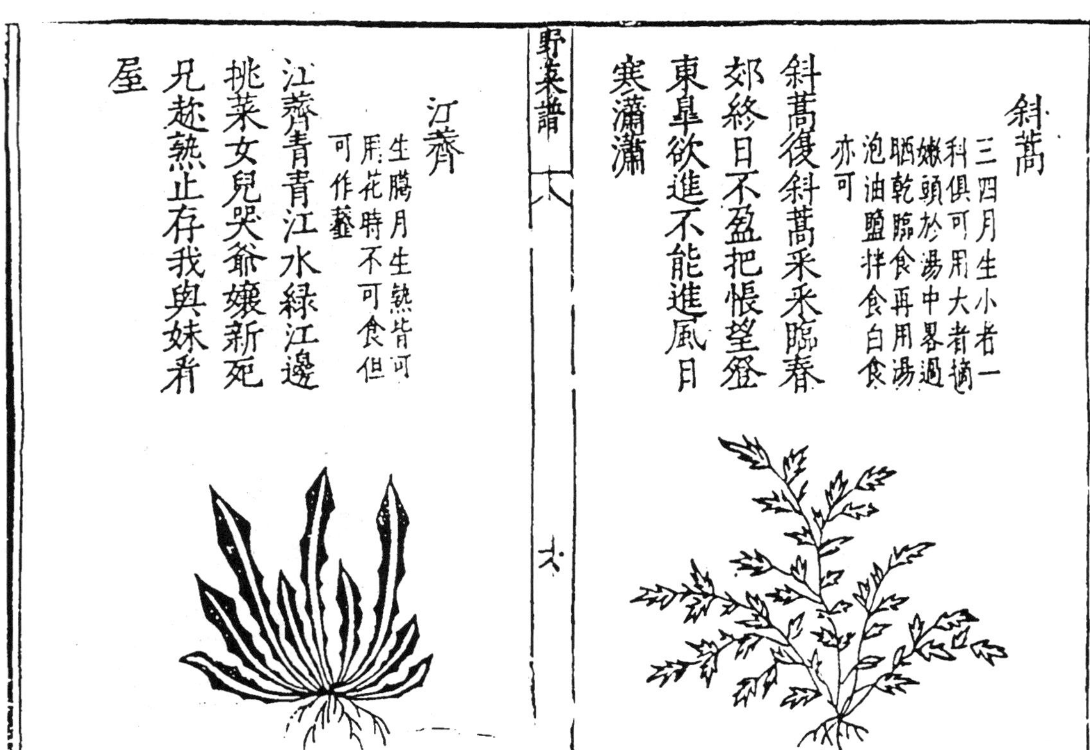

斜蒿

三四月生小者一科俱可用大者摘嫩頭於湯中畧過曬乾臨食再用湯泡油鹽拌食白食亦可

斜蒿復斜蒿采采臨春郊終日不盈把悵望登東皐欲進不能進風日寒瀟瀟

野菜譜　六

江薺

生臘月生熟皆可用花時不可食但可作虀

江薺青青江水緑江邊挑菜女兒哭爺孃新死兄趂熟止存我與妹看屋

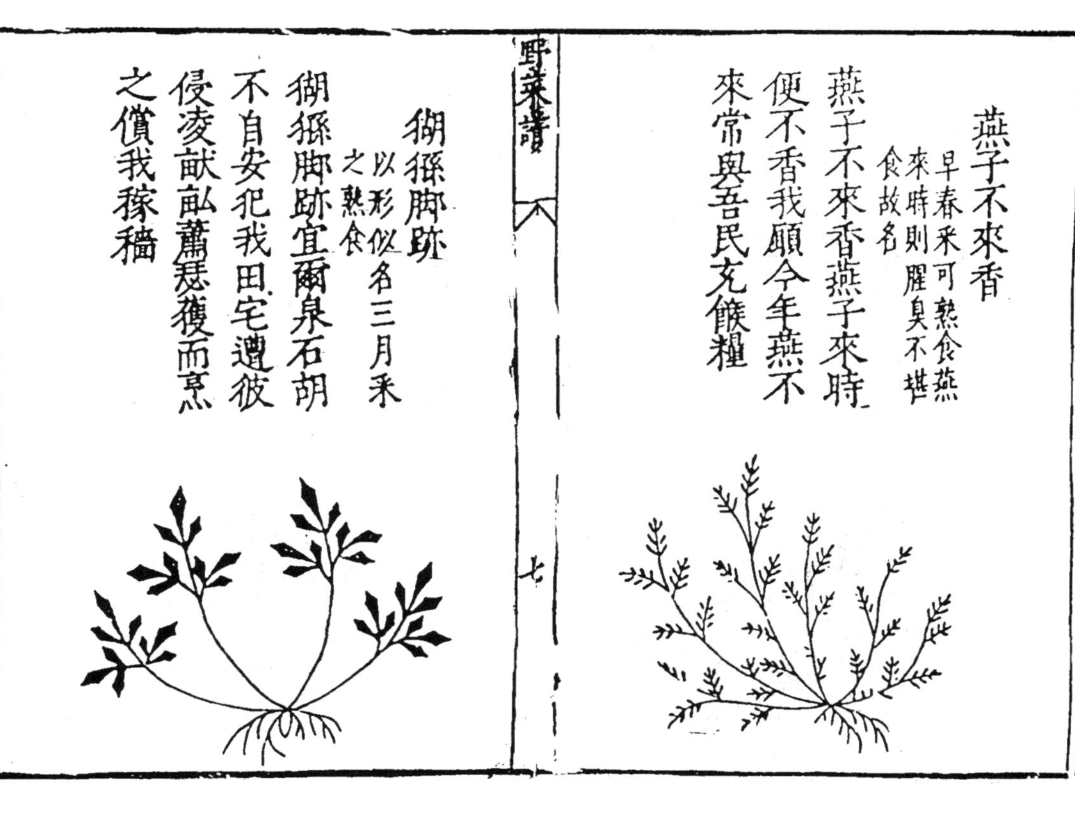

燕子不來香

早春采可熟食燕來時則腥臭不堪食故名

燕子不來香燕子來時便不香我願今年燕不來常與吾民充饑糧

猢猻脚跡

以形似名三月采之熟食

猢猻脚跡宜爾泉石胡不自安犯我田宅還彼侵凌畝畝蕭瑟獲而烹之償我稼穡

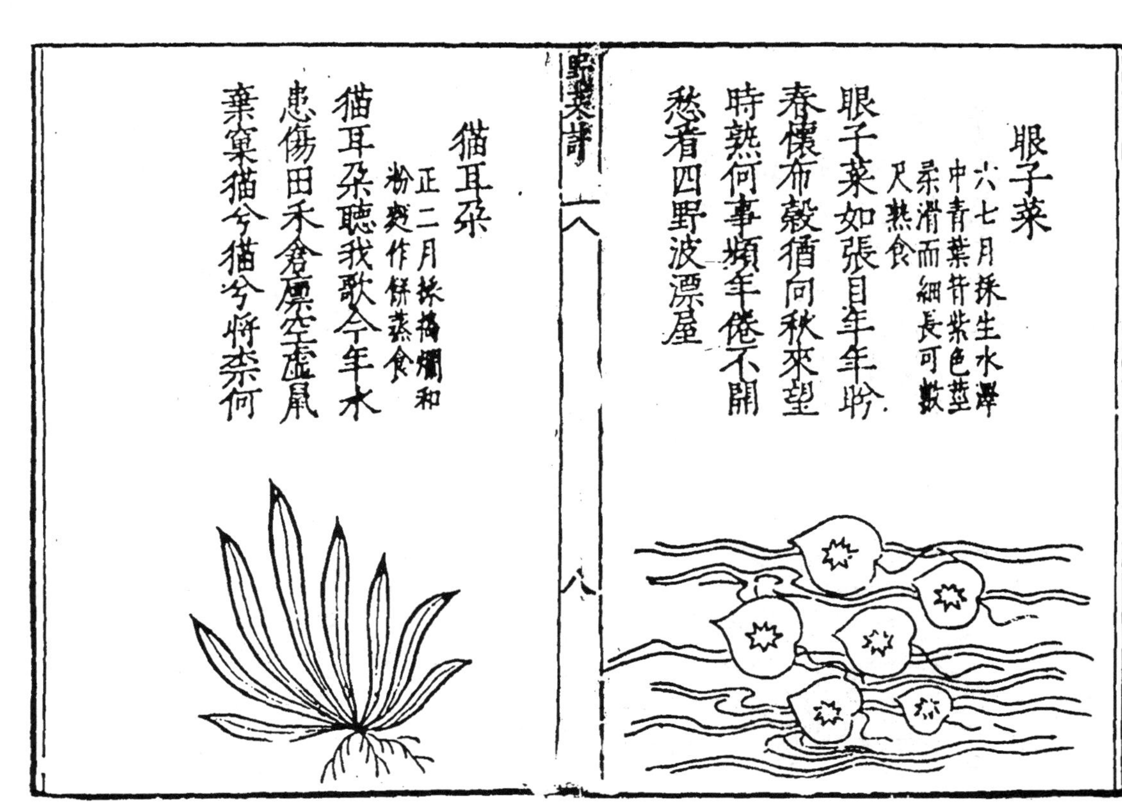

眼子菜

六七月採生水澤中青葉背紫色莖柔滑而細長可數尺熟食

眼子菜如張目年年盼春懷布穀猶向秋來望時熟何事頻年倦不開愁看四野波漂屋

猫耳朶

正二月採摘爛和粉麪作餅蒸食

猫耳朶聽我歌今年水患傷田禾倉廪空虛鼠棄窠猫兮猫兮將奈何

地踏菜

一名地耳狀如木耳春夏生雨中雨後采熟食見日即枯没

地踏菜生雨中晴日一照郊原空莊前阿婆呼阿翁相携兒女去匆匆須臾采得青蒲籠還家飽食忘歲凶東家懶婦睡正濃

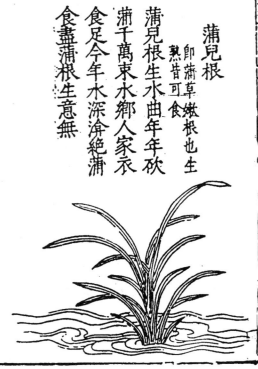

窩螺薺

正月二月采之熟食

窩螺薺如螺髻生水邊照華麗去年郎家田不收挑菜女兒不上頭出門不見窩螺蓋

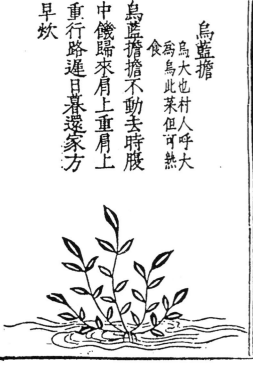

烏藍擔

烏大也村人呼大爲烏此菜但可熟食

烏藍擔擔不動去時腰中饑歸來肩上重肩上重行路遲日暮還家方早炊

蒲兒根

即蒲草嫩根也生熟皆可食

蒲兒根生水曲年年砍蒲千萬束水鄉人家衣食足今年水深渰絶蒲食盡蒲根生意無

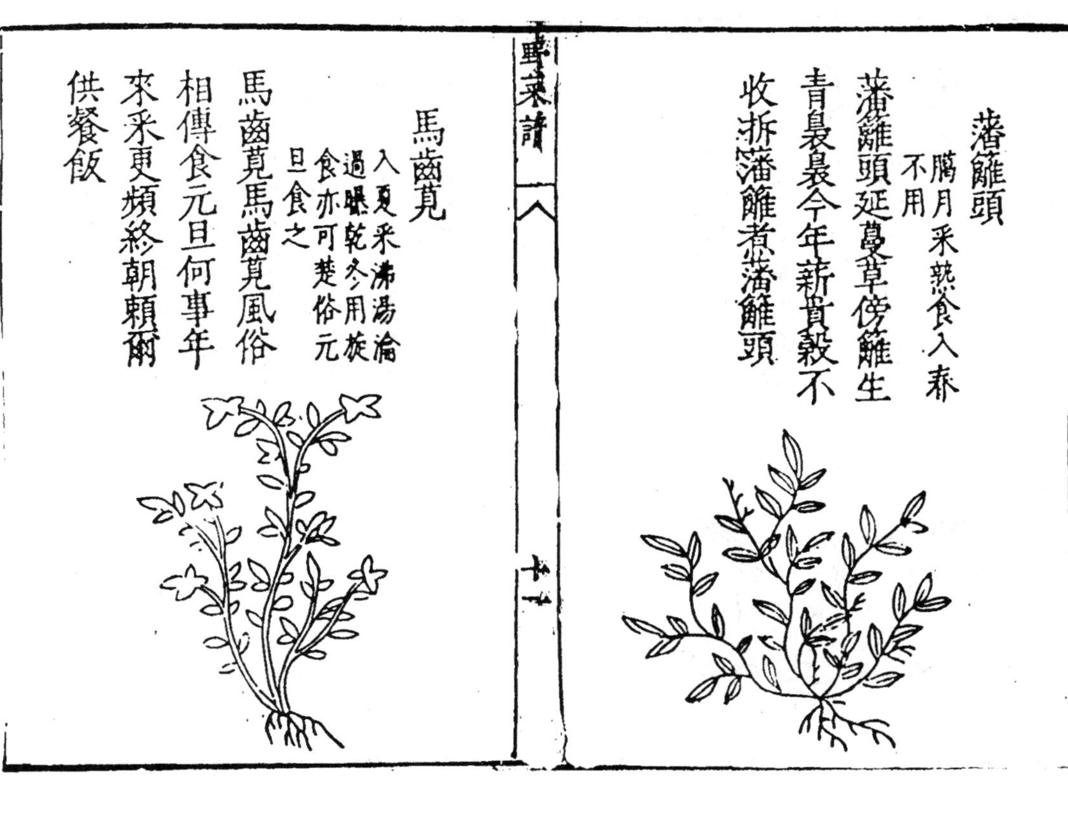

野菜譜　八　十一

藩籬頭

臘月采熟食入春不用

藩籬頭延蔓草傍籬生青裊裊今年新貴穀不收拆藩籬煮藩籬頭

馬齒莧

入夏采沸湯瀹過曬乾冬用旋食亦可楚俗元旦食之

馬齒莧馬齒莧風俗相傳食元旦何事年來采更頻終朝賴爾供餐飯

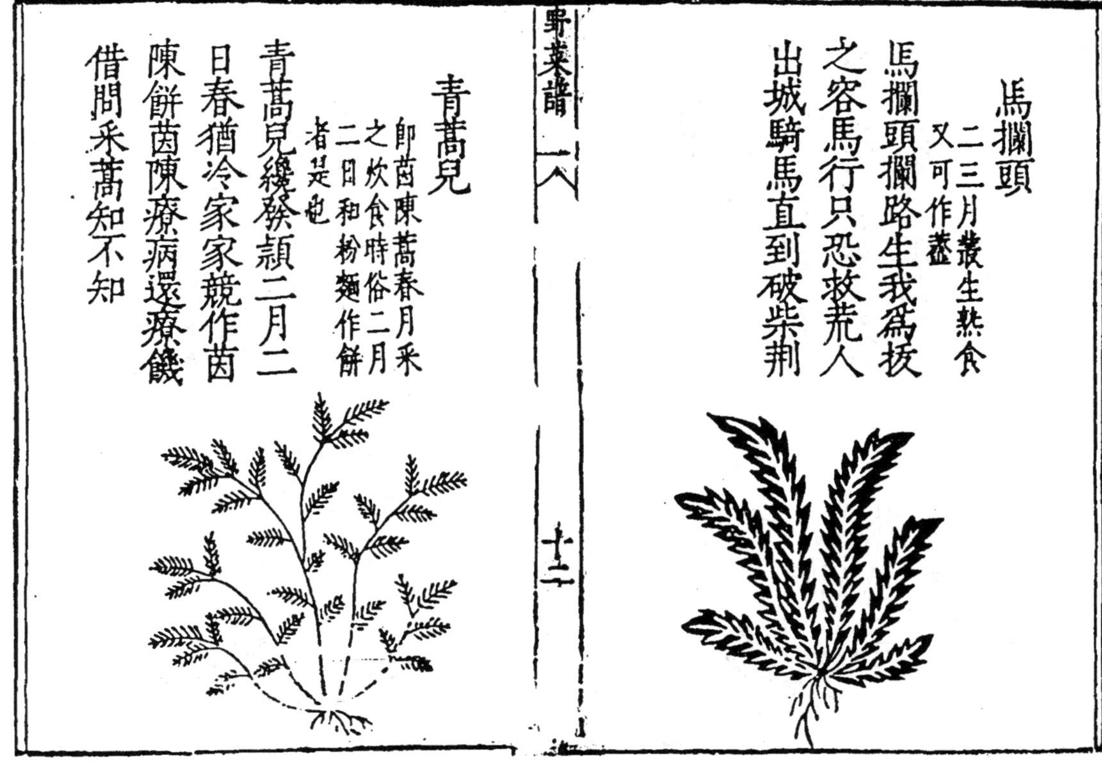

野菜譜　八　十二

馬攔頭

二三月叢生熟食又可作虀

馬攔頭攔路生我爲拔之容馬行只恐救荒人出城騎馬直到破柴荆

青蒿兒

即茵陳蒿春月采之炊食時俗二月二日和粉麪作餅者是也

青蒿兒纔發頴二月二日春猶冷家家競作茵陳餅茵陳療病還療饑借問采蒿知不知

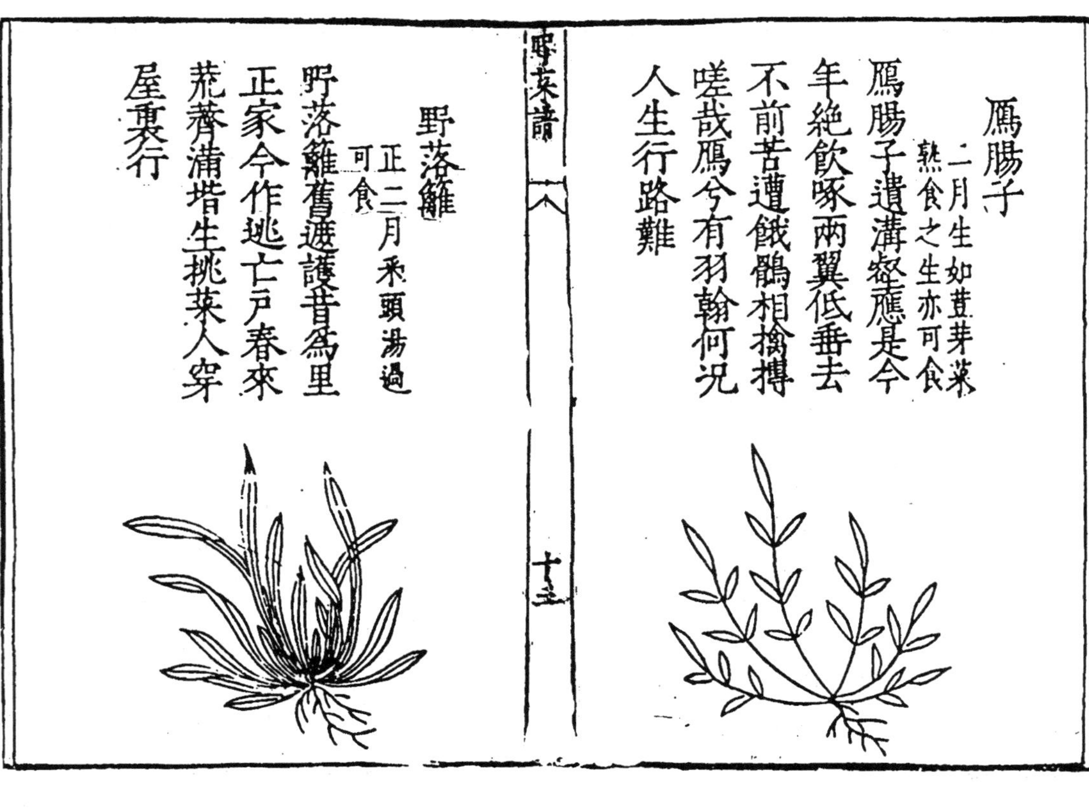

鴈腸子

二月生如豈芽菜熟食之生亦可食

鴈腸子遺溝壑應是今年絶飲啄兩翼低垂去不前苦遭餓鶻相擒搏嗟哉鴈兮有羽翰何况人生行路難

野落籬

正二月采頭湯過可食

野落籬舊遮護昔爲里正家今作逃亡户春來荒薺蒲皆生挑菜人穿屋裏行

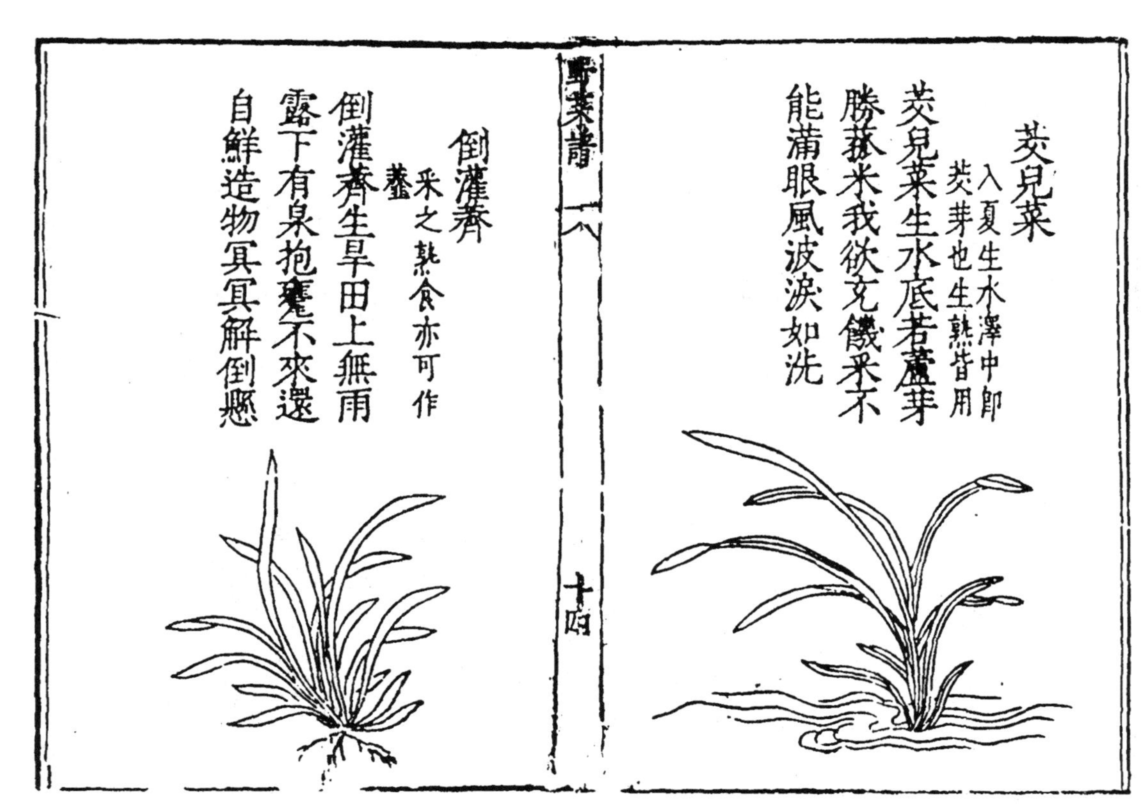

茭兒菜

入夏生水澤中即茭芽也生熟皆用

茭兒菜生水底若蘆芽勝菰米我欲充饑采不能蒲眼風波淚如洗

倒灌薺

采之熟食亦可作虀

倒灌薺生旱田上無雨露下有泉抱甕不來還自鮮造物冥冥解倒懸

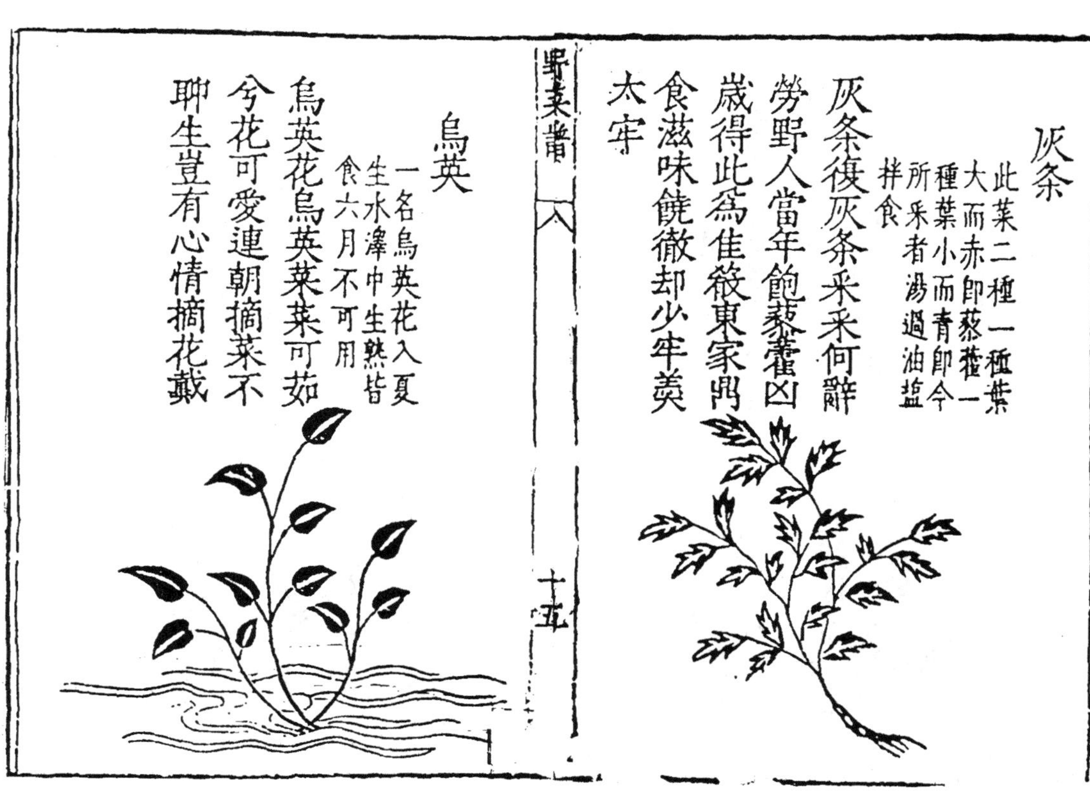

灰条

此菜二種一種葉大而赤即藜藋一種葉小而青即今所采者湯過油鹽拌食

灰条復灰条采采何辭勞野人當年飽藜藋凶歲得此爲佳殽東家鼎食滋味饒徹却少牢羮太牢

野菜譜　八　十五

烏英

一名烏英花入夏生水澤中生熟皆食六月不可用

烏英花烏英菜菜可茹兮花可愛連朝摘菜不聊生豈有心情摘花戴

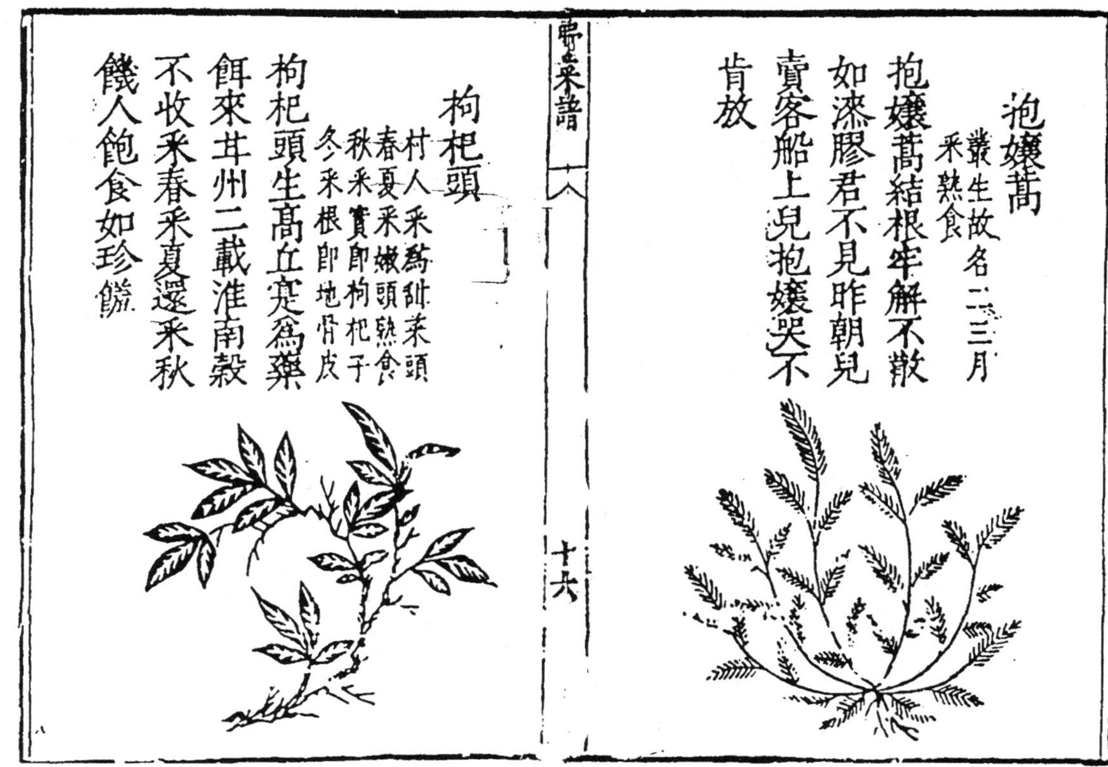

抱孃蒿

叢生故名二三月采熟食

抱孃蒿結根牢解不散如漆膠君不見昨朝兒賣客船上兒抱孃哭不肯放

野菜譜　八　十六

枸杞頭

村人采爲甜菜頭春夏采嫩頭熟食秋采實即枸杞子冬采根即地骨皮

枸杞頭生高丘寔爲藥餌來甘州二載淮南穀不收采春采夏還采秋饑人飽食如珍饈

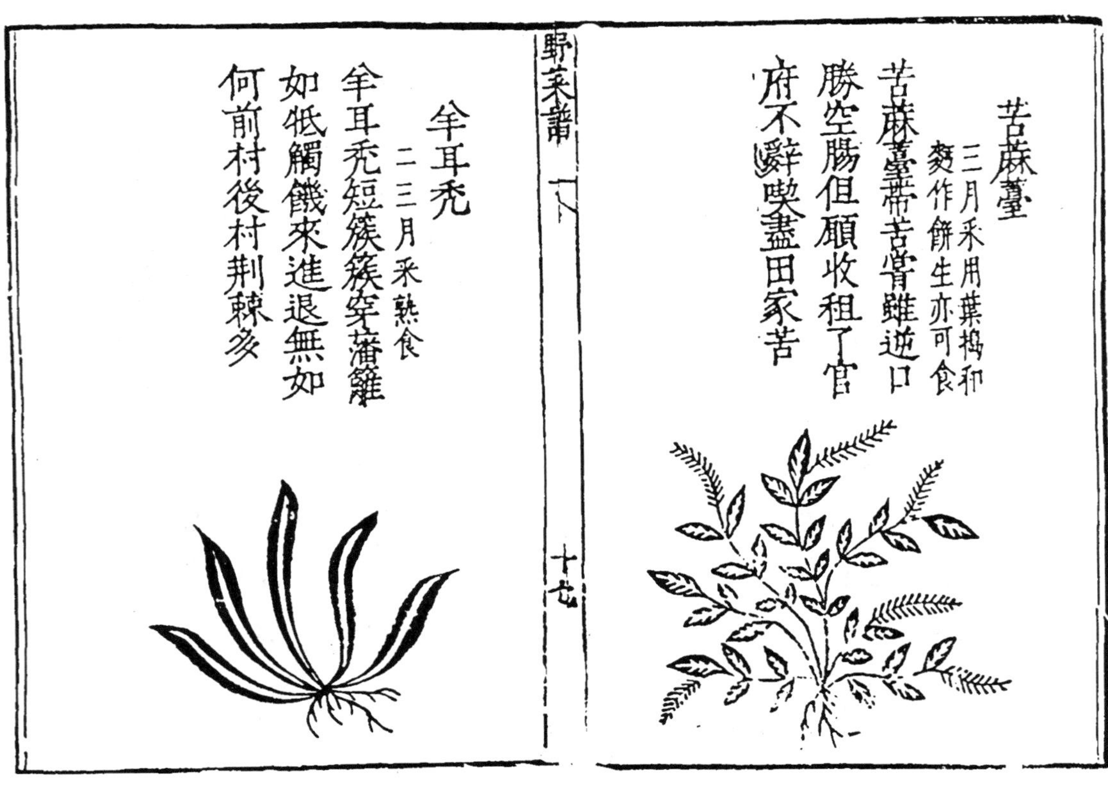

野菜譜　下　十七

苦蔴薹

三月采用葉搗和麪作餅生亦可食

苦蔴薹帶苦嘗雖逆口勝空腸但顧收租了官府不辭喫盡田家苦

羊耳秃

二三月采熟食

羊耳秃短簇簇穿藩籬如牴觸饑來進退無如何前村後村荆棘多

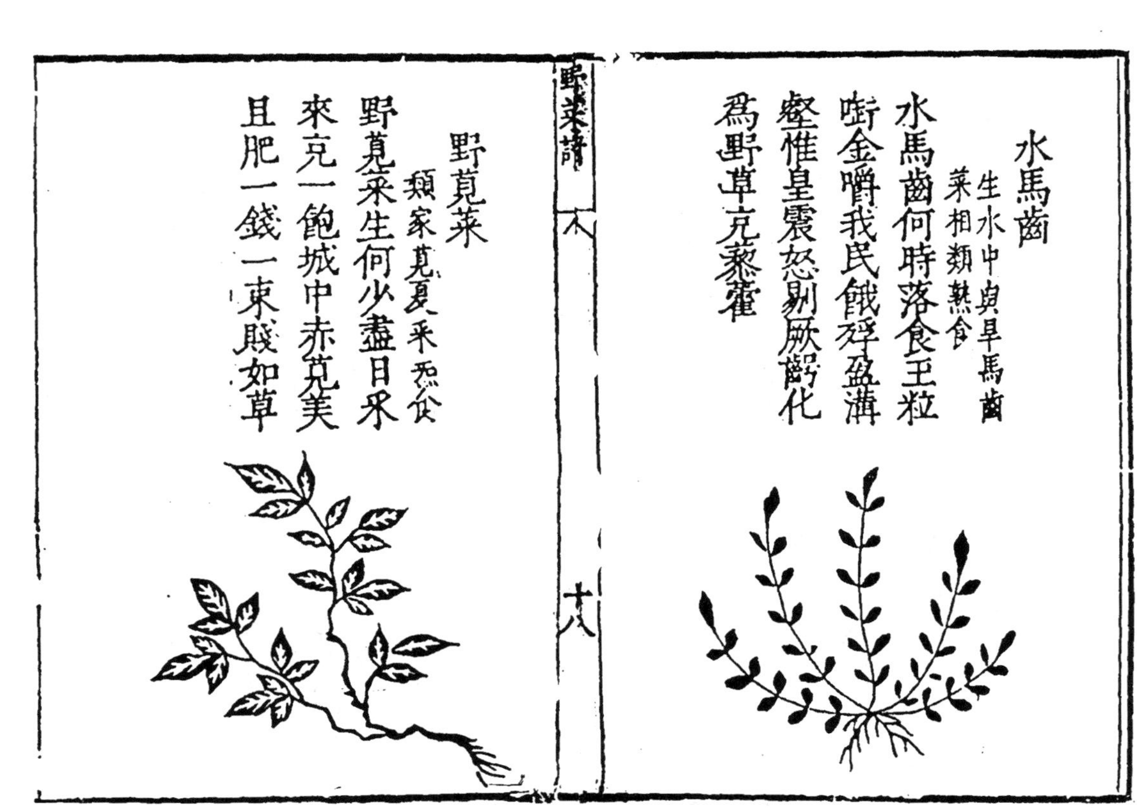

野菜譜　下　十八

水馬齒

生水中與旱馬齒莧相類熟食

水馬齒何時落食王粒啣金嚼我民餓殍盈溝壑惟皇震怒剔厥齒化爲野草充藜藿

野莧菜

猶家莧夏采熟食

野莧菜生何少盡日采來充一飽城中赤莧美且肥一錢一束賤如草

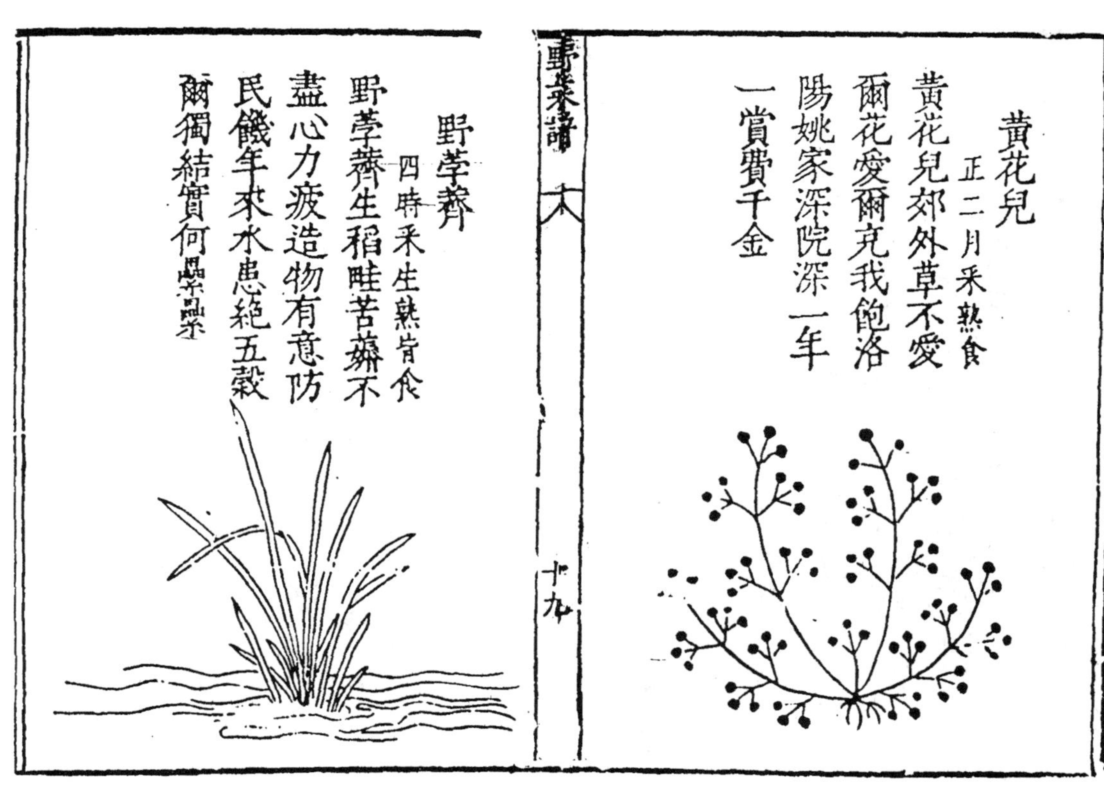

黃花兒

正二月采熟食

黃花兒郊外草不愛爾花愛爾充我飽洛陽姚家深院深一年一賞費千金

野荸薺

四時采生熟皆食

野荸薺生稻畦苦薅不盡心力疲造物有意防民饑年來水患絕五穀爾獨結實何纍纍

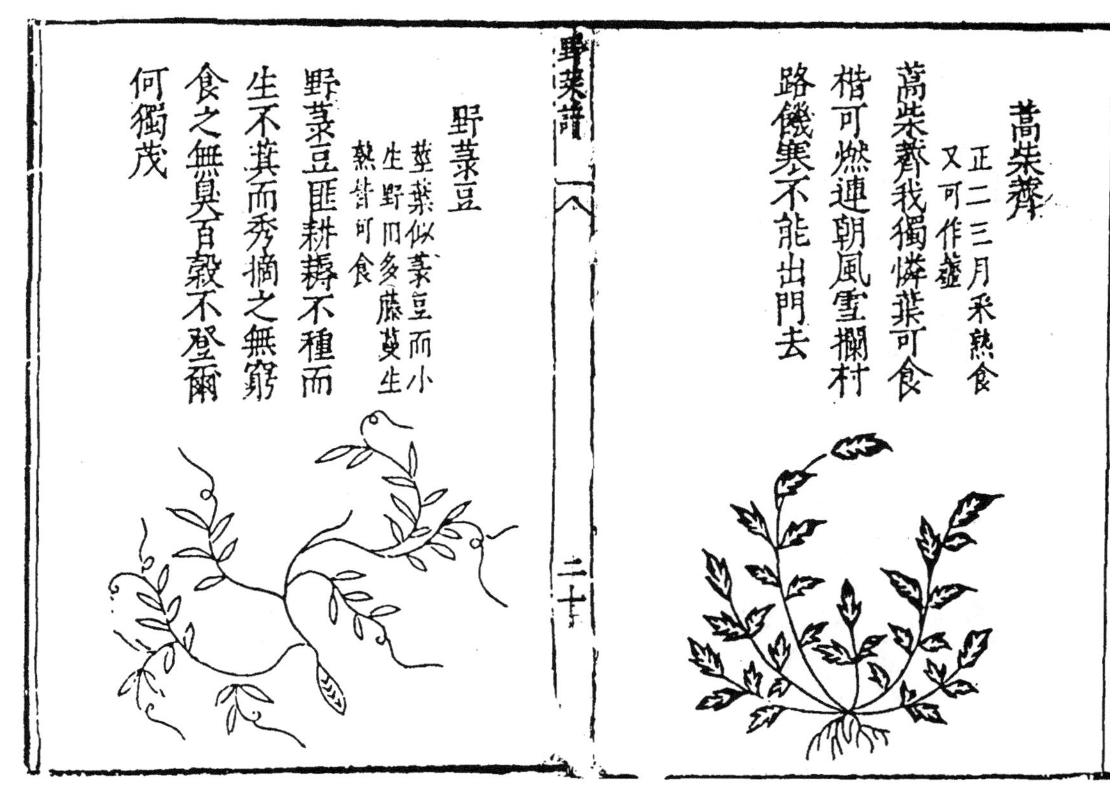

蒿柴薺

正二三月采熟食又可作虀

蒿柴薺我獨憐葉可食楷可燃連朝風雪擱村路饑寒不能出門去

野菉豆

莖葉似菉豆而小生野田多藤蔓生熟皆可食

野菉豆匪耕耨不種而生不萁而秀摘之無窮食之無臭百穀不登爾何獨茂

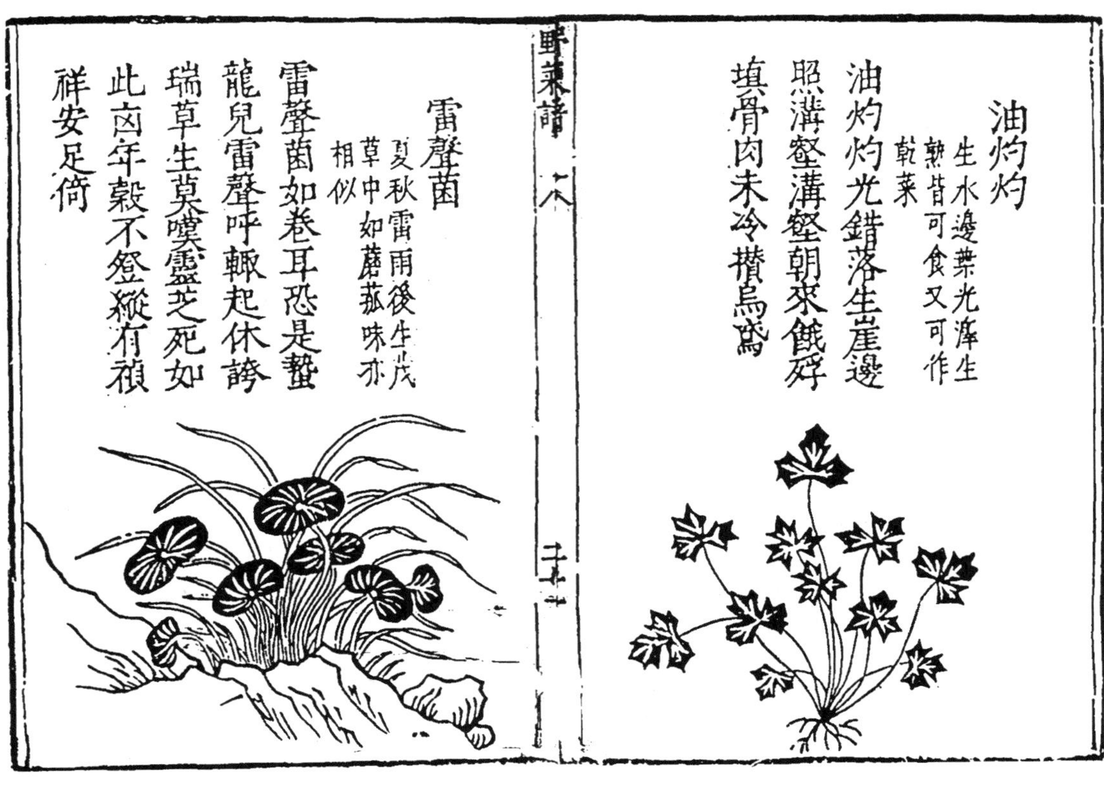

油灼灼

生水邊葉光澤生熟皆可食又可作乾菜

油灼灼光錯落生崖邊照溝壑溝壑朝來餓殍填骨肉未冷攢烏鳶

野菜譜　十八　二十一

雷聲菌

夏秋雷雨後生茂草中如蘑菰味亦相似

雷聲菌如卷耳恐是蟄龍兒雷聲呼輒起休誇瑞草生莫嘆靈芝死如此凶年穀不登縱有禎祥安足倚

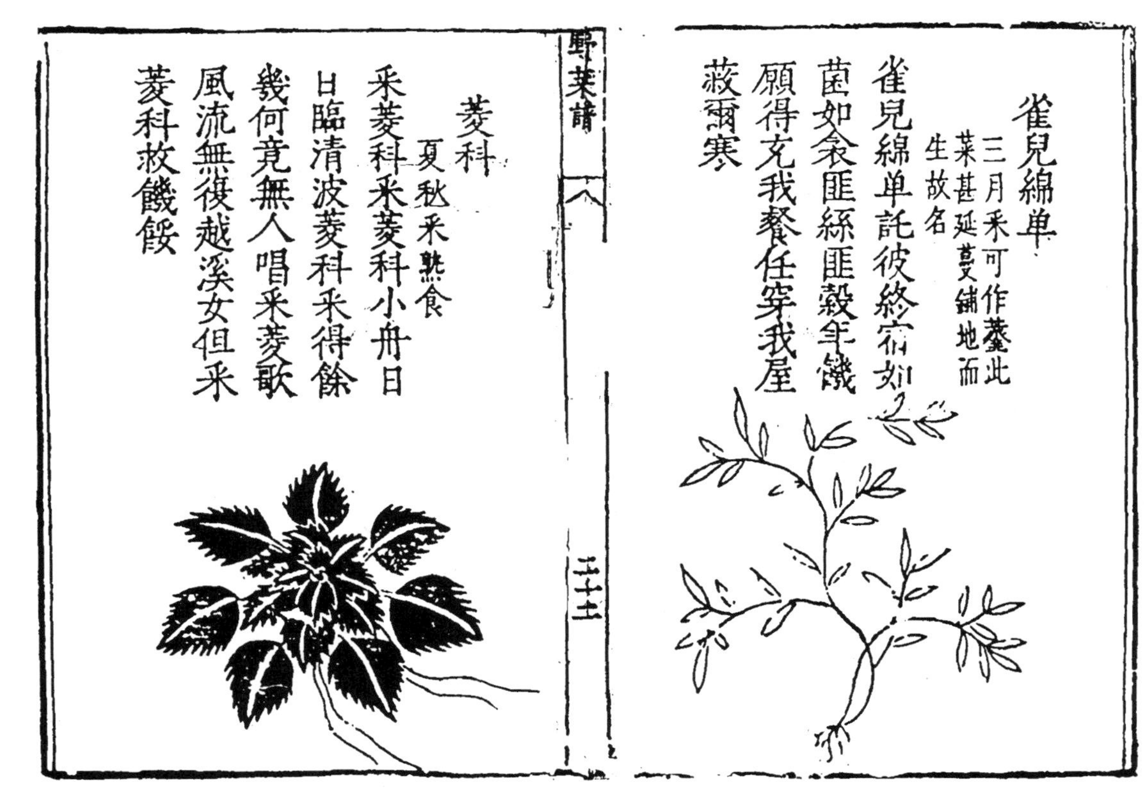

雀兒綿单

三月采可作虀此菜甚延蔓鋪地而生故名

雀兒綿单託彼綿宿如茵如衾匪絲匪穀年饑願得充我餐任穿我屋蔽爾寒

野菜譜　八　二十二

菱科

夏秋采熟食

采菱科采菱科小舟日日臨清波菱科采得餘幾何竟無人唱采菱歌風流無復越溪女但采菱科救饑餒

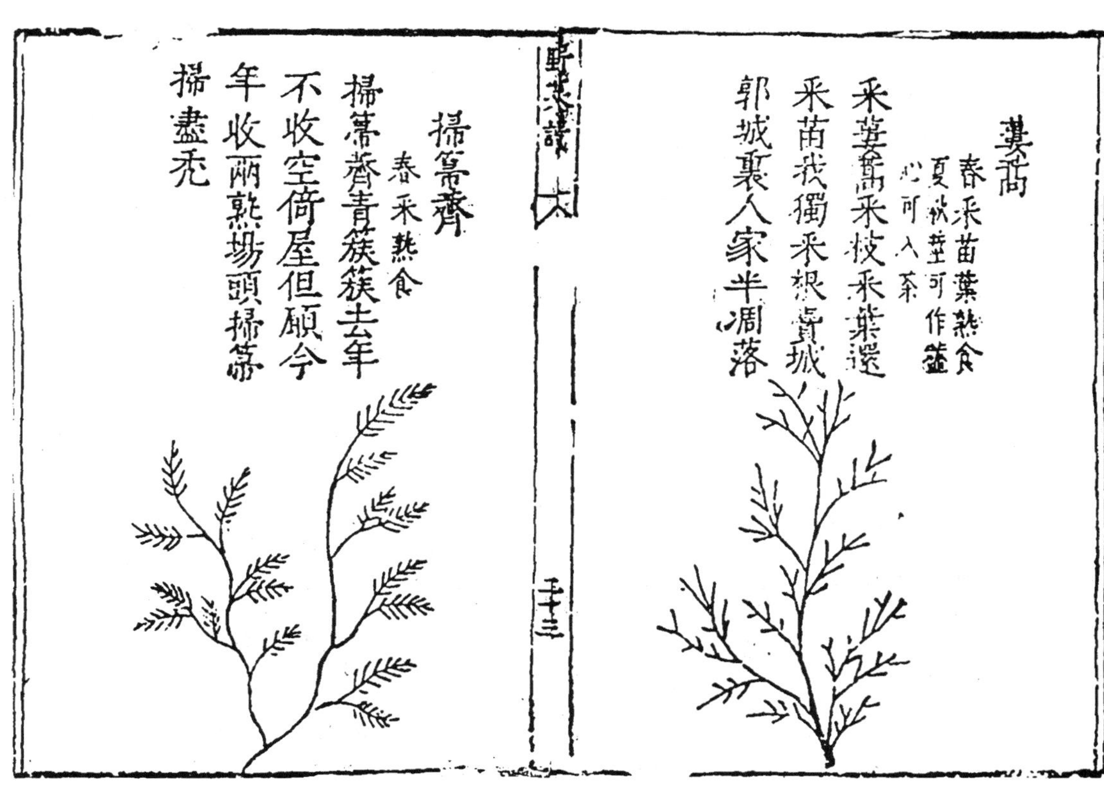

野菜譜　二十三

蔞蒿　春采苗葉熟食　夏秋莖可作虀　心可入茶

采蔞蒿采枝采葉還采苗我獨采根賣城郭城裏人家半凋落

掃帚薺　春采熟食

掃帚薺青簇簇去年不收空倚屋但願今年收兩熟場頭掃帚掃盡禿

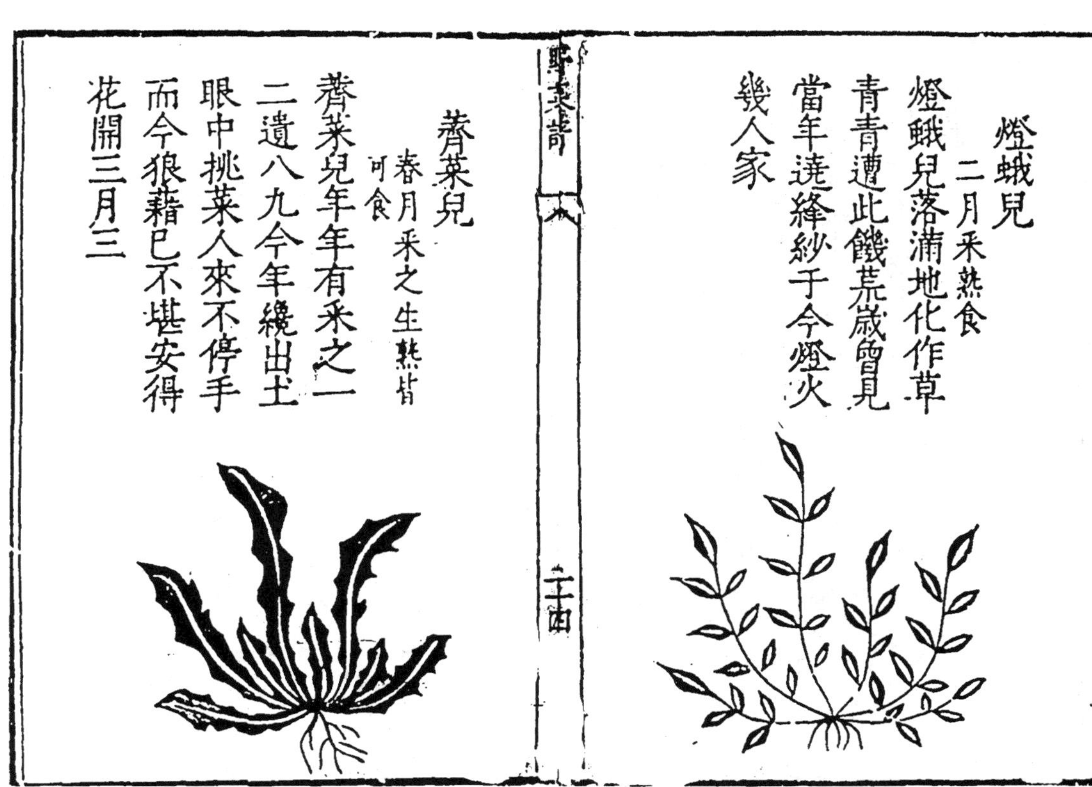

野菜譜　二十四

燈蛾兒　二月采熟食

燈蛾兒落滿地化作草青青遭此饑荒歲曾見當年遶絳紗于今燈火幾人家

薺菜兒　春月采之生熟皆可食

薺菜兒年年有采之一二遺八九今年纔出土眼中挑菜人來不停手而今狼藉已不堪安得花開三月三

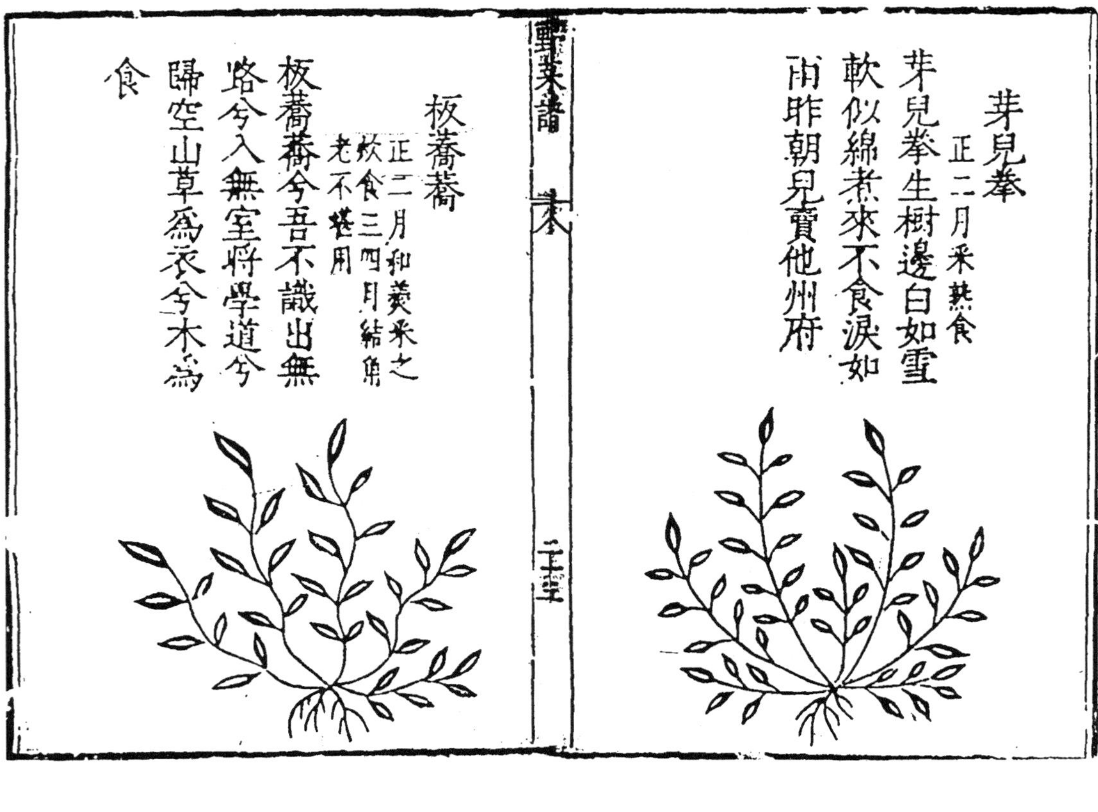

芽兒拳

正二月采 熟食

芽兒拳生樹邊白如雪軟似綿煮來不食淚如雨昨朝兒賣他州府

板蕎蕎

正二月和羹采之炊食三四月結角老不堪用

板蕎蕎兮吾不識出無路兮入無室將學道兮歸空山草爲衣兮木爲食

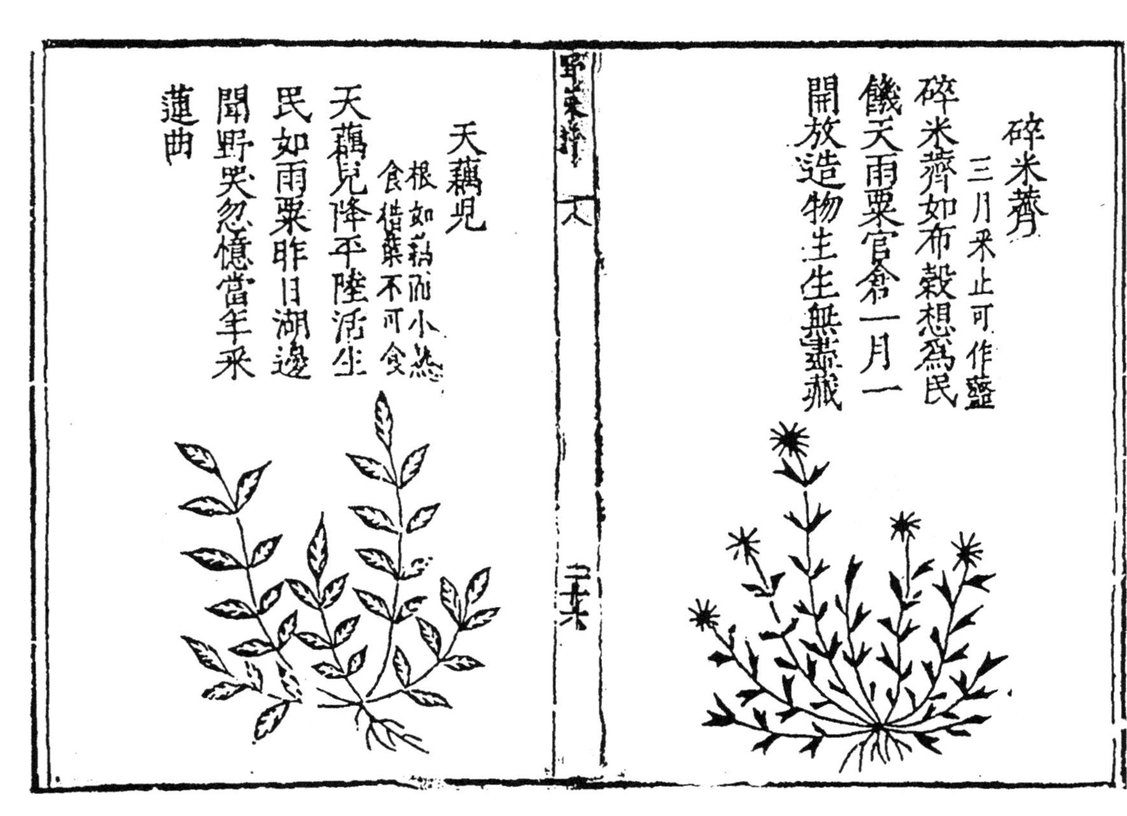

碎米薺

三月采止可作齏

碎米薺如布穀想爲民饑天雨粟官倉一月一開放造物生生無盡藏

天藕兒

根如藕而小熟食梢葉不可食

天藕兒降平陸活生民如雨粟昨日湖邊聞野哭忽憶當年采蓮曲

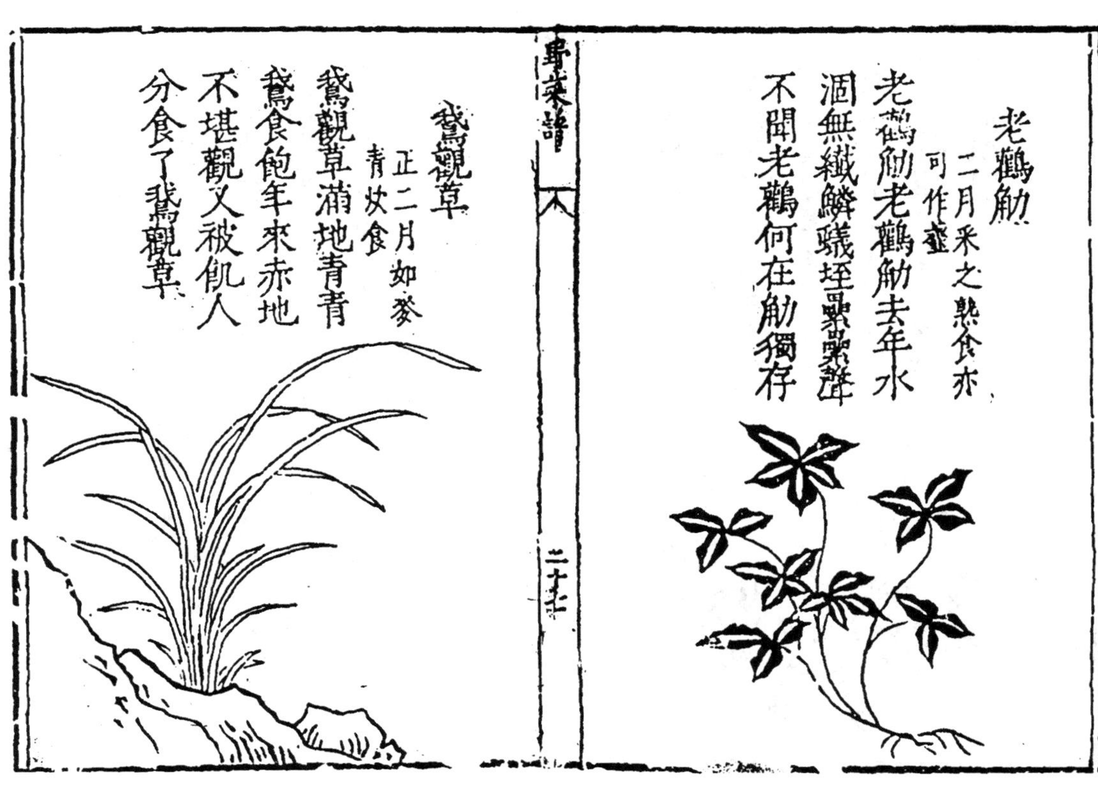

老鸛觔

二月采之熟食亦可作虀

老鸛觔老鸛觔去年水涸無纖鱗蟻垤纍纍群不聞老鸛何在觔獨存

鵝觀草

正二月如麥青狀食

鵝觀草滿地青青鵝食飽年來赤地不堪觀又被饑人分食了鵝觀草

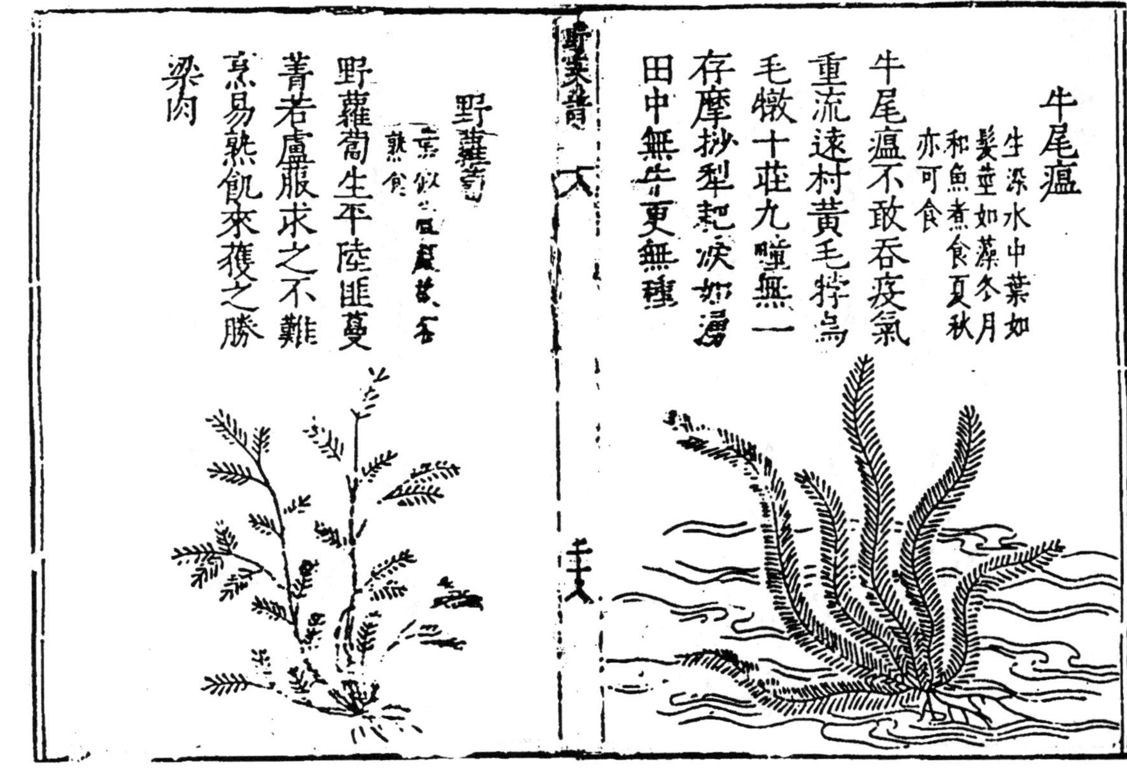

牛尾瘟

生深水中葉如髮莖如藻冬月和魚煮食夏秋亦可食

牛尾瘟不敢吞疫氣重流遠村黄毛犉烏毛犢十莊九疃無一存摩挲犁耙淚如湧田中無牛更無種

野蘿蔔

葉似蘿蔔故名熟食

野蘿蔔生平陸匪蔓菁若蘆菔求之不難烹易熟饑來獲之勝粱肉

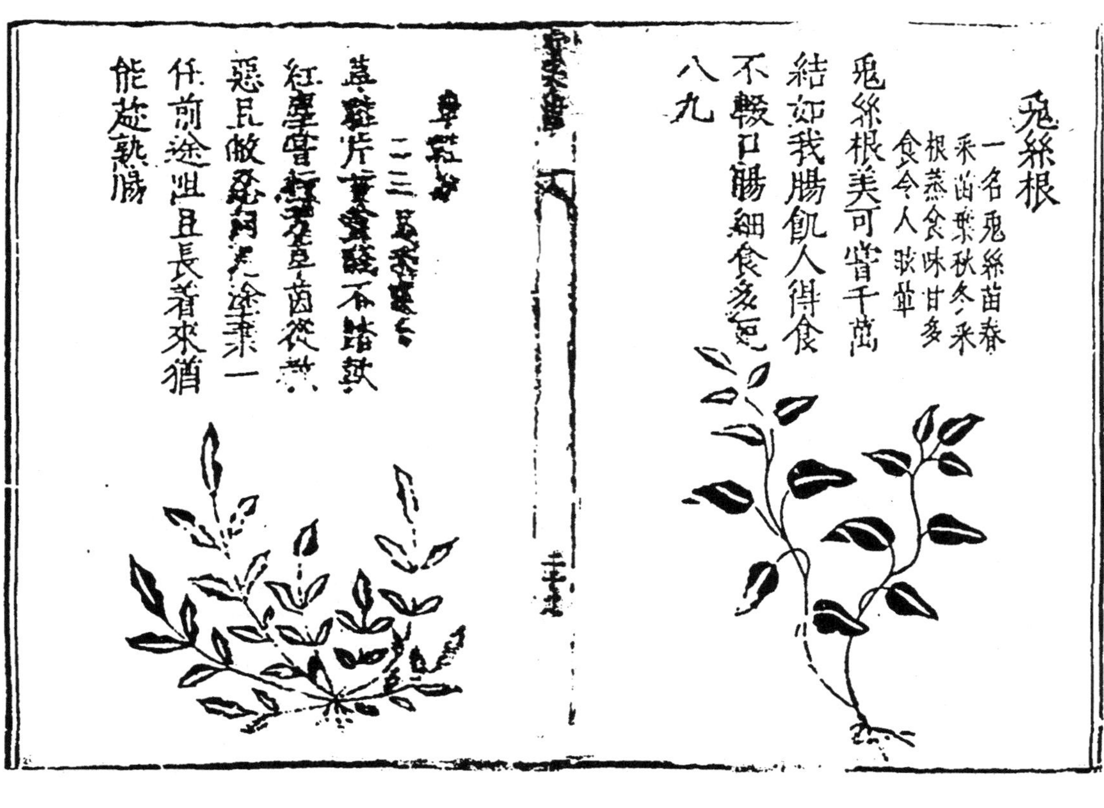

兎絲根

一名兎絲苗，春采苗葉，秋冬采根，蒸食，味甘，多食令人嗽，草

兎絲根，美可嘗，千萬結，如我腸。饑人得食不輟口，腸細食多短

八九

草鞋片

二三月采嫩葉[illegible]

草鞋片，草鞋片，不踏[illegible]紅塵[illegible]芳[illegible]從[illegible]。惡民傲[illegible]途兼一任前途阻且長，着來猶能趁熟腸

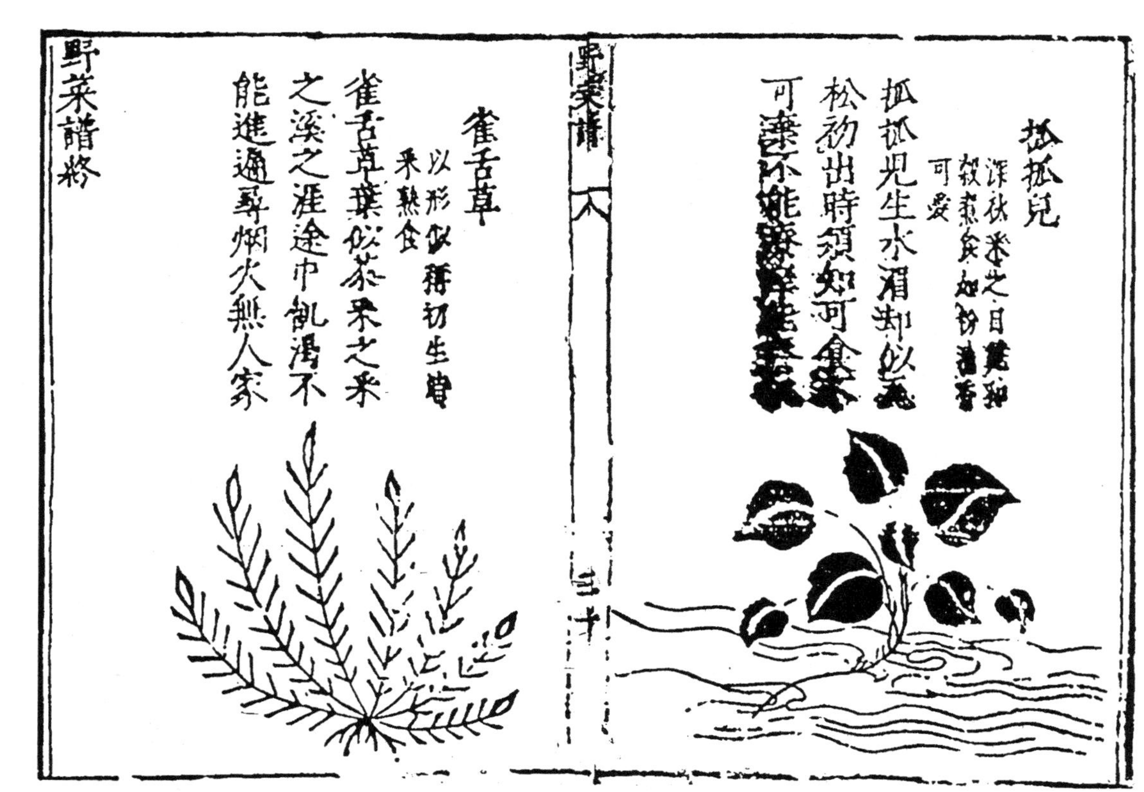

抓抓兒

深秋采之，日曬乾，搗爲粉，蒸食，如粉糕，清香可愛

抓抓兒，生水湄，御似松，初出時。須知可食[illegible]可[illegible]不能[illegible]

雀舌草

以形似稱，切生嫩，采熟食

雀舌草，葉似茶，采之采之溪之涯。途中飢渴不能進，遍尋烟火無人家

野菜譜終

野菜譜敘

王山人埜菜有譜非徒旨乎藜莧食
也山人盖脱然直寄焉而所為自逃
者也古今稱述邈子之蹟高者茹芝
於商山下者種瓜於東陵彼各有托
而逃耳山人嫺於詞高門縣薄無弗
走也不顧措於世之甘脆肥膿而獨

於澗溪沼沚之毛譜而收之意且曰
肉食者鄙吾姑與抱甕者流相咀嚅
焉如鷗鳧之狎於萍秋蟲之哦於艸
以為娛快也乎是則山人澹泊之致
足以媿世之徒膏其口者然又何其
遠覽博物君子也其書多吐棄不少
娛盖亦大雅士也嗟嗟余因有所感

矣每見當世富腴之家鐘鳴鼎食率
歲而享千金日圖飲甘含脆以自膏
其口而田間之味輒吐棄心殊薄之
脱有任情恬澹者築數畝之圃方池
曲沚雜植諸荒薤埜茹其中朝焉灌
夕焉游歲時焉采熙然藜羹藿食而
不厭斯亦足當古者紫芝之興東陵

之隱乎余雖為之抱甕而從所忻慕
焉

存白山人李宫

野菜譜一卷（兩江總督採進本）

舊本題高郵王磐鴻漸撰。磐，明正德嘉靖間人，嘗誦詠老人燈詩以譏李夢陽者，非元之王磐也。前有存白山人序，不著年月姓名，辨其私印，似季宮二字，不知爲何許人。所記野菜凡六十種，題下有注，注後繫以詩歌，又各繪圖於其下。其詩歌多寓規戒，似謠似諺，頗古質可誦，然所收錄不及鮑山書之賅博也。

野菜博錄

（明）鮑山 撰

《野菜博録》，（明）鮑山撰。鮑山，生卒年不詳，字元則，號在齋，自署香林主人，大約生活在明代萬曆至天啓年間，歙縣人（一説婺源人）。賦性穎異，少遊太學，弱冠即歸，不願意與流俗爲伍，後於黄山白龍潭築室隱居達七載之久，參禪守寂。生平事迹散見於《野菜博録》的跋之中。

鮑氏在隱居期間，採摘野菜，親自調食品嘗，參照《救荒本草》等典籍的品類，按照形態、性味、食法的體例進行歸納總結，於天啓二年（一六二二）撰成該書。全書有草、木二部，分爲上中下三卷，共記載草本植物三百一十六種，木本植物一百一十九種。又以植物的可食用部位，將各種植物細分爲葉、莖、莖葉、根、實、花、花葉、葉實、根花、根葉、根實、花葉實、葉皮實等可食者若干類。每種植物都繪製有形態圖，旁注植物名稱與別名，簡述對應植物的形態、本草性味及有無毒性等情況，重點介紹其調製食法。該書的内容主要取自朱橚的《救荒本草》，所録植物多爲朱書文字的删簡，朱書原無而鮑氏新增補的内容爲數不多。

該書的價值與影響在救荒類農書中僅次於朱橚的《救荒本草》，遠超王磐的《野菜譜》與周履靖的《茹草編》等。國家圖書館等藏有明天啓二年刻本、陶風樓影印本。今據藏明天啓二年刻本影印。

（熊帝兵）

野菜博錄序

聞上古粒食未興民藉以生養者唯是草衣木食自神農氏作嘗及百草以療諸疾而民無夭歲則草木之益于人從古然矣予性稟澹泊家常日用覺與蔬

菜宜諸凡甘毳不喜縱嗜及閱王西樓野菜譜若干種每訪採茹植其異者于家圃以供野味惜其種類局而未廣庚戌歲肄業黄山七載每過普門師道場見諸方遊釋多採根芽花實莖葉供終日飡因隨叩索備嘗之而識所未識者若干種然猶限之境内境以外輒遺之又值社友潘稱春出備荒本草云得闗中王府抄本若干種閲之予益欣艷用是按時採取如法調食

雖性有温平寒熱之異味有甘苦辛酸之殊皆清利爽口摠之宜人此尤澹泊者之所怡情其于腥膻之味直將唾棄之矣矧夫療醫以愈疾備荒以賑饑種種藉是益知草木之功足以廣

仁愛而佐粒食于不窮也已且孟子曰五穀者種之美者也苟為不熟不如荑稗茲採集野蔬以防歲歉隨處便于民取豈非過于荑稗者乎今所淂若干餘種共三百數十種皆予親嘗試之分作草部二卷木部一卷次其品彙別其性味詳其調製並圖其形而臚列之即野叟山童一搜閱而知採茹爲其于民用未為無補矣因付之剞劂氏以廣其傳而題之曰野菜博録亦

謂所遺者尚多如茹芝餌朮飡松實服黃精能引長年而辟穀者雖有其理而未徵其事則猶遺于索取之外姑竢博雅君子一政之

天啟壬戌仲春香林主人書于天都青蓮庵中

野菜博錄卷上目錄

草部

葉可食

野菜博錄卷上目錄終

野菜博錄草部卷一　新安鮑山

大藍　葉可食

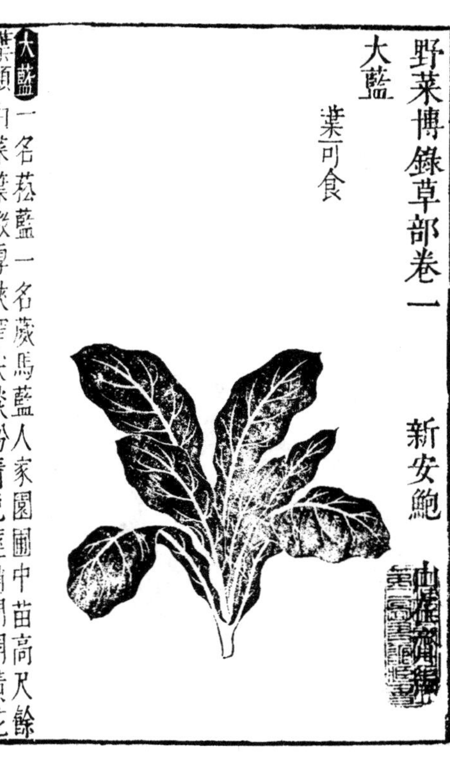

大藍一名菘藍一名葳馬藍人家園圃中苗高尺餘葉類白菜葉微厚狹窄尖淡粉青色莖稍間開黄花結小莢其子黑色味苦性寒無毒

食法　葉煠熟水浸去苦味油鹽調食

大薊

大薊苗高三四尺莖五稜葉似大花苦苣菜葉莖葉多刺葉中心開花淡紫色味苦性平無毒根有毒

食法　嫩苗葉煠熟水淘去苦味油鹽調食

刺薊菜

刺薊菜本草名小薊俗名千針草處處有之苗高尺餘葉似苦苣葉莖葉俱有刺葉中心出花頭如紅藍花青紫色葉味甘性涼無毒

食法　採嫩苗葉煠熟水浸淘淨油鹽調食

山莧菜

山莧菜本草一名牛膝一名百倍一名脚斯蹬一名對節菜苗高二尺莖方青紫色葉對節生如牛膝狀葉似莧菜葉皆對生開花作穗根味苦酸性平無毒葉味甘微酸

食法　採苗葉煠熟換水浸去酸味淘淨油鹽調食

兎兒絲

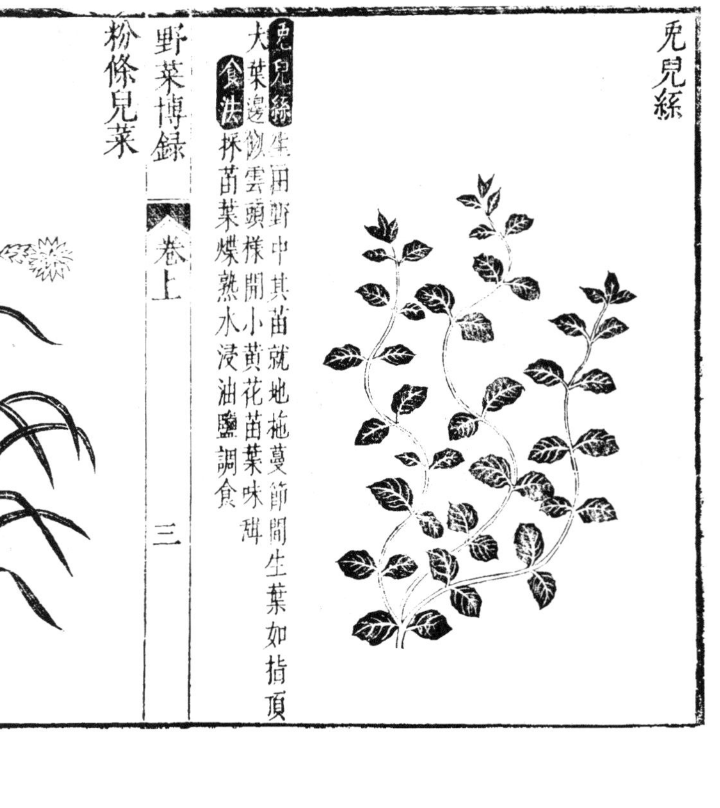

兎兒絲生田野中其苗就地拖蔓節間生葉如指頂大葉邊似雲頭樣開小黃花苗葉味甜

食法 採苗葉煠熟水浸油鹽調食

粉條兒菜

粉條兒菜生田野中其葉初生就地叢生長則四散分垂葉似萱草葉瘦細微短葉間攛葶開淡黃花葉味甜

食法 採葉煠熟淘洗淨油鹽調食

歪頭菜

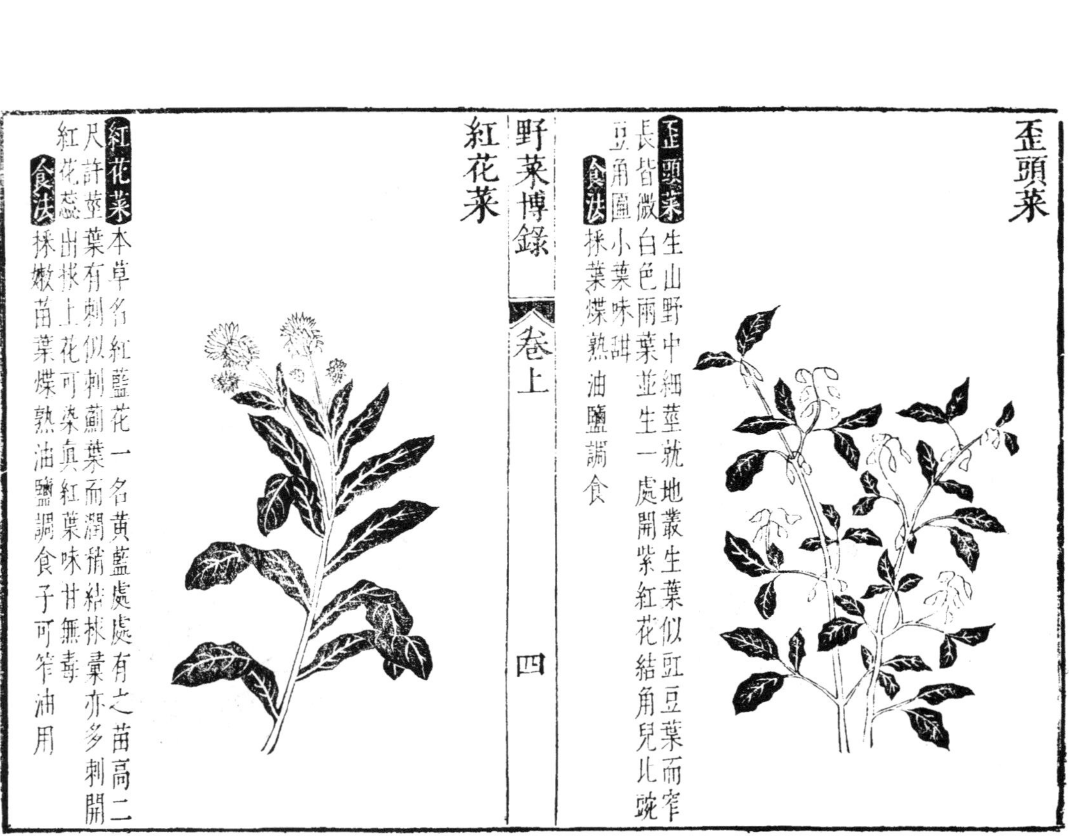

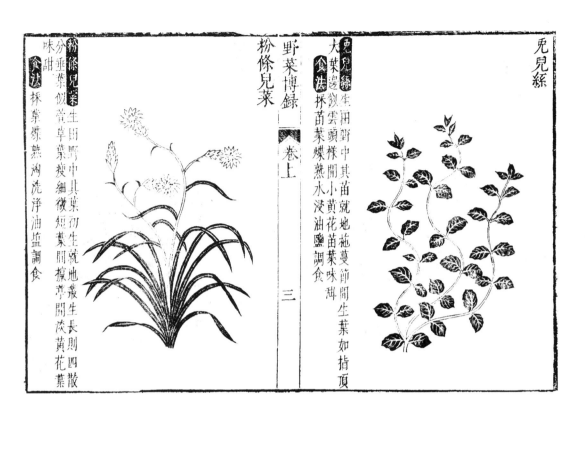

歪頭菜生山野中細莖就地叢生葉似豇豆葉而窄長背微白色兩葉並生一處開紫紅花結角兒比豌豆角圓小葉味甜

食法 採葉煠熟油鹽調食

紅花菜

紅花菜本草名紅藍花一名黄藍處處有之苗高二尺許莖葉有刺似刺薊葉而潤猜結梂彙亦多刺開紅花蕊出梂上花可染真紅葉味甘無毒

食法 採嫩苗葉煠熟油鹽調食子可笮油用

舌頭菜

舌頭菜生山野中苗葉搨地生葉似山白菜葉小頭頗團葉面不皺比山白菜葉亦厚味苦

食法採葉煠熟水浸去苦味換水淘淨油鹽調食

匙頭菜

匙頭菜生山野中作小科苗其莖面窊背圓葉似團匙頭樣有如杏葉大邊微鋸齒開花淡紅色結子黄褐色其葉味甘

食法採葉煠熟水浸淘淨油鹽調食

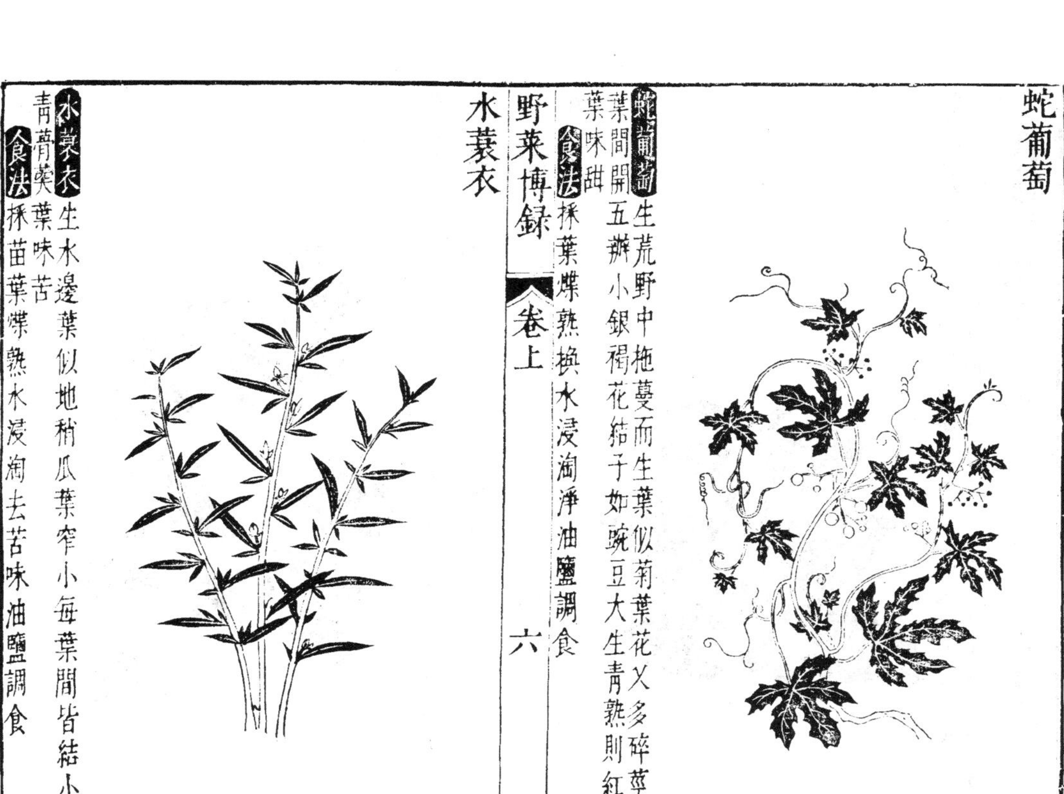

蛇葡萄

蛇葡萄生荒野中拖蔓而生葉似菊葉花叉多碎莖葉間開五瓣小銀褐花結子如豌豆大生青熟則紅葉味甜

食法採葉煠熟換水浸淘淨油鹽調食

水蓑衣

水蓑衣生水邊葉似地梢瓜葉窄小每葉間皆結小青蓇葖葉味苦

食法採苗葉煠熟水浸淘去苦味油鹽調食

拖白練苗

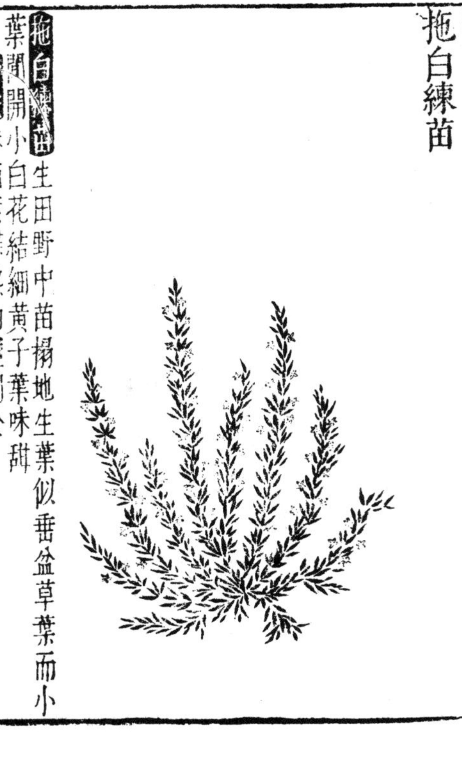

拖白練苗生田野中苗搨地生葉似垂盆草葉而小葉間開小白花結細黄子葉味甜

食法採苗葉煠熟油鹽調食

酸桶笋

酸桶笋生山野間初發笋葉後分生莖叉科苗高四五尺莖似水葒莖紅赤色葉似白槿葉而澁紋脉亦粗味甘微酸

食法採嫩笋葉煠熟水浸去邪味淘淨油鹽調食

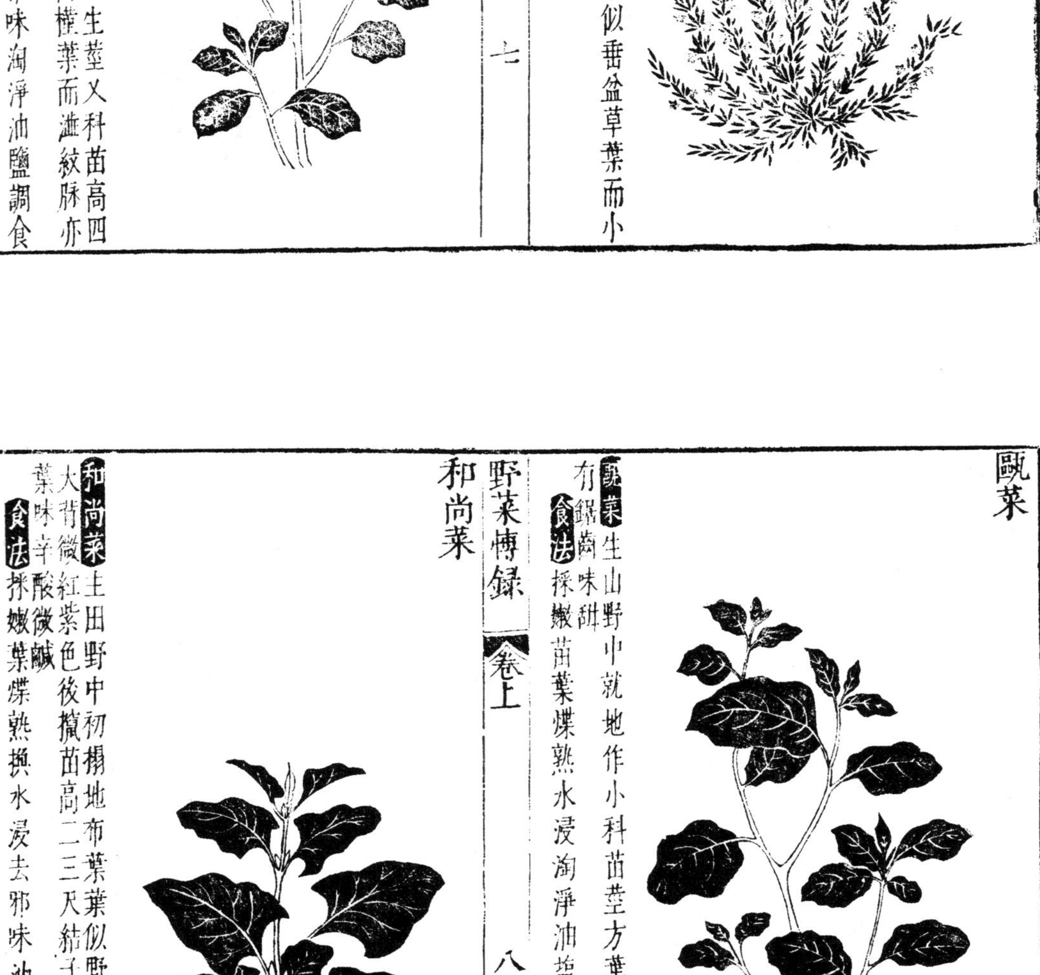

甌菜

甌菜生山野中就地作小科苗莖方葉似山莧菜葉有鋸齒味甜

食法採嫩苗葉煠熟水浸淘淨油鹽調食

和尚菜

和尚菜生田野中初搨地布葉葉似野天茄兒葉却大背微紅紫色後攛苗高二三尺結子如灰菜子六葉味辛酸微鹹

食法採嫩葉煠熟換水浸去邪味油鹽調食

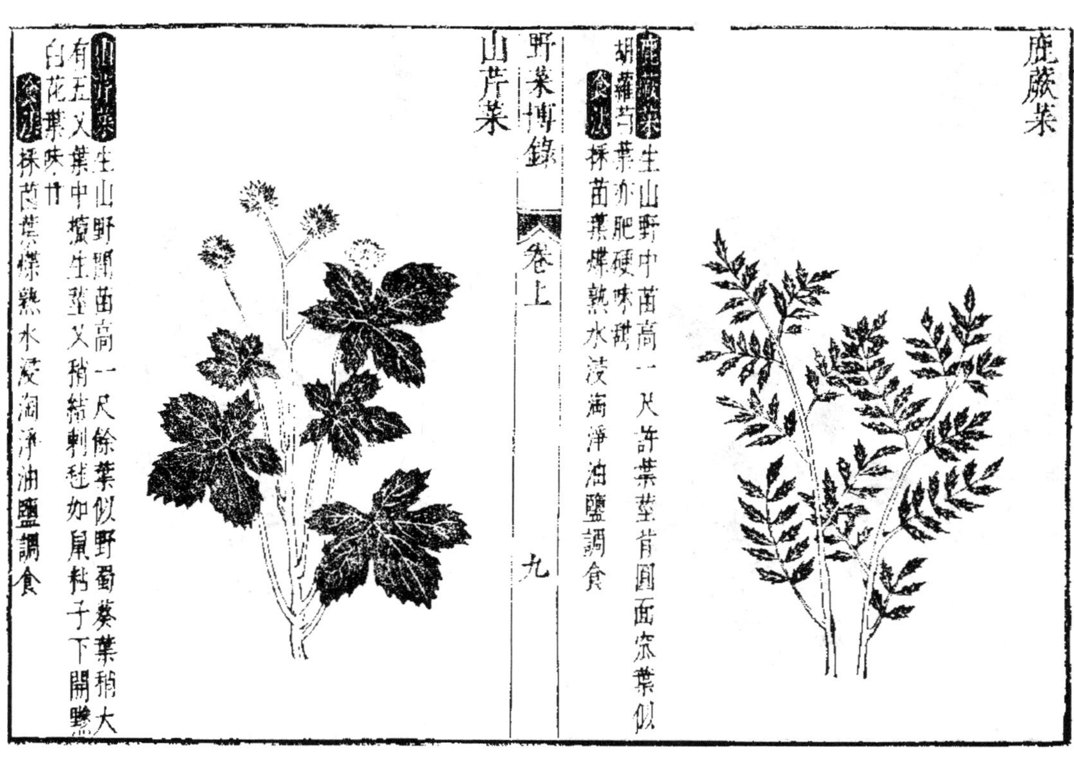

鹿蕨菜

鹿蕨菜生山野中苗高一尺許葉莖背圓面凹葉似胡蘿蔔葉亦肥硬味甜

食法採苗葉煠熟水浸淘淨油鹽調食

山芹菜

山芹菜生山野間苗高一尺餘葉似野蜀葵葉稍大有五叉葉中攛生莖叉稍結刺毬如鼠粘子下開黲白花葉味甘

食法採苗葉煠熟水浸淘淨油鹽調食

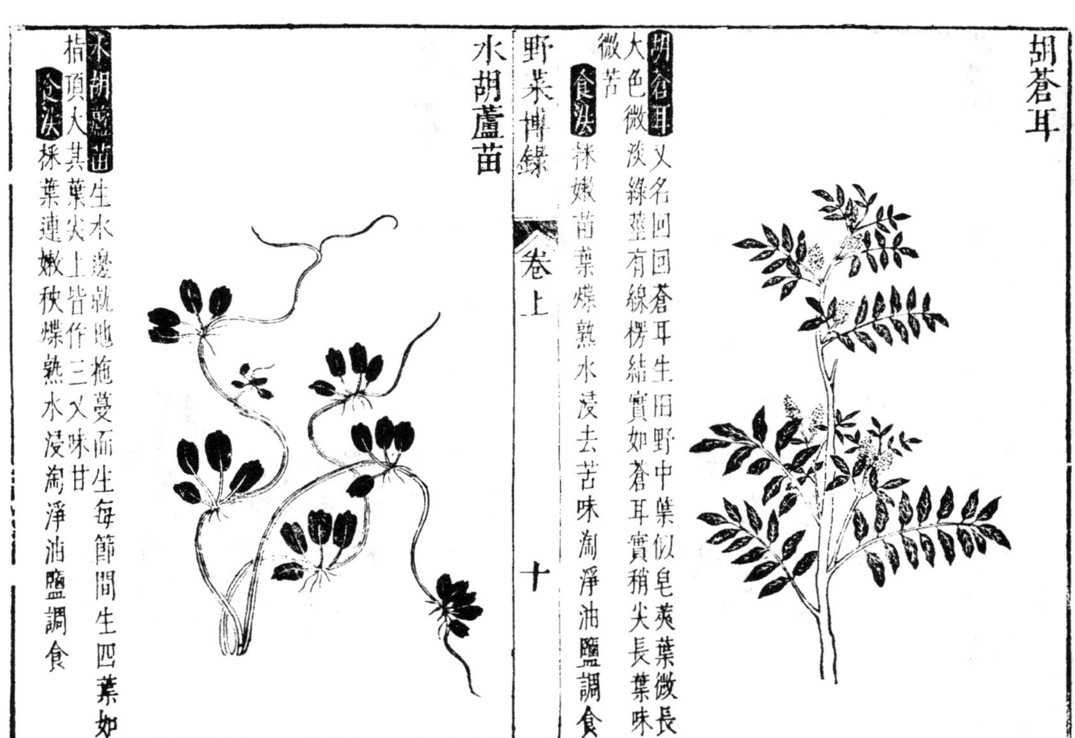

胡蒼耳

胡蒼耳又名回回蒼耳生田野中葉似皂莢葉微長大色微淡綠莖有線楞結實如蒼耳實稍尖長葉味微苦

食法採嫩苗葉煠熟水浸去苦味淘淨油鹽調食

水胡蘆苗

水胡蘆苗生水邊就地拖蔓而生每節間生四葉如指頂大其葉尖上皆作三叉味甘

食法採葉連嫩秧煠熟水浸淘淨油鹽調食

馬蘭頭

馬蘭頭 本草名馬蘭苗高一二尺莖亦紫色葉似薄荷葉邊皆有鋸齒又似地瓜兒葉微大味辛性平無毒

食法 採嫩苗葉煠熟新汲水浸去辛味洗淨油鹽調食

蛇床子

蛇床子 一名蛇粟一名蛇米一名虺牀一名思益一名繩毒一名棗棘一名牆蘼苗高二三尺作叢似蒿枝葉似藁本葉枝上有花頭百餘結開白花如傘結子半黍大黄褐色味苦辛甘性平無毒

食法 採嫩葉煠熟水浸淘淨油鹽調食

山萮菜

山萮菜 生山野中苗初搨地生莖葉背圓而㕁葉似初出冬蜀葵葉小有花叉鋸齒邊後攛莖叉莖色深紫稍葉頗小味微辣

食法 採苗葉煠熟換水浸淘淨油鹽調食

米蒿

米蒿 生田野中苗高尺許葉似園荽葉微細葉叢間分生莖叉稍上開小青黄花結小細角似葶藶角兒葉味微苦

食法 採嫩苗葉煠熟水浸過淘淨油鹽調食

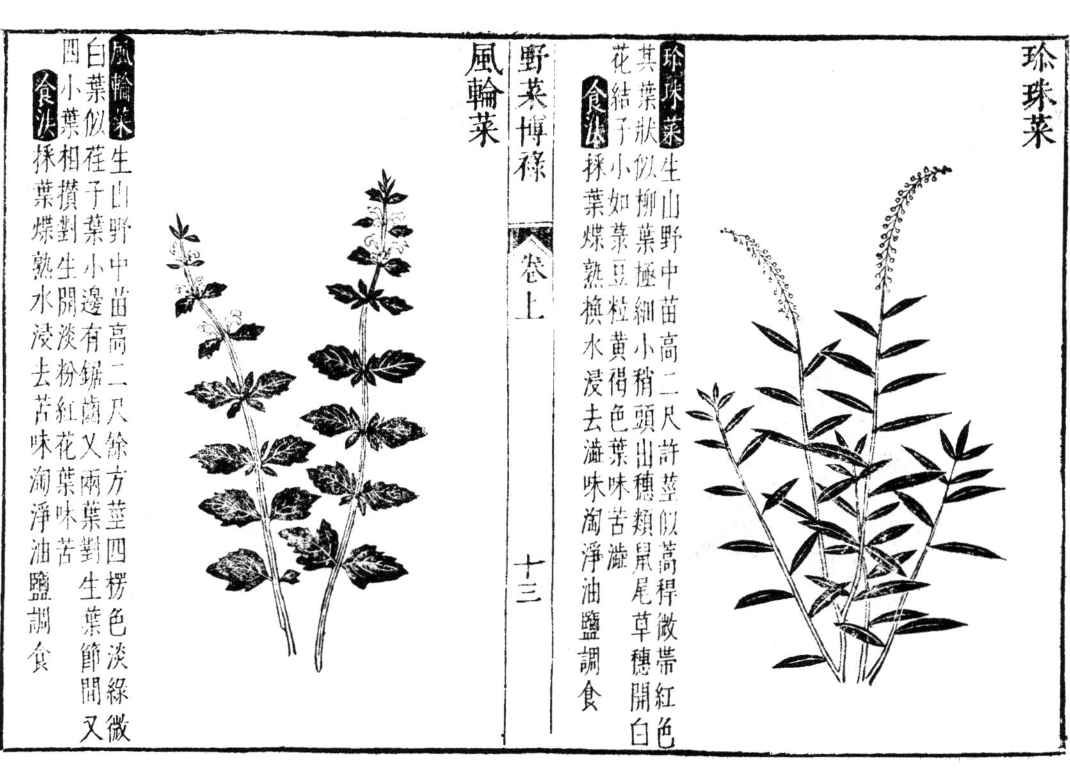
珎珠菜

珎珠菜生山野中苗高二尺許莖似蒿稈微帶紅色其葉狀似柳葉極細小稍頭出穗類鼠尾草穗開白花結子小如菉豆粒黃褐色葉味苦澁

食法採葉煠熟換水浸去澁味淘淨油鹽調食

野菜博錄 卷上 十三

風輪菜

風輪菜生山野中苗高二尺餘方莖四楞色淡綠微白葉似荏子葉小邊有鋸齒又兩葉對生葉節間又四小葉相攢對生開淡粉紅花葉味苦

食法採葉煠熟水浸去苦味淘淨油鹽調食

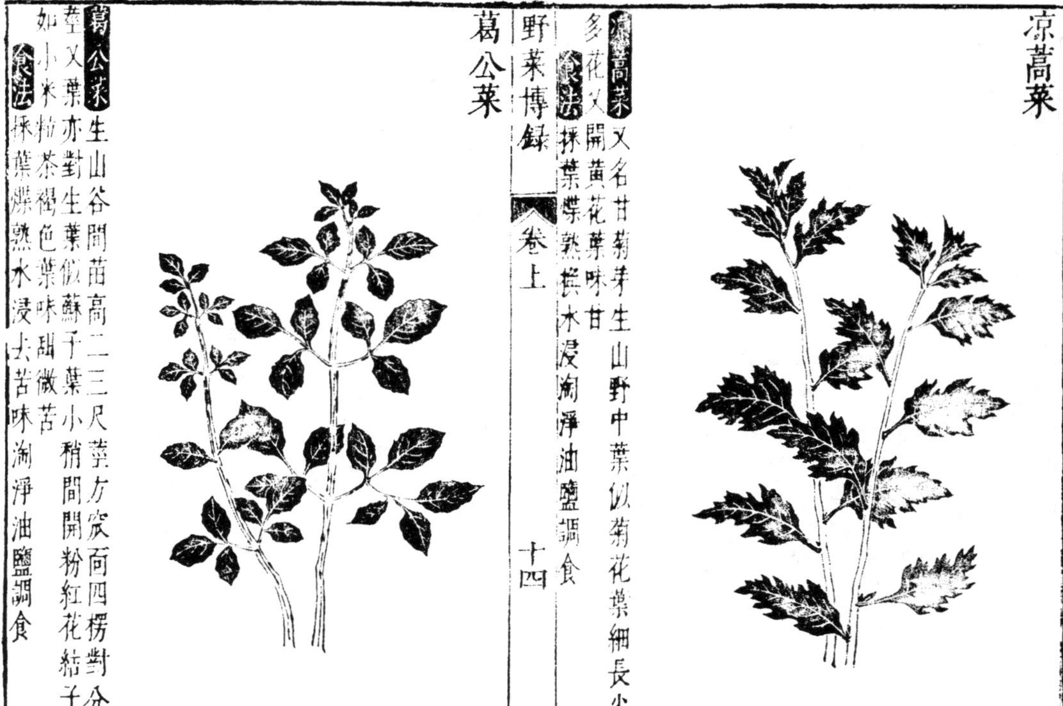
凉蒿菜

凉蒿菜又名甘菊芽生山野中葉似菊花葉細長尖多花叉開黃花葉味甘

食法採葉煠熟換水浸淘淨油鹽調食

野菜博錄 卷上 十四

葛公菜

葛公菜生山谷間苗高二三尺莖方窊面四楞對分莖叉葉亦對生葉似蘇子葉小稍間開粉紅花結子如小米粒茶褐色葉味甜微苦

食法採葉煠熟水浸去苦味淘淨油鹽調食

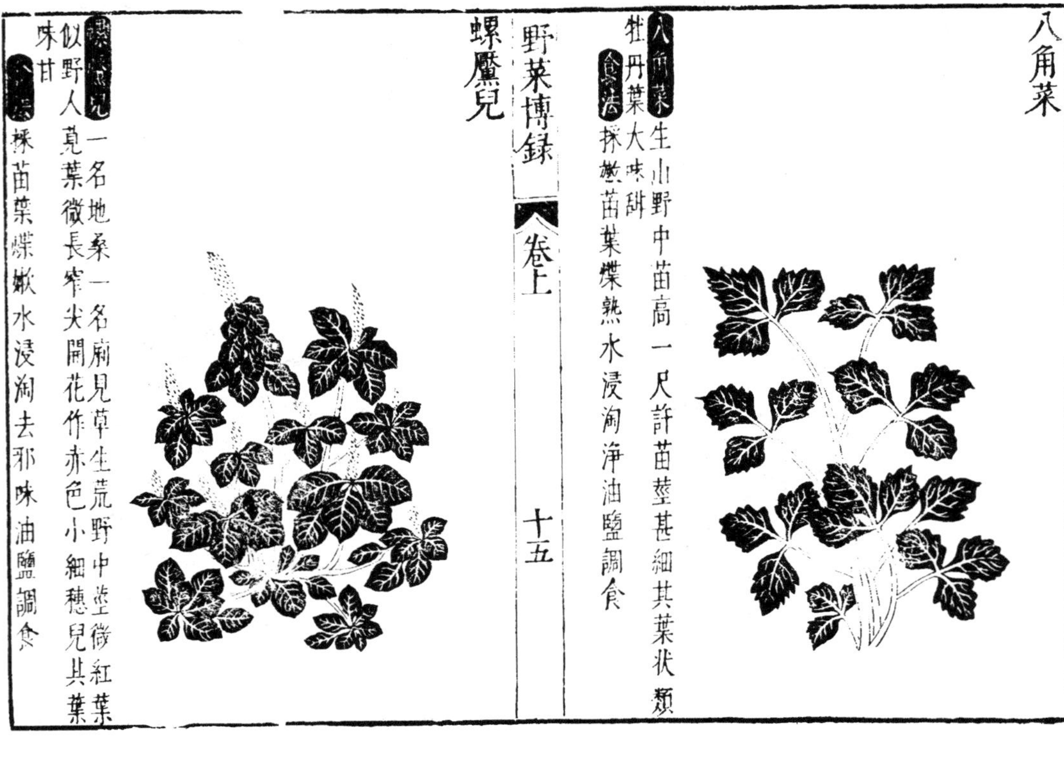

八角菜

八角菜 生山野中苗高一尺許苗莖甚細其葉狀類牡丹葉大味甜

食法 採嫩苗葉煠熟水浸淘淨油鹽調食

螺黶兒

螺黶兒 一名地桑一名剛兒草生荒野中莖微紅葉似野人莧葉微長窄尖開花作赤色小細穗兒其葉味甘

食法 採苗葉煠嫩水浸淘去邪味油鹽調食

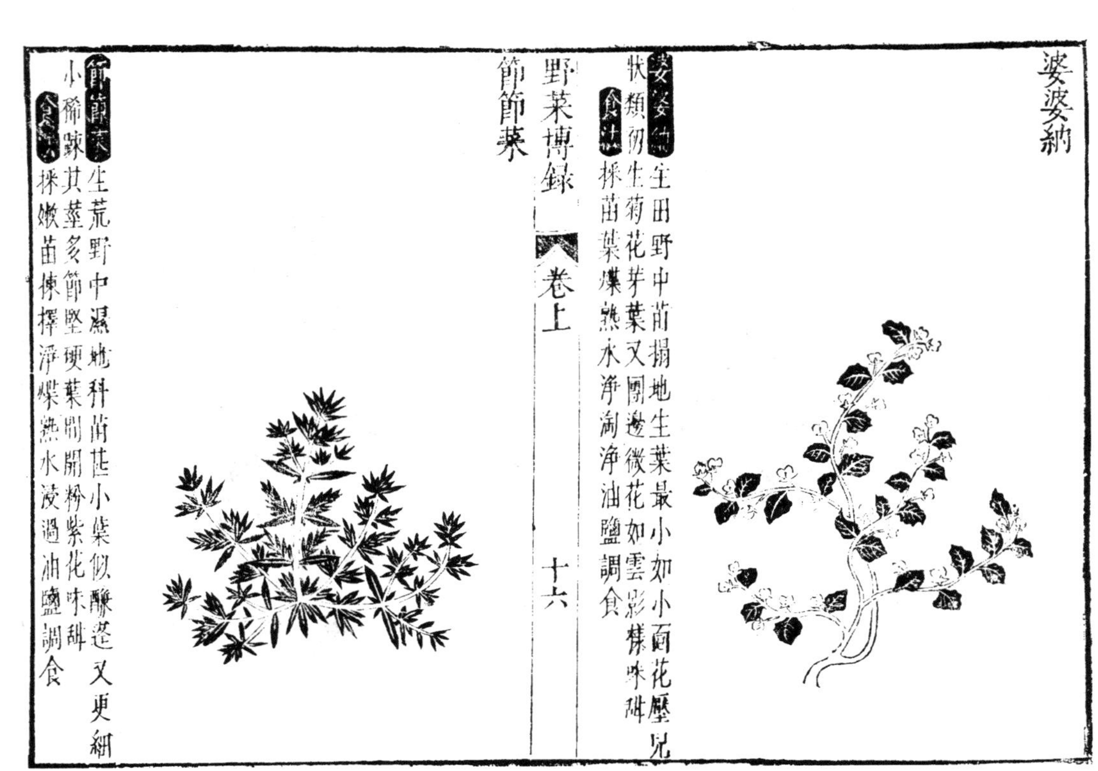

婆婆納

婆婆納 生田野中苗搨地生葉最小如小面花黶兒狀類初生菊花芽葉又團邊微花如雲彩樣味甜

食法 採苗葉煠熟水淨淘淨油鹽調食

節節菜

節節菜 生荒野中濕地科苗甚小葉似䕡蓄葉又更細小稀踈其莖多節堅硬葉間開粉紫花味甜

食法 採嫩苗揀擇淨煠熟水浸過油鹽調食

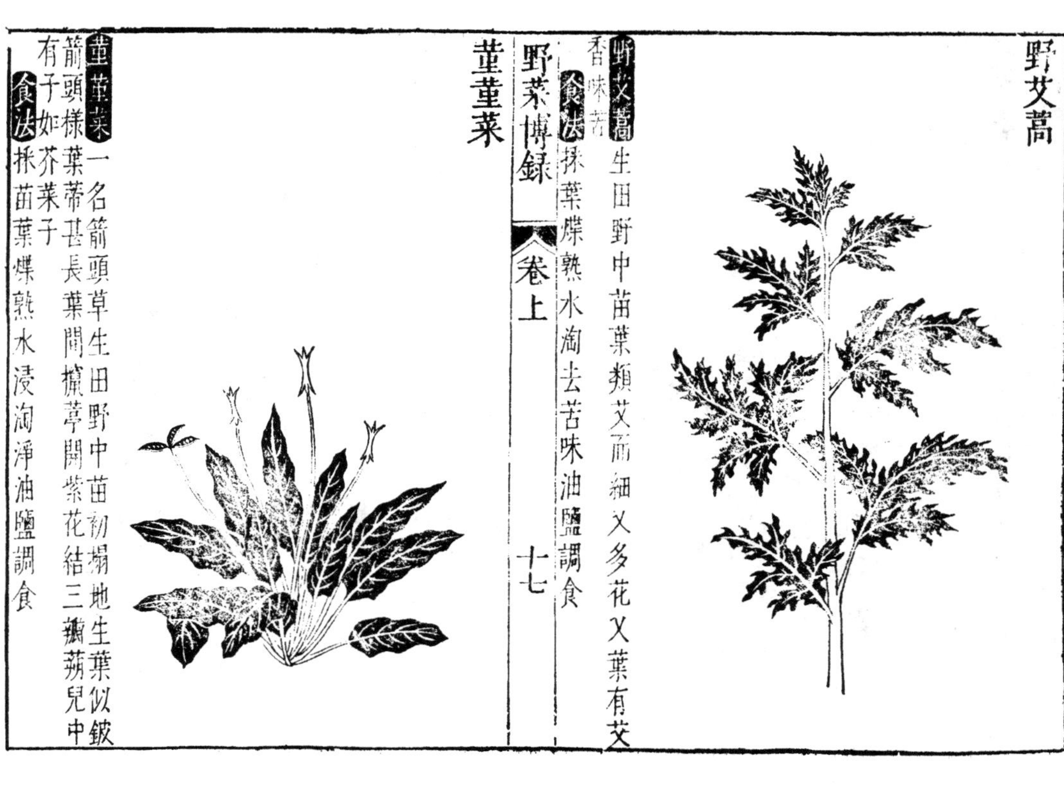

野艾蒿

野艾蒿　生田野中苗葉頪艾而細又多花又葉有艾香味苦

食法　採葉煠熟水淘去苦味油鹽調食

野菜博録　卷上　十七

堇堇菜

堇堇菜　一名箭頭草生田野中苗初搨地生葉似鈹箭頭樣葉蒂甚長葉間攛葶開紫花結三瓣蒴兒中有子如芥菜子

食法　採苗葉煠熟水浸淘淨油鹽調食

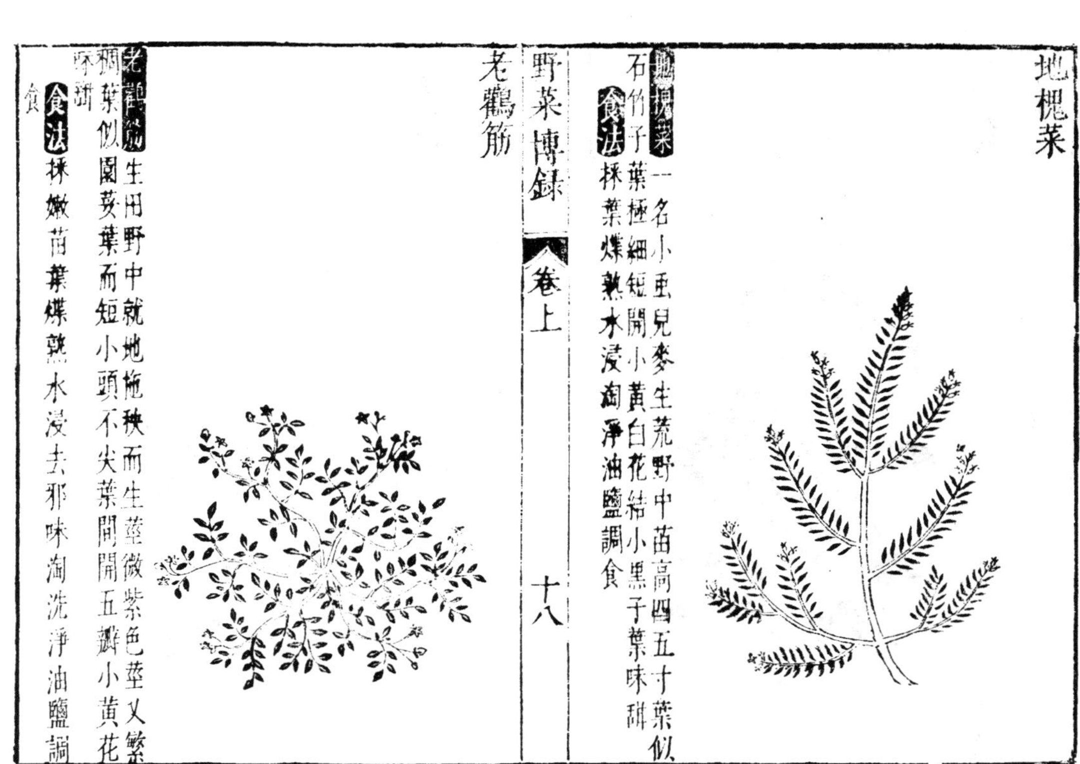

地槐菜

地槐菜　一名小虫兒麥生荒野中苗高四五寸葉似石竹子葉極細短開小黄白花結小黑子葉味甜

食法　採葉煠熟水浸淘淨油鹽調食

野菜博録　卷上　十八

老鸛筋

老鸛筋　生田野中就地拖秧而生莖微紫色莖叉繁稠葉似園荽葉而短小頭不尖葉間開五瓣小黄花味甜

食法　採嫩苗葉煠熟水浸去邪味淘洗淨油鹽調食

金剛刺

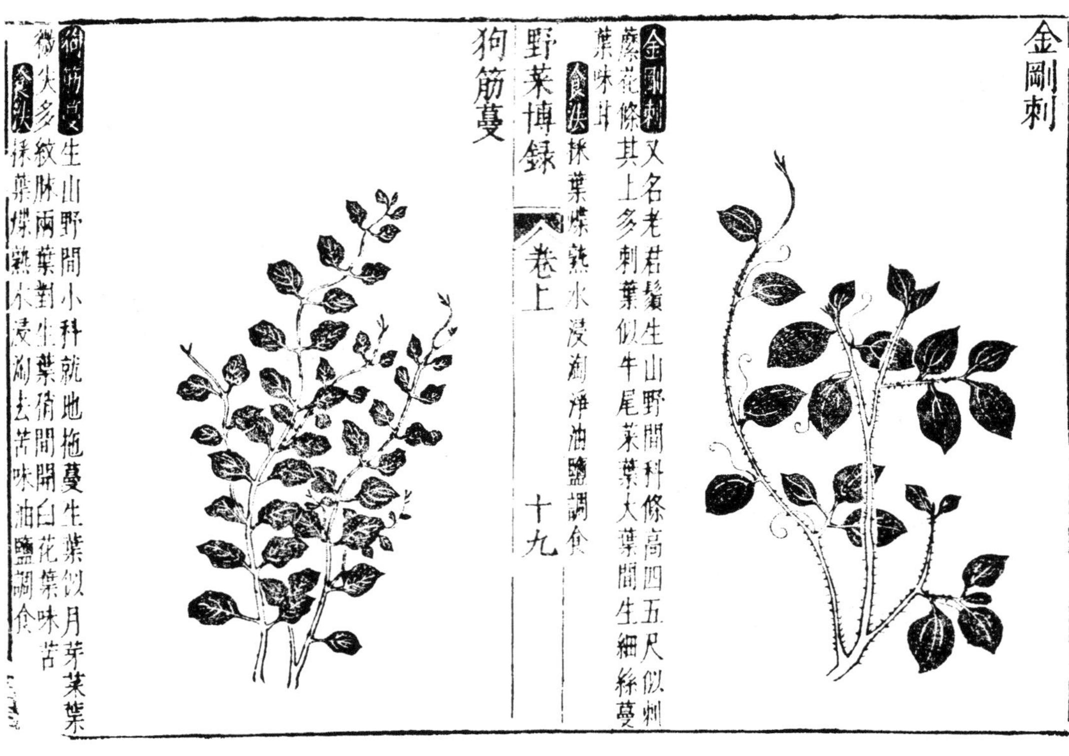

【金剛刺】又名老君鬚生山野間科條高四五尺似刺蘼花條其上多刺葉似牛尾菜葉大葉間生細絲蔓葉味甘

【食法】採葉煠熟水浸淘淨油鹽調食

狗筋蔓

【狗筋蔓】生山野間小科就地拖蔓生葉似月芽菜葉微尖多紋脉兩葉對生葉梢間開白花葉味苦

【食法】採葉煠熟水浸淘去苦味油鹽調食

耐驚菜

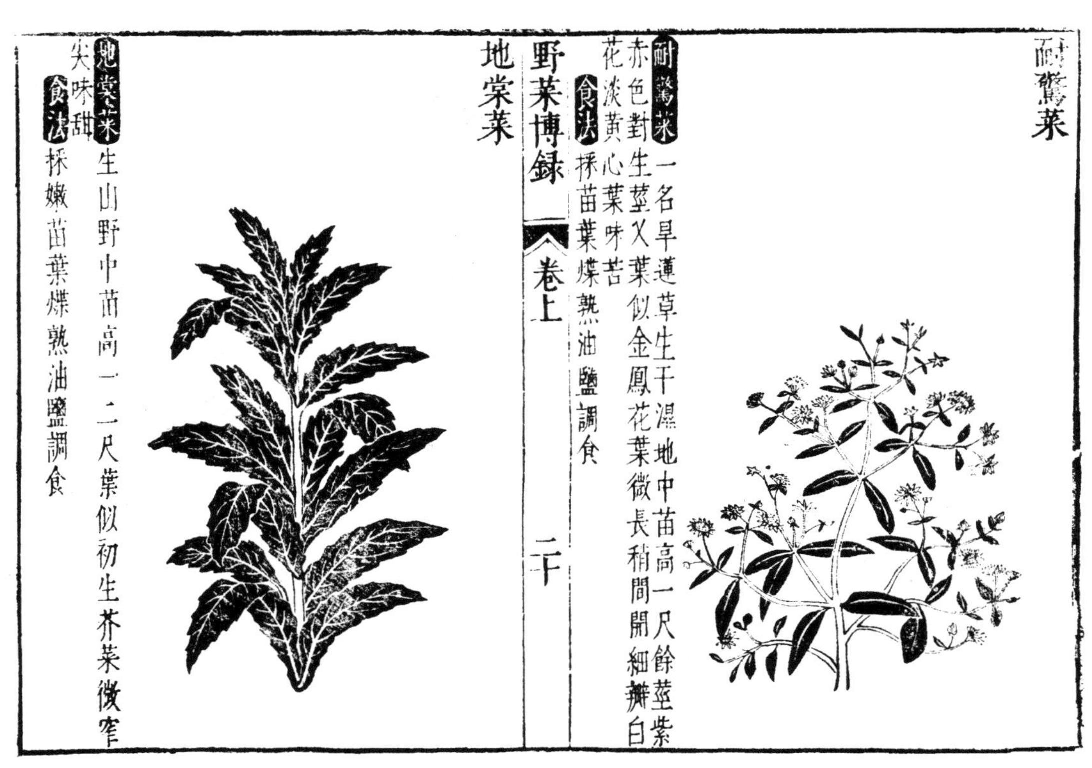

【耐驚菜】一名旱蓮草生下濕地中苗高一尺餘莖紫赤色對生莖叉葉似金鳳花葉微長稍間開細瓣白花淡黄心葉味苦

【食法】採苗葉煠熟油鹽調食

地棠菜

【地棠菜】生山野中苗高一二尺葉似初生芥菜微窄尖味甜

【食法】採嫩苗葉煠熟油鹽調食

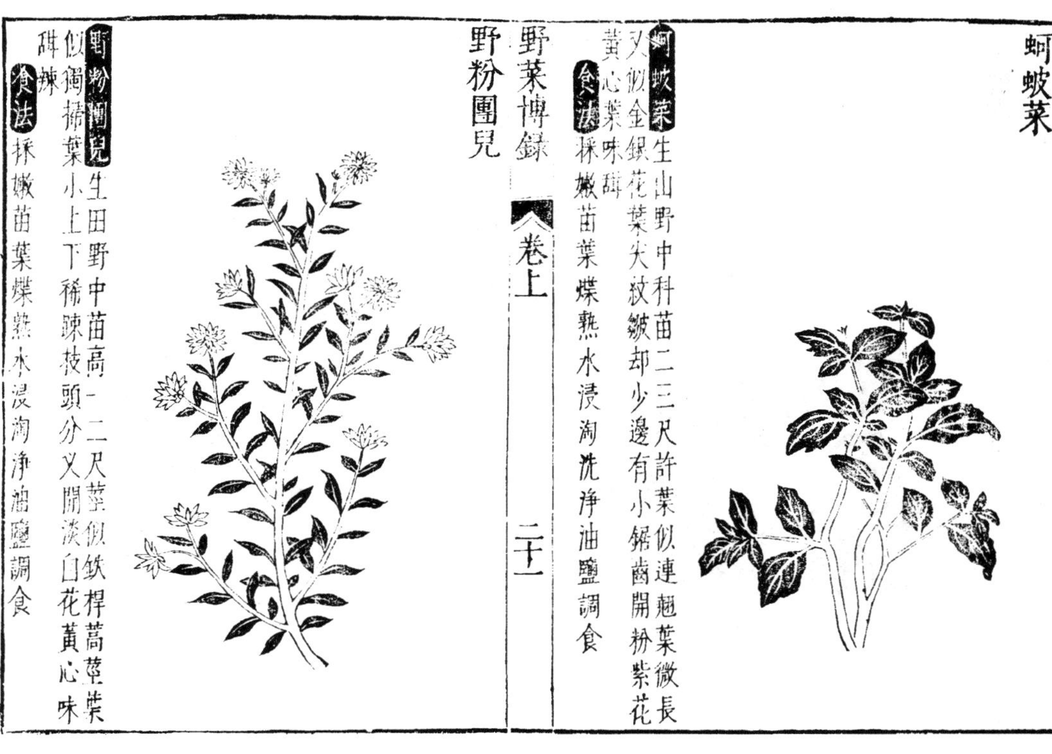

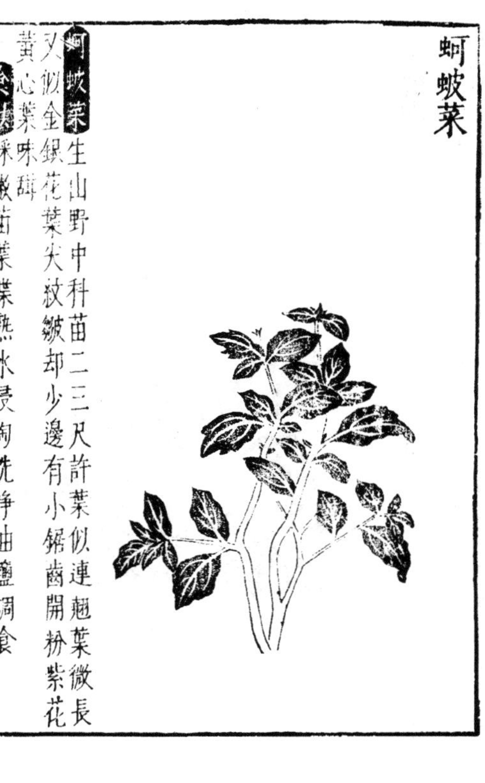

蚵蚾菜

蚵蚾菜生山野中科苗二三尺許葉似連翹葉微長又似金銀花葉尖紋皺却少邊有小鋸齒開粉紫花黃心葉味甜

食法採嫩苗葉煠熟水浸淘洗淨油鹽調食

野粉團兒

野粉團兒生田野中苗高一二尺莖似鉄桿蒿莖葉似獨掃葉小上下稀踈枝頭分乂開淡白花黃心味甜辣

食法採嫩苗葉煠熟水浸淘淨油鹽調食

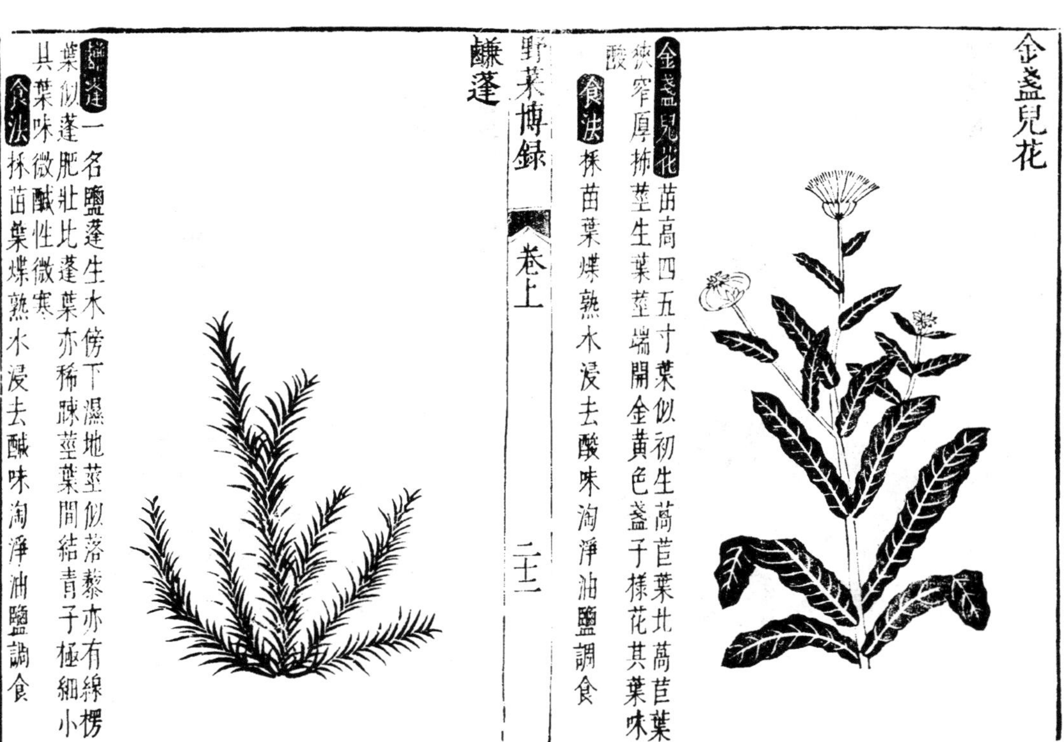

金盞兒花

金盞兒花苗高四五寸葉似初生萵苣葉比萵苣葉狹窄厚抪莖生葉莖端開金黃色盞子樣花其葉味酸

食法採苗葉煠熟水浸去酸味淘淨油鹽調食

鹻蓬

鹻蓬一名鹽蓬生水傍下濕地莖似落藜亦有線楞葉似蓬肥壯比蓬葉亦稀踈莖葉間結青子極細小其葉味微鹹性微寒

食法採苗葉煠熟水浸去鹹味淘淨油鹽調食

虎尾草

虎尾草生山野中科苗高二三尺莖圓葉似柳葉亦瘦短葉皆抪莖生味甜微澁
食法採嫩苗葉煠熟換水淘去澁味油鹽調食

野蜀葵

野蜀葵生荒野中就地叢生苗高五寸許葉似葛勒子秧葉厚大味辣
食法採嫩葉煠熟水浸淘淨油鹽調食

薺臭苗

薺臭苗即茺蔚子一名益母一名益明生田野間葉似艾葉薄小色青莖方節節開小白花結子茶褐色三稜細長味辛甘微温無毒
食法採苗葉煠熟水浸淘淨油鹽調食

酸漿草

酸漿草本草名酢漿草一名鳩酸草生田野及道傍葉如初生小水萍每莖叢生三葉開黄花結黑子味酸性寒無毒
食法採嫩苗葉生食

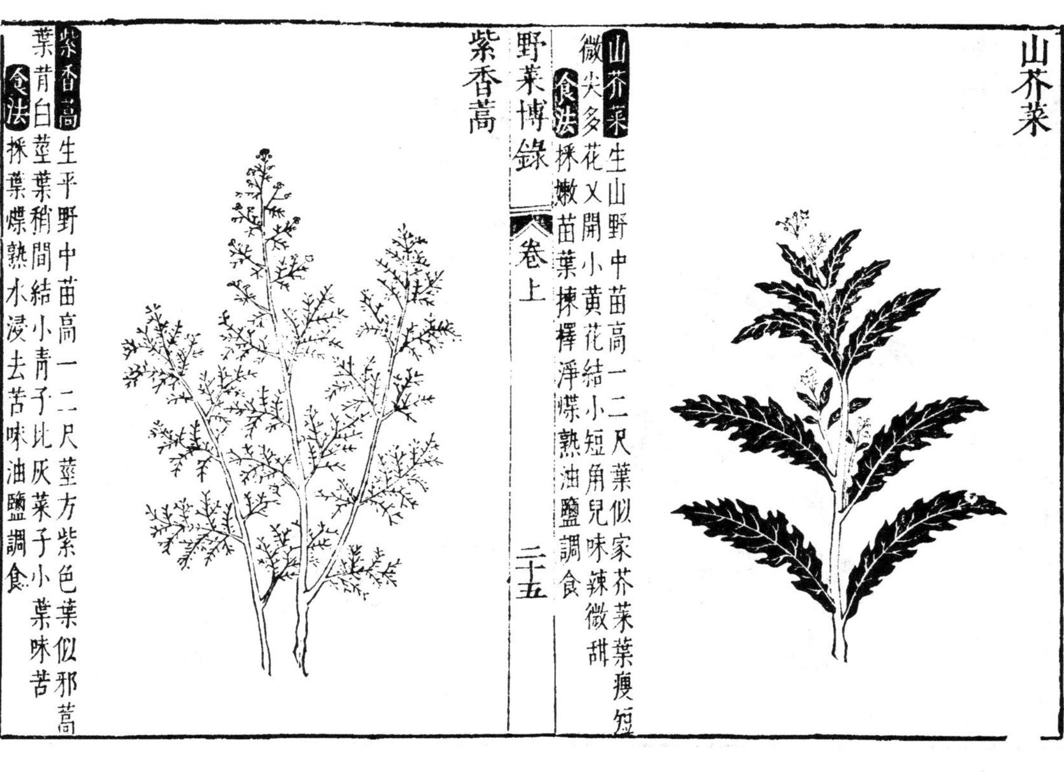

山芥菜

山芥菜生山野中苗高一二尺葉似家芥菜葉瘦短微尖多花叉開小黃花結小短角兒味辣微甜

食法採嫩苗葉揀擇淨煠熟油鹽調食

紫香蒿

紫香蒿生平野中苗高一二尺莖方紫色葉似邪蒿葉背白莖葉稍間結小青子比灰菜子小葉味苦

食法採葉煠熟水浸去苦味油鹽調食

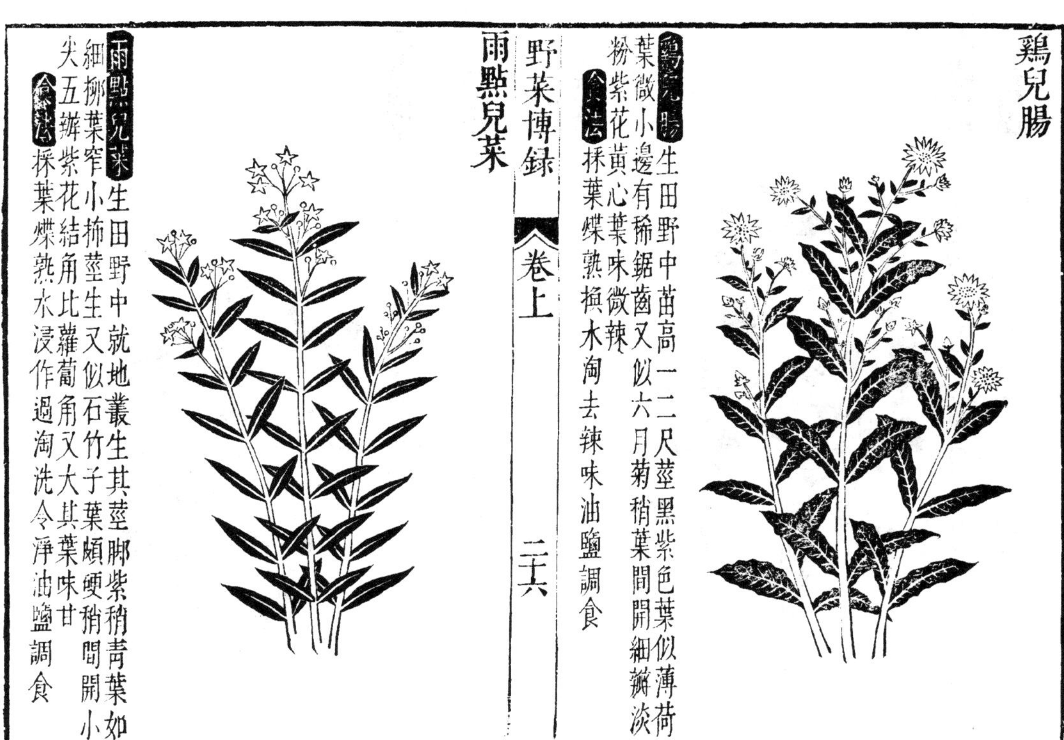

鷄兒腸

鷄兒腸生田野中苗高一二尺莖黑紫色葉似薄荷葉微小邊有稀鋸齒又似六月菊稍葉間開細瓣淡粉紫花黃心葉味微辣

食法採葉煠熟換水淘去辣味油鹽調食

雨點兒菜

雨點兒菜生田野中就地叢生其莖脚紫稍青葉如細柳葉窄小抪莖生又似石竹子葉頗硬稍間開小尖五瓣紫花結角比蘿蔔角又大其葉味甘

食法採葉煠熟水浸作過淘洗令淨油鹽調食

小蟲兒卧单

小蟲兒卧单 一名鐵線草生田野中苗搨地生葉似苜蓿葉極小其莖色紅開小紅花苗葉味甜

食法 採苗葉煠熟水浸淘淨油鹽調食

野西瓜

野西瓜苗 俗名禿漢頭生田野中苗高尺餘葉似家西瓜葉頗小硬葉間生蒂開五瓣銀褐花紫心黃蕊花罷作蓇內結實如楝子大苗葉味微苦

食法 採嫩苗葉煠熟水浸去邪味淘過油鹽調食

草零陵香

草零陵香 一名芫香人家園圃中亦種之葉似苜蓿葉長微尖莖葉間開淡粉紫花作小短穗其子小如粟粒苗葉味苦性平

食法 採苗葉煠熟換水淘淨油鹽調食

水落藜

水落藜 生水邊處處有之苗高尺餘莖色微紅葉似野灰菜葉瘦小味微苦澁性凉

食法 採苗葉煠熟換水浸淘淨油鹽調食或晒乾煠食尤可

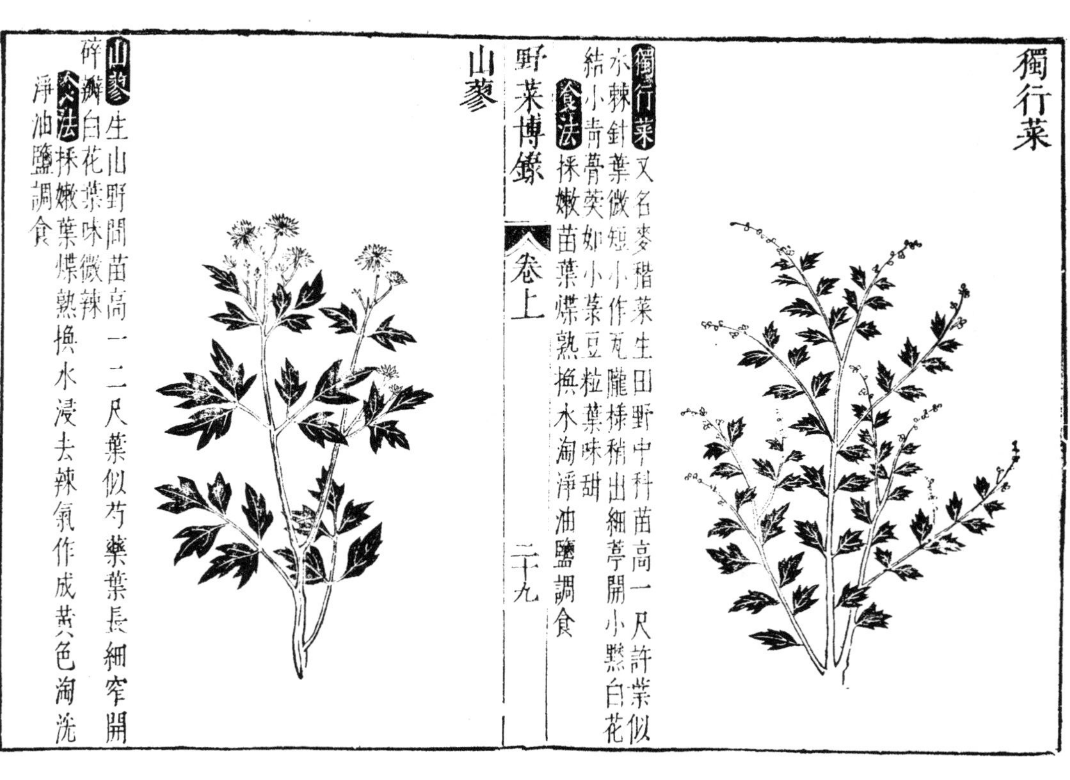

獨行菜

獨行菜 又名麥稭菜生田野中科苗高一尺許葉似水棘針葉微短小作瓦隴樣稍出細葶開小黲白花結小青蓇葖如小菉豆粒葉味甜

食法 採嫩苗葉煠熟換水淘淨油鹽調食

野菜博錄　卷上　二十九

山蓼

山蓼 生山野間苗高一二尺葉似芍藥葉長細窄開碎瓣白花葉味微辣

食法 採嫩葉煠熟換水浸去辣氣作成黃色淘洗淨油鹽調食

嫩翠蒿

嫩翠蒿 生田野中苗高二尺許莖似黃蒿莖其葉碎小葺細如針翠綠色嫩葉味苦

食法 採嫩苗葉煠熟換水浸去蒿氣油鹽調食

野菜博錄　卷上　三十

野菜博録卷又一

新安鮑　山在齋編

野茴香

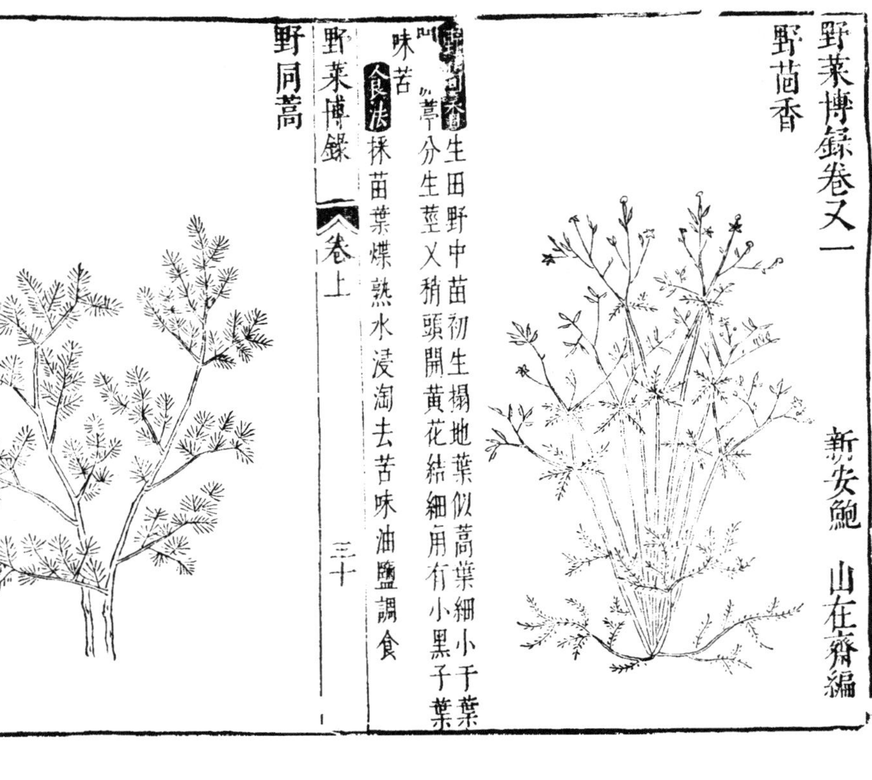

野茴香 生田野中苗初生搨地葉似蒿葉細小于葉葉叫葶分生莖乂稍頭開黄花結細角有小黑子葉味苦

食法 採苗葉煠熟水浸淘去苦味油鹽調食

野同蒿

野同蒿 生荒野中苗高二三尺莖紫赤色葉微青黄色形似初生松針而茸細味苦

食法 採嫩苗葉煠熟换水浸淘淨油鹽調食

前胡

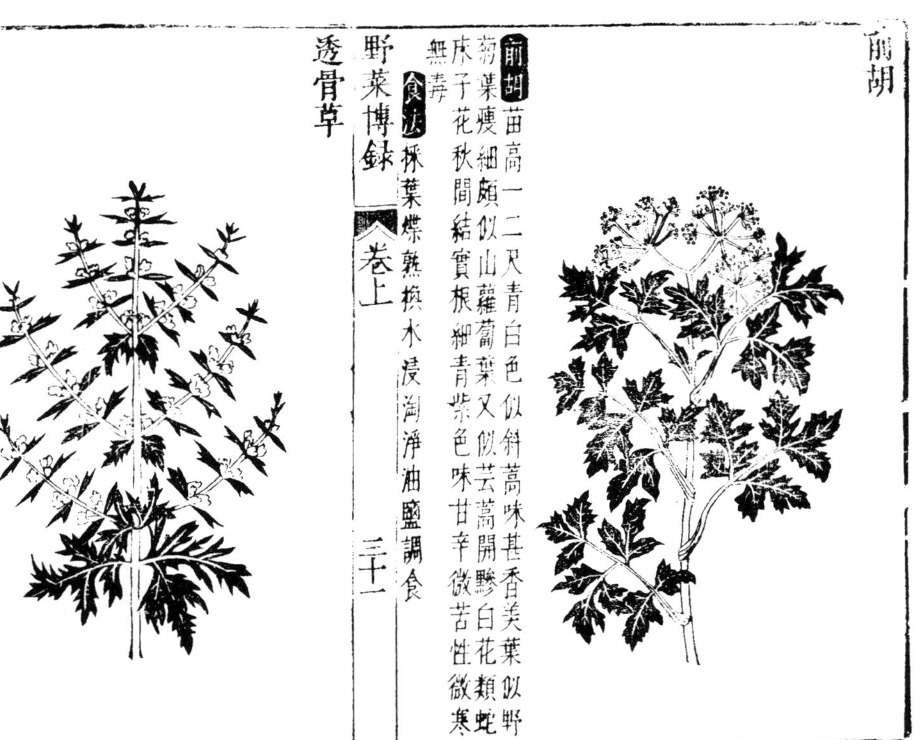

前胡 苗高一二尺青白色似斜蒿味甚香美葉似野菊葉瘦細頗似山蘿蔔葉又似芸蒿開黪白花類蛇床子花秋間結實根細青紫色味甘辛微苦性微寒無毒

食法 採葉煠熟换水浸淘淨油鹽調食

透骨草

透骨草 一名天芝麻生荒野中苗高三四尺莖方窊面四楞其莖脚紫對節分生莖乂葉似蔄蒿葉多花乂葉皆對生莖節間攢開粉紅花結子似胡麻子葉味苦

食法 採嫩苗葉煠熟水浸去苦味淘淨油鹽調食

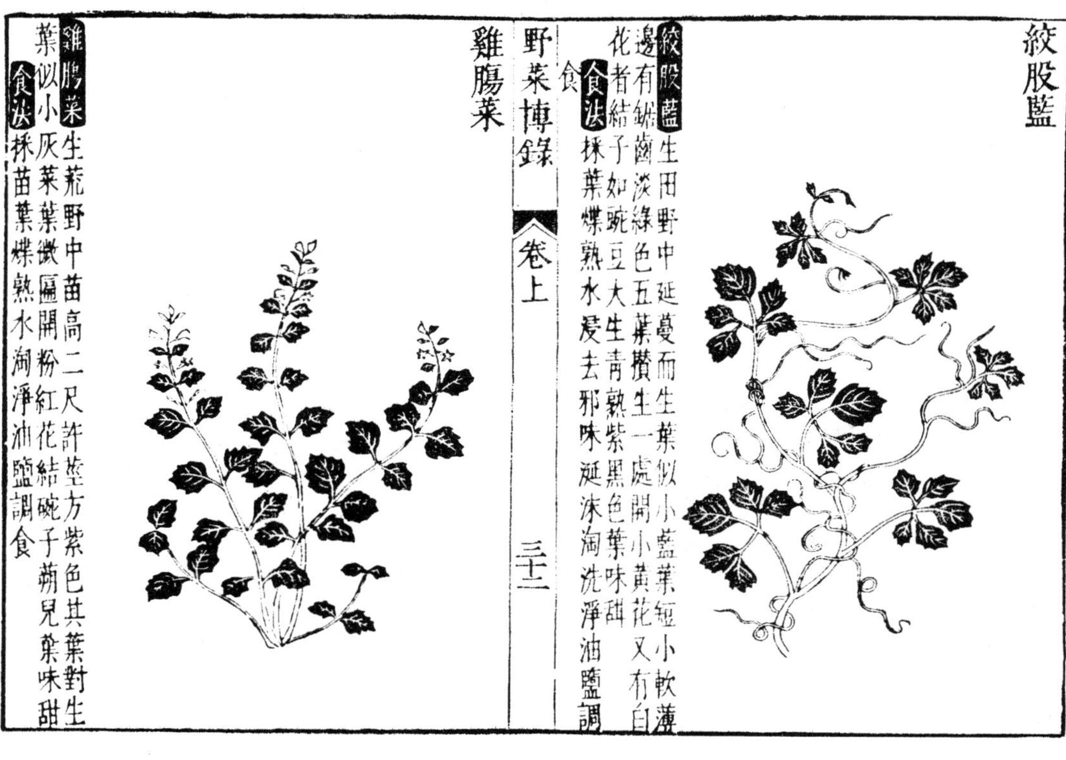

紋股藍

紋股藍生田野中延蔓而生葉似小藍葉短小軟薄邊有鋸齒淡綠色五葉攢生一處開小黄花又有白花者結子如豌豆大生青熟紫黑色葉味甜

食法採葉煠熟水浸去邪味涎沫淘洗淨油鹽調食

野菜博錄　卷上　三十二

雞腸菜

雞腸菜生荒野中苗高二尺許莖方紫色其葉對生葉似小灰菜葉微匾開粉紅花結碗子蒴兒葉味甜

食法採苗葉煠熟水淘淨油鹽調食

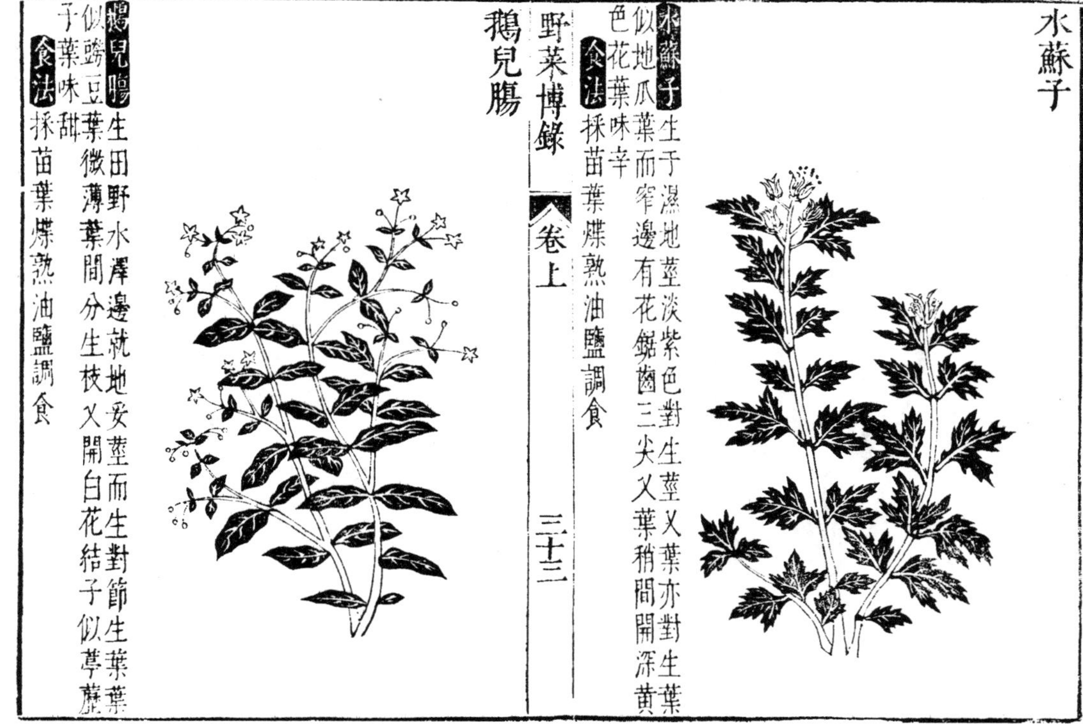

水蘇子

水蘇子生于濕地莖淡紫色對生莖叉葉亦對生葉似地瓜葉而窄邊有花鋸齒三尖叉葉稍間開深黄色花葉味辛

食法採苗葉煠熟油鹽調食

野菜博錄　卷上　三十三

鵝兒腸

鵝兒腸生田野水澤邊就地妥莖而生對節生葉葉似豌豆葉微薄葉間分生枝叉開白花結子似葶藶子葉味甜

食法採苗葉煠熟油鹽調食

六月菊

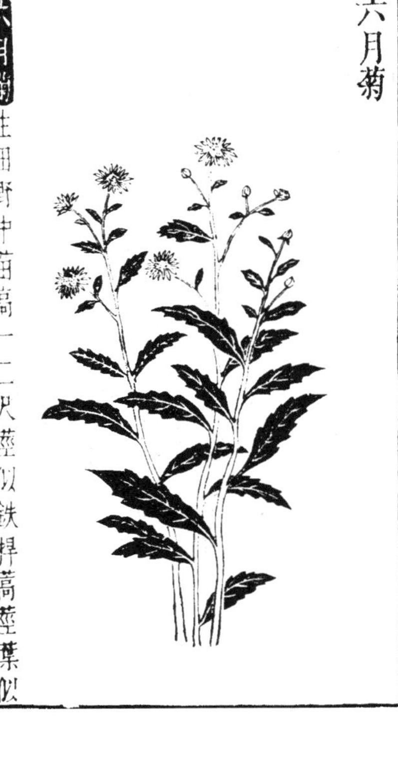

六月菊 生田野中苗高一二尺莖似鐵桿高莖葉似雞兒腸葉但長而澀又似馬蘭頭葉硬短梢葉間開淡紫花葉味微酸澀

食法 採葉煠熟水浸去邪味油鹽調食

費菜

費菜 生山野間苗高尺許葉似火焰草葉小頭頗齊上有鋸齒其葉抪莖生葉稍上開五瓣小尖淡黃花結五瓣紅小花蒴兒苗葉味酸

食法 採嫩苗葉煠熟淘去酸味油鹽調食

紫雲菜

紫雲菜 生山野中苗高一二尺莖方紫色對節生叉葉似山小菜葉頗長抪梗對生葉間開淡紫花其葉味微苦

食法 採嫩苗葉煠熟水浸去苦味油鹽調食

鴉葱

鴉葱 生田野中枝葉尖長搨地而生葉似初生回回采葉其葉邊皆曲皺葉中攛葶上結小蓇葖後出白英味微辛

食法 採嫩葉煠熟油鹽調食

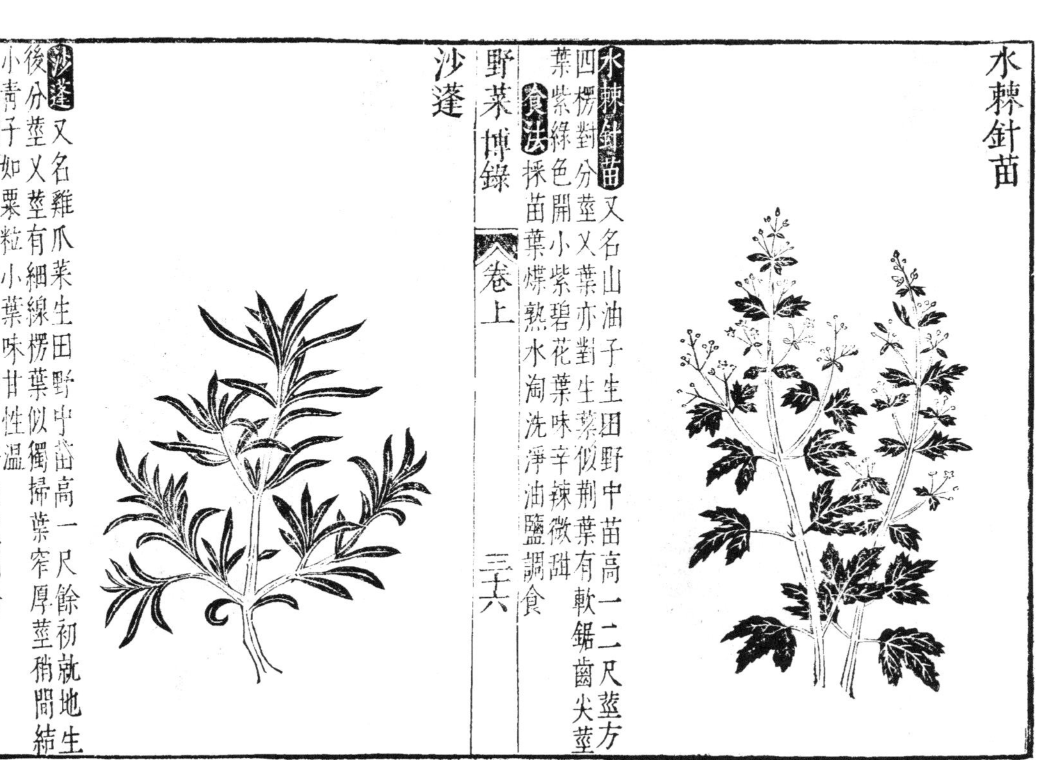

水蕀針苗

水蕀針苗又名山油子生田野中苗高一二尺莖方四楞對分莖叉葉亦對生葉似荆葉有軟鋸齒尖莖葉紫綠色開小紫碧花葉味辛辣微甜

食法採苗葉煠熟水淘洗淨油鹽調食

野菜博錄　卷上　三十六

沙蓬

沙蓬又名雞爪菜生田野中苗高一尺餘初就地生後分莖叉莖有細線楞葉似獨掃葉窄厚莖稍間結小青子如粟粒小葉味甘性溫

食法採苗葉煠熟水浸淘淨油鹽調食

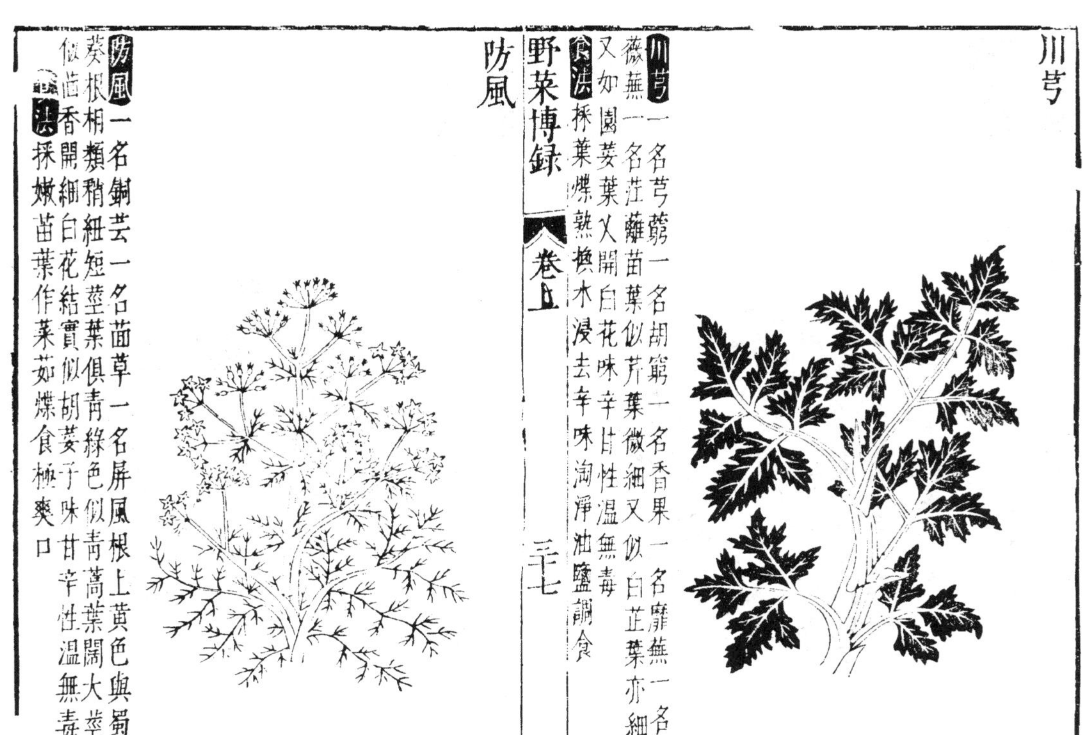

川芎

川芎一名芎藭一名胡藭一名香果一名靡蕪一名蘪蕪一名茳蘺苗葉似芹葉微細又似白芷葉亦細又如園荽葉又開白花味辛甘性溫無毒

食法採葉煠熟換水浸去辛味淘淨油鹽調食

野菜博錄　卷上　三十七

防風

防風一名銅芸一名茴草一名屏風根土黃色與蜀葵根相類稍細短莖葉俱青綠色似青蒿葉闊大莖似茴香開細白花結實似胡荽子味甘辛性溫無毒

食法採嫩苗葉作菜茹煠食極爽口

野生薑

野生薑 本草名劉寄奴生山野中莖似艾蒿長二三尺餘葉似菊葉瘦尖開花白色結實黃白色作細筒子蒴兒葉味苦性溫無毒

食法 採嫩葉煠熟水浸淘去苦味油鹽調食

水辣菜

水辣菜 生水邊濕地中苗高尺餘莖圓葉似雞兒腸葉頭微齊短其葉抪莖生稍間出穗如黃蒿穗其葉味辣

食法 採嫩苗葉煠熟換水淘去辣氣油鹽調食生亦可食

變豆菜

變豆菜 生山野中其苗葉初作地攤科生葉似地牡丹葉極大五花叉鋸齒尖其後葉中分生莖叉稍葉頗小上開白花葉味甘

食法 採葉煠熟作成黃色換水淘淨油鹽調食

委陵菜

委陵菜 一名翻白菜苗搨地生分莖叉上有白毛葉頰柏葉闊邊有鋸齒面青背白又頰鹿蕨葉稍闊開五瓣黃花葉味苦微辣

食法 採苗葉煠熟水浸淘淨油鹽調食

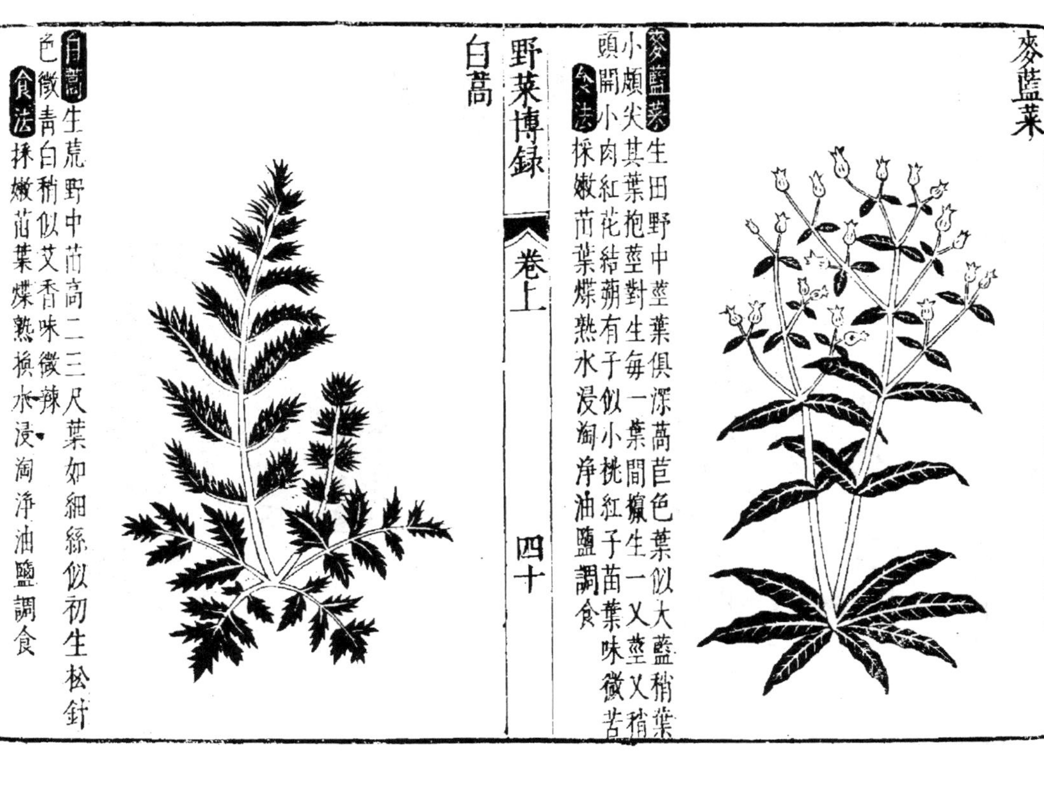

蓼藍菜

蓼藍菜生田野中莖葉俱深蒿苣色葉似大藍稍葉小頗尖其葉抱莖對生每一葉間攅生一叉莖叉稍頭開小肉紅花結蒴有子似小桃紅子苗葉味微苦

食法 採嫩苗葉煠熟水浸淘淨油鹽調食

白蒿

白蒿生荒野中苗高二三尺葉如細絲似初生松針色微青白稍似艾香味微辣

食法 採嫩苗葉煠熟換水浸淘淨油鹽調食

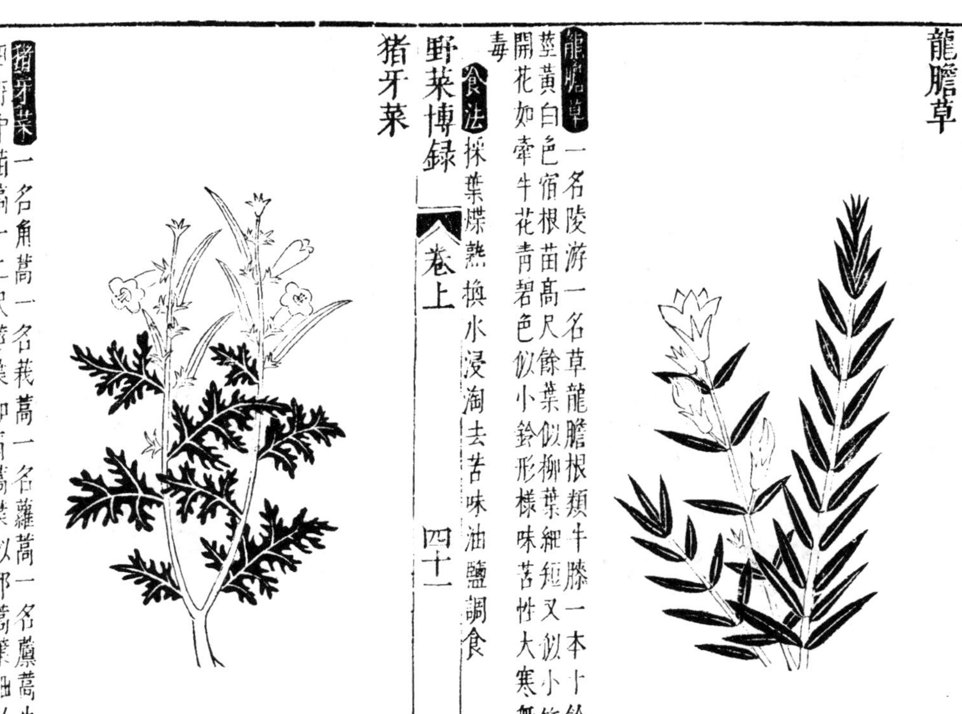

龍膽草

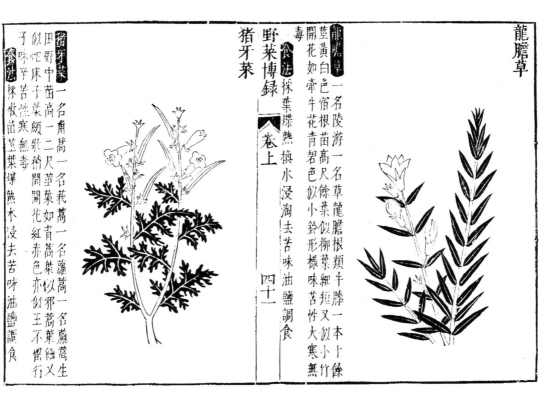

龍膽草一名陵游一名草龍膽根類牛膝一本十餘莖黄白色宿根苗高尺餘葉似柳葉細短又似小竹開花如牽牛花青碧色似小鈴形樣味苦性大寒無毒

食法 採葉煠熟換水浸淘去苦味油鹽調食

猪牙菜

猪牙菜一名角蒿一名莪蒿一名蘿蒿一名藘蒿生田野中苗高一二尺莖葉如青蒿葉似邪蒿葉細又似蛇床子葉頗壯稍間開花紅赤色亦似王不留行子味辛苦性寒無毒

食法 採嫩苗莖葉煠熟水浸去苦味油鹽調食

款冬花

款冬花一名橐吾一名顆東一名虎鬚一名菟奚一名氐冬莖青微帶紫色葉似葵葉大叢生又似石葫蘆葉開黄花根紫色葉味苦花味辛甘性温無毒

食法嫩葉煠熟水浸淘去苦味油鹽調食

萹蓄

萹蓄一名萹竹苗似石竹葉微闊嫩緑赤莖如釵股節間花出甚細淡桃紅色結小細子根如蒿根苗葉味苦性平無毒

食法苗葉煠熟水浸淘淨油鹽調食

薄荷

薄荷一名鷄蘇莖方葉似荏子葉小頗細長開細碎黪白花其根經冬不死至春發苗味辛苦性温無毒

食法採苗葉煠熟换水浸去辣味油鹽調食

苜蓿

苜蓿苗高尺餘細莖分叉生葉似錦雞兒花葉微長每三葉攢生一處稍間開紫花結彎角兒中有子如黍米大味苦性平無毒

食法採嫩苗葉煠熟油鹽調食

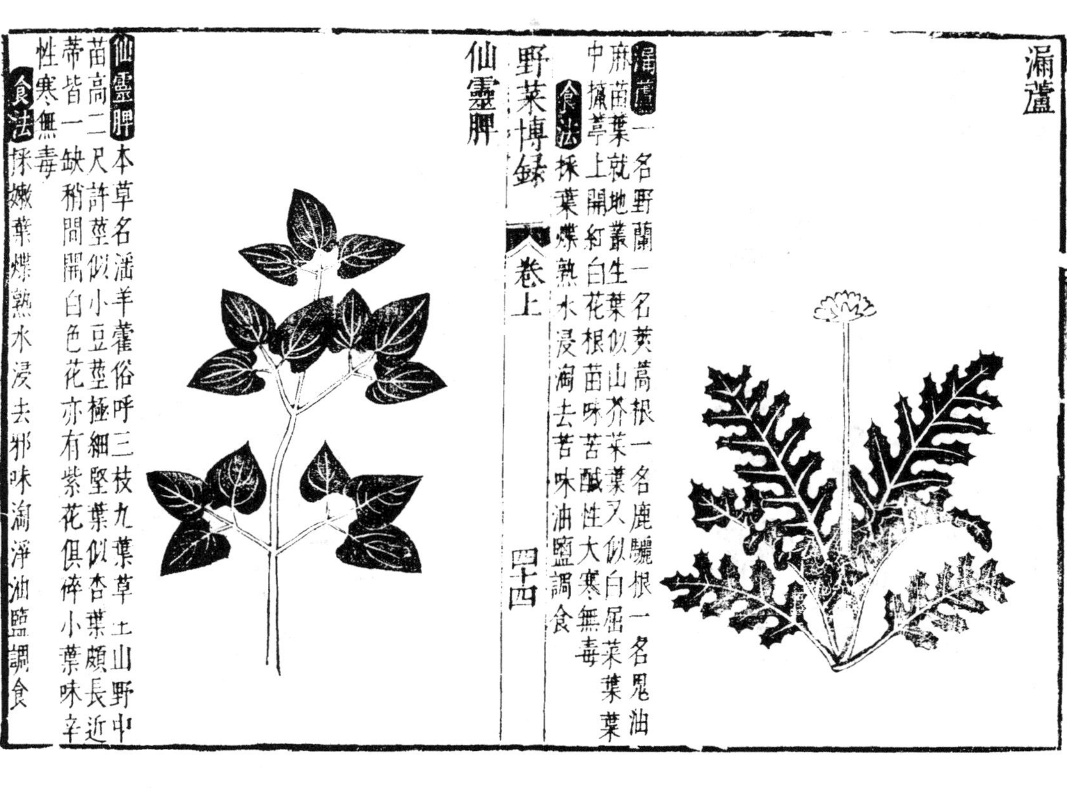

漏蘆

漏蘆一名野蘭一名莢蒿根一名鹿驪根一名鬼油麻苗葉就地叢生葉似山芥菜葉又似白屈菜葉中攛葶上開紅白花根苗味苦鹹性大寒無毒

食法採葉煠熟水浸淘去苦味油鹽調食

仙靈脾

仙靈脾本草名滛羊藿俗呼三枝九葉草生山野中苗高二尺許莖似小豆莖極細堅葉似杏葉頗長近蒂皆一缺稍間開白色花亦有紫花俱碎小葉味辛性寒無毒

食法採嫩葉煠熟水浸去邪味淘淨油鹽調食

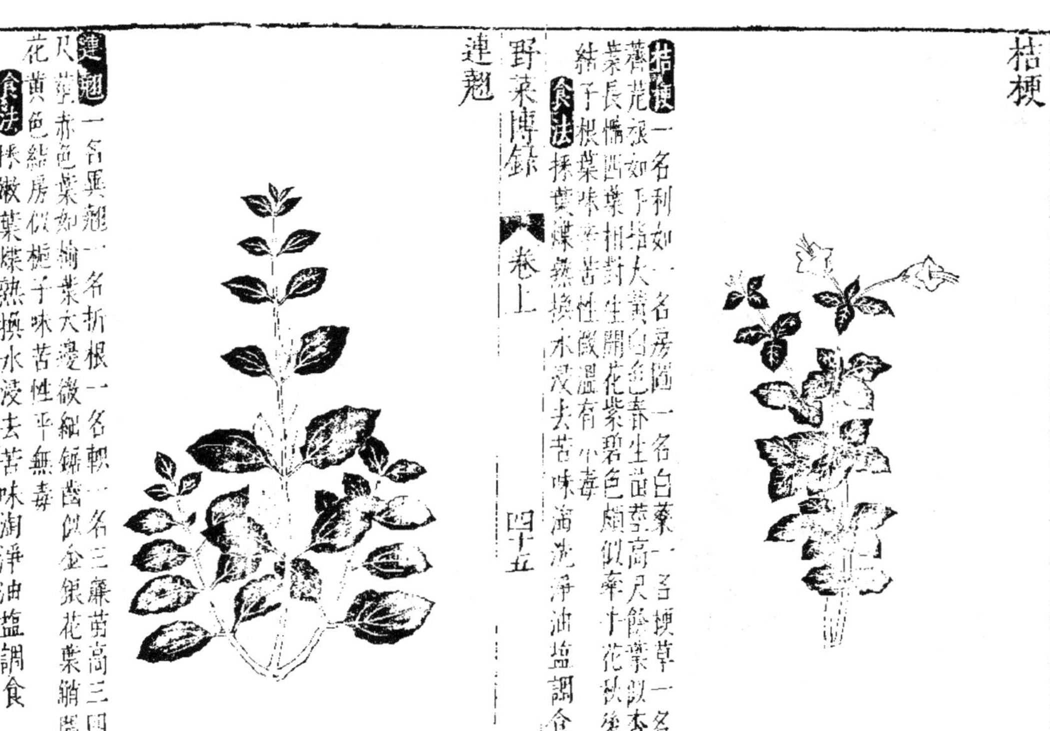

桔梗

桔梗一名利如一名房圖一名白藥一名梗草一名薺苨根如手指大黃白色春生苗莖高尺餘葉似杏葉長橢四葉相對生開花紫碧色頗似牽牛花秋後結子根葉味辛苦性微溫有小毒

食法採葉煠熟換水浸去苦味淘洗淨油鹽調食

連翹

連翹一名異翹一名折根一名軹一名三廉苗高三四尺莖赤色葉如榆葉大邊微細鋸齒似金銀花葉纖廣花黃色結房似梔子味苦性平無毒

食法採嫩葉煠熟換水浸去苦味淘淨油鹽調食

婆婆指甲菜

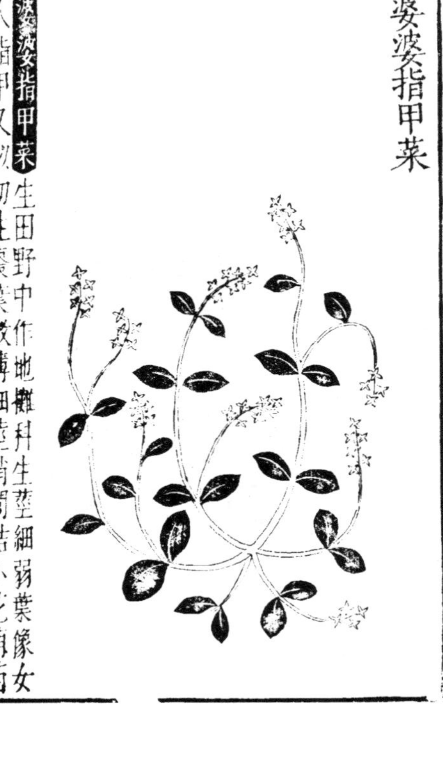

婆婆指甲菜 生田野中作地攤科生莖細弱葉像女人指甲又似初生棗葉微薄細莖稍間結小花蒴苗葉味甘

食法 採嫩苗葉煠熟油塩調食

野菜博録 卷上 四十六

馬兜鈴

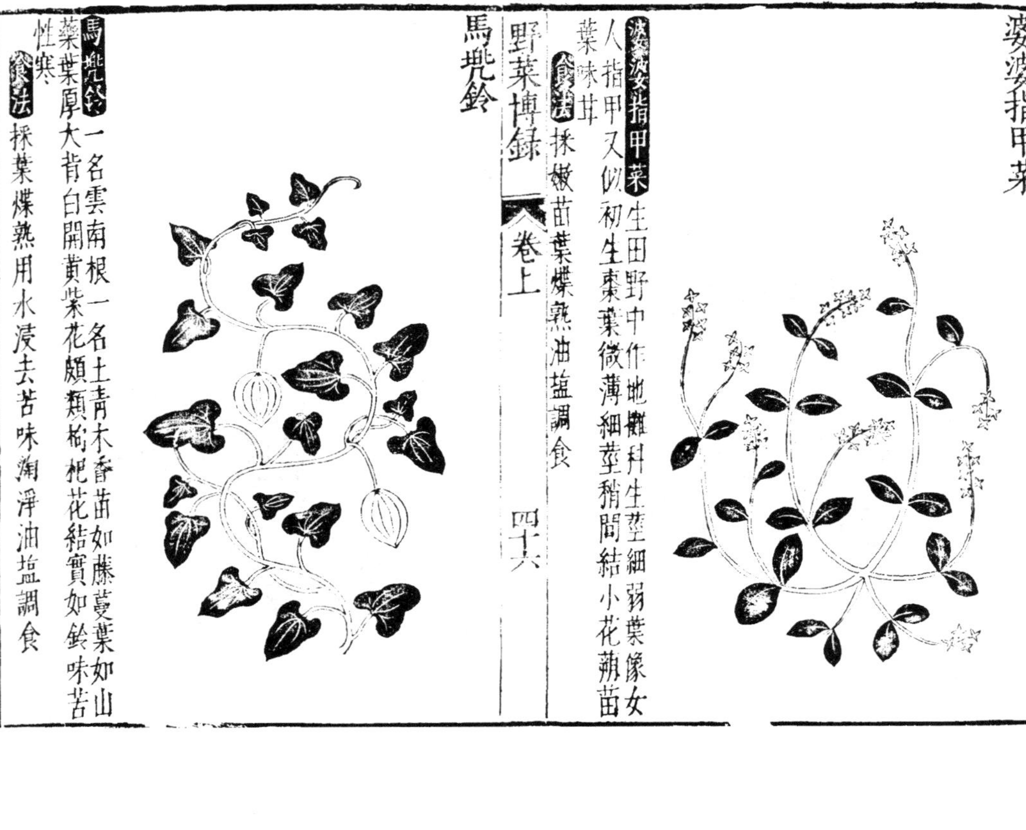

馬兜鈴 一名雲南根一名土青木香苗如藤蔓葉如山藥葉厚大背白開黄紫花頗類枸杞花結實如鈴味苦性寒

食法 採葉煠熟用水浸去苦味淘淨油塩調食

後庭花

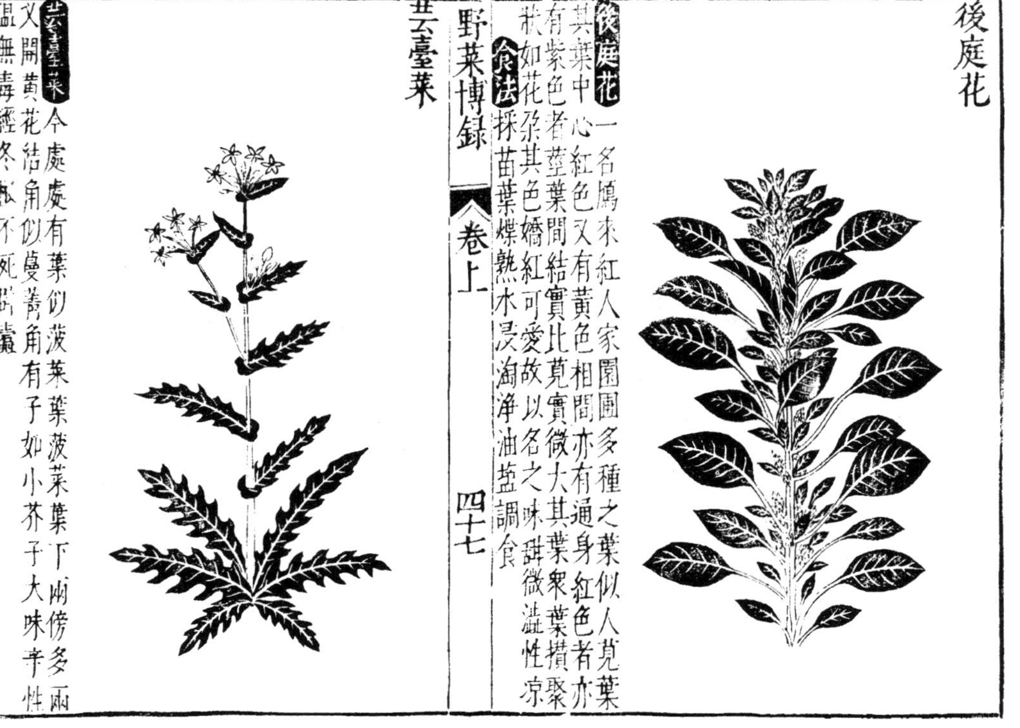

後庭花 一名鴈來紅人家園圃多種之葉似人莧葉其葉中心紅色又有黄色相間亦有通身紅色者亦有紫色者莖葉間結實比莧實微大其葉衆葉攅聚枝如花朶其色嬌紅可愛故以名之味甜微澁性凉

食法 採苗葉煠熟水浸淘淨油塩調食

野菜博録 卷上 四十七

芸臺菜

芸臺菜 今處處有葉似菠菜葉菠菜葉下兩傍多兩叉開黄花結角似蔓菁角有子如小芥子大味辛性温無毒經冬根不死辟蠹

食法 採苗葉煠熟水浸淘洗油鹽調食

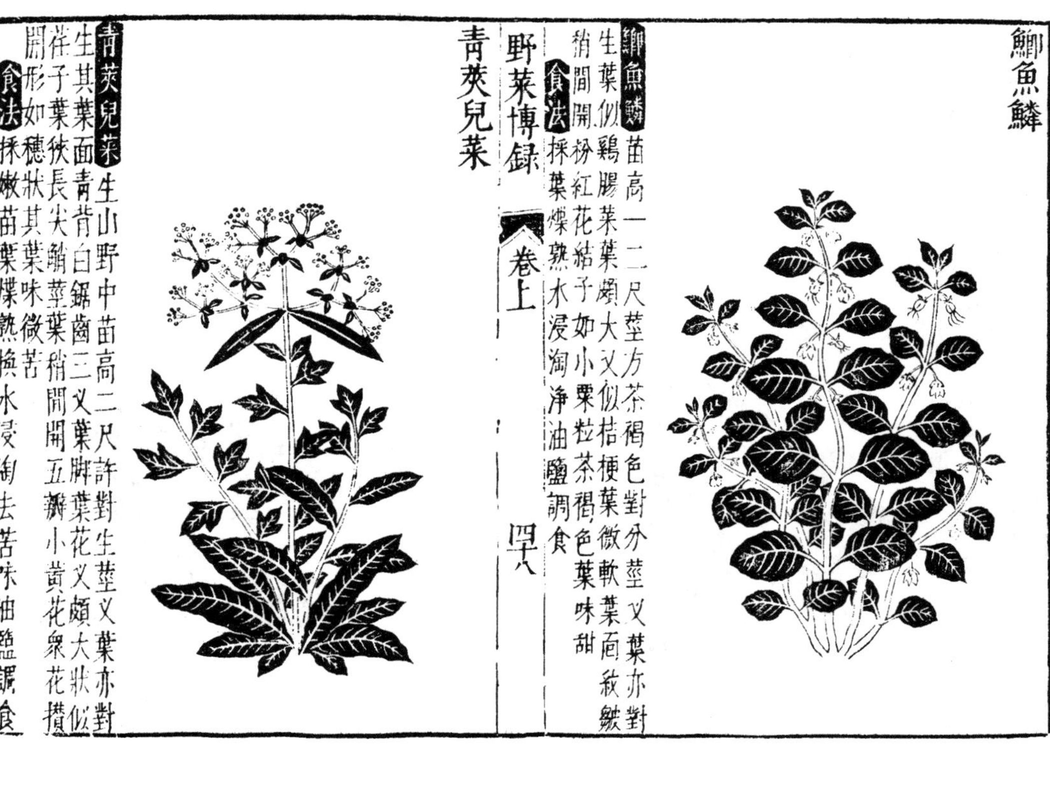

鯽魚鱗

鯽魚鱗 苗高一二尺莖方茶褐色對分莖叉葉亦對生葉似鷄腸菜葉頗大又似桔梗葉微軟葉面紋皺稍間開粉紅花結子如小栗粒茶褐色葉味甜

食法 採葉煠熟水浸淘淨油鹽調食

青莢兒菜

青莢兒菜 生山野中苗高二尺許對生莖叉葉亦對生其葉面青背白鋸齒三叉葉脚葉花叉頗大狀似荏子葉狹長尖艄莖葉稍間開五瓣小黄花衆花攢開形如穗狀其葉味微苦

食法 採嫩苗葉煠熟換水浸淘去苦味油鹽調食

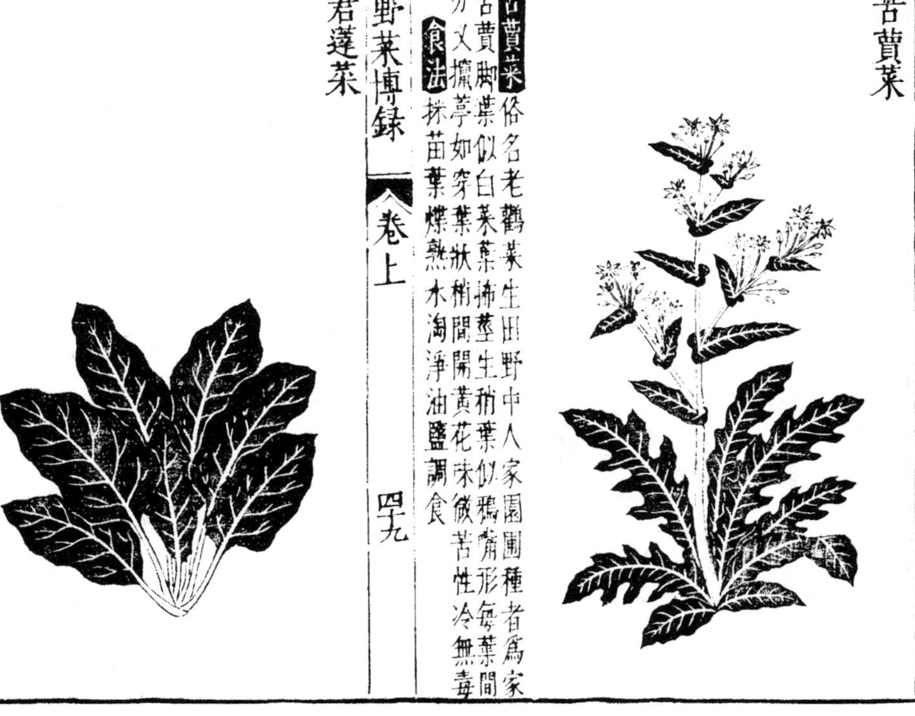

苦蕒菜

苦蕒菜 俗名老鸛菜生田野中人家園圃種者爲家苦蕒脚葉似白菜葉㧜莖生稍葉似鴉嘴形每葉間分叉攛亭如穿葉狀稍間開黄花味微苦性冷無毒

食法 採苗葉煠熟水淘淨油鹽調食

莙薘菜

莙薘菜 所在有之人家園圃中多種苗葉搨地生葉類白菜短葉莖亦窄葉頭稍圓形狀似糜匙樣味鹹性平寒微毒

食法 採苗葉煠熟洗淨油鹽調食

山白菜

【山白菜】生山野中苗葉似家白菜葉莖細長其葉尖大邊有鋸齒又味甜微苦

【食法】採苗葉煠熟水淘淨油鹽調食

南芥菜

可食

【南芥菜】人家園圃中本種苗初搨地生後攛葶又葉似芥菜葉小有毛澁莖葉稍頭開淡黄花結小尖角兒葉味辛辣

【食法】採苗葉煠熟水浸淘去澁味油鹽調食

牻牛兒苗

【牻牛兒苗】一名鬭牛兒苗生田野中就地拖秧生莖蔓細弱莖紅紫色葉似園荽葉瘦開五瓣小紫花結青蓇葖兒上有一嘴甚尖銳如細錐子狀葉味微苦

【食法】採葉煠熟換水浸去苦味淘淨油鹽調食

毛女兒菜

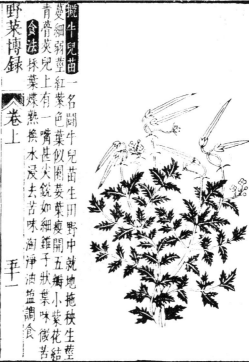

【毛女兒菜】生山中苗高一尺許葉似綿絲菜葉微尖又似兎兒尾葉小莖葉皆有白毛稍間開淡黄花如大黍味甘無毒

【食法】採苗葉煠熟水浸淘淨油鹽調食

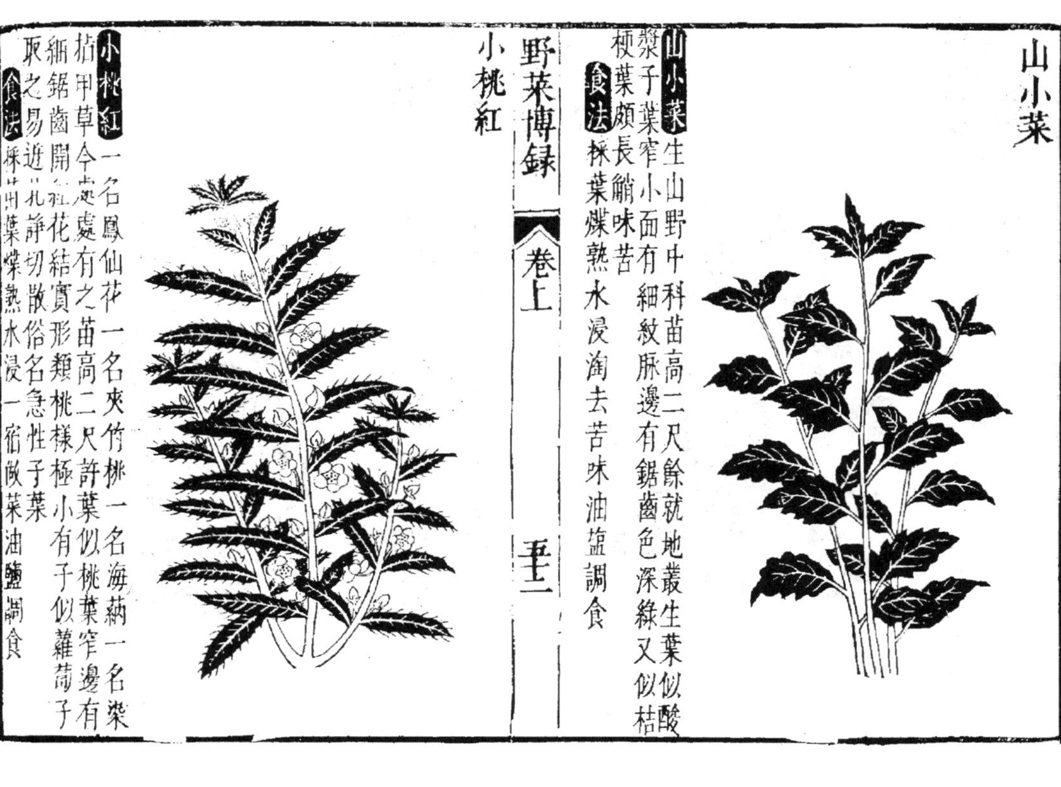

山小菜

山小菜生山野中科苗高二尺餘就地叢生葉似酸漿子葉窄小面有細紋脈邊有鋸齒色深綠又似桔梗葉頗長艄味苦

食法採葉煠熟水浸淘去苦味油鹽調食

小桃紅

小桃紅一名鳳仙花一名夾竹桃一名海蒳一名染指甲草今處處有之苗高二尺許葉似桃葉窄邊有細鋸齒開紅花結實形類桃樣極小有子似蘿蔔子取之易迸[illegible]靜切散俗名急性子葉

食法採苗葉煠熟水浸一宿做菜油鹽調食

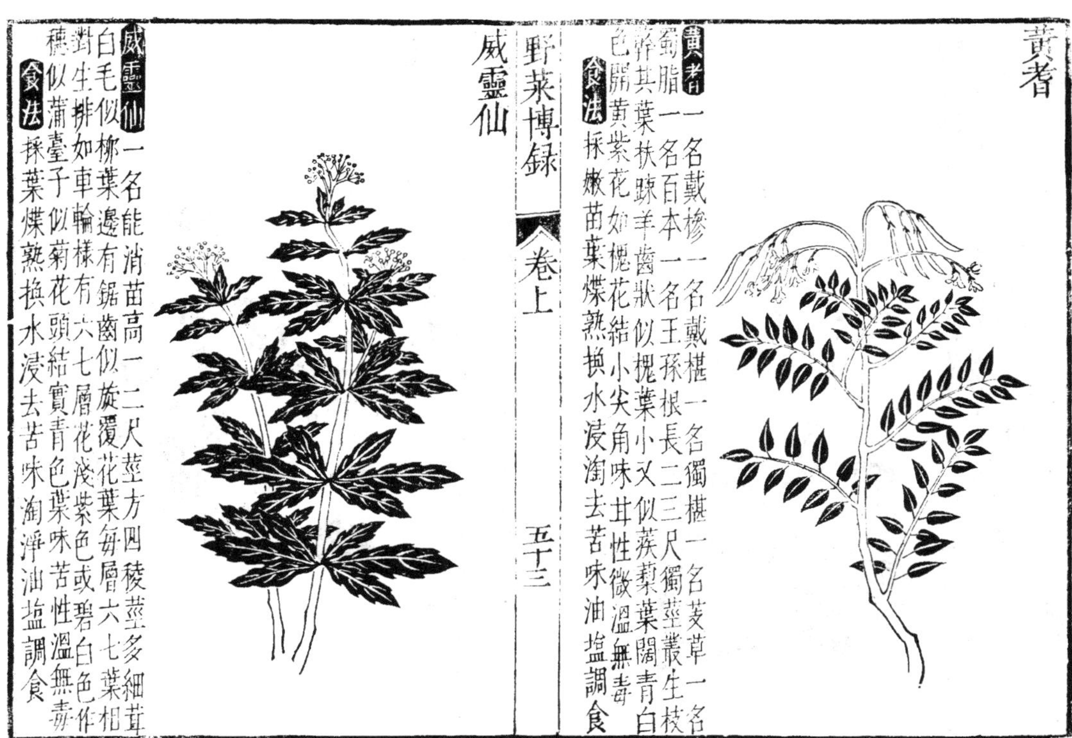

黄耆

黄耆一名戴糝一名戴椹一名獨椹一名芰草一名蜀脂一名百本一名王孫根長二三尺獨莖叢生枝榦其葉扶疎羊齒狀似槐葉小又似蒺藜葉闊青白色開黄紫花如槐花結小尖角味甘性微溫無毒

食法採嫩苗葉煠熟換水浸淘去苦味油塩調食

威靈仙

威靈仙一名能消苗高一二尺莖方四稜莖多細茸白毛似柳葉邊有鋸齒似旋覆花葉每層六七葉相對生排如車輪樣有六七層花淺紫色或碧白色作穗似蒲臺子似菊花頭結實青色葉味苦性溫無毒

食法採葉煠熟換水浸去苦味淘淨油塩調食

地花菜

地花菜一名墓頭灰生山野中苗高尺餘葉似野菊花葉窄細又似鼠尾草葉亦瘦細稍葉間開五瓣小黄花其葉味微苦

食法採葉煠熟水浸淘洗淨油鹽調食

耬斗菜

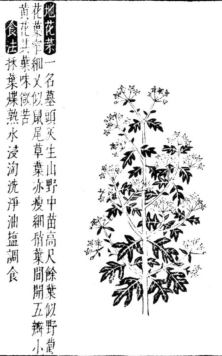

耬斗菜生山野中小科苗就地叢生苗高一尺許莖梗細弱葉似牡丹葉小其頭頗團味甜

食法採葉煠熟水浸淘淨油鹽調食

青杞

青杞一名蜀羊泉一名羊泉一名羊飴一名漆姑生田野中苗高二尺餘葉似菊葉稍長開紫色花子類枸杞子生青熟紅根如遠志無心有糝葉味苦性微寒無毒

食法採嫩葉煠熟水浸去苦味淘淨油鹽調食

車輪菜

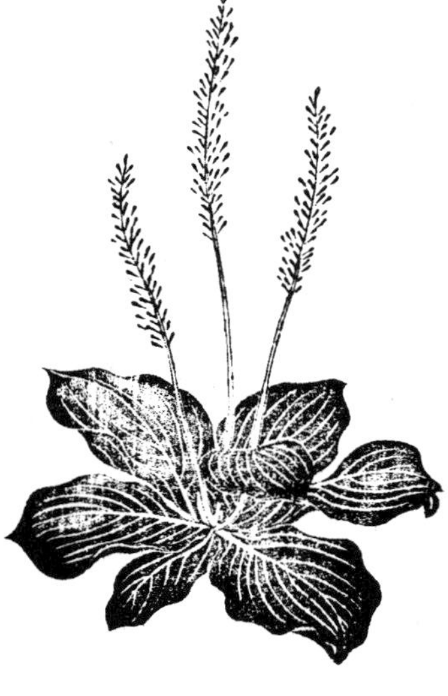

車輪菜即車前子一名芣苢一名蝦蟇衣處處有之初生苗葉布地如匙面累年者長尺餘似玉簪花葉大葉叢中攛葶三四莖作長穗如鼠尾花甚密結實如葶藶子赤黑色葉味甘性寒無毒

食法採嫩苗葉煠熟水浸去涎沫淘淨油鹽調食

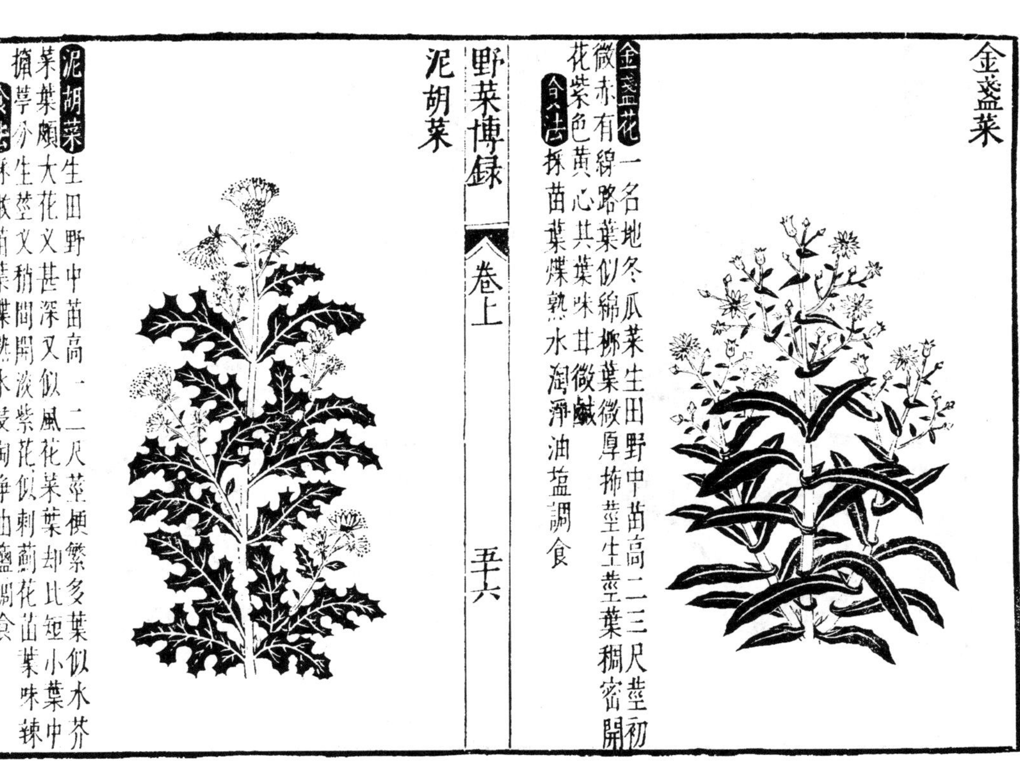

金盞菜

金盞花 一名地冬瓜菜生田野中苗高一二三尺莖初微赤有線路葉似綿柳葉微厚抪莖生莖葉稠密開花紫色黄心其葉味甘微鹹

食法 採苗葉煠熟水淘淨油鹽調食

野菜博錄 卷上 三十六

泥胡菜

泥胡菜 生田野中苗高一二尺莖梗繁多葉似水芥菜葉頗大花叉甚深又似風花菜葉却比短小葉中攛葶分生莖叉梢間開淡紫花似刺薊花苗葉味辣

食法 採嫩苗葉煠熟水浸淘淨油鹽調食

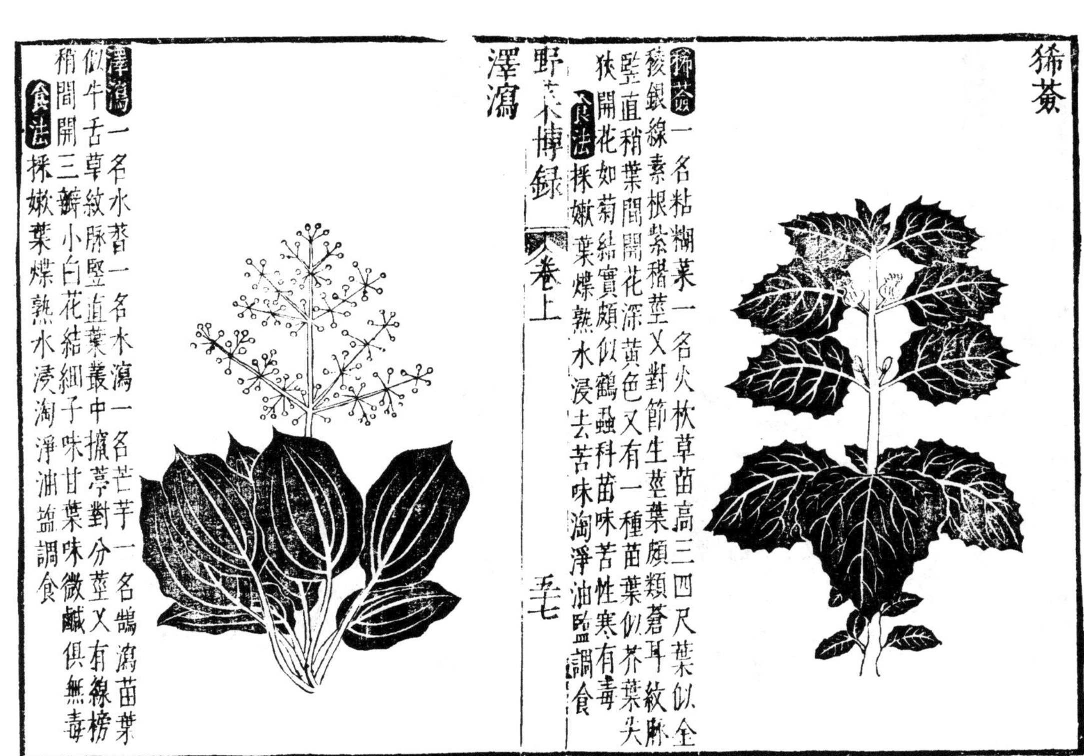

豨薟

豨薟 一名粘糊菜一名火枕草苗高三四尺葉似金稜銀線素根紫稭莖叉對節生莖葉頗類蒼耳紋脉豎直稍葉間開花深黄色又有一種苗葉似芥葉尖狹開花如菊結實頗似鶴蝨科苗味苦性寒有毒

食法 採嫩葉煠熟水浸去苦味淘淨油鹽調食

野菜博錄 卷上 三十七

澤瀉

澤瀉 一名水蕮一名木瀉一名芒芋一名鵠瀉苗葉似牛舌草紋脉豎直葉叢中攛葶對分莖叉有線楞稍間開三瓣小白花結細子味甘葉味微鹹俱無毒

食法 採嫩葉煠熟水浸淘淨油鹽調食

旋覆花

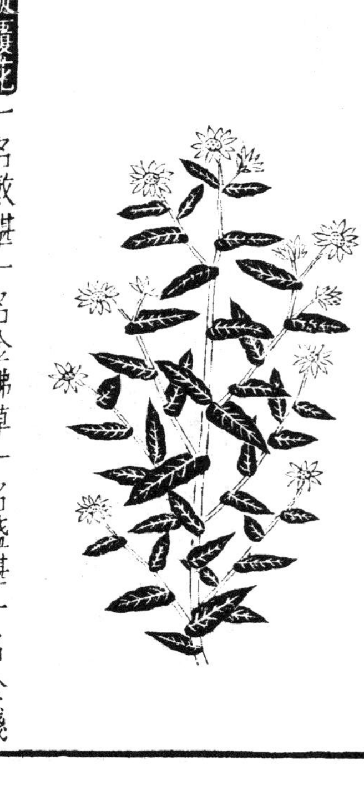

旋覆花一名戴椹一名金沸草一名盛椹一名金錢花苗多近水傍初生大如紅花葉無刺苗長二三尺葉似柳葉稍寬大莖細如蒿蘚開花似菊花如銅錢大深黃色花味鹹甘性溫微冷有毒葉味苦性涼

食法採葉煠熟水浸去苦味淘淨油鹽調食

風花菜

風花菜生田野中苗高二尺餘葉似芥菜葉瘦長又多花叉稍間開黃花芥菜花味辛微苦

食法採嫩苗葉煠熟換水後淘去苦味油鹽調食

花蒿

花蒿生荒野中苗葉就地叢生葉長三四寸四散分垂葉似獨掃葉長硬其頭稍齊微有毛澁味微辛

食法採葉煠熟水浸淘淨油鹽調食

獾耳菜

獾耳菜生平野中苗長尺餘莖多枝叉其莖上有細線楞葉似竹葉短小亦軟又似萹蓄葉頗濶大又尖莖葉俱有微毛開小黲白花結細子苗葉味甘

食法採嫩苗葉煠熟水浸淘淨油鹽調食

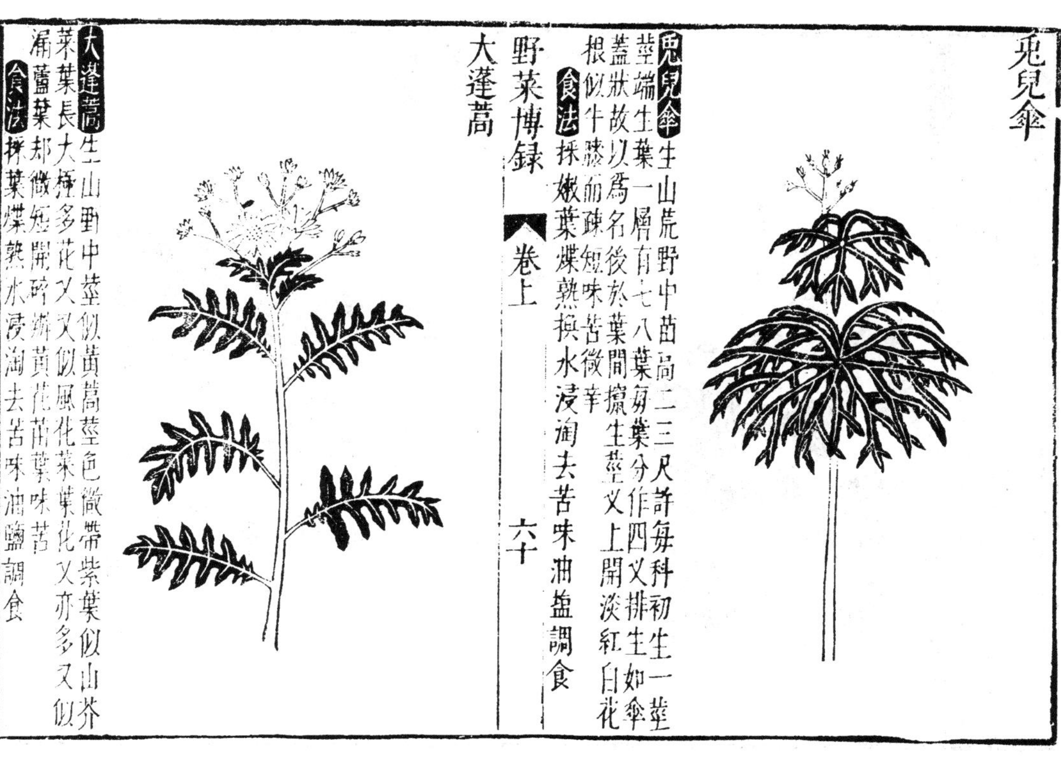

兎兒傘

兎兒傘生山荒野中苗高二三尺許每科初生一莖莖端生葉一層有七八葉每葉分作四叉排生如傘蓋狀故以爲名後於葉間攛生莖叉上開淡紅白花根似牛膝而疎短味苦微辛

食法 採嫩葉煠熟換水浸淘去苦味油鹽調食

野菜博録 卷上 六十

大蓬蒿

大蓬蒿生山野中莖似黄蒿莖色微帶紫葉似山芥菜葉長大極多花叉又似風花菜葉花叉亦多又似漏蘆葉却微短開碎瓣黄花苗葉味苦

食法 採葉煠熟水浸淘去苦味油鹽調食

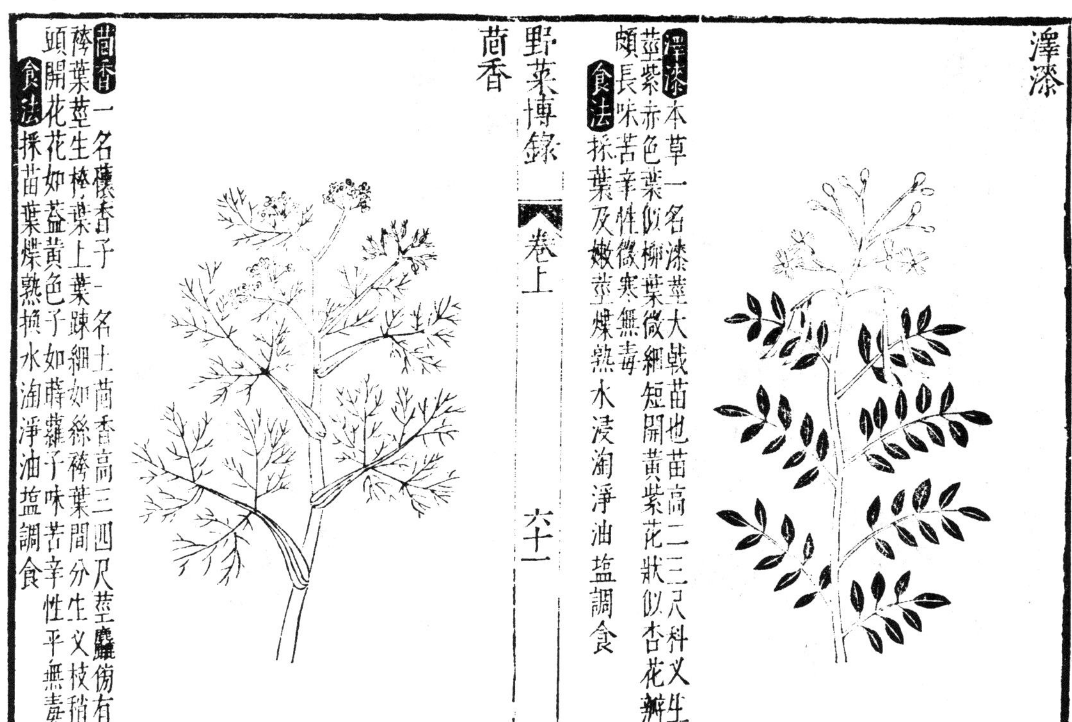

澤漆

澤漆本草一名漆莖大戟苗也苗高二三尺科叉生莖紫赤色葉似柳葉微細短開黄紫花狀似杏花瓣頗長味苦辛性微寒無毒

食法 採葉及嫩莖煠熟水浸淘淨油鹽調食

野菜博録 卷上 六十一

茴香

茴香一名蘹香子一名土茴香高三四尺莖麤傍有稜葉莖生稜稜上葉䟽細如絲稜葉間分生叉枝稍頭開花花如益黄色子如蒔蘿子味苦辛性平無毒

食法 採苗葉煠熟換水淘淨油鹽調食

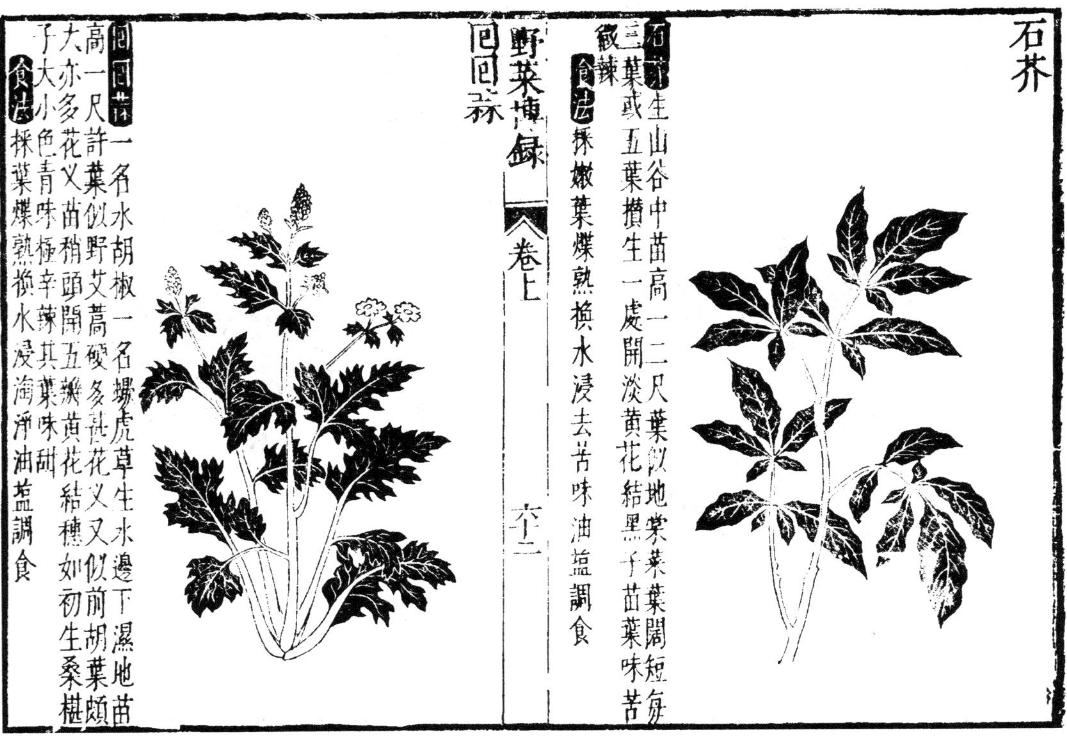

石芥

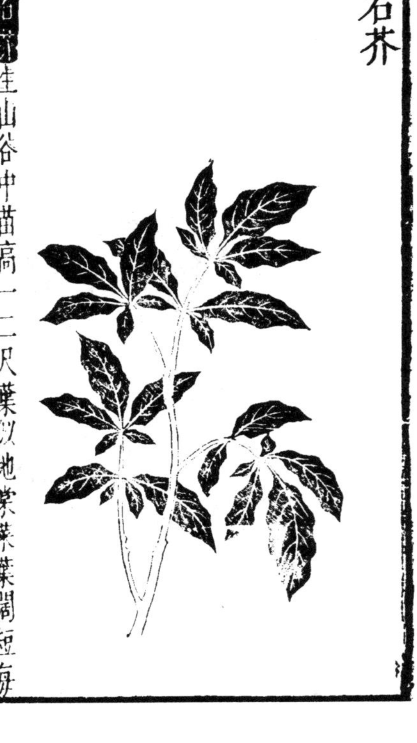

石芥生山谷中苗高一二尺葉似地棠菜葉闊短每三葉或五葉攢生一處開淡黄花結黑子苗葉味苦微辣

食法採嫩葉煠熟換水浸去苦味油塩調食

回回蒜

回回蒜一名水胡椒一名蝎虎草生水邊下濕地苗高一尺許葉似野艾蒿硬多花叉又似前胡葉頗大亦多花叉苗稍頭開五瓣黄花結穗如初生桑椹子大小色青味極辛辣其葉味甜

食法採葉煠熟換水浸淘淨油塩調食

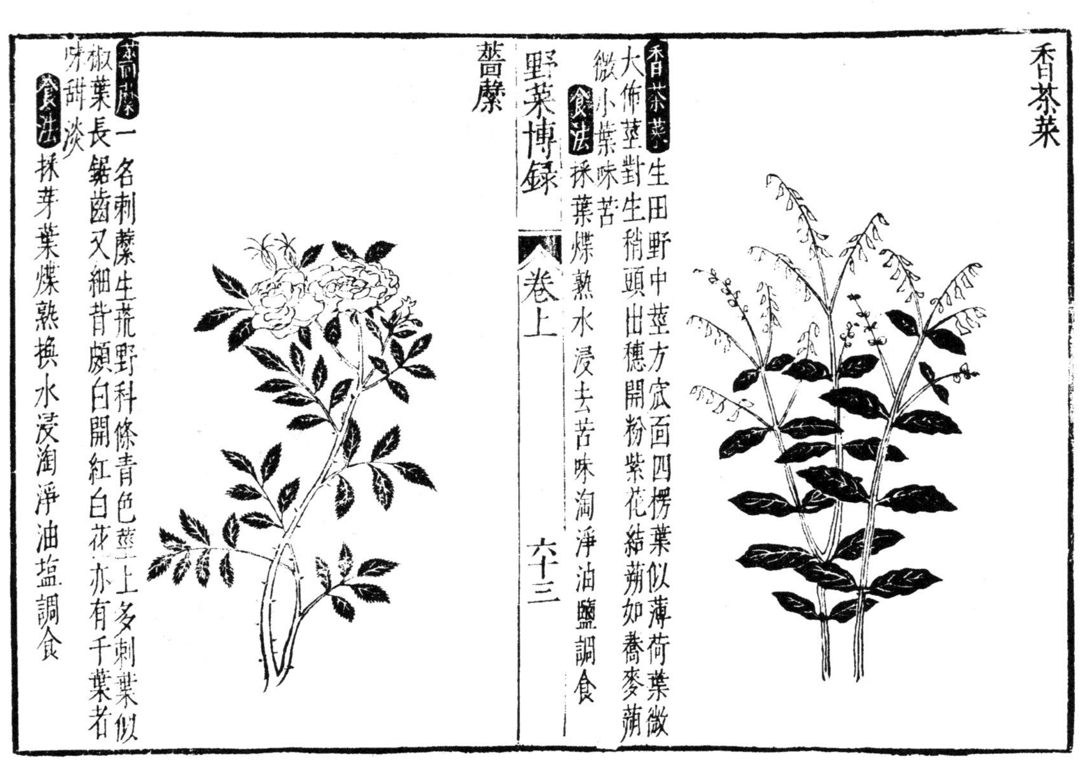

香茶菜

香茶菜生田野中莖方窊面四楞葉似薄荷葉微大攢莖對生梢頭出穗開粉紫花結蒴如蕎麥蒴微小葉味苦

食法採葉煠熟水浸去苦味淘淨油鹽調食

薔薇

薔薇一名刺蘼生荒野科條青色莖上多刺葉似椒葉長鋸齒又細背頗白開紅白花亦有千葉者味甜淡

食法採芽葉煠熟換水浸淘淨油塩調食

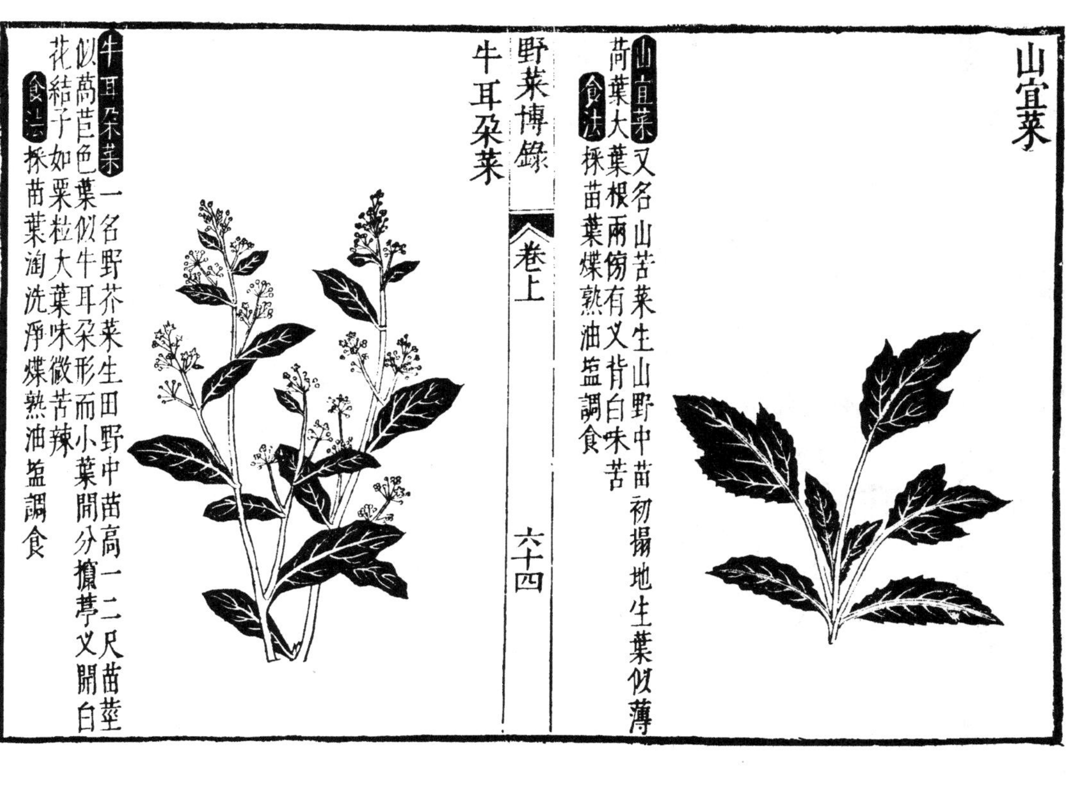

山宜菜

山宜菜 又名山苦菜生山野中苗初搨地生葉似薄荷葉大葉根兩傍有叉背白味苦

食法 採苗葉煠熟油鹽調食

牛耳朵菜

牛耳朵菜 一名野芥菜生田野中苗高一二尺苗莖似萵苣色葉似牛耳朵形而小葉間分擷葶叉開白花結子如粟粒大葉味微苦辣

食法 採苗葉淘洗淨煠熟油鹽調食

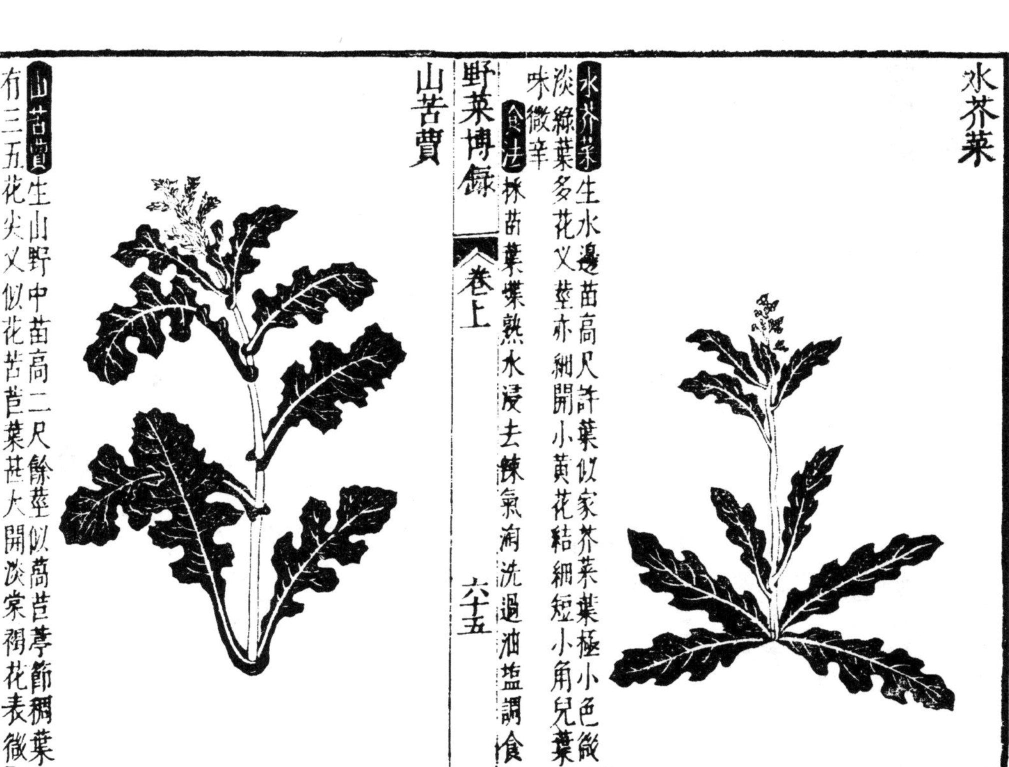

水芥菜

水芥菜 生水邊苗高尺許葉似家芥菜葉極小色微淡綠葉多花叉莖亦細開小黃花結細短小角兒葉味微辛

食法 採苗葉煠熟水浸去辣氣淘洗過油鹽調食

山苦蕒

山苦蕒 生山野中苗高二尺餘莖似萵苣葶節稠葉有三五花尖叉似花苦苣葉甚大開淡紫花表微紅味苦

食法 採嫩苗葉煠熟水淘去苦味油鹽調食

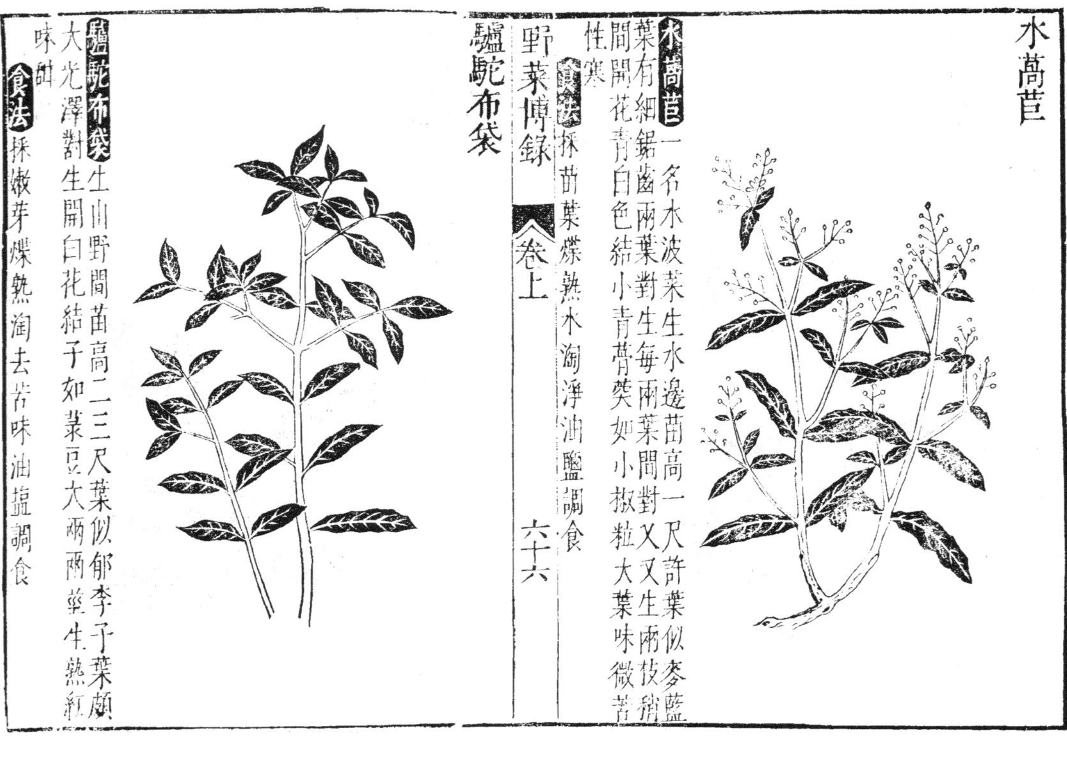

水蒿苣

水蒿苣一名水波菜生水邊苗高一尺許葉似麥藍葉有細鋸齒兩葉對生每兩葉間對叉又生兩枝稍間開花青白色結小青蓇葖如小椒粒大葉味微苦性寒

食法採苗葉煠熟水淘淨油鹽調食

野菜博錄 卷上 六十六

驢駝布袋

驢駝布袋生山野間苗高二三尺葉似郁李子葉頗大光澤對生開白花結子如菉豆大兩兩並生熟紅味甜

食法採嫩芽煠熟淘去苦味油鹽調食

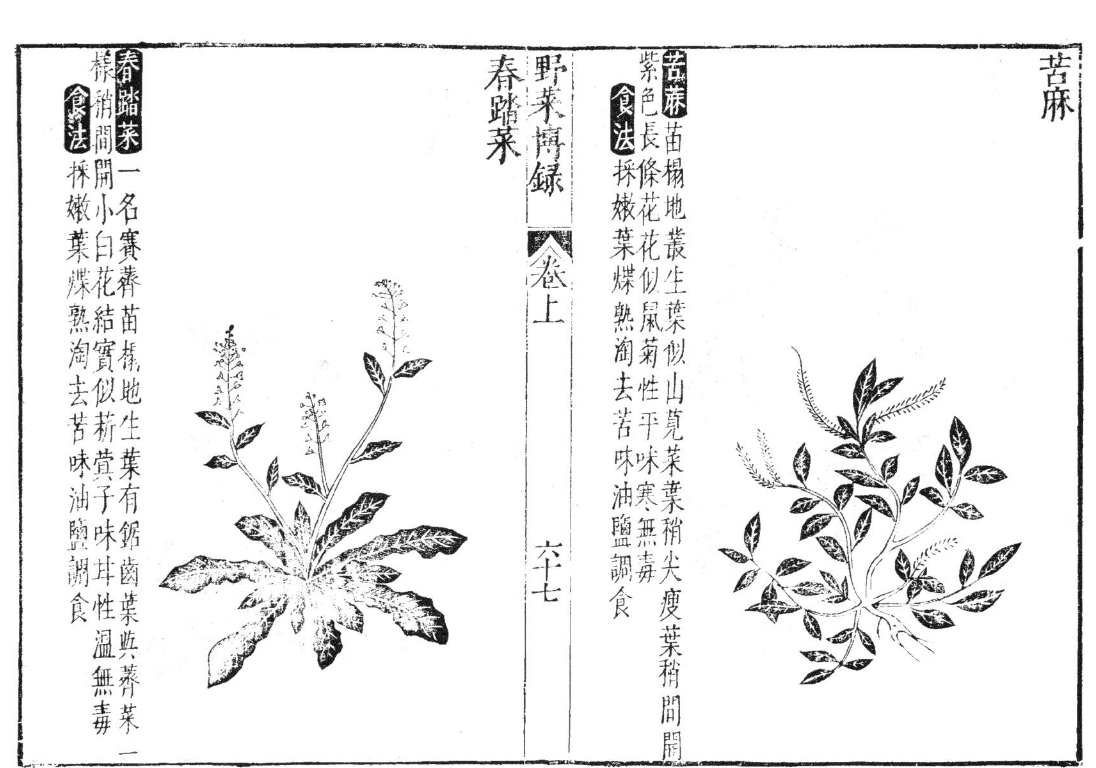

苦麻

苦蔴苗搨地叢生葉似山莧菜葉稍尖瘦葉稍間開紫色長條花花似鼠菊性平味寒無毒

食法採嫩葉煠熟淘去苦味油鹽調食

野菜博錄 卷上 六十七

春踏菜

春踏菜一名賽薺菜苗搨地生葉有鋸齒葉與薺菜一様稍間開小白花結實似菥蓂子味甘性溫無毒

食法採嫩葉煠熟淘去苦味油鹽調食

蕎麥苗

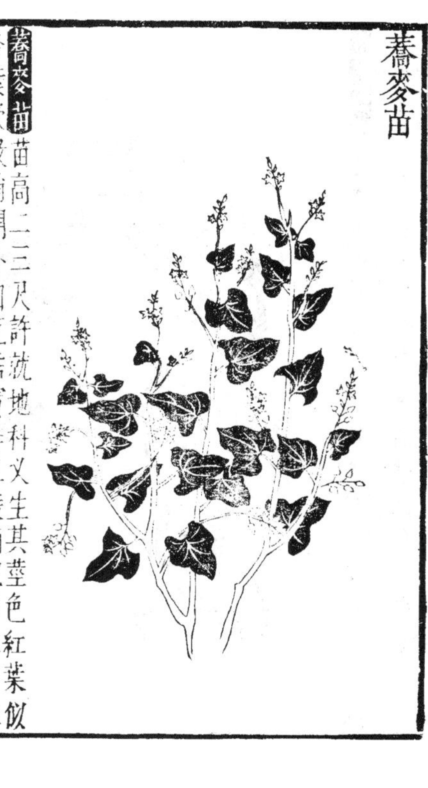

蕎麥苗 苗高二三尺許就地科乂生其莖色紅葉似杏葉軟微觔開小白花結實作三稜蒴兒味甘平性寒無毒

食法 採苗葉煠熟油盐調食

山黑豆

山黑豆 生山野中苗似家黑豆每三葉攢生一處居中大葉如菉豆葉傍兩葉似黑豆葉微圓開小粉紅花結角比家黑豆角極瘦小其豆亦極細小味微苦

食法 採苗葉煠熟水淘去苦味油盐調食

黄豆苗

黄豆苗 苗高一二尺葉似黑豆葉大結角比黑豆角稍肥大葉味甘

食法 採苗葉煠熟油鹽調食採角豆煑食磨爲面

赤小豆

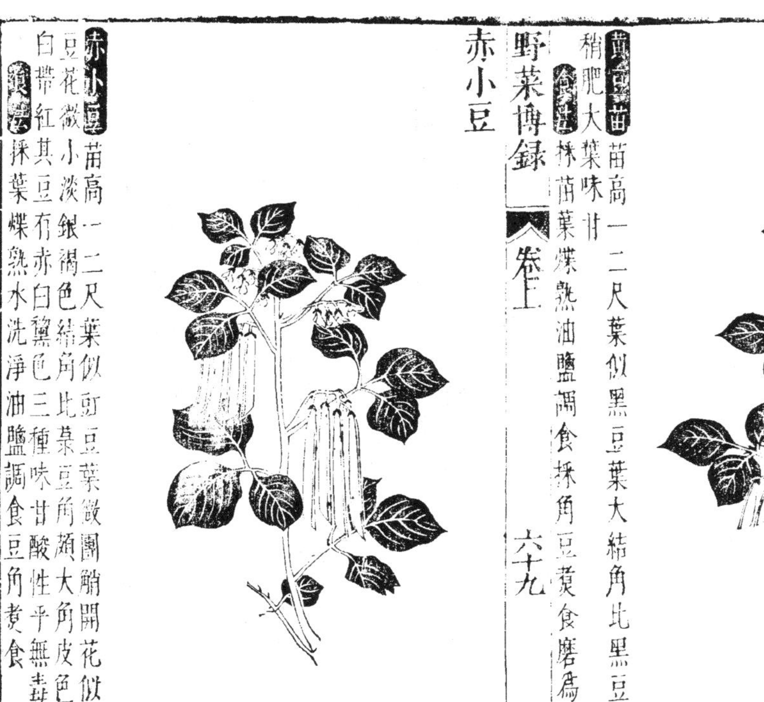

赤小豆 苗高一二尺葉似豇豆葉微團觔開花似豇豆花微小淡銀褐色結角比菉豆角頗大角皮色微白帶紅其豆有赤白藜色三種味甘酸性平無毒

食法 採葉煠熟水洗淨油鹽調食豆角煑食

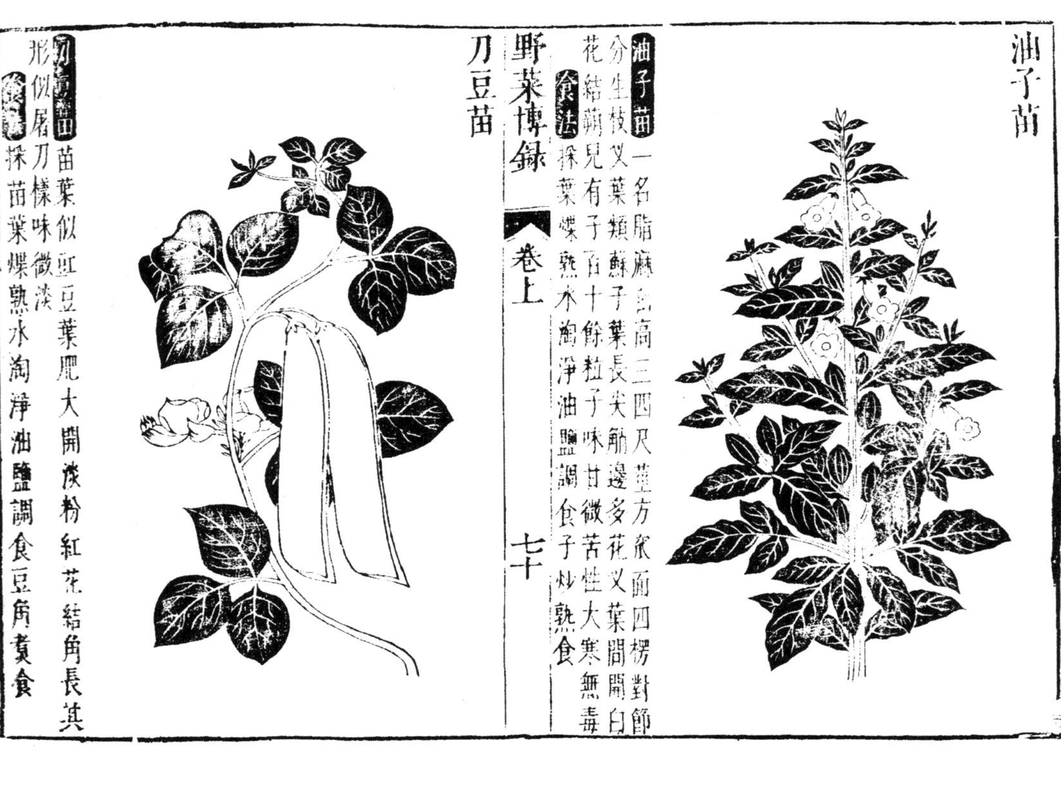

油子苗

油子苗 一名脂麻苗高三四尺莖方窊面四楞對節分生枝叉葉類蘇子葉長尖齒邊多花叉葉間開白花結蒴兒有子百十餘粒子味甘微苦性大寒無毒

食法 採葉煠熟水淘淨油鹽調食子炒熟食

野菜博録 卷上 七十

刀豆苗

刀豆苗 苗葉似豇豆葉肥大開淡粉紅花結角長其形似屠刀樣味微淡

食法 採苗葉煠熟水淘淨油鹽調食豆角煑食

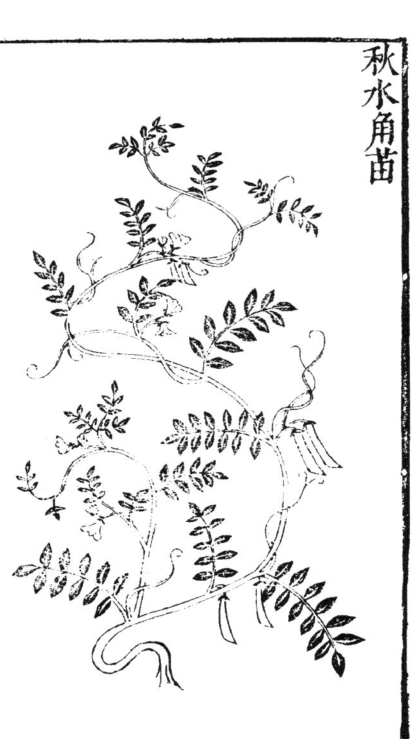

秋水角苗

秋水角苗 生田野中苗初就地拖秧而生後分莖叉苗長二尺餘葉似胡豆葉稍大開紫花結小角豆味苦

食法 採角煑食或收豆煑食皆可

野菜博録 卷上 七十一

野菜博錄卷中目錄

草部

葉可食

野菜博錄卷中目錄終

野菜博錄草部卷二

新安鮑山任齋編

地錦苗

葉可食

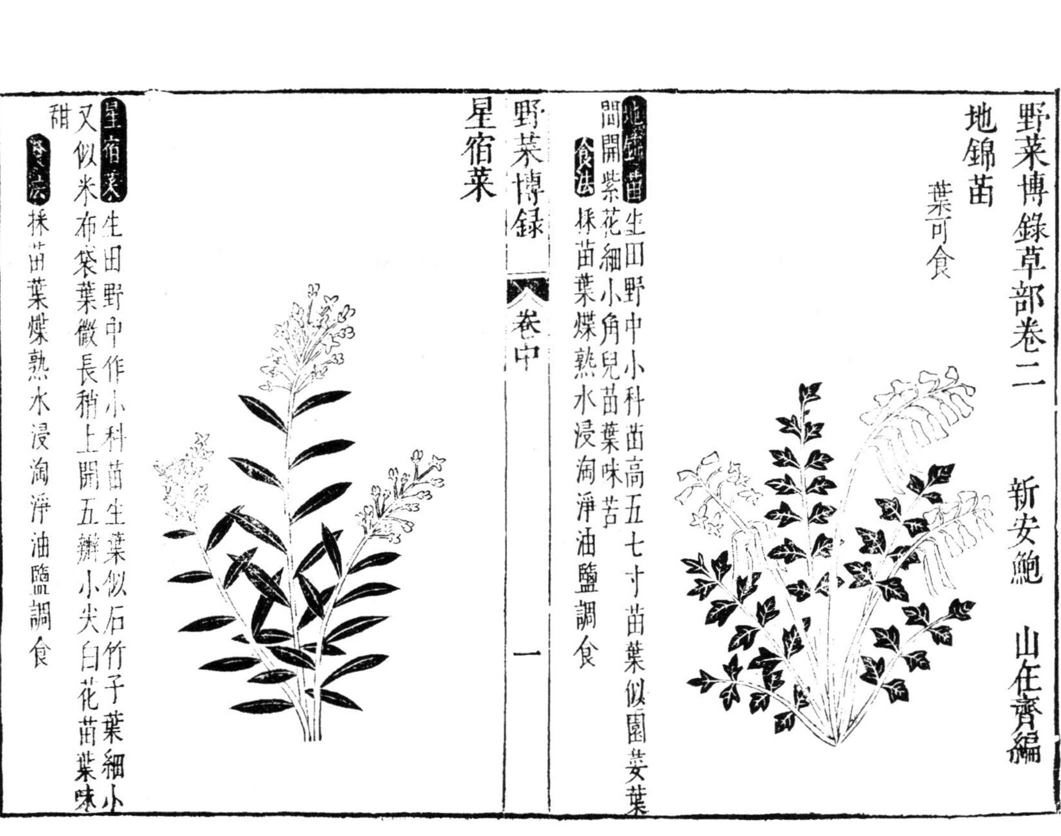

地錦苗　生田野中小科苗高五七寸苗葉似園荽葉間開紫花細小角兒苗葉味苦

食法　採苗葉煠熟水浸淘淨油鹽調食

星宿菜

星宿菜　生田野中作小科苗生葉似石竹子葉細小又似米布袋葉微長稍上開五瓣小尖白花苗葉味甜

食法　採苗葉煠熟水浸淘淨油鹽調食

萱草花

萱草花一名川草花一名鹿葱一名宜男葉似菖蒲葉柔弱又似粉條兒菜葉肥大葉間攛葶開金黄花味甘根凉無毒

食法嫩苗葉煠熟水浸淘浄油鹽調食

石竹子

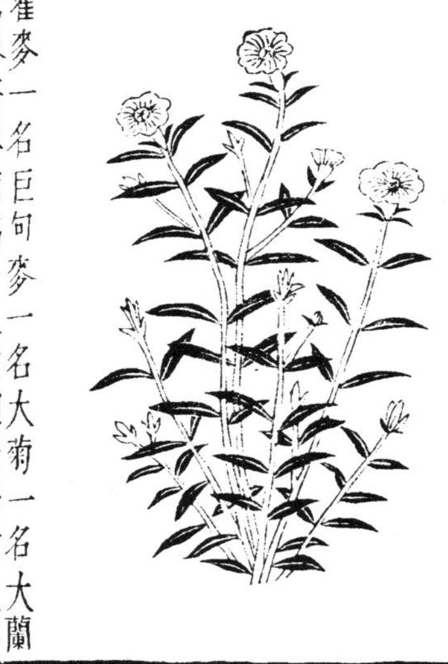

石竹子一名瞿麥一名巨句麥一名大菊一名大蘭又名杜母草鷰麥籥麥苗高一尺葉似獨埽葉尖小又似小竹葉細窄莖亦有節稍間開紅白花結蒴内有小黒子味苦辛性寒無毒

食法嫩苗葉煠熟水浸淘浄油鹽調食

山甜菜

山甜菜生山野中苗高二三尺莖青白色葉似初生綿花葉窄花又頗茂其莖葉間開五瓣紫花結子似枸杞子生青熟紅葉味苦

食法採葉煠熟水浸淘去苦味油鹽調食

剪刀股

剪刀股生田野中就地作小科苗葉似嫩苦苣菜葉細小色頗似藍莖有白汁稍間開淡黄花葉味苦

食法採苗葉煠熟水浸淘去苦味油鹽調食

夏枯草

夏枯草　生田野中苗高二三尺對節生葉葉似旋覆葉極長大邊有細鋸齒背白上多氣脉紋路葉端開花作穗長二三寸共花紫白色似丹參花葉味苦微辛性寒無毒

食法　採嫩葉煠熟水浸淘去苦味油鹽調食

鼠菊

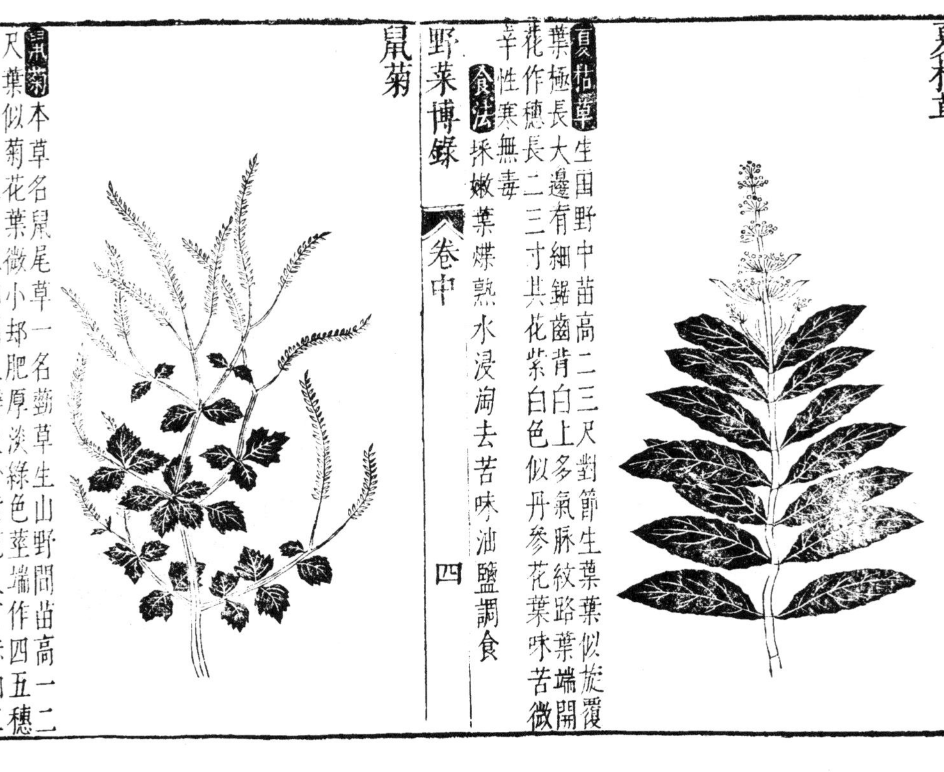

鼠菊　本草名鼠尾草一名葝草生山野間苗高一二尺葉似菊花葉微小却肥厚淡綠色莖端作四五穗似車前子穗極疎細開五瓣淡粉紫花又有赤白二色者葉味苦性微寒無毒

食法　採葉煠熟水浸去苦味淘淨油鹽調食

綿絲菜

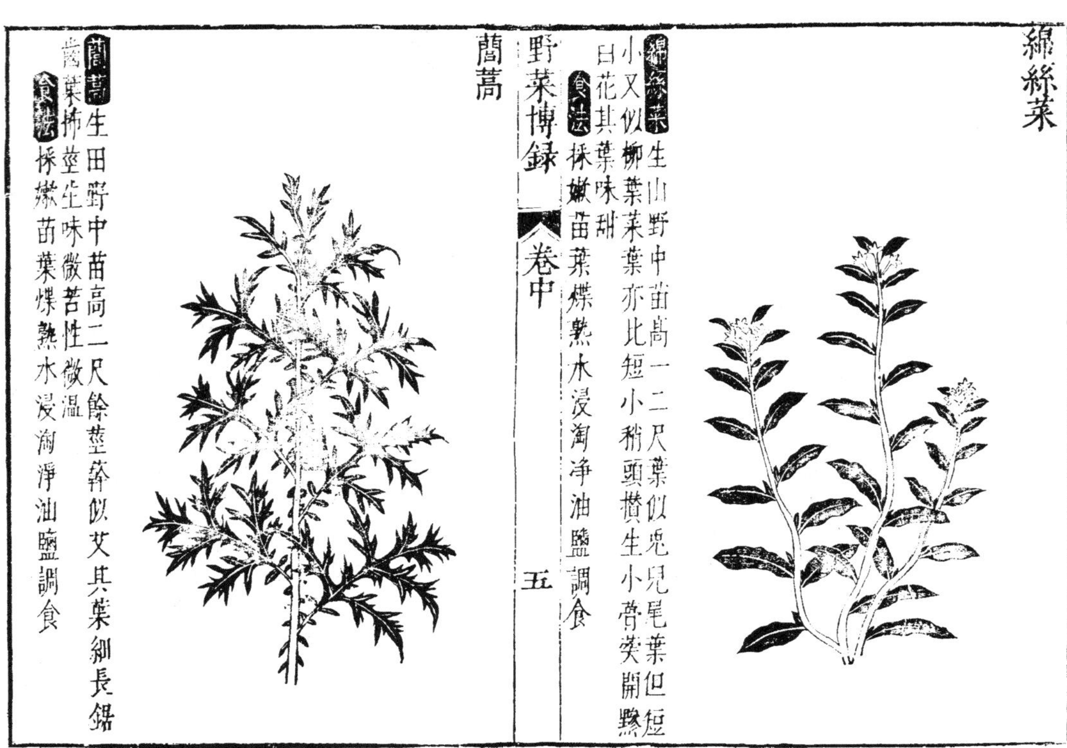

綿絲菜　生山野中苗高一二尺葉似兎兒尾葉但短小又似柳葉菜葉亦比短小稍頭攢生小蓇葖開黲白花其葉味甜

食法　採嫩苗葉煠熟水浸淘淨油鹽調食

蔄蒿

蔄蒿　生田野中苗高二尺餘莖簳似艾其葉細長鋸齒葉抪莖生味微苦性微温

食法　採嫩苗葉煠熟水浸淘淨油鹽調食

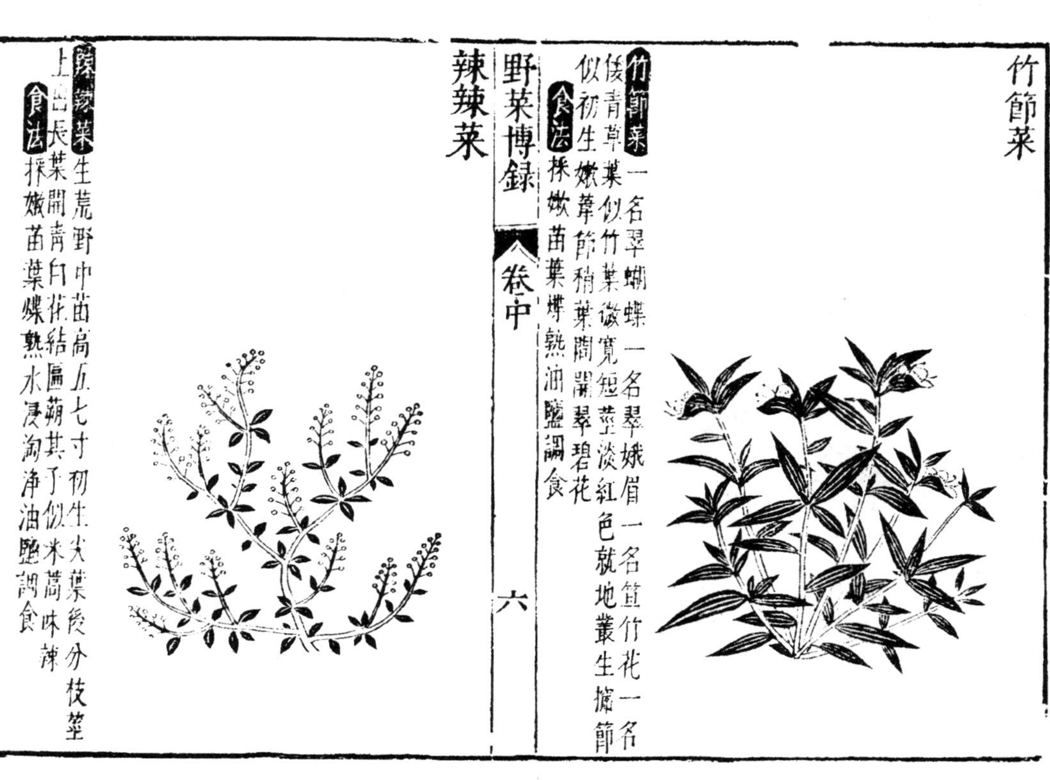

竹節菜

竹節菜一名翠蝴蝶一名翠娥眉一名笪竹花一名倭青草葉似竹葉微寬短莖淡紅色就地叢生攛節似初生嫩葦節稍葉間開翠碧花

食法採嫩苗葉煠熟油鹽調食

辣辣菜

辣辣菜生荒野中苗高五七寸初生尖葉後分枝莖上出長葉開青白花結匾蒴其子似米蒿味辣

食法採嫩苗葉煠熟水浸淘淨油鹽調食

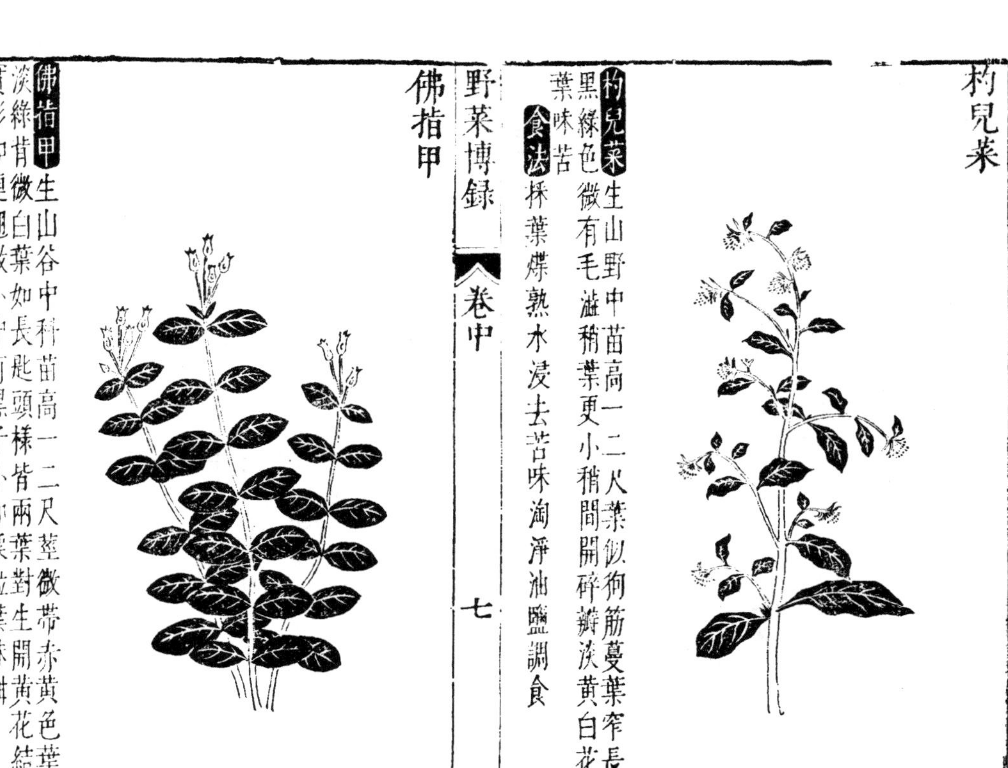

杓兒菜

杓兒菜生山野中苗高一二尺葉似狗筋蔓葉窄長黑綠色微有毛澁稍葉更小稍間開碎瓣淡黃白花葉味苦

食法採葉煠熟水浸去苦味淘淨油鹽調食

佛指甲

佛指甲生山谷中科苗高一二尺莖微帶赤黃色葉淡綠背微白葉如長匙頭樣皆兩葉對生開黃花結實形如連翹微小中有黑子小如粟粒葉味甜

食法採嫩葉煠熟換水淘洗淨油鹽調食

地榆

地榆生山野中多宿根其苗初生布地後攛葶直高三四尺對分生葉青色似榆葉稍細頗長邊有鋸齒開花如椹子紫黑色又類豉故名玉豉味苦甘酸性微寒無毒

食法 採嫩葉煠熟水浸去苦味淘淨油鹽調食

葛勒子秧

葛勒子秧本草名葎草俗名擄擄藤田野道傍處處有之其苗延蔓而生藤長丈餘莖多細澀刺葉似草麻葉小亦薄莖葉亦有澀刺能抓挽人莖葉間開黃白花結子似山絲子葉味甘苦性寒無毒

食法 採嫩苗葉煠熟水浸去苦味淘淨油鹽調食

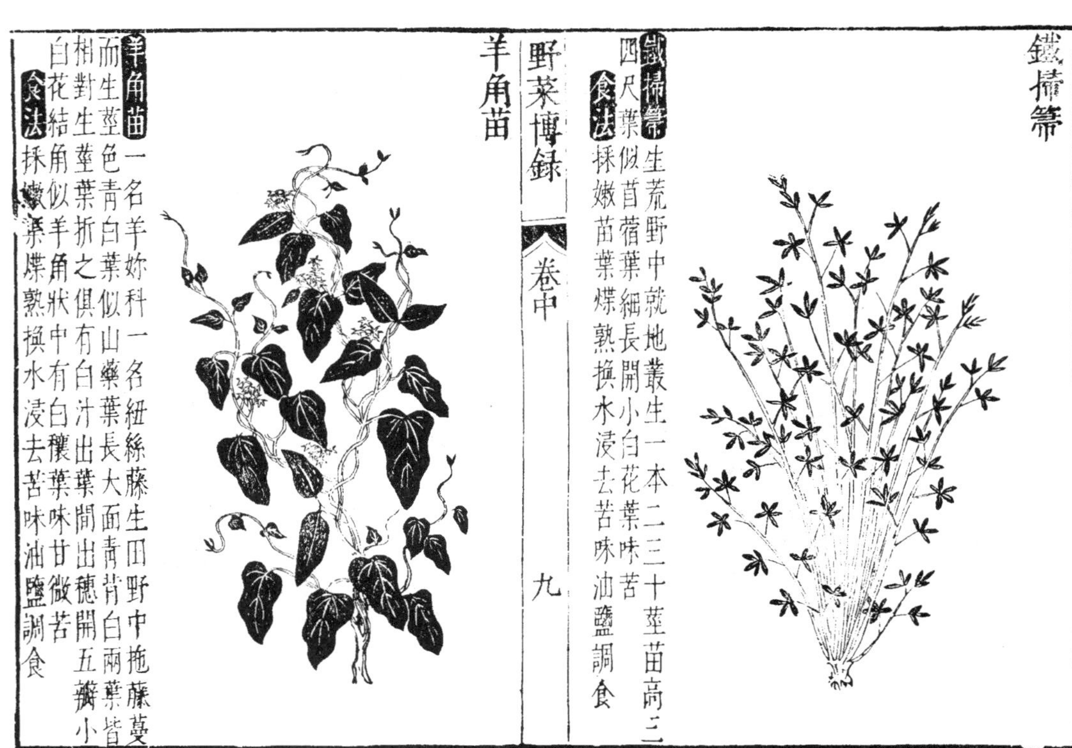

鐵掃箒

鐵掃箒生荒野中就地叢生一本二三十莖苗高三四尺葉似苜蓿葉細長開小白花葉味苦

食法 採嫩苗葉煠熟換水浸去苦味油鹽調食

羊角苗

羊角苗一名羊妳科一名紐絲藤生田野中拖藤蔓而生莖色青白葉似山藥葉長大面青背白兩葉皆相對生莖葉折之俱有白汁出葉間出穗開五瓣小白花結角似羊角狀中有白穰葉味甘微苦

食法 採嫩葉煠熟換水浸去苦味油鹽調食

尖刀兒苗

尖刀兒苗生山野中苗高一二尺葉似細柳葉皆兩兩抪莖對生葉間開淡黃花結尖角兒長二寸許麁如蘿蔔角中有白穰匾黑子其葉味甘

食法採葉煠熟水淘洗淨油鹽調食

杜當歸

杜當歸生山野中苗高一尺許莖圓有線楞葉似山芹葉葉硬邊有細鋸齒刺又似蒼朮葉每三葉攅生一處開黃花根似前胡根又似野胡蘿蔔根葉味甜

食法採葉煠浸作成黃色換水淘洗油鹽調食

鵞兒菜

鵞兒菜生密縣山澗邊苗葉搨地生葉似匙頭樣頗長又似牛耳朶菜葉小微澁又似山萵苣葉亦小頗硬頭微團味苦

食法採苗葉煠熟換水浸淘淨油鹽調食

黄鵪菜

黄鵪菜生密縣山谷中苗初搨地生葉似初生山萵苣葉小葉脚邊微有花叉又似孛孛丁葉頭頗團葉中擴生莛叉高五六寸許開小黃花結小細子黄茶褐色葉味甜

食法採苗葉煠熟換水淘淨油鹽調食

干屈菜

干屈菜　生田野中苗高二尺許莖方四楞葉似柳葉菜葉短小葉頭頗齊皆相對生稍間開紅紫花葉味甜

食法　採嫩苗葉煠熟水浸淘淨油鹽調食

香春菜

香春菜　生山野中苗高二尺餘莖淡紅色葉似柳葉而厚短有澁毛稍間開四瓣深紅花結細長角兒葉味甜

食法　採苗葉煠熟油鹽調食

女婁菜

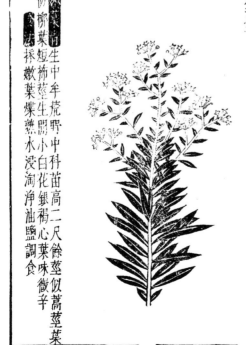

女婁菜　生山谷中苗高一二尺莖叉相對分生葉似旋覆花葉頗短色微深綠梢莖對生梢間出青蕾葖開黃花吐白蘂結實青子如枸杞微小其葉味苦

食法　採嫩苗葉煠熟換水浸去苦味淘淨油鹽調

嫩葉青

嫩葉青　生中牟荒野中科苗高二尺餘莖似蒿莖葉似柳葉短梢莖生開小白花銀褐心葉味微辛

食法　採嫩葉煠熟水浸淘淨油鹽調食

兎兒酸

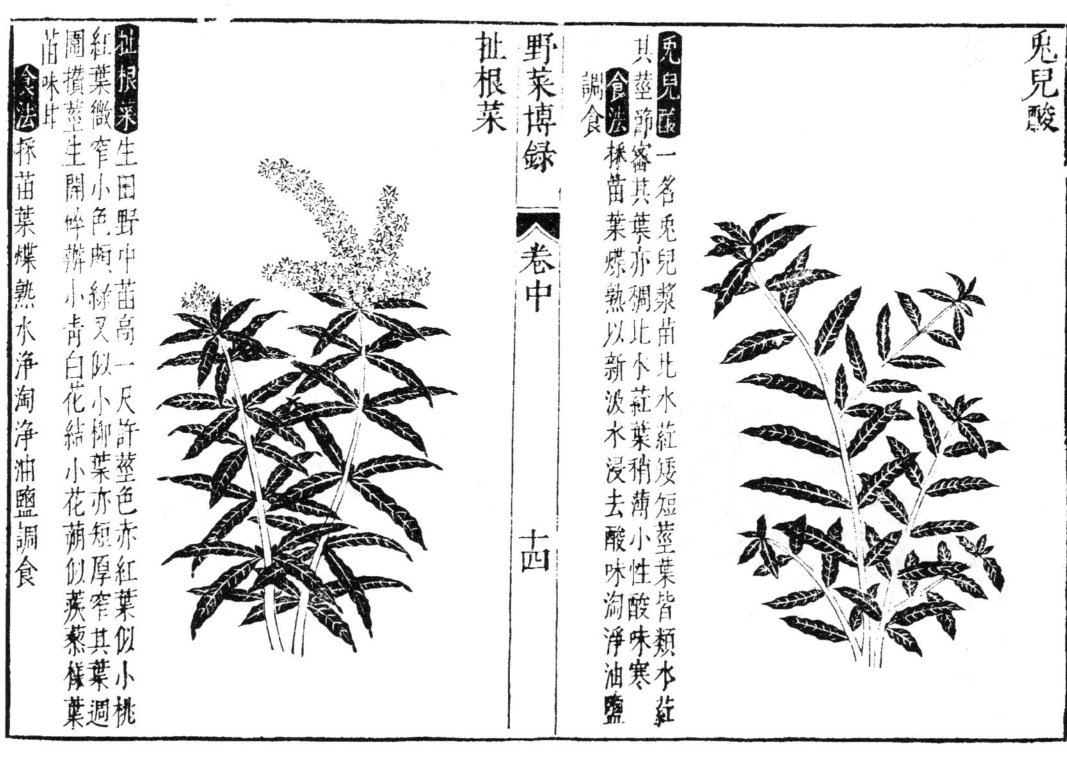

兎兒酸一名兎兒漿苗比水葒矮短莖葉皆類水葒其莖節密其葉亦稠比水葒葉稍薄小性酸味寒

食法 採苗葉煠熟以新汲水浸去酸味淘淨油鹽調食

扯根菜

扯根菜生田野中苗高一尺許莖色赤紅葉似小桃紅葉微窄小色頗綠又似小柳葉亦短厚窄其葉週圍攢莖生開碎瓣小青白花結小花蒴似蒺藜樣葉苗味甘

食法 採苗葉煠熟水浸淘淨油鹽調食

蓼芽菜

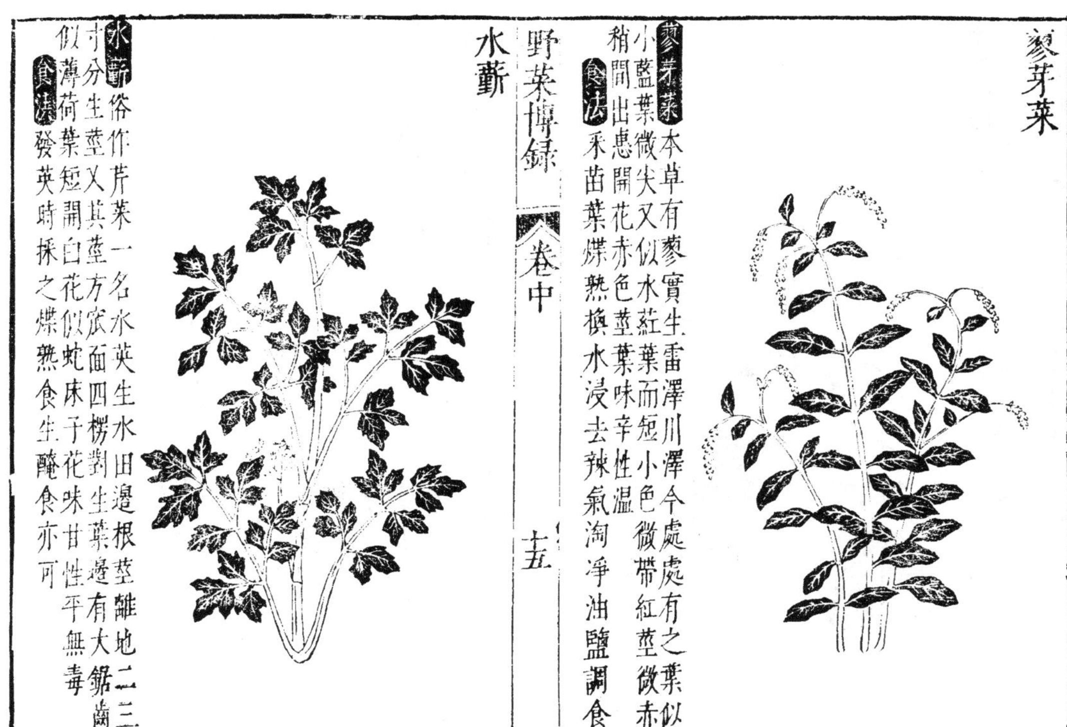

蓼芽菜本草有蓼實生雷澤川澤今處處有之葉似小藍葉微尖又似水葒葉而短小色微帶紅莖微赤稍間出穗開花赤色莖葉味辛性溫

食法 采苗葉煠熟換水浸去辣氣淘淨油鹽調食

水蘄

水蘄俗作芹菜一名水英生水田邊根莖離地二三寸分生莖叉其莖方竅面四楞對生葉邊有大鋸齒似薄荷葉短闊開白花似蛇床子花味甘性平無毒

食法 發英時採之煠熟食生醃食亦可

火焰菜

火焰菜 苗葉俱似菠菜葉稍微紅形如火焰結子亦如菠菜子苗葉味甜性微冷

食法 採苗葉煠熟水淘淨油鹽調食

山葱

山葱 一名隔葱一名鹿耳葱葉似玉簪葉微團葉中攛葶似蒜葶甚長澁稍頭結蓇葖似葱蓇葖微小開白花結子黑色苗味辣

食法 採苗葉煠熟油鹽調食生可食

兎兒尾苗

兎兒尾苗 生田野中苗高一二尺葉似水荭葉狹短其尖頗齊稍頭出穗如兎尾狀開花白色結紅蓇葖如椒目大葉味酸

食法 採嫩苗葉煠熟水浸淘淨油鹽調食

牛妳菜

牛妳菜 出山野中拖藤蔓生葉似牛皮硝葉大又似馬兜鈴葉極大葉皆對節生稍開青白小花其葉味甜

食法 採嫩苗葉煠熟水浸淘淨油鹽調食

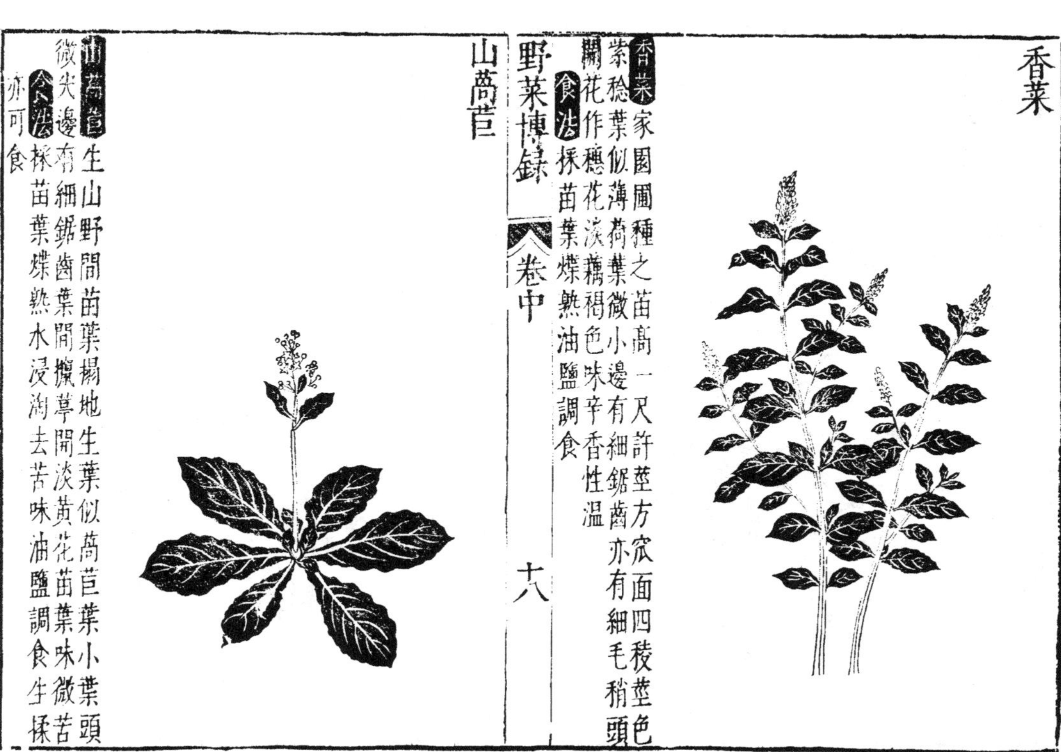

香菜

香菜 家園圃種之苗高一尺許莖方窊面四稜莖色紫稔葉似薄荷葉微小邊有細鋸齒亦有細毛稍頭開花作穗花淡藕褐色味辛香性温

食法 採苗葉煠熟油鹽調食

山萵苣

山萵苣 生山野間苗葉搨地生葉似萵苣葉小葉頭微尖邊有細鋸齒葉間攛葶開淡黃花苗葉味微苦

食法 採苗葉煠熟水浸淘去苦味油鹽調食生揉亦可食

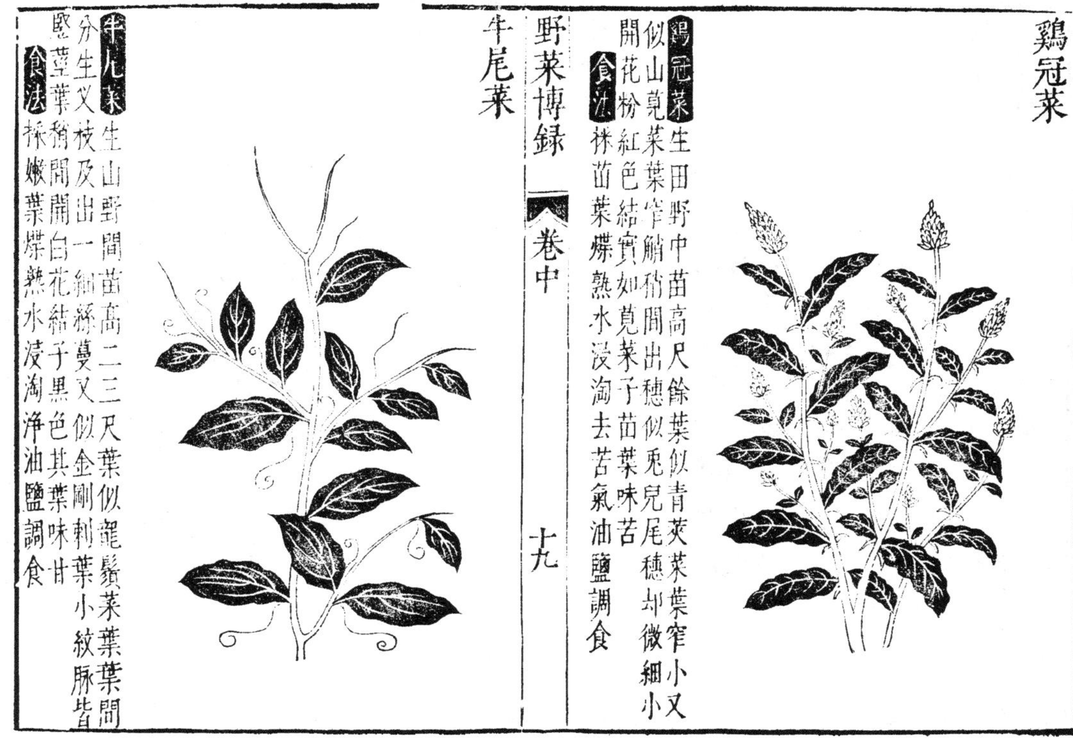

鷄冠菜

鷄冠菜 生田野中苗高尺餘葉似青葙菜葉窄小又似山莧菜葉窄艄稍間出穗似兎兒尾穗却微細小開花粉紅色結實如莧菜子苗葉味苦

食法 採苗葉煠熟水浸淘去苦氣油鹽調食

牛尾菜

牛尾菜 生山野間苗高二三尺葉似龍鬚菜葉葉間分生叉枝及出一細絲蔓又似金剛刺葉小紋脉皆竪莖葉稍間開白花結子黑色其葉味甘

食法 採嫩葉煠熟水浸淘淨油鹽調食

白屈菜

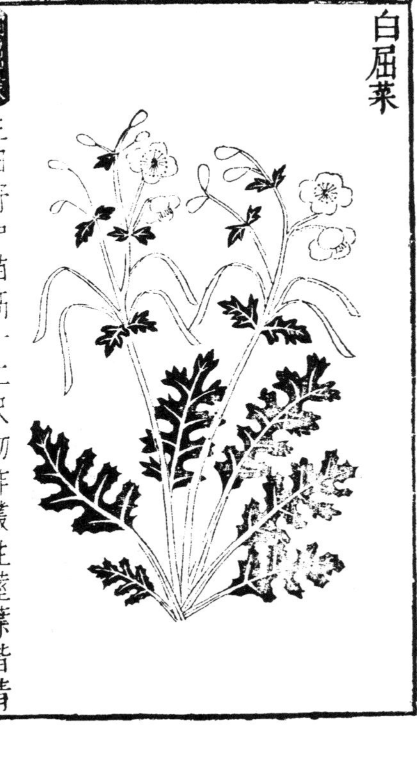

白屈菜 生田野中苗高一二尺初作叢生莖葉皆青白色莖有毛刺稍頭分叉上開四瓣黄花葉頗似山芥菜葉花叉極大又似漏蘆葉色淡味苦微辣

食法 葉和净土煑熟浸一宿换水淘净油鹽調食

白水葒苗

白水葒苗 一名葒草一名鴻䳘有赤白二色生水邊葉似蓼葉長大有澁毛花開紅白又似馬蓼其莖有節赤味鹹性微寒無毒

食法 嫩苗葉煠熟水浸淘净油鹽調食

抪娘蒿

抪娘蒿 生田野中苗高二尺許莖似黄蒿莖其葉碎小茸細如針黄緑色嫩則可食老則爲柴苗葉味苦

食法 採嫩苗葉煠熟换水浸淘去蒿氣油鹽調食

山梗菜

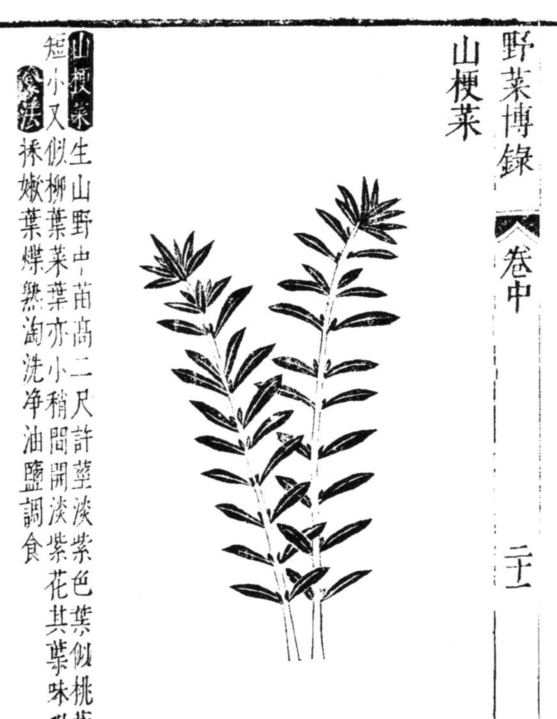

山梗菜 生山野中苗高二尺許莖淡紫色葉似桃葉短小又似柳葉菜葉亦小稍間開淡紫花其葉味甜

食法 採嫩葉煠熟淘洗净油鹽調食

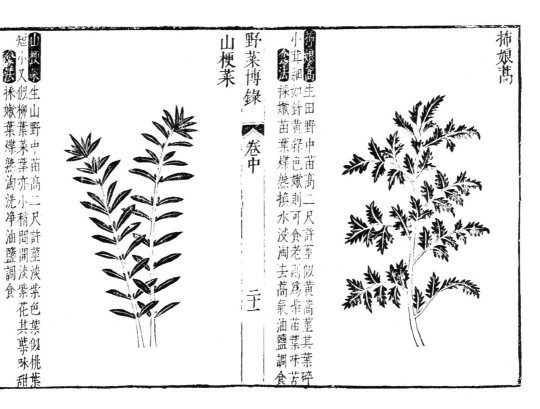

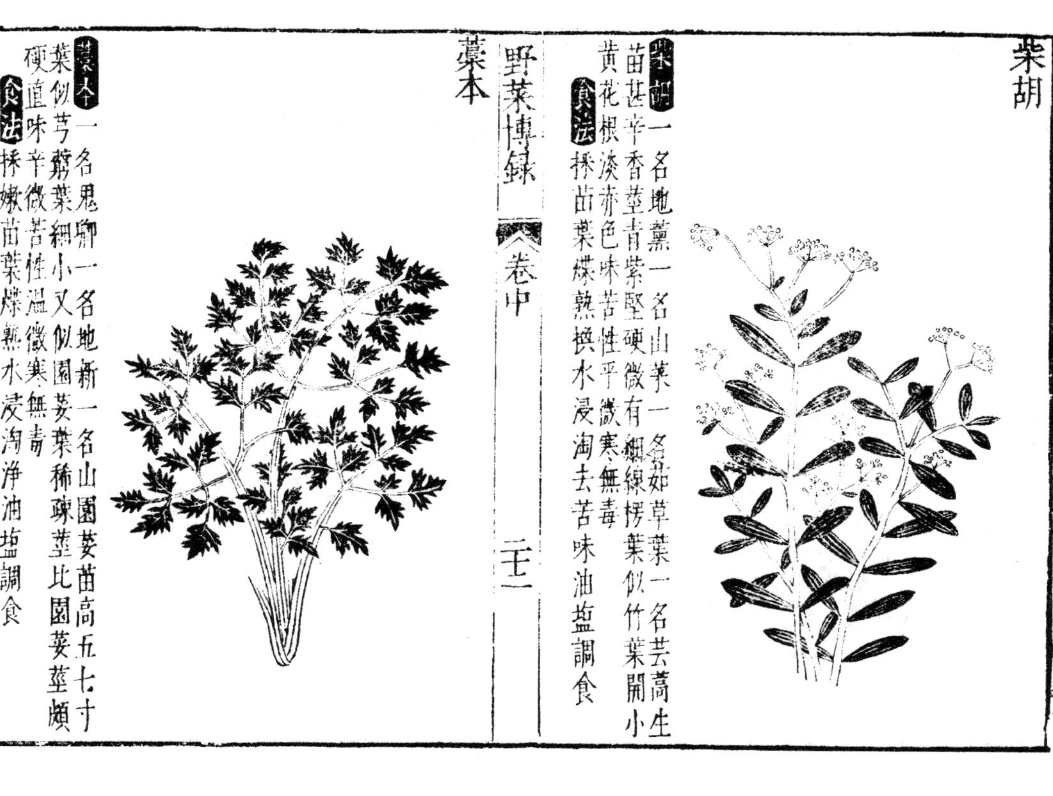

柴胡

柴胡 一名地薰一名山菜一名茹草葉一名芸蒿生苗甚辛香莖青紫堅硬微有細線楞葉似竹葉開小黃花根淡赤色味苦性平微寒無毒

食法 採苗葉煠熟換水浸淘去苦味油塩調食

野菜博錄 卷中 二十二

藁本

藁本 一名鬼卿一名地新一名山園荽苗高五七寸葉似芎藭葉細小又似園荽葉稀疎莖比園荽莖頗硬直味辛微苦性温微寒無毒

食法 採嫩苗葉煠熟水浸淘淨油塩調食

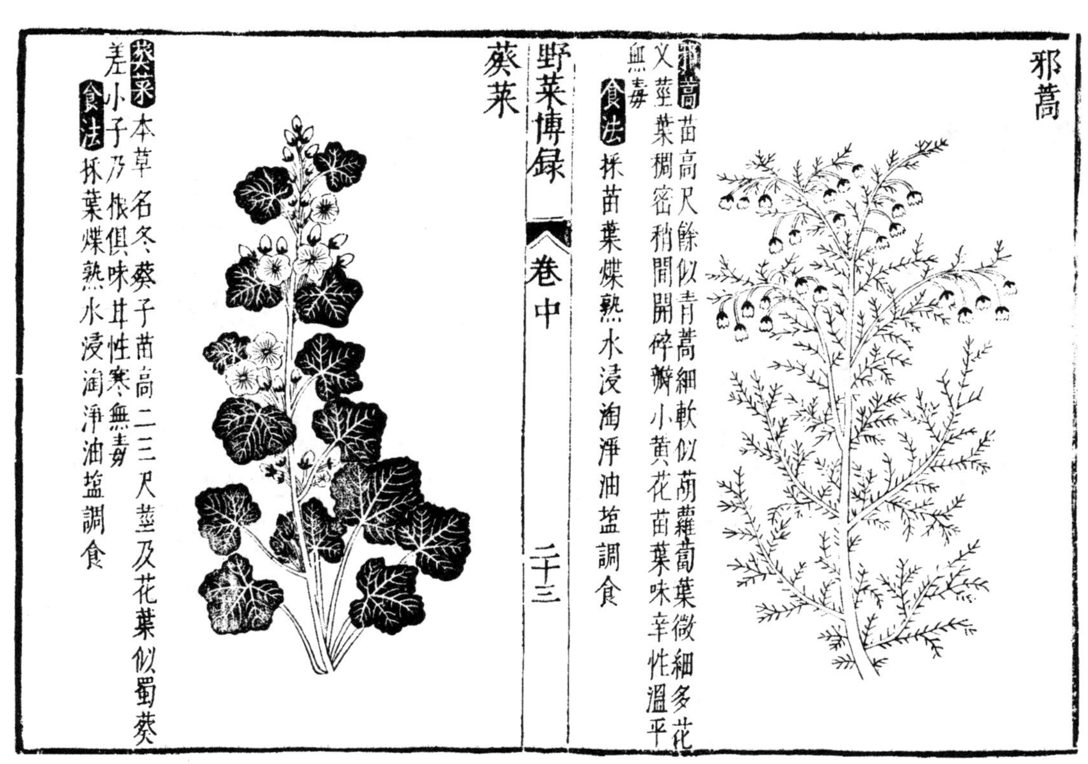

邪蒿

邪蒿 苗高尺餘似青蒿細軟似蒔蘿蒿葉微細多花叉莖葉稠密稍間開碎瓣小黃花苗葉味辛性温平無毒

食法 採苗葉煠熟水浸淘淨油塩調食

野菜博錄 卷中 二十三

葵菜

葵菜 本草名冬葵子苗高二三尺莖及花葉似蜀葵差小子及根俱味甘性寒無毒

食法 採葉煠熟水浸淘淨油塩調食

孛孛丁菜

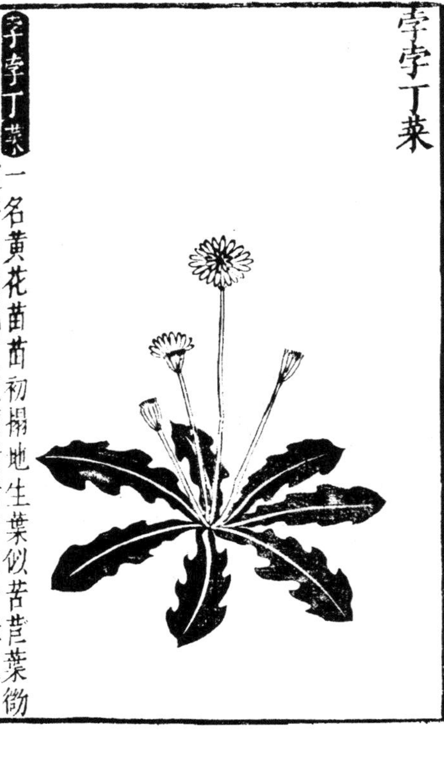

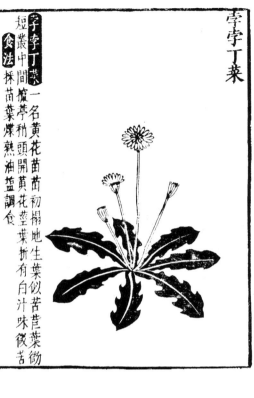

孛孛丁菜一名黄花苗苗初搨地生葉似苦苣葉微短叢中間攛葶稍頭開黄花莖葉折有白汁味微苦

食法採苗葉煠熟油鹽調食

遏藍菜

遏藍菜生田野中苗初搨地生葉似初生菠菜葉小其頭頗圓葉間攛葶分叉上結荚兒似榆錢葉味辛香微酸性微温

食法採苗葉煠熟浸取酸味用水淘淨油鹽調食

獨掃苗

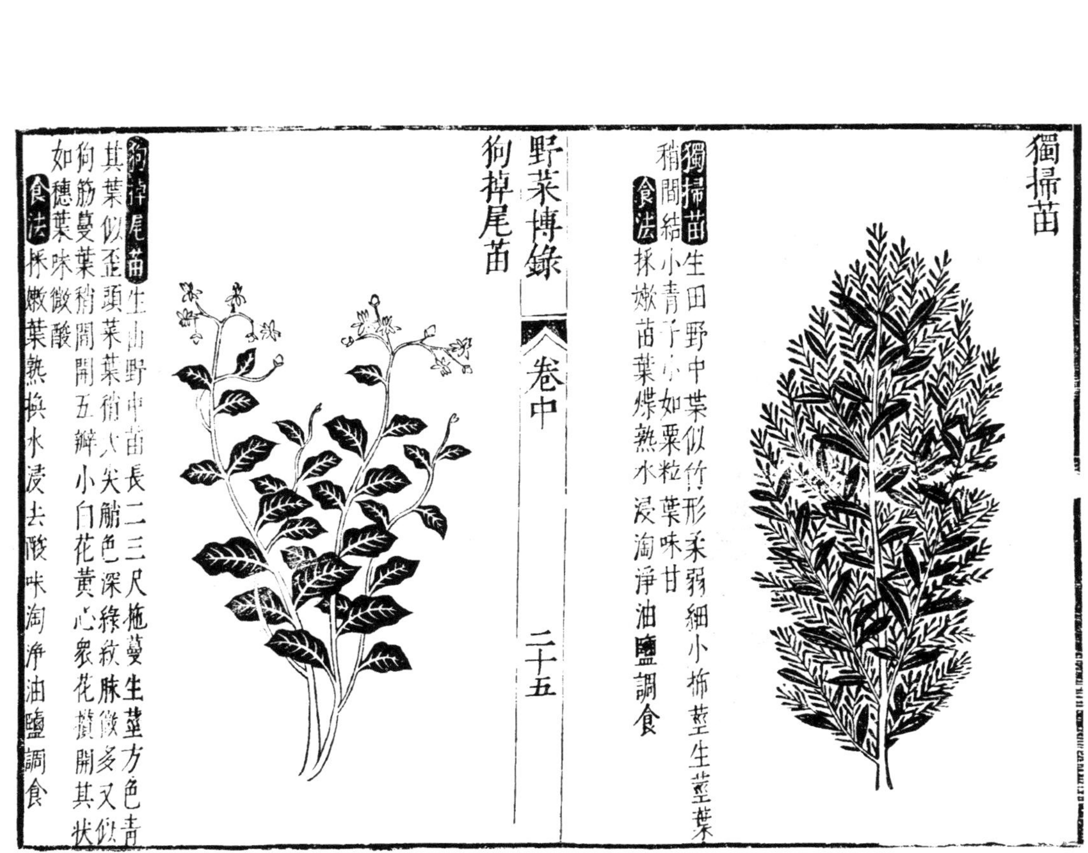

獨掃苗生田野中葉似竹形柔弱細小㧺莖生莖葉稍間結小青子小如粟粒葉味甘

食法採嫩苗葉煠熟水浸淘淨油鹽調食

狗掉尾苗

狗掉尾苗生山野中苗長二三尺拖蔓生莖方色青其葉似歪頭菜葉稍大尖艄色深綠紋脉微多又似狗筋蔓葉稍間開五瓣小白花黄心衆花攢開其狀如穗葉味微酸

食法採嫩葉熟換水浸去酸味淘淨油鹽調食

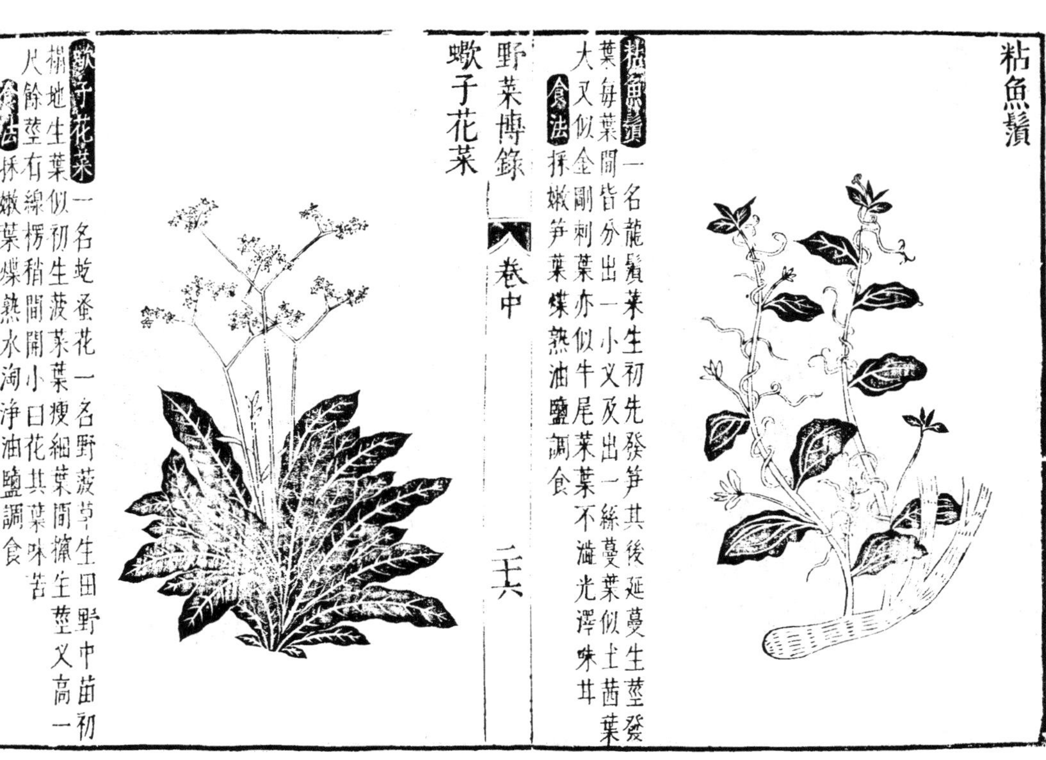

粘魚鬚

粘魚鬚一名龍鬚菜生初先發笋其後延蔓生莖發葉每葉間皆分出一小叉及出一絲蔓葉似土茜葉大又似金剛刺葉亦似牛尾菜葉不澁光澤味甘

食法 採嫩笋葉煠熟油鹽調食

蠍子花菜

蠍子花菜一名虼蚤花一名野菠草生田野中苗初搨地生葉似初生菠菜葉瘦細葉間攛生莖叉高一尺餘莖有線楞稍間開小白花其葉味苦

食法 採嫩葉煠熟水淘淨油鹽調食

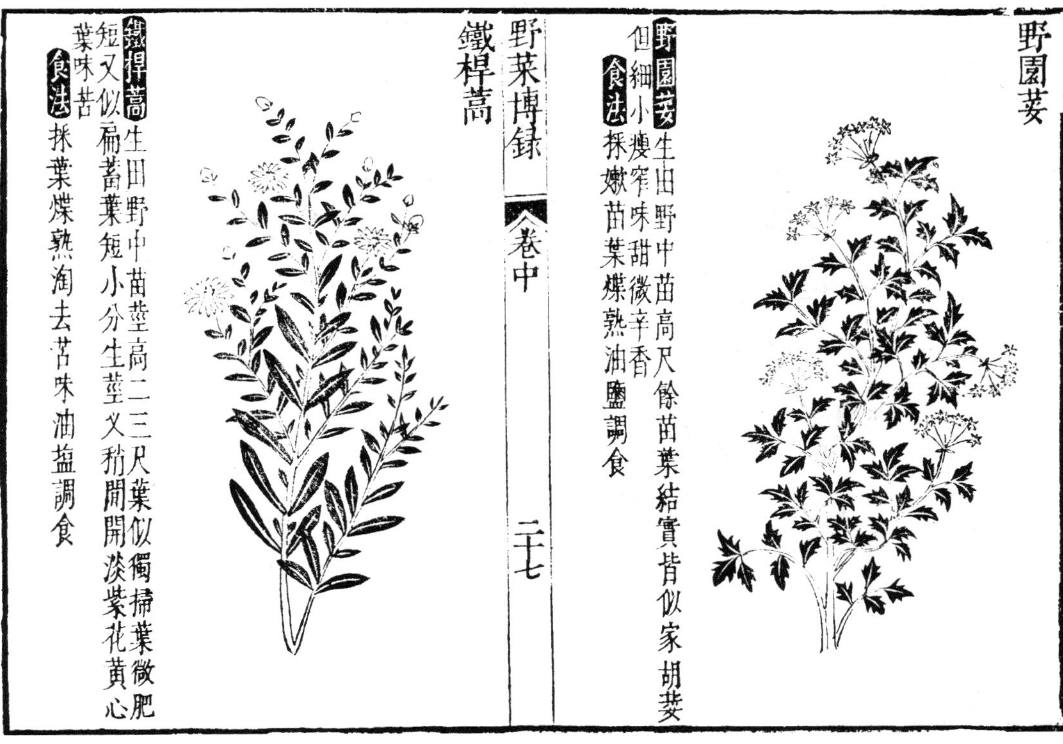

野園荽

野園荽生田野中苗高尺餘苗葉結實皆似家胡荽但細小瘦窄味甜微辛香

食法 採嫩苗葉煠熟油鹽調食

鐵桿蒿

鐵桿蒿生田野中苗莖高二三尺葉似獨掃葉微肥短又似扁蓄葉短小分生莖叉稍開開淡紫花黄心葉味苦

食法 採葉煠熟淘去苦味油塩調食

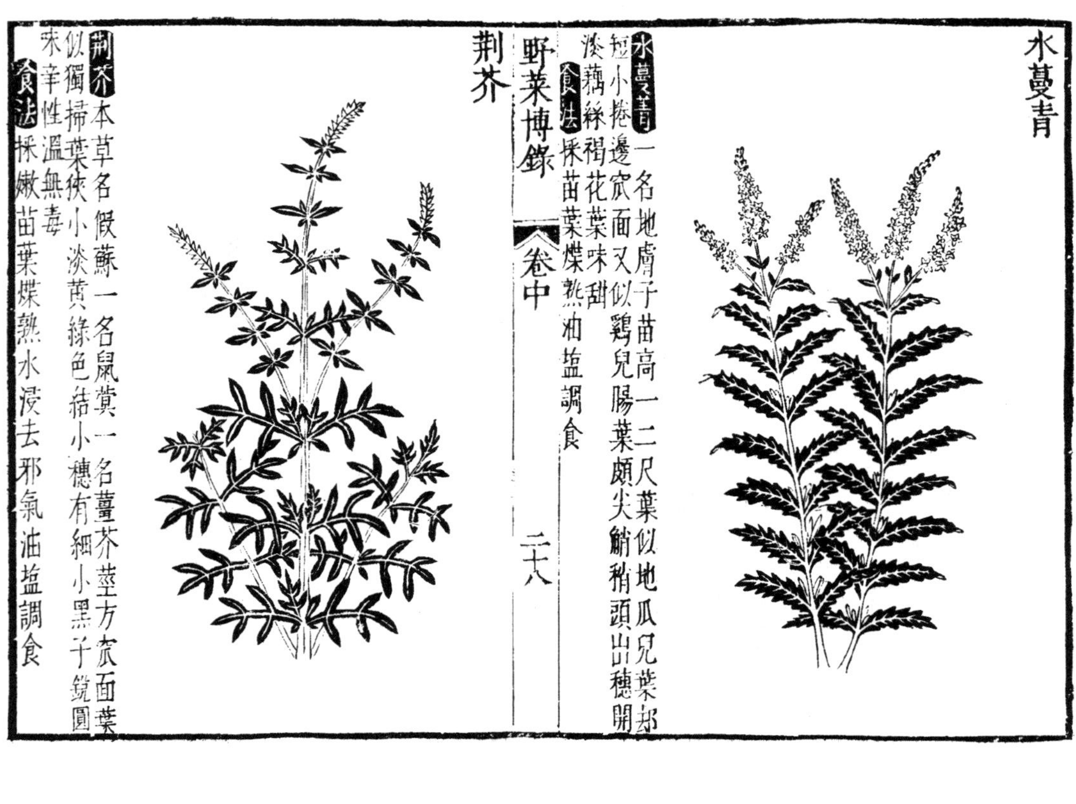

水蔓青

水蔓青一名地膚子苗高一二尺葉似地瓜兒葉却短小捲邊寬面又似鷄兒腸葉頗尖觚稍頭出穗開淡藕絲褐花葉味甜

食法採苗葉煠熟油鹽調食

野菜博錄　卷中　二十八

荊芥

荊芥本草名假蘇一名鼠蓂一名薑芥莖方窊面葉似獨掃葉俠小淡黃綠色結小穗有細小黑子銳圓味辛性温無毒

食法採嫩苗葉煠熟水浸去邪氣油鹽調食

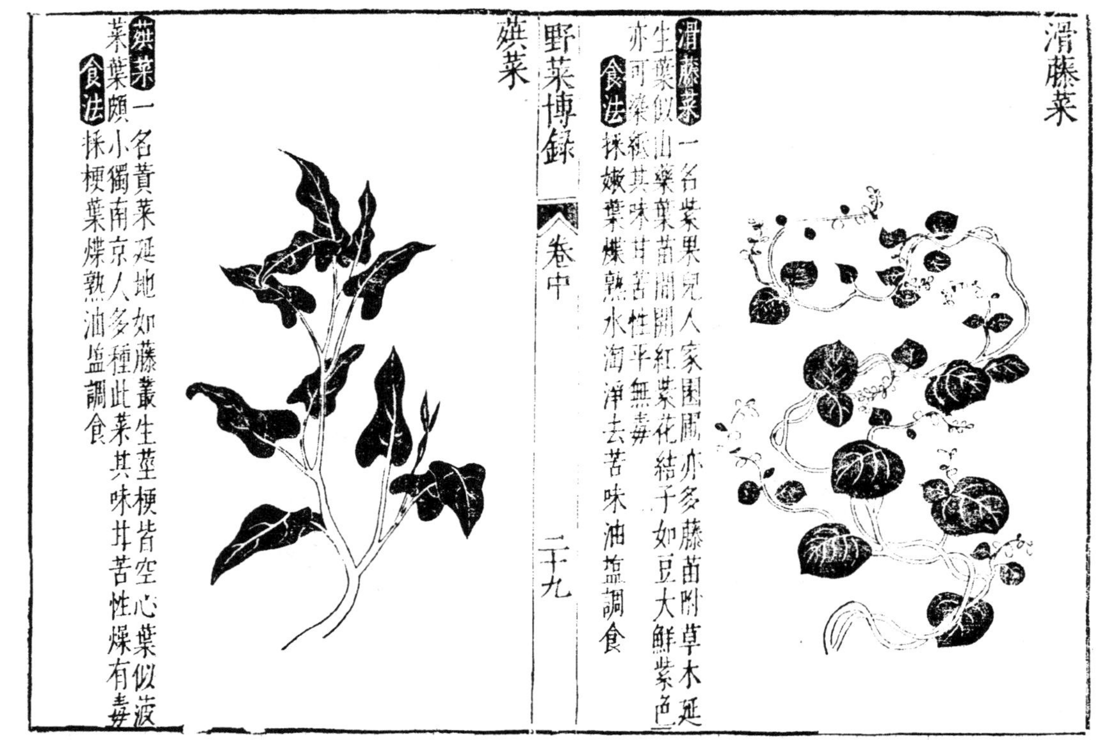

滑藤菜

滑藤菜一名紫果兒人家園圃亦多藤苗附草木延生葉似山藥葉而闊開紅紫花結子如豆大鮮紫色亦可染緅其味甘苦性平無毒

食法採嫩葉煠熟水淘淨去苦味油鹽調食

野菜博錄　卷中　二十九

蕹菜

蕹菜一名黄菜延地如藤叢生莖梗皆空心葉似菠菜葉頗小獨南京人多種此菜其味甘苦性燥有毒

食法採梗葉煠熟油鹽調食

野韭

野韭生荒野中形如韭苗葉極細弱葉圓葉中攛葶開小粉紫花似韭花狀苗葉味辛

食法採苗葉煠熟油鹽調食生醃亦可食

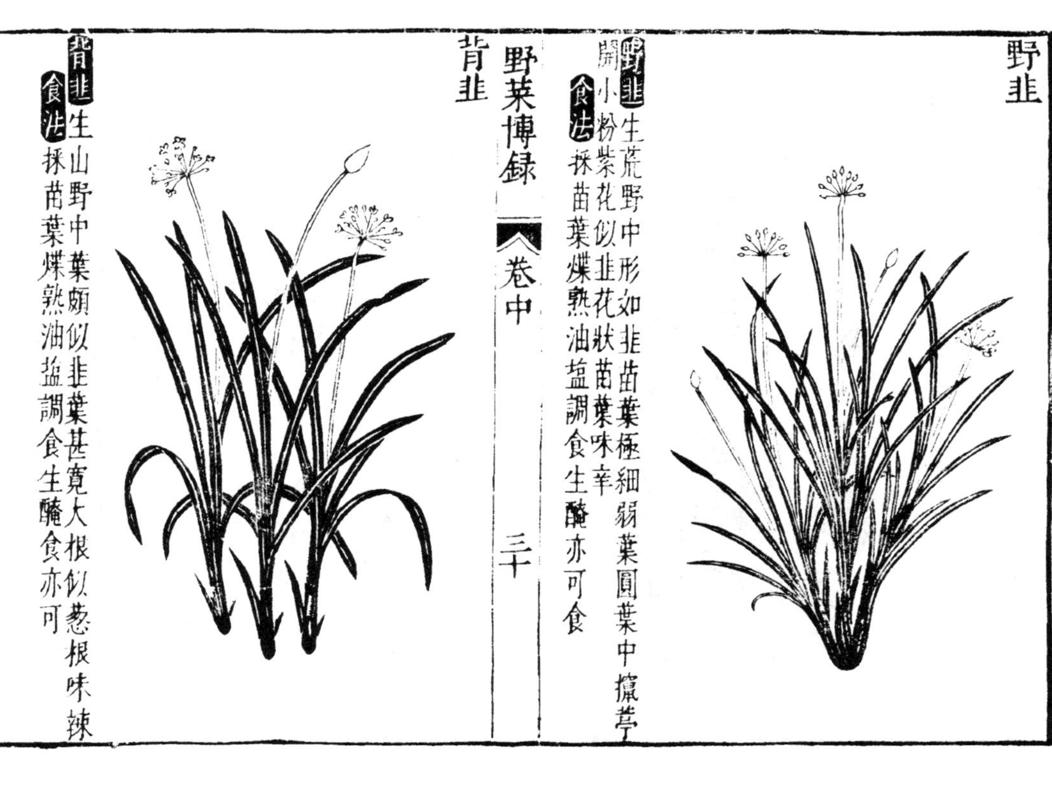

背韭

背韭生山野中葉頗似韭葉甚寬大根似葱根味辣

食法採苗葉煠熟油鹽調食生醃食亦可

紫豇豆苗

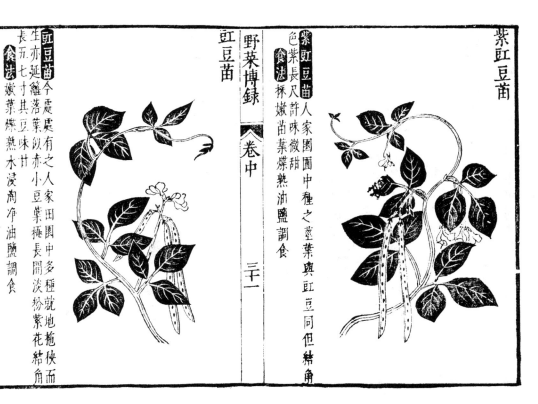

紫豇豆苗人家園圃中種之莖葉與豇豆同但結角色紫長尺許味微甜

食法採嫩苗葉煠熟油鹽調食

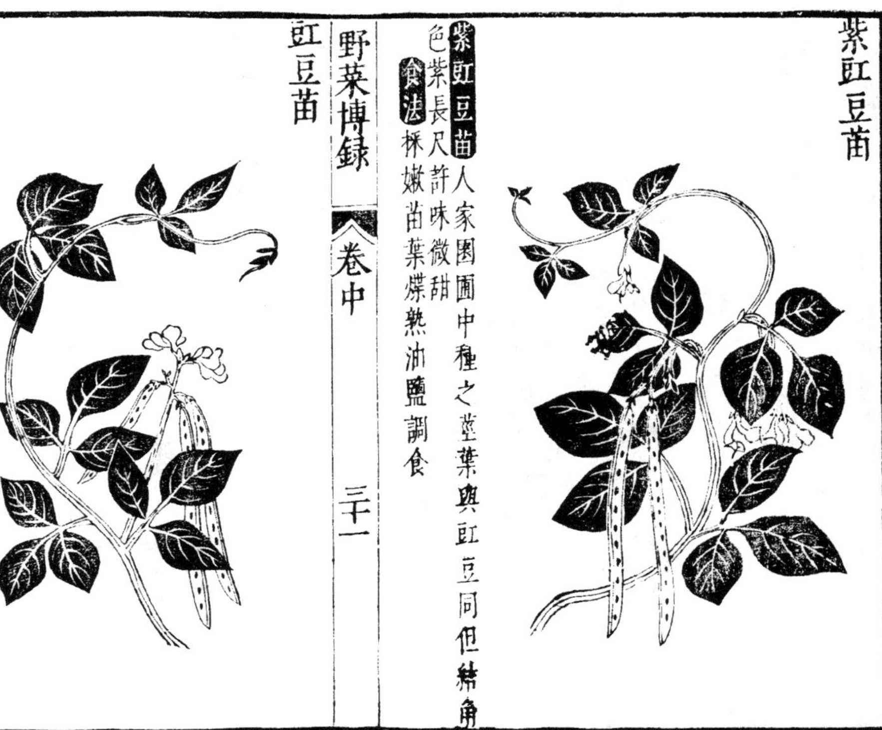

豇豆苗

豇豆苗今處處有之人家田園中多種就地拖秧而生亦延籬落葉似赤小豆葉稍長開淡粉紫花結角長五七寸其豆味甘

食法嫩葉煠熟水浸淘净油鹽調食

眉兒豆苗

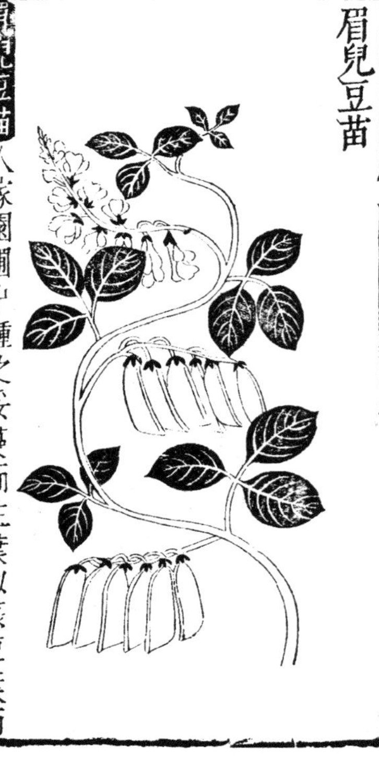

眉兒豆苗人家園圃中種之妥蔓而生葉似菉豆葉而肥大濶厚潤澤光俊每三葉攢生一處開淡粉紫花結匾角每角有豆止三四顆其豆色黑匾而皆白眉故名味微甜

食法採嫩苗葉煠食

野菜博錄　卷中　三十二

蘇子苗

蘇子苗人家園圃中多種之苗高二三尺莖方窊面四楞上有澁毛葉皆對生似紫蘇葉大開淡紫花結子比紫蘇子亦大味微辛性溫

食法採嫩葉煠熟換水淘洗淨油鹽調食子可炒食亦可葉油

地踏菰

地踏菰一名地耳一名紗羅蒒一名鼻涕肉春夏時雨久濕氣積滯地上生出纍纍形狀木耳味甘性寒有毒

食法採取淘淨去沙土油塩調食

野菜博錄　卷中　三十三

馬齒莧

馬齒莧菜又名五行草舊不著所出州土今處處有之以其葉青梗赤花黄根白子黑故名五行草耳味甘性寒滑

食法採苗葉先以水焯過晒乾煠熟油塩調食

烏英

烏英一名鳧葵一名浪陰草生水中沙土間科條出水面上葉似杜衡葉大葉間抽莖開小白花味苦性寒稍有毒

食法採葉煠熟油鹽調食

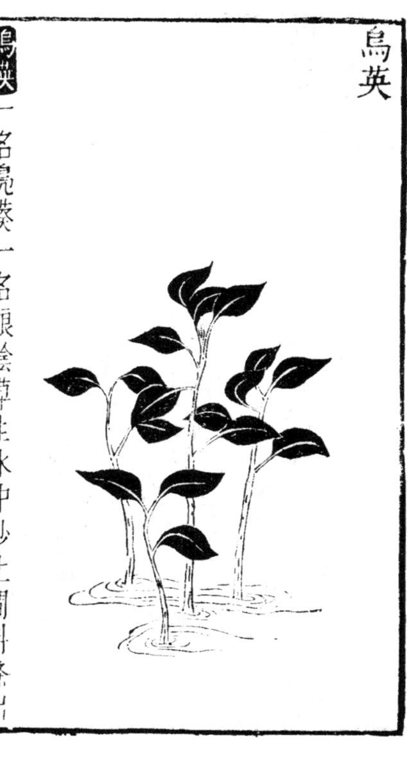

水春薹

水春薹一名海青叢一名水青菜生水邊沙土間科葉似白菜葉大又似蒿蓬菜葉又似火焰菜葉味甘性平無毒

食法採葉煠熟油鹽調食

玉帶春苗

玉帶春苗生田野中其葉初生就地叢生長則四散分垂葉似萱草葉瘦細微短葉間攛葶開淡黃花葉味甜

食法採葉煠熟淘洗淨油鹽調食

毛連菜

毛連菜一名常十八生田野中苗初搨地後生莖叉高二尺許葉似刺薊葉長大稍尖葉邊曲皺上有澁毛稍開銀褐花味微苦

食法採葉煠熟水浸淘淨油鹽調食

水馬齒

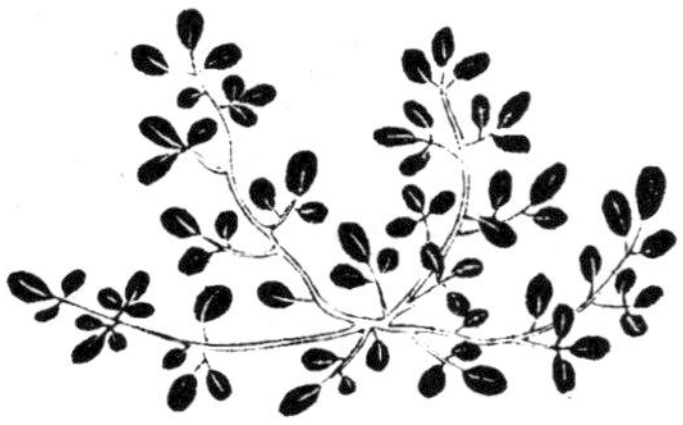

水馬齒一名長命菜一名薤菜生水中葉類旱馬齒莧葉梗赤葉青花黃根白子黑味酸性寒無毒

食法採葉煠煮淘去酸味油塩調食

雀舌菜

雀舌菜一名佷牙一名麗春草踏地叢生每莖葉對生葉似九牛草葉壯似荏子葉頗小味苷性平無毒

食法採葉煠熟油塩調食

銀條菜

銀條菜人家園圃多種苗葉皆似萵苣細長色頗青白攛葶高二尺許開四瓣淡黃花結蒴似蕎麥蒴而圓中有子如油子大淡黃色其葉味微苦性凉

食法採苗葉煠熟水浸淘浄油塩調食

苦苣菜

苦苣菜一名野苣一名褊苣苗一名天精菜葉搨地生其葉光者似黃花苗葉花者似山苦蕒葉莖葉中有白汁味苦性平

食法採苗葉煠熟水浸去苦味淘浄油塩調食

絲瓜苗

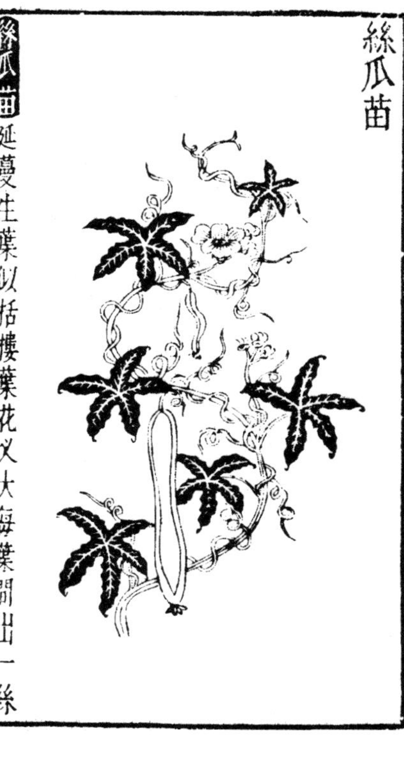

絲瓜苗延蔓生葉似括樓葉花叉大每葉間出一絲藤纏附草木上莖葉間開五瓣大黄花結瓜形如黄瓜大色青嫩時可食老則去皮内有絲縷可以擦洗油膩器皿味微甜

食法採嫩葉切碎煠熟水浸淘淨油塩調食

芝蔴

芝蔴一名巨勝一名油蔴一名脂蔴一名狗蝨单科直梗無枝叉莖方葉有鋸齒對生葉似鳳仙花頗大開白花結小子包内味甘無毒

食法採葉煠熟淘淨油盐調食

水慈菰

莖可食

水慈菰一名剪刀草生水中莖面窊背方有線楞其葉三角似剪刀形葉中攛生莖叉稍間開三瓣白花黄心結青蓇葖如青楮桃狀頗小根類葱根麄大莖味甜

食法採近根嫩笋莖煠熟油鹽調食

荇絲菜

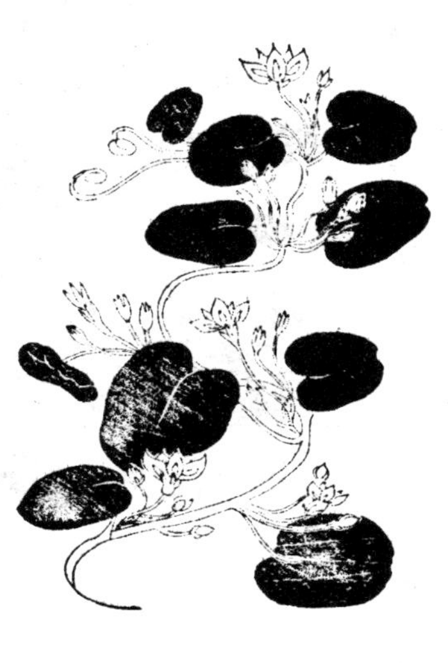

荇絲菜一名金蓮兒一名藕蔬菜水中拖蔓生葉似初生小荷葉近莖有椏劖葉浮水上葉中攛莖上開金黄花莖味甜

食法採嫩莖煠熟油鹽調食

黑三稜

黑三稜生山谷水邊苗高三四尺葉似菖蒲葉厚大背皆三稜劒脊葉中攛葶葶上結實攢爲刺毬如楮桃實大顆瓣甚多根如烏梅大有鬚蔓延相連葶味甜根味苦性平無毒

食法採嫩葶剁去麄皮煠熟油鹽調食

鳳仙花

葉實可食

鳳仙花一名金鳳花一名急性子一名染指甲花科條高尺餘枝葉對生梗如萵苣花開有五色種包內結子老時易裂味平性燥無毒

食法採梗去皮鹽醃可食取葉煠熟亦可食

藴草

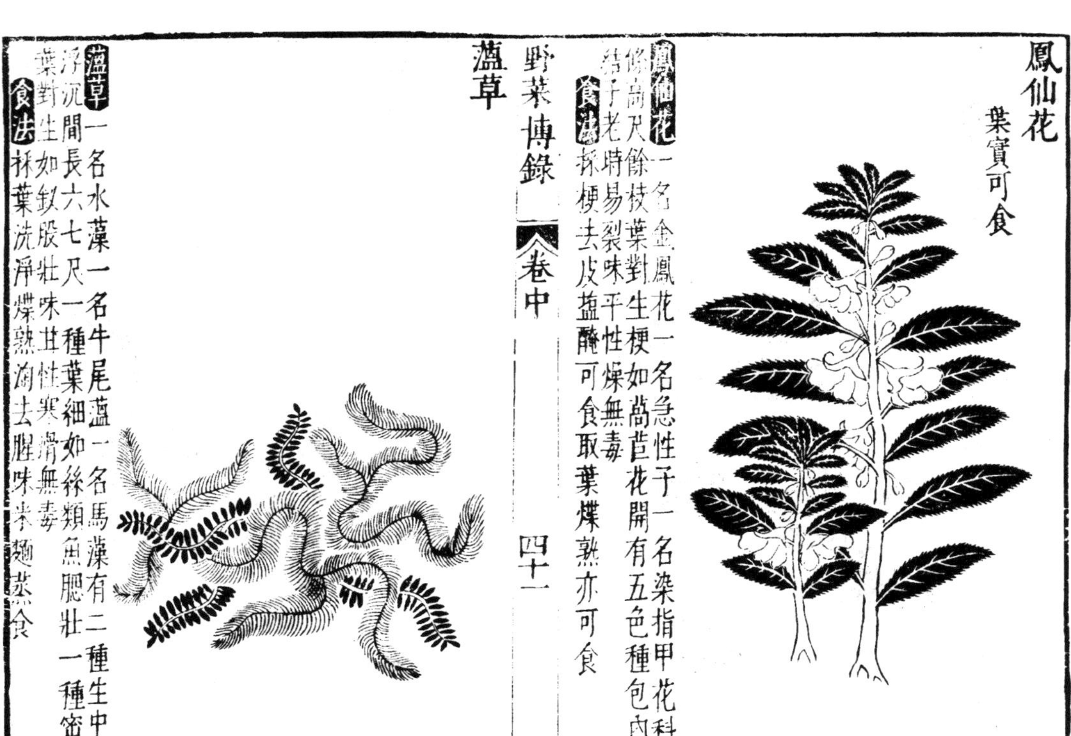

藴草一名水藻一名牛尾藴一名馬藻有二種生中浮沉間長六七尺一種葉細如絲類魚腮壯一種密葉對生如釵股壯味甘性寒滑無毒

食法採葉洗淨煠熟淘去腥味米麵蒸食

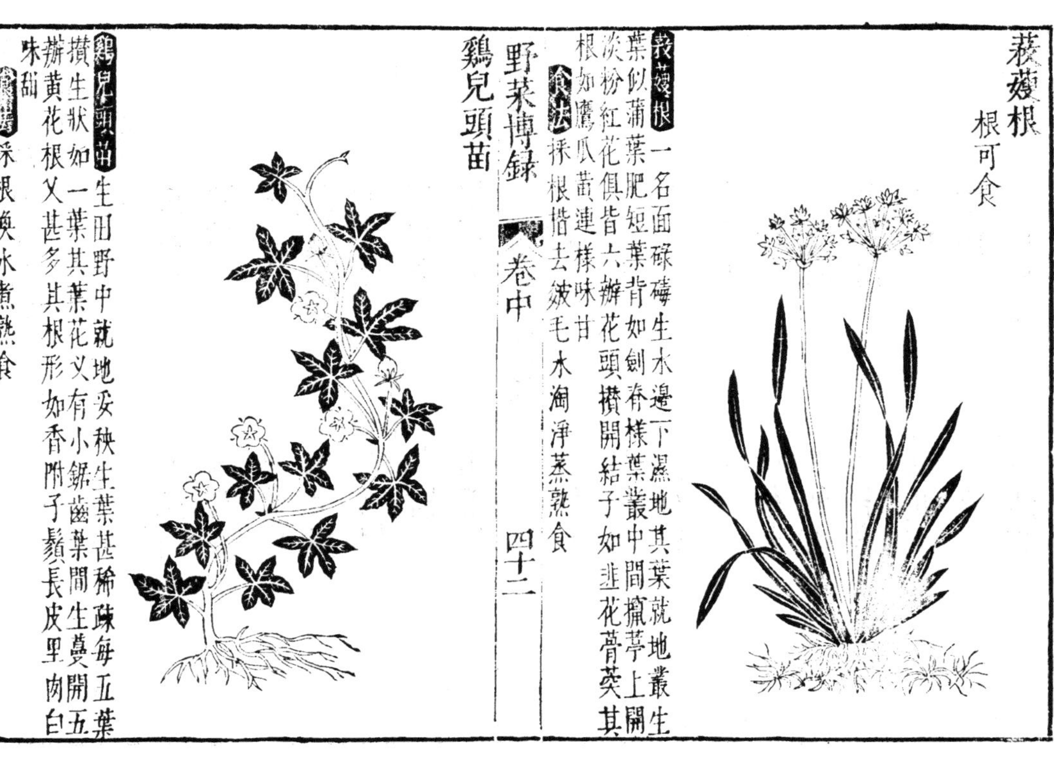

莪蓌根

根可食

莪蓌根一名面碌碡生水邊下濕地其葉就地叢生葉似蒲葉肥短葉背如劍脊樣葉叢中間攛葶上開淡粉紅花俱皆六瓣花頭攢開結子如韭花蓇葖其根如鷹爪黃連樣味甘

食法 採根揩去皴毛水淘淨蒸熟食

鷄兒頭苗

鷄兒頭苗生田野中就地妥秧生葉甚稀疏每五葉攢生狀如一葉其葉花叉有小鋸齒葉間生蔓開五瓣黃花根叉甚多其根形如香附子鬚長皮黑肉白味甜

食法 採根換水煮熟食

鹿芋苗

鹿芋苗生山野中苗高一尺許苗莖甚細其葉狀類杏葉大味甜

食法 採嫩苗葉煠熟水浸淘淨油鹽調食

野菜博録卷下目録

本草

葉可食

花可食

實可食

野菜博錄卷下目錄終

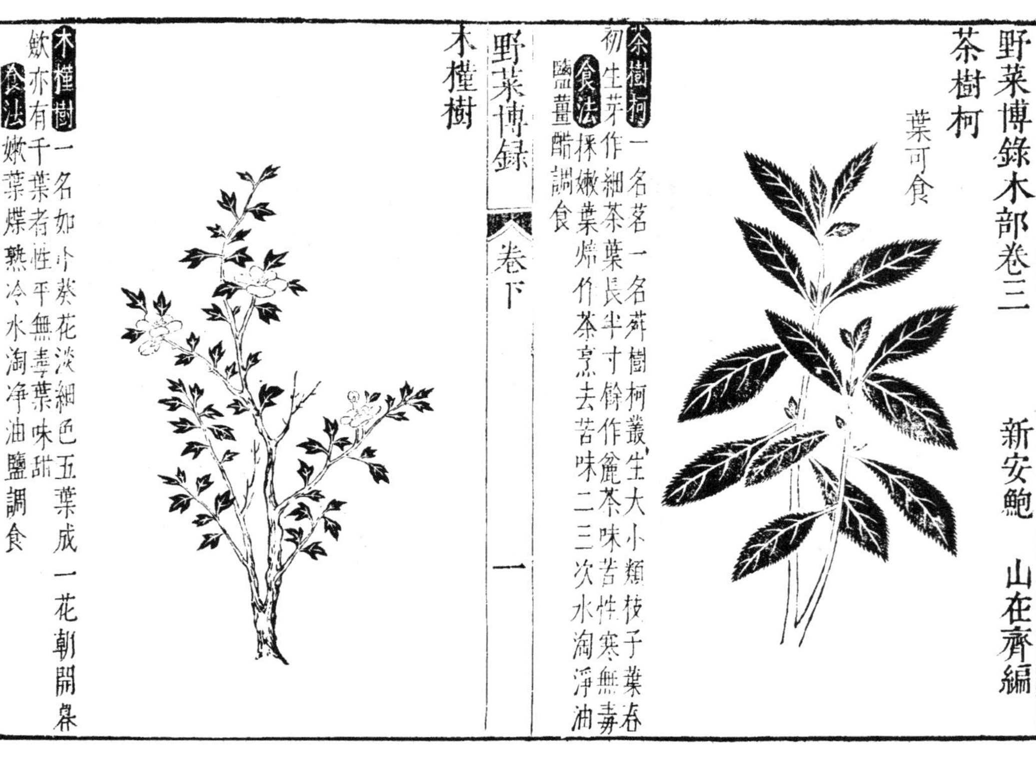

野菜博錄木部卷三

新安鮑　山在齋編

茶樹柯

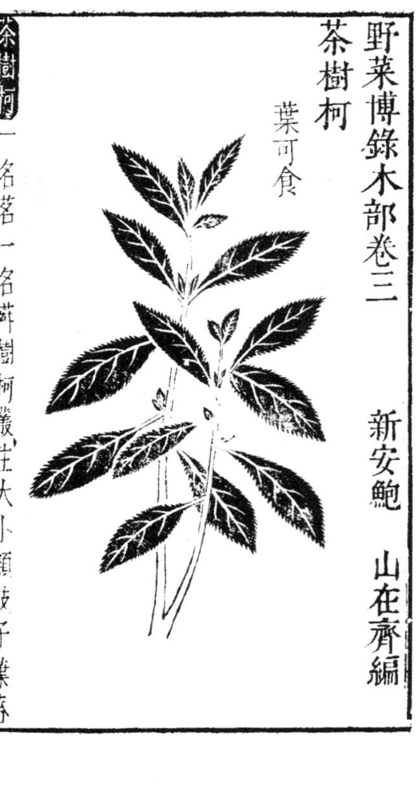

葉可食

茶樹柯 一名茗一名荈樹柯叢生大小類枝子葉春初生芽作細茶葉長半寸餘作麄茶味苦性寒無毒

食法 採嫩葉焯作茶烹去苦味二三次水淘淨油鹽薑醋調食

木槿樹

木槿樹 一名如小葵花淡細色五葉成一花朝開暮歛亦有千葉者性平無毒葉味甜

食法 嫩葉煠熟冷水淘净油鹽調食

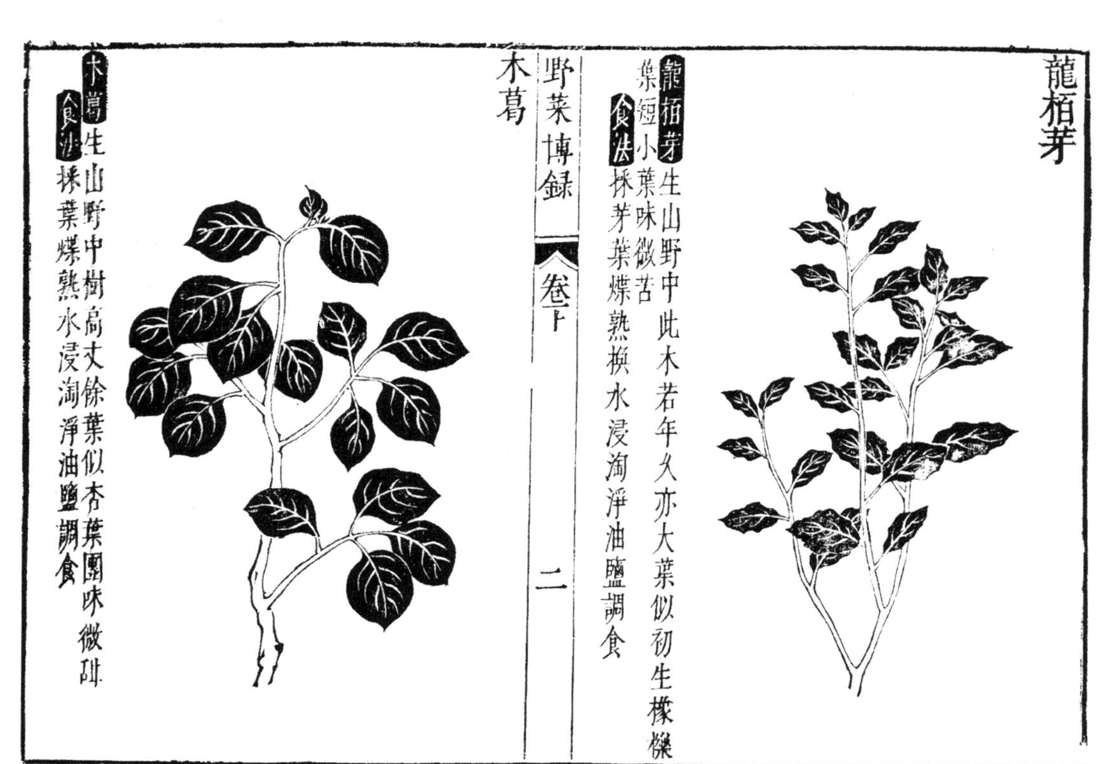

龍栢芽

龍栢芽 生山野中此木若年久亦大葉似初生橡櫟葉短小葉味微苦

食法 採芽葉煠熟換水浸淘淨油鹽調食

木葛

木葛 生山野中樹高丈餘葉似杏葉團味微甜

食法 採葉煠熟水浸淘淨油鹽調食

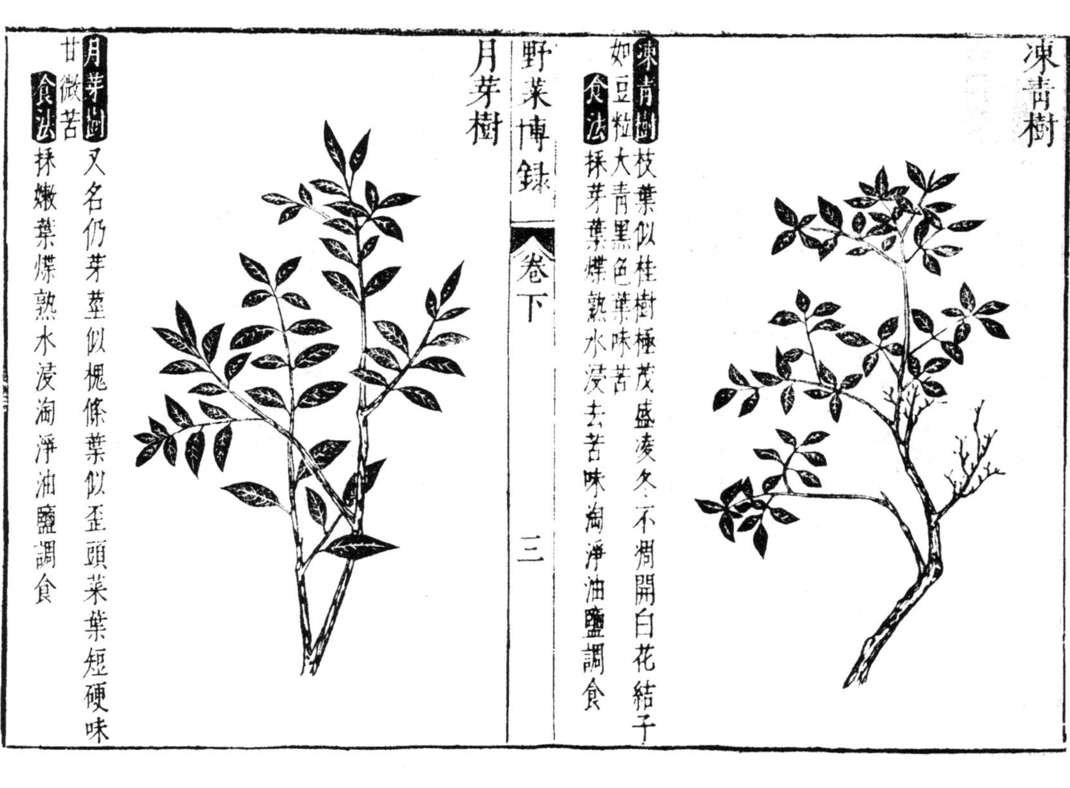

凍青樹

凍青樹 枝葉似桂樹極茂盛凌冬不凋開白花結子如豆粒大青黑色葉味苦

食法 採芽葉煠熟水浸去苦味淘淨油鹽調食

月芽樹

月芽樹 又名仍芽莖似槐條葉似歪頭菜葉短硬味甘微苦

食法 採嫩葉煠熟水浸淘淨油鹽調食

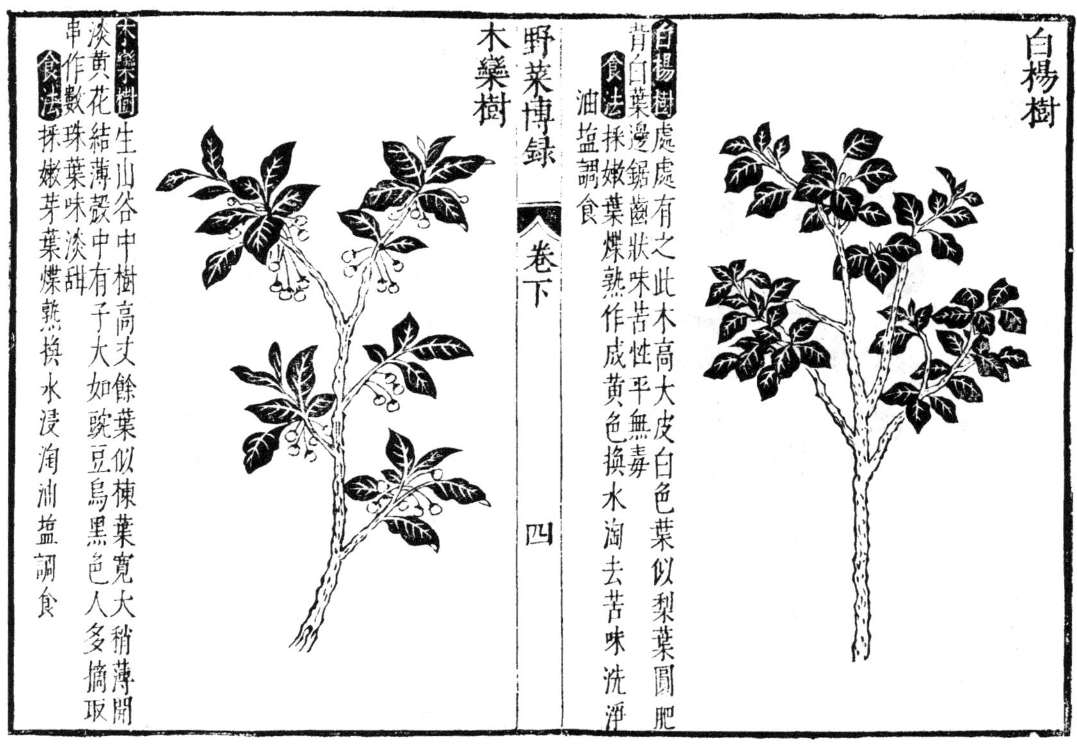

白楊樹

白楊樹 處處有之此木高大皮白色葉似梨葉圓肥背白葉邊鋸齒狀味苦性平無毒

食法 採嫩葉煠熟作成黄色換水淘去苦味洗淨油鹽調食

木欒樹

木欒樹 生山谷中樹高丈餘葉似楝葉寬大稍薄開淡黄花結薄殼中有子大如豌豆烏黑色人多摘取串作數珠葉味淡甜

食法 採嫩芽葉煠熟換水浸淘油鹽調食

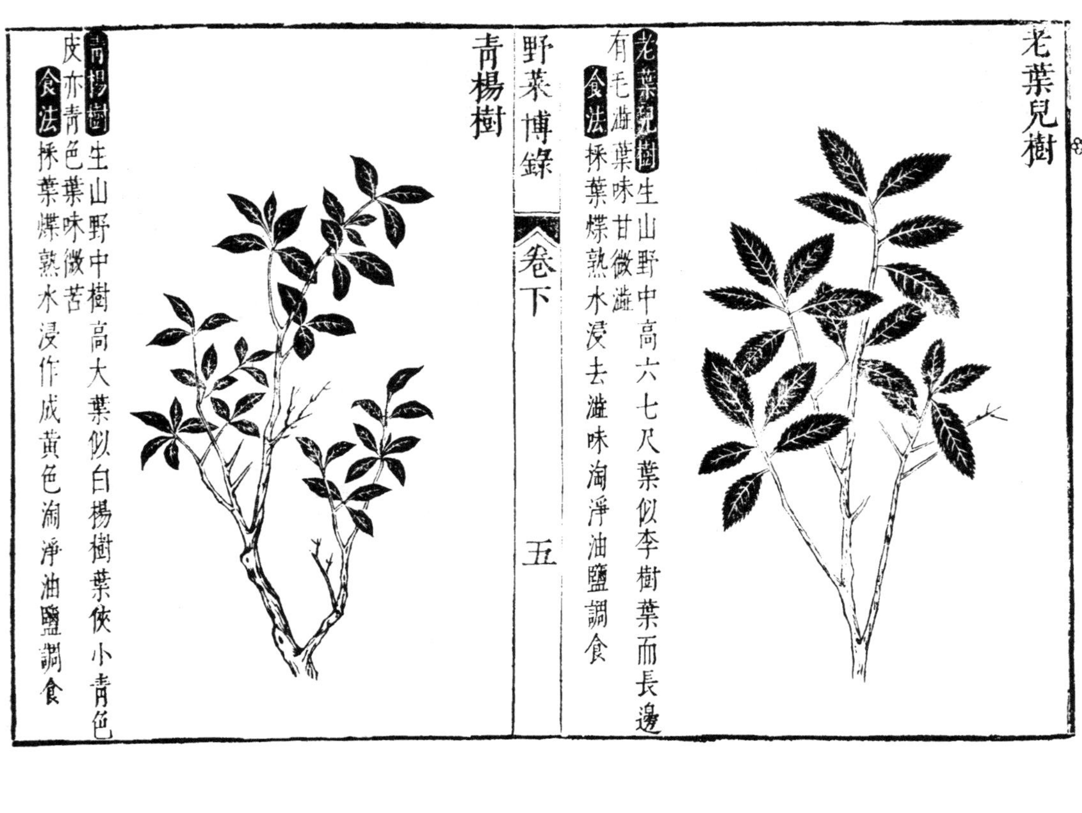

老葉兒樹

老葉兒樹生山野中高六七尺葉似李樹葉而長邊有毛澁葉味甘微澁

食法 採葉煠熟水浸去澁味淘淨油鹽調食

野菜博錄 卷下 五

青楊樹

青楊樹生山野中樹高大葉似白楊樹葉俠小青色皮亦青色葉味微苦

食法 採葉煠熟水浸作成黃色淘淨油鹽調食

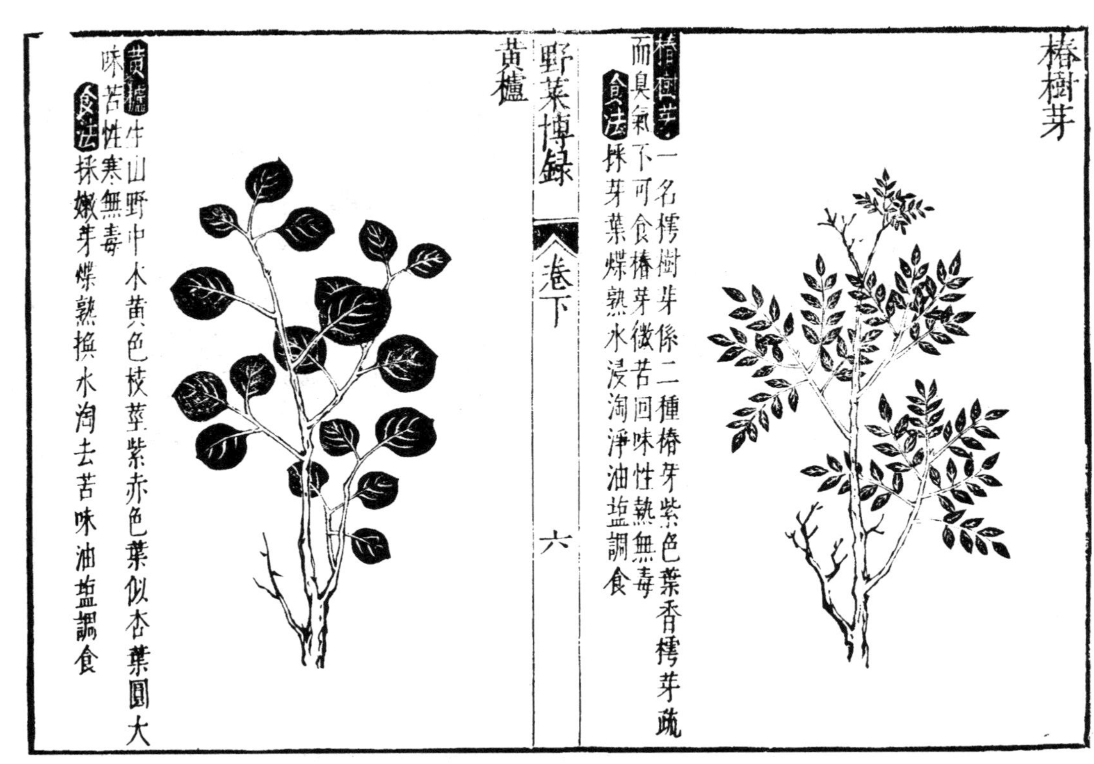

椿樹芽

椿樹芽一名樗樹芽係二種椿芽紫色葉香樗芽疏而臭氣不可食椿芽微苦回味性熱無毒

食法 採芽葉煠熟水浸淘淨油塩調食

野菜博錄 卷下 六

黃櫨

黃櫨生山野中木黃色枝莖紫赤色葉似杏葉圓大味苦性寒無毒

食法 採嫩芽煠熟換水淘去苦味油塩調食

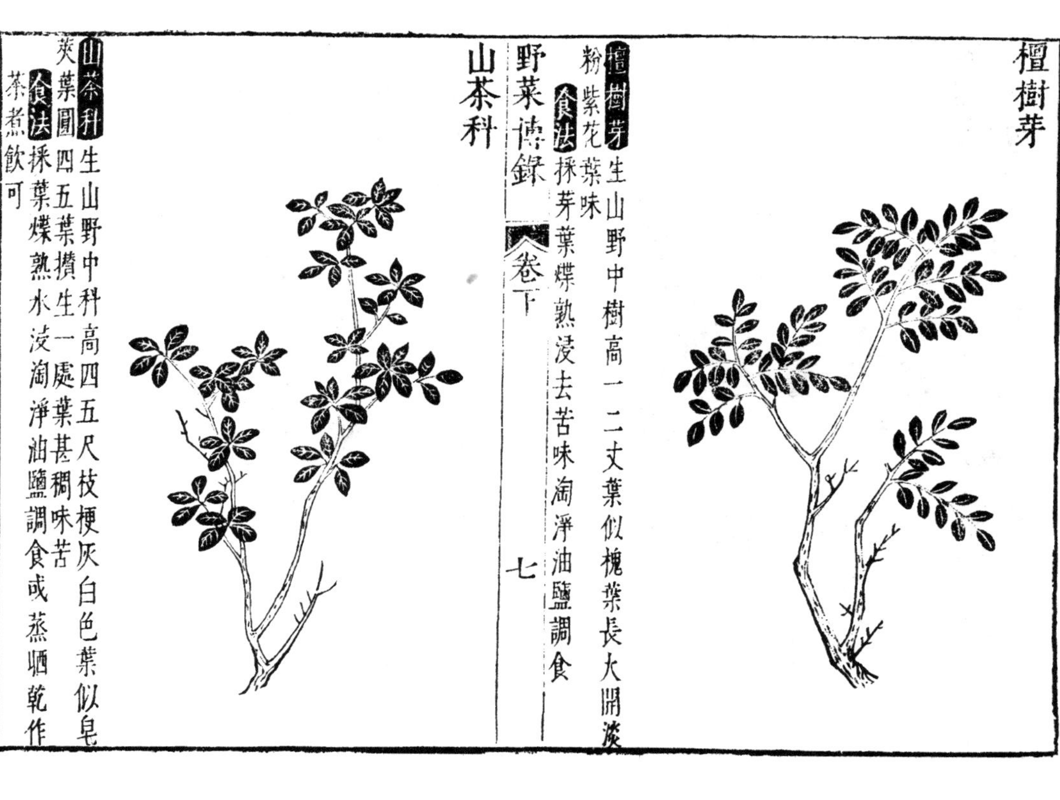

檀樹芽

檀樹芽生山野中樹高一二丈葉似槐葉長大開淡粉紫花葉味苦

食法採芽葉煠熟浸去苦味淘淨油鹽調食

山茶科

山茶科生山野中科高四五尺枝梗灰白色葉似皂莢葉團四五葉攢生一處葉甚稠味苦

食法採葉煠熟水浸淘淨油鹽調食或蒸曬乾作茶煮飲可

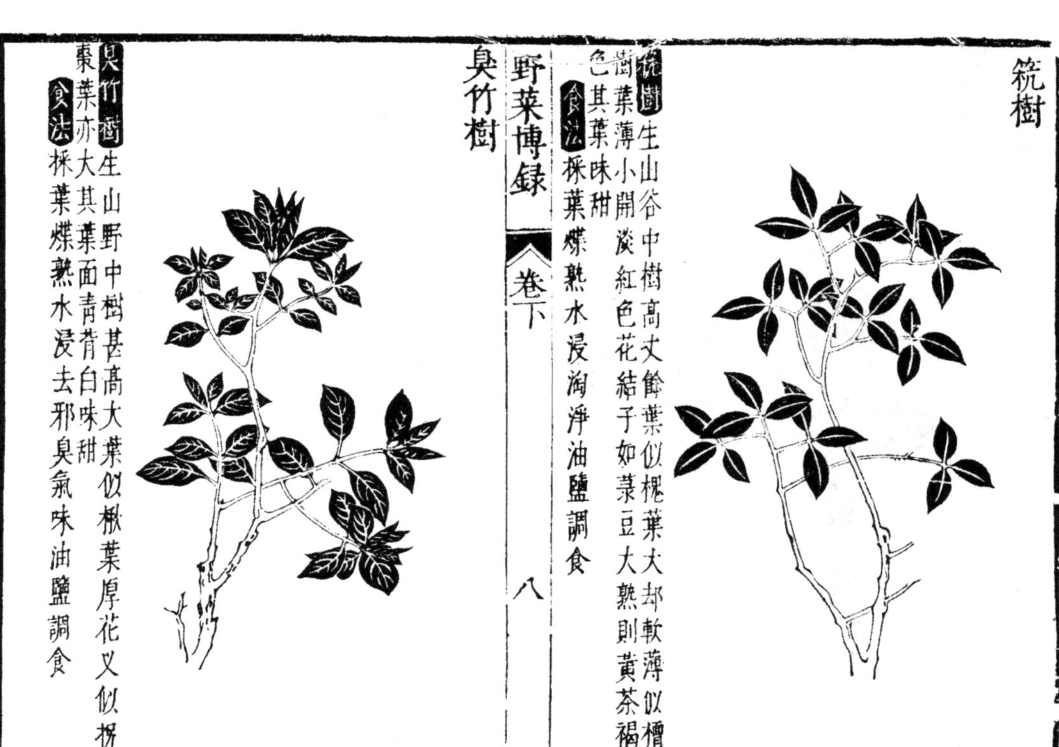

椋樹

椋樹生山谷中樹高丈餘葉似槐葉大却軟薄似檀樹葉薄小開淡紅色花結子如菉豆大熟則黃茶褐色其葉味甜

食法採葉煠熟水浸淘淨油鹽調食

臭竹樹

臭竹樹生山野中樹甚高大葉似楸葉厚花又似拐棗葉亦大其葉面青背白味甜

食法採葉煠熟水浸去邪臭氣味油鹽調食

回回醋

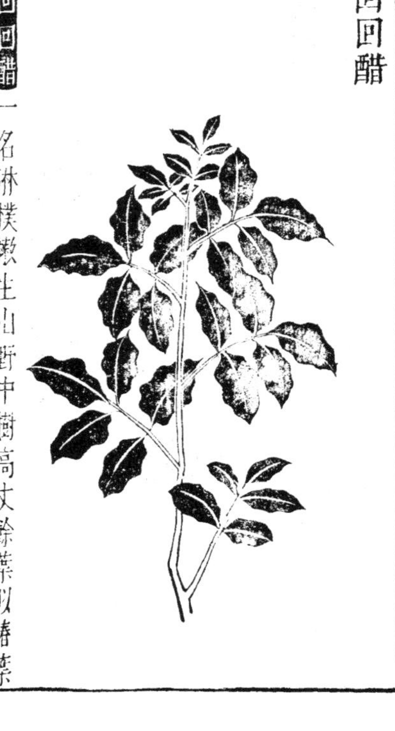

回回醋一名淋樸樕生山野中樹高丈餘葉似椿葉厚大邊有鋸齒或三葉或五葉排生一莖開白花結子大如豌豆熟紅紫色味酸葉味微酸

食法採葉煠熟水浸去酸味油鹽調食用子調和百味如醋

槭樹芽

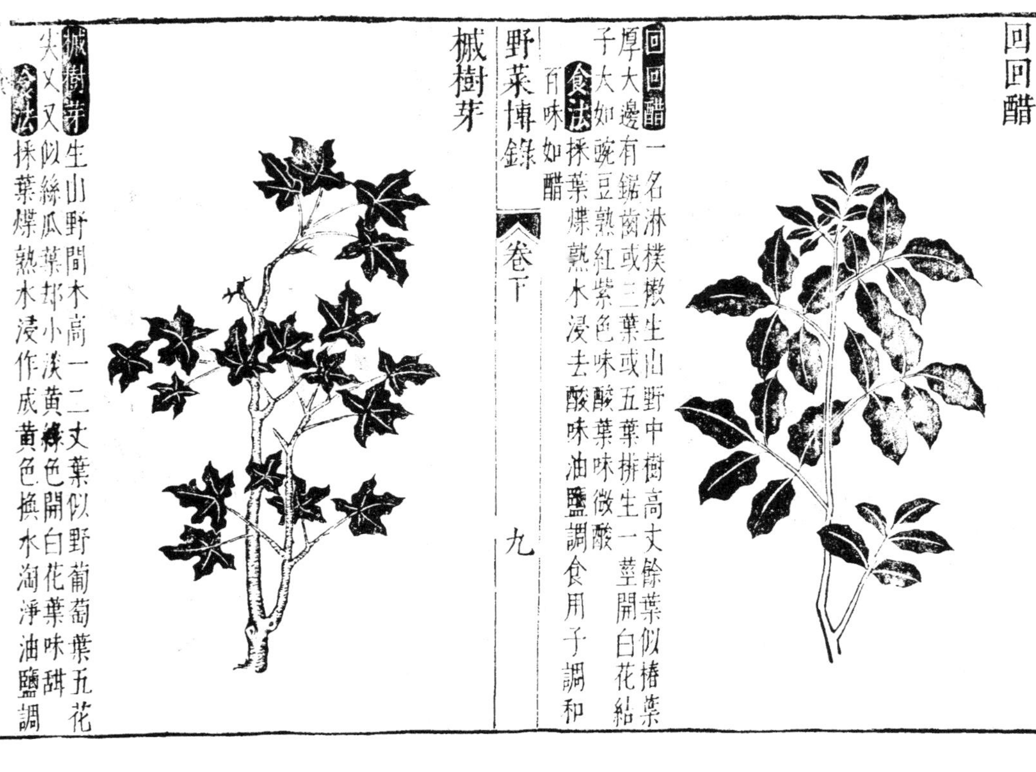

槭樹芽生山野間木高一二丈葉似野葡萄葉五花尖叉又似絲瓜葉却小淡黃綠色開白花葉味甜

食法採葉煠熟水浸作成黃色換水淘淨油鹽調食

女兒茶

女兒茶一名牛李子生山野中科條高五六尺葉似郁李子葉長大稍尖葉色光滑微黃綠結子如豌豆大生青熟黑茶褐色葉味淡微苦

食法採嫩葉煠熟水浸淘淨油鹽調食

白槿樹

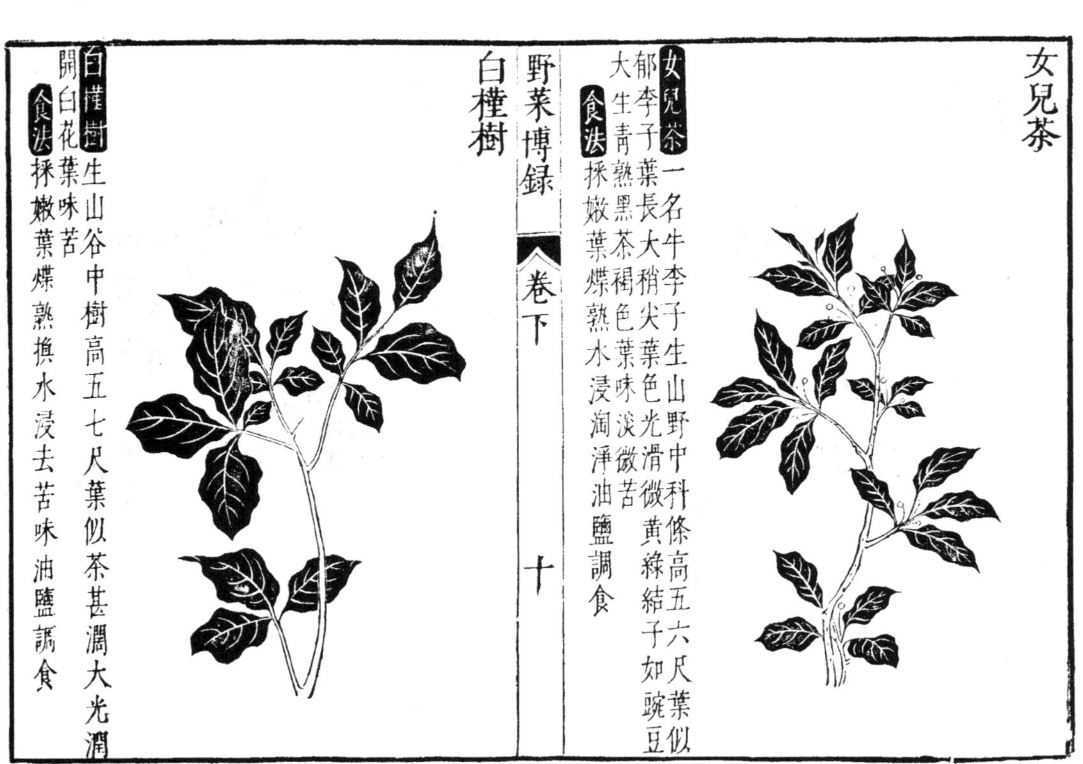

白槿樹生山谷中樹高五七尺葉似茶甚濶大光潤開白花葉味苦

食法採嫩葉煠熟換水浸去苦味油鹽調食

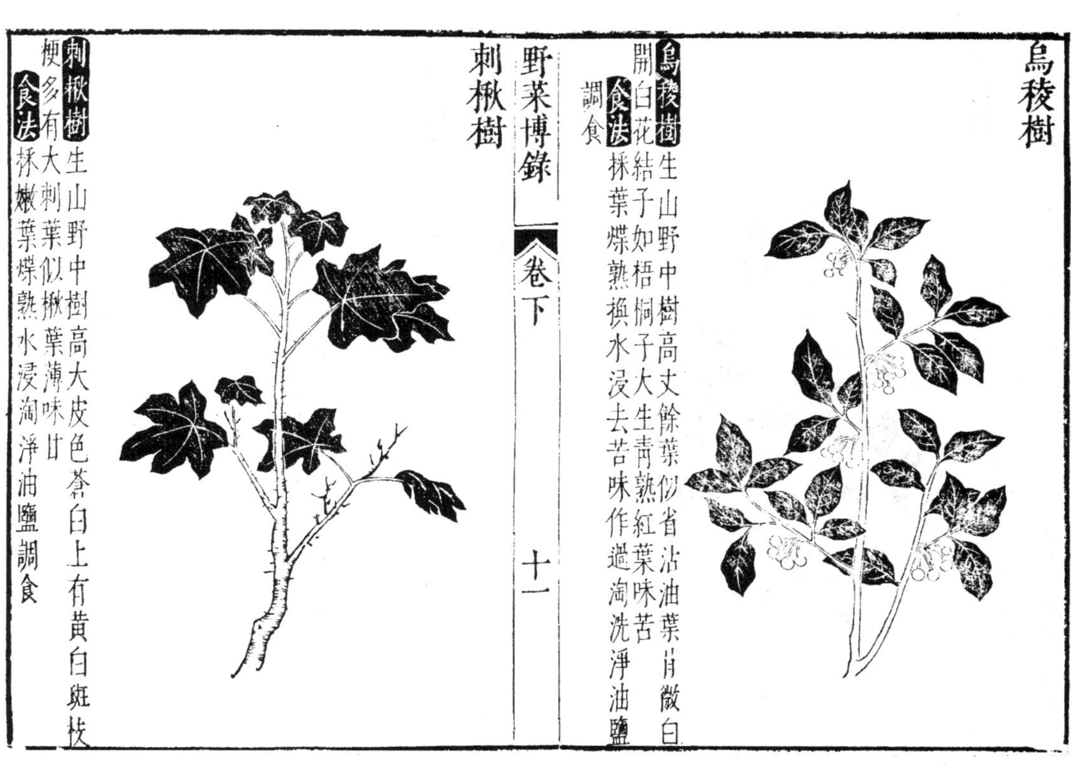

烏稜樹

烏稜樹生山野中樹高丈餘葉似省沽油葉而微白開白花結子如梧桐子大生青熟紅葉味苦

食法採葉煠熟換水浸去苦味作過淘洗淨油鹽調食

刺楸樹

刺楸樹生山野中樹高大皮色蒼白上有黃白斑枝梗多有大刺葉似楸葉薄味甘

食法採嫩葉煠熟水浸淘淨油鹽調食

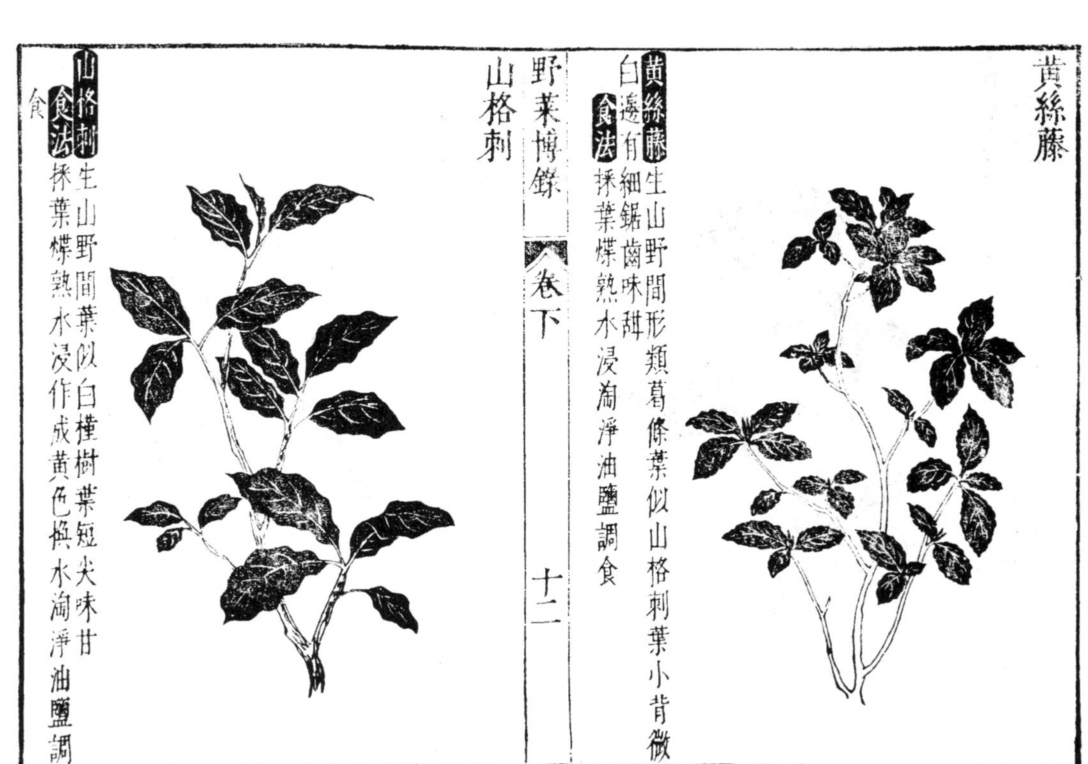

黃絲藤

黃絲藤生山野間形類葛條葉似山格刺葉小背微白邊有細鋸齒味甜

食法採葉煠熟水浸淘淨油鹽調食

山格刺

山格刺生山野間葉似白槿樹葉短尖味甘

食法採葉煠熟水浸作成黃色換水淘淨油鹽調食

報馬樹

報馬樹生山野中枝似桑條葉似青檀葉大邊有花叉葉味甜

食法採葉煠熟水淘淨油鹽調食硬葉煠熟水浸作成黃色淘去涎沫油鹽調食

堅莢樹

堅莢樹生山谷中樹枝堅勁可以作棒皮色烏黑對分枝叉葉似拐棗葉却大色淡綠亦對生開黃花結小紅子葉味苦

食法採嫩葉煠熟水浸去苦味淘淨油鹽調食

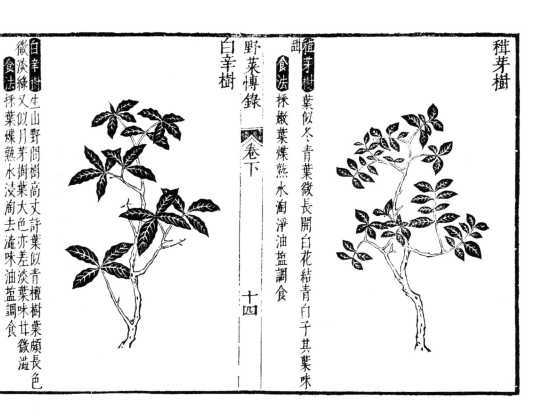

穁芽樹

穁芽樹葉似冬青葉微長開白花結青白子其葉味甜

食法採嫩葉煠熟水淘淨油鹽調食

白辛樹

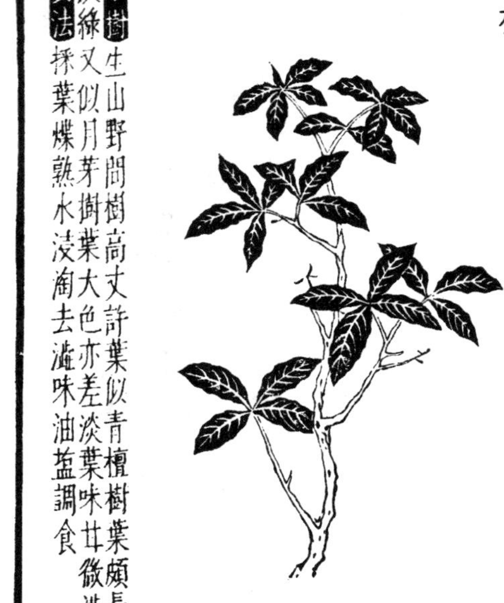

白辛樹生山野岡樹高丈許葉似青檀樹葉頗長色微淡綠又似月芽樹葉大色亦差淡葉味甘微澁

食法採葉煠熟水浸淘去澁味油鹽調食

椵樹

椵樹 樹甚高大其木細膩枝叉對生葉似木槿葉長大微薄色頗淡綠皆作五花椏叉邊有鋸齒開黃花結子如豆粒大色青白葉味苦

食法 採嫩葉煠熟水浸去苦味淘洗淨油塩調食

臭萩

臭萩 科條高四五尺葉似杵瓜葉尖艄又似金銀花葉亦尖艄五葉攢生如一葉開花白色其葉味甜

食法 採葉煠熟水浸淘淨油塩調食

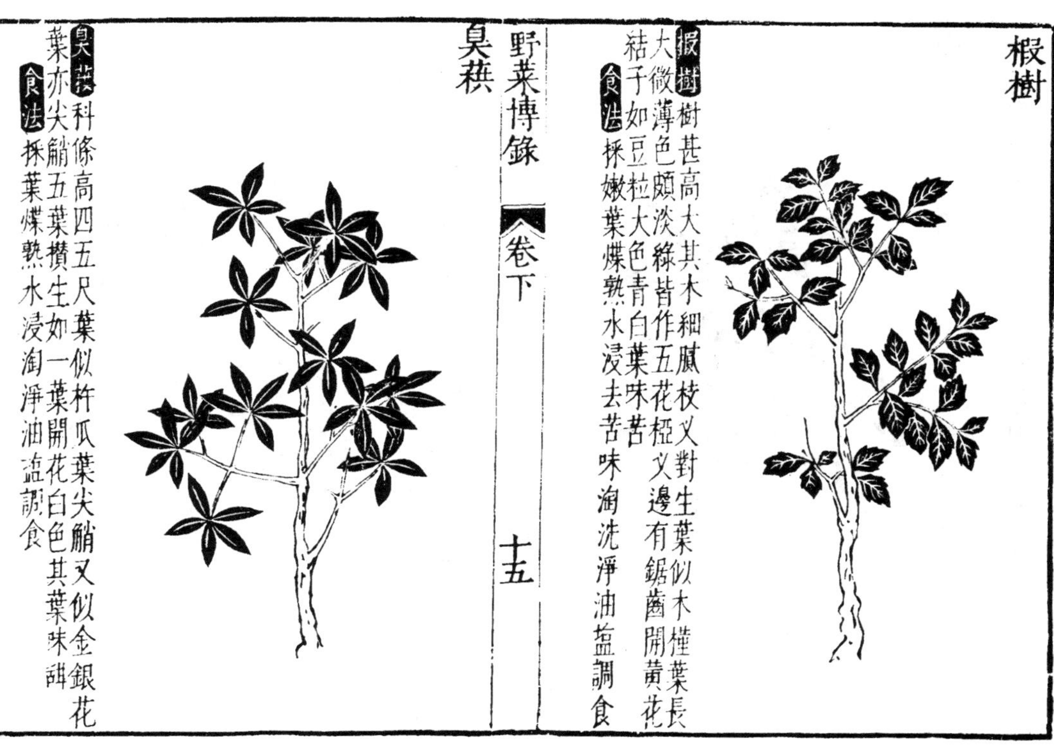

椒樹

椒樹 一名川椒本草名蜀椒生蜀郡川谷間高四五尺枝莖有刺葉似薔薇葉堅硬結實無花葉間如豆顆皮紫赤色中有小黑子味辛性温大熱有小毒

食法 採葉煠熟換水浸淘淨油塩調食

雲桑

雲桑 生山野中樹枝葉皆類桑但葉頭有花叉如雲開細花青黃色葉味微苦

食法 採嫩葉煠熟換水浸淘去苦味油塩調食或蒸晒作茶亦可

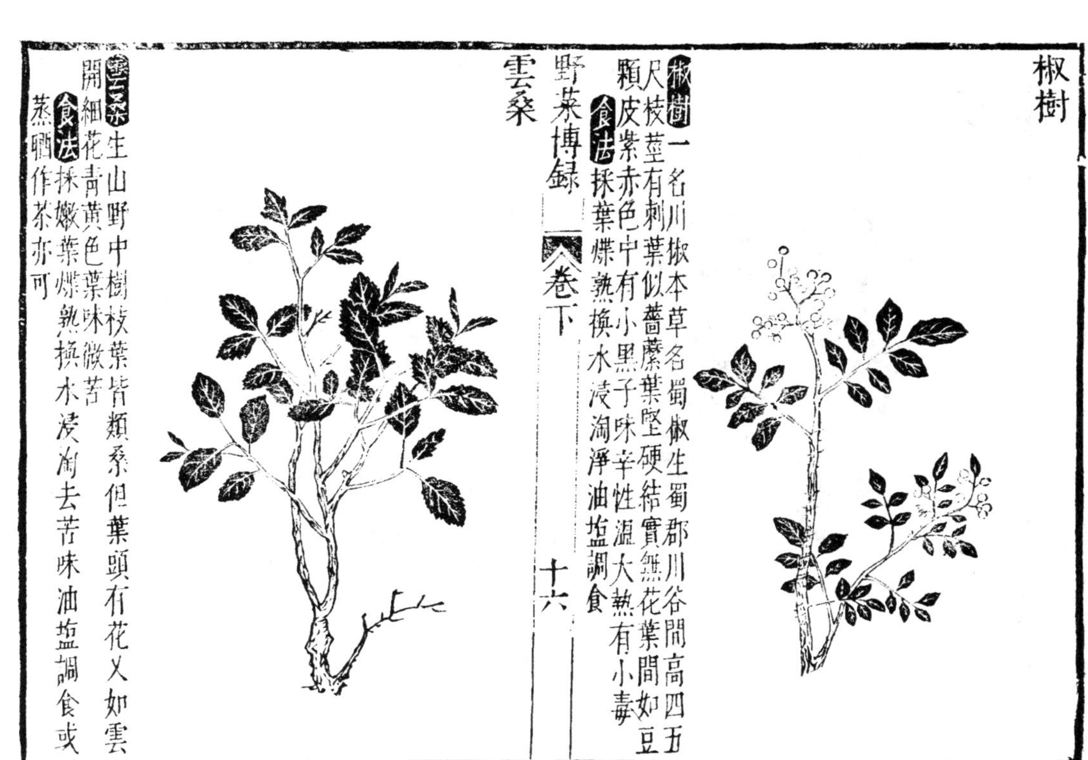

馬魚兒條

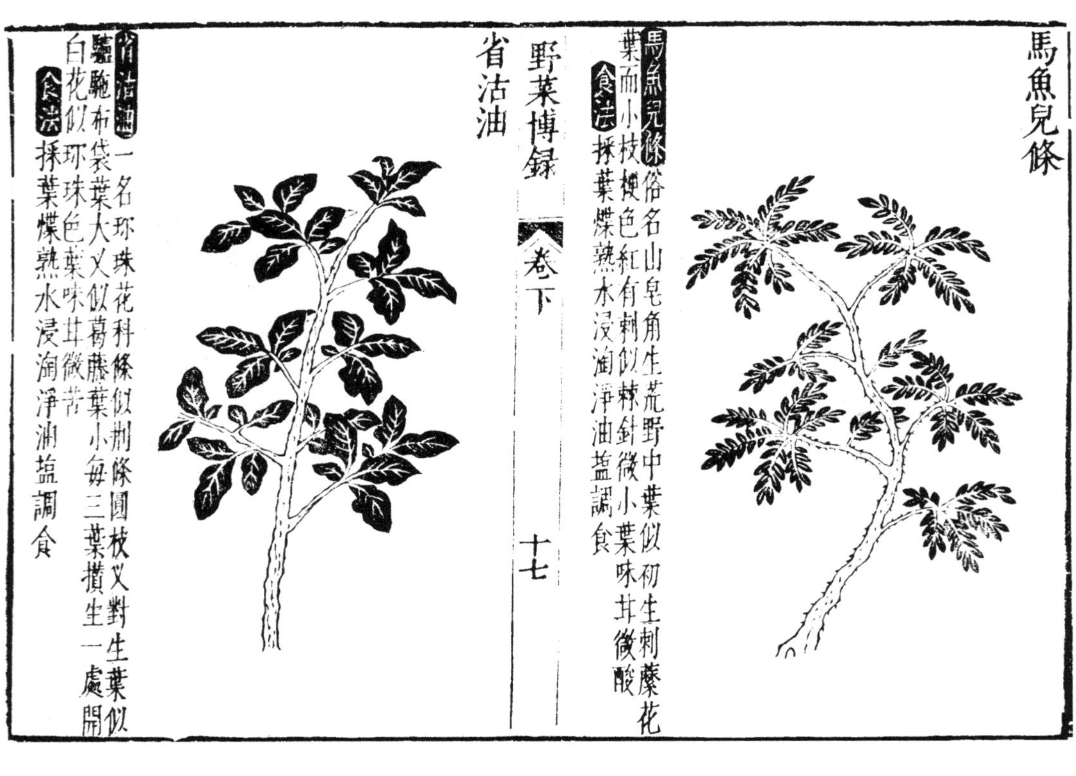

馬魚兒條俗名山皂角生荒野中葉似初生刺蘼花葉而小枝梗色紅有刺似棘針微小葉味甘微酸

食法採葉煠熟水浸淘淨油鹽調食

野菜博録　卷下　十七

省沽油

省沽油一名珎珠花科條似荆條圓枝叉對生葉似驢驢布袋葉大又似葛藤葉小每三葉攅生一處開白花似珎珠色葉味甘微苦

食法採葉煠熟水浸淘淨油鹽調食

兜櫨樹

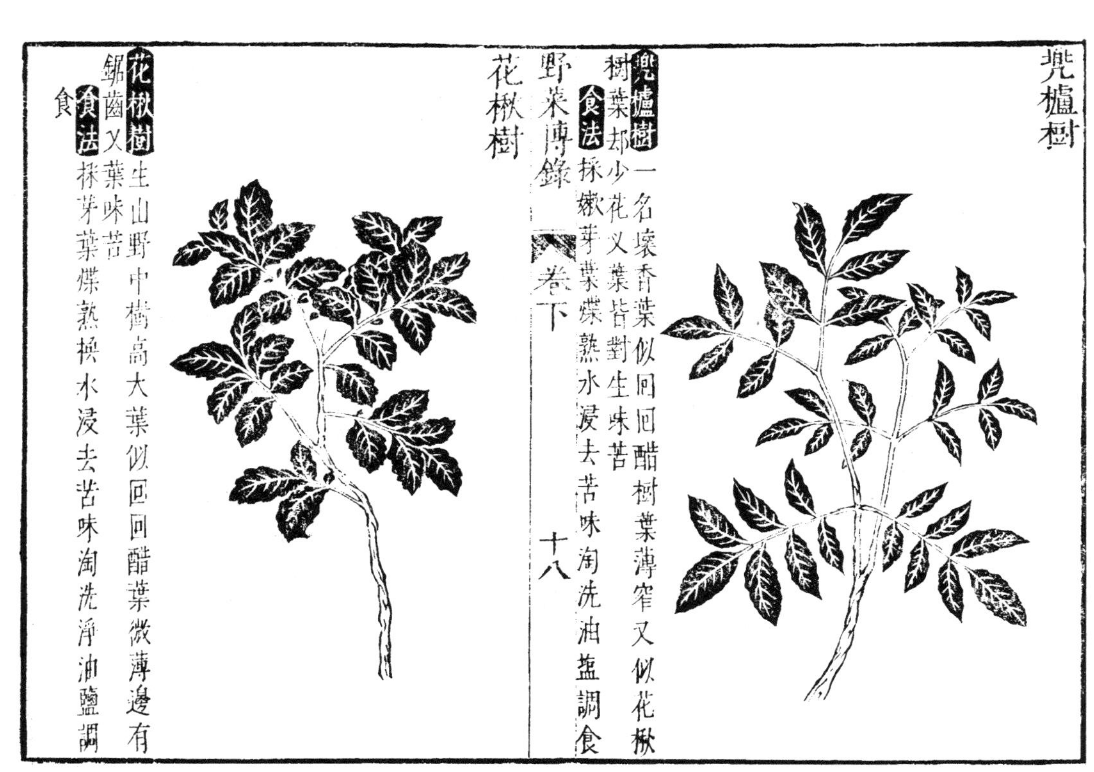

兜櫨樹一名壞香葉似回回醋樹葉薄窄又似花楸樹葉却少花叉葉皆對生味苦

食法採嫩芽葉煠熟水浸去苦味淘洗油鹽調食

野菜博録　卷下　十八

花楸樹

花楸樹生山野中樹高大葉似回回醋葉微薄邊有鋸齒叉葉味苦

食法採芽葉煠熟換水浸去苦味淘洗淨油鹽調食

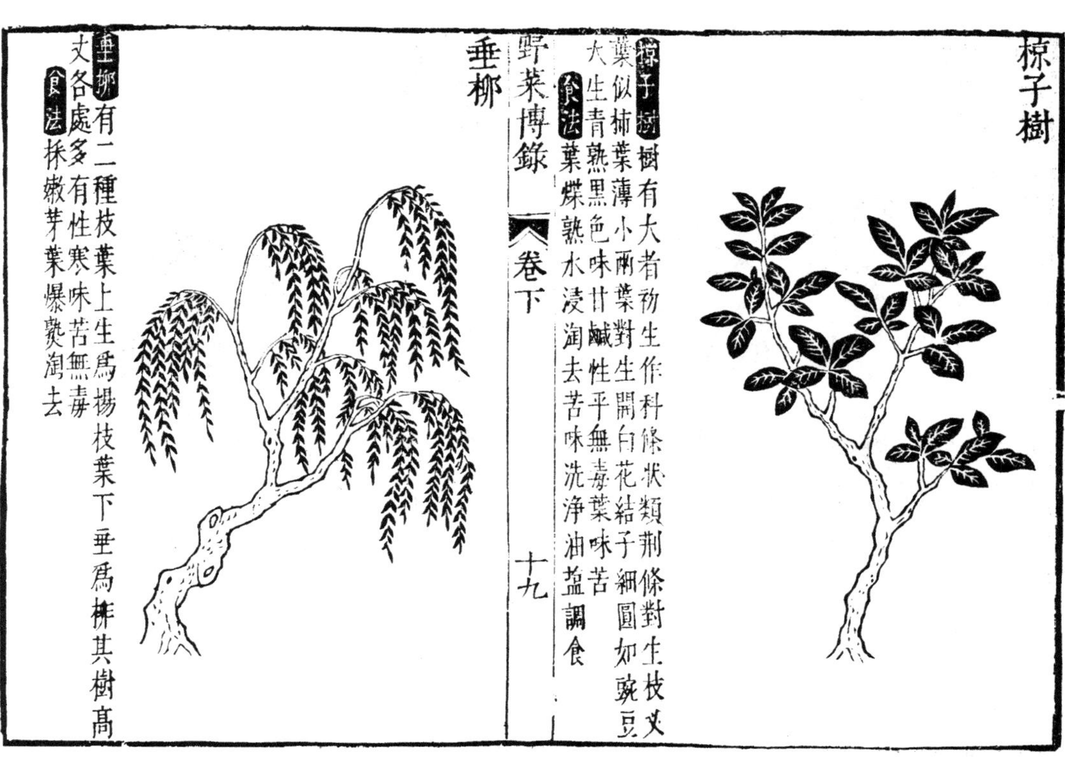

椋子樹

椋子樹 樹有大者初生作科條狀類荊條對生枝叉葉似柿葉薄小兩葉對生開白花結子細圓如豌豆大生青熟黑色味甘鹹性平無毒葉味苦

食法 葉煠熟水浸淘去苦味洗淨油鹽調食

垂柳

垂柳 有二種枝葉上生爲楊枝葉下垂爲柳其樹高丈各處多有性寒味苦無毒

食法 採嫩芽葉爆熟淘去

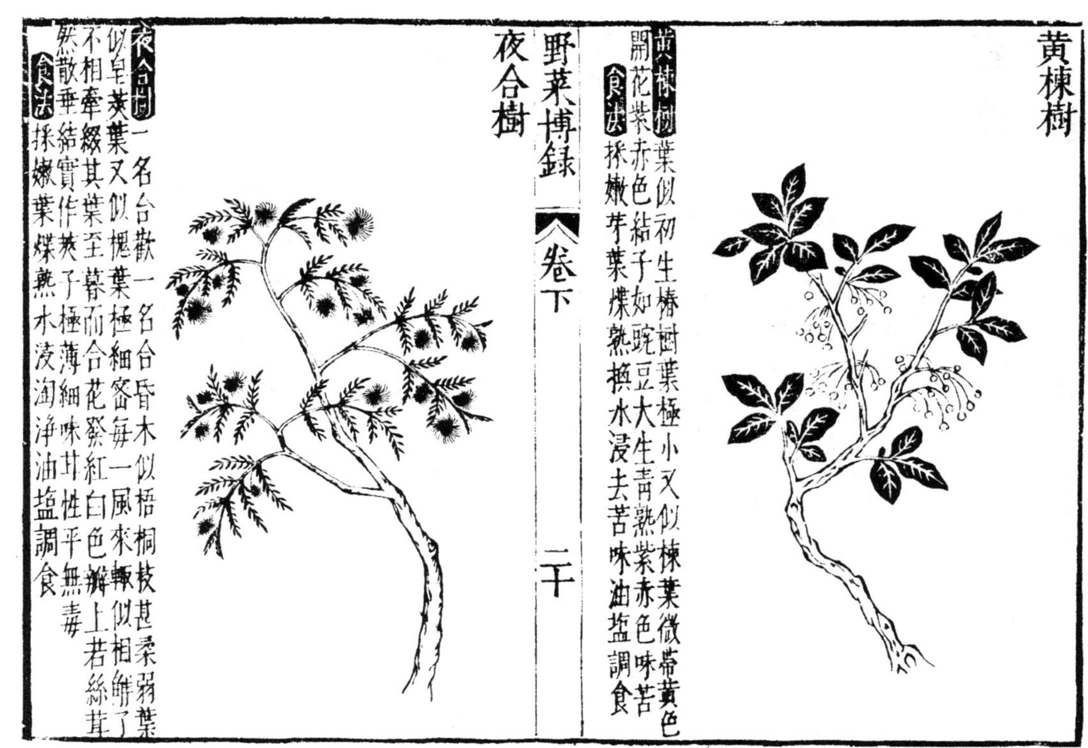

黃楝樹

黃楝樹 葉似初生椿樹葉極小又似楝葉微帶黃色開花紫赤色結子如豌豆大生青熟紫赤色味苦

食法 採嫩芽葉煠熟換水浸去苦味油鹽調食

夜合樹

夜合樹 一名合歡一名合昏木似梧桐枝甚柔弱葉似皂莢葉又似槐葉極細密每一風來輒似相解了不相牽綴其葉至暮而合花發紅白色瓣上若絲茸然散垂結實作莢子極薄細味甘性平無毒

食法 採嫩葉煠熟水浸淘淨油鹽調食

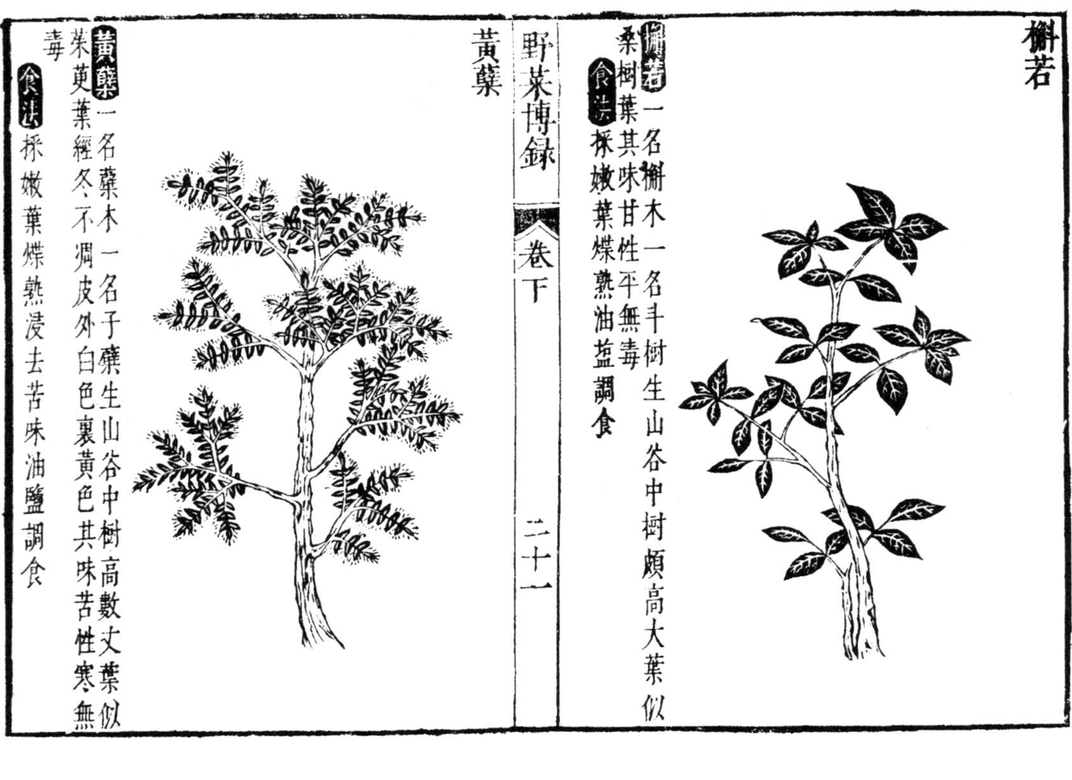

槲若

槲若一名槲木一名斗樹生山谷中樹頗高大葉似桑樹葉其味甘性平無毒

食法採嫩葉煠熟油盐調食

野菜博錄　卷下　二十一

黃蘗

黃蘗一名蘗木一名子蘗生山谷中樹高數丈葉似朱萸葉經冬不凋皮外白色裏黃色其味苦性寒無毒

食法採嫩葉煠熟浸去苦味油鹽調食

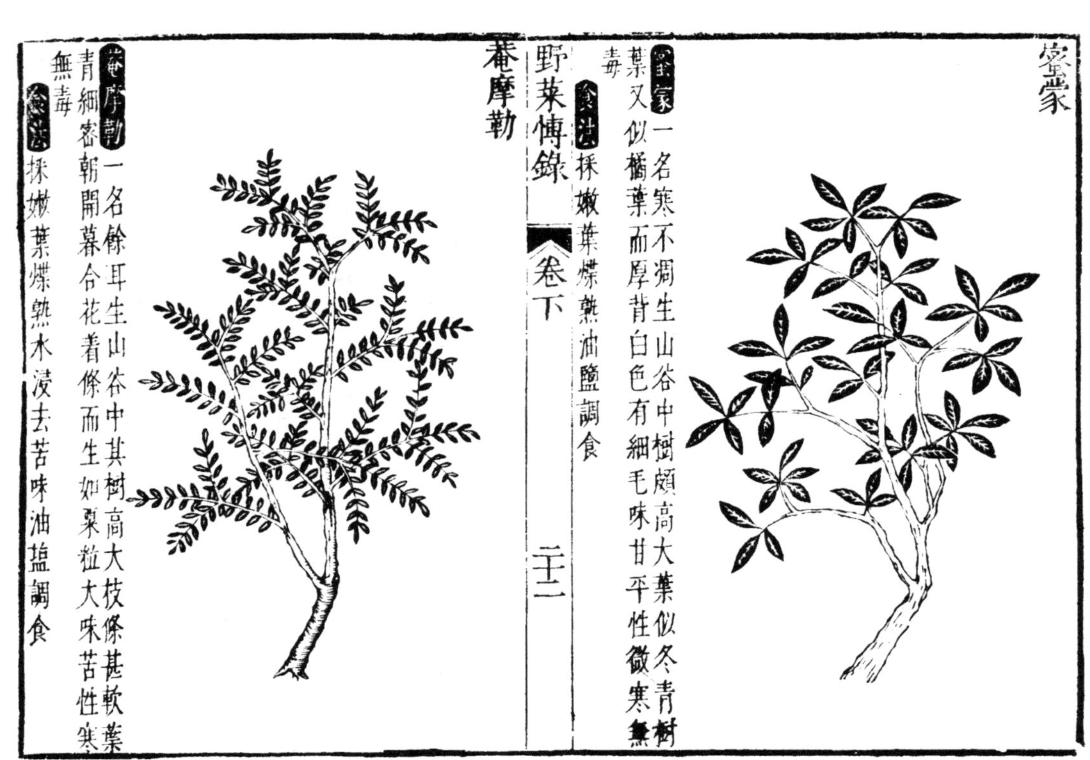

蜜蒙

蜜蒙一名寒不凋生山谷中樹頗高大葉似冬青樹葉又似槲葉而厚背白色有細毛味甘平性微寒無毒

食法採嫩葉煠熟油鹽調食

野菜博錄　卷下　二十二

菴摩勒

菴摩勒一名餘甘生山谷中其樹高大枝條甚軟葉青細密朝開暮合花着條而生如粟粒大味苦性寒無毒

食法採嫩葉煠熟水浸去苦味油盐調食

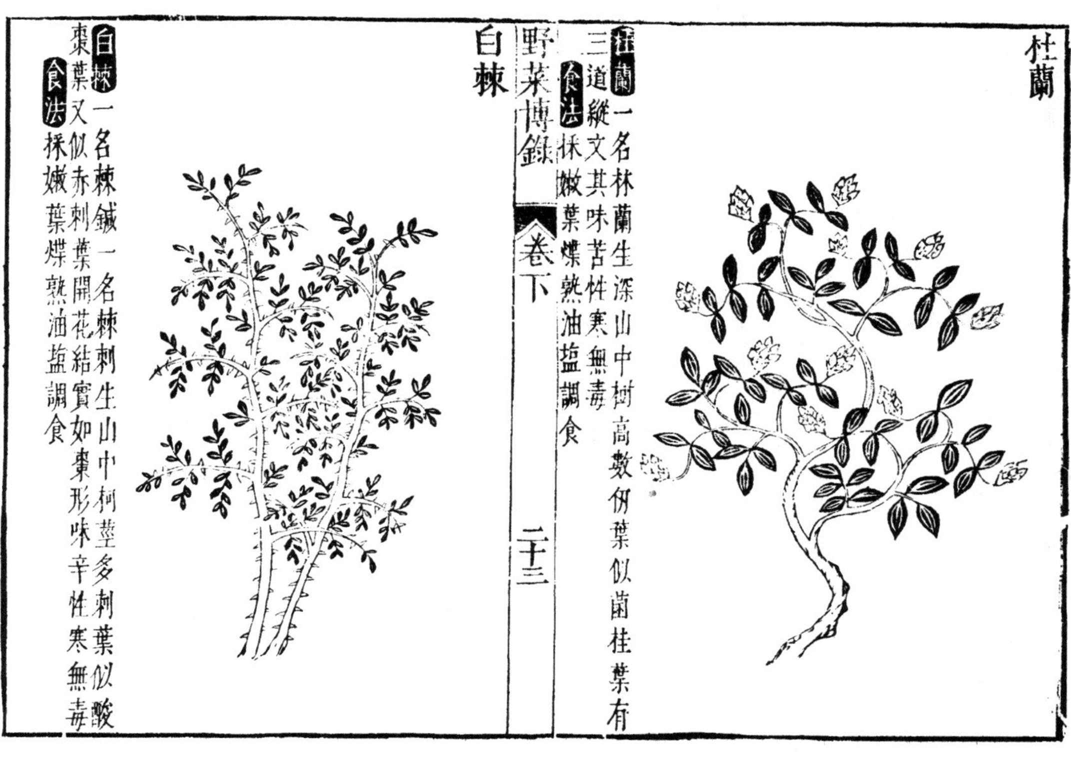

杜蘭

杜蘭 一名林蘭生深山中樹高數仞葉似菌桂葉有三道縱文其味苦性寒無毒

食法 採嫩葉煠熟油鹽調食

白棘

白棘 一名棘鍼一名棘刺生山中科莖多刺葉似酸棗葉又似赤刺葉開花結實如棗形味辛性寒無毒

食法 採嫩葉煠熟油鹽調食

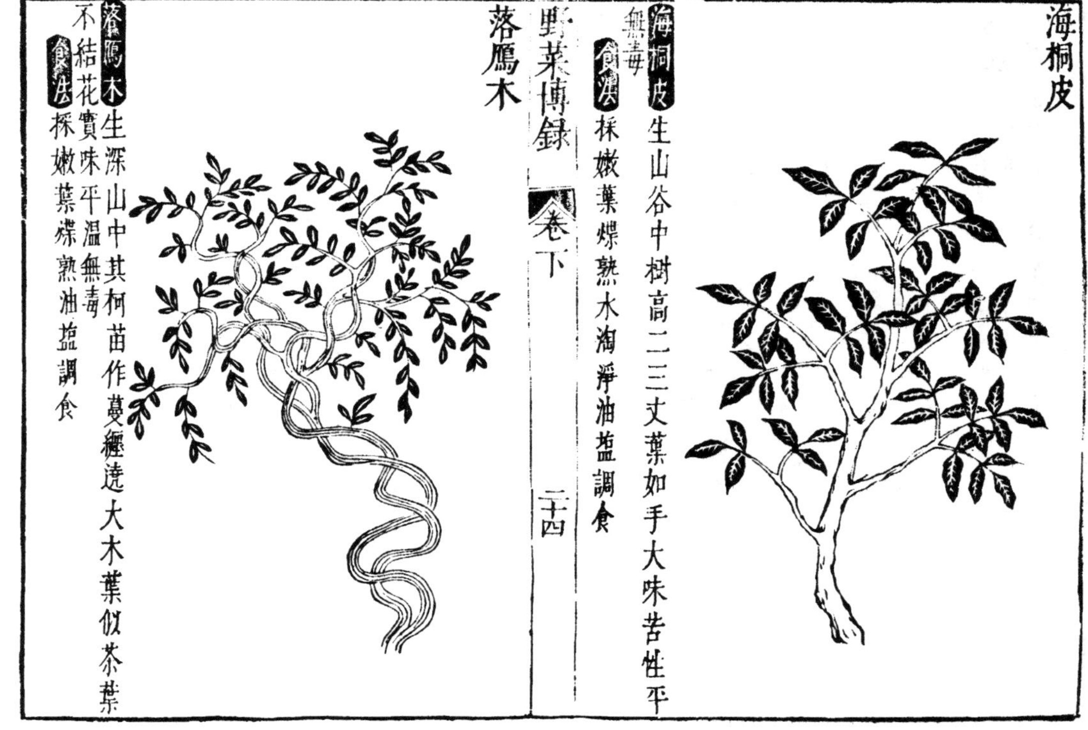

海桐皮

海桐皮 生山谷中樹高二三丈葉如手大味苦性平無毒

食法 採嫩葉煠熟水淘淨油鹽調食

落鴈木

落鴈木 生深山中其科苗作蔓纏遶大木葉似茶葉不結花實味平溫無毒

食法 採嫩葉煠熟油鹽調食

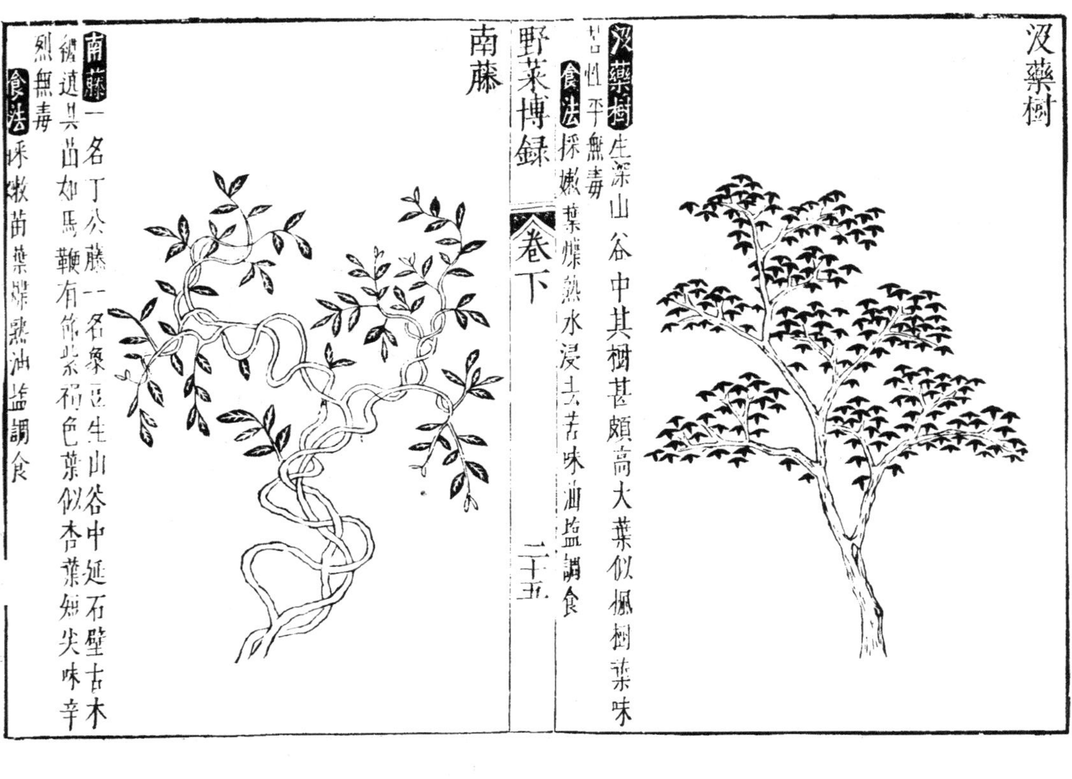

没藥樹

没藥樹生深山谷中其樹甚頗高大葉似楓樹葉味苦性平無毒

食法採嫩葉煠熟水浸去苦味油盐調食

野菜博録　卷下　二十五

南藤

南藤一名丁公藤一名象豆生山谷中延石壁古木纏遶其苗如馬鞭有節紫褐色葉似杏葉短尖味辛烈無毒

食法採嫩苗葉煠熟油盐調食

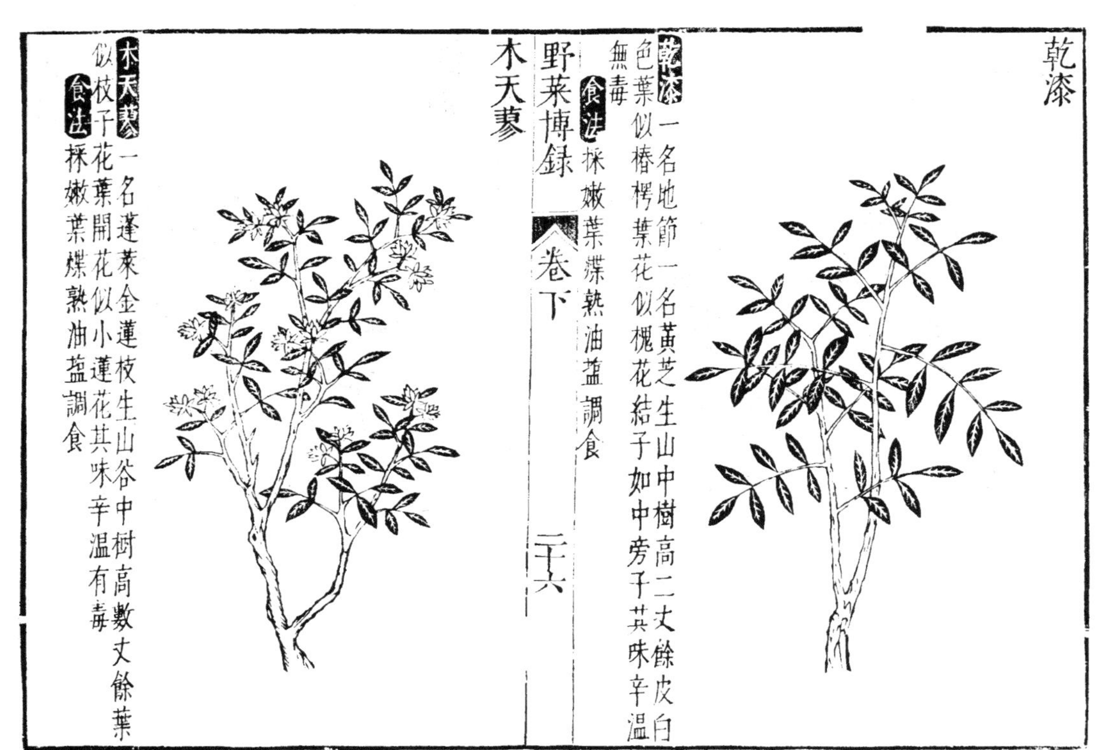

乾漆

乾漆一名地節一名黄芝生山中樹高二丈餘皮白色葉似椿樗葉花似槐花結子如中旁子莢味辛温無毒

食法採嫩葉煠熟油盐調食

野菜博録　卷下　二十六

木天蓼

木天蓼一名蓬萊金蓮枝生山谷中樹高數丈餘葉似枝子花葉開花似小蓮花其味辛温有毒

食法採嫩葉煠熟油盐調食

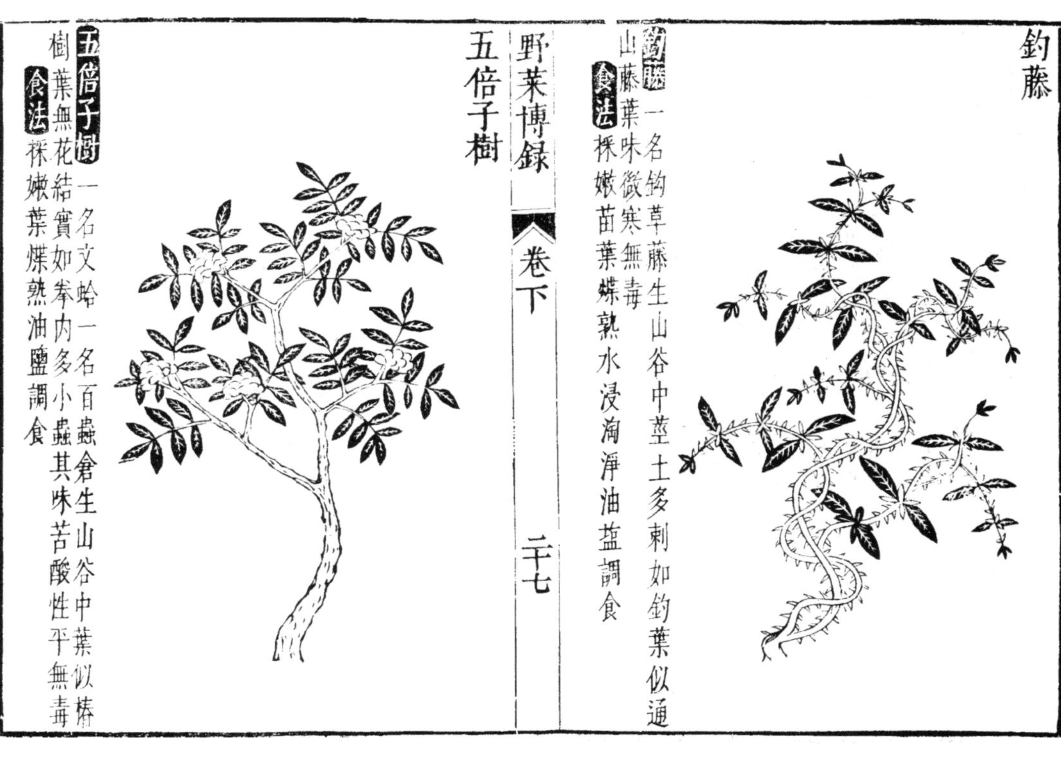

鈎藤

鈎藤一名鈎草藤生山谷中莖土多刺如鈎葉似通山藤葉味微寒無毒

食法採嫩苗葉煠熟水浸淘淨油盐調食

五倍子樹

五倍子樹一名文蛤一名百蟲倉生山谷中葉似椿樹葉無花結實如拳内多小蟲其味苦酸性平無毒

食法採嫩葉煠熟油鹽調食

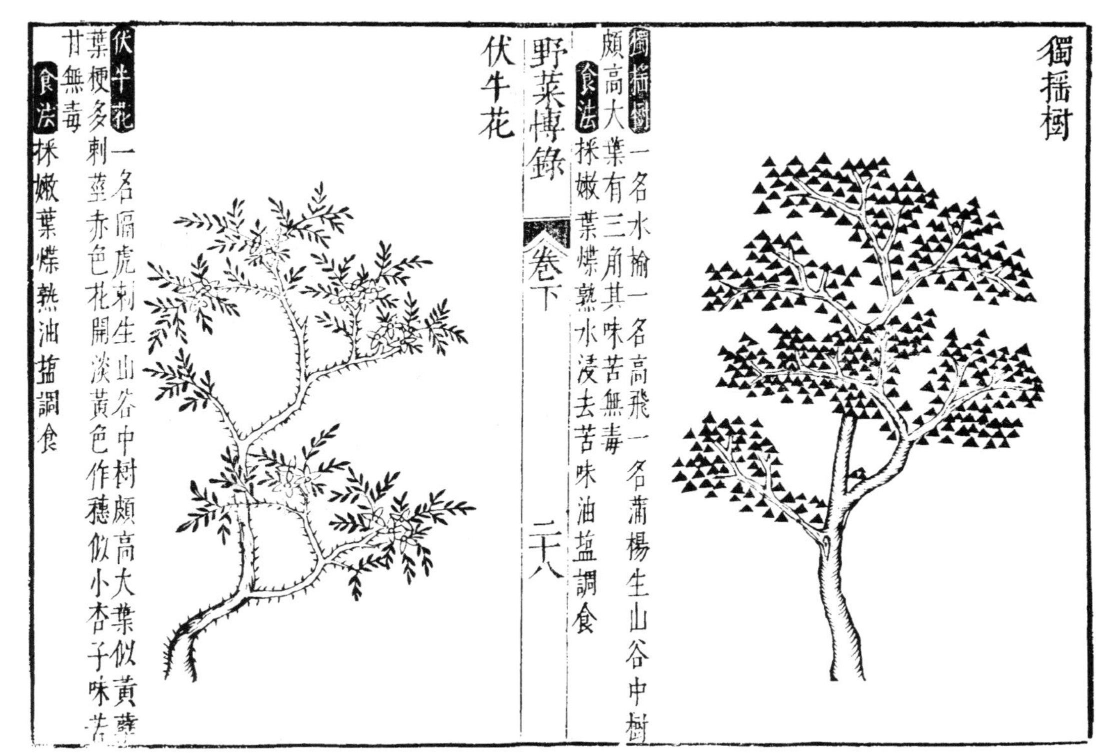

獨摇樹

獨摇樹一名水榆一名高飛一名蒲楊生山谷中樹頗高大葉有三角其味苦無毒

食法採嫩葉煠熟水浸去苦味油盐調食

伏牛花

伏牛花一名隔虎刺生山谷中樹頗高大葉似黄蘗葉梗多刺莖赤色花開淡黄色作穗似小杏子味苦甘無毒

食法採嫩葉煠熟油盐調食

杉木

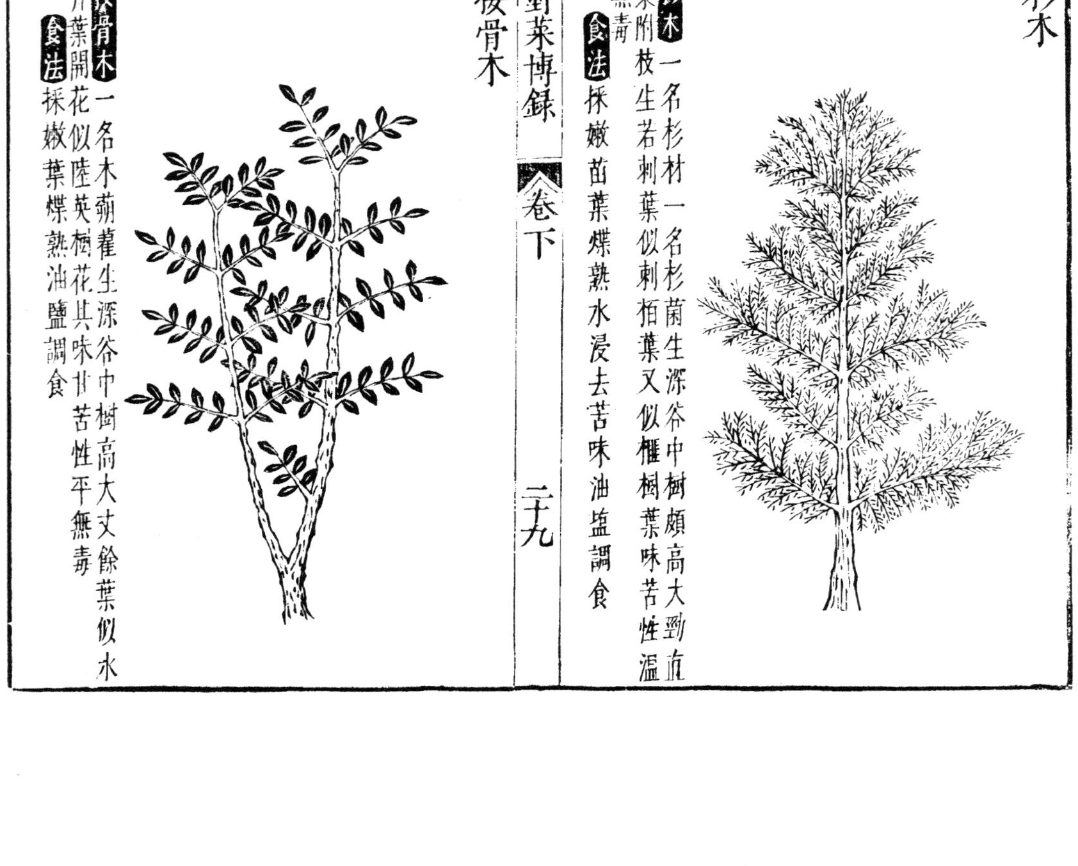

杉木一名杉材一名杉菌生深谷中樹頗高大勁直葉附枝生若刺葉似刺栢葉又似榧樹葉味苦性溫無毒

食法採嫩菌葉煠熟水浸去苦味油塩調食

接骨木

接骨木一名木蒴藋生深谷中樹高大丈餘葉似水芹葉開花似陸英樹花其味甘苦性平無毒

食法採嫩葉煠熟油鹽調食

藩籬枝

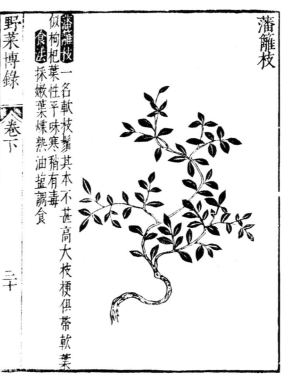

藩籬枝一名軟枝鬚其本不甚高大枝梗俱帶軟葉似枸杞葉性平味寒稍有毒

食法採嫩葉煠熟油盐調食

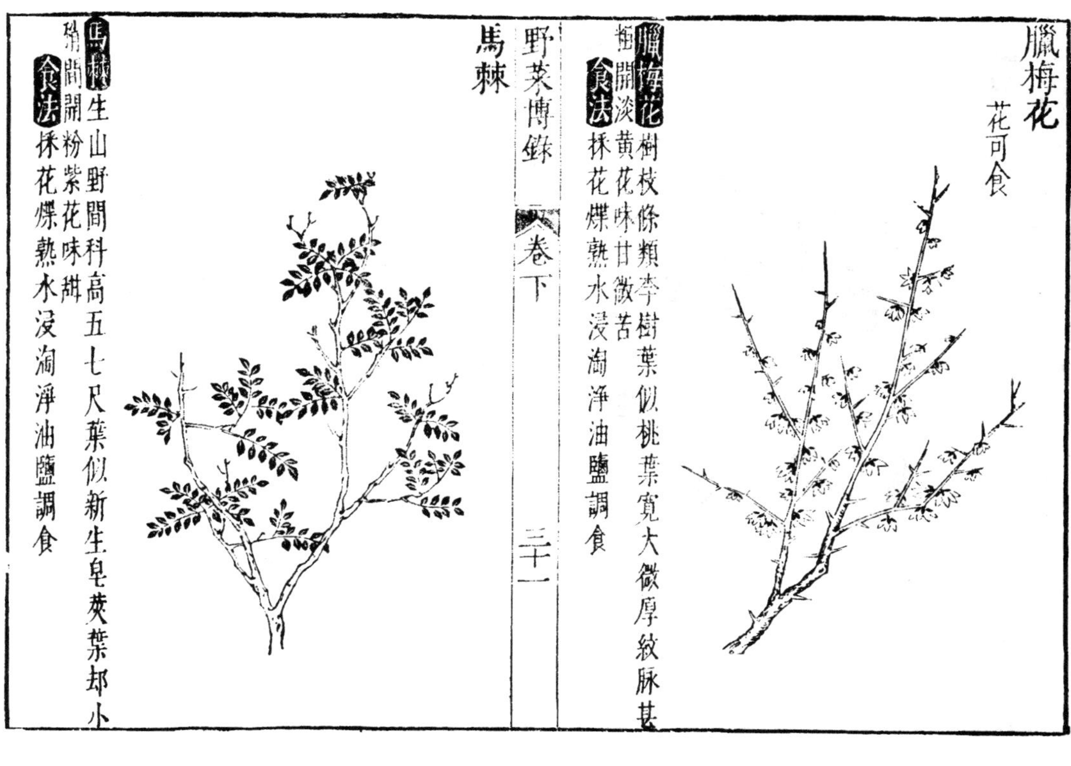

臘梅花

花可食

臘梅花 樹枝條類李樹葉似桃葉寬大微厚紋脉甚粗開淡黃花味甘微苦

食法 採花煠熟水浸淘淨油鹽調食

馬棘

馬棘 生山野間科高五七尺葉似新生皂莢葉却小稍開粉紫花味甜

食法 採花煠熟水浸淘淨油鹽調食

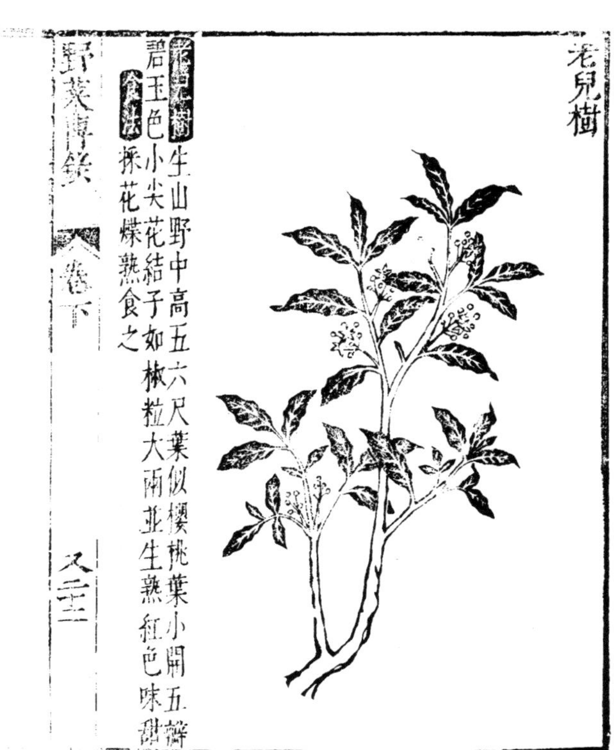

老兒樹

老兒樹 生山野中高五六尺葉似櫻桃葉小開五瓣碧玉色小尖花結子如椒粒大兩兩並生熟紅色味甜

食法 採花煠熟食之

野菜博録卷又三

新安鮑 山在齋編

藤花菜

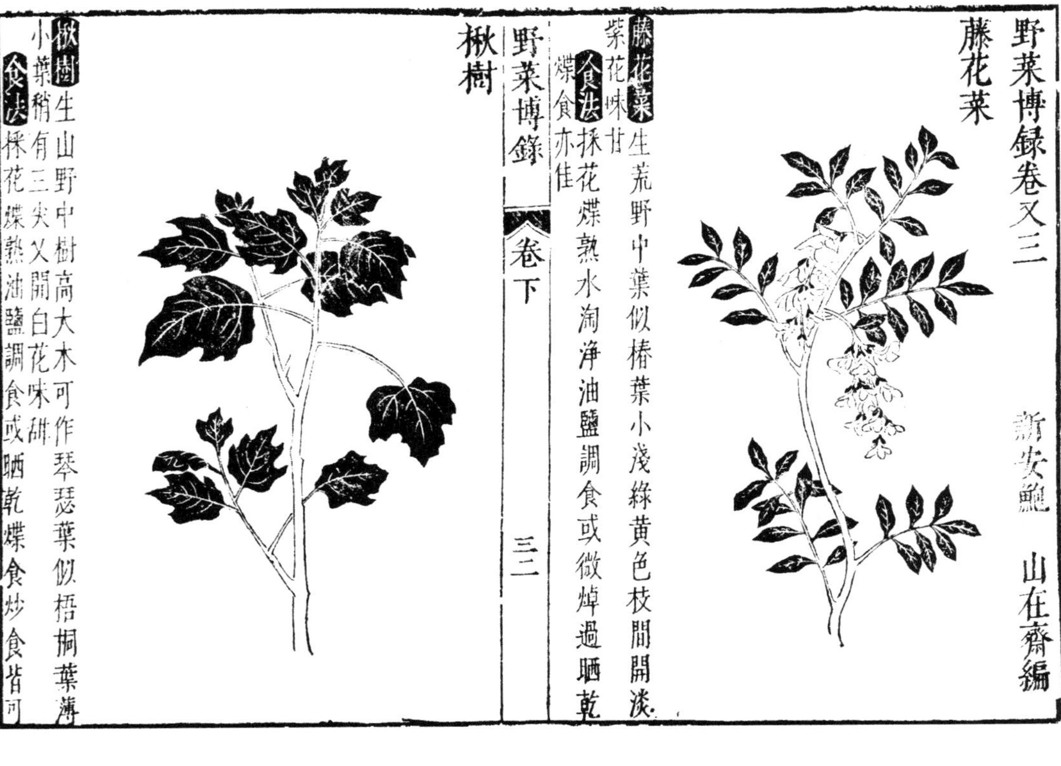

藤花菜生荒野中葉似椿葉小淺綠黄色枝間開淺紫花味甘 食法採花煠熟水淘淨油鹽調食或微焯過晒乾煠食亦佳

楸樹

楸樹生山野中樹高大木可作琴瑟葉似梧桐葉薄小葉稍有三尖叉開白花味甜 食法採花煠熟油鹽調食或晒乾煠食炒食皆可

欛齒花

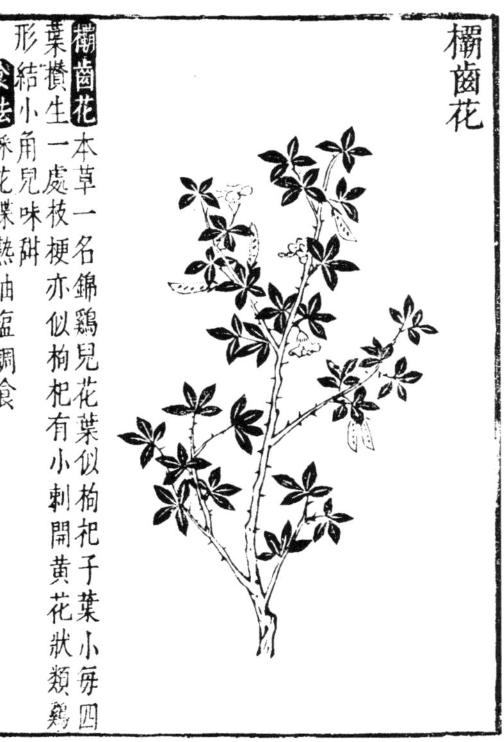

欛齒花本草一名錦鷄兒花葉似枸杞子葉小每四葉攢生一處枝梗亦似枸杞有小刺開黄花狀類鷄形結小角兒味甜 食法採花煠熟油塩調食

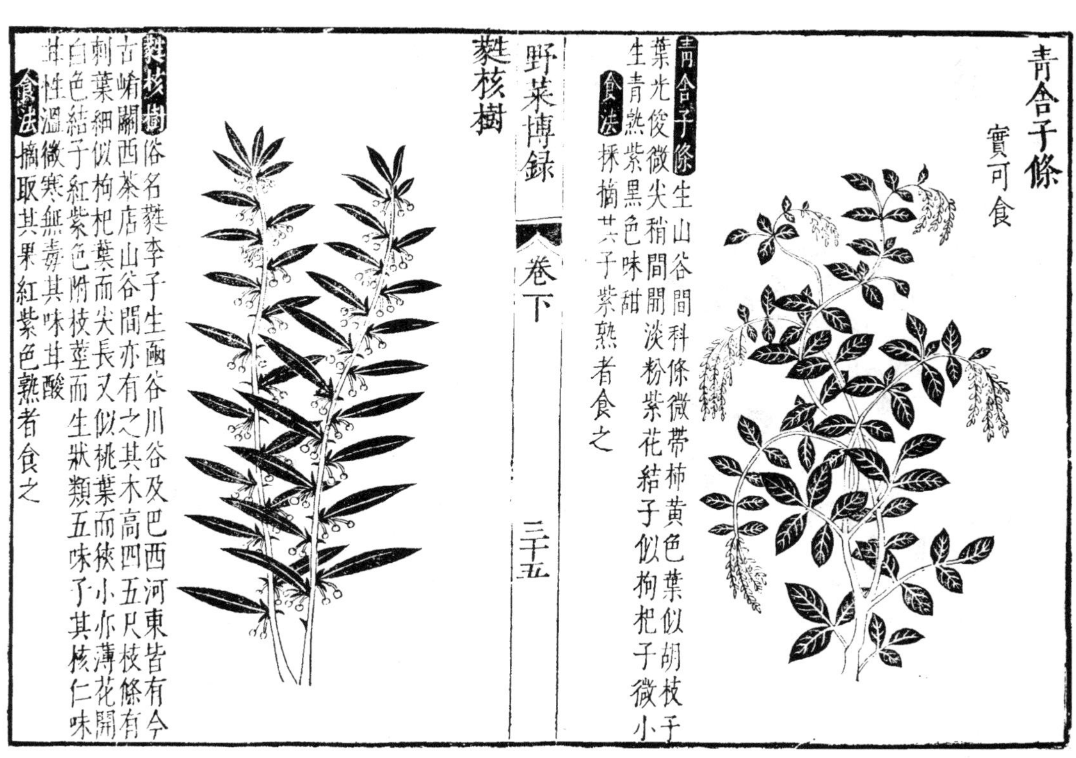

青舍子條

實可食

青舍子條生山谷間科條微帶柿黃色葉似胡枝子葉光俊微尖稍間開淡粉紫花結子似枸杞子微小生青熟紫黑色味甜

食法 採摘其子紫熟者食之

蕤核樹

蕤核樹俗名蕤李子生函谷川谷及巴西河東皆有今古崤關西茶店山谷間亦有之其木高四五尺枝條有刺葉細似枸杞葉而尖長又似桃葉而狹小亦薄花開白色結子紅紫色附枝莖而生狀類五味子其核仁味甘性溫微寒無毒其味甘酸

食法 摘取其果紅紫色熟者食之

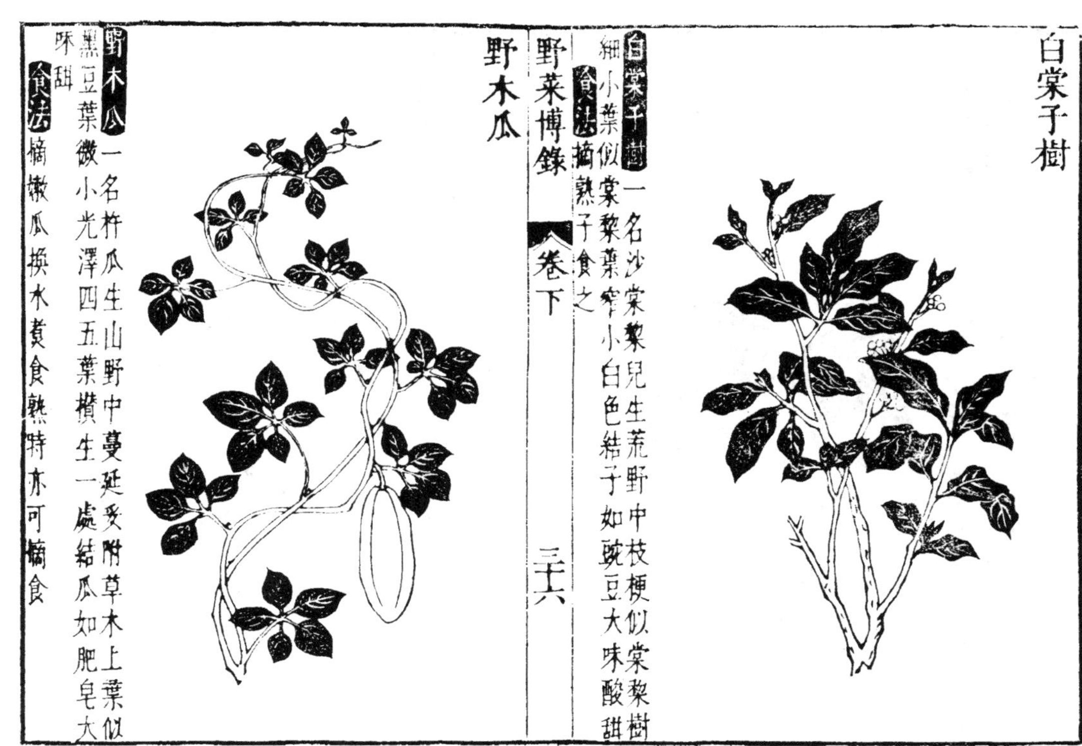

白棠子樹

白棠子樹一名沙棠棃兒生荒野中枝梗似棠棃樹細小葉似棠棃葉窄小白色結子如豌豆大味酸甜

食法 摘熟子食之

野木瓜

野木瓜一名杵瓜生山野中蔓延攀附草木上葉似黑豆葉微小光澤四五葉攢生一處結瓜如肥皂大味甜

食法 摘嫩瓜換水煮食熟時亦可摘食

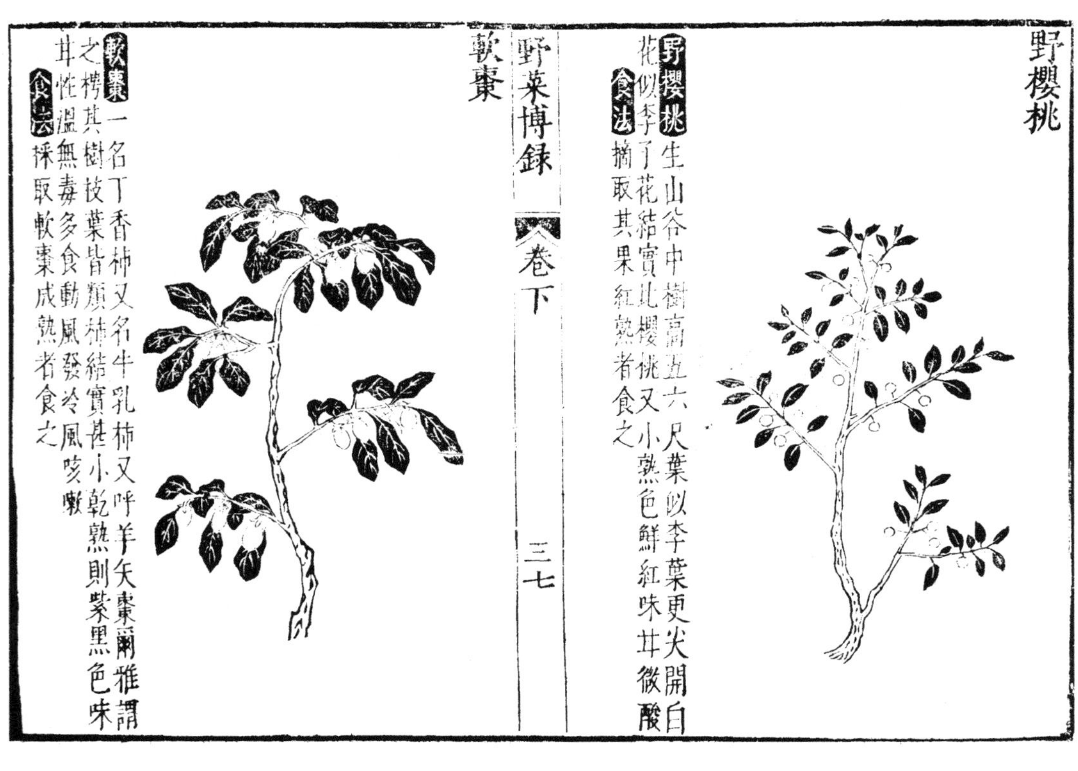

野櫻桃

野櫻桃生山谷中樹高五六尺葉似李葉更尖開白花似李子花結實比櫻桃又小熟色鮮紅味甘微酸

食法摘取其果紅熟者食之

野菜博錄　卷下　三七

軟棗

軟棗一名丁香柿又名牛乳柿又呼羊矢棗爾雅謂之梬其樹枝葉皆類柿結實甚小乾熟則紫黑色味甘性溫無毒多食動風發冷風咳嗽

食法採取軟棗成熟者食之

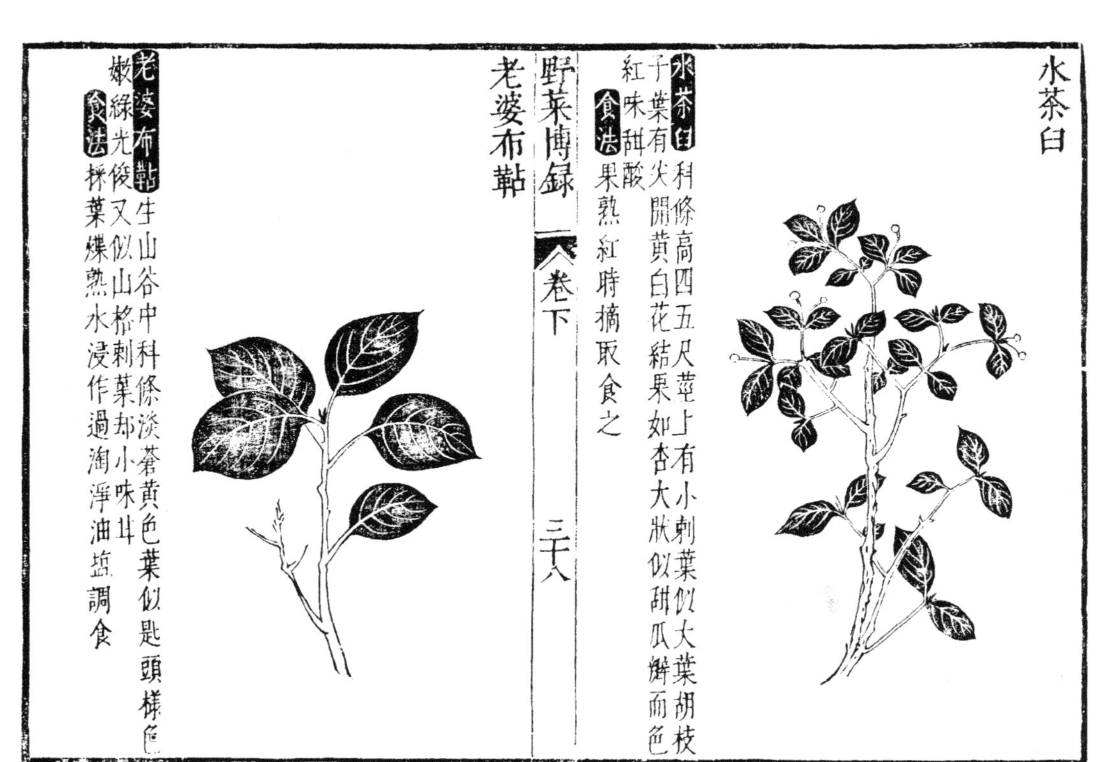

水茶臼

水茶臼科條高四五尺莖上有小刺葉似大葉胡枝子葉有尖開黄白花結果如杏大狀似甜瓜瓣而色紅味甜酸

食法果熟紅時摘取食之

野菜博錄　卷下　三八

老婆布鞊

老婆布鞊生山谷中科條淡蒼黄色葉似匙頭樣色嫩綠光俊又似山格剌葉却小味甘

食法採葉煠熟水浸作過淘淨油鹽調食

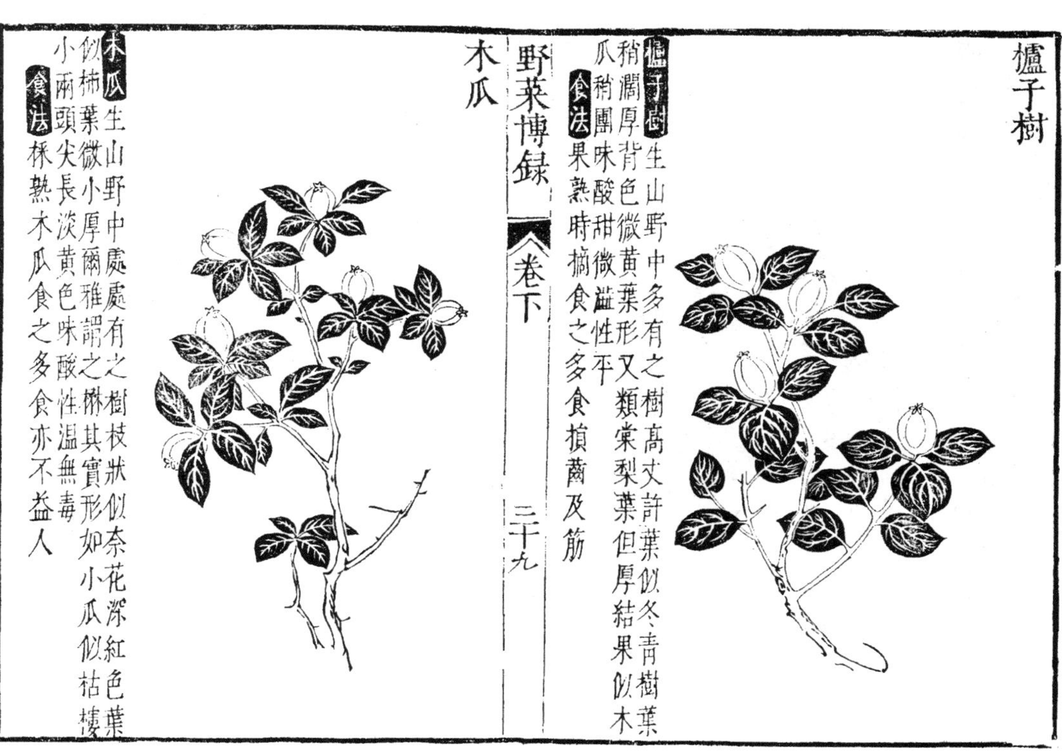

櫨子樹

【櫨子樹】生山野中多有之樹高丈許葉似冬青樹葉稍濶厚背色微黄葉形又類棠梨葉但厚結果似木瓜稍團味酸甜微澁性平

【食法】果熟時摘食之多食損齒及筋

野菜博録　卷下　二十九

木瓜

【木瓜】生山野中處處有之樹枝狀似柰花深紅色葉似柹葉微小厚爾雅謂之楙其實形如小瓜似栝樓小兩頭尖長淡黄色味酸性温無毒

【食法】採熟木瓜食之多食亦不益人

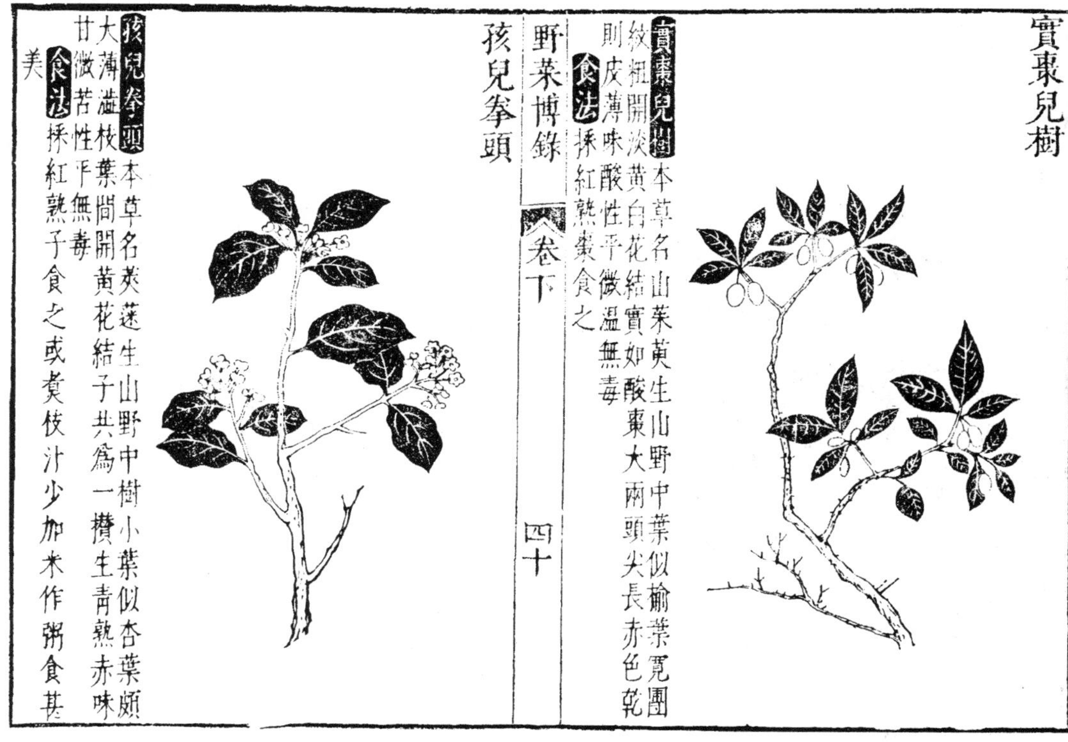

實棗兒樹

【實棗兒樹】本草名山茱萸生山野中葉似榆葉寛團紋粗開淡黄白花結實如酸棗大兩頭尖長赤色乾則皮薄味酸性平微温無毒

【食法】採紅熟果食之

野菜博録　卷下　四十

孩兒拳頭

【孩兒拳頭】本草名莢蒾生山野中樹小葉似杏葉頗大薄澁枝葉間開黄花結子共爲一攢生青熟赤味甘微苦性平無毒

【食法】採紅熟子食之或煑汁少加米作粥食甚美

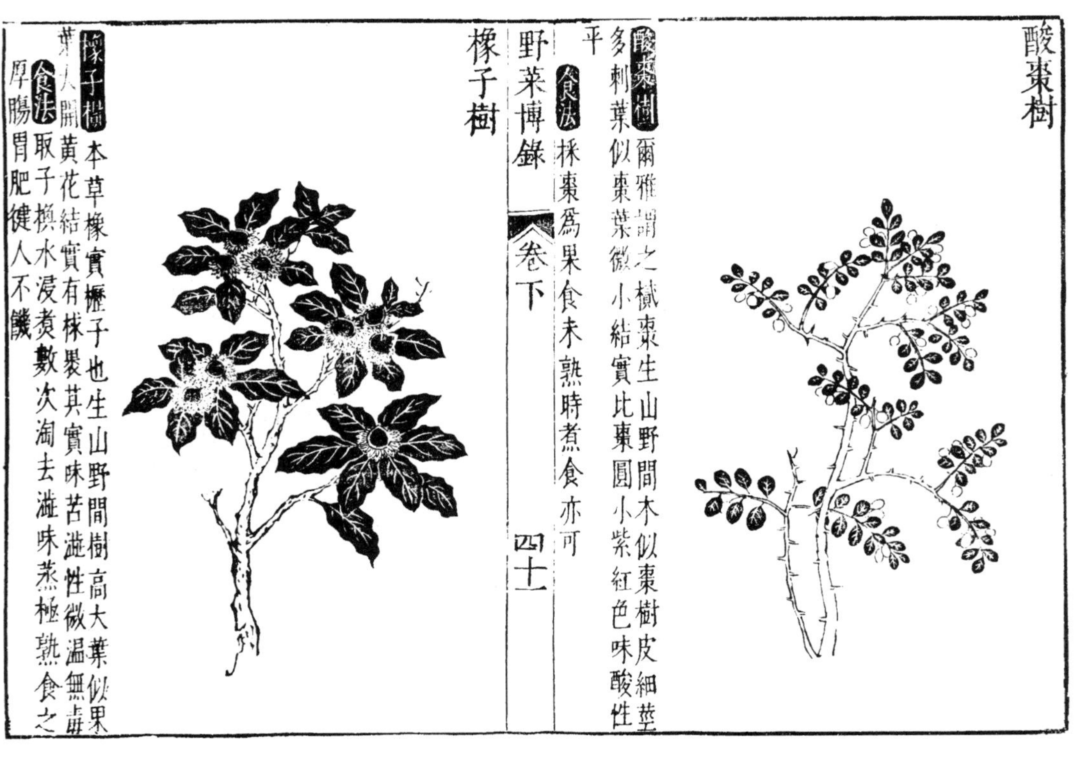

酸棗樹

酸棗樹 爾雅謂之樲棗生山野間木似棗樹皮細莖多刺葉似棗葉微小結實比棗圓小紫紅色味酸性平

食法 採棗爲果食未熟時煮食亦可

橡子樹

橡子樹 本草橡實櫟子也生山野間樹高大葉似栗葉大開黃花結實有梂彚其實味苦澁性微溫無毒

食法 取子換水浸煮數次淘去澁味蒸極熟食之厚腸胃肥健人不饑

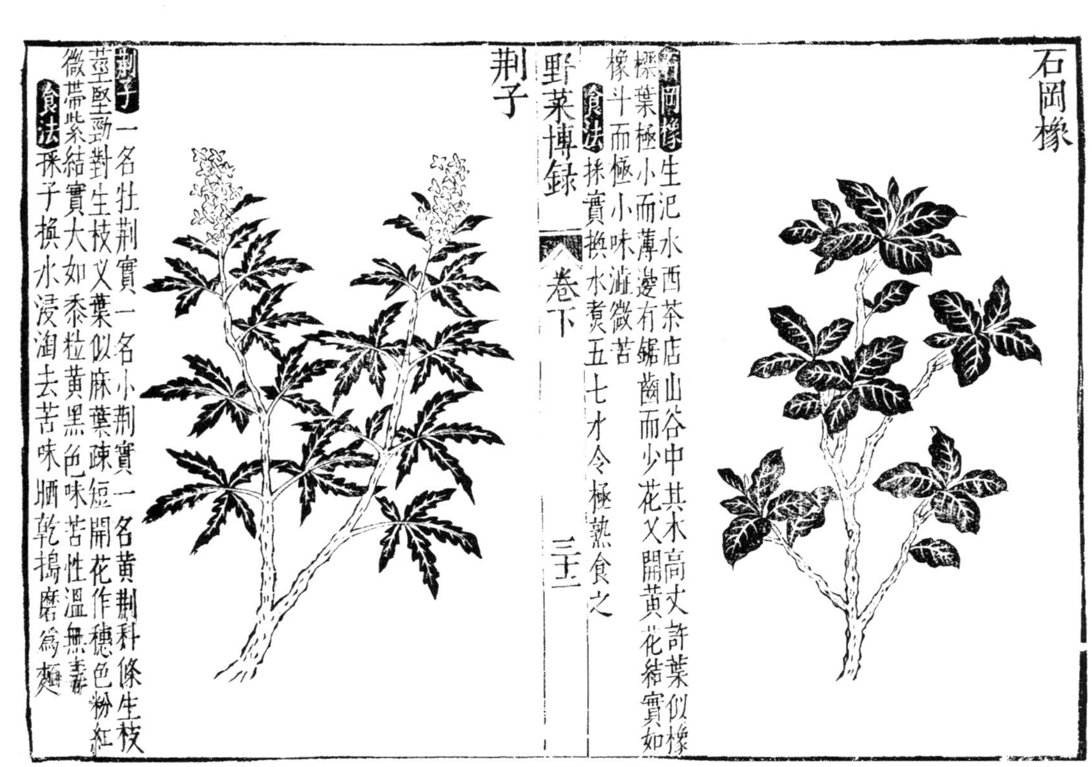

石岡橡

石岡橡 生汜水西茶店山谷中其木高丈許葉似橡櫟葉極小而薄邊有鋸齒而少花叉開黃花結實如橡斗而極小味澁微苦

食法 採實換水煮五七次令極熟食之

荆子

荆子 一名牡荆實一名小荆實一名黃荆科條生枝莖堅勁對生枝叉葉似麻葉疎短開花作穗色粉紅微帶紫結實大如黍粒黃黑色味苦性溫無毒

食法 採子換水浸淘去苦味晒乾擣磨爲麪

拐棗

拐棗生密縣梁家衝山谷中葉似楮葉無花叉却更尖艄面多文脈邊有細鋸齒開淡黃花結實狀似生薑拐叉細短深茶褐色故名拐棗味甜

食法摘取拐棗成熟者食之

山棗兒

山棗兒一名金剛樹又名鐵刷子生鈞州山野中科條高三四尺枝條上有小刺葉似杏葉頗團小開白花結實如葡萄顆大熟則紅黃色味甘酸

食法採果食之

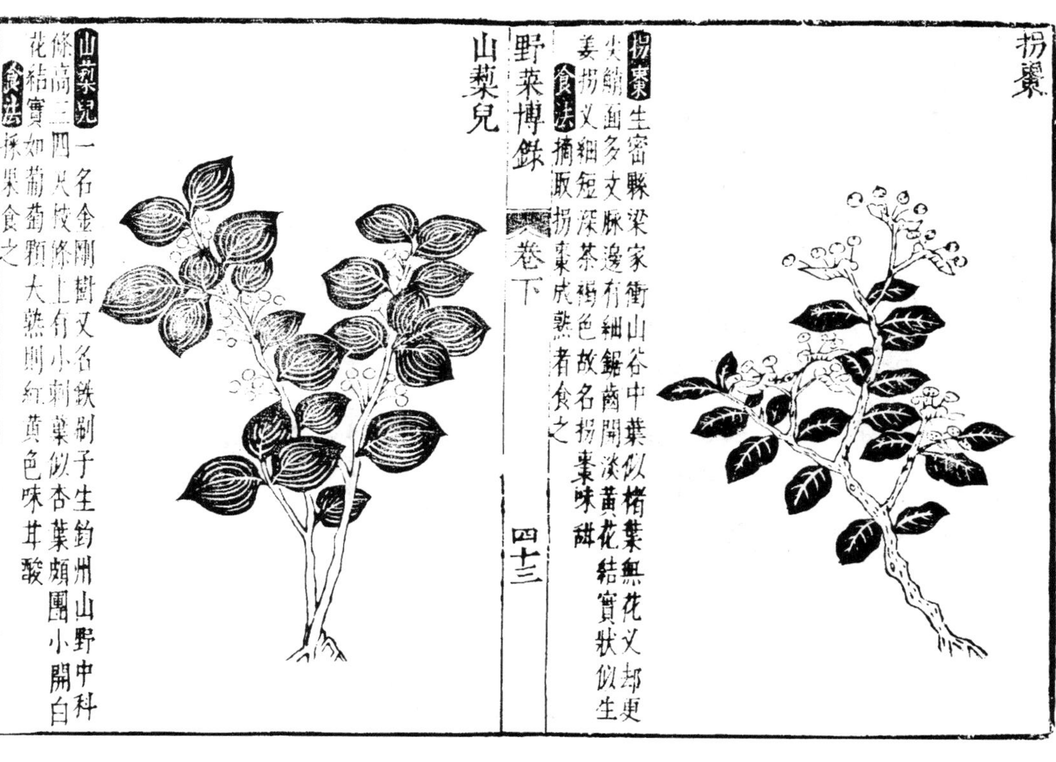

落霜紅

落霜紅生山野間高四五尺葉似土欒葉開白花結子如菉豆大生青熟紅味甜

食法摘紅熟子食之

木桃兒樹

木桃兒樹生中牟土山間樹高五尺餘枝條上聚爲疙瘩狀類小桃兒極堅葉似青檀葉稍間開淡紫花結子似梧桐子熟則淡銀褐色味甜

食法採子熟者食之

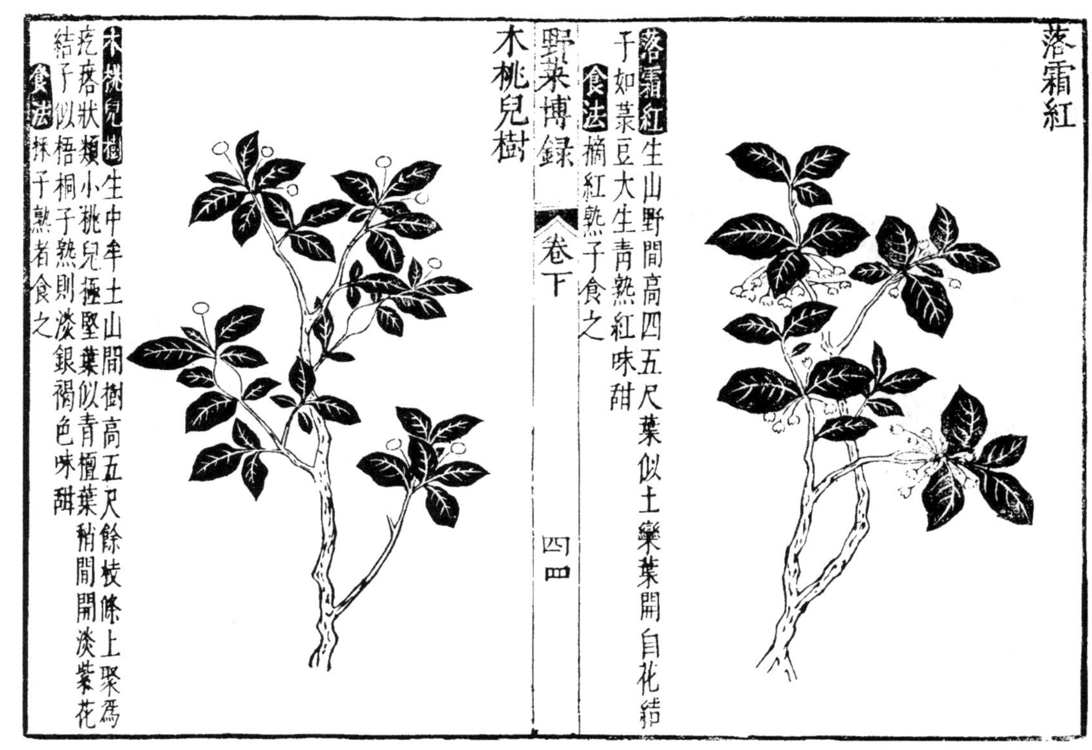

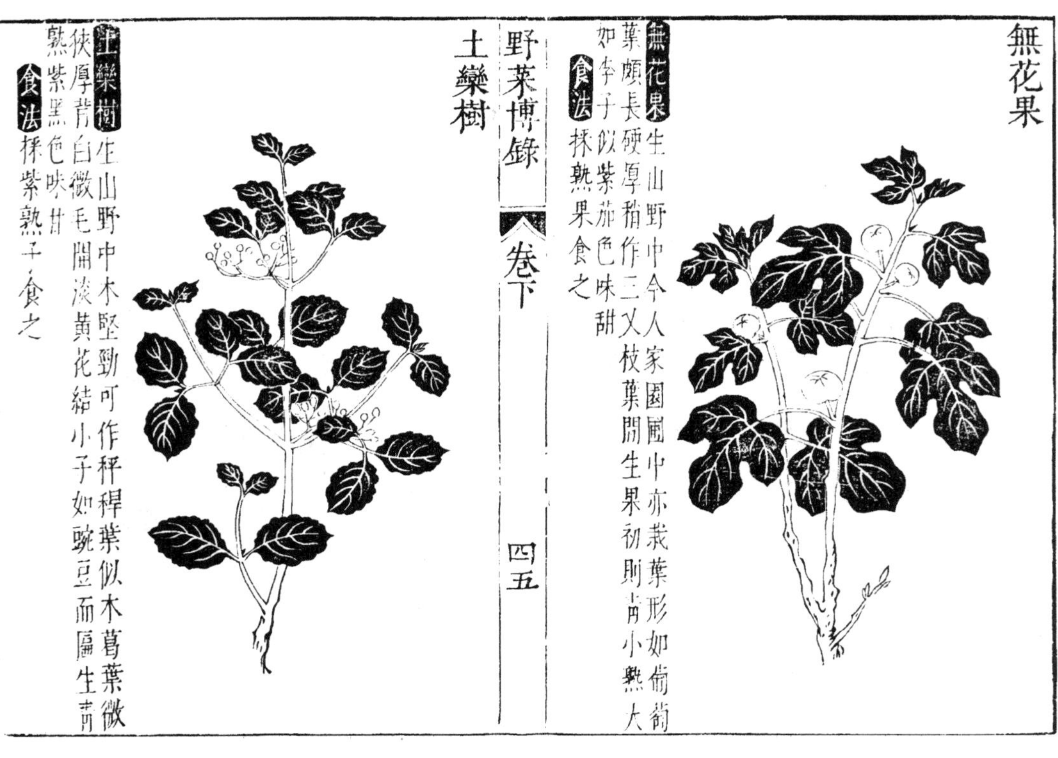

無花果

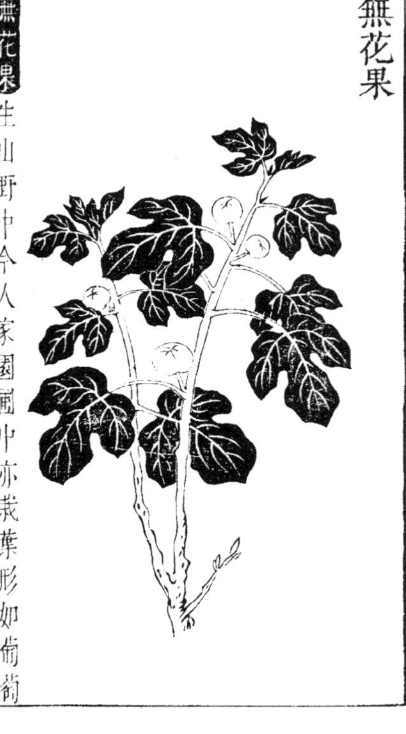

無花果生山野中今人家園圃中亦栽葉形如葡萄葉頗長硬厚稍作三叉枝葉間生果初則青小熟大如李子似紫茄色味甜

食法採熟果食之

土欒樹

土欒樹生山野中木堅勁可作秤稈葉似木葛葉微狹厚背白微毛開淡黄花結小子如豌豆而匾生青熟紫黑色味甘

食法採紫熟子食之

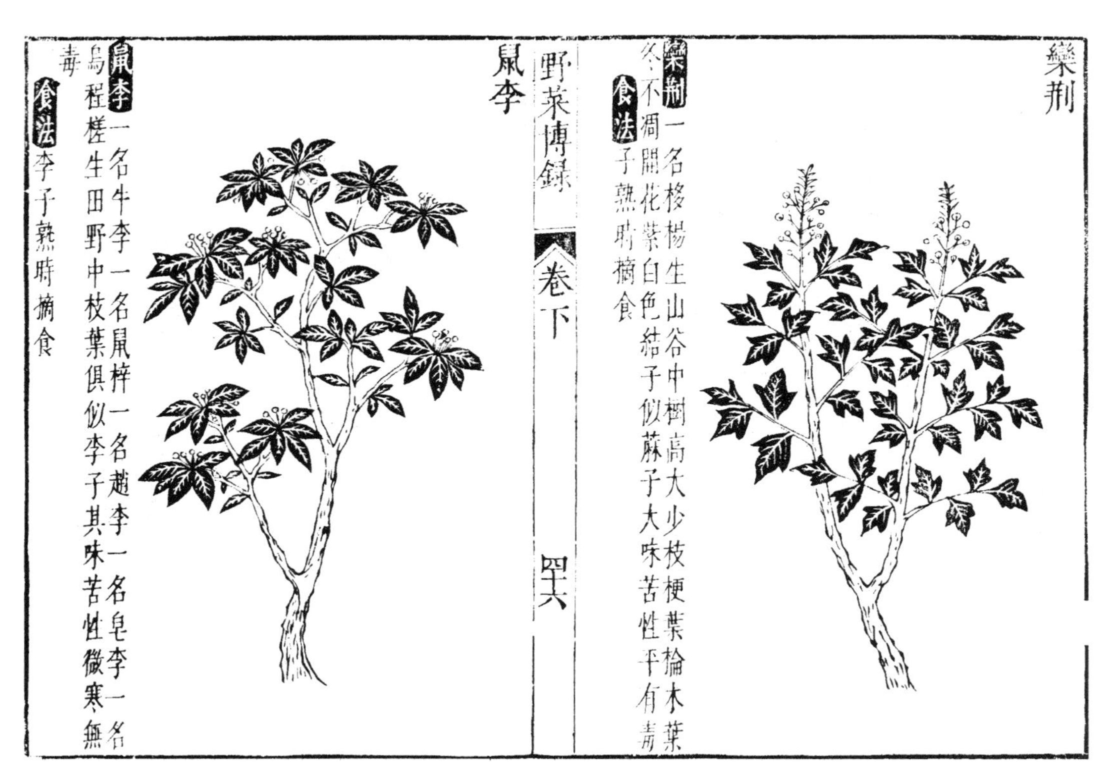

欒荆

欒荆一名梭楊生山谷中樹高大少枝梗葉揄木葉冬不凋開花紫白色結子似蘇子大味苦性平有毒

食法子熟時摘食

鼠李

鼠李一名牛李一名鼠梓一名趙李一名皂李一名烏程槎生田野中枝葉俱似李子其味苦性微寒無毒

食法李子熟時摘食

野葡萄

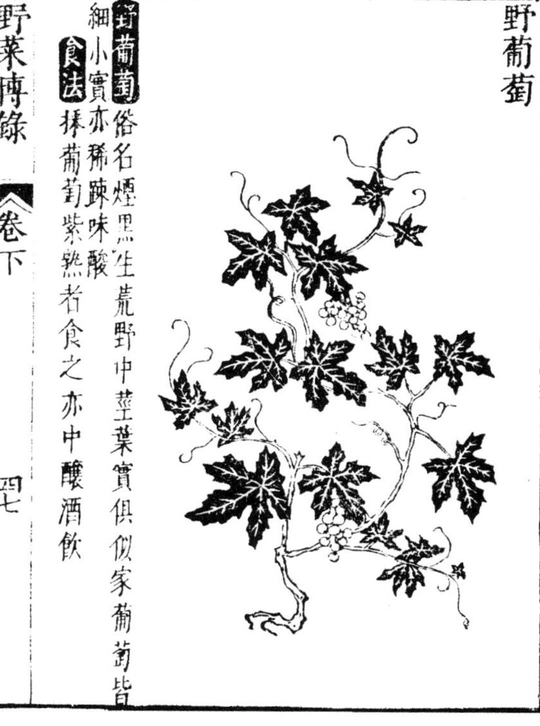

野葡萄俗名煙黑生荒野中莖葉實俱似家葡萄皆細小實亦稀踈味酸

食法 採葡萄紫熟者食之亦中釀酒飲

槐樹芽

葉實可食

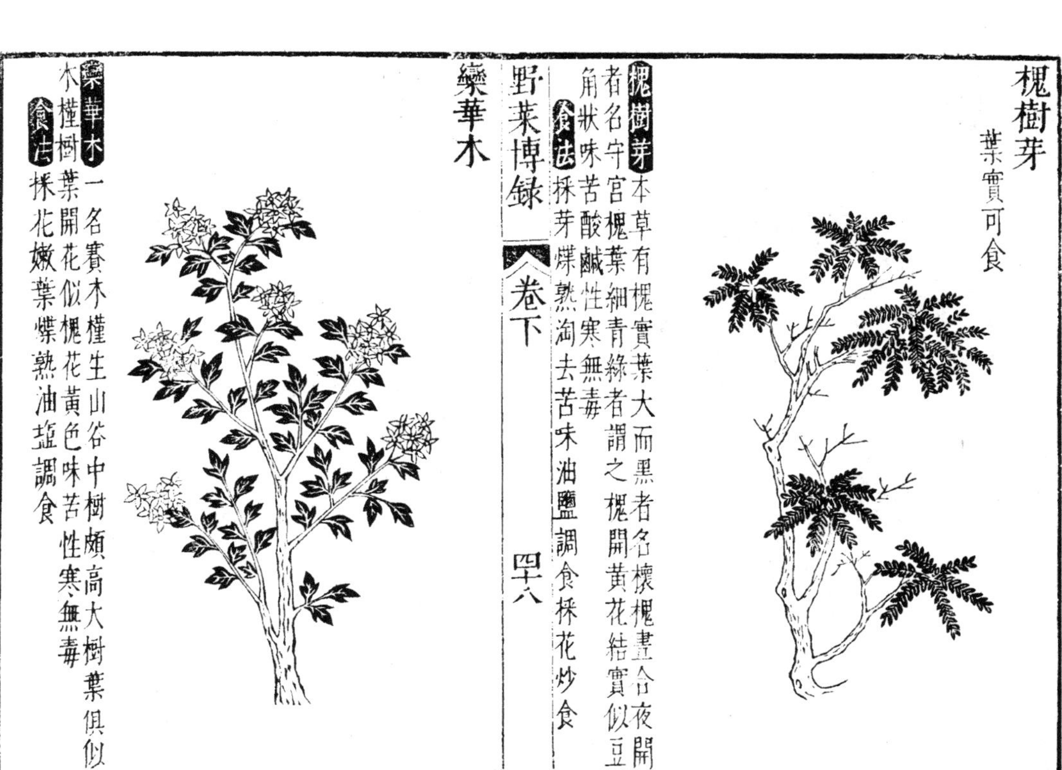

槐樹芽本草有槐實葉大而黑者名櫰槐晝合夜開者名守宫槐葉細青綠者謂之槐開黄花結實似豆角狀味苦酸鹹性寒無毒

食法 採芽煠熟淘去苦味油鹽調食採花炒食

欒華木

欒華木一名賽木槿生山谷中樹頗高大樹葉俱似木槿樹葉開花似槐花黄色味苦性寒無毒

食法 採花嫩葉煠熟油鹽調食

房木

房木 一名辛矧，一名辛夷，一名候木。生山中。樹高數仞。葉似柹葉而狹苑，似著毛。花結實似小桃，色白。其味辛，溫，無毒。

食法 採花、嫩葉煠熟，水浸去邪味，油鹽調食。

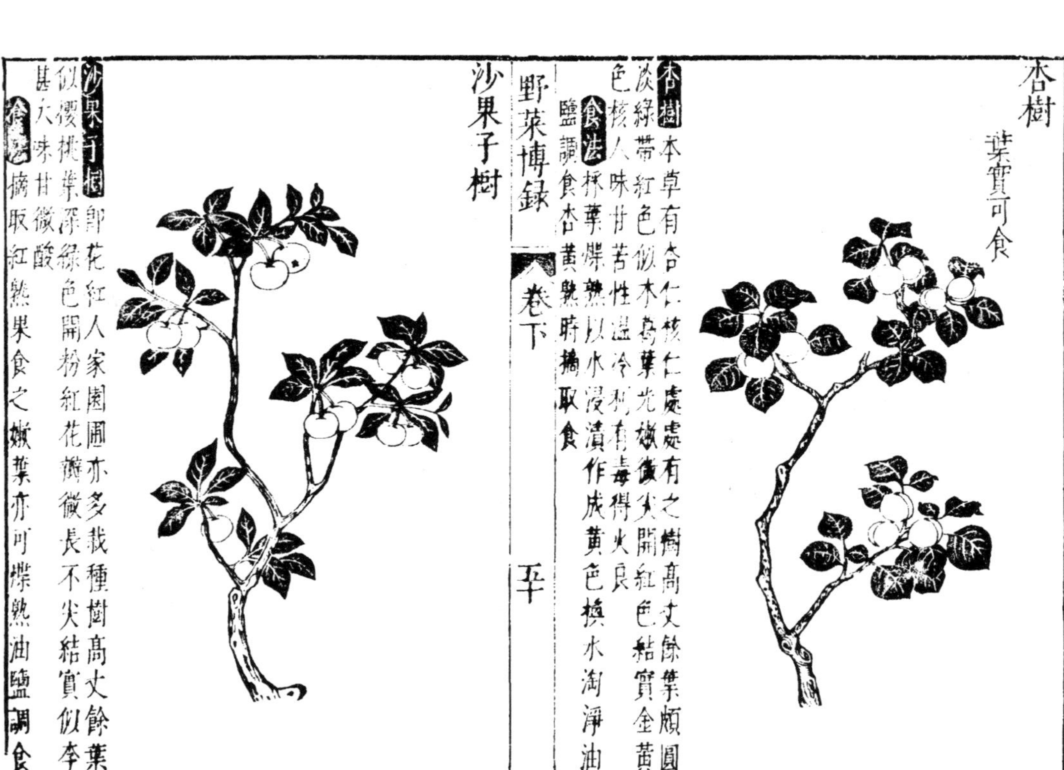

杏樹

葉實可食

杏樹 本草有杏仁、核仁。處處有之。樹高丈餘。葉頗圓，淡綠帶紅色，似木爲葉，光嫩微尖。開紅色，結實金黃色。核人味甘苦，性溫冷利，有毒，得火良。

食法 採葉煠熟，以水浸漬作成黃色，換水淘淨，油鹽調食。杏黃熟時摘取食。

沙果子樹

沙果子樹 即花紅。人家園圃亦多栽種。樹高丈餘。葉似櫻桃葉，深綠色。開粉紅花，瓣微長不尖。結實似李甚大，味甘微酸。

食法 摘取紅熟果食之。嫩葉亦可煠熟，油鹽調食。

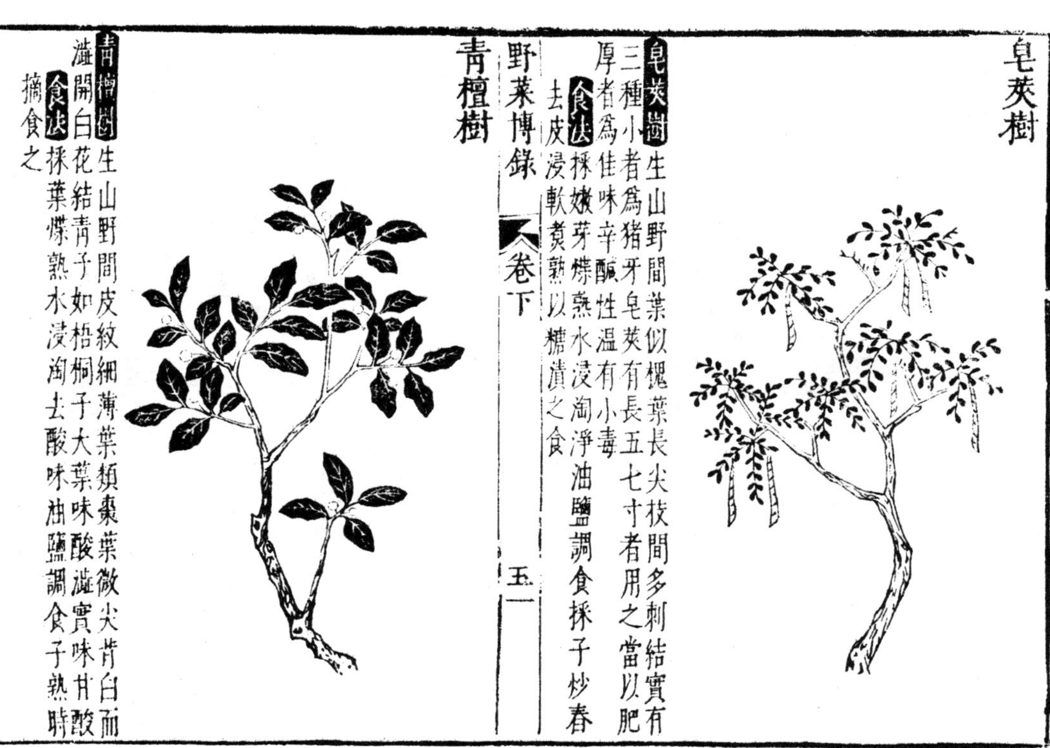

皂莢樹

皂莢樹生山野間葉似槐葉長尖枝間多刺結實有三種小者爲猪牙皂莢有長五七寸者用之當以肥厚者爲佳味辛醎性温有小毒

食法採嫩芽煠熟水浸淘淨油鹽調食採子炒舂去皮浸軟煮熟以糖漬之食

青檀樹

青檀樹生山野間皮紋細薄葉類棗葉微尖背白而澁開白花結青子如梧桐子大葉味酸澁實味甘酸

食法採葉煠熟水浸淘去酸味油鹽調食子熟時摘食之

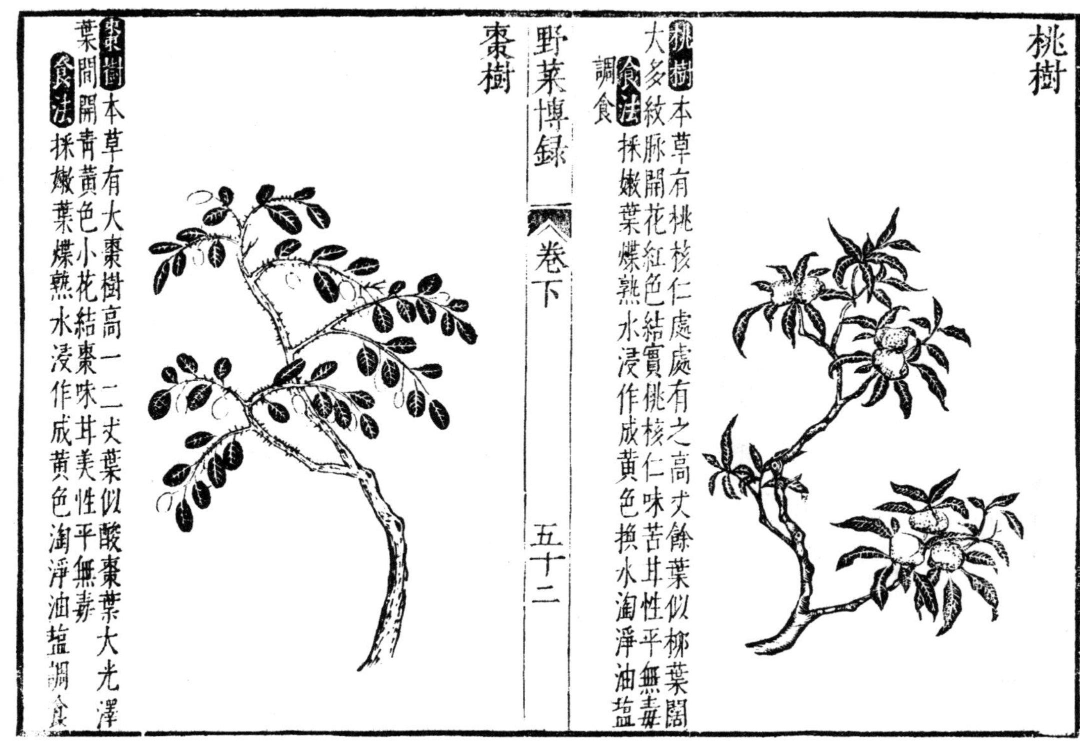

桃樹

桃樹本草有桃核仁處處有之高丈餘葉似柳葉闊大多紋脉開花紅色結實桃核仁味苦甘性平無毒

食法採嫩葉煠熟水浸作成黃色換水淘淨油鹽調食

棗樹

棗樹本草有大棗樹高一二丈葉似酸棗葉大光澤葉間開青黃色小花結棗味甘美性平無毒

食法採嫩葉煠熟水浸作成黃色淘淨油鹽調食

婆婆枕頭

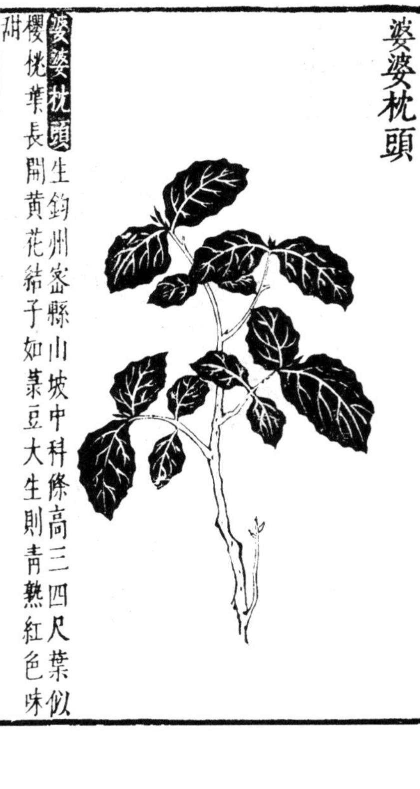

婆婆枕頭 生鈞州密縣山坡中科條高三四尺葉似櫻桃葉長開黄花結子如菉豆大生則青熟紅色味甜

食法 採熟紅子食之

青岡樹

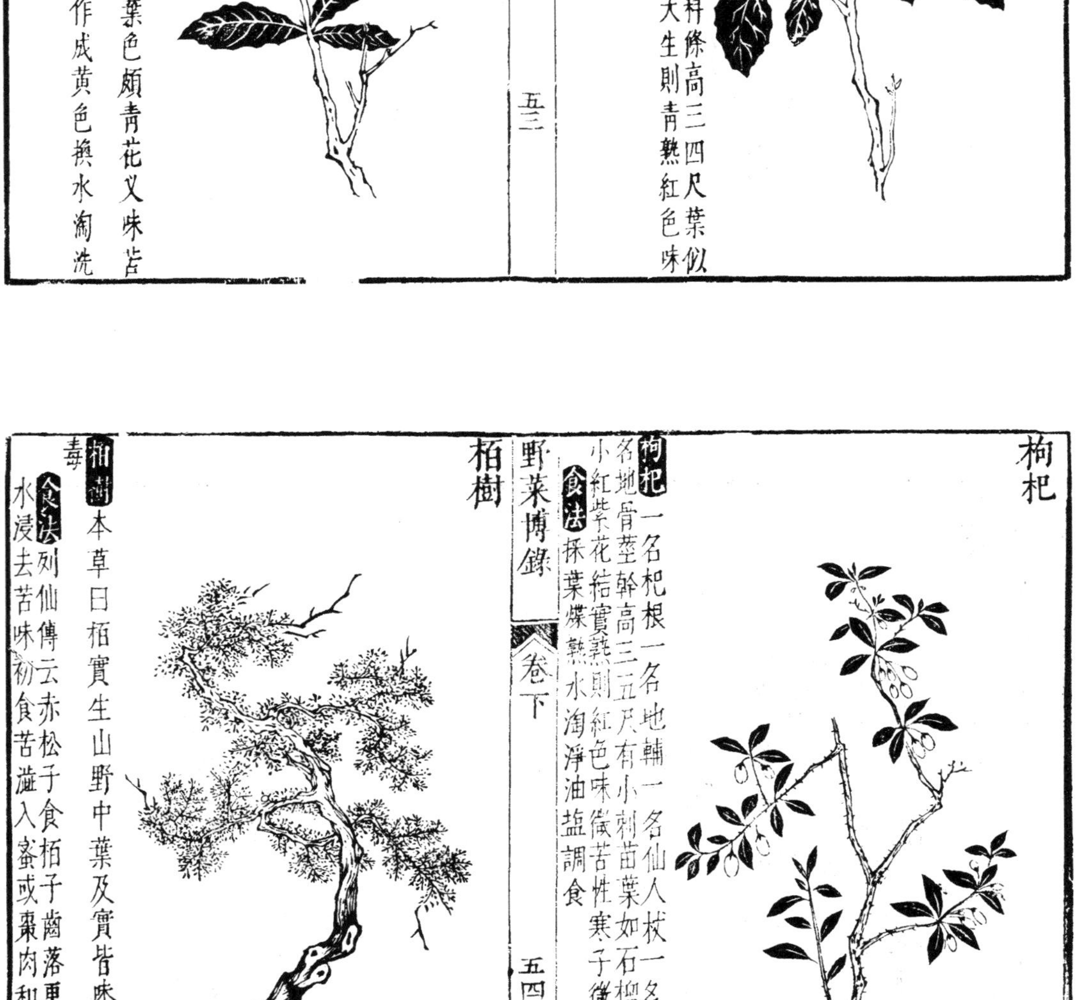

青岡樹 枝葉條幹皆類橡櫟但葉色頗青花叉味苦性平無毒

食法 採嫩葉煠熟以水浸漬作成黄色换水淘洗淨油鹽調食

枸杞

枸杞 一名杞根一名地輔一名仙人杖一名地仙苗根名地骨莖幹高三五尺有小刺苗葉如石榴葉軟薄開小紅紫花結實熟則紅色味微苦性寒子微寒無毒

食法 採葉煠熟水淘淨油塩調食

栢樹

栢樹 本草曰栢實生山野中葉及實皆味苦性平無毒

食法 列仙傳云赤松子食栢子齒落更生採葉换水浸去苦味初食苦澁入蜜或棗肉和食尤好

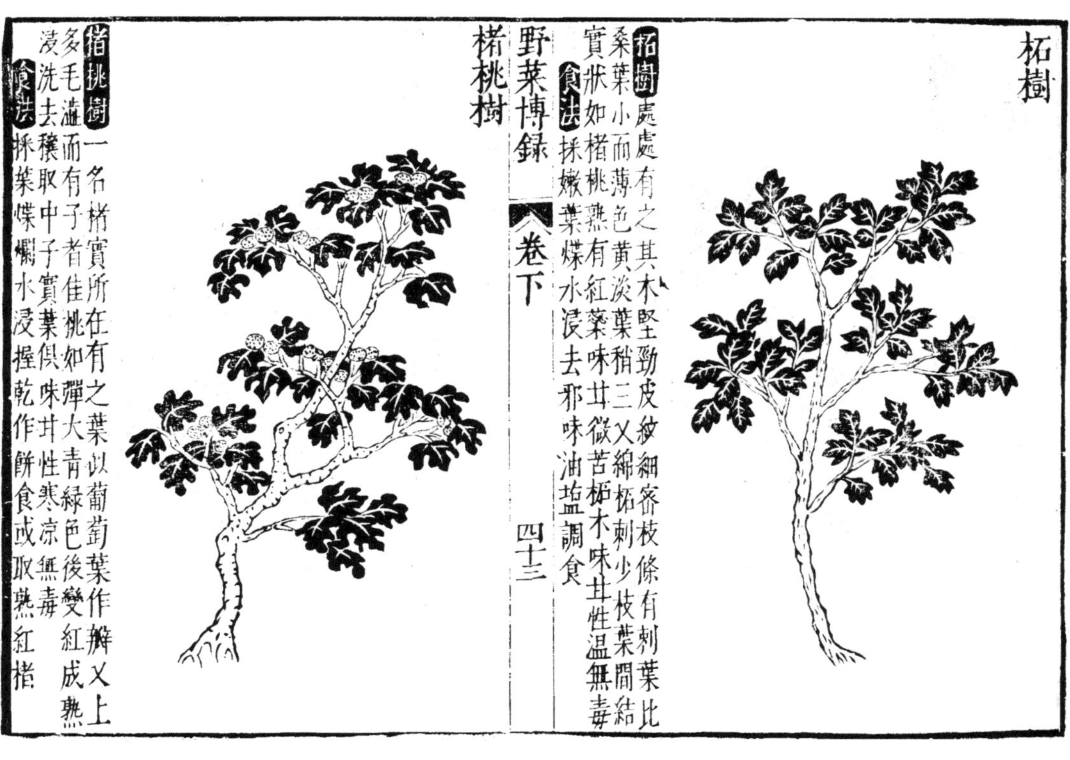

柘樹

柘樹處處有之其木堅勁皮紋細密枝條有刺葉比桑葉小而薄色黄淡葉稍三叉綿柘刺少枝葉間結實狀如楮桃熟有紅蕋味甘微苦柘木味甘性温無毒

食法採嫩葉煠水浸去邪味油塩調食

楮桃樹

楮桃樹一名楮實所在有之葉似葡萄葉作瓣叉上多毛澁而有子者佳桃如彈大青緑色後變紅成熟浸洗去穰取中子實葉俱味甘性寒凉無毒

食法採葉煠爛水浸握乾作餅食或取熟紅楮

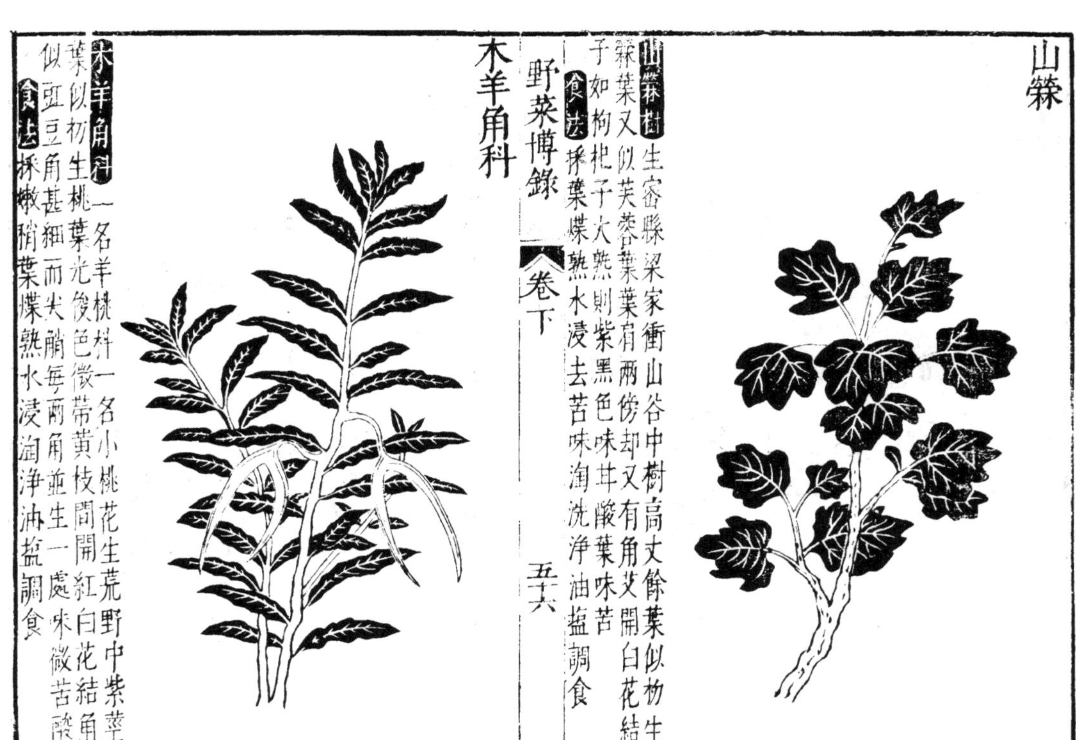

山䕩

山䕩樹生密縣梁家衝山谷中樹高丈餘葉似杓生䕩葉又似芙蓉葉葉有兩傍却叉有角叉開白花結子如枸杞子大熟則紫黑色味甘酸葉味苦

食法採葉煠熟水浸去苦味淘洗浄油塩調食

木羊角科

木羊角科一名羊桃科一名小桃花生荒野中紫莖葉似初生桃葉光俊色微帶黄枝間開紅白花結角似豇豆角甚細而尖艄每兩角並生一處味微苦酸

食法採嫩稍葉煠熟水浸淘浄油塩調食

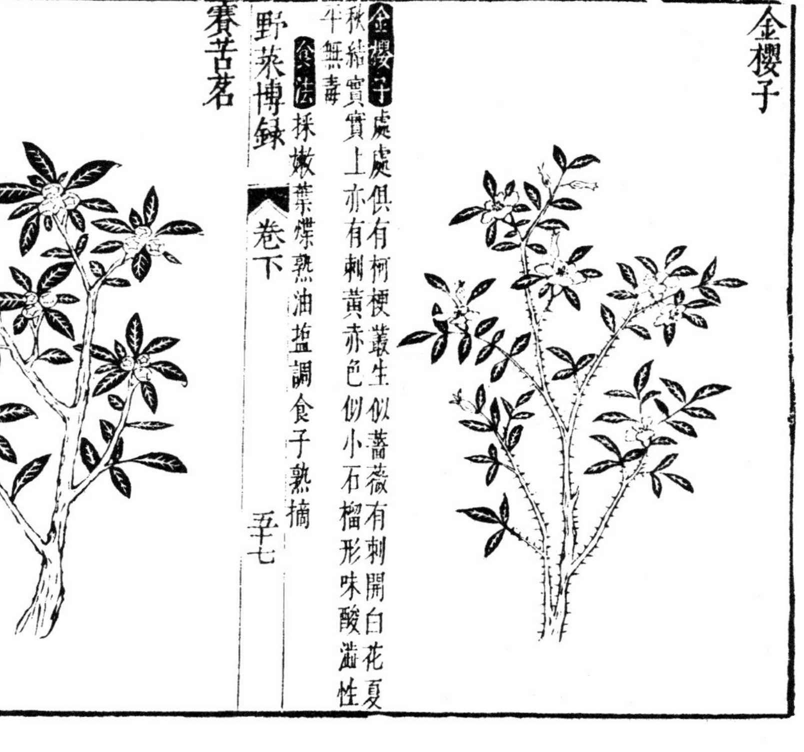

金櫻子

金櫻子處處俱有柯梗叢生似薔薇有刺開白花夏秋結實實上亦有刺黃赤色似小石榴形味酸澁性平無毒

食法 採嫩葉煠熟油塩調食子熟摘

賽苦茗

賽苦茗一名如茶一名櫃子生山谷中樹高大葉似大葉茶又似枝子葉開花白色如薔薇花其味苦性寒無毒

食法 採嫩葉煠熟油鹽調食子熟摘食

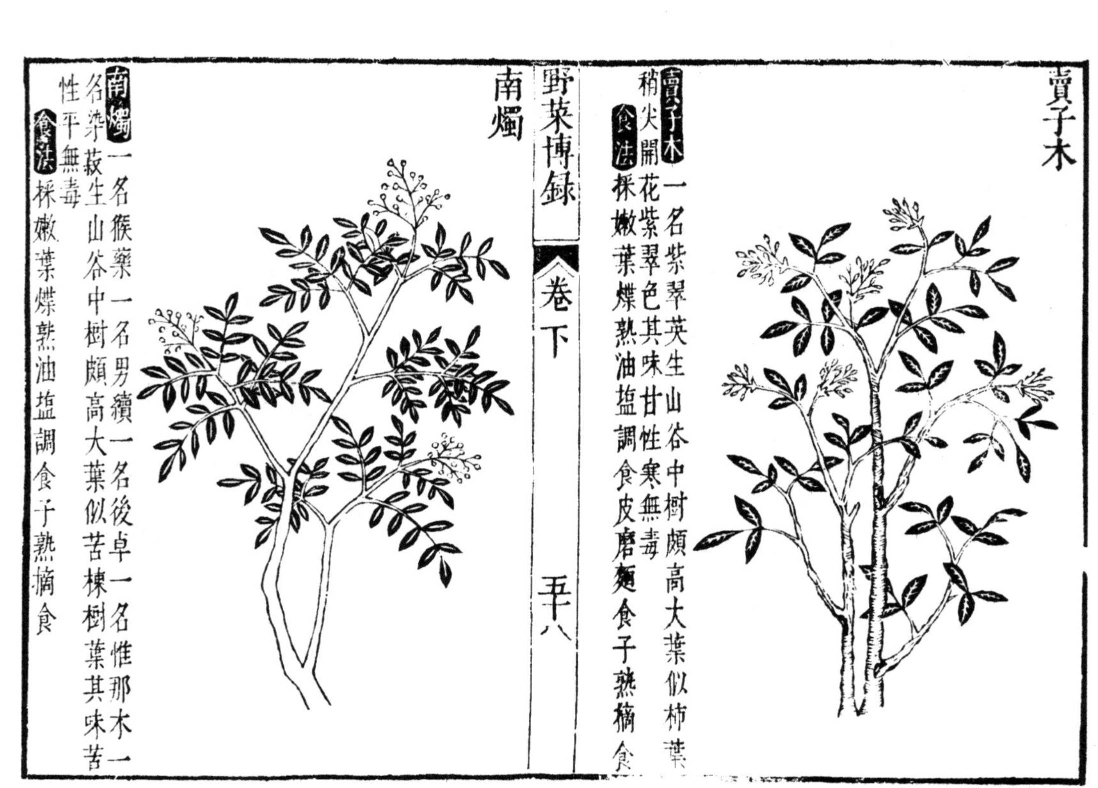

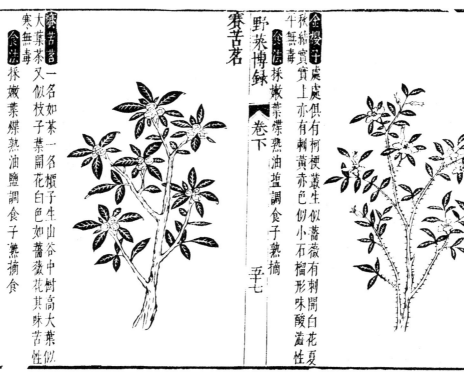

賣子木

賣子木一名紫翠英生山谷中樹頗高大葉似柿葉稍尖開花紫翠色其味甘性寒無毒

食法 採嫩葉煠熟油塩調食皮磨麵食子熟摘食

南燭

南燭一名猴藥一名男續一名後卓一名惟那木一名染菽生山谷中樹頗高大葉似苦楝樹葉其味苦性平無毒

食法 採嫩葉煠熟油塩調食子熟摘食

石榴

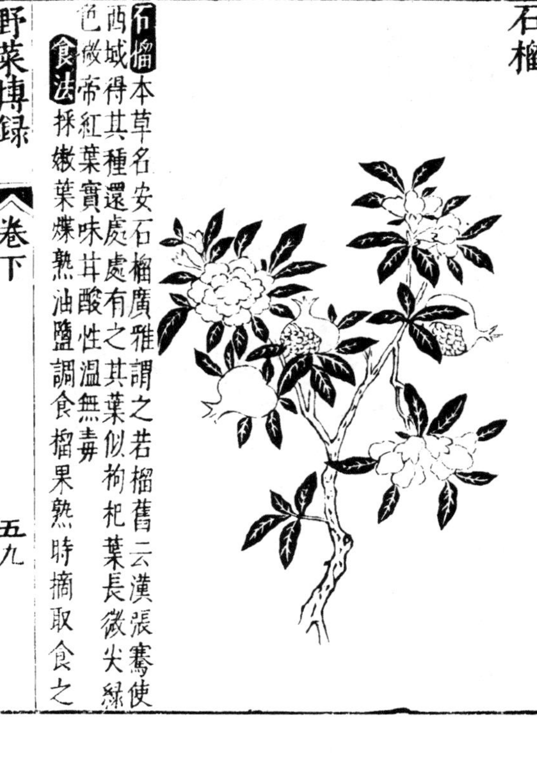

石榴本草名安石榴廣雅謂之若榴舊云漢張騫使西域得其種還處處有之其葉似枸杞葉長微尖綠色微帶紅葉實味甘酸性溫無毒

食法採嫩葉煠熟油鹽調食榴果熟時摘取食之

松樹

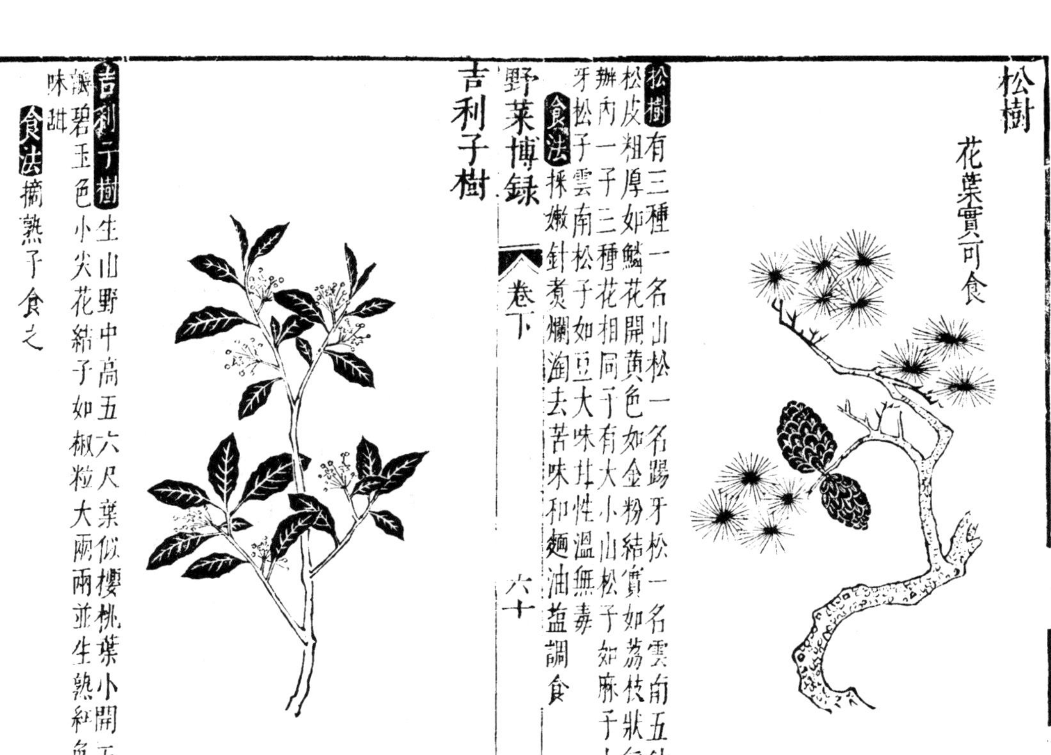

松樹有三種一名山松一名踢牙松一名雲南五針松皮粗厚如鱗花開黃色如金粉結實如荔枝狀每瓣內一子三種花相同子有大小山松子如麻子小牙松子雲南松子如豆大味甘性溫無毒

食法採嫩針煮爛淘去苦味和麵油鹽調食

吉利子樹

吉利子樹生山野中高五六尺葉似櫻桃葉小開五瓣碧玉色小尖花結子如椒粒大兩兩並生熟紅色味甜

食法摘熟子食之

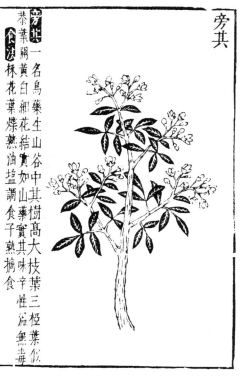

文冠花

文冠花樹高丈餘葉似榆葉窄小花似藤花白色穗長四五寸結實似枳殼分三瓣中有子二十餘顆如栗子味甘淡花味甜葉味苦

食法採花煠熟油鹽調食摘嫩葉煠熟淘去苦味油鹽調食摘實取子煮熟食亦可

棠梨樹

棠梨樹生荒野中葉似蒼木葉亦有團葉者有三叉葉者葉邊皆有鋸齒葉色頗黲白開白花結棠梨如小楝子大味甘酸花葉味微苦

食法採花煠熟食或晒乾磨麪作燒餅食亦可採嫩葉煠熟水浸淘淨油鹽調食或蒸晒作茶亦可

旁其

旁其一名烏藥生山谷中其樹高大枝葉三椏葉似茶葉開黃白細花結實如山茱萸實其味辛性溫無毒

食法採花葉煠熟油鹽調食子熟摘食

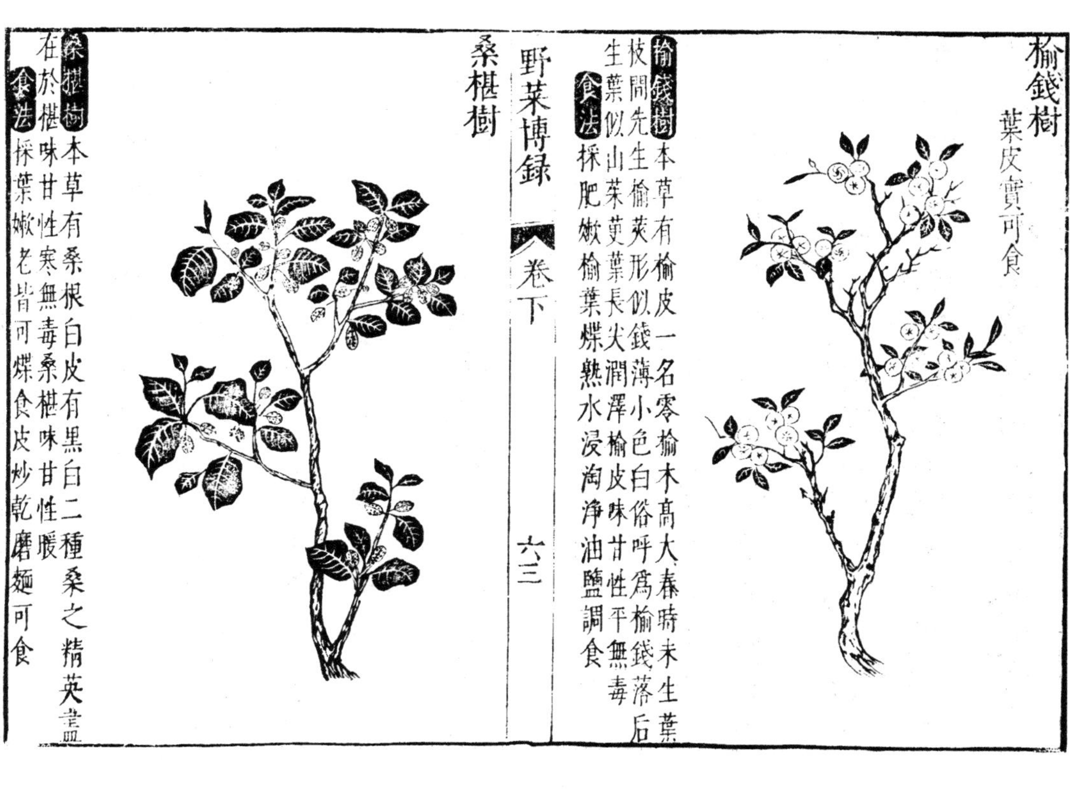

榆錢樹

葉皮實可食

榆錢樹　本草有榆皮一名零榆木高大春時未生葉枝間先生榆莢形似錢薄小色白俗呼爲榆錢落后生葉似山茱萸葉長尖潤澤榆皮味甘性平無毒

食法　採肥嫩榆葉煠熟水浸淘淨油鹽調食

桑椹樹

桑椹樹　本草有桑根白皮有黑白二種桑之精英盡在於椹味甘性寒無毒桑椹味甘性暖

食法　採葉嫩老皆可煠食皮炒乾磨麵可食

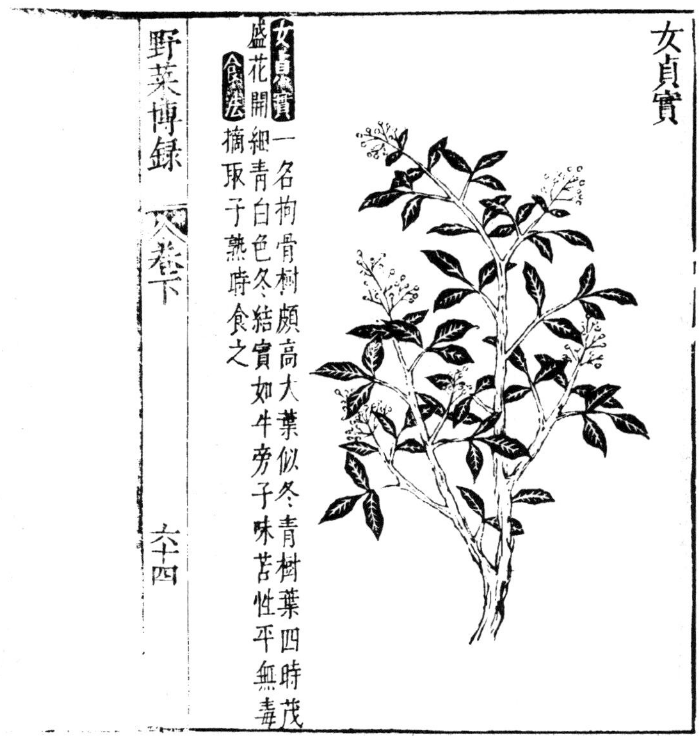

女貞實

女貞實　一名枸骨樹頗高大葉似冬青樹葉四時茂盛花開細青白色冬結實如牛旁子味苦性平無毒

食法　摘取子熟時食之

野菜博録䟦

予與元則交雖忘年而知最深元則賦性穎異不與流俗伍自弱冠從太學歸益厭囂塵思離脫迺入黄山築室白龍潭上超超乎欲避舉而遠引爲松雲泉石朝夕吟哦時同老衲坐蒲團參禪守寂而茹淡有年偏浔菜中味盖身涉世中而神已遊物外矣邇值邊方不寧慮民艱食而出素所飱茹而紀載者名為野菜博録公之梓人裨資生者時一披閱不難博採而調食之則取不傷廉野無遺利不但凶荒足以當裹糧且不傷生饜腹而神清氣爽足為導引飡霞地迺知兹録一刻備種〻善根可以療饑可以止殺可以濟世可以延年庶幾乎仁者之用心矣予即不敏亦願釋褐從遊相與採精茹華作出世脫離想乎彼肉食者直將糟粕而吐棄之吾不知其人何如也

味玄居士程大中䟦

野菜博錄跋

余不揣濁質性嗜玄宗視身外之浮名譬
如敝屣故栖遲衡門餘泌水自覺不在
天中矣因憶既沙會識及郡时訪同志
者西窮海内諸勝戊午春遊白下聞嶽郡
王貢山甲江南之秀產種種異草皆世異

人所爲或謂予曰嶽之鮑君在富則曾栖
隱于山或跣足石上或濩髮松嶺或呼鶴
而舞或松猿而吟餘食野菜渴飲清泉飄
然若神仙中人且遇至人授仙子圖一帙
歸之後種子多年收自著野菜博錄茲前
種茲之可充餘救荒予聞之神清骨爽亦

外仙矣亟圖前淺而晤在富果然氣象蕭然
雲氣之宿淡吐皆烟霞之語由是究竟真
詮道從契洽遂訂物外想已我乎去秋矣
一日予索仙子野菜二書一閱在齋笑曰
非佛種仙流而可以視予亦笑而答之八
百地仙出非不字之謂歟徐閱二書真是

靈秀過人予謂在富曰方今時予拂宇氏
爲餘也野菜當亟梓以濟世亦可作脩道
助以之一助云云孫仙子乃服良之旨而可
種淺又當秋之始侯異日

古虞趙洪中貢子淺

出版後記

早在二〇一四年十月，我們第一次與南京農業大學農遺室的王思明先生取得聯繫，商量出版一套中國古代農書，一晃居然十年過去了。

十年間，世間事紛紛擾擾，今天終於可以將這套書奉獻給讀者，不勝感慨。

當初確定選題時，經過調查，我們發現，作爲一個有著上萬年農耕文化歷史的農業大國，我們整理的農業古籍叢書只有兩套，且規模較小，一是農業出版社自一九五九年開始陸續出版的《中國古農書叢刊》，收書四十多種；一是農業出版社一九八二年出版的《中國農學珍本叢刊》，收書三種。其他點校整理的單品種農書倒是不少。基於這一點，王思明先生認爲，我們的項目還是很有價值的。

經與王思明先生協商，最後確定，以張芳、王思明主編的《中國農業古籍目錄》爲藍本，精選一百五十二種中國古代最具代表性的農業典籍，影印出版，書名初訂爲『中國古農書集成』。接下來就是正常的流程，先確定編委會，確定選目，再確定底本。看起來很平常，實際工作起來，卻遇到了不少困難。

古籍影印最大的困難就是找底本。本書所選一百五十二種古籍，有不少存藏於南農大等高校圖書館。但由於種種原因，不少原來准備提供給我們使用的南農大農遺室的底本，當時未能順利複製。最後所有底本均由出版社出面徵集，從其他藏書單位獲取。

本書所選古農書的提要撰寫工作，倒是相對順利。書目確定後，由主編王思明先生親自撰寫樣稿，副主編惠富平教授（現就職於南京信息工程大學）、熊帝兵教授（現就職於淮北師範大學）及編委何彦超博士（現就職於江蘇開放大學）及時拿出了初稿，爲本書的順利出版打下了基礎。

本書於二〇二三年獲得國家古籍整理出版資助，二〇二四年五月以『中國古農書集粹』爲書名正式出版。

二〇二二年一月，王思明先生不幸逝世。没能在先生生前出版此書，是我們的遺憾。本書的出版，或可告慰先生在天之靈吧。

是爲出版後記。

鳳凰出版社

二〇二四年三月

《中國古農書集粹》總目

養魚經　(明)黄省曾　撰
異魚圖贊　(明)楊慎　撰
閩中海錯疏　(明)屠本畯　撰　(明)徐𤊹　補疏
蟹譜　(宋)傅肱　撰
糖霜譜　(宋)王灼　撰
酒經　(宋)朱肱　撰
飲膳正要　(元)忽思慧、常普蘭奚　撰

十八

救荒活民補遺書　(宋)董煟　撰　(元)張光大　增
(明)朱熊　補遺
荒政叢書　(清)俞森　撰
荒政輯要　(清)汪志伊　纂
救荒簡易書　(清)郭雲陞　撰

十九

孚惠全書　(清)彭元瑞　撰

二十

欽定康濟録　(清)陸曾禹　原著　(清)倪國璉　編録
救荒本草　(明)朱橚　撰
野菜譜　(明)王磐　撰
野菜博録　(明)鮑山　撰

二十一

全芳備祖　(宋)陳詠　撰
南方草木狀　(晉)嵇含　撰

二十二

植物名實圖考(全二册)　(清)吴其濬　撰